# 1 MONTH OF
# FREE
# READING

## at

## www.ForgottenBooks.com

By purchasing this book you are eligible for one month membership to ForgottenBooks.com, giving you unlimited access to our entire collection of over 1,000,000 titles via our web site and mobile apps.

To claim your free month visit:
www.forgottenbooks.com/free469483

ISBN 978-0-656-65470-3
PIBN 10469483

Akademie der Wissenschaften in Wien
Mathematisch-naturwissenschaftliche Klasse

# Sitzungsberichte

## Abteilung I

### 129. Band

Jahrgang 1920 — Heft 1 bis 10

(Mit 12 Tafeln und 52 Textfiguren)

Wien, 1920

Aus der Staatsdruckerei

In Kommission bei Alfred Hölder
Universitätsbuchhändler
Buchhändler der Akademie der Wissenschaften

# Inhalt

Akademie der Wissenschaften in Wien
Mathematisch-naturwissenschaftliche Klasse

# Sitzungsberichte

## Abteilung I

Mineralogie, Krystallographie, Botanik, Physiologie der
Pflanzen, Zoologie, Paläontologie, Geologie, Physische
Geographie und Reisen

129. Band. 1. und 2. Heft

# Die Doggerflora von Sardinien

Von

Dr. Fridolin Krasser

(Vorgelegt in der Sitzung am 15. Jänner 1920)

## I. Historisches und allgemeine Bemerkungen.

Wie A. Tornquist (04) nachgewiesen hat, sind die im mittleren und östlichen Sardinien unmittelbar auf dem paläozoischen Gebirge auflagernden Sedimente jurassischen Alters. Kein triadisches Schichtgestein ist aus diesem Gebiete bekannt, denn weder die pflanzenführenden Schichten von Laconi, welche von D. Lovisato (03) als triadisch, noch die pflanzenführenden Sandsteine von Crispusu bei Belvi, von Tesili und der Tonneri, welche von demselben Forscher als rhätisch oder liasisch angesehen worden waren, gehören diesen Perioden an. Auch sie haben sich als jurassisch erwiesen. Die in diesen Gebieten aufgefundenen Pflanzenreste, deren Aufschließung hauptsächlich den Bemühungen Lovisato's zu verdanken ist, haben die Auffassung Tornquist's, die außer auf die stratigraphischen Verhältnisse, insbesondere auf die richtige Determinierung einiger Pflanzenreste gegründet wurde, durchaus bestätigt. Lovisato's Ansicht schien durch einige von Sterzel. herrührende irrige Bestimmungen gestützt, welche durch die im allgemeinen recht schlechte Erhaltung der Pflanzenreste verursacht worden waren.

Aus Sardinien sind bisher nur jungpaläozoische und jurassische Pflanzenreste bekannt geworden. Die ersteren sind erst 1901 von Arcangeli (01) genauer beschrieben und als

Repräsentanten einer Permocarbonflora erkannt worden. Über die letzteren liegen nur vor die Angaben von Tornquist (04) über *Ptilophyllum pecten*, *Otozamites Beani* und *Coniopteris* cf. *arguta*, sowie von mir eine Bearbeitung der Williamsonien, Krasser (12, 15), und eine Enumeratio der fossilen Flora der die Williamsonien bergenden Juraschichten, Krasser (13), aus welcher bereits hervorgeht, daß diese Juraflora sehr mit der dem Inferior Oolite angehörigen fossilen Flora der Küste von Yorkshire übereinstimmt, also eine Doggerflora repräsentiert.

Meine Enumeratio von 1913 verzeichnet bereits unter 21 nicht weniger als 14 mit der Doggerflora der Yorkshireküste gemeinsame Arten. Sie bezog sich auf eine mir von Domenico Lovisato über Veranlassung von Salfeld zur Bestimmung zugesandte Aufsammlung. Es war Lovisato damals in erster Linie wohl um eine Vergleichung der sardinischen Pflanzen mit der Flora der Lunzer Trias mit den charakteristischen *Pterophyllum*-Arten zu tun, um seine Ansicht über das Vorkommen der Trias in Mittel- und Ostsardinien phytopaläontologisch zu stützen. Nach meinen Publikationen hatte er die Liebenswürdigkeit aus freien Stücken noch mehr Untersuchungsmaterial zu übersenden, welches ich wegen der durch den Weltkrieg verursachten argen Störung rein wissenschaftlicher Studien und psychischen Hemmungen nur allmählich, mit großen zeitlichen Unterbrechungen — denn die Arbeit war für mich nur in Wien durchführbar —, aufarbeiten konnte. Meine Altersbestimmung der vermeintlichen Triasflora als Doggerflora erfuhr dadurch noch weitere Stützen, denn es ergaben sich noch eine Reihe von wichtigen Arten, welche mit Arten von der Yorkshireküste identisch sind, sowie einige andere interessante Vorkommnisse.

## II. Fundorte und Erhaltungszustand.

Die Fundstätten, welche Lovisato ausbeutete, befinden sich in der Umgebung von Laconi. Die Hauptmasse der mir vorgelegten Reste stammt von Arcidano de Laconi, die übrigen von Costa de Mandera im Park des Marquis de Laconi in

Laconi, aus den Schichten Gres de Canali Oltastra bei
Cignoni und von Tupe Caniga. Von der letztgenannten
Lokalität stammen die am schlechtesten erhaltenen Belegstücke. In der Sammlung Lovisato befinden sich aber auch
zahlreiche Stücke von genügend guter, seltener von sehr
guter Erhaltung, so daß es möglich war, durch genaue Untersuchung die Zusammensetzung der fossilen Juraflora von
Laconi mit Sicherheit festzustellen und eine monographische
Bearbeitung anzubahnen.

Da ich mangelnder Detailetikettierung der Belegstücke
halber nicht in der Lage bin, die einzelnen Lokalflorulen
genau abzugrenzen, muß ich diese Zusammenstellung dem
bodenständigen Forscher empfehlen, dem durch meine Determinierung der numerierten Stücke seiner Kollektion der
Weg hierzu geebnet ist.

Es wird für den Zweck der vorliegenden Arbeit wegen
der nötigen Kürze der Zitation am besten sein zu unterscheiden:

Lov. *A*: Nr. .... Die Aufsammlung von verschiedenen
Lokalitäten, welche meiner Enumeratio von 1913 zugrunde
liegen, und

Lov. *B*: Nr. ... die Aufsammlungen, welche mir nach
diesem Zeitpunkte vorlagen.

Die meisten der von mir untersuchten Pflanzenreste
liegen in einem tonigen Medium eingeschlossen. Speziell für
Lov. *B* gilt folgendes: Die Pflanzenreste liegen teils in einem
weißen bis gelblichen zum Teil zerfallenden feinkörnigen
geschichteten Sandstein (Lov. *B*: 1 bis 63), teils in einem
mehr oder weniger dunkel oder heller braungrauen Ton
(Lov. *B*: 64 bis 128), teils in einem festen eisenschüssigen
Sandstein (Lov. *B*: 129 bis 133). Die im letzteren bisher
zutage geförderten Reste sind jedoch leider von so schlechter
Erhaltung, daß ihre Bestimmung unmöglich war.

## III. Catalogus systematicus

plantarum fossilium in stratis jurassicis formationis Dogger
insulae Sardiniae detectis (Flora fossilis Laconiensis).

## Die fossile Doggerflora von Laconi in Sardinien.

Da fast alle Arten der Flora fossilis Laconiensis in der Doggerflora der Yorkshireküste Englands vertreten sind, werden sie im nachfolgenden Katalog in der Reihenfolge erörtert, die in A. C. Seward: The Jurassic Flora (I. The Yorkshire Coast, London 1900; II. Liassic and oolitic floras of England [excluding the inferior oolite plants of the Yorkshire Coast], London 1904) eingehalten wird. Bekanntlich bildet dieses Werk den III. und IV. Teil des Catalogue of the Mesozoic Plants in the Department of Geology British Museum (Natural History).

Bei jeder Art, welche mit einer der Doggerflora Englands identisch ist, wird das genannte Werk kurz zitiert: Sew. I, p. .., respektive Sew. II, p. ... Weiters wird stets gegebenen Falles meine Enumeratio (Kr. 13) und meine Williamsonia-Abhandlung (Kr. 12) zitiert werden. Wo es notwendig ist, wird auch andere Literatur angegeben. Es handelt sich dabei nur um die Begründung der Bestimmung, respektive der Nomenklatur in kürzester Form.

Bezüglich der Zitation der Belegstücke aus den Aufsammlungen Lovisato's wolle man die Ausführungen im vorhergehenden Kapitel nachsehen.

### Equisetites columnaris Brongn.

Sew. I, p. 53.

Lov. *B*: 1 (über 30 *cm* langes Stammfragment, mehrere Internodien, Oberflächen verschieden tiefer Gewebezonen). 2. (1 bis 4), 3, 4 (1, 2: Scheide), 5, 6 (Scheide), 7 bis 13 (meist ansehnliche Stammoberflächen oder Steinkerne), 17 (verschiedene Erhaltungszustände, auch geringfügige *Pagiophyllum Williamsoni*-Reste und *Sagenopteris*-Spreitenteil), 18, 21 (Stammfragment mit Knoten im Abdruck der Oberseite und Hohldruck, auch *Ptilophyllum pecten*), 23, 31 (normale *Equisetites*-Oberfläche mit aufgelagerter *Sagenopteris Goeppertiana*), 32, 42 (Diaphragma, auch Sproß von *Pagiophyllum Williamsoni*), 44 (reichlich verzweigtes Stammfragment, auch *Williamsonia acuminata*), 51 (Diaphragma, schiefer Querbruch), 52 (Diaphragma), 53 (Scheide, auch ein Fragment einer Primärfieder von *Dictyophyllum rugosum*), 54 (1: Diaphragma, 2: gänzlich zerquetsches Fragment), 59 und 60.

Ich habe sämtliche Reste unter *Equisetites columnaris* subsummiert, da ich zur Ansicht gelangt bin, daß *Equisetites Beani* (Bunb.) Sew. (1851) lediglich die dickeren Achsen (in der Kollektion Lovisato übrigens die Hauptmasse der besser erhaltenen *Equisetites!*) desselben Typus repräsentiert, dessen dünnere Achsen die typischen *Equisetites columnaris* Brongn. (1828) darstellen.

## Laccopteris Presl.

Sew. I, p. 77. — Kr. 13.

Die Abgrenzung der Arten, welche gewöhnlich dieser Gattung zugezählt werden, ist schwierig. Sie wird erst mit Sicherheit gelingen, wenn sie an vollständigeren Resten, als sie zumeist beschrieben wurden, auch nach ihrer geologischen und geographischen Verbreitung studiert werden können. Es kommt nicht allein auf Schnitt, Abgrenzung und Nervation der Fiederchen, sondern auch auf die Lage und Beschaffenheit der Sori und der Sporangien an. Eine weitere Schwierigkeit liegt auch in der Abgrenzung von *Laccopteris* gegenüber *Gutbiera, Andriania* und *Nathorstia*.

Aus Sardinien liegen bisher ganze Primärfiedern nicht vor, wohl aber sowohl sterile als fertile Fiederchen, auch einzelne Spindelfragmente mit mehreren Fiederchen.

Zunächst kann man relativ breite und lange und schmälere kürzere Fiederchen unterscheiden. Die ersteren lassen sich jedoch trotz habitueller Ähnlichkeit nicht mit Sicherheit der bisher aus dem englischen Kimmerridge und aus der Wealdenformation bekannten *L. Dunkeri* Schenk unterordnen, sie gehören aber auch nicht zu *L. polypodioides* Brongn., welches für den Dogger von England charakteristisch ist. *Nathorstia* Heer liegt nach der Beschaffenheit der Sori zu schließen, sicher nicht vor. Wir haben einen *Laccopteris*-Typus vor uns, dessen Fiederchen 8 *mm* Breite und beträchtliche Länge besitzen (Lov. *A*: 18 ein Fragment von 60 *mm!*)

dessen kreisrunde Soren knapp an die Mittelnerven gereiht sind, einen Durchmesser von einem Drittel der halben Fiederchensspreite besitzen und aus zahlreichen Sporangien bestehen. Diese sardinische *Laccopteris* gleicht sehr einer *Laccopteris* aus dem Unterlias von Steierdorf im Banat, welche von Stur als *L. spectabilis* nom. mus. signiert wurde. Bei *Laccopteris polypodioides* Brongn. sind die Sori vom Mittelnerv um ein Nervenfeld entfernt gestellt (Sew. I, Fig. 11 *B*). Im Inf. Oolit von Stamford kommt übrigens auch eine *Laccopteris* vor, welche von Seward als höchst wahrscheinlich zu *L. polypodioides* gehörig betrachtet wird (Seward, Matonia p. 198, fig. 9 *C*; reproduziert Sew. I, fig. 11 *C*), bei welcher jedoch die Sori knapp an die Mittelnerven gereiht sind! Dieser Typus scheint bisher nur in spärlichen Fragmenten bekannt zu sein. Nach der zitierten Abbildung ist die Nervatur reicher gegabelt als bei der typischen *L. polypodioides*. Es liegt mir übrigens aus Sardinien auch ein Belegstück vor (Lov. *B*: 73), welches diesem Nervationstypus vollkommen entspricht.

Mit *Laccopteris Woodwardi* (Leckenby) Sew. stimmen Lov. *A*: 81 und Lov. *B*: 87 sehr gut überein.

Die *Laccopteris* mit schmäleren Fiederchen stehen der *Laccopteris elegans* Presl im Schnitt der Fiederchen, Nervatur und Ausbildung der Sori so nahe (Lov. *A*: 53 *a, b*), daß sie davon kaum getrennt werden können.

Zu *Laccopteris* gehören:

Lov. *A*: 3 und 18 (cf. *L. spectabilis*), 53 *a, b* (*L. elegans*), 81 (*L. Woodwardi*).

Lov. *B*: 37 (*L. elegans*, mit *Ptilophyllum pecten* und *Cheirolepis setosus*), 64 (cf. *L. spectabilis*, Spindelfragment mit 9 Fiederchen), 73 (1, 2: cf. *L. »polypodioides«* von Stamford) zeigt ein 1 *cm* breites Fiederchenfragment mit prachtvoll erhaltener Nervatur, 74 (1, 2), 76 bis 78, 80, 82 bis 85, 86 (1, 2: schmälere Fiedern), 95 (mit ? *Sporocarpium* von *Sagenopteris*).

### Todites Williamsoni (Brongn.) Sew.
Sew. I, p. 87. — Kr. 13.

Lov. *A*: 5, 6, 12, 30, 63; 8 (im Sandstein). Auf einzelnen Stücken mit *Ptilophyllum pecten* und *Coniopteris hymenophylloides*.
Lov. *B*: 43 zweifelhaft!

### Coniopteris hymenophylloides (Brongn.) Sew.
Sew. I, p. 99. — Kr. 13.

Lov. *A*: 7, 17, 23, 27, 30, 31 bis 33, 60, 61. Auf einzelnen Stücken mit *Ptilophyllum pecten, Nageiopsis anglica, Baiera Phillipsi, Todites Williamsoni*.

### Coniopteris cf. arguta L. et H.
Sew. I, p. 115. — Tornquist (04), p. 158; T. 4, F. 5.

Besitzt geringere Dimensionen als die englische Pflanze. Im Jura von Crispisu bei Belvi.

### Dictyophyllum rugosum L. et H.
Sew. I, p. 122.

Lov. *B*: 47 (1: Mehrere Fiedern erster Ordnung in beträchtlichen Fragmenten), 55 (mit *Araucarites sardinicus*), 49 (1: wahrscheinlich hierhergehöriger undeutlicher Abdruck einer Gabelung mit *Nilssonia compta*; 2: undeutlicher Abdruck einer Gabelung).

### Klukia exilis (Phill.) Racib.
Sew. I, p. 130. — Kr. 13.

Lov. *A*: 70*a*. Das einzige Belegstück.

### Cladophlebis denticulata (Brongn.) Font.
Sew. I, p. 134. — Kr. 13.

Lov. *A*: 64 (Bruchstück einer Fieder vorletzter Ordnung mit kleineren, also mehr spitzennahen Fiedern letzter Ordnung vom Typus *Neuropteris ligata* L. et H.).

## Taeniopteris vittata Brongn.

Sew. I, p. 157. — Kr. 13.

Lov. *A*: 45 und 72, bloß Laminarfragmente, daher die Artbestimmung nicht sicher, wenn auch sehr wahrscheinlich. Lov. *B*: 45 (Blattspitze).

## Sagenopteris Goeppertiana Zigno.

1865. Zigno A. de: Enum. filic. foss. form. oolit., p. 36.

1867. Zigno A. de: Flora foss. form. oolit. I, p. 188, tab. 21 et 22.

1874. Schimper Ph.: Traité III, p. 518.

Lov. *B*: 31 (stark asymmetrische basale Fiederhälfte, auch *Equisetites* Oberfläche), 35 (1: mit *Cheirolepis setosus*, auf der Rückseite *Nilssonia compta*), 38 (1: Gegendruck zu 31. Fast vollständige Fieder, auch Querbruch von *Equisetites columnaris*, Fragmente von *Laccopteris*), 39 (fast vollständige Fieder), 40 sowie 41 und 49 basale Partien einzelner Fiedern.

95 (Abdruck eines *Sporocarpiums*, ähnlich dem von *Marsilea*), 99 und 101 (? Sporocarpien, undeutliche Abdrücke.)

Sowohl gewisse Formen von *Sagenopteris Phillipsi* (Brongn.) Sternb. des englischen Dogger, als von *Sageno-pteris rhoifolia* Schenk des deutschen Unterlias gleichen habituell ziemlich der *Sagenopteris Goeppertiana* Zigno. Bei der letzteren sind die Fiedern stumpf abgerundet, die Mittelader aber breit und bis zur Spreitenmitte reichend. Siehe in dieser Beziehung Sew. I, p. 165, und Salfeld (09, p. 19).

*Sagenopteris Goeppertiana* (inklusive *rotundata, Brauniana* und *Brognartiana* als Entwicklungszuständen) wurde von Zigno aus dem *Oolith* des Val Zuliani bei Roverè di Vela im Veronesischen beschrieben. Sie ist anscheinend für das südeuropäische Juragebiet charakteristisch.

## Baiera Phillipsi Nath.

Sew. I, p. 279· — Kr. 13.

Lov. *A*: 28 (mit *Coniopteris hymenophylloides* und *Ptilo-phyll pecten*).

## Czekanowskia Murrayana (L. et H.) Sew.

Sew. I, p. 279. — Kr. 13.

Lov. *A*: 20, 50, 56, 58. Einzelne Belegstücke auch mit *Nilssonia compta*, *Ptilophyllum pecten*, *Spiropteris*.

Lov. *B*: 79 zeigt Bruchstücke sehr feiner Nadeln, wohl zu einer anderen Art (cf. *Cz. setacea* Heer) gehörig. Es kann sich aber auch um der Länge nach zerfaserte *Murrayana*-Nadeln handeln.

## Nilssonia compta (Phill.) Brongn.

Sew. I, p. 223. — Kr. 13.

Lov. *A*: 50 (mit *Czekanowskia Murrayana*).

Lov. *B*: 34 (Blattspitze), 35 (1, 2: Mittelpartie des Blattes, 35/1 zeigt auch eine *Sagenopteris Goeppertiana* Fiederbasis und *Cheirolepis sardinicus*), 36 (mittlere Blattpartie), 45 (1 und 2: Spreitenfragmente), 49 (Fragment, auch die Basis der Verzweigung eines *Dictyophyllum*-Blattes) 63 (Spreitenfragment). Hierher dürften auch 97, ein warziger Karpolith und 42, Blattstiele, gehören.

Die Mehrzahl der mir vorgelegenen Reste zeigen breite Spreiten und den Übergang der ungeteilten in die segmentierte Spreite. Die Reste repräsentieren überdies teils die breitspreitige Form, welche Seward I, p. 227, Fig. 40, abgebildet hat, oder sie stehen ihr wenigstens in den Dimensionen wenig nach. Die Breite einer Spreitenhälfte aus der Mittelpartie bewegt sich, querüber vom Medianus zum Blattrand gemessen, bei den verschiedenen Exemplaren zwischen 3 und 5 *cm*! Die Dichte der Nervation entspricht vollkommen der Darstellung in der zitierten Seward'schen Abbildung.

Es ist übrigens nicht unwahrscheinlich, daß sich die breitspreitigen, gegenwärtig zu *Nilssonia compta* gestellten Exemplare aus dem Dogger von England und Sardinien beim vergleichenden Studium größeren Materiales als eigene Art erweisen werden. Auch für die breitspreitigen Exemplare von *Nilssonia orientalis* des Kimmeridge besteht diese Möglichkeit.

Die Gattung *Nilssoniopteris* Nath. (Nathorst 09, p. 29), im englischen Dogger *Nilssoniopteris tenuinervis* Nath., ist nach den Nervationsverhältnissen — sie ist bekanntlich durch randnahe, wenn auch spärliche Gabelungen einzelner Sekundärnerven charakterisiert — für die sardinischen Fossile ausgeschlossen.

### Otozamites Beani (L. et H.) Brongn.

Sew. I, p. 207. — Tornquist (04), p. 157 et tab. 4, fig. 4.

Nach Tornquist ähnlich, vielleicht identisch mit *Otozamites Canossae* Zigno aus dem Lias (*calcare grigi*) des Veronesischen.

Im Jura von Crispisu bei Belvi.

### Otozamites Lovisatoi F. Krasser.

Kr. 13, p. 5: Diagnose und Unterschiede von ähnlichen Arten.

Lov. *A*: 59 (*a, b*). Eine Art aus der Saporta'schen Gruppe des *O. brevifolius* F. Br. Steht dem *O. recurrens* Sap., sowie *O. vicentinus* Zigno und *O. veronensis* Zigno nahe.

### Ptilophyllum pecten (Phill.) Morris.

1841. Morris J., Remarks upon the recent and fossil Cycadaceae. Ann. and Mag. Nat. History, vol. 7, p. 117.
1904. Tornquist A., Beitr. z. Geol. d. westl. Mittelmeerländer I. N. J. f. M. G. u. Pal., Beilagebd. 20, p. 155; t. 4, F. 1—3.
1912. Krasser F., *Williamsonia* in Sardinien. Sitzb. Akad. Wiss. Wien, m.-n. Kl., Bd. 121, Abt. I, p. 26, Textfig. 15 auf p. 27.
Synon.:

*Williamsonia pecten* (Phill.) Sew. ex p.

Sew. I, p. 190 ex p. — Kr. 13.

Lov. *A*: 1 (1 bis 6, 8 bis 12), 2 (1), 3 (1, 2, 4 bis 10), 5 bis 10, 12*a*, 13, 15, 18 (3), 26, 28, 30, 31*a*, 33 (5), 58, 60*a, c*. Im Sandstein 74 bis 79, 2*a, b*. An einzelnen Stücken fanden sich außerdem *Todites Williamsoni, Coniopteris hymenophylloides, Baiera Phillipsi, Czekanowskia Murrayana*. Näheres Kr. 13.

Lov. *B*: 19 (mehr terminale Partie), 20 (mit *Equ. colum-naris* und *Pagiophyllum Williamsoni*), 25 (mit *Equisetites columnaris*), 37 (ansehnliches Blattfragment mit *Laccopteris elegans* und *Cheirolepis setosus*), 48 (Blattspitze, mit *Cheirolepis setosus* und stark mazerierter *Equisetites* Rindenober-fläche), 63 (1: mittlere Blattpartie), 65 (kleines Fragment mit basalen Fiedern).

Von Tornquist angegeben für Zentralsardinien zwischen Laconi und Nurallao und für Ostsardinien von Seulo.

Seward hat l. c. die Art außerordentlich weit gefaßt, Nathorst, Halle und andere sind ihm jedoch in dieser allzu weiten Fassung nicht gefolgt, auch die Gattungs-bezeichnung *Williamsonia* für diese Cycadophytenbeblätterung mußte aufgegeben werden, da für verschiedene der unter *Williamsonia* zusammengefaßten Cycadophyten-Blütentypen das zugehörige Laub unter den Vertretern verschiedener Gattungen erkannt wurde, wie *Ptilophyllum, Anomozamites, Otozamites, Zamites.*

### Zamites sp.

Lov. *B*: 33 (1 bis 3). Nur drei Abdrücke kleiner Frag-mente. Spindelbruchstücke mit einigen unvollständigen Fiedern letzter Ordnung, die sich gegenwärtig nicht näher bestimmen lassen. Spindel bei zwei Stücken 2 *mm*, bei einem 4 *mm* breit. Fiedern mit breiter, etwas verjüngter Basis auf der Spindel inseriert; Länge unbekannt, jedoch über 22 *mm*, von zahlreichen sehr zarten Längsnerven in kaum strahliger Anordnung durchzogen. Fiederbreite am Rande der 4 *mm* breiten Spindel etwa 9 *mm*, Verbreiterung auf 10 *mm*.

Das in Rede stehende Fossil erinnert habituell auch an gewisse *Pterophyllum* der Rhät-Liasflora und selbst der Trias, es zeigt jedoch nicht die für *Pterophyllum* charakteristischen Gabelnerven. Es erinnert auch an *Pseudoctenis Lanei* Thomas aus der Doggerflora von Marske im Cleveland-District (England) (Thomas 13, p. 242, tab. 24, fig. 4, tab. 26), dem wider-spricht aber der Ansatz der Fiedern, wonach eben die Ent-scheidung zugunsten der Einreihung in die Gattung *Zamites* fällt. Über die Umgrenzung der Gattung *Zamites* verweise ich auf die klaren Ausführungen von Thore G. Halle (13, p. 55) in seiner mesozoischen Flora von Grahamland.

### Podozamites lanceolatus (L. et H.) Schimp.

Sew. I, p. 242. — Zigno A. de: Flora foss. form. oolit. II, p. 119.

Lov. *B*: 66 (1), 67, 68 (1, 2), 96 (1, 2). — Durchaus in den Details sehr schöne Abdrücke einzelner Fiedern, jedoch sämtlich unvollständig.

### Williamsonia Carr.

Sew. I, p. 177 ex parte. — Kr. 12, 13, 15, daselbst weitere Literatur!

### Williamsonia Leckenbyi Nath.

Kr. 12, Fig. 1 bis 8; Kr. 13.

Lov. *A*: 44, 48, 49 (3, 4), 54 (*a*, *b*). — Panzerzapfen in verschiedenen Erhaltungszuständen.

Ohne Nummer: Herausgedrückter Inhalt eines Panzerzapfens mit den Samen.

### Williamsonia Sewardi F. Krasser.

Kr. 15, p. 8, tab. 3, fig. 4 et 5.

Synon.:

*Williamsonia whitbiensis* F. Krasser non Nath.

Kr. 12, fig. 13 et 14. — Kr. 13.

Lov. *A*: 49 (1, 1*a*). — Verschiedene Erhaltungszustände.

### Williamsonia acuminata (Zigno).

Synon.:

1885. *Blastolepis acuminata* Zigno, Fl. foss. form. ool. 2, p. 175 et tab. 13, fig. 10.

1888. *Williamsonia italica* Saporta, Pl. jur. vol. 4, p. 180 et tab. 150, 151.

Lov. *B*: 41 (2) und 42 (2) Involukralblattfragmente, 44 (1 bis 4) mehrere zusammenneigende Involukralblätter, 1 und 2 zusammen mit *Araucarites sphaerocarpus*, 61 (1 bis 4) Fragmente einzelner Involukralblätter, auf 1 und 2 Samen ähnlich denen von *Williamsonia Wettsteini* Kr. 12, fig. 9, und den an Lov. *A* (ohne Nummer) unter *W. Leckenbyi* erwähntem

zerquetschten Panzerzapfen ersichtlichen Samen, welche bei
Kr. 12, fig. 7, abgebildet sind.

Die Reste zeigen gute Übereinstimmung mit den von
Achilles de Zigno 1885 als *Blastolepis acuminata* aus Oolith
von Rotzo im Gebiete der Sette Comuni im Vizentinischen
beschriebenen Fossil, welches Saporta 1888 in der Paléontologie française nach einer ihm von Zigno zur Verfügung
gestellten Zeichnung unter Reproduktion derselben zutreffen-
der als *Williamsonia* charakterisierte (*W. italica* Sap.) und
mit einer genauen Diagnose versah, ohne jedoch auf Zigno's
Beschreibung Bezug zu nehmen. Der Schluß des 4. Bandes
erschien zwar erst 1891, Saporta zitierte jedoch, offenbar
versehentlich, *Blastolepis acuminata* Zigno an keiner Stelle.

Auch Schenk erwähnt diese Reste weder in seiner
Paläophytologie, noch in seinem Werke: Die fossilen Pflanzenreste (1888).

Erwähnenswert ist, daß Zigno eine *Blastolepis Otozamitis*
beschrieb und abbildete (l. c., p. 174, und tab. 42, fig. 9),
d. i. eine *Williamsonia*, welche sichtlich in situ von klein-
fiederiger *Otozamites*-Beblätterung umgeben ist. Leider ist der
betreffende Rest nicht von bester Erhaltung. Es kann sich
um eine *W. acuminata* handeln. Als *Blastolepis* hat übrigens
Zigno wahrscheinlich sowohl weibliche (seine *B. acuminata*)
als auch männliche Williamsonien (*B. falcata*, l. c., p. 175,
tab. 42, fig. 11) beschrieben, denn die letztere gleicht habituell
ziemlich einer *Williamsonia spectabilis* Nath., Sew. I, p. 28,
erklärt die Zigno'schen *Blastolepis* als *Williamsonia* sp. Er
beschreibt und bildet ab in seiner Kimmeridgeflora von Sutherland (Sew. 11, p. 61 et tab. 5, fig. 99) ähnliche kleinere
Reste als »*Williamsonia* sp.« und vergleicht sie mit *Blastolepis Otozamitis* Zigno, *Williamsonia cretacea* Heer, *W.
microps* Feistm. und *W. oregonensis* Font. In diese Reihe
kann man auch *W. Froschii* Schust., *W. Fabrei* (Sap.)
Schust. und *W. pseudo-gigas* Schust., sowie *W. infracretacea*
Schust. (Schust. 11, tab. 4—6, fig. div.) einfügen. Es sind
durchaus Williamsonien, die noch näherer Erforschung
bedürfen.

### Laconiella nov. gen. et nov. sp.

Kräftige Hauptachse mit verschoben-gegenständigen, dünnstieligen, keulenförmigen Seitenachsen (im Abdruck von löffelförmiger Gestalt).

Die Hauptachse des Fragmentes fast 40 *mm* lang, 2 *mm* breit, läßt beiderseits die Ursprungsstellen von 6 Seitenachsen (Stiel 1 *mm* breit bis 3 *mm* Länge wenig verbreitert, dann die keulige Verdickung von 4 *mm* Länge und 4 *mm* größter Breite nahe der Rundung) erkennen, von denen jederseits jedoch nur 4 teils sehr gut, teils deutlich erkennbar erhalten sind. Zum Teile noch mit Kohlebelag.

*Laconiella* erinnert habituell an den weitaus schmächtigeren *Discostrobus Treitlii* F. Krasser (17, p. 47, tab. 1, fig. 5, 6) von Lunz, welcher aber nicht keulige, sondern scheibentragende Achsen besitzt und als Synangienträger anzusehen ist. Ob auch *Laconiella* als Synangienträger anzusehen ist oder ob es einen Samenträger darstellt, läßt sich gegenwärtig nicht entscheiden.

Dieselbe sparrige Verzweigung finden wir auch bei den wohlcharakterisierten Samenträgern, die als *Beania* Carr. und *Stenorrachis* Sap. bekannt sind.

### Laconiella sardinica nov. gen. et nov. sp.

Die Diagnose dieser bisher einzigen Art deckt sich mit vorstehender Beschreibung, welche der Gattungscharakterisierung dient.

Lov. *B*: 24 (mit geringfügigen, schlecht erhaltenen *Pagiophyllum Williamsoni*).

*Laconiella sardinica* nannte ich das Fossil, um durch den Namen an die fossile Flora von *Laconi* in Sardinien zu erinnern.

### Cycadeospermum Sap.

Da wir die Gattung *Nilssonia* nachgewiesen haben, muß auch die Frage erörtert werden, ob auch die Samen derselben vorhanden sind. Selbst nach den Untersuchungen von Nathorst (09, *Nilssonia*) wissen wir über die Samen von

*Nilssonia* noch nicht sehr viel. Er sagt darüber (l. c., p. 25): »Diese Samen müssen zu äußerst eine dicke und harzreiche Fleischschicht, etwa wie bei *Gingko* oder *Cycas* gehabt haben, während eine Hartschichte entweder fehlte oder nur wenig entwickelt war. Denn wenn eine kräftige Hartschicht wie bei *Cycas* oder *Gingko* vorhanden gewesen wäre, dann können die Samen unmöglich so flachgedrückt vorkommen, wie sie tatsächlich vorliegen. Die Hartschicht muß daher vermutlich durch eine weiche oder dünne Schicht ersetzt gewesen sein: die Samen von *Nilssonia pterophylloides* (tab. 6, fig. 1, 8), dagegen sind die Samen von *N. brevis* (tab. 6, fig. 14—16) und *N. polymorpha* kugelförmig und dürften schwer voneinander zu trennen sein. Ich halte es nicht für unmöglich, daß *Stenorrachis scanicus* Nath. die weibliche Blüte von *Nilssonia* sein kann.«

Wenn man die zitierten Nathorst'schen Abbildungen mit meinen Abbildungen von *Cycadeospermum Persica* (Kr. 12, fig. 11 *a*, *b*) und *C. Lovistoi* (ibid. fig. 12 *a*, *b*, *c*) vergleicht, könnte man auf die Vermutung kommen, es lägen Abdrücke von *Nilssonia*-Samen vor. Das kann aber nach den zitierten Angaben Nathorst's nicht der Fall sein, denn es handelt sich bei den sardinischen *Cycadeospermum*-Arten um Karpolithe mit grubiger Oberfläche des Steinkernes. Siehe die diesbezüglichen Ausführungen in meiner zitierten Abhandlung über *Williamsonia* in Sardinien. Ähnliche, jedoch deutlich verschiedene Karpolithe finden sich sowohl in der Rhät-Liasflora Frankens als im Oolith Norditaliens.

### Cycadeospermum Persica F. Krasser.

Kr. 12, p. 15 et tab. 2, fig. 11 *a*, *b*. — Kr. 13.

Lov. *A*: 40 (1 bis 4), 43.

### Cycadeospermum Lovisatoi F. Krasser.

Kr. 12, p. 15 et tab. 2, fig. 12 *a*, *b*, *c*. — Kr. 13.

Lov. *A*: 40 (5, 7); 41 (1, 2, 3, 5, 6).

### Nageiopsis anglica Sew.

Sew. I, p. 288, fig. 51. — Kr. 13.

Lov. *A*: 33 (14) mit *Coniopteris hymenophylloides*.
*Nageiopsis anglica* wird von Nathorst (80, Berättelse, p. 73) mit *Araucaria Bidwilli* Hook. verglichen.

### Pagiophyllum Williamsoni (Brongn.) Sew.

Sew. I, p. 291. — Kr. 13.

Lov. *A*: 9 (*a*, *b*), 10, 73, 80. — Besonders 73 zeigt die Beblätterung sehr gut erhalten und zugleich *Ptilophyllum pecten*. Quer- und Längsbruch eines Zapfens (Dimensionen, 45 : 25 *mm*) zeigt 9.

Lov. *B*: 14, 27, 29, 51 (2), 107, 122 (1, 2). — Sehr stark mazeriert sind 27, 51 und 107. Abgetrennte und sich ablösende Schuppenblätter sowie den Holzkörper zeigt 27. Auf Handstück 122 erblickt man Triebspitzen. Die Zugehörigkeit des Zapfens, Lov. *A*: 9, mag zweifelhaft erscheinen, ist jedoch ziemlich wahrscheinlich, da im Gestein keine andere in Betracht kommende Konifere vorkommt als *Pagiophyllum Williamsoni*, welches von Saporta (Plant. jur. 3, p. 373) als zur Familie der Araucarien gehörig betrachtet wird. Die Oberfläche des Zapfens (im Hohldruck erhalten) stimmt übrigens mit *Araucarites ooliticus* (Carr.) Sew. (Sew. I, p. 133 und Figuren) überein, doch besitzt letzterer weitaus bedeutendere Dimensionen.

### Cheirolepis setosus (Phill.) Sew.

Sew. I, p. 294. Textfig. 53 *A, B*.

Lov. *B*: 15 (1 bis 3), 19 (mit *Pagiophyllum Williamsoni* und *Ptilophyllum pecten*), 22, 26, 28, 30 (1, 2), 35 (1, 2; 1: mit *Nilssonia compta* und *Sagenopteris Goeppertiana*), 37 (mit *Laccopteris elegans* und *Ptilophyllum pecten*).

Besonders die zitierte Fig. *A* zeigt beste Übereinstimmung. Das Fossil bedarf noch weiteren Studiums. Auch im Dogger Englands fanden sich bisher nur wenige Exemplare.

Conf. **Pityophyllum Nordenskiöldi** (Heer) Nath.

Nathorst 97, Spitzbergen, p. 18.

Lov. *B*: 89 (Blattfragment mit der Querrunzelung, 91 (Oberseite).

Man kann die wenigen Belegexemplare vorläufig nur mit denen von Heer aus dem braunen Jura des Kap Boheman auf Spitzbergen in Beziehung bringen. Es ist bekannt, daß die Querrunzelung zuweilen auch an Sequoia und Taxitesblättern zu sehen ist (Nath. 97, p. 18). Im Dogger von England kommt *Pityophyllum* nicht vor, wohl aber eine *Taxites zamioides* (Leckenby) Sew., Sew. I, p. 30 et tab. 10, fig. 5, welche in Betracht käme. Da die Blattbasis nicht erhalten ist, läßt sich nicht entscheiden, ob etwa ein Erhaltungszustand von *Taxites* vorliegt.

## Thuites expansus Sternb.

Sew. II, p. 142. — Kr. 13.

Lov. *A*: 66.

## Brachyphyllum mamillare Brongn.

Sew. I, p. 297. — Kr. 13.

Lov. *A*: 1 mit *Ptilophyllum pecten.*

## Araucarites sardinicus F. Krasser.

Synon.:

*Cycadeospermum sardinicum* Kr. 12, p. 14, fig. 10. — Kr. 13.

Lov. *A*: 42.

Lov. *B*: 44 (mit *Williamsonia acuminata*), 50 (1, 2), 55 (mit *Dictyophyllum rugosum*), 56, 57 (1: mit *Sagenopteris Goeppertiana, Cheirolepis setosus* und *Williamsonia acuminata*; 2), 58.

Von *Araucarites sphaerocarpus* Carr. (Sew. II, p. 131; tab. 13, fig. 2—4, 8) ist unsere Art durch die bedeutende Größe des Samens unterschieden. Ich mußte diese Art ursprünglich nach dem Erhaltungszustand von Lov. *A*: 42 als ein *Cycadeospermum* bezeichnen, da dieses mir damals als einziges Belegstück vorliegende Exemplar nur den Samen

deutlich erkennen läßt: Länge 17 *mm*, Breite 12 *mm*, mit sich
scharf abhebender Randzone (Steinschale). Auffallend für
*Cycadeospermum* war der elliptisch-eiförmige Umriß. Erst die
in Lov. *B* vorliegenden Exemplare, besonders 50 (2) und 56
zeigen, daß es sich um einen *Araucarites* handelt, da an
diesen Exemplaren die umschließende Fruchtschuppe deutlich
zu erkennen ist.

Mit *Araucarites* — man vergleiche auch die Samen der
rezenten *Araucaria Bidwelli* — stimmen nun alle Merkmale
sehr gut. Die rezenten *Araucaria*-Samen besitzen gleichfalls
eine massive Steinschale. 50 (1) zeigt die Samenkerne
deutlich, die umwachsene Schuppe hingegen undeutlich erhalten, während 58 wieder die stark mazerierte Oberfläche
der Schuppe aufweist.

Ähnlich sind die *Araucarites* der Juraflora Indiens, zum
Teil auch in der Größe der Samen, ferner die von Salfeld
(07, p. 198, tab. 21, fig. 2) aus den Plattenkalken von
Nusplingen im Malm von Württemberg als »Zapfenschuppen
von *Araucaria*?« und die vom selben Autor (09, p. 25, tab. 5,
fig. 14) als »*Cycadeospermum* (?) *Wiltei*« aus dem Korallen-
oolith von Lindenberge bei Hannover beschriebenen Vorkommnisse.

Im Dogger von England ist jedenfalls *Araucarites
sphaerocarpus* Carr. aus dem Inferior Oolite von Brutton,
Somersetshire, habituell das Analogon zur sardinischen Art.
Die Ähnlichkeit ist möglicherweise größer, als die Seward-
schen Abbildungen erkennen lassen, da sie vielleicht nur
unreife Zapfenschuppen darstellen.

Von den aus Sardinien bisher bekannten Araucarieen-
Beblätterungen kommt wohl nur *Pagiophyllum Williamsoni*
in Betracht.

### Carpolithes Sternb.

Außer den Samen von *Williamsonia*, den *Cycadeospermum*-
Arten, dem *Araucarites sardinicus* finden sich noch kleine
Karpolithe von kreisförmigem Umriß und flacher Gestalt, mit
einem Durchmesser von 2 bis 4 *mm*.

Lov. *B*: 62 (1, 2), 66 (1, 2), 100.

Einen längsstreifigen flachen Karpolithen repräsentiert Lov. *B*: 100.

Schließlich seien noch erwähnt:

Lov. *B*: 41 (1, 3, 4, 5) und 42 (3, 4, 5): Farnspindeln.

Lov. *B*: 46. Ein narbentragendes Stammfragment, welches noch der Aufklärung durch neue Funde bedarf, mit folgenden Merkmalen:

**Sardoa Robitschekii** nov. gen. et nov. sp.

Abdruck einer Stammoberfläche (etwa 8 $cm^2$ erhalten) mit einigen in Quincunx angeordneten querrhombischen Blattnarben mit undeutlichen Gefäßbündelspuren. Letztere jedenfalls nicht hufeisenförmig. Die Narben messen 5 : 3 *mm*.

Am ähnlichsten erscheint mir Schuster's (11, tab. 3, fig. 9) Abbildung eines von ihm zu *Weltrichia mirabilis* F. Braun in Beziehung gebrachten Stämmchens. Die Narben von Lov. *B*: 46 sind jedoch weitaus größer.

Lov. *B*: 90 bis 94. Längsstreifige dünne Achsen, wahrscheinlich zu *Equisetites* gehörig.

Manche Stücke der Sammlung Lov. *B* zeigen nur sehr kleine Fragmente der gleichen oder von verschiedenen Arten, Detritus oder Häcksel, so Lov. *B*: 19: *Equisetites, Pagiophyllum, Cheirolepis*; Lov. *B*: 20: *Equisetites, Ptilophyllum, Pagiophyllum*; Lov. *B*: 127, vielerlei, nur *Pagiophyllum* erkennbar.

Lov. *B*: 110 bis 120 zeigen ein dünnes verzweigtes Rhizom. Nicht näher bestimmbar. In derselben Schichte kommt reichlich *Laccopteris* vor.

Wie die Durchsicht dieses Katalogus systematicus lehrt, setzt sich die Laconiflora zusammen aus echten Farnen verschiedener Familien, Rhizocarpeen, Ginkgophyten, Cycadophyten und Coniferen, darunter sicher Araucarieen. Außer Blattresten fanden sich nur wenige Blüten (*Williamsonia* in mehreren Arten, Panzerzapfen) und Samen (*Williamsonia, Cycadospermum, Araucarites, Carpolithes*), eine Cycadophyten angehörige Blüten- oder Fruchtspindel (Samenträger) als Vertreter einer neuen Gattung: *Laconiella*, ferner der

sehr fragmentarische Abdruck einer Stammoberfläche (wahrscheinlich einem Cycadophyten angehörend), fossiles Holz
(Lignit).

Die meisten Reste sind sehr stark beschädigt, zur Ablagerung gelangte viel Detritus und Häcksel.

## IV. Die Beziehungen der Doggerflora Sardiniens zu anderen Jurafloren.

In einer Ansprache an die Yorkshire Naturalist's Union
in Middelsborough hat vor Jahren Seward (10\*) neuerdings
die Zusammensetzung der Doggerflora von Yorkshire und
ihre Beziehungen zu den wichtigsten bis 1909 bekannt
gewordenen Jurafloren erörtert.

Mit Recht bemerkt Seward, daß die *Estuarine beds*
von East Yorkshire vom Standpunkte ihres Fossilgehaltes zu
den berühmtesten und interessantesten Schichten der Welt
gebören und führt des näheren aus, welche Bedeutung sie
seit William Smith für die Entwicklung der Stratigraphie
in der Geologie besitzen. In Form einer Tabelle gibt Seward
(11\*, p. 93) schließlich eine Übersicht über die geo-
graphische Verbreitung der charakteristischen Typen der
Yorkshire-Flora in den wichtigsten Floren der Jurazeit. Es
handelt sich ihm dabei nicht darum, identische Formen
nachzuweisen, sondern die Aufmerksamkeit auf das Vorkommen von ähnlichen Typen in diesen nicht in allen Fällen
gleichalterigen Floren zu lenken.

Auch die nach Seward's Erörterung erschienenen
Bearbeitungen von Jurafloren bestätigen diese Beziehungen.
Am interessantesten ist wohl die von Thore G. Halle (13)
publizierte Bearbeitung der fossilen Flora der Hope-Bay auf
Graham Land in der Antarktis. Sie hat unter 61 gut
charakterisierbaren Arten nicht weniger als 9 Arten mit der
Flora des mittleren Jura von England gemeinsam.

Im nachfolgenden seien nur zur Ergänzung der Seward-
schen Tabelle die auch in Sardinien vorkommenden
identischen Arten angeführt. Es sind: *Equisetites columnaris,*
*Chladophlebis denticulata, Coniopteris hymenophylloides, Dictyo-*
*phyllum rugosum, Laccopteris* cf. *polypodioides* (mindestens

die Form von Stamford), *Todites Williamsoni, Brachyphyllum mamillare, Podozamites lanceolatus, Czekanowskia Murrayana, Nilssonia compta.*

Von den Typen der Seward'schen Tabelle kommen in Sardinien nicht vor: *Sagenopteris* cf. *Phillipsi* (in Sardinien *S. Goeppertiana*), *Araucarites* cf. *Phillipsi* (in Sardinien der an *A. sphaerocarpus* anschließende *A. sardinicus* n. sp.), *Gingko* cf. *digitata* und *Baiera* cf. *gracilis* (in Sardinien jedoch *Baiera Philipsi*, wie in Yorkshire), *Otozamites obtusus* (in Sardinien *O. Beani* und *O. Lovisatoi*, ersterer auch in Yorkshire), *Dictyozamites* cf. *Haweli* (in Sardinien bisher kein *Dictyozamites* bekannt).

Von den in der Seward'schen Tabelle nicht angeführten Arten der Yorkshireflora kommen in Sardinien vor:

*Coniopteris* cf. *arguta, Kluckia exilis,* »*Laccopteris polypodioides*« von Stamford, *Laccopteris Woodwardi, Taeniopteris vittata, Otozamites Beani, Williamsonia Lackenbyi, Williamsonia Sewardi, Baiera Phillipsi, Thuites expansus, Nageiopsis anglica, Pagiophyllum Williamsoni, Cheirolepis setosus.*

Von den in Sardinien vorkommenden Arten sind in der Yorkshireflora nicht vorhanden:

*Sagenopteris Goeppertiana, Laccopteris* cf. *spectabilis, Laccopteris elegans, Zamites* sp., \**Laconiella sardinica,* \**Cycadeospermum Persica,* \**Cycadeospermum Lovisatoi, Williamsonia acuminata* cf. *Pityophyllum Nordenskiöldi,* \**Araucarites sardinicus,* \**Sardoa Robitscheki.*

Die bisher nur aus Sardinien bekannten Arten sind in der vorstehenden Liste mit * bezeichnet. Zwei Typen von *Carpolithes* wurden hierbei, weil unwichtig, nicht erwähnt.

Wie wir aus den vorstehenden Darlegungen entnehmen können, hat also die Doggerflora von Sardinien mit der Doggerflora der Yorkshireküste von weitverbreiteten Typen 10, von solchen beschränkterer Verbreitung 13 gemeinsam. Es sind identische Arten. Nicht in Yorkshire vertreten sind 14 Arten der Laconiflora; von diesen müssen bislang 5 als in Sardinien endemisch angesehen werden, während die übrigen, von den zwei irrelevanten Carpolithes abgesehen, auch außerhalb Sardiniens vorkommen, und zwar: *Sageno-pteris Goeppertiana* im Oolith von Norditalien; *Laccopteris* cf. *spectabilis* im Unterlias von Steierdorf; *Laccopteris elegans* in Rhätlias Floren von Bornholm, Deutschland und Polen; *Williamsonia acuminata* im Oolith von Norditalien; *Pityo-phyllum Nordenskiöldi* im Jura des arktischen Gebietes.

Es zeigt sich somit, daß von den wohl definierten Arten der Doggerflora Sardiniens, es sind ihrer 37, nicht weniger als 23 Arten mit Arten der Doggerflora (Inferior Oolithe) von Yorkshire identisch sind. Von Interesse ist noch, daß von den 9 Arten, welche nach Halle (13) die Flora des mittleren Jura von Grahamland mit der Yorkshireflora gemeinsam hat, 5 Arten auch im Dogger Sardiniens vorkommen, nämlich: *Todites Williamsoni, Cladophlebis denticulata, Coniopteris arguta, Kluckia axilis, Coniopteris hymenophylloides*, während die übrigen 4 Arten durch nahestehende Arten vertreten sind. Es sind Vertreter der Gattungen *Ptilophyllum, Araucarites, Pagiophyllum* und *Brachyphyllum*.

Befremdend sind im ersten Moment die geringen Bezie-hungen der Doggerflora Sardiniens zu den Jurafloren von Italien und Frankreich. Es erklärt sich jedoch zwanglos aus dem jüngeren geologischen Alter der letzteren. Die Juraflora von Venetien gehört dem Lower Oolithe an und aus Frank-reich sind nur aus der Umgebung von Nancy durch Fliche und Bleicher (82, Bull. soc. sci. Nancy) sehr schlecht erhaltene Pflanzenreste bekannt geworden, welche keine sichere Bestimmung gestatten. Die bekannten Jurapflanzen Frankreichs gehören dem Bathonien (obersten Dogger im Sinne von Oppel) und jüngeren Schichten an. Auffällig ist in der Doggerflora von Sardinien das spärliche Vor-kommen von *Otozamites*, welche Gattung sowohl in der Yorkshireflora, als auch in Venetien und Frankreich reich vertreten ist.

## Übersicht über die wichtigsten Ergebnisse:

1. Es konnten 37 sicher unterscheidbare Arten festgestellt werden, nämlich: *Equisetites columnaris* Brongn.*, *Laccopteris spectabilis* Stur nom. mus., *Laccopteris »polypodioides* Sew.« von Stamford!*, *Laccopteris elegans* Presl, *Laccopteris Woodwardi* (Leckenby) Sew.*, *Todites Williamsoni* (Brongn.) Sew.*, *Coniopteris hymenophylloides* (Brongn.) Sew.*, *Coniopteris* cf. *arguta* L. et H.*, *Dictyophyllum rugosum* L. et H.*, *Klukia exilis* (Phill.) Racib.*, *Cladophlebis denticulata* (Brongn.) Font.*, *Taeniopteris vittata* Brongn.*, *Sagenopteris Goeppertiana* Zigno*, *Baiera Phillipsi* Nath.*, *Czekanowskia Murrayana* (L. et H.) Sew.*, *Nilssonia compta* (Phill.) Bronn*, *Otozamites Beani* (L. et H.) Brongn.*, *Otozamites Lovisatoi* F. Krasser, *Ptilophyllum pecten* (Phill.) Morris*, *Zamites* sp.*, *Podozamites lanceolatus* (L. et H.) Schimp.*, *Williamsonia Leckenbyi* Nath.*, *Williamsonia Sewardi* F. Krasser*, *Williamsonia acuminata* (Zigno) F. Krasser (Synon.: *Williamsonia italica* Sap.), *Laconiella sardinica* F. Krasser n. g. et n. sp., *Cycadeospermum Persica* F. Krasser, *Cycadeospermum Lovisatoi* F. Krasser, *Nageiopsis anglica* Sew.*, *Pagiophyllum Williamsoni* (Brongn.) Sew.*, *Cheirolepis setosus* (Phill.) Sew.*, cf. *Pityophyllum Nordenskiöldi* (Heer) Nath., *Thuites expansus* Sternb.*, *Brachyphyllum mamillare* Brongn.*, *Araucarites sardinicus* F. Krasser, *Carpolithes* (2 Arten), *Sardoa Robitscheki* F. Krasser.

2. Von diesen 37 Arten sind 23 (mit * bezeichnet) identisch mit Arten der Doggerflora von Yorkshire.

3. Die übrigen 14 Arten sind nur zum Teil endemisch in Sardinien, nämlich 7 Arten; *Otozamites Lovisatoi* und *Zamites* sp. (Blätter), *Laconiella sardinica* (Pollensäcke oder Samen tragende Achse), *Cycadospermum* (2 Arten von Cycadophytensamen, nicht zu *Nilssonia* gehörig), *Araucarites sardinicus* (Samen in der Schuppe), *Sardoa Robitscheki* (vermutlich Cycadophyten-Stammoberfläche). Die beiden *Carpolithes*-Arten sind nicht charakteristisch. Die *Laccopteris*-Arten cf. *spectabilis* und *elegans* zeigen Beziehungen zur Liasflora.

*Sagenopteris Goeppertiana* und *Williamsonia acuminata* sind
Vorläufer der Lower Oolite Flora von Venetien. Das als
cf. *Pityophyllum Nordenskiöldi* determinierte Fossil ist etwas
problematisch.

4. Die aus den Juraschichten Sardiniens zutage geförderten
Pflanzen sind demnach die Repräsentanten einer typischen
Doggerflora, welche sich enge an die Flora des englischen
Inferior Oolite der Yorkshireküste anschließt.

5. Auffallend ist das spärliche Vorkommen von *Otozamites* (nur 2 Arten), weil diese Gattung sowohl in der
Yorkshireflora als im Jura von Frankreich und Norditalien
reich entwickelt ist. Von besonderem Interesse ist das Vorkommen von *Williamsonia*-Blüten (3 Typen).

# Literatur.

Arcangeli, A. (01). Contribuzione allo studio dei vegetali permo-carboniferi della Sardegna. Palaeontographia italiana, vol. 7, 1901.

Halle, Th. G. (13). The mesozoic flora of Graham Land. Wissensch. Ergebn. der schwed. Südpolar-Expedition 1901 bis 1903. Bd. 3, Lief. 14, Stockholm 1913.

Heer, O. (77). Beiträge zur Juraflora Ostsibiriens und des Amurlandes. Flora foss. artica, Bd. 4, Abh. 2, St. Petersburg 1877.

Krasser, F. (12). *Williamsonia* in Sardinien. Sitzungsber. der Akad. der Wissensch. in Wien, math.-naturw. Kl., Bd. 121, Abt. I, Nov. 1912.

— (13). Die fossile Flora der Williamsonien bergenden Juraschichten Sardiniens. Acad. Anz. 1913, Nr. 4, Sitzung der math.-naturw. Kl. vom 6. Februar 1913.

— (15). Männliche Williamsonien aus dem Sandsteinschiefer des unteren Lias von Steierdorf im Banat. Denkschr. der Acad. der Wissensch. in Wien, math.-naturw. Kl., Bd. 93.

— (17). Studien über die fertile Region der Cycadophyten aus den Lunzerschichten: Mikrosporophylle und männliche Zapfen. Denkschr. der Acad. der Wissensch. in Wien, math.-naturw. Kl., Bd. 94.

Lovisato, D. (03). Rendiconti R. Ist. Lomb. di sc. et lett. Serie 2, tom. 36, 1903.

Morris, J. (41). Remarks upon the recent and fossil Cycadaceae. Ann. and Mag. Nat. Hist., vol. 7.

Nathorst, A. G. (80). Berättelse, abgifven till c. Vetenskaps-Academien, om en med understöd af allmänna medal utförd vetenskaplig resa tell England. Öfvers. c. Veten. Acad. Förhandl. 1880, No. 5.

— (97). Zur mesozoischen Flora Spitzbergens. K. Svensc. Vet. Akad. Handl., Bd. 30. (Zur fossilen Flora der Polarländer, Teil 1, Lief. 2, Stockholm 1897.)

— (02). Beiträge zur Kenntnis einiger mesozoischer Cycadophyten. K. Svensc. Vet. Acad. Handl. Bd. 36, No. 4.

— (07—11). Paläobotan. Mitteilungen: 1—11. K. Svensk. Vet. Akad. Handl. Bd. 42, 43, 45, 46.

— (09). Über die Gattung *Nilssonia* Brongn. K. Svensc. Vet. Acad. Handl. Bd. 43, No. 12.

Salfeld, H. (07). Fossile Landpflanzen der Rhät- und Juraformation Südwestdeutschlands. Palaeontogr. Bd. 54.

— (09). Beitrag zur Kenntnis jurassischer Pflanzenreste aus Norddeutschland. Palaeontogr. Bd. 56.

Saporta, G. de (78). Paléontologie française. Ser. 2: Végétaux. — Plantes jurassiques, vol. 3 (p. 241—368 et tab. 166—185), Paris.

— (88). Plantes jurassiques, vol. 4 (p. 177—208 et tab. 249—254), Paris. Die Schlußlieferung erschien 1891.

Schenk, A. (88). Die fossilen Pflanzenreste. Breslau 1888.

Schimper, W. Ph. Traité de paléontologie végétale, tome 3, Paris 1874.

Schuster, J. (11). Weltrichia und die Bennettitales. K. Svensk. Vet. Acad. Handl. Bd. 46, No. 11.

Seward, A. C. (99). On the structure and affinities of Matonia pectinata R. Br., with notes on the geological history of the Matonineae. Phil. Transact., B., vol. 191. London.

—   (00). The jurassic flora, I: The Yorkshire Coast. London 1900.

—   (04). The jurassic flora, II: Liassic and oolitic floras of England (excluding the inferior oolite plants of the Yorkshire Coast). London 1904.

—   (11). The jurassic flora of Sutherland. Transact. of the R. soc. of Edinburgh, vol. 47, part. 4 (No. 23). — Issued separately, February 10. 1911.

—   (11*). The jurassic flora of Yorkshire. The Naturalist. London 1911. Jan. and Feb. (The Presidential Address to the Yorkshire Naturalist's. Union, delivered at Middlesborough, December 17th, 1910.)

Thomas, H. Hamshau (13). The fossil flora of the Cleveland district. Quart. Journ. Geol. Soc. for June 1913, vol. 69, London.

Tornquist, A. (04). Beitrag zur Geologie der westlichen Mittelmeerlander. I: Die Pflanzen des mitteljurassischen Sandsteines Ostsardiniens. Neues Jahrb. f. Mineral., Geol. und Paläont., Beilagebd. 20. Stuttgart 1904.

Zigno, A. de (65). Enumeratio filicum fossilium formationis oolithicae. Padova 1865.

—   (67). Flora fossilis formationis oolithicae, vol. 1, cont. p. 161—223. Padova 1867 teste Zeiller.

—   (81). Flora fossilis form. ool. vol. II, fasc. 3, p. 81—120. Padova 1881.

—   (85). Flora fossilis form. ool. vol. II, fasc. fin. p. 121—203. Padova 1885.

# Lößstudien an der Wolga

Von

Dr. Hans Mohr (Graz)

(Mit 5 Textfiguren)

(Vorgelegt in der Sitzung am 8. Jänner 1920)

Dank der Fürsprache der Akademie der Wissenschaften in Wien und der erfolgreichen Vermittlertätigkeit Sr. kgl. Hoheit des Prinzen Karl von Schweden (als Vorsitzendem des schwedischen Roten Kreuzes) wurde es mir bewilligt, den größeren Teil meiner russischen Kriegsgefangenschaft in Kasan an der Wolga zuzubringen. Hier ergab sich nach einiger Zeit die Möglichkeit, an der dortigen Universität fachlich arbeiten und die Bibliotheken benützen zu können.

Kasan liegt mitten in der russischen Tafel, viele Hunderte von Werst von dem nächsten gefalteten Krustenstreifen, dem Ural, entfernt. Allenthalben liegen die Schichten streng söhlig und es ist außerordentlich wenig, was sich in dem stark kultivierten Lande oberflächlich oder in den seichten Flußrinnen enthüllt. Was im Wolgastromtale in der Umgebung von Kasan zutage kommt, ist Perm. Nur posttertiäre Schichten liegen ihm auf, das alte Relief der permischen Tafellandschaft verhüllend. Bei der ausgezeichneten Erforschung des russischen Perm durch die einheimischen Fachgenossen und bei der leichten Zugänglichkeit der posttertiären Ablagerungen war es erklärlich, daß ich mich — einer Anregung Prof. Tornquist's in Graz folgend, der mich auf die Lößarbeiten Armaschewsky's verwies — dem Studium des Altquartärs zuwandte, in welchem, wie sich bald erkennen ließ, Lößbildungen eine ganz bedeutende Rolle spielen.

Zur Durchführung meiner Studien standen mir die Lehr-
behelfe und Arbeitsmittel des geologischen und mineralogischen
Kabinetts der Professoren M. E. Noinski und B. P. Krotow
an der Kasaner Universität zur Verfügung, für welche Gast-
freundschaft ich den genannten Herren vielen Dank schulde.

_____

Im Jahre 1897 berichtete A. Stuckenberg[1] in den
Schriften der Naturforschenden Gesellschaft an der Kaiserl.
Universität zu Kasan über ein Bohrloch, welches 12 Werst[2]
entfernt von der Stadt niedergebracht wurde. Seine Gesamt-
tiefe betrug 1402 Fuß; 31 Fuß davon entfielen auf das Postpliocän, 825 auf Perm und Permocarbon und mit 546 Fuß
stand es im eigentlichen Carbon. Die Steinkohlenformation
kommt in der Umgebung von Kasan nirgends zutage. Wird
die Basis der posttertiären Bildungen sichtbar, dann sind es
meist die hellen, häufig Gips in Streifen und Nüssen führenden
Dolomite und Kalke des russischen mittleren Perm, zu welchen
sich noch Mergel und etwas Sandsteine gesellen. Diese Serie
wird von den russischen Autoren gern als »Kasaner Stufe«
bezeichnet.

Das scharf ausgeprägte alte Relief, welches das permische
Grundgebirge erkennen läßt und welches größtenteils durch
die nivellierende Wirkung der quartären Absätze wieder ver-
hüllt wurde, ist von den Kasaner Forschern wiederholt hervorgehoben und im Weichbilde der Stadt durch zahlreiche
Bohrungen nachgewiesen worden. An der Basis der darüber
folgenden quartären Schichten hat man an einigen Stellen
Tegel erbohrt, deren Alter mangels an Versteinerungen fraglich
ist. Man vermutet in ihnen tertiäre Reste.

Über das zweite wichtige Bauglied des Untergrundes von
Kasan, das Quartär, ist eine ziemlich reiche Literatur vorhanden. In erster Linie wird sich dies daher leiten, daß die
quartären Sandlagen den wichtigsten Wasserhorizont für Kasan.

_____

[1] A. Stuckenberg, Ein Bohrloch in Kasan. Proc. verb. Soc. Natur.,
Universität Kasan. 1897, Suppl. Nr. 159, p. 9 (russ.).
[2] 1 Werst = 1067 _m._

und dessen Umgebung abgeben. Wir besitzen eine große Anzahl von Bohrprofilen, welche durch M. E. Noinski[1] übersichtlich zusammengestellt wurden. Aber auch an sonstigem tagmäßigen Aufschlüssen, in Ziegeleien, Eisenbahn- und Flußeinschnitten ist kein Mangel, so daß wir uns über den Aufbau dieser Formation reichlich gut unterrichten können.

Schon ein flüchtiger Besuch der Umgebung der Stadt reicht hin, um uns die Überzeugung zu verschaffen, daß viele Entblößungen typischen Löß erkennen lassen. Gleichwohl kann man in der Literatur die Beobachtung machen, daß dieser Terminus ängstlich vermieden wird. Die Autoren sprechen in der Regel von braunem Lehm, sandigem Lehm, seltener von lößähnlichem Lehm. Welche Gründe können für diese auffällige Tatsache maßgebend gewesen sein?

Die Hauptveranlassung hierzu mag sich aus folgendem ergeben. Wie das Studium der russischen Lößliteratur zeigt, ist die alte und der Hauptsache nach wohl abgetane Rinnsaltheorie von G. H. O. Volger[1] und Friedr. Mohr[2] in Rußland auf fruchtbaren Boden gefallen und hat in den russischen Forschern P. J. Armaschewsky (Kiew) und Al. P. Pawlow (Moskau) sehr geschickte Verteidiger gefunden, welche diese Theorie ausbauten und auf russische Verhältnisse anzuwenden bestrebt waren.

Die Lößtheorie von Volger und Mohr[2] basiert bekanntlich auf der bedeutungsvollen Erkenntnis, daß es sich um eine echte Landbildung handelt. Diese besonders seit Alexander Braun's Studien gefestigte Tatsache hat dazu geführt, die älteren Anschwemmungstheorien allmählich aufzugeben. Der Ausdruck »allmählich« ist insoferne berechtigt, als auch die Theorie von Volger und Mohr noch kleinste Wasserläufe zuhilfe nimmt, um die Anhäufung feinsten Verwitterungsstaubes auf bestimmten Flächen zu erklären. So wie auf einem Schieferdache das angesiedelte Moos den auf das Dach niederfallenden

---

[1] M. E. Noinski, Materialien zur Hydrologie des Gouvernements von Kasan. Trudi zur Wasserversorgung des Kasaner Gouvernements. Lief. I. Kasan 1917 (russ.).

[2] Friedr. Mohr, Geschichte der Erde. II. Aufl., Bonn 1875, p. 193 bis 197.

und durch Regen zusammengeschwemmten Staub festhält,
ebenso wirken nach Friedrich Mohr Wiesen zwischen steileren
Gehängen. Der feine Detritus des Steilhanges wird durch den
Regen auf die Wiese gebracht und hier durch die Vegetation
festgehalten. Im selben Maße als der Wiesenboden an Höhe
und Ausdehnung gewinnt, nimmt die Oberfläche des Steilhanges, welcher den Verwitterungsstaub liefert, ab. Dieses
Spiel erreicht sein natürliches Ende, wenn die steilen Böschungen
auf Kosten der flachen verschwunden sind.

Volger und Mohr's Deluationstheorie wurde nun von
Armaschewsky auf den Löß der Gegend von Poltawa und
Charkow in Südrußland anzuwenden versucht. Indem dieser
Forscher in seiner Hauptarbeit über dieses Thema[1] die
Schwächen der anderen Theorien, besonders der Richt-
hofen'schen, aufzuzeigen versucht, verlegt er den Schwer-
punkt seiner Ausführungen mehr auf die kritische Richtung.
Denn neue Tatsachen, welche geeignet wären, die Volger-
Mohr'sche Annahme zu festigen, bringt er nicht bei. Die Rinnsal-
theorie wird nur auf eine breitere Basis gestellt.

Armaschewsky geht von der Auffassung aus, daß der
Löß der Hauptsache nach eine postglaziale Bildung ist. Nach
dem Abschmelzen der Eismassen erfolgte eine gewaltige
Belebung der Erosion. Es kam zu einer ausgedehnten Neubildung von Alluvium, welches er in Subaqualalluvium
(unter Wasser in Seen und Flüssen gebildet) und Subaëral-
alluvium (unter Mitwirkung kleinster Rinnsale und Wasserläufe zusammengeschwemmt) einteilt. Die Geländeprofile in
Südrußland lassen sehr deutlich eine Gliederung in zwei Ab-
schnitte erkennen.[2] Der steilere Teil steht unter der Herrschaft
der Erosion. Diese Region ist gekennzeichnet durch steile
Einschnitte, Täler und Schluchten, welche baumartig verzweigt
sind. Eine sanfter geböschte Zone, die Niederung, begleitet
als Fuß die zuerst genannte Region. Hier ist der Einfluß der
Erosion geringer, die Niederschläge werden vom Boden auf-

---

[1] P. Armaschewsky, Allgem. geolog. Karte von Rußland. Bl. 46
Poltawa—Charkow—Obojan. Mém. du Comité Géologique. Vol. XV. Nr. 1.
St. Pétersbourg 1903.

[2] A. a. O., p. 306.

gesaugt oder verdunsten. Das Areal der Niederung vergrößert sich dauernd auf Kosten des Areals der Steilböschungen. Die Formen runden sich allmählich und die Erosion erleidet eine Abschwächung: die Produkte der Erosion werden früher abgesetzt. (Die an der Basis der Steilhänge sich bildenden Absätze werden Brocken des anstehenden Gesteins enthalten.) Die Vegetation beginnt sich festzusetzen. Die Abtragung der Steilhänge dauert aber fort, bis diese verschwunden sind, wodurch der Pflanzenwuchs in der akkumulierenden Zone die Oberhand gewinnt. Die Abschwächung der Erosion steht nach Armaschewsky wahrscheinlich auch im Zusammenhange mit einer Abnahme der Feuchtigkeit des Klimas.[1]

Dies ist in den Hauptzügen Armaschewsky's Entstehungstheorie des Lösses. Es ist wohl kaum möglich, in ihr einen Fortschritt gegenüber den Anschauungen Volger und Mohr's zu erblicken, mit welchen sie in ihrem Grundgedanken vollständig übereinstimmt.

Mit diesem Lehrgebäude wollte Armaschewsky aber nicht allein die Herkunft des südrussischen Lösses klarstellen, er dachte an eine allgemeine Gültigkeit seiner Theorie. Für China und Zentralasien war er wohl zu einigen Zugeständnissen bereit; den dortigen auf alluvialem Weg entstandenen Löß dachte er sich in gewissem Grade einem Verwehungsprozeß unterworfen. Auf den Einwand, daß es ja Lößflächen gäbe, welche von Grundgebirgsaufragungen nicht mehr überhöht würden, erwidert er, daß es in vielen Fällen natürlich schwer ist, das alte orographische Bild zu rekonstruieren. Das Fehlen des Lösses im nördlichen Deutschland und Rußland aber erklärt er damit, daß diese Gebiete länger vereist geblieben sind oder daß das Klima einer Grasvegetation nicht günstig gewesen sei. Der bei den Anhängern der äolischen Theorie hoch eingeschätzte Fund von Resten einer Steppenfauna durch Nehring wird skeptisch beurteilt und seine Beweiskraft übereinstimmend mit Wahnschaffe[2] nicht anerkannt.

---

[1] A. a. O., p. 310.

[2] F. Wahnschaffe, Die lößartigen Bildungen am Rande des norddeutschen Flachlandes. Zeitschr. d. Deutschen Geol. Ges., 38. Bd., 1886, p. 353 bis 369.

Armaschewsky's Erklärungsart des Lösses hat in Rußland rasch Schule gemacht. Ich verweise nur auf A. P. Pawlow,[1]
Sacharow,[2] Neüstrujew[3] und andere, welche in den von
ihnen studierten Gebieten den Löß ebenfalls durch »Deluation«
erklären wollen oder zumindest der Richthofen'schen Theorie
ablehnend gegenüberstehen.

Diesen zahlreichen Stimmen gegenüber, welche die äolische
Theorie bekämpfen, kommen in Rußland die Verteidiger
Richthofen's fast nicht zu Worte. Ich erwähne unter ihnen
besonders Obrutschew,[4] dem der wichtige Nachweis gelungen
ist, daß in Zentralsibirien das Verbreitungsgebiet rezenter
Dünen sich in auffälliger Weise mit den Lößgebieten
deckt.[5]

Aus diesem Widerstreit der Meinungen ist bei einem Teil
der russischen Forscher eine begreifliche Zurückhaltung entstanden, da — wie es scheint — manchem Bedenken auf-
stiegen, ob denn das echter Löß sei, was in Rußland als
deluvial erklärt wird.

Und so können wir das Unerwartete beobachten, daß in
einer typischen Lößgegend, wie es die Umgebung von Kasan
ist, von Löß bis auf Noinski nicht die Rede ist.

---

[1] A. P. Pawlow, Voyage géologique par la Volga de Kazan à Tzaritsyn.
Enthalten in Guide des excursions du VII Congrès Géolog. Internat. St. Pétersbourg 1897. (Löß deluvialer Entstehung an der Wolga südlich Kasan.)

[2] S. A. Sacharow, Über die lößartigen Ablagerungen Transkaukasiens
»Bodenkunde« 1910, Nr. 1, p. 37 bis 80 (russ.) (erklärt den dortigen Löß
deluvial).

[3] S. Neüstrujew, Über den turkestanischen Löß. Tagebuch der
12. Versammlung russ. Naturforscher und Ärzte in Moskau. 1910, Nr. 10,
p. 493 bis 495 (russ.) (behandelt Untersuchungen im Syr-Darja-Gebiete, wo
sich keine Beweise für eine äolische Entstehung des Losses aufbringen lassen).

[4] W. A. Obrutschew, Zur Frage über den Ursprung des Lösses (Ver-
teidigung der äolischen Hypothese). Iswiestia des Technolog. Instituts in
Tomsk. 1911, Bd. XXIII, Nr. 3 (russ.).

[5] W. A. Obrutschew, Orographische und geolog. Beschreibung des
südwestlichen Transbaikalien. Explorations géol. et minér. le long du Chemin
de fer de Sibérie. Livr. XXII. Fasc. I. St. Pétersbourg 1914 (russ. — deutscher
Auszug), p. 751.

Als einen der ersten, welcher dieses Gebiet geologisch durchforscht hat, werden wir N. A. Golowkinski[1] zu nennen haben. Er bezeichnet die den permischen Gesteinen aufliegenden jüngeren Schichten als »Sandformation«. Sie bevorzugt den östlichen (beziehungsweise nordöstlichen) Hang der permischen Grundgebirgsrücken und erreicht die gleiche Höhe mit den permischen Ablagerungen. Nach oben geht sie häufig in einen sandigen Lehm über, der sich am rechten Ufer der Wolga auf den Gipfeln der Kuppen wiederfindet.

Mit einem namhaften Fortschritt in der Erkenntnis der posttertiären Schichten ist wieder die Ära Stuckenberg-Schtscherbakow verbunden, in welche eine bedeutende Belebung der Bohrtätigkeit auf Wasser in Kasan und dessen Umgebung fällt. Die Art der Grundwasserführung, die Gestaltung des permischen Untergrundes und die Zusammensetzung der quartären Ablagerungen in größerer Tiefe ist dadurch rasch übersichtlich klargestellt worden. Eine ganze Reihe von kleineren Arbeiten[2] berichtet über die geologischen und hydrologischen Ergebnisse dieser Bohrungen, aber niemals finden wir den

---

[1] N. A. Golowkinski, Beschreibung der geologischen Beobachtungen, welche im Sommer 1866 im Kasaner und Wiatkaër Gouvernement angestellt wurden. Materialien zur Geologie Rußlands (St. Petersburg 1869, Bd. I, p. 190 u. f., russ.).

[2] Anon.: Über artesische Brunnen in Kasan. Beilage zu den Sitzungsprotokollen der Naturforschenden Gesellschaft an der Kaiserl Universität zu Kasan. Nr. 133, Kasan 1893 (russ.).

A. Stuckenberg, Artesisches Wasser in Kasan. Beilage zu den Sitzungsprotokollen der Naturforschenden Gesellschaft an der Kaiserl. Universität zu Kasan. Nr. 134. Kasan 1893 (russ.).

A. Stuckenberg und A. Schtscherbakow, Artesische Brunnen in Kasan. Beilage Nr. 145. Kasan 1894 (russ.).

A. Stuckenberg, Artesisches Wasser in Kasan. Beilage Nr. 160, Kasan 1897 (russ.).

A. Stuckenberg, Ein Bohrloch in Kasan. Proc. verb. soc. natur. de l'Université de Kazan. 1897; Suppl. Nr. 159, p. 9 (russ.).

A. J. Schtscherbakow, Untersuchung einiger Stadtteile Kasans in sanitärer Beziehung. Mém. scientif. de l'Université Imperiale de Kazan. Kasan 1898. II: p. 1 bis 72; V—VI: p. 1 bis 84 (russ.).

A. J. Schtscherbakow, Boden und Grundwasser der mittleren Terrasse der Stadt Kasan. Mém. scientif. de l'Université etc. Kasan 1898, p. 13 bis 36 (russ.).

Terminus »Löß« in Verwendung. Die ganze Serie der quartären
Ablagerungen wird in der Regel unter dem Namen Posttertiär
oder Postpliocän zusammengefaßt, an deren Aufbau sich gelbbraune Lehme, mehr oder weniger sandig (an den Steilabstürzen
des linken Kasánka-Ufers[1] bis zu 50 Fuß[2] mächtig) und gelbbraune Sande, mehr oder weniger lehmig (ebendort bis zu
60 Fuß mächtig) beteiligen.[3]

Übereinstimmend legen die Bohrungen Zeugnis ab von
der großen Mächtigkeit der posttertiären Ablagerungen. So hat
die Bohrung Podluschnja[4] nahe der Stadt 201 russ. Fuß (etwa
60 m) postpliocäne Lehme und Sande durchbohrt, ehe sie in
das anstehende Perm gelangte. Der oben erwähnte Aufschluß
des Quartärs an der Kasánka läßt eine Gesamtmächtigkeit
von 33 m überblicken. An tieferen Stellen kann man jedoch
nach Stuckenberg eine Mächtigkeit bis zu 45 Saschén
(= 96 m) beobachten,[5] welche — wie wir später erfahren
werden — noch übertroffen werden kann. An der Auf-
lagerungsfläche des Quartärs lassen sich dem autochthonen
Untergrund entstammende Schuttbrocken beobachten, aber
auch Gerölle.

Diluviale Säugetierreste scheinen — nach den Aufsammlungen des geologischen Kabinetts an der Universität zu
schließen — im Quartär des Kasaner Gouvernements massenhaft gefunden worden zu sein, es ist aber in der Literatur
wenig darüber zu finden. Im Jahre 1895 teilt uns A. Lawrsky[6]
einiges über Funde von Mammutresten im Kreise Laïschew
(etwa 50 km südlich von Kasan) mit. Die Knochen lagen in
einem grünlich-grauen Ton zusammen mit einigen Resten des
Urrindes und eines Nashorns. Über dem Ton wird »lößartiger

---

[1] Im Bereiche der Stadt, bei der alten Festung (»Kriépost«).

[2] 1 Fuß = 30 cm.

[3] A. Stuckenberg, Artesisches Wasser in Kasan. Beilage Nr. 134,
1893, p. 10.

[4] A. a. O., p. 10.

[5] A. Stuckenberg, Artesisches Wasser in Kasan. Beilage Nr. 160, p. 3.

[6] A. Lawrsky, Mammutreste, welche im Dorfe Dopaürowski Urai, Kreis
Laïschew des Kasaner Gouvernements gefunden wurden. Beilage Nr. 150, Kasan
1895 (russ.).

Lehm«, der in den oberen Horizonten Einschaltungen von Sand führt, beobachtet. Zum ersten Male — so weit mir die einschlägige Literatur bekannt ist — taucht hier der Ausdruck »Löß« auf, eine Erläuterung oder nähere Begründung dieser Benennung wird aber nicht gegeben.

P. Krotow[1] und M. Noinski[2] in Kasan haben später das Gesamtbild ergänzt und besonders dem letzteren verdanken wir eine Reihe von Berichten über neu ausgeführte Bohrungen und eine außerordentlich wertvolle Zusammenstellung des Tatsachenmateriales, das die Tiefbohrungen im Gouvernement Kasan bis zum Jahre 1917 geliefert haben. Im großen und ganzen finden wir gegen früher keinen Wandel der Anschauungen. Der Ausdruck »lößartiger Lehm« kehrt in den jüngeren Arbeiten wohl öfters wieder, wir vermissen aber durchwegs eine Stellungnahme zur Entstehungsfrage dieser mächtigen Ablagerungen. Eine Diskussion entspinnt sich über die Herkunft exotischer Gesteinsbrocken, welche zusammen mit Kalkschutt des Untergrundes und Geröllen in den tiefsten Horizonten des Quartärs nachgewiesen werden konnten. Diese fremden Gesteine konnten als Carbonkalk bestimmt werden und P. Krotow verteidigte ihre glaziale Herkunft. Es würden also an der Basis des Quartärs Reste einer Grundmoräne erhalten sein.

In der Zusammenstellung aller Bohrergebnisse im Gouvernement Kasan bietet M. E. Noinski am Schlusse[3] einen gedrängten Auszug alles dessen, was sich bis jetzt vom Pleistocän der Kasaner Umgebung sagen läßt. Die pleistocänen

---

[1] P. Krotow, Zur Geologie des Gouvernements Kasan. Beilage etc. Nr. 250, Kasan 1910 (russ.).

P. Krotow, Noch einmal über die Spuren der Glazialzeit im Gouvernement Kasan. Beilage Nr. 255, 1910 (russ.).

[2] M. E. Noinski, Zwei Bohrlöcher in Kasan. Beilage etc. Nr. 259, 1910 (russ.).

M. E. Noinski, Materialien zur Geologie von Kasan und dessen Umgebung. II. Über den Charakter der Ablagerung bei der alten Klinik. Beilage Nr. 334 (russ.).

M. E. Noinski, Materialien zur Hydrologie des Gouv. Kasan. Trudyi zur Wasserversorgung des Kasaner Gouvernements. Lief. I. Kasan 1917 (russ.).

[3] A. a. O., p. 80.

Sedimente sind nach Noinski hauptsächlich auf das linke
Ufer der Wolga und der unteren Kama beschränkt, wo sie
bis zu 100 Werst Breite erlangen. Auf der einen Seite werden
sie von den Alluvionen der genannten Flüsse, auf der anderen
vom Perm begrenzt. Das Relief der permischen Unterlage ist
sehr ungleich.

An der allgemeinen Zusammensetzung des Pleistocäns
beteiligen sich Tone, Sande, Kiese, Gerölle und Schutt. Von
den Tongesteinen erwähnt Noinski zuerst *a)* den lößartigen
Lehm. Er findet sich vorwiegend in den oberen Horizonten,
ist von sehr feiner Beschaffenheit und immer sandhältig. Der
Sandgehalt beträgt 10 bis $20^0/_0$, häufiger 30 bis $50^0/_0$ der
gesamten Masse. Durch weitere Steigerung des Sandgehaltes
entwickeln sich Übergänge zu völlig reinen Sanden. — Kali-
glimmerblättchen sind eingestreut. — Ein $CaCO_3$-Gehalt wird
manchmal beobachtet; er konzentriert sich um die feinen
Röhrchen, welche den Lehm durchziehen.

Unter *b)* führt Noinski einen sehr verschiedenfarbigen
Ton an. Er tritt in den tiefsten Horizonten auf, ist klar geschichtet, wenig sandig und enthält eine große Menge Glimmer.
Fast immer begleitet ihn ein großer Kalkgehalt. Seine Farben
sind bald braun oder zimtfarbig, bald mehr grau oder gelblichgrau. Er ist außerordentlich selten und gehört möglicherweise dem Pleistocän nicht mehr an.

Eine dritte Gruppe *c)* bilden Lehme, welche sehr
plastisch sind und petrographisch dem lößähnlichen entsprechen. Ihre Farbe ist grau, gelblich, bläulich, grünlichgrau.
Der Verbreitung nach sind sie auf die mittleren und unteren
Horizonte beschränkt.

Als Einlagerungen wären Muschelreste und tonige Torf-
spuren zu erwähnen.

Die eigentlichen Sande werden in feine und gröbere mit
1 bis 2 *mm* Korngröße eingeteilt.

Die einzelnen petrographischen Typen sind nicht niveau-
beständig. Immerhin kann man eine gewisse Gesetzmäßigkeit in der Verteilung beobachten, die sich folgendermaßen
ausdrücken läßt:

1. Gesteinsarten mit feinerem Korn, lehmige und fein-
sandige Typen sind vorwiegend auf die oberen, gröbere Sande,
seltener auch Gerölle und Schutt, auf die tieferen Horizonte
beschränkt.

2. Das gröbere klastische Material hält sich an die Nähe
der Täler (Wolga, Kama und deren Nebenflüsse).

3. In der Regel läßt sich beobachten, daß die Lehme
nach unten übergehen in tonige Sande und hierauf in reine
Sande. Diese aber liegen ohne Übergang wieder auf Lehmen,
welche Lagerungsart sich mehrmals wiederholen kann. Auf
diese Weise zerfällt jedes Profil in eine Anzahl von Kom-
plexen, deren Noinski sechs bis acht, manchmal aber nur
zwei bis drei beobachtete.

4. Ist nach Noinski die Anordnung auch meistens eine
solche, daß in den oberen Horizonten lößartiger Lehm mit
feineren Sanden wechsellagert, in den tieferen aber »schlam-
miger« (?) Ton mit gröberen Sanden.

An diese rein geologische Zusammenfassung schließen
sich nun noch Ausführungen an, welche sich mit den Gesetzen
der Wasserführung beschäftigen, die aber für unsere Betrachtung von geringerem Belange sind.

Wir verlassen nunmehr dieses Kapitel der älteren Erfahrungen, aus welchem sich unschwer ergibt, daß die Literatur
vor dem Jahre 1917 dem Entstehungsproblem der pleistocänen
Ablagerungen um Kasan nur teilweise näherzutreten versuchte
und ich gehe zu meinen eigenen Beobachtungen über, welche
das aus der älteren Literatur gewonnene Bild ergänzen sollen.

Im allgemeinen kann man sagen, daß die posttertiären
Bildungen um Kasan derart auftreten, daß sie den Gesamt-
eindruck der Tafellandschaft noch vertiefen: sie spielen eine
nivellierende Rolle. Diese Wirkung läßt sehr gut die postpliocäne Kante erkennen, welche die Ostbegrenzung des Wolgatales südlich der Kasánka[1] darstellt. Diese auffällige Land-
kante erhebt sich ganz unvermittelt am Ostrande des Inunda-
tionsgebietes und zieht in gleichmäßiger Höhe vom Nordende

---

[1] Ein linker Nebenfluß der Wolga, knapp nördlich der Stadt mündend.

der Stadt durch deren Gebiet gegen Süd. Die Stufe ist etwa
10 Saschén[1] hoch. Sie besteht fast ausschließlich aus posttertiären Lehmen und Sanden, welche auf Perm aufliegen.
Während aber die obere Kante der »Lößstufe« — wie wir
sie nennen wollen — einen gleichmäßigen Horizont behauptet,
ist die Basis sehr ungleichmäßig. So sieht man deutlich rings
um den Fuß der Kriépost, welche das Nordende der Stadt
bezeichnet, söhlig gelagertes Perm zum Vorscheine kommen.
Im Süden der Stadt hingegen liegen die permischen Schichten
tiefer als der Spiegel des Kabánsees,[2] welcher bei stärkerem
Wellengange Brocken permischer Mergel vom Grunde losreißt
und ans Ufer wirft (s. Fig. 1).

Im ihrer Nacktheit, dem söhligen Verlauf ihrer Oberkante
und dem Steilabbruch gegen Westen gewährt die Terrasse
einen eigenartigen Anblick.

Einige scharfe Einkerbungen in den Rand dieses »Brettes«
unterbrechen einigermaßen die Eintönigkeit der Kontur. Wie
mit einem Messer geformt, sind diese modellscharfen Rinnen
und Racheln in die Stufe randlich eingesenkt und haben an
ihrer Mündung in das Überschwemmungsgebiet der Wolga
einen fladenförmig sich ausbreitenden Deponierungskegel auf-
gehäuft (s. Fig. 2).

Manche dieser jugendlichen Erosionsrinnen erreichen
bereits eine halbe Wegstunde in der Länge. Bei den Platz-
und Gewitterregen des späten Frühjahres wälzen sie eine
dicke Trübe von Sand und Schlamm gegen die Wolganiede-
rung.

Ich weise auf diese Racheln besonders hin, weil mir
dünkt, daß sie Armaschewsky eine gewisse Grundlage für
seine Rinnsaltheorie abgegeben haben. Der vorgelagerte Kegel
wird mit Rasen schwach besiedelt und es mag dadurch eine
Anhäufung lößartigen Bodens auf sekundärer Lagerstätte
stattfinden. Ähnliche Vorgänge sind natürlich auch denkbar,
wenn das Hinterland, welches der Erosion unterworfen ist, aus
tertiärem oder sonstigem lockeren Sediment besteht. Immer

---

[1] 1 Saschén (1 Faden) = $2 \cdot 13$ *m*.

[2] Alter, toter Lauf der Wolga, vom Grundwasser des Wolgatales gespeist.

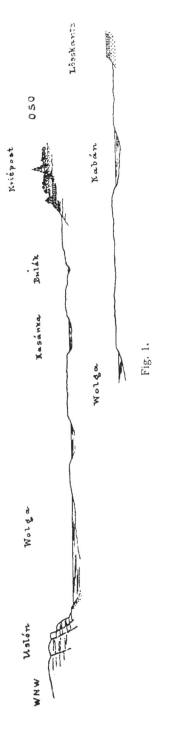

**Das Wolgatal bei Kasan.**

(Der tiefere Schnitt liegt etwas südlicher von der Stadt.)

In Uslón und an der Basis der Kriépost mittleres Perm (»Kasaner Stufe«). In Uslón prächtige Setzungsklüfte, mit der Wolga ungefähr parallel laufend; die Gipsbänder, Linsen und Nüsse in den permischen Dolomiten sind besonders bei Hochwasser einer andauernden Auswaschung ausgesetzt. Der Masseschwund im Sockel führt schließlich zum Absetzen der randlichen Partien.

Über dem Perm der alten Kasaner Festung (Kriépost) Löß und Dünensande, welche sich nach S in der Lößkante fortsetzen.

(Bulák ist der Abfluß des Kubánsees, welcher in die Kasánka einmündet.)

Fig. 1.

aber wird das Material der Aufschüttung eine strenge stoffliche Abhängigkeit vom abgebauten Hinterlande verraten, und das müssen wir festhalten.

Verfolgen wir nun diese Terrainkante in ihrem südlichen Verlauf bis dorthin, wo die neue Eisenbahn nach Jekaterinenburg in die pleistocänen Bildungen eindringt, so finden wir dort einen prächtigen Aufschluß.

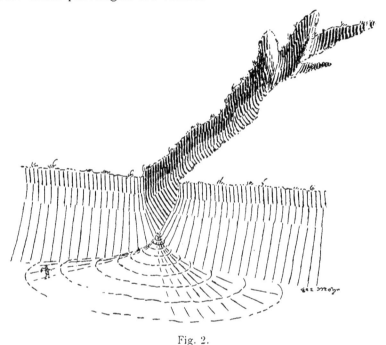

Fig. 2.

**Junge Rachel in der Lößkante südlich der Stadt (Kasan).**

Die oberste Lößlage kommt durch Steilabbruch scharf zum Ausdruck.
Gesamthöhe der Wand etwa 15 m.

Die Stufe ist hier etwa 12 bis 15 m hoch. Um Material für den Eisenbahnbau zu gewinnen, ist sie in drei Etagen tagbaumäßig angeschnitten worden, welche folgenden geologischen Aufbau enthüllen.

I. Etage: Die Wand besteht aus typischem Löß, dessen Röhrchenstruktur sehr gut ausgeprägt ist. Reichliche Kalkausscheidungen werden beobachtet, die sich besonders längs der alten Wurzelröhrchen anhäufen. Lößkindel sind aber spär-

lich und in der Regel sehr klein. Sehr gut sichtbar ist auch
eine vertikale Klüftung, welche zur Bildung von polygonalen
Säulen Anlaß gibt. Schwächer ist eine horizontale Unterteilung

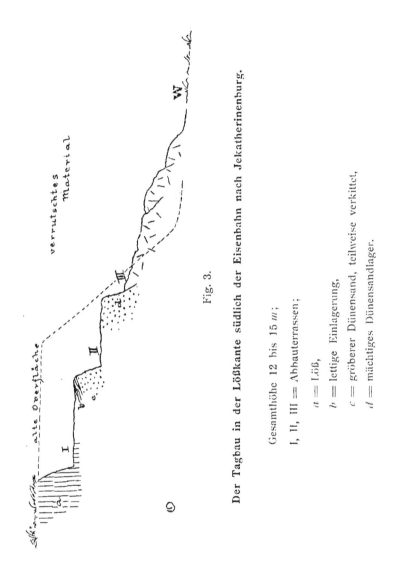

Fig. 3.

Der Tagbau in der Lößkante südlich der Eisenbahn nach Jekatherinenburg.

Gesamthöhe 12 bis 15 m;

I, II, III = Abbauterrassen;

$a$ = Löß,

$b$ = lettige Einlagerung,

$c$ = gröberer Dünensand, teilweise verkittet,

$d$ = mächtiges Dünensandlager.

bemerkbar. Die im ganzen ausgesprochen massige Struktur
wird nur gegen den Rasen durch einige lehmig humose Streifen
unterbrochen, welche gewissermaßen in den gegenwärtigen
klimatischen Zustand hinüberleiten.

II. Etage: Bei *b* eine lettige, flammig gestreifte Lage, im
Streichen nicht weit verfolgbar. Darunter bei *c* ein dickes Nest
von gröberem Dünensand, welcher teilweise durch $CaCO_3$
verkittet ist.

III. Etage: An ihrer Wand ist ein mächtiges, massig aus-
sehendes Dünensandlager erschlossen. Der Sand ist links vom
Beschauer (gegen N) mehr graugelb, rechts (gegen S) mehr
bräunlichgelb gefärbt. An der Kante oberhalb *d* merkwürdige
sackförmige, lettige Nester, schwarz (Mn + Fe?) oder rostbraun
flammig-streifig gefärbt. Diese Bildungen scheinen einer späteren
Zeit anzugehören und mit der nahen Oberfläche in Zusammenhang zu stehen.

Der Bahneinschnitt selbst liegt überwiegend im Löß, aber
der tiefere Teil des Steilabfalles der Lößstufe nördlich vom
Einschnitt zeigt in einer Reihe von Entblößungen, daß sich
das Flugsandlager des Tagbaues im Streichen fortsetzt.

Von diesem Aufschluß begeben wir uns zu einem zweiten
am Südufer des bereits erwähnten Kabansees (s. Fig. 4).

Etwas nördlich von den sogenannten Junkerbaracken
(Militärlager) schließt sich an das Südwestende des Sees eine
kleine Bucht, deren Umfassung durch den Steilabbruch einer
6 bis 8 *m* hohen Wand gebildet wird.

Der Anschnitt zeigt zwei Ablagerungsserien miteinander
in schichtiger Ablösung. Der obere, etwa 1 bis 1·5 *m* mächtige
Abschnitt besteht vorwiegend aus Lößboden, und zwar stellt
der unter dem Rasen liegende Teil eine schokoladebraune,
lößartige Masse (Tschernosjóm) mit schwachen, gelblichen
Sandlagen dar. Tiefer walten allmählich staubförmige Dünensande vor, welche an einzelnen Stellen sehr deutlich die bezeichnende diagonale Schichtung erkennen lassen. Die gegen
die Tiefe zurücktretenden Lößstreifen sind nur etwa handbreit,
zeigen aber die Röhrchenstruktur ganz ausgezeichnet. Neben
diesen Bändern kommen noch andere braune Streifen vor,
welche aber nichts anderes als verfestigten Dünensand darstellen.[1]

---

[1] Diese streifenweise Verfestigung des Dünensandes könnte man sich
am ehesten durch periodische Überschwemmungen (Wolga) entstanden

Daß es sich in den angeführten Fällen wirklich um Dünensande handelt, geht nicht allein aus der Erkenntnis ihrer petrographischen Eigentümlichkeiten[1] hervor, sondern auch aus —
teilweise — klassischen Feldbeobachtungen, wie sie z. B. am
neuen mohammedanischen Friedhof angestellt werden konnten.
Hier hatten die Arbeiten für den gleichen Eisenbahnbau einen
tiefen Einschnitt erzeugt, der einen mehrmaligen Wechsel von

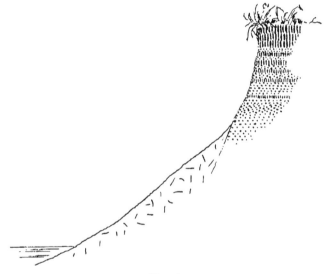

Fig. 4.

**Aufschluß am Südwestende des Kabánsees.**

Höhe: 6 bis 7 *m* über dem See;
Tschernosjóm und Löß mit Sandlagen wechselnd.

Lehm und Dünensand entblößte. Die Dünenstruktur war hier
an manchen Stellen so gut erhalten, daß man den auf- und
absteigenden Ast der Dünenstreifung genau im Querschnitt

---

denken, welche den sonst völlig losen Sand mit einem tonigen Bindemittel
infiltrierten. Nach dem Abzug des Wassers legte sich neuerdings Dünensand
darüber.

[1] Zu diesen Eigentümlichkeiten gehört vor allem eine bedeutende
Steigerung und Vervollkommnung des Aufbereitungszustandes, besonders
kenntlich im Ausgleich der Korngrößen, Anreicherung des Quarzes durch
Ausscheiden der Mineralien von anderem physikalischen Verhalten gegenüber
dem Luftstrom, besonders des Glimmers (Muskovit), welcher verschwindet.

beobachten konnte. Leider war der Kriegszustand dem Vor-
haben hinderlich, diese lehrreichen Aufschlüsse im Bilde festzuhalten.

Es wurden noch einige andere Quartärprofile untersucht,.
wie am Fuße der alten Stadtfestung (Kriépost) und in den
Ziegelgruben im Süden der Stadt, wichtiges neues Beob-
achtungsmaterial ist aber dabei nicht zugewachsen.

Wir wollen nun auf Grund der gewonnenen fremden und
eigenen Beobachtungen Klarheit zu gewinnen trachten, welche
Entstehungstheorie sich mit diesen am besten vereinbaren
läßt.

Nach der von de Geer entworfenen Karte Europas zur
Zeit seiner maximalen Vergletscherung (enthalten in Geinitz:
»Die Eiszeit«) könnte es den Anschein haben, als wären jene
pleistocänen Bildungen, welche wir zu beschreiben versucht
haben, Absätze des stark vergrößerten Kaspisees. Nach der
Auffassung, welche in dieser Karte niedergelegt wurde, er-
streckte sich der Spiegel dieses Sees in der genannten Zeit
längs des östlichen Ufers der Wolga weit nach Norden. Sogar
das Mündungsgebiet der Kama wurde noch vom See über-
schritten und Kasan würde gerade einen der nördlichsten
Punkte einnehmen, den das Wasser des Kaspi noch bedeckte.
Worauf diese Annahme sich gründet, konnte ich aus der
Literatur nicht erfahren. Vermutlich dachte man an eine
lakustre Entstehung der tieferen Sande des Quartärs. Daß für
diese Auffassung keine Handhabe vorhanden ist, zeigen nicht
allein die Bohrungen und natürlichen Aufschlüsse in der
Kasaner Umgebung, sondern auch die örtliche Literatur der
letzten Jahrzehnte, in welcher dieser Gedanke nicht mehr erörtert wird. Es genügt hinzuzufügen, daß weder der obenauf
liegende »lößartige« Lehm noch die tieferen Sande irgendwelche Berührungspunkte mit lakustren Absätzen aufweisen.

Hingegen weisen alle Anzeichen auf eine Bildung hin,.
welche auf dem trockenen Lande vor sich ging. Die Sande
sind echte Dünensande .sowohl ihrer petrographischen Ausbildung als ihrer Lagerungsart nach. Der »lößartige« Lehm
Noinski's aber ist ein schwach verlehmter Löß, dem noch

alle petrographischen und geologischen Eigenheiten anhaften, die den Löß Mittel- und Westeuropas charakterisieren. Der Reichtum an Quarzkörnchen bestimmter Größe, die unregelmäßig und in verschiedenen Stellungen verteilten Glimmerschüppchen, der Kalkgehalt und die Lößkindchen, und endlich die Röhrchenstruktur, all das tritt uns auch an den Lehmen der Kasaner Umgebung entgegen. Dazu kommen noch eine Reihe bezeichnender Eigenheiten in seinem geologischen Auftreten, wie die Massigkeit seines Aufbaues, die vertikale Klüftung, die Neigung zur Steilwandbildung, das Unvermögen, Wasser tragen zu können, die Einbettung großer Landsäugetiere, besonders grasfressender Dickhäuter und Huftiere, und endlich die planierende Art seines Auftretens.[1] Wenn wir alle diese Beobachtungen auch an den »lößartigen« Lehmen Kasans anstellen können, so können wir uns berechtigt fühlen, von »Löß« schlankweg zu sprechen, wenn er auch Anzeichen beginnender Verlehmung erkennen läßt.

Zu dieser Erkenntnis also führen uns die Beobachtungen um Kasan.

Wenn aber der Löß der Kasaner Umgebung prinzipiell keinerlei Unterschiede gegenüber jenem Mitteleuropas erkennen läßt, wie dies Nikitin[2] bereits in den Achtzigerjahren für die gleichartigen Bildungen Südrußlands festgestellt hat, dann wird die Frage interessant, ob denn wirklich die Verhältnisse in Rußland so ganz anders liegen, daß sie einer Anwendung der äolischen Lößtheorie widerstreiten. Wir wollen uns deshalb mit den nichtäolischen Theorien an der Hand der eigenen Beobachtungen auseinandersetzen, um deren Anwendungsmöglichkeit zu prüfen.

Richthofen hat bekanntlich die Möglichkeit keineswegs geleugnet, daß untergeordnet auch auf anderem Wege denn durch Windwirkung lößähnliche Bodenarten entstehen können. So spricht er vom »See-Löß«, den er sich als Absatz in

---

[1] Ferd. Freiherr v. Richthofen, Führer für Forschungsreisende. Hannover 1901, p. 469 bis 471. Neudruck der Aufl. 1886.

[2] S. Nikitin, Les dépôts posttertiaires de l'Allemagne dans leurs relations aux formations correspondantes de la Russie. Bull. du Comité Géol. St. Pétersbourg 1886, T. V, p. 133—185.

abflußlosen Seen entstanden denkt, wenn in Lößgegenden auf-
geschlämmter Löß in den Wasserbecken zusammengetragen
wird.[1] Auch die Deltas der Flüsse hält er für einen geeigneten
Ort, um lößähnliche Böden entstehen zu lassen.[2] Und dieser
Art der Entstehung kommt vielleicht in einem etwas anderen
Sinne eine größere Bedeutung zu, als man bisher anzunehmen
geneigt war. Wenn wir z. B. die russischen Ströme betrachten,
so staunt der Beobachter über die Menge des feinen, gelben
Schlammes, den sie tagaus tagein ihrem Mündungsgebiete zu-
wälzen. Ich habe den ganzen Sommer über die Wolga nie
anders als gelbgefärbt an Kasan vorüberziehen sehen. Und
besonders reich an suspendierten Stoffen scheint sie im Frühjahre zu sein, wenn die Schneeschmelze sie das Land weithin überschwemmen läßt. 5 bis 8 $m$, vielleicht auch mehr,
erhebt sich dann ihr Pegel gegenüber dem gewöhnlichen
Stande im Wolgagerinne und verwandelt die ganze Umgebung
von Kasan in einen gewaltigen See. Kleinere Zuflüsse halten
nicht Schritt mit dem rapiden Anstieg der Wasserflut im
Strome und so sieht man tagelang die gelbe Trübe die kleine
Kasanka aufwärts wandern, ihrer Stromrichtung entgegen,
deren Wasser zurückstauend und allenthalben die Marschen
zu beiden Seiten des Flusses tief ins Land hinein in eine
gelbe See verwandelnd. Nach einigen 14 Tagen ist der Hoch-
stand erreicht, die Gewässer kommen zum Stehen. Etwa eine
Woche lang behauptet die Flut noch ihre Herrschaft, dann
aber sinkt der Spiegel und das inundierte Gebiet wird wieder
frei. Wenn wir aber die abziehenden Fluten betrachten, so
finden wir sie völlig klar. In der kurzen Zeit des Stagnierens
hat sich diese Klärung vollendet, der ganze suspendierte
Schlamm ist zu Boden gefallen, deckt die Marschen, wo er
an den Grasresten des Vorjahres einigen Halt findet. Wenn
auch die heftigen Frühjahrsstürme, worauf wir noch zurückkommen wollen, sich rasch dieser Sinkstoffe bemächtigen und
sie in einer bestimmten Weise im Lande verteilen, so wird
doch ein Teil des gelben Schlammes durch den Graswuchs

---

[1] Führer für Forschungsreisende, p. 473.
[2] A. a. O., p. 474.

verankert bleiben und im Laufe der Zeit zu einer Erhöbung
des Bodens führen. Es kann kaum bezweifelt werden, daß
auf die beschriebene Art lößähnliche Böden erzeugt werden
können. Vielleicht ist auch anzunehmen, daß sich in diesem
Flußlehm das Wurzelröhrchensystem der Marschenvegetation
erhält, dann wäre die Ähnlichkeit eine noch weitergehende. —
Niemals aber glaube ich, daß solche Böden neuzeitlicher Entstehung freien Kalk enthalten werden, denn was an löslichen
Salzen vorhanden ist, ging sicher durch den Wassertransport
verloren.[1]

Ablagerungen dieser Herkunft werden auch einen uni-
formen Charakter besitzen. Sie werden sich nicht allein längs
des gleichen Flusses durch eine streng einheitliche Zusammensetzung auszeichnen, sondern die Absätze verschiedener Flüsse
werden unter den gleichen klimatischen Verhältnissen kaum
nennenswerte Unterschiede erkennen lassen.

Denn das ist eben eines der wichtigsten Kriterien: die
kosmopolitische Verbreitung des Lösses und sein uniformer
Charakter.

Und der schwerste Einwand, welchen man gegen die
Deluationstheorie erheben kann, dünkt mir deshalb der zu
sein, daß sie durch ihre Erklärungsart das gerade Gegenteil
dessen erwarten läßt, was man am Löß tatsächlich beobachtet.
»Überall, wo die Verhältnisse seine typische Ausbildung begünstigt haben«, sagt Richthofen, »besitzt er die gleichen
Eigenschaften«.[2] Wie kann der Löß diese merkwürdige petrographische Einförmigkeit besitzen, wenn er durch einfache
Umlagerung des Verwitterungsstaubes der nächsten Hänge
entstanden ist? Wie kann auf der kurzen Strecke Weges vom
abwitternden Hang bis zur akkumulierenden Wiese in Rinn-
salen und ähnlichen kleinsten Wasserläufen die Aufbereitung
eine solche sein, daß verschiedene Gesteine den gleichen
Detritus liefern? Wie ist es möglich, daß der Löß der Baikal-
region, welcher überwiegend saure Massengesteine und alt-

---

[1] Der Abbruch des Kasaner Aufenthaltes hat leider unmöglich gemacht,
diesen Überlegungen die wünschenswerten Kontrollbeobachtungen im Felde
folgen zu lassen.
[2] Richthofen, Führer für Forschungsreisende, p. 469.

krystalline Schiefer zu seinem Grundgebirge hat, im wesentlichen keine petrographischen Merkmale erkennen läßt, die ihn
vom Löß der Kasaner Umgebung trennen würden? Und doch
liegt dieser letztere auf Kalken, Dolomiten, Mergeln mit wenig
Sandstein auf!

Über diese Schwierigkeit hilft uns die Deluationstheorie
nicht hinweg und deshalb erscheint sie jedem Beobachter
unannehmbar, der sich den kosmopolitischen Charakter des
Lösses und besonders seine petrographische Unabhängigkeit
vom Grundgebirge zu eigen gemacht hat.

Am 9. und 10. Jänner des Jahres 1918 war ich Zeuge
eines sehr merkwürdigen und interessanten Naturereignisses.
Ganz Kasan stak im tiefen Winter und Schnee. Da plötzlich
brach am 7. von einem kräftigen Barometerrückgang begleitet,
eine warme Luftmasse herein, welche in der Nacht vom 8. auf
den 9. das Thermometer über den Nullpunkt brachte. Am
9. taute es bis über Mittag. Später gab es ausgiebigen Schneefall und kräftigen Wind. Am 10. hatte der Schneefall aufgehört
und das Wetter war ruhiger geworden. Als ich um $10^1/_2{}^h$ a.
meinen Gang zur Universität antrat, fiel bereits überall der
frischgefallene Schnee durch seine schmutzigbraune Bestäubung
auf. Im geologischen Institut angekommen, das an einem der
höchstgelegenen Punkte des Stadtgebietes errichtet ist, bemerkte
ich, daß die Fernsicht, welche normal bis weit über die Wolga
reicht, auf die nächste Umgebung beschränkt ist. Gegen $1^h$ p.
bot sich dem Beobachter der normale Winterhimmel, wenn er
umzogen ist; eine lichtgraue, ziemlich gleichmäßige Färbung
überzog ihn. Gegen den Horizont aber — vom Zenit weg —
verdichtete sich die Atmosphäre zu einer gelblich-bräunlich
gefärbten,[1] nebeligen Masse. Gebäude waren auf 800 Schritte
wie in leichten Rauch gehüllt und auf 1 *km* verschwanden
die Umrisse.

Die nebelige Masse ließ geringe Ungleichmäßigkeiten in
ihrer Dichte erkennen, ohne aber irgendeine Himmelsrichtung

---

[1] Zeitweise gewann ich den Eindruck, als ob auch ein Stich ins Rötliche vorhanden gewesen wäre.

zu bevorzugen und war ohne Unterschied — wie es mir schien — in und um die Stadt vorhanden.

Als ich gegen $2^h$ p. die Wohnung neuerdings verließ, war eine deutliche Verdichtung des »Nebels« zu bemerken.

Abends trat dann ein merkwürdiges Eisrieseln ein (es fielen kleine Graupen).

Am 11. erfolgte Ausheiterung bei raschem Anziehen der Kälte. Prof. H. Ficker-Feldhaus (Graz), der mein Schicksal in Kasan teilte, berichtete, daß nachts ein Drittel Meter Schnee gefallen war. Der frischgefallene Schnee war rein weiß, ohne jegliche Färbung.

Gegen Abend ($6^h$) stand über Kasan ein heiterer Himmel. Nur gegen NW sah man dicht über dem Horizont eine gelblich bis rauchgrau gefärbte Dunstmasse, die die Form eines sehr flachen Kreisabschnittes annahm, sich scharf gegen den ausgeheiterten Himmel abgrenzen. Sie war scheinbar im Abzug begriffen.

Bereits am 10. war ich mir dessen bewußt, daß in Kasan ein ausgiebiger Staubfall erfolgt war und, wie die Überlegung sagen mußte, unter besonders günstigen Umständen.

Deshalb rüstete ich mich sofort, um an einem möglichst einwandfreien Punkte Staubproben zu sammeln. Die Wahl des Ortes war von außerordentlicher Wichtigkeit. Der Schnee- und Eisgraupenfall war von starken Winden begleitet und deshalb war der Einfluß der Umgebung auf die Zusammensetzung des Staubes überall sehr zu befürchten.

Tatsächlich zeigte sich der Schnee in der Stadt überall durch den verwehten Mist der Straßen stark verunreinigt.

Der Wind kam — ganz roh genommen — aus südlicher Richtung. Deshalb empfahl es sich, das südliche Vorland der Stadt aufzusuchen. Am 12. versah ich mich mit einigen praktischen Gefäßen zum Sammeln der Proben und verließ in südlicher Richtung das Weichbild der Stadt. Ich überzeugte mich aber bald, daß Wärmewelle und Sturm eine Menge aperer Stellen geschaffen hatten und der herausragende Boden auch hier auf den Schnee seine verunreinigende Wirkung ausübte. Da kam mir der Gedanke, die Proben auf dem nahen zugefrorenen See zu sammeln. In seiner südlichen Hälfte

besaß ja der Kabansee eine ganz ansehnliche Breite und hier
auf dieser fast unbegangenen und unbefahrenen Fläche bestand
die beste Aussicht, einwandfreie Proben gewinnen zu können.

Zwischen der Artilleriekaserne am östlichen und der
Ziegelei am westlichen Ufer schritt ich zur Entnahme der
Proben. Ich entfernte zuerst zum Teil den noch etwa $^1/_3$ Fuß
mächtigen, rein weißen Schnee, der in der Nacht auf den 11.
gefallen war und die Staubschicht so vortrefflich vor einer
späteren Verunreinigung schützte, und stach dann mittels eines
zylindrischen Glasgefäßes einen bis auf das Eis des Sees
reichenden Probezylinder heraus. Es war folgendes Profil zu
beobachten: Zu unterst das Eis des Sees, dann etwa 2 *cm*
weißer, körniger Schnee, darüber 2 bis 3 *cm* Schmutzschnee
deutlich in Graupenform fest zusammenbackend und dann
endlich die bald $^1/_2$, bald nur $^1/_3$ Fuß mächtige Decke des
weißen Pulverschnees. Diese Probe war bestimmt, um eine
quantitative Bestimmung des Staubfalles durchzuführen. Für
qualitative Untersuchungen wurde ein zweites Gefäß mit
Schmutzschnee gefüllt. Damit war die Probenahme nach bestem
Können beendigt.

Prof. Ficker-Feldhaus, welcher dem Gang der meteorologischen Ereignisse während des Staubfalles gleich mir regstes
Interesse entgegenbrachte, hatte die Freundlichkeit, die entsprechenden Daten[1] an der meteorologischen Beobachtungs-
station der Kasaner Universität auszuheben und stellte mir
nachstehenden Kommentar bereitwillig zur Verfügung, wofür
ich ihm auch an dieser Stelle herzlichst danken möchte.

## Bemerkungen zum Staubfall am 10. Jänner 1918.

Von Prof. Dr. H. Ficker-Feldhaus, Graz.

»Dem Staubfall am 10. Jänner, der mit SSE-Wind kam,
gingen tagelang vorwiegend südwestliche Winde beträchtlicher
Stärke voraus. Dem relativ niedrigen, wenig gestörten Luftdruck sowohl des Vortages als des Staubfalltages selbst zufolge, läßt sich annehmen, daß eine ausgedehnte Depression
mit ihrem Zentrum westlich oder nordwestlich von Kasan lag

---

[1] Siehe die nachfolgenden Tabellen.

und während der in Betracht kommenden Tage (etwa seit
3. Jänner) im wesentlichen stationär blieb. Durch das lange
Verweilen der Depression im gleichen Gebiete würde sich dann
der Umstand erklären, daß auf ihrer Vorderseite Luft aus sehr
entlegenen südlichen Gebieten weit nach Norden sich verlagert hat.

Für den 9. Jänner (geringer Druckanstieg mit Windwechsel
nach SSE und Abkühlung) ist sogar eine geringfügige rück-
läufige Bewegung der Depression wahrscheinlich, wichtig dadurch, daß Kasan aus dem Gebiete extrem warmer, wohl
ozeanischer, feuchter, südwestlicher Winde in den Bereich
einer kälteren SSE-Strömung kam, die durch Staubfall und
geringe relative Feuchtigkeit ihre kontinentale Herkunft bewies.
Der Windwechsel wurde dadurch bewirkt, daß die kalte SSE-
Strömung sich unter die warme SW-Strömung einschob und
letztere vom Boden weg in die Höhe drängte, ein Vorgang, der
zu bemerkenswerten Begleiterscheinungen Veranlassung gab.

Am Abend des 10. Jänner fiel nämlich gleichzeitig mit
dem Staub und trotz der geringen relativen Feuchtigkeit starker
Eisregen. Der Wasserdampf der in die Höhe gedrängten, dadurch abgekühlten SW-Strömung kondensierte zu unterkühlten
Regentropfen, die bei Durchfallen der stauberfüllten Boden-
schichten gefroren und den Eisregen lieferten.

Am 11. Jänner kam Kasan auf die Rückseite der Depression; es trat mit starker Abkühlung bei Windwechsel nach
WSW gewöhnlicher Schneefall ein.

Über die Herkunft des Staubes läßt sich aus den vorliegenden Daten gar nichts aussagen. Schneebedeckte Gebiete
sind als Ursprungsort ausgeschlossen, was von vornherein
auf eine Ausgangsbreite von etwa 45° schließen läßt. Wesentlich niedrigere Breiten sind nach der normalen Druckverteilung
des Jänner nicht wahrscheinlich. Am plausibelsten ist die
Annahme, daß die Heimat der Staubströmung in einer der
Steppen der Linie: nördlicher Kaspisee—Aralsee—Balkaschsee
zu suchen ist.

Bahn und Ausdehnung der Strömung sind mangels syn-
optischer Daten ganz unbestimmt.«

**Luftdruck**

| Datum | 1ʰ | 3ʰ | 5ʰ | 7ʰ | 9ʰ | 11ʰ | 1ʰ | 3ʰ | 5ʰ | 7ʰ | 9ʰ | 11ʰ | Mittel |
|---|---|---|---|---|---|---|---|---|---|---|---|---|---|
| 7. Jänner | 749·6 | 47·5 | 45·4 | 44·3 | 43·4 | 43·1 | 42·9 | 42·9 | 43·2 | 44·0 | 44·2 | 44·6 | 744·6 |
| 8. » | 45·2 | 45·2 | 45·5 | 46·3 | 46·6 | 46·7 | 46·6 | 46·0 | 45·9 | 46·0 | 46·2 | 46·7 | 46·1 |
| 9. » | 47·2 | 48·2 | 48·3 | 49·1 | 49·2 | 49·8 | 50·1 | 50·1 | 50·1 | 49·9 | 49·9 | 50·0 | 49·3 |
| 10. » | 49·9 | 49·9 | 50·2 | 49·9 | 49·9 | 50·0 | 49·7 | 49·1 | 48·8 | 48·7 | 48·3 | 47·7 | 49·3 |
| 11. » | 47·2 | 46·9 | 46·6 | 46·6 | 47·9 | 49·7 | 51·4 | 53·4 | 55·5 | 57·4 | 59·4 | 760·2 | 51·8 |

**Temperatur**

| Datum | 1ʰ | 3ʰ | 5ʰ | 7ʰ | 9ʰ | 11ʰ | 1ʰ | 3ʰ | 5ʰ | 7ʰ | 9ʰ | 11ʰ | Mittel |
|---|---|---|---|---|---|---|---|---|---|---|---|---|---|
| 7. Jänner | —19·0 | —18·1 | —16·3 | —15·3 | —14·4 | —7·2 | —8·4 | —6·6 | —6·4 | —6·4 | —5·7 | —5·6 | —11·1 |
| 8. » | —5·5 | —5·1 | —4·8 | —3·0 | —2·3 | —1·5 | —0·8 | —0·4 | —0·2 | +0·5 | —0·3 | —1·6 | —1·7 |
| 9. » | —1·9 | —2·0 | —2·0 | —2·0 | —2·0 | —1·0 | —1·1 | —1·1 | —1·0 | —2·8 | —3·6 | —3·7 | —0·2 |
| 10. » | —4·3 | —4·4 | —4·6 | —4·5 | —3·9 | —3·5 | —3·6 | —3·6 | —3·6 | —2·6 | —3·2 | —3·5 | —3·8 |
| 11. » | —4·3 | —4·3 | —4·1 | —2·9 | —3·5 | —3·7 | —6·8 | —11·5 | —14·7 | —15·6 | —18·1 | —19·4 | —9·1 |

**Relative Feuchtigkeit**

| Datum | 1ʰ | 3ʰ | 5ʰ | 7ʰ | 9ʰ | 11ʰ | 1ʰ | 3ʰ | 5ʰ | 7ʰ | 9ʰ | 11ʰ | Mittel |
|---|---|---|---|---|---|---|---|---|---|---|---|---|---|
| 7. Jänner | 76 | 78 | 76 | 81 | 82 | 83 | 81 | 85 | 77 | 78 | 88 | 82 | 81 |
| 8. » | 87 | 88 | 87 | 89 | 87 | 77 | 75 | 87 | 75 | 67 | 78 | 74 | 81 |
| 9. » | 74 | 84 | 78 | 77 | 60 | 64 | 74 | 86 | 89 | 82 | 82 | 83 | 78 |
| 10. » | 81 | 80 | 76 | 78 | 72 | 68 | 53 | 57 | 60 | 55 | 62 | 57 | 67 |
| 11. » | 77 | 92 | 93 | 95 | 92 | 86 | 75 | 68 | 71 | 73 | 74 | 73 | 81 |

## Windrichtung und Stärke (*km* pro Stunde).

| Datum | 1h | 3h | 5h | 7h | 9h | 11h | 1h | 3h | 5h | 7h | 9h | 11h |
|---|---|---|---|---|---|---|---|---|---|---|---|---|
| 7. Jänner | · | · | · | · | · | · | S 32 | SSW 22 | SW 21 | S 11 | SSW 12 | SSW 10 |
| 8. „ | SSW 9 | SSW 32 | SSW 34 | SSE 19 | S 24 | S 28 | S 27 | S 30 | S 40 | SSW 54 | SSW 43 | SSW 40 |
| 9. „ | SSW 43 | S 32 | S 34 | S 34 | S 38 | S 40 | S 31 | SSE 30 | SSE 37 | SSE 37 | SSE 36 | SSE 42 |
| 10. „ | SSE 36 | SSE 32 | SE 36 | SE 43 | SE 38 | SE 42 | SE 42 | SSE 36 | SSE 50 | SSE 44 | SSE 47 | SSE 50 |
| 11. „ | SSE 42 | SSE 36 | SSE 26 | S 14 | SW 22 | WSW 11 | WSW 18 | WSW 26 | WSW 12 | SSW 10 | SW 18 | SW 14 |

| Datum | Bewölkung | | | Niederschlag | | | Anmerkungen |
|---|---|---|---|---|---|---|---|
|  | 7h a. | 1h Mittag | 9h p. |  | 1h | 3h |  |
| 7. Jänner | 10 | 10 | 10 | 0·9 *mm* | * | *o | ✚ o |
| 8. „ | 10 | 10 | 10 | 0·4 | * | * | ✚ p. ✚ |
| 9. „ | 10 | 10 | 10 | 2·4 | × | * | * nachmittags und abends. |
| 10. „ | 10 | 10 | 10 | 7·1 | *o | * u. ✚ | * u. ✚ nachts, vormittags *o. abends o u. △ |
| 11. „ | 10 | 9 | 0 | 1·3 | * |  |  |

Die weitere Untersuchung der Staubproben wurde nun
im geologischen und mineralogischen Kabinett der Universität
in Angriff genommen.

Das Schneewasser wurde in allen Fällen unter Beobachtung der nötigen Vorsicht im Wasserbad eingedampft. Es
blieb ein erdbraunes, sehr feines Pulver zurück, ohne sichtbare gröbere Beimengungen, vom Aussehen des käuflichen
Cacaopulvers.

Bestimmung der Menge: Die zylindrische Schale
hatte einen Querschnitt von $5539\, mm^2 = 55 \cdot 39\, cm^2$. Die auf
diesem Querschnitt eingedampfte Staubmenge wog $0 \cdot 131\, g$,
woraus sich eine gefallene Staubmenge von

$$23\, g \text{ auf } 1\, m^2$$

errechnet.

Infolge der geübten Vorsicht bei der Probenahme und
der Bestimmung glaube ich für diese Ziffer eine ziemliche
Zuverlässigkeit in Anspruch nehmen zu können. Sie läßt erkennen, daß die Staubmassen ganz gewaltige waren, welche
durch diese südliche Luftströmung bis in die Breiten von
Kasan gelangten.

Die weiteren Untersuchungen, welche zur Klarstellung
der Zusammensetzung des Staubes unternommen wurden,
konnten leider zu keinem gedeihlichen Abschluß gebracht
werden. Die außergewöhnlichen Verhältnisse des Jahres 1918
schufen eine ganze Reihe von Schwierigkeiten, welche kaum
zu umgehen waren. Es wurde deshalb eine hinreichende
Menge zusammen mit dem Schmelzwasser in eine Glasröhre
eingeschmolzen und außerdem noch Trockenproben des
Staubes aufbewahrt, um die qualitative Untersuchung seinerzeit in der Heimat durchführen zu können. Dieser Arbeit
konnte ich mich bis jetzt nicht unterziehen, da die Mitte desselben Jahres unternommene Flucht aus Kasan mich nötigte,
die Proben — wenn auch in guten Händen — zurückzulassen.

Dieser Mangel wird hier sehr schwer empfunden und es
muß der Hoffnung Ausdruck verliehen werden, daß es zu
einem späteren Zeitpunkt gelingen möge, diese Lücke aus-
zufüllen.

Denn der Verdacht, daß solche Staubfälle irgend einen Anteil haben könnten am Aufbau des Bodens um Kasan, mußte natürlich sofort einen mikroskopischen Vergleich zwischen Staub und Lößpulver anregen. Und diese Arbeit ist nun über eine bloße Übersicht nicht hinausgekommen. Soviel aber verriet auch schon eine oberflächliche Musterung, daß auf einen Vergleich im Kleinsten keine besonderen Hoffnungen gesetzt werden dürfen. Die beiden Proben liegen in einem grundverschiedenen Erhaltungszustande vor. Der Löß ist merklich verlehmt, d. h. die Silikate sind in toniger Zersetzung begriffen und ein gut Teil der löslichen Salze ist bereits fortgeführt; beim Staub vom 10. Jänner ist dieser Prozeß noch nicht einmal eingeleitet. Selbst bei völliger Identität des Ausgangsmaterials — an welche übrigens im engeren Sinne nicht gedacht werden kann, da die charakteristischen großen Quarzkörnchen des Lösses dem Staub völlig mangelten — ist deshalb eine glatte Übereinstimmung des Lößpulvers mit jenem des Staubes weder unter dem Mikroskop noch in der Analyse kaum zu erwarten.

Es kann aber nicht bezweifelt werden, daß der gefallene Staub dem Boden wenigstens teilweise einverleibt wird. Soweit er nicht auf Wasserflächen auffällt, soweit ihn nicht Wind, Schmelz- und Regenwasser einer neuerlichen Umlagerung unterziehen, wird ihm der Pflanzenwuchs Schutz gewähren, und es ist eine reine Frage der Anzahl und Ausgiebigkeit solcher Staubfälle, ob gewisse, der Denudation weniger unterliegende Hochflächen eine Erhöhung erfahren oder nicht.

Die Wirkung dieser Staubfälle quantitativ zu erfassen, ist aber außerordentlich schwierig. Während der ganzen schneefreien Jahreszeit entziehen sie sich einer verläßlichen Beobachtung. Denn welche Merkmale bei den geringen mineralischen Unterschieden der vom Boden abgefegten Staubarten sollten uns instand setzen, zu erkennen, daß wir es wirklich mit ortsfremden, von weither zugeführten Staubmassen zu tun haben? Wenn es sich nicht um ganz charakteristisch zusammengesetzten Staub handelt, werden selbst mit aller Vorsicht angestellte meteorologische Beobachtungen keine

eindeutigen Beweise liefern. Daher gewinnen die Staubfälle
zur Winterszeit, wenn das ganze Umland unter einer schützenden
Schneedecke begraben ist, besonders Bedeutung.

Dann ist der örtliche Einfluß beinahe ausgeschaltet. Aber
auch für die Bestimmung des Herkunftsgebietes, der Bahn,
Ausdehnung (Streuung) und Dichte des Staubfalles ergibt sich
eine besonders günstige Konstellation der Beobachtungs-
bedingungen.

Leider haben es die Wirren des Jahres 1918 nicht zugelassen, diese Vorteile entsprechend auszunützen.

Nach den Aufzeichnungen der meteorologischen Beob-
achtungsstationen des Gouvernements Kasan sind Staubfälle
keine besondere Seltenheit und es wäre denkbar, daß ihnen
beim Aufbau des Lößbodens eine gewisse Rolle zukommt.
Denn wir müssen folgendes bedenken: Ist der Boden vom
Schnee frei und der Pflanzenwuchs noch nicht in dem Maße
vorgeschritten, daß er den lose liegenden Staub festhalten
könnte, dann werden sich die auftrocknenden Frühjahrsstürme
des losen Materials bemächtigen und eine Umlagerung bewirken, welche durch die vorherrschende lokale Windrichtung
bestimmt ist. Der Staub wird von der Luvseite der Gehänge
verschwinden und an der Leeseite einer steten Akkumulierung
unterworfen werden. Und hier wird ihn der allmählich hoch-
kommende Pflanzenwuchs endgültig verankern.

---

Einer ähnlichen Umlagerung sind aber auch die Sinkstoffe des jährlichen Wolgahochwassers ausgesetzt, welche
nach dem Rückzuge der Fluten im Inundationsgebiete zurück-
gelassen werden.

Wenn man nach Ablauf des Eisstoßes in der Wolga im
Fuchshofgarten, einem kleinen öffentlichen Park am Nordrande
der Lößkante im Stadtbezirke, sitzt, den Blick gewendet gegen
die Niederung, in welcher sonst die kleine Kasanka träge ihre
Fluten zur Wolga wälzt, so späht man vergebens nach dem
Flusse aus, vergebens nach den Wiesen und kleinen Tümpeln,
die sich zu Füßen der prächtigen Aussicht einige 30 Meter

tiefer weithin nach Norden erstreckten. Die Niederung der
Kasanka ist in einen See verwandelt, der Stromstrich aber
hat sich verkehrt und trübe stauen sich die von der steigenden
Wolga kommenden Fluten die Kasanka aufwärts. Das Wolga-
wasser ist mit Sinkstoffen beladen, die mit ihm über das
ganze Überflutungsgebiet verteilt werden.

Denn in den Tagen des Höchststandes verschwindet
rasch die gelbe Trübung und die abziehenden Fluten sind
klar und haben sich ihres mineralischen Ballastes entledigt.

Auf der von der Überflutung befreiten Niederung sieht
man dann allenthalben den lößfarbenen Sinkstoff in einer
dünnen Schicht den Boden decken.

Aber die Sonne und besonders die Frühjahrswinde trocknen
rasch, der Niederschlag wird rissig, schält sich auch vom
Boden und gerät in die Gewalt des Windes. Und der Mangel
einer Vegetationsdecke, in der sich der trockene Sinkstoff
verfangen könnte, begünstigt ganz außerordentlich die Freizügigkeit des Staubes. Die 30 $m$ hohen Wände der Lößkante
im Kasankatale sind für ihn kein Hindernis. An der Brüstung
am Rande des Absturzes im Fuchshofgarten sitzend, war man
bei Wind ständig den Attaken des feinen Quarzsandes ausgesetzt, den der Frühjahrswind aus dem Kasankatale herauf-
brachte. Im Windschatten aller Hindernisse häufte er sich
und es läßt sich erwarten, daß auch seine Verteilung im
Gelände hauptsächlich durch die Windrichtung bestimmt wird,
welche um Kasan die herrschende ist.

Daß diese äolischen Aufbereitungsprodukte des Hochwasserschlammes den weiteren Bereich der Stromtäler ganz
zu entfliehen vermögen, ist wohl kaum anzunehmen. Im Gegenteil, bald wird die rasch aufsprossende Vegetation die Kraft
des Windes überholen und dann ist es mit der Freizügigkeit
des Staubes zu Ende. Es wird also einerseits ein Teil des
Hochwasserschlammes das Inundationsgebiet gar nicht verlassen und hier in den Marschen längs der Flüsse an einer
steten, aber sehr ungleichmäßigen Erhöhung des Bodens
arbeiten, das bewegliche Material aber wird sich dort verfangen, wo im Jahresdurchschnitt die größte Windstille herrscht,
d. h. im Windschatten der Rücken.

So haben wir denn zwei aktuelle geologische Prozesse kennen gelernt, welche noch heute der Umgebung von Kasan Rohmaterial zuführen, dessen weitere Verteilung im Gelände wesentlich von der herrschenden Windrichtung abhängt. Und die Frage muß ernstlich erwogen werden, ob nicht Ablagerungen, deren Verteilung eine derartige Abhängigkeit verrät, eben diesen geologischen Prozessen ihre Entstehung verdanken.

Eine Prüfung der postpliocänen Schichten, die wir unter dem Titel »Lößstufe« zusammengefaßt haben, ergibt nun in der Tat, daß eine solche gesetzmäßige Abhängigkeit vorhanden ist. Es ist eine sehr bekannte Tatsache, welche in vielen Gegenden bereits ihre Bestätigung gefunden hat, daß dem Löß in Regionen, deren Relief eine ausgesprochene Luv- und Leeseite unterscheiden läßt, eine gesetzmäßige Verteilung zukommt. Er hat sich in diesem Falle mit überzeugender Folgerichtigkeit auf der Leeseite der Rücken angesiedelt, wie dies seine äolische Herkunft notwendig macht.

»In einer Gegend mit schroffem Formenwechsel«, sagt Freiherr v. Richthofen,[1] »wird man beobachten, daß der Staub sich an geschützten Stellen in großer Mächtigkeit abgelagert hat, dagegen an anderen, welche der fegenden Kraft des Windes ausgesetzt sind, gänzlich fehlt«.

So hat E. Tietze die auffällige Ungleichseitigkeit der ostgalizischen Täler und die vorherrschende Entwicklung des Löß auf den westlichen Talgehängen damit zu erklären versucht, daß er für die Zeit der Lößbildung ein Vorherrschen der Westwinde annahm. Von den Westwinden mitgenommen, sei der Steppenstaub im Windschatten der N—S verlaufenden Höhenrücken, also an deren Ostabdachung abgesetzt worden. Auch F. E. Sueß beobachtete eine ganz ähnliche Einseitigkeit der Lößverteilung in den Tälern, welche die Ostabdachung der Böhmischen Masse begleiten.

Loczi hat besonders an der Hand der Lößgeographie von Ungarn gezeigt, wie folgerichtig sich dieses Gesetz für einen großen Teil von Mitteleuropa ableiten läßt. Einen indirekten, aber wunderschönen Beweis verdanken wir Obrut-

[1] Richthofen, Führer für Forschungsreisende, p. 442.

schew, dessen Untersuchungen im südwestlichen Transbaikalien (Zentralsibirien) das hochinteressante Ergebnis hatten, daß sich dort das Verbreitungsgebiet des noch lebendigen Flugsandes vollständig an jenes des Lösses anschließt. (Die Jahresresultierende der Windrichtungen hat also in diesem Gebiet seit der Lößperiode keine kennbare Veränderung ihrer Richtung erfahren.)

Es ist sehr zu bedauern, daß diesem Gesetze der Lößverteilung in den neueren russischen Arbeiten, welche nicht auf dem Boden der äolischen Theorie stehen, die ihm gebührende Beachtung nicht zuteil wird. Denn daß diese Gesetzmäßigkeit auch für russische Gebiete Geltung hat, lehrt gerade das Beispiel von Kasan.

In einer sehr alten Arbeit aus dem Jahre 1869 berichtet ein scharfer Beobachter (N. A. Golowkinski) über die Verteilung der sogenannten »Sandformation« in der Umgebung von Kasan. Diese »Sandformation« ist das, was wir als Lößstufe bezeichnet haben. Er sagt von ihr: »Die Sandformation liegt in keiner Vertiefung, sie erreicht gleiche Höhe mit den permischen Ablagerungen«; und an einer anderen Stelle: »Es ist bemerkenswert, daß den Westhang der Rücken permische Gesteine zusammensetzen, kaum verdeckt durch Lehm, während der östliche (nordöstliche) überall gebildet wird durch die kompakte Masse der mehr oder weniger tonigen ‚Sandformation‘. Dasselbe beobachtet man auch an anderen Orten, z. B. in der Semiosernaja Pustinja, nahe Laïschew, gegen den Osten von Sacharowka (am linken Ufer der Kama) usw...«[1]

Gleichzeitig bringt er ein einfaches, aber sehr lehrreiches Profil, welches ich hierher setze (siehe Fig. 5), weil es das Gesetz der Lößverteilung sehr hübsch zum Ausdruck bringt.

In einer Zeit also, da die äolische Theorie noch gar nicht den Brennpunkt des Streites um die Lößentstehung ausmachte, da die Lößnatur eines Teiles der posttertiären Ablagerungen von Kasan noch gar nicht in Frage stand, hat bereits ein scharfer Naturbeobachter diese Gesetzmäßigkeit im Kasaner Gebiet erkannt. Und weil sie so ganz unbeeinflußt

---

[1] N. A. Golowkinski, Beschreibung der geologischen Beobachtungen, angestellt im Sommer 1866 im Kasaner und Wiatkaër Gouvernement. Materialien zur Geologie von Rußland. St. Petersburg 1869, Bd. I, p. 269 (russ.).

von jeglicher theoretischen Richtung festgestellt wurde, verdient sie um so mehr Vertrauen.

Die Beschränkungen meiner Freizügigkeit haben es leider
nicht zugelassen, diesen wertvollen Feldbeobachtungen Golowkinski's nachzugehen und sie durch eigenes Tatsachenmaterial zu ergänzen. Mögen künftige Untersuchungen im
zentralen Rußland diesem Lagerungsgesetz des Lösses die
gebührende Aufmerksamkeit schenken. Für unsere eigenen
Überlegungen müssen wir uns mit den angeführten alten
Beobachtungen bescheiden.

Die nächste Frage, welche dringende Erledigung heischt,
ist nun die: Welcher Zusammenhang besteht zwischen dem
Verteilungsprinzip des Lösses und der herrschenden Windrichtung um Kasan?

Herr Prof. Ficker-Feldhaus hat mir auch in diesem
Falle seine wertvolle Unterstützung nicht versagt und sich
der umständlichen Arbeit unterzogen, aus zehnjährigen Beobachtungen für das Wolgagebiet zwischen Nischni Nowgorod
und Sysran-Samara die Jahresresultante zu berechnen. Ich
möchte ihn für diese Mühe nochmals meines wärmsten Dankes
versichern. Hören wir, zu welchen Schlüssen ihn seine Berech-
nung führt:

»Im Wolgagebiet zwischen Nischni Nowgorod und Sysran-
Samara sind südwestliche Winde am häufigsten. Für vier in
diesem Gebiete gelegene Stationen berechnet sich nach zehnjährigen Beobachtungen (1894—1903) die Häufigkeit der einzelnen Windrichtungen, wie in nebenstehender Tabelle folgt
(Häufigkeit in Prozenten aller Windstunden, exklusive der wind-
stillen Termin-Stunden).

Dem klimatologischen Atlas des Russischen Reiches ist
ferner zu entnehmen, daß die westliche Komponente der Luft-
strömungen in dem fraglichen Gebiete im Sommer stärker ist
als im Winter; dieser jahreszeitliche Unterschied ist sogar sehr
stark ausgeprägt. — Der Isobarenverlauf läßt südwestliche bis
westliche Winde als die häufigsten erwarten. Auch das Rechts-
drehen der Winde mit abnehmender Höhe über dem Erdboden
— in unserem Falle gleichbedeutend mit einer Verstärkung
der Westkomponente — darf nicht außeracht gelassen werden.«

| Ort | φ | λ | N 5⁰/₀ | NE | E | SE | S | SW | W | NW | Resultante | Mittlere Windstärke in m/sek |
|---|---|---|---|---|---|---|---|---|---|---|---|---|
| Nischni Nowgorod... | 56° 20' | 44° 0' | | 4 | 10 | 16 | 15 | 21 | 16 | 13 | S 32½° W | 4·4 |
| Kosmodemiansk ..... | 56 20 | 46 34 | 7 | 6 | 6 | 10 | 13 | 27 | 21 | 10 | W 35° S | 3·0 |
| Kasan ........... | 55 47 | 49 8 | 11 | 10 | 6 | 15 | 17 | 17 | 14 | 10 | S 32½° W | 3·1 |
| Sysran........... | 53 9 | 48 27 | 13 | 9 | 5 | 12 | 12 | 17 | 20 | 12 | W 13° S | 2·1 |

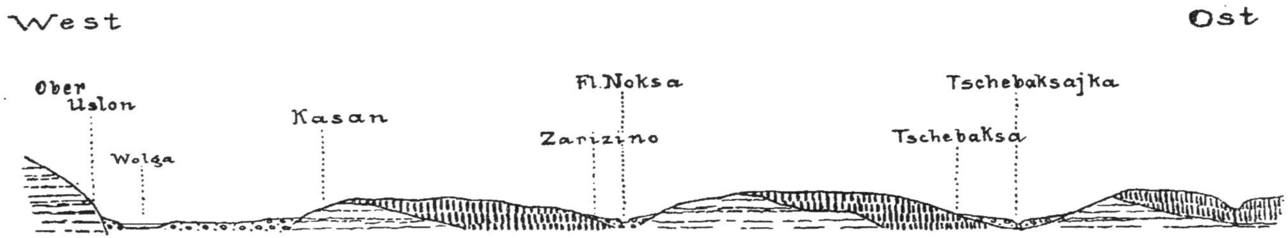

Fig. 5.

N. A. Golowkinski: Schnitt durch die Umgebung von Kasan.

Vertikal schraffiert: »Sandformation«. — Horizontal schraffiert: Perm.

Halten wir uns diesen Tatsachen gegenüber noch einmal
vor Augen, was Golowkinski über die gesetzmäßige Verteilung der »Sandformation« im Gelände konstatieren konnte,
so müssen wir über das Ergebnis dieses Vergleiches vollauf
befriedigt sein.

Wir haben also folgende Sachlage: In der Umgebung
von Kasan existiert eine posttertiäre Ablagerungsreihe, deren
petrographische Zusammensetzung und Aufbau eine ganze
Reihe von Merkmalen in sich schließt, welche auf eine äolische
Herkunft dieser Sedimente hindeuten, während gleichzeitig
alle Anhaltspunkte mangeln, welche einen Absatz aus dem
Wasser begründen würden. Diese »Formation« verrät eine
derart gesetzmäßige Verteilung im Gelände, daß sich ihre Ab-
lagerungsorte als die Leeseite der Grundgebirgsrücken zu
erkennen geben, wenn wir der Jahresresultante der Gegenwart
auch für die Bildungsperiode des Lösses Gültigkeit zuerkennen
würden.

Angenommen, daß der Gang der Isobaren in Nach- und
Zwischeneiszeiten von dem der Gegenwart im wesentlichen
nicht verschieden war, so ergibt sich wenigstens für jenen
Löß, den wir als nach- oder zwischeneiszeitlich erkennen,
eine notwendige Beeinflussung durch die berechnete Jahres-
resultante. Mit größter Wahrscheinlichkeit müssen wir dem
Winde beim Absatze der Bodenarten der Lößgruppe in der
Umgebung von Kasan die entscheidende Rolle zuerkennen.

Dieser Eindruck wird noch dadurch verstärkt, daß die
den Löß unterlagernden Sande, welche nach Noinski auch
mit ihm wechsellagern, ihrer ganzen Beschaffenheit nach nur
dem Winde ihre Bildung und Ortstellung verdanken. Diese
Sande sind zum guten Teil als Dünensande klar kenntlich, sie
zeigen die für sie so bezeichnende Einförmigkeit der Zusammensetzung und Gleichmäßigkeit des Korns, sie zeigen wiederholt
und manchmal in klassischer Klarheit die Dünenschichtung,
wie sie z. B. vom mohammedanischen Friedhofe in Kasan
beschrieben wurde. Bei dem absoluten Mangel an Fluß- oder
Meereskonchylien unterliegt es meines Erachtens keinem
Zweifel, daß dieser Sand eine echte Landbildung darstellt und
gewissen Zwischenperioden seine Entstehung verdankt, welche

die große Phase der Lößbildung — vielleicht nur örtlich — unterbrachen.

Als wir auf der Fahrt von Moskau nach Samara uns von Rusaëwka her der Wolga näherten, trat die Strecke bei Koremeslowka überraschend aus der Tschernosjom-Region in ein typisches Stück Steppe ein. Crêmegelber Triebsand, übersät mit prächtigen äolischen Rippelmarken, deckt den Boden. Spärlicher Graswuchs und schüttere Kieferinseln fristen ein kümmerliches Dasein. Einigen großen Dünenwällen ist der Mensch bereits erfolgreich zu Leibe gerückt: sie sind mit mehrjährigen Kiefern bestanden.

Dieses Flugsandgebiet liegt 300 *km* wolgaabwärts südlich Kasan. Aber auch dort — in Kasan — tritt uns dieses Stück Gegenwart entgegen, nur »fossil«, begraben von einer mächtigen Lößdecke. Ich habe mich nie des Gedankens erwehren können, daß wir in Kasan und Samara ein zeitliches Nebeneinander vor uns haben, das in den Profilen der Lößgruppe in ein zeitliches Nach- oder Übereinander übergeht. Und es drängt manches dahin, die Frage, ob äolischer Löß um Kasan heute noch gebildet wird, mit einem entschiedenen »Ja!« zu beantworten.

Der Löß wächst noch.

Solange Staubstürme ganz ungeheure Massen von oberflächlichen Zerstörungsprodukten in südlichen Gebieten abheben und sie hunderte von Meilen nach Norden verfrachten, solange die Wolga hunderttausende von Kubikmetern an Sinkstoffen jährlich über das Land ausstreut, solange ein Flecken präquartären Grundgebirges dem Winde Angriffsfläche bietet und der Verwitterung ausgesetzt ist, wird der Löß wachsen.

Aber dieser Prozeß geht jetzt anders vor sich, viel langsamer, wie wir vermuten, als in den Zeiten der Vergletscherung.

Heute ist fast aller Boden um Kasan, der nicht vom Walde bedeckt ist, Ackerland; der Mensch und die Pflanze rücken gegen die Steppe vor. Aber wir wissen nicht, was sich ereignen würde, wenn eine jener großen Völkerverschiebungen dem Lande alle Kultur nehmen, wenn sich wieder alles Ackerland in Heide verwandeln würde.

Verwitterungsstaub der Nachbarschaft kann ebenfalls Stoffzufuhr für die Lößbildung bedingen. Aber wenn das gesamte Land mit wenigen Ausnahmen von einer Kultur- oder Grasnarbe bedeckt ist, kann dieser Art der Stoffbringung nur eine sehr bescheidene Bedeutung zuerkannt werden. Anders wird diese Möglichkeit für eine Periode einzuschätzen sein, als dieser Vegetationsüberzug noch nicht vorhanden war, als das Eis nach Norden zurückwich und im Westen der Wolga ausgedehnte Gebiete sich bar jedes Schutzes dem Winde darboten.

Aber ist es nicht auffällig, daß die Rückzugsgebiete der Dnjepr- und Donzunge selbst wieder von Löß bedeckt werden? Wie kann er hier aus der Grundmoräne abgeleitet werden, wenn sie selbst unter ihm begraben wird?! Hier ist es schwierig zu sagen, der Löß ist örtlicher Entstehung, wie dies neuerdings L. S. Berg vertritt.[1] Auch dieser russische Forscher rechnet mit der Lößbildung auf verschiedenem Wege. Er denkt sich diesen entstanden einerseits durch Ausblasen fluvioglazialer Ablagerungen, doch mißt er dieser Entstehungsart keine große Bedeutung bei; dann auf deluvialem Wege im Sinne Armaschewsky's und endlich alluvial und durch Verwitterung in situ. »Im Sakawkas und in Turkestan gibt es Ablagerungen von ersichtlich alluvialer Herkunft. Und nichtsdestoweniger besitzen sie eine lößähnliche Zusammensetzung. — Die Möglichkeit der Bildung von alluvialen Bodenarten, welche sich von Löß nicht unterscheiden, kann als bewiesen gelten. — Der Löß des mittleren und nördlichen Rußland und auch Sibiriens ist der gleichen Entstehung. Löß kann in situ gebildet werden aus den verschiedensten Gesteinsarten im Gefolge der Verwitterung und bodenbildender Prozesse unter dem Einflusse eines trockenen Klimas. Gewisse Gesteinsarten (wie Moränen und fluvioglaziale Ablagerungen) sind zur Lößbildung besonders geeignet. — Die Bildungszeit des Lösses fällt in eine Trockenperiode, welche auf die Vereisung folgte, als sich die Steppen bedeutend weiter nach N erstreckten.«

---

[1] L. S. Berg, Über das Auftreten des Lösses. Iswiestia der Kaiserl. Russ. Geogr. Gesellsch., Bd. LII, 1916, Lief. VIII, p. 579—647 (russ.).

Dies sind die Leitsätze des Berg'schen Lehrgebäudes. Vielleicht war es notwendig, den mehr autochthonen Charakter des Lösses zu betonen, der in den südrussischen Steppen wächst; dem Verfasser steht darüber kein Urteil zu. Aber dem gesamten Löß des mittleren und nördlichen Rußland, dem Löß Sibiriens die gleiche Art des Entstehens zu unterstellen, wie dies Berg tut, dürfte zu weit gegangen sein. Es ist immerhin sehr bemerkenswert und soll nicht übersehen werden, daß innerhalb des mitteleuropäischen Lößgürtels sich beträchtliche Strecken durch sehr spärliche Verbreitung oder völlige Armut an diesem Gestein auszeichnen. Auffällig ist z. B. die Lößarmut auf der ganzen Ostabdachung der Alpen gegen die pannonische Niederung; schwer erklärlich auch die Spärlichkeit seiner Vertretung im Regnitz- und Neckarlande (Südwestdeutschland) und im Moldaugebiet (Böhmen), wie dies bereits Alb. Penck[1] bervorgehoben hat. Solche Lücken in der Lößverbreitung bereiten der Berg'schen Theorie der Autochthonie des Lösses einige Schwierigkeiten und es ist sehr fraglich, ob nicht Alb. Penck's Auffassung dem Problem viel näher kommt, indem sie einen Zusammenhang zwischen den dem vereisten Gebiete entströmenden Flüssen und der Lößverteilung herstellt.

Es ist sehr auffällig, daß »der Löß nördlich der Alpen gerade in den Tälern, in welchen die Schmelzwasser der Vergletscherung sich zum Meere bewegten, seine größte Entwicklung zeigt, so längs der Donau, längs des Rheins und längs der Rhône bis dahin, wo sie ins Waldgebiet der Eiszeit floß«. ...»Nahe liegt es angesichts der überaus mächtigen Lößmassen der Gegend von Krems an verwehten Hochwasserschlamm der Donau zu denken, sowie den Löß der Mittelrheinebene auf den Rhein zurückzuführen«.[2]

Meine Beobachtungen an der Wolga sind sehr geeignet, dieser Auffassung als Stütze zu dienen.

Durch die Zubringung von Staub anderer Herkunft, von fremdem, weither verfrachtetem und von einheimischem, prä-

---

[1] Alb. Penck und Ed. Brückner, Die Alpen im Eiszeitalter, III. Bd., Leipzig 1909, p. 1160.

[2] A. a. O., p. 1160.

quartären Entblößungen entstammendem, wird zwar das Problem ein kompliziertes, aber da diese letzteren Arten der Staubzufuhr wahrscheinlich hinter der zuerst erwähnten in ihrer Wirkung zurückbleiben, so tun sie der Penck'schen Auffassung wenig Abbruch.

An Verwitterungsstaub aus Trockengebieten oder Gletscherschlamm werden wir aber auch deshalb denken müssen, weil nur die unzersetzten, kalkhältigen Silikate dieser Zerstörungsprodukte geeignet sind, den hohen Kalkgehalt des aufgeschlossenen Lösses zu erklären.

---

Wir eilen zum Schlusse. Das Problem der Lößentstehung erscheint uns seinem Wesen nach kein einfaches; sowohl örtlich als zeitlich unterliegt es nach unseren bisherigen Erfahrungen verschiedenen Abänderungen.

Für den Löß der zweiten Terrasse von Kasan (Noinski)[1] ist sowohl die Teilnahme von verwehtem Hochwasserschlamm als von Steppenstaub am Aufbau bis in die Gegenwart sehr wahrscheinlich. Für eine Anwendbarkeit der Deluationstheorie ergaben sich keine Handhaben. Die Lößgruppe um Kasan (Noinski II. Terrasse) ist überwiegend äolischer Entstehung; Zusammensetzung, Aufbau und Verteilung im Gelände machen dieses Urteil fast zur Gewißheit.

---

Diese Arbeit war im wesentlichen bereits während meines Aufenthaltes in Kasan zum Abschlusse gebracht worden. Nur einige Untersuchungen im Kleinen, wie die mikroskopische Durchforschung der um Kasan aufgesammelten pleistocänen Gesteine und des am 10. Jänner 1918 gefallenen Staubes sollten noch eine Ergänzung bringen. Nun haben die Wirren in Rußland bis heute eine Nachsendung der in Kasan zurückgelassenen Aufsammlung nicht zugelassen.

---

1 M. Noinski, Materialien zur Geologie von Kasan und dessen Umgebung. II. Über den Charakter der Ablagerungen bei der alten Klinik. Beil. zu den Sitzungsprotocollen der Naturforschenden Gesellschaft an der Kasaner Universität, Nr 334 (russ.).

Da mittlerweile ein Jahr seit meiner Heimkehr verstrichen ist und die Aussichten, bald in den Besitz meiner Aufsammlungen zu gelangen, gering sind, so übergebe ich diesen Beitrag zur Kenntnis des russischen Lösses dem Drucke.

Ich bin mir der Lücken bewußt. Aber da deren Ausfüllung die Grundlinien dieser Untersuchung kaum zu verrücken imstande sein werden, so kann ich der Hoffnung Ausdruck verleihen, daß diese Mängel weniger schwer empfunden werden mögen.

# Kurze Beschreibungen neuer Thysanopteren aus Österreich[1]

Von

Dr. H. Priesner

(Mit 8 Textfiguren)

(Vorgelegt in der Sitzung am 22. Jänner 1920)

## Fam. *Thripidae.*

### 1. Anaphothrips silvarum n. sp.

♀: Körperfarbe dunkelbraun, Thorax braun. Fühler und Schenkel wie der Körper gefärbt, Vorderschenkel an der Spitze heller, Vorderschienen gelblich, außen getrübt, Mittel- und Hinterschienen graubraun, an der Spitze heller, Tarsen graugelblich. Vorderflügel leicht gelblichgrau getrübt.

Kopf um 0·5 breiter als lang, nach hinten leicht gerundet erweitert. Interocellarborsten sehr klein, fast zwischen den beiden hinteren Ocellen stehend. Fühler kurz, das zweite Glied das breiteste, das dritte viel länger als dieses, samt Stiel um 0·3 länger als das vierte, bei seitlicher Ansicht stark asymmetrisch, das fünfte Glied verhältnismäßig klein und seitlich stark gerundet, kürzer als das vierte, das sechste um 0·57 länger als das fünfte, ohne schräge Querlinie; Stylus lang, das achte Glied viel länger als das siebente. Prothorax ohne längere Borsten, sehr kurz, um

---

[1] Die allgemeine Not in Österreich zwingt mich, die Beschreibungen der neuen Thysanopteren nur ganz kurz zu fassen. Die neuen Formen sollen später in einer zusammenfassenden Arbeit ausführlicher, sämtlich mit Beigabe von Skizzen charakterisiert werden.

0·9 breiter als lang; Pterothorax breiter. Vorderflügel an
der Außenader mit drei Distalborsten. Beine schlank. Abdomen breit, Borsten an dessen Ende dunkel und kurz,
am 9. Segment 0·05 *mm* lang.

Fühlermaße in Mikron, vom 3. Glied an: 43, 32, 27.,
38, 9, 13. Kopf 94 μ lang, 136 μ breit. Prothorax 94 μ lang,
179 μ breit. Pterothorax 306 μ lang, 230 μ breit. Abdomen
595 μ lang, 306 μ breit. Gesamtlänge fast 1 *mm.* — ♂ unbekannt.

Von den dunklen Arten *atroapterus* Priesn., *validus*
Karny und *similis* Uzel unterscheidet sich diese Art: von
ersterer durch viel kürzere Fühler, verhältnismäßig längeres
drittes und kürzeres fünftes Glied derselben, viel kürzeren
Kopf und viel schwächere Beine, von *validus* durch viel
kürzeres, seitlich stärker gerundetes, fünftes und kürzeres
drittes Fühlerglied, ferner durch kürzeren Prothorax, von
*similis* Uz. durch Färbung und Fühlerbildung. Von dunklen
Stücken der Art *ferrugineus* Uzel durch kürzere Fühler
verschieden.

Vorkommen: 1 ♀, Hörsching in Oberösterreich,
26. Mai 1919, geketschert am Waldrande (H. Priesner).

## 2. Oxythrips virginalis n. sp.

♀: Körperfarbe hellgelb, Thorax und Abdomen oben
mit schwachen grauen Zeichnungen. Fühler gelb, 2. Glied
mit grauem Anflug, 4. Glied an der Spitzhälfte grau, 5. Glied
grau, an der Basis gelb, 6., 7. und 8. Glied dunkelgrau.
Borsten am Abdomenende dunkelbraun.

Ähnlich *Oxythrips ajugae* Uzel. Kopf breiter als lang,
Ocellen deutlich, Kopfseiten leicht gewölbt. Interocellarborsten
knapp vor den beiden hinteren Ocellen. 2. Fühlerglied doppelt
so lang als das erste, 3. Glied samt Stiel etwas länger als
das 2. und etwas länger als das 4. 5. Glied kaum kürzer
als 4. Sechstes lang, länger als bei O. *ulmifoliorum* Halid.,
seitlich weniger gerundet, um 0·56 bis 0·6 länger als das
5. und um 1·5 bis 1·7 länger als breit.

Prothorax um 0·25 breiter als lang, nach vorn konisch verengt, Hinterecken mit je einer mäßig langen Borste, welche kürzer ist als bei *O. ajugae* Uz. und *brevistylis* Tryb., sie ist ungefähr so lang wie bei *O. ulmifoliorum* Hal. Vorderflügel fast ungetrübt, äußere Ader mit 3 oder 4 Distalborsten. Innenader mit 8 Borsten. Beine unbewehrt. 9. Abdominalsegment vor dem Hinterrande mit 6, 10. mit 4 kräftigen, nur mäßig langen, braunen Borsten. — ♂ unbekannt.

Maße in μ: Fühlerglieder: 19, 38, 40, 33 bis 34, 32, 51, 8, 15. Kopf 102 bis 110 lang, 136 bis 145 breit. Prothorax 136 lang, 170 breit. Pterothorax 238 lang, 238 bis 248 breit. Abdomen 510 bis 560 lang, 255 bis 290 breit. Gesamtlänge 0·8 bis 0·9 *mm.*

Vorkommen: 2 ♀♀, völlig übereinstimmend, Pfenningberg bei Linz in Oberösterreich, 18. Mai 1918, auf nicht blühenden Pflanzen (leg. H. Priesner).

## Parafrankliniella nov. gen.

Ocellen vorhanden. Körper langborstig. Kopf seitlich stark gerundet. Fühler achtgliedrig (Stylus zweigliedrig). Maxillartaster dreigliedrig. Prothorax am Vorderrande jederseits mit zwei langen Borsten, von denen die inneren, zwischen den Vorderecken und der Mittellinie in der Mitte stehenden, viel länger sind als die äußeren. Hinterecken mit zwei langen Borsten. Borstenreihe der Vorderflügelaußenader mit einer kleinen Lücke. Beine einfach, Abdomen der ♂♂ einfach. Springvermögen vorhanden.

## 3. Parafrankliniella verbasci n. sp.

Durch den hinter den Augen etwas eingeschnürten Kopf mit den seitlich stark gerundeten Wangen, die abweichend gebauten Fühler, die Stellung der Interocellarborsten und besonders durch die sehr langen inneren Vorderrandborsten am Prothorax und die ungezähnten Vordertarsen von allen *Frankliniella*-Arten leicht zu unterscheiden.

♀: Körperfarbe schwarzbraun oder gelblichbraun mit
grauer Trübung. 1., 2. und 4. bis 8. Fühlerglied schwarzbraun, 3. Glied gelb, oberseits meist leicht getrübt. Beine
schwarzbraun, Mittel- und Hinterschienen an der Basis und
Spitze heller, Vordertibien gelb, außen und innen getrübt,
Vordertarsen trübgelb, Mittel- und Hintertarsen grau. Vorderflügel an der Basis glashell, sonst stark getrübt, gegen die
Spitze merklich heller.

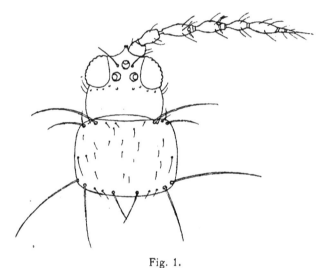

Fig. 1.

Vergrößerung: 120 fach.

Kopf viel breiter als lang, hinter den Augen eingezogen,
Wangen gewölbt. Interocellarborsten lang, vor den hinteren,
an den Seiten des vorderen Ocellus stehend. Letztes Maxillar-
tasterglied sehr lang und dünn. 4. Fühlerglied kürzer als
das 3., seitlich stark gerundet, distal stark verengt,
5. kürzer, 6. kürzer als 3., an der Spitze verengt, schräg
abgestutzt. Das erste Stylusglied breit. Prothorax an den
Vorderecken mit einer mäßig langen, an den Hinterecken
mit zwei sehr langen Borsten jederseits. Am Vorderrande
zwischen der langen Eckenborste und der Mittellinie mit
einer sehr langen Borste jederseits, die länger als die Eckenborste ist. Innenader der Vorderflügel fast der ganzen
Länge nach beborstet, Außenader mit einer Lücke in der

Borstenreihe, so daß 7 bis 9 Distalborsten von den anderen getrennt sind. Beine einfach. Borsten am Abdomenende sehr lang.

♂: Kleiner und schmäler, heller gefärbt, Kopf und Abdomenende am dunkelsten, 6. Fühlerglied länger als das 3. Flügel nur schwach gelblich getrübt. 3. bis 7. Abdominalsegment mit je einer schmalen, querovalen, lichten Vertiefung. Länge 0·9 bis 1 *mm.*

Maße der ♀ in µ: Fühlergliederlängen: 27, 38, 62, 54, 41, 51, 8, 16. Kopf 119 bis 136 lang, 162 breit. Prothorax 153 lang, 213 breit. Pterothorax 340 lang, 281 breit. Abdomen 730 lang, 340 bis 360 breit.

Fühlergliederlängen der ♂ in µ: 24, 34, 49, 44, 33, 54, 8, 12.

Vorkommen: Juni bis September nicht selten auf *Verbascum thapsus* und *nigrum* (Blüten und Blätter). Von Herrn J. Kloiber (Linz) bei Sarleinsbach in Oberösterreich entdeckt, von dem Genannten und mir auch bei Linz aufgefunden. Lebt in Gesellschaft von *Neoheegeria verbasci* Osborn.

## 4. Thrips difficilis n. sp.

♀: Körperfarbe braun oder lichtbraun, Umgebung der Augen heller, Abdomen stets dunkelbraun. 1. und 2. Fühlerglied gelblich, an der Basis grau getrübt, 3. und 4. Glied gelb, 4. gegen die Spitze leicht getrübt, 5. braungrau, am Grunde gelblich, 6. und 7. Glied dunkel. Beine gelb, Schenkelmitte braun, Mittel- und Hinterschienen in der Mitte schwach getrübt. Flügel hell, die vorderen undeutlich gelblich getrübt, wie bei *T. fuscipennis* var. *major* Uzel.[1]

---

[1] **Thrips fuscipennis** Karny (Zool. Anz. Bd. XLIII, Nr. 3, Dezember 1913, p. 135) gehört, wie die betreffenden Präparate zeigen, nicht zur Art **communis** Uzel und kann daher mit deren var. **pullus** Uzel nicht identifiziert werden, wohl aber mit der dunkelflügeligen Form des **T. major** Uzel, weshalb ich, wohl mit Recht, *T. major* Uzel, ferner *sambuci* Heeger, Uzel als Variationen zur Art *fuscipennis* Hal. stelle. *T. meledensis* Karny scheint auch hierher zu gehören, sicher *salicaria* Schille (partim) und *salicaria* Coesfeld, nicht aber *salicaria* Trybom.

Kopf klein, wenig breiter als lang, Wangen nicht gewölbt, schwach aber deutlich nach hinten verengt. Interocellarborsten stehen in der Verbindungslinie des vorderen Ocellus mit den beiden hinteren Ocellen. Erstes Fühlerglied sehr kurz, das zweite lang, verhältnismäßig länger als bei den verwandten Arten, das dritte schmal, kurz, samt Stiel jedoch etwas länger als das 2., 4. kürzer als 3. samt Stiel, 5. rundlich, kürzer als 4. 6. Glied um 0·4 bis 0·5 länger als 5. Stylusglied lang und spitzig.

Prothorax verhältnismäßig schmal, breiter und länger als der Kopf, Hinterecken mit zwei mäßig langen Borsten jederseits. Vorderflügelaußenader mit drei Distalborsten. Beine einfach. Abdomen wenig breit, Spitze mit langen Borsten, die aber kürzer sind als bei den verwandten Arten.

Maße des ♀ in μ: Fühlerlängen 16, 32, 36, 32, 29, 41, 14. Kopf 94 bis 102 lang, 119 breit. Prothorax 111 lang, 150 breit. Pterothorax 204 lang, 204 breit. Abdomen 630 lang, 230 breit. Gesamtlänge 0·9 mm.

♂. Unbekannt.

Durch den kleinen Kopf an *Thrips angusticeps* Uz. erinnernd, vielleicht auch *longicollis* Uz. nahestehend, durch die hellen Flügel *T. fuscipennis* var. *major* Uz. ähnlich, unterscheidet sich *T. difficilis* von ersterer Art durch die hellen Flügel, spitzigeres Stylusglied und die Körperfärbung etc., von *T. longicollis* Uz. durch den kürzeren Kopf und die nicht gewölbten Wangen von *T. f.* var. *major* Uz. durch schmächtigere Körpergestalt, kleineren, schmäleren Kopf und die Fühlerbildung (kleineres fünftes Glied!).

Vorkommen: 4 ♀♀, 27. April 1918, bei Grünburg in Oberösterreich in verblühten ♀-Weidenkätzchen (leg. H. Priesner).

## 5. Thrips robustus n. sp.

♀: Körperfarbe braun bis dunkelbraun, Abdomen dunkler. 1., 2., 5., 6. und 7. Fühlerglied braun, 3. Glied gelb,

---

welche Art zu *viminalis* Uzel zu stellen sein wird. Zu *fuscipennis* Hal. gehört sehr wahrscheinlich auch *salicaria* Uzel (partim!).

oben oft schwach getrübt oder ganz gelb, 4. Glied licht graubraun, Basis gelb. Beine gelb, Schenkel und Schienen in der Mitte braun. Vorderschienen oft nur außen getrübt. Vorderflügel stark braun getrübt, Hinterflügel fast hell.

Kopf breiter als lang, Seiten leicht gewölbt. Interocellarborsten an den Seiten des vorderen Ocellus. Fühler kurz, 2. Glied breiter als bei der verwandten Art *validus* Uz., ähnlich wie bei *dilatatus* Uz., an der Spitze sehr breit abgestutzt. 3. Glied an der Basis dünn gestielt, dann sehr stark erweitert, im ersten Drittel am breitesten, gegen die Spitze verengt, vor derselben stark eingeschnürt: krugförmig. 4. Glied wenig kürzer als das 3. (samt Stiel), 5. viel kürzer als das 4.; an den Seiten aber nicht so stark gerundet wie bei

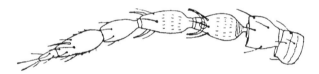

Fig. 2.
Vergrößerung: 275 fach.

*validus*, auch nicht so kurz wie bei diesem. 6. Glied etwas kürzer als 3. (samt Stiel). Stylusglied normal. Prothorax an den Hinterecken mit zwei sehr langen Borsten jederseits. Flügel verhältnismäßig kurz, Adern deutlich, Außenader mit drei Distalborsten. Beine kräftig, einfach. Abdomen breit, aber verhältnismäßig schmäler als bei *dilatatus* Uz., an der Spitze sehr lang beborstet.

Maße der ♀ in μ: Fühlergliederlängen' 24 bis 27, 34 bis 38, 57 bis 59, 51 bis 57, 38 bis 41, 51, 16 bis 19. Kopf 128 bis 136 lang, 170 breit. Prothorax 136 lang, 221 breit. Pterothorax 255 lang, 289 bis 306 breit. Abdomen 700 lang, 323 bis 357 breit. Vorderflügel 765 lang. Gesamtlänge: 1·2 bis 1·3 *mm*. — ♂: Unbekannt.

*T. validus* Uz. und *dilatatus* Uz. ähnlich, von ersterem durch die Fühlerbildung und Fühlerfärbung etc., von letzterem durch bedeutendere Körpergröße, weniger breites Abdomen, kürzere Körperborsten und die Fühlerbildung leicht zu unterscheiden.

Vorkommen: Im Mai und Juli in Blüten von *Gentiana kochiana* Perr. et Song. und *clusii* P. et S. in 1500 bis 1600 *m* Seehöhe nicht selten. — Steiermark: Mugel bei Brück an der Mur. — Oberösterreich: Warscheneck₁ (leg. H. Priesner).

### 6. Thrips alpinus n. sp.

♀: Körperfarbe schwarz, Pterothorax schwarzbraun. Vorderschienen gelb, außen und innen schmal gebräunt, die übrigen Schienen braun, gegen die Spitze gelblich, Tarsen gelb. 1., 2., 6. und 7. Glied der Fühler wie der Körper gefärbt, 3. und 4. Glied graubraun, an der Basis und Spitze scharf abgegrenzt hellgelb, 5. graubraun, am äußersten Grunde hell.

Fig. 3.

Vergrößerung: 275 fach.

Vorderflügel stark braun getrübt, an der Basis licht, Borsten auf den Flügeln schwarz.

Borsten am Körper sehr lang. Kopf lang, kaum breiter als lang, hinter den Augen geschnürt, Augen hervorgequollen, Kopf von den Augen nach hinten erweitert, am Hinterrande breiter als an den Augen, dann wieder verengt. Interocellarborsten wie bei *dilatatus* Uz. Kopf hinter den Augen stark querrunzelig. 3. Glied der Fühler sehr lang, dünn gestielt, vor der Spitze halsförmig geschnürt (flaschenförmig), 4. Glied kurz gestielt, kürzer als das 3. samt Stiel, an der Spitze gleichfalls, aber nicht so stark wie das 3. geschnürt, 5. Glied schmal und lang, 6. Glied lang, kürzer als das 4. Stylus lang. Prothorax so lang wie der Kopf, zwei Borsten an den Hinterecken sehr lang. Vorderflügelaußenader mit drei weit voneinander abstehenden Distalborsten. Beine stark, einfach.

Abdomen breit, an den Seiten langborstig, Borsten an der stark verengten Spitze auffallend lang.

Maße des ♀ in μ: Fühlergliederlängen 30, 43, 70, 65, 46, 58, 22. Kopf 153 lang, 187 breit. Prothorax 153 lang, 255 breit. Pterothorax 323 lang, 332 breit. Abdomen (Segmente zusammengezogen) 850 lang, 408 breit. Gesamtlänge 1·5 *mm*.

♂. Unbekannt.

Durch die Körpergröße an *T. klapaleki* Uz. erinnernd, ist *alpinus* durch die Kopfform und Fühlerbildung leicht kenntlich und mit keiner der bekannten Arten zu verwechseln.

Vorkommen: Von mir 1 ♀ am 12. Mai 1918 bei Klaus in Oberösterreich in Alpenblumen[1] aufgefunden.

## Idolimothrips nov. gen.

Ocellen vorhanden. Kopf parallelseitig. Fühler 7-gliedrig (Stylus 1-gliedrig), 2. Glied der Fühler tönnchenförmig. Maxillartaster 3-gliedrig. (Flügel verkümmert.) Abdomen mäßig breit, gegen die Spitze mit dornförmigen Börstchen besetzt, die nicht so kräftig wie bei *Limothrips* Hal., jedoch viel stärker als die Abdominalborsten bei allen übrigen Thripidengattungen sind. Prothorax jederseits an den Hinterecken mit zwei Borsten, von denen die innere doppelt so lang ist wie die äußere. Beine einfach.

Mit dem Genus *Thrips* L. am nächsten verwandt.

## 7. Idolimothrips paradoxus n. sp.

♀: Körperfarbe: Kopf und Prothorax braun, Pterothorax lichtbraun, Abdomen schwarzbraun. Borsten und Dörnchen am Abdomen dunkel. 1., 2., 6. und 7. Fühlerglied graubraun, 3. und 4. Glied gelb, dieses ganz leicht getrübt, 5. Glied hellgraubraun. Beine gelb, Schenkel stark, Mittel- und Hinterschienen außen schwach getrübt.

---

[1] Gemischtes Material (hauptsächlich *Gentiana clusii*).

Kopf breiter als lang, parallelseitig. Ocellen weit aus-
einanderstehend, Interocellarborsten klein, knapp vor den
hinteren Ocellen. 1. Fühlerglied sehr kurz, das 2. mehr als
doppelt so lang als das 1., langgestreckt tonnenförmig, breiter
als die folgenden Glieder. 3. Glied kurz, gestielt, samt Stiel
kürzer als das 2. und 4., 5. kürzer als dieses, 6. solang wie 5.
Stylusglied lang und dünn. Prothorax an den Hinterecken
mit jederseits zwei längeren Borsten, deren äußere nur halb
so lang ist wie die innere. Außerdem am Hinterrande vier
kleine Börstchen jederseits. Pterothorax wenig breiter als

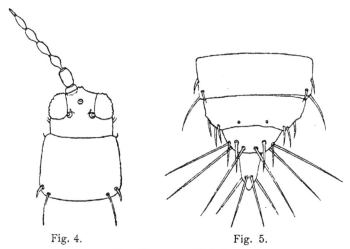

Fig. 4.                              Fig. 5.
Vergrößerung: 120fach.

der Prothorax. Flügel zu kleinen Läppchen verkümmert.
Vorderbeine etwas verdickt. Abdomen an den Seiten mit
kurzen, dornartigen Börstchen besetzt, die gegen die Spitze
länger werden. Am 8. Segment seitlich jederseits 2 kürzere und
2 längere, am 9. Segment 2 dorsale, 2 laterale Börstchen, ferner
6 lange Haarborsten, am Hinterrande des 9. Segmentes stehen
oberseits 5 sehr feine, helle, gerade nach hinten gerichtete
Härchen. 10. Segment mit 4 starren, mäßig langen Borsten.
        Maße des ♀ in μ: Fühlergliederlängen 3, 38, 32, 38, 33,
34, 15. Kopf 89 lang, 126 breit. Prothorax 138 lang, 175 breit.
Pterothorax 187 lang, 213 breit. Abdomen 700 lang, 264 breit.
Gesamtlänge 1 mm.
        ♂: Unbekannt.

Vorkommen: 1 ♀ bei Grünburg in Oberösterreich am Ufer der Steyr (27. April 1918) geketschert.

## Fam. *Phloeothripidae.*

### 8. Haplothrips vuilleti n. sp.

Durch den langen, eigenartig geformten Kopf, die langen, nicht scharfspitzigen, hellen Postokular- und Prothoraxborsten ausgezeichnet.

♀: Körperfarbe braun bis schwarzbraun, ähnlich *H. phyllophilus* Priesn. gefärbt, das rote Hypodermalpigment meist

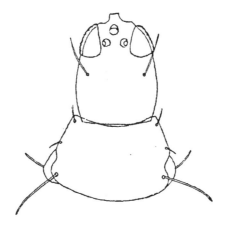

Fig. 6.

Vergrößerung: 120 fach.

durchscheinend. Beine wie der Körper gefärbt, die Mittel- und Hintertarsen etwas heller, Vorderschienen lichter, Vordertarsen gelblich. Fühler dunkelbraun oder lichtbraun, das dritte Glied gelb, oben schwach graubraun getrübt, das 4., 5. und meist auch das 6. Glied nur am Grundstielchen gelb, sonst dunkel. Borsten am Körper licht. Flügel glashell.

Kopf länglich, um 0·15 bis 0·17 länger als breit, an den Seiten deutlich gerundet, nach vorn jedoch etwas stärker verengt als nach hinten und hiedurch charakteristisch geformt. Postokularborsten sehr lang, zart, hell, die Seiten des Kopfes weit überragend. Die Fühler kräftig, nicht so schlank wie

bei *phyllophilus*, das 4. Glied so lang oder etwas länger als
das 3.; das 5. kürzer, das 6. ebenfalls kürzer als das vorhergehende, das 7. jedoch wieder länger als das vorhergehende.
Das 4. Glied stets breiter als das 3., dieses um 0·8 länger
als breit bis fast doppelt so lang als breit. Prothorax an
den Hinterecken mit jederseits einer langen, hellen, anfangs
geraden, an der Spitze leicht gebogenen Borste, die nicht
scharfspitzig, sondern stumpf, meist schräg abgestutzt ist.
Pterothorax mäßig breit, etwas breiter als der Prothorax.
Flügel glashell, die vorderen mit 8 bis 11 eingeschalteten
Fransen. Vordertarsen mit sehr kleinem Zähnchen. Abdomen
an den Seiten mit sehr langen, hellen Borsten. Tubus um
0·23 bis 0·28 kürzer als der Kopf, am Grunde um 0·7 bis
0·9 breiter als am Ende.

Maße der ♀ in μ: Fühlergliederlängen 22 bis 30, 42 bis
46, 50 bis 53, 51 bis 53, 47 bis 49, 39 bis 42, 42 bis 43,
26 bis 28. Kopf 201 bis 204 lang, 167 bis 170 breit. Prothorax 153 bis 158 lang, 255 bis 303 breit. Pterothorax 289
bis 340 lang, 306 bis 340 breit. Abdomen 750 bis 800 lang,
323 bis 374 breit. Tubus 141 bis 153 lang. — Gesamtlänge:
1·3 bis 1·6 *mm*.

♂: Kleiner, schmäler, Kopf etwas weniger nach vorn
verengt als beim ♀, um 0·3 bis 0·4 länger als breit, an den
Fühlern nur das dritte Glied (oft auch dieses nicht) rein gelb,
das vierte und fünfte wolkig, hell braun getrübt, die übrigen
Glieder dunkelbraun. Vorderschenkel etwas verdickt, Tarsen
mit einem deutlichen Zahne. Vorderflügel mit 4 bis 7 eingeschalteten Fransen. Tubus um 0·3 bis 0·4 kürzer als der
Kopf. Borsten am Kopf und Prothorax sind glashell, kürzer
als beim ♀, an der Spitze abgestutzt. Länge 1·3 bis 1·4 *mm*.

Vom ♂ der Art *acanthoscelis* Karny durch bedeutendere
Größe, längere Fühler, helleres 3. Glied derselben, meist
zahlreichere, eingeschaltete Fransen, vom ♂ der Art *phyllophilus* durch die Kopfform, breiteres 3. Fühlerglied und
die helle Färbung der Prothoraxborsten leicht zu unterscheiden.

Vorkommen: Anzahl ♀♀ und ♂♂ bei Graz (21. und
24. Mai 1914, Schöckl, Rannach) in Steiermark in Blüten

(*Trifolium montanum* L., *Anthyllis jacquini* Kern.) gefunden (H. Priesner).

## 9. Haplothrips arenarius n. sp.

(= *H. distinguendus* Pries. olim i. litt.)

Durch die kurzen Postokularborsten dem *leucanthemi* Schrk. nahestehend, von demselben durch die vollkommen glashellen Flügel, die Kopfform und den kurzen Tubus verschieden.

♀: Körperfarbe schwarz, Vordertibien gegen die Spitze heller, Vordertarsen gelblich. Fühler dunkel, das dritte Glied gelb, an der Basis oben schwach braun getrübt, an der Spitze ganz braun getrübt, das vierte braungrau, oben und unten gelblich gefleckt, oft auch das fünfte Glied am Grunde gelblich. Flügel vollkommen hyalin.

Kopf lang, um 0·13 bis 0·18 länger als breit, sofort hinter den Augen nach hinten verengt. Postokularborsten sehr klein, meist nicht sichtbar. Die Borsten an den Hinterecken des Prothorax sehr kurz, starr, kaum zugespitzt. Vorderflügel mit 9 bis 11 (selten 7 oder 8) eingeschalteten Fransen. Vordertarsen mit sehr kleinem Zähnchen, das nur in gewisser Stellung sichtbar ist. Tubus um 0·3 bis 0·43 kürzer als der Kopf,[1] am Grunde um 0·8 breiter als an der Spitze.

Maße des ♀ in μ: Fühlerlängen: 22, 46, 54 bis 58, 54 bis 57, 47 bis 53, 47, 46, 34. Kopf 211 bis 218 lang, 184 bis 187 (♂ 170) breit. Prothorax 153 lang, 272 bis 315 breit. Pterothorax 289 bis 306 lang, 306 bis 357 breit. Abdomen 700 bis 800 lang, 298 bis 340 breit. Tubus 124 bis 135 lang. Gesamtlänge 1·4 bis 1·6 *mm*.

♂: Schmäler, Tubus und Fühler länger und schlanker, Kopf nach hinten noch stärker verengt als beim ♀, Vorderbeine sehr stark verdickt, Tarsen mit einem sehr kräftigen Zahne. Vorderschienen gelb, nur an der Basis dunkel.

---

[1] Den Kopf der *Phloeothripiden* messe ich stets vom Vorderrande der Augen bis zu seinem Hinterrande.

Vorkommen: Vom Museum Königsberg aus Ost-
preußen eingesandt (Lötzen, 11. August 1909, *Helichrysum
arenarium*-Blüten). Von H. Karny im Juli 1909 und August
1919 in Oberweiden (Niederösterreich) in Anzahl geketschert.

### Eurytrichothrips nov. gen.

Körper sehr breit und flach. Kopf kürzer als der Prothorax, seitlich sehr stark gerundet erweitert, ohne Warzen.
Mundkegel breit gerundet, zirka die Mitte des Prosternums
erreichend, Oberlippe das Labium nicht überragend. Palpen
kurz. Ocellen stets vorhanden. ♀♀ geflügelt oder rudimentär
geflügelt, ♂♂ mit verkümmerten Flügeln. Fühler achtgliedrig,
8. Glied so lang oder länger als das 7. Das Sinnesgrübchen
an der Oberseite des 2. Fühlergliedes befindet sich
wie bei *Plectrothrips* Hood in oder vor der Mitte des
Gliedes. Borsten sämtlich scharfspitzig. Vorderbeine beim
♂ und ♀ sehr stark verdickt, Vordertarsen auch beim ♀
stark gezähnt. Tubus kürzer als der Kopf. Flügel gleichbreit,
ohne Fransenverdoppelung.

Mit *Trichothrips* Uzel und *Plectrothrips* Hood am
nächsten verwandt.

### 10. Eurytrichothrips piniphilus n. sp.

(= *Trichothrips ulmi* Priesn., Wiener Entom. Zeitschr.,
XXXIII. Jahrg., 1914, p. 195; nec *Trichothrips ulmi* Hal.)

♀: Schwarzbraun oder braun, Vorderschienen gelb, innen
und außen braun, Mittel- und Hinterschienen an der Spitze
und alle Tarsen gelb. Die beiden ersten Fühlerglieder schwarzbraun, 2. an der Spitze heller, 3. gelb, kaum grau getrübt,
4., 5., 6. und 7. Glied licht graubraun, an der Basis gelb,
8. Glied ganz grau. Flügel hellgelb getrübt.

Kopf um 0·18 breiter als lang, Seiten stark gerundet
erweitert, hinten eingezogen. Postokularborsten sehr klein.
Prothorax etwas länger als der Kopf und viel breiter, an
den Hinterecken stehen jederseits zwei helle Borsten, die
viel kürzer und kräftiger als bei *Trichothrips* sind. Borsten

scharfspitzig. Pterothorax bei der f. *macroptera* breiter als bei der f. *brachyptera*. Flügel vorhanden oder zu kurzen mit wenigen Fransen besetzten, gebogenen, hyalinen Chitinplättchen reduziert. Fransenverdoppelung keine. Vorderbeine sehr stark verdickt, Schenkel breit und flach, Tarsenzahn sehr kräftig, Vordertibien einfach. Abdomen breit, an den Seiten mit sehr langen Borstenhaaren besetzt. Tibien ohne Endsporne. Tubus um 0·18 bis 0·23 kürzer als der Kopf.

Fig. 7.
Vergrößerung: 60 fach.

Maße des ♀ in μ: Fühlergliederlängen: 32 bis 41, 59, 62, 81 bis 84, 70 bis 76, 59 bis 68, 59 bis 64, 38 bis 51, 46 bis 50. Kopf 230 bis 255 lang, 277 bis 289 breit. Prothorax 255 bis 281 lang, 459 bis 476 breit. Pterothorax 459 bis 476 lang, 544 bis 561 breit. Abdomen 1200 bis 1300 lang, 629 bis 680 breit. Tubus 187 bis 204 lang. — Gesamtlänge 1·7 bis 2 *mm*.

♂: Kopf oft schwächer gerundet, Vorderbeine stärker verdickt; kleiner als das ♀. Tubus mit kleiner Basalschuppe. Flügelsperrdornen vom 2. bis 6. Segment vorhanden, während sie beim ♀ vom 2. bis 7. Segment (f. *macroptera*) oder am 2. bis 5. Segment (f. *brachyptera*) sichtbar sind.

Vorkommen: Anzahl ♀♀ und ♂♂ Andritz bei Graz in Steiermark (15. Juni 1913) unter losen Schuppen der Kiefernrinde (H. Priesner).

## 11. Trichothrips schaubergeri n. sp.

Durch die dunkle Färbung, die gezähnten Vordertarsen, die Form des Kopfes und die gekeulten Borsten ausgezeichnet; von *Cryptothrips*-Habitus, dem *Cr. junctus* Hood ähnlich.

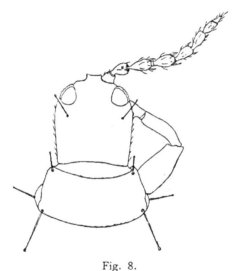

Fig. 8.
Vergrößerung: 60 fach.

♀: Körperfarbe schwarzbraun, Schienen ganz dunkel, die Tarsen graubraun, Fühler wie der Körper gefärbt, 3. Glied an der Basishälfte gelb, übrigens braun, nur an der Spitze wieder etwas gelblich, 4. Glied im basalen Drittel gelblich, übrigens braun, 5. Glied nur am Stielchen gelb. Flügel braungrau getrübt, am Grunde hell, auch an der Spitze etwas lichter, Längsader gut sichtbar.

Kopf so lang wie breit, Netzaugen klein. Ocellen entwickelt. Postokularborsten hyalin, wohl entwickelt, gekeult. Kopf hinter den Augen noch etwas erweitert, dann fast geradlinig, ähnlich wie bei *Tr. copiosus* Uzel, jedoch nicht so stark nach hinten verengt.

Mundkegel den Hinterrand des Prosternums erreichend, an der Spitze abgerundet, die spitzige Oberlippe überragt den Labialkegel etwas. Fühler nicht ganz doppelt so lang wie der Kopf, 1. Glied kurz und breit, 2. länger, 3. länger als das 2., so breit oder breiter als dieses, 4. Glied kürzer als das vorhergehende, die folgenden abnehmend kürzer, das 7. und 8. Glied bilden zusammen ein Ganzes. Prothorax genau doppelt so breit als lang, um 0·4 bis 0·5 breiter als der Kopf, vor den Hinterecken mit zwei langen, hellen, an der Spitze schwach geknöpften Borsten jederseits. Flügel in der Mitte gleichbreit, die vorderen mit 8 und 11 eingeschalteten Fransen. Beine ziemlich schwach, Vorderbeine kaum verdickt, Vorderschienen einfach, Vordertarsen mit deutlichem Zähnchen. Tubus kurz, um 0·3 kürzer als der Kopf. Die hellen Borsten an den Seiten des Abdomens sehr lang und dünn, nach innen gebogen.

Maße des ♀ in μ: Fühlergliederlängen: 36, 72 bis 75, 86 bis 89, 83, 78 bis 81, 72, 36, 35 bis 36 (7. und 8. zusammen 91 bis 92 μ). Kopf 311 lang, 323 breit. Prothorax 204 lang, 464 breit. Pterothorax 459 lang, 519 breit. Abdomen 1020 lang, 566 breit. Tubus 221 lang. — Gesamtlänge: 2·2 mm. — ♂: Unbekannt.

Vorkommen: 1 ♀, vom Koleopterologen Dr. E. Schauberger (Linz) am Ibmer Moos in Oberösterreich (15. August 1919) im Fluge gefangen.

Anmerkung. Ich stelle diese neue Art vorläufig ins Genus *Trichothrips* Uzel, da sie trotz abweichender Merkmale den *Trichothrips*-Arten habituell am nächsten steht. Möglicherweise gehört sie aber in das amerikanische Genus *Symphyothrips* Hood et Williams, dessen Beschreibung mir noch nicht zugänglich war.

# Verzeichnis der Abbildungen.

Akademie der Wissenschaften in Wien
Mathematisch-naturwissenschaftliche Klasse

# Sitzungsberichte

## Abteilung I

Mineralogie, Krystallographie, Botanik, Physiologie der Pflanzen, Zoologie, Paläontologie, Geologie, Physische Geographie und Reisen

129. Band.  3. und 4. Heft

# Krystallographische Bemerkungen zum Atombau

Von

Hermann Tertsch

(Mit 2 Textfiguren)

(Vorgelegt in der Sitzung am 5. Februar 1920)

Seitdem die Fortschritte der Röntgendurchleuchtung von Krystallen so überraschend tiefe Einblicke in den Feinbau der Materie gestatteten, ist man emsig bemüht, das Geheimnis der Struktur bis in seine letzten Ausläufer aufzuklären. Dabei zeigt sich immer deutlicher die dem Krystallographen schon lange bekannte, aber in den letzten Jahren etwas in Vergessenheit geratene Forderung als berechtigt, daß man bei der Konstruktion von Raumgittern scharf zwischen der Gittersymmetrie und der Bausteinsymmetrie unterscheiden müsse. Auch Bravais stützt sich schon auf diese Unterscheidung, da er ja die Unterabteilungen der Krystallsysteme mit seinen vollsymmetrischen 14 Raumgittertypen nicht zu deuten vermochte und darum die Mindersymmetrie in die Bausteine (»Molekel«) verlegte. Bei ihm ist schon ausgesprochen, daß z. B. ein Netz mit tesseralen Abmessungen trotzdem nicht tesserale Symmetrie aufweist, wenn die streng parallel gestellten »Molekel« sich nicht selbst der tesseralen Symmetrie fügen (»Grenzfälle«). Selbst Sohncke, der nur von »Punktsystemen« spricht, bei denen die Symmetrie des Punktes nicht ausgesprochen ist, schreibt diesen, je nach ihrer Lage, Symmetrieebenen zu, wenn man nicht überhaupt die Kugelsymmetrie annehmen will. Sohncke war auch darum gezwungen, polare Symmetrieklassen durch Ineinanderstellung zweier Gitter mit materiell verschiedenen Punkt-

massen zu deuten. Auf ihn geht also der Begriff des »Atom-
gitters« zurück, gegenüber dem Bravais'schen »Molekül-
gitter«. Schönflies (16)[1] arbeitete mit asymmetrischen, beziehungsweise mit zweierlei, zwar stofflich gleichartigen, aber
zueinander symmetrischen Massenteilchen und· gab die allgemeinste Form der für die festen Körper (Krystalle) maßgebenden Symmetrieverhältnisse. Gerade Schönflies hat oft-
mals auf die besondere Bedeutung der Unterscheidung von
Gitter- und Bausteinsymmetrie hingewiesen (16).

In der Tat haben auch die Röntgenbefunde der Krystall-
durchleuchtungen Resultate gezeigt, welche gebieterisch die
genaueste Rücksichtnahme auf die Bausteinsymmetrie fordern.
Die ursprünglich meist verbreitete Ansicht schrieb den Bausteinen Kugelsymmetrie zu. Johnsen (9) versuchte durch
Feststellung der im Gitter dem Atom (Baustein) zukommenden
»Minimalsymmetrie« dieser Frage beizukommen, allerdings zu
einer Zeit, wo die physikalischen Arbeiten über allgemeine
Atomsymmetrie erst ihren Anfang nahmen.

Wenn auch sicherlich eine Annäherung an die Kugelsymmetrie bei den Atomen schon ziemlich sicher geworden
ist, so darf diese höchste Symmetrie doch nicht schlechthin
als gegeben angesehen werden, da gewisse Tatsachen dem
entschieden widersprechen. Johnsen (9) wies schon darauf
hin, daß die Symmetrieverschiedenheit von NaCl und KCl,
die beide genau gleiche Gittersymmetrie besitzen, ohne
Symmetrieverminderung im Baustein kaum erklärlich ist. Bei
der Genauigkeit der bisherigen Messungen müßten Abweichungen der Massenpunkte von der hochsymmetrischen
Lagerung schon sichtbar sein, die Gittersymmetrie ist also
sicher nicht an der Mindersymmetrie schuld.[2]

---

1 Vgl. das Literaturverzeichnis am Schlusse der Arbeit.

2 Dozent Dr. Thirring ist eben im Begriffe, eine Arbeit herauszugeben,
in welcher die Möglichkeit, hochsymmetrische Gitter im Anschluß an Schönflies aus mindersymmetrischen Bausteinen aufzubauen, im Hinblick auf die
bisherigen Röntgenbefunde an Krystallen eingehend erörtert wird. Es ist sehr
dankenswert, daß ein Physiker dieses krystallographische Problem auf-
gegriffen hat, um auch von der Seite der Physik her daraus die nötigen
Schlußfolgerungen zu ziehen [vgl. auch Voigt W. (19)].

Hätten die Atome Kugelsymmetrie, so wäre auch nicht zu begreifen, weshalb sich unter den Elementen die verschiedensten Krystallsymmetrien mit Ausnahme der triklinen vorfinden. Für Atomkugeln müßten doch einfach die Gesetze der Kugelpackung gelten. Wenn auch zuzugeben ist, daß die überwiegende Mehrheit der Elemente die tesserale, also der Kugelsymmetrie zunächst stehende Symmetrie besitzt, würde doch der Schwefel allein schon mit seiner in jeder Modifikation absolut nicht tesseralen Form die allgemeine Annahme einer Kugelsymmetrie der Atome und der dadurch wahrscheinlichen Kugelpackung sehr unwahrscheinlich machen. Bei kugelsymmetrischen Atomen müßte man annehmen, daß sich die Atome nach den Raumachsen in ihrer Struktur und Kräfteverteilung ganz gleich verhalten; dann aber wäre ein niedrigsymmetrisches Gitter nur durch Annahme ganz geheimnisvoller, unkontrollierbarer Nebenkräfte erklärbar, wozu keine Berechtigung vorliegt.

Auch die Chemiker sind bei ihren Arbeiten von einer Art Isotropie der Elemente ausgegangen und Kossel (10) betont mehrfach, daß ein der Kugel nahestehender Atombau den chemischen Tatsachen am besten entspreche.

Dem stand ziemlich schroff das Bohr'sche Atommodell (3) gegenüber, welches eine Art planetarischen Systems darstellt, umgeben von gequantelten Elektronenringen mit gleichen Rotationsebenen. Dieses Modell enthält eine ausgezeichnete Rotationsebene (beziehungsweise -achse) und ist somit entschieden nicht tesseral. An eine ständige Verschiebung der Rotationsachse, so daß in endlichen kleinen Zeiten von den Elektronen die Fläche einer Kugel durchlaufen würde, ist wegen der ungeheuren Kompliziertheit einer derartigen Bewegung als unwahrscheinlich gar nicht zu denken. Daß auch höchst symmetrische Gitter damit aufgebaut werden könnten, ist schon nach den Schönflies'schen Darlegungen, die von Niggil (13) noch besonders in bezug auf die Röntgenstrukturen ausgearbeitet wurden, durchaus denkbar (vgl. Anmerkung p. 92); es fragt sich nur, ob sie auch immer die wahrscheinlicbste ist. Das Bohr'sche Modell scheint aber nicht die endgültige und allgemeinste Lösung der Atomstruktur zu bedeuten.

Born und Landé (4) haben gezeigt, daß sich die Kompressibilität der Krystalle aus dem Gitter-, beziehungsweise
Atombau berechnen läßt, wenn man nicht eine ebene Verteilung der Elektronen annimmt, sondern eine solche in den
Ecken eines um den positiven Kern als Zentrum gelegten
Würfels. Die Bahnebenen liegen hierbei in den Oktaeder-
ebenen, die Bahnzentren entsprechen den Oktaedernormalen
und die Elektronen schwingen so, als würde der Würfel
abwechselnd nach je einer der drei Raumachsen rhythmisch
verlängert, beziehungsweise verkürzt. Es haben demnach auch
die Physiker die einfachere Bohr'sche Anordnung der Elektronen zugunsten einer räumlich auf Kugelschalen erfolgten
Verteilung geändert.[1]

Von den bisher angenommenen 92 Elementen sind 87
wirklich bekannt; es fehlen nur noch 3 Analoga zu *Mn* und
ein positiv und ein negativ einwertiges Element der höchsten
Atomgewichte. Unter den 87 bekannten Elementen wurden 51
auf ihre Krystallgestalt als Elemente untersucht, 8 hiervon
mit negativem Resultat. Man kennt also von 43 (rund 50%)
die Krystallformen. 28 Elemente (d. i. etwa 30% aller) haben
mehr oder minder deutlich tesserale Formen, wobei aber Polymorphie in anderen Systemen nicht fehlt. Die übrigen 15, also
ein Sechstel = 16% aller, sind dagegen ausgesprochen nicht
tesseral.

Sehr interessant ist nun eine Zusammenstellung der Elemente nach ihrer Stellung im System (Ordnungszahl) und nach
den bekannten Krystallformen. Abgesehen von den empfindlichen Lücken in unserer Kenntnis der Formen ist doch eine
sehr auffällige Gruppierung zu erkennen (Fig. 1).

1. Die tesseralen Formen zeigen eigentümliche Häufungs-
stellen, die mit den Zentralstellen der sogenannten »Perioden«

---

[1] Diese auf einem umfangreichen Tatsachenmaterial aufgebaute und
mathematisch wohl fundierte Anschauung wurde übrigens schon im Jahre
1917 unabhängig von Born und Landé vom Verfasser, freilich nur in Form
einer Anregung, vorgetragen, und zwar anläßlich eines durch Herrn Dozenten
Dr. A. Reis damals in Wien am Universitätsinstitut für theoretische Physik
zustande gebrachten Referier- und Diskussionskollegiums über physikalisch-
chemisch-mineralogische Grenzfragen. Viele der im folgenden gegebenen Überlegungen wurden schon damals zum Ausdruck gebracht.

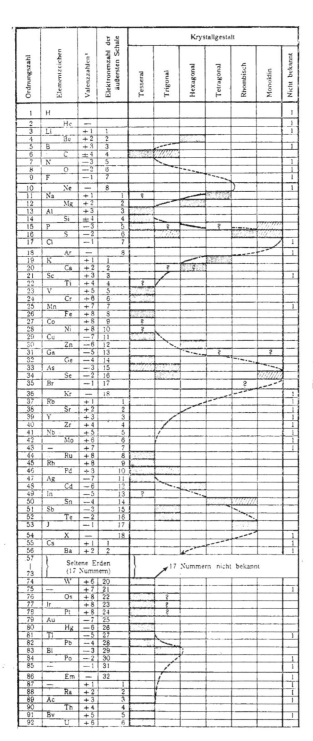

Fig. 1.

Die Elemente sind in der Reihenfolge der Ordnungszahlen des chemischen Systems aufgezählt.

1 Die Valenzen sind nach der Arbeit von St. Meyer (16) angegeben.

$+x = x$ Elektronen können abgegeben werden,
$-y = y$　»　　»　　aufgenommen werden.

Dicht schraffiert = Krystallform der Hauptmodifikation,
Schütter　»　　=　»　　»　　Modifikation.
?　　　»　　　»　　nicht sichergestellt.

Die strichpunktierte, beziehungsweise bei mangelnder Kenntnis der Formen gestrichelte Linie zeigt den Zusammenhang

der Elemente zusammenfallen. An den Übergangsstellen von
einer »Periode« in die nächste fehlen dagegen die Elemente
mit tesseralen Formen; diese besitzen die tesserale Symmetrie
nicht einmal in Form instabiler oder metastabiler Modifikationen.

Die Minima der Atomsymmetrie finden sich immer knapp
vor jenem Elementtypus, den die Chemiker als »Edelgas«-
Typus bezeichnen.

2. Kein Element krystallisiert triklin, überall ist ein deutlich symmetrisches Verhalten.

3. Wenn neben den tesseralen Formen noch eine andere
Symmetrie auftritt, ist dies immer die trigonale; nur Phosphor
und Palladium haben daneben noch niedriger-symmetrische,
allerdings auch zweifelhafte Modifikationen. Die Tatsache, daß
die tesserale Symmetrie einen Spezialfall der trigonalen bildet
und mit dieser deutlicher zusammenhängt als mit der tetragonalen, wird dadurch wieder augenscheinlich. Bei $Na$ ist
allerdings neben der tetragonalen Hauptmodifikation eine tesserale angegeben, doch ist diese zweite Form recht zweifelhaft[1] (8).

4. Der Grad der Mindersymmetrie wächst an den Perioden-
grenzen der zweiten und dritten Periode, um dann deutlich
wieder abzunehmen; d. h. die schwereren Elemente zeigen
ein der Kugelsymmetrie viel näherstehendes Verhalten
als die leichteren.

5. Die Größe der in diesem Symmetriekurvenverlauf ersichtlichen »Perioden« und ihre Verteilung fallen genau mit
den chemisch bekannten Perioden zusammen.[2] Die ersten
beiden »kleinen« Perioden umfassen je 8 Elemente ($He-F$)

---

[1] Hier, wie oft im folgenden, sei bezüglich der krystallographischen
Einzelheiten auf das Standardwerk P. Groth's: Chemische Krystallographie,
1. Bd., verwiesen (8).

[2] Die chemische Abgrenzung erfolgte nach Kossel (10) so, daß die
Elemente, die sich durch »Abspaltung« von Elektronen auf einen vorhergehenden Edelgastypus zurückführen lassen, mit diesem zu einer »Periode«
vereinigt werden.

und $Ne-Cl$), die dritte und vierte Periode (»große«) enthalten
je 18 Elemente ($Ar-Br$ und $Kr-J$); die fünfte Periode (die
der seltenen Erden) weist 32 Elemente auf ($X-N$ 85) und
dann bleiben noch die schwersten Elemente mit ihrer deutlichen Radioaktivität (bis $U$) zurück.

Nach Bohr (3) und Kossel (10) hätte man sich zu
denken, daß sich die Elektronen in gequantelten Bahnen um
den positiven Kern bewegen, wobei jedes Edelgas ein völlig
indifferentes, also mit einer undurchdringlichen und unzerstör-
baren Elektronenschale umgebenes Gebilde darstellt. Dann
müßten ebensoviele Ringe, beziehungsweise Schalen vorhanden
sein als Edelgastypen. So würde $B$ oder $N$ durch Abgabe
von Elektronen aus einem noch nicht völlig mit Elektronen
belasteten Ringe in den $He$-Zustand zurückkehren oder $O$
durch Aufnahme zweier fremder Elektronen einen zweiten
vollen Ring ansetzen und damit den Bau des $Ne$ erreichen..

So überaus fruchtbar diese Vorstellung hinsichtlich der
chemischen Verbindungen und des Verständnisses der Haupt-
und Nebenvalenzen ist, haben doch gerade die Chemiker
immer wieder betont, daß das Valenzverhalten isotrop erscheint, also mit dem Wirtelbau des Bohr'schen Modells
nicht recht stimmt. Ebensowenig gibt das Bohr'sche Modell
über die sonderbaren Zahlenverhältnisse der einzelnen Perioden
Aufschluß. Warum ist gerade mit 8 Elektronen ein Ring geschlossen? Die Zahl 6 wäre geometrisch verständlicher. Warum
haben auch nur die kleinen Perioden diese Zahl, die folgenden
aber steigende Größen, die mit 8 in keiner einfachen Beziehung
stehen?

Born und Landé (4) haben aus der Kompressibilität
nachgewiesen, daß das Potential der abstoßenden Kräfte im
wesentlichen mit $r^{-9}$ geht, was mit Elektronenringen gleicher
Bahnebene unvereinbar wäre. Zur Erklärung hierfür ist unbedingt die Annahme einer so hohen Symmetrie wie die des
Würfels nötig. Nach Kossel (10) »nähern sich auch die
Trennungsarbeiten der Ionen und was damit zusammenhängt
um so mehr den Verhältnissen einer starren, undurchdringlichen Atomoberfläche, je höher der Exponent des Abstoßungs-
gesetzes ist. Diese letztere Idealisierung (undurchdringliche

Kugelschalen) hatte sich bei der Betrachtung der Trennungs-arbeiten als sehr brauchbar erwiesen«.[1]

Geht man von dem axialen Atombau zum isotropen über, so heißt das, vom Ring zur Kugelschale vorschreiten. Die Elektronen gehören also innerhalb einer Periode mit ihren Bahnen jeweils ein und derselben Kugelschale an.

Man denke sich den positiven Atomkern mit den 2 *He*-Elektronen als räumliche Masse im Atommittelpunkt und suche nun die Niveaufläche möglichster Annäherung der Elektronen, beziehungsweise Elektronenbahnen an den Kern. Zwischen Elektronen und Kern muß sich ein bestimmter Gleichgewichtszustand bezüglich der Raumverteilung einstellen, der von der Anziehung der Elektronen durch den Kern einerseits und von der Abstoßung der einander genäherten Elektronen anderseits abhängig sein muß. Denkt man sich in ganz roher Versinnlichung die Abstoßungssphäre je eines Elektrons kugelig, so handelt es sich einfach um die Frage der kompaktesten Kugelpackung jeweils auf der Oberfläche einer den Kern einhüllenden Kugelschale. Da ergibt sich von selbst als einfachste und kompakteste Anlagerungsform um einen Kern die oktaedrische Verteilung der Elektronen und in der Tat enthält auch die erste Periode acht Elemente.

Da bei weiterem Abrücken vom Kern die Anziehungskräfte abnehmen und damit die Abstoßungswirkung steigt, müßte man sich die Abstoßungsbereiche der Elektronen der nächsten Schale etwas größer denken. Auch dann ist noch immer die kompakteste Verteilung mit 8 Elektronen in der Schale zu erreichen, obwohl diese zweite Kugelschale schon deutlich lockerer besetzt ist.

Aber schon bei der dritten »Schale« müßte, immer das gleiche rohe Bild vor Augen, eine andere Gruppierung von Elektronen zu einer kompakteren Besetzung der Oberfläche mit Elektronenbereichen führen. Man beachte, daß die Elek-

---

[1] Auch in mineralogischen Kreisen ist die Vorstellung von räumlich, nicht flächig angeordneten Elektronenschalen weit verbreitet. So sagt Rinne (14) in einer Anmerkung: »Voraussichtlich wird die Elektronenschar von Atomen, die krystallstrukturell eingebaut sind, sich nicht ringförmig, sondern nach den Gesetzen der Krystallsymmetrie verteilen«.

tronenbahnen in den Richtungen der Würfel- und Rhombendodekaedernormalen dem Kern nunmehr viel stärker genähert
werden können als bei Festhaltung ihrer alten Verteilung an
den Würfelecken. Es bleiben, bildlich gesprochen, ungenützte
»Lücken« zwischen den Elektronenbereichen der zweiten
Schale, die nun nach dem Problem der kompaktesten Kugelpackung ausgenutzt werden. Es ist nun gewiß merkwürdig,
daß die damit zu gewinnende, dem Kern tunlichst
genäherte Schale gerade 18 (6 = Würfel + 12 = Rhombendodekaeder) tesseral verteilte Zentren der Elektronenbahnen aufweist, jene Zahl, die der ersten »großen
Periode« zukommt. Die zweite große Periode steht zur
ersten im gleichen Verhältnis wie die zweite kleine Periode
zur ersten.

Bei den Elementen der fünften Periode (fünfte Kugelschale) sind wiederum die vorbezeichneten Stellen nicht mehr
jene der kompaktesten und dem Kerne am meisten genäherten
Anordnung, sondern es ist ein neuer, günstigerer Gleichgewichtszustand möglich unter Ausnutzung der »Lücken«,
die zwischen den Elektronenbereichen der vierten Periode
bleiben. Diese neue Elektronenverteilung entspräche krystallographisch den Richtungen der Oktaedernormalen [8] in Kombination mit den Normalenrichtungen eines Tetrakishexaeders
[24], d. h. einem 32-Punkter. Auch hier ist die Übereinstimmung der so erschlossenen Zahl mit der Größe der
»Perioden der seltenen Erden« ganz verblüffend (Fig. 2).

Für die letzten Elemente ist eine Einordnung der äußersten
Elektronen in den Richtungen der Würfelnormalen (»Lücken«
der fünften Periode) das Nächstliegende. Gleichzeitig ist aber
die Entfernung vom Kern schon so bedeutend, daß ein
Abbröckeln dieser äußersten Elektronen leicht verständlich
wird.[1]

---

[1] Durch Herrn Prof. Stef. Meyer wird der Verfasser aufmerksam gemacht, daß gleichwohl dadurch noch kein Zusammenhang mit der Radioaktivität gegeben ist. da die α- und β-Strahlungen aus dem positiven
Atomkern stammen. Immerhin sei die Tatsache festgestellt, daß die mit der
lockersten Elektronenhülle begabten Elemente gleichzeitig auch jenen in der
Radioaktivität erkennbaren Zerfall des Atomkernes aufweisen.

Bei aller gebotenen Vorsicht in der Handhabung der
eben skizzierten Versinnlichung der einzelnen Elektronenschalen ist doch die zahlenmäßige Festlegung der Perioden
auf diesem Wege so merkwürdig, daß wohl behauptet werden
darf, die Anordnung von Elektronen in konzentrischen Kugelschalen als Niveauflächen komme zum mindesten den Tatsachen sehr weit entgegen. Die Anordnung der ersten und
zweiten Periode wurde schon von Born und Landé (4)
rechnerisch bestätigt. Es wäre von Interesse, ob sich auch

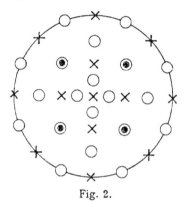

Fig. 2.

Die Zentren der Elektronenbahnen einzelner Schalen in stereographischer
Proje&tion.

● Bahnzentren der ersten und zweiten Schale,
×    »    »   dritten  »   vierten   »
o    »    »   fünften

die folgenden Perioden mit dem oben angedeuteten Aufbau
deuten lassen.

Kossel (10) hat gezeigt, wie ungemein fruchtbringend
die Vorstellung der Elektronenschalen und ihrer Ergänzung
zum Aufbau der Edelgastypen bei der Erklärung und Be-
rechnung von valenzchemischen Problemen verwendet werden
können. Die Untersuchungen von Debye und Scherrer (7)
ergaben auch, daß tatsächlich im Krystallbau des Sylvins
oder des $(LiF)$ $K$ und $Cl$ z. B. nicht als neutrale Elemente, sondern als Ionen zu bewerten sind. $K$ mit 19 Elektronen verhält sich so, als hätte es deren nur 18 und erweist
sich einfach positiv geladen, $Cl$ mit 17 Elektronen im neu-
tralen Atom ist dagegen durch Aufnahme eines Elektrons·

einfach negativ geladen. Die Ionenbildung ist also im wesentlichen ein Versuch, den Edelgastypus wieder herzustellen, sei es nun durch Abtrennung einer erst begonnenen neuen Elektronenschale oder durch Auffüllung auf eine dem nächst höheren Edelgas nahezu gleich gebaute Elektronenmasse. Bei den großen Perioden schaltet sich allerdings ungefähr in der Mitte der Periode ein Nebentypus ein, welcher aber in der Konfiguration der Elektronenschale bedeutend weniger stabil ist als der Edelgastypus.

In »heteropolaren« Verbindungen, wie Abegg (1) den Aufbau der Materie aus Atomen verschiedener Stoffe nennt, ist die Ergänzung der einzelnen Elemente zum Edelgastypus, die Ionisierung, und die damit erzielte Bindung bei isotropem Verhalten der Elemente sehr leicht verständlich. Es ist aber klar, daß als Ionen die Elemente nicht die ursprüngliche Atomsymmetrie besitzen. Die Ionen scheinen vielfach eine hochtesserale Symmetrie zu haben, wodurch die früher erwähnte Isotropie der Elemente im Gitter verwirklicht erscheint. Allerdings darf nicht übersehen werden, daß wirtelige Atome die Verschiedenheit der *Na Cl*- und *K Cl*-Symmetrie durch entsprechende Anordnung der Atomwirtelachsen ganz gut erklären ließen [Schönflies (16) und Niggli (13)], was aber bei der Kossel'schen Auffassung der Atombindungen, bei der Ansicht von Kugelschalen der Elektronen, wieder verlorengeht.[1]

Ist also hier noch eine gewisse Unsicherheit in der Deutung der Ionensymmetrie vorhanden, so entfällt diese Schwierigkeit bei Betrachtung der krystallisierten Elemente. Hier ist keinerlei Aufladen von Elektronen zu erwarten, jedes

---

[1] Oder wäre es denkbar, daß durch das Lostrennen der Elektronen im positiven und Anlagern derselben im negativen Ion eine lineare Beziehung zwischen beiden Elementen hergestellt wird, die dann, ähnlich wie die Wirtelachsen, als ausgezeichnete Richtungen entsprechend den Baugruppen im Gitter geordnet eingefügt sind?

Man beachte, daß in den äußersten Atomschichten eines Krystallgitters keine vollkommene Absättigung der +- und —-Ionen mehr eintreten kann. Sollten neben den Erscheinungen der Oberflächenspannung auch noch die seltsame Abhängigkeit der Zerreißungsfestigkeit von der Oberfläche und ähnliche Rätsel damit zusammenhängen?

Atom hat die ihm zukommende Elektronenzahl; es ist nur
deren eventuellem Zusammenhang mit dem Krystallbau der
Elemente nachzuspüren. Da der positiv elektrische Kern und
die negativ elektrische Elektronenhülle nicht nur im einzelnen
Atom aufeinanderwirken, sondern ihre elektrischen Anziehungs-
und Abstoßungskräfte in den umgebenden Raum ausstrahlen,
müssen auch die »homöopolaren« Verbindungen, wie Abegg (1)
den Massenverband durchaus gleicher Atome nennt, die Elemente, zu kompakten Krystallgittern führen. In den Gitter-
distanzen muß dann das Wechselspiel zwischen Anziehungs-
und Abstoßungskräften zum entsprechenden Ausdruck kommen.
Man kommt damit zu der Annahme, daß dieselben Kräfte
und deren räumliche Verteilung, die den Atomfeinbau
beherrschen, auch für die Konfiguration des gesamten
Gitters maßgebend sein müssen, d. h. daß Baustein- und
Gittersymmetrie von den gleichen Kräften beherrscht werden.

Wenn sich die Elektronen in kugeligen Niveauflächen
vom Edelgastypus ordnen, muß den einzelnen Elementen, die
nicht selbst Edelgase sind, eine Symmetrie zukommen, die
einerseits durch die Anordnung der Elektronenbahnen in der
äußersten Schale (die inneren Schalen haben ja alle tesserale
Symmetrie) und andrerseits durch die gleichzeitige Einwirkung
aller inneren Elektronenschalen bedingt ist. So ist z. B. in
den höheren Perioden kaum eine andere Krystallisation als
die tesserale, allenfalls noch die trigonale bekannt und auch
zu erwarten. Atombaue, die schon 50 bis 60 und noch mehr
Elektronen in tesseraler Anordnung besitzen, werden durch
die Hinzufügung einiger weniger, neuer Elektronen in ihrer
isotropen (tesseralen) Fernwirkung kaum wesentlich gestört
werden.

Es liegen demnach folgende Fragen vor:

1. Wie sind bei gegebener Zahl der zu der gleichen
(äußersten) »Schale« gehörigen Elektronen deren Bahnen auf
der Kugelfläche zu verteilen und welche Symmetrie ergibt
sich hierbei für den Atombau selbst?

2. In welchen Fällen zeigt sich zwischen der auf diese
Weise hypothetisch gewonnenen Elektronenverteilung (Atom-

symmetrie) und der beobachteten Krystallform (Gittersymmetrie).
Übereinstimmung?

Es mögen darum in den folgenden Zeilen die nach obigen.
Gesichtspunkten für die einzelnen Elemente denkbaren Elek-
tronenverteilungen kurz skizziert werden, wobei die Fälle, bei
denen noch Unklarheiten und offene Widersprüche zu ver-
zeichnen sind, durch Kleindruck ausgesondert werden.

Hinsichtlich der erstaufgeworfenen Frage wäre noch eine
allgemeine Überlegung vorauszuschicken. Die im allgemeinen
kreisförmigen Elektronenbahnen könnten als Groß- oder als.
Kleinkreise auf der Kugel ausgebildet sein. Bei einer Elektronenzahl, die größer als 1 ist, muß hierauf unbedingt ge-
achtet werden. Nun sind sicherlich z. B. 3 oder 9 Elektronenbahnen als Großkreise leicht tesseral zu verteilen, da sie ja.
den 3 Haupt-, beziehungsweise 9 Gesamtsymmetrieebenen des.
tesseralen Systems entsprechen. Beachtet man aber die zahlreichen gegenseitigen Durchdringungen der auf der gleichen
Kugelfläche eingezeichneten Großkreise und versucht man es,
sich hierbei von der tatsächlichen Elektronenbewegung ein
Bild zu machen, so scheint die Bewegung längs dieser sich
vielmals durchkreuzenden Bahnen doch nicht so einfach und
ohne gegenseitige Störung und darum auch nicht so wahrscheinlich, als es zunächst zu erwarten wäre.

Gelingt es hingegen, die Elektronenbahnen in der Form
gleich großer Kleinkreise mit vermutlich zentralsymmetri-
scher Anordnung der schwingenden Elektronen symmetrisch
auf der Kugelfläche zu verteilen, so fällt die gegenseitig
störende Beeinflussung der Bewegungen durch die Bahn-
kreuzungen weg. Tatsächlich ist die von Born und Landé (4).
angenommene Bahnverteilung auf Kleinkreisen parallel den
Oktaederflächen aufgebaut.

Bezüglich der Beurteilung der aus der Bahnverteilung
resultierenden Symmetrie des Atoms lassen sich natürlich die
für ruhende Körper, beziehungsweise Gitter ausgebildeten
Symmetriebegriffe nicht ohne weiteres übertragen, da in einem
willkürlich herausgerissenen Zeitpunkte der Bewegung die
momentane Symmetrie scheinbar sehr weit von der wahren
Symmetrie abweicht, wie dies gerade an dem nach den

drei Raumachsen rhythmisch schwingendem Elektronenwürfel
Born's (4) zutage tritt (vgl. p. 94).

Die mathematische Behandlung der Elektronenbewegung
pflegt bei der außerordentlich großen Geschwindigkeit der
Rotation meist so zu erfolgen, als wäre die Masse gleichmäßig über die ganze Bahn verteilt. Es gilt also die ganze
Bahn gleichsam als einheitliche Fläche und die Symmetrie
wird in erster Linie von der Verteilung dieser Bahnebenen
abhängen. Sie wird aber auch von der durch die Phasendifferenz der Elektronen bedingten Bahnform beeinflußt. Nimmt
man z. B. an, die Elektronen zweier benachbarter Bahnen
hätten eine derartige Phasendifferenz, daß sie bei ihrer Bewegung gerade in dem Punkte zusammentreffen (sich stark
nähern), in dem sich auch die Bahnen berühren oder berühren sollten, so muß die gegenseitige Abstoßung eine Formänderung der ursprünglichen Kreisbahn zur Folge haben. Diese
Abänderung der Kreisform läuft natürlich mit einer Herab-
minderung der Gesamtsymmetrie parallel. Möglicherweise ist
durch derartige Überlegungen die Polymorphie einzelner Elemente deutbar.

Das erste Edelgas, das Helium, dient für alle
folgenden Elemente als isotroper Kern.

Vom $Li$ ist keine Krystallisation bekannt, wohl aber in
der nächsten Schale vom $Na$ und in der zweitnächsten vom $K$.
In keinem Falle ist die Krystallsymmetrie genau bekannt,
immerhin ist sie bei $K$ ziemlich sicher tetragonal, bei $Na$
tetragonal oder tesseral [Groth (8)]. Bei $Na$ und $K$ ist jeweils
ein einzelnes Elektron in der äußersten Schale. Es ist wohl
zu erwarten, daß dessen Bahn so verläuft, daß keine andere,
innere Elektronenbahn dadurch gestört werde. Sind nun für
$Na$ und $K$ die letzten inneren Schalen ($Ne$ und $Ar$) mit
8 Elektronen besetzt, die um die Oktaedernormalen kreisen,
so wäre als die am wenigsten störende Bahn des neuen Elektrons ein Großkreis parallel einer Würfelfläche anzunehmen.
Dadurch erhält das Atom eine ausgezeichnete vierzählige
Achse ($D^4$), was in der Tat dem tetragonalen System entspräche.[1] Für $Rb$ und $Cs$ fehlen leider Krystallisationsangaben.

---

[1] Die Krystallsymmetrie ist bei $K$ deutlicher ausgesprochen als bei $Na$.

Das *Be* hat zwei Elektronen in der äußersten Schale und ebenso *Mg, Ca, Sr, Ba*. Leider sind nur *Be* und *Mg* deutlich als hexagonal krystallisierend bekannt. Bei *Ca* beschreibt Moissan (12) hexagonale Täfelchen und auch Rhomboeder, es kann also auch das trigonale System vorliegen. Sucht man auf der Kugelschale für 2 Elektronen die wahrscheinlichsten Bahnen, so wird man am einfachsten 2 parallele Kleinkreisbahnen mit zentrisch symmetrischer Elektronenverteilung annehmen, die etwa um eine der Oktaedernormalen der inneren Elektronenschale rotieren und diese stark hervorheben, ohne die innere Schale zu stören.

Damit ist sicher eine Wirtelachse gegeben, die bei der ersten Elektronenschale (*Be*) mangels einer darunterliegenden ausgesprochenen dreizähligen Oktaedernormalen noch keinen trigonalen Charakter haben muß. Hat man bloß die Aufgabe, Kreisscheiben (doppelte, parallele Kreisbahnen) möglichst dicht zu scharen, so ergibt sich eine Bienenwabenstruktur, also eine Anordnung in hexagonalen Säulen, was auch für *Be* und *Mg* zutrifft. Für *Ca*, bei dem die inneren tesseralen Schalen mit ihren deutlichen $D^3$ schon schärfer Einfluß nehmen, muß die trigonale Bedeutung der Wirtelachse deutlicher zutage treten. Auch hier fehlen von den höheren Perioden die Vergleiche (*Sr, Ba, Ra*).

Die gleichmäßige Verteilung von drei Elektronenbahnen auf der Kugelfläche macht Schwierigkeiten. In parallelen Kreisen dürften sie kaum laufen, da hier das äquatoriale Elektron anders zu bewerten wäre als die beiden anderen. Bei zueinander geneigten Bahnebenen wäre einerseits an Kleinkreisbahnen mit 120° gegenseitiger Neigung (auf den 3 Seiten eines trigonalen Prismas) zu denken oder, weniger wahrscheinlich, an Großkreise, die sich in gleicher Neigung um eine $D^3$ scharen, etwa entsprechend der Lage von Rhomboederflächen, aber mit zentralen Bahnebenen. Die Lage der 3 tesseralen Hauptsymmetrieebenen bietet einen Spezialfall. Bemerkenswert ist, daß von allen hierher zu zählenden Elementen (*B, Al, Sc, Y* ...) nur das *Al* und dieses als tesseral, nicht trigonal krystallisierend bekannt ist (2, 15).

Vier Elektronenbahnen werden sich wohl am besten nach den 4 Flächen des Tetraeders ordnen lassen, was eine ausgesprochen tesserale Symmetrie ergibt, es müßte denn sein, daß alle Elektronentetraeder sozusagen auf eine Fläche aufgestellt werden, was zu einer trigonalen Anordnung führt:. Tatsächlich haben sämtliche, mit 4 Elektronen in der äußersten Schale ausgestatteten Elemente, deren Krystallgestalt man kennt, tesserale Symmetrie ($C$, $Si$, $Ti$, $Th$). Der $C$ besitzt außerdem· noch eine trigonale Modifikation (erste Periode!).

Die Fünfer-Schale stellt der Eingliederung in eine Krystallsymmetrie· fast unüberwindliche Schwierigkeiten entgegen. Die an sich nicht wahrscheinliche Verwendung von Großkreisbahnen ergäbe im einfachsten Falle die Anordnung nach den 5 Symmetrieebenen des tetragonalen Systems,. welches aber bei keinem Element mit Fünfer-Schale auftritt.[1]

Wählt man Kleinkreisbahnen, so kann man diese nach den Mantelund Basisflächen eines trigonalen Prismas anordnen, was im besten Falle (geeignete Phasendifferenz der rotierenden Elektronen) zur trigonalen Symmetrie führt, keinesfalls aber zu der für $P$ und für $V$ angegebenen tesseralen Symmetrie.

Nimmt man für die Fünfer-Schale dagegen eine einfache Wirtelachse an,. dann könnte unter Zuhilfenahme der Ableitungen von Schönflies (16) und Niggli (13) das tesserale Gitter dadurch aufgebaut werden, daß die Wirtelachsen in den 4 Raumlagen der $D^3$ gesetzmäßig verwendet werden.[2] Jedenfalls ist aber dabei nicht einzusehen, warum die tesserale Modifikation dann gerade die Hauptbedeutung besitzt.

Interessant ist die Verteilungsmöglichkeit für sechs Elektronenbahnen ($O$, $S$, $Cr$, $Mo$, $Nd$, $U$). Für $O$, $Mo$ und $Nd$ ist. keine Krystallisation bekannt. $Cr$ und $U$ besitzen tesserale Formen, $S$ ist das, bekannteste Beispiel der nichttesseralen Polymorphie. Am nächstliegenden ist die Annahme der Elektronenbahnen in den Ebenen eines Würfels. Bei $Cr$ und $U$ verteilen sich die 6 Elektronen nach unserer Vorstellung von dem Zusammenhange der Kugelschalen, beziehungsweise der chemischen Perioden untereinander so um die Würfelnormalen (»Lücken« der inneren Schale), daß hier 2 Schalen in gleicher Weise in streng tesseraler Symmetrie zusammenwirken, was. auch im Krystallbau zum Ausdruck kommt.

---

[1] Die Angaben über eine tetragonale $P$-Modifikation sind mehr als fraglich [Groth (8)]. Dagegen ist eine monocline Modifikation, die sich durch· entsprechende Phasendifferenz der Elektronen aus obiger Anordnung ableiten ließe, bekannt [Stock (17)].

[2] Die tesserale Symmetrie ist allerdings die einzige, die pseudopentagonale Achsen besitzt. Vgl. die Nachahmung der geometrisch regulären Körper: Pentagondodecaeder und Icosaeder im tesseralen System.

Anders bei $S$, bei dem die Wirkung der Achter-Schale der vorhergehenden Periode noch schwach ist. Hier ist keine tesserale Modifikation bekannt.

Es ist leicht, die Phasendifferenz der schwingenden Elektronen so zu wählen, daß sie in ihrer Bewegung den Anforderungen einer dreizähligen Raumachse ($D^3$) des von den 6 Bahnebenen gebildeten Würfels (beziehungsweise Quaders) genügen. Das entspricht dem trigonalen System und tatsächlich ist auch eine, allerdings instabile, trigonale $S$-Modifikation bekannt.

Ebenso leicht kann man die Phasendifferenz der Elektronen so wählen, daß bei gegenseitiger Annäherung der Elektronen zweier benachbarter Bahnen ein drittes Elektron genau in die zwischen den ersten verlaufende Symmetrieebene eintritt und die Bahnebenen ihre Form entsprechend ändern, was zur monoklinen Symmetrie führt, für die der $S$ sogar mehrere Modifikationen aufweist.

Für die stabile rhombische Form läßt sich dagegen derzeit keine so einfache, leicht verständliche Anordnung angeben, wie überhaupt die Frage der Bahnformen bei verschieden gewählter Phasendifferenz der schwingenden Elektronen und die daraus entspringenden Folgerungen noch völlig ungeklärt sind.

Die systematische, röntgenologische Untersuchung der $S$-Modifikationen wäre eine der dringendsten und nächstliegenden Aufgaben.

Sieben Elektronen finden sich in der äußersten Schale bei $F$, $Cl$, $Mn$. N 43, N 61. In keinem Falle ist eine Krystallisation bekannt. Es scheint, als wäre gerade die Zahl 7 ganz besonders ungünstig für eine krystallsymmetrische Anordnung. Zum mindesten lassen sich keine wahrscheinlichen Bahnanordnungen angeben.

Mit acht Elektronen erreicht man in den beiden kleinen Perioden den in sich geschlossenen Edelgastypus ($Ne$, $Ar$); anders aber bei den folgenden Perioden ($Fe$, $Ru$, $Sm$). Selbstverständlich ordnen sich auch hier die Elektronenbahnen nach den Oktaederflächen und liefern eine ausgesprochen tesserale Symmetrie, was auch bei $Fe$ und $Ru$ zutrifft.

Nach unseren früheren Bemerkungen (p. 98 ff.) sind aber für die großen Perioden die Oktaedernormalen nicht mehr die günstigsten Bahnzentren bei diesen schon relativ großen Elektronenschalen. Wahrscheinlicher und stabiler wäre die Kombination: Würfel + Rhombendodekaeder, also 18 Elektronen. Diese geringe Stabilität der für die kleinen Perioden sonst bevorzugten Achter-Schale bringt es mit sich, daß auch diese Elemente chemisch deutlich aktiv wirken. Stellt man sich in grober bildlicher Art vor, daß die neuen Elektronen sich

vor allem über den »Hauptlücken« (Würfelnormalen!) der
inneren Schale anordnen, so ergibt sich ein Überfluß von
2 Elektronen, die leicht abgebbar wären, d. h. diese Elemente müssen sich so verhalten, als wären sie zwei-
wertig positiv und müssen demnach zu negativ zweiwertigen
Elementen, wie z. B. $O$, eine große Affinität zeigen. All dieses
trifft für $Fe$ tatsächlich zu, wodurch die Ansicht über die
Elektronenverteilung der höheren Perioden eine wesentliche
Stütze erfährt.

Weniger verständlich liegen die Verhaltnisse bei den dem $Fe$ (und $Ru$)
so nahestehenden Elementen $Co$ (und $Rh$) mit 9, beziehungsweise $Ni$ (und $Pd$)
mit 10 Elektronen in der äußersten Schale.

Die Neuner-Schale wäre leicht streng tesseral aufzubauen, wenn die
Verwendung von Großkreisen mehr Wahrscheinlichkeit in sich schlöße (vgl.
p. 103). Mit Kleinkreisen allein oder mit Kiein- und Großkreisen gemeinsam
läßt sich aber ebensowenig eine plausible tesserale Bahnverteilung angeben.
Dazu kommt noch, daß es nicht gelingen will, die unverkennbare chemische
Ähnlichkeit zwischen $Fe$, $Co$ und $Ni$ durch den Atombau verständlich zu
machen.

Die Verteilung von zehn Elektronen ist wieder interessant. Neben den 6 »Lücken« in den Würfelnormalen sind
noch kleinere Lücken in den Rhombendodekaedernormalen.
Legt man nun durch je 3 einer Würfelecke benachbarte
110-Vertiefungen der inneren Schale eine Elektronenbahn, so
erhält man die gewünschte Zahl 10 (6 Würfel- und 4 Tetra-
ederbahnen). Diese Verteilung dürfte in der Stabilität der
Oktaederverteilung von 8 Elektronen in den großen Perioden
gleichkommen, weshalb ganz leicht ein Abspalten von 2 Elektronen $(10 - 2 = 8)$ möglich ist, was einem positiv zweiwertigen Element entspricht ($Ni$, siehe auch $Pd$).

Elf Elektronen besitzen die chemisch einwertigen Elemente $Cu$ und $Ag$,
was darauf hinzudeuten scheint, daß die relativ stabile 10-Gruppe (6 + 4 s. o.)
in der Elektronenanordnung eine Rolle spielt. Gruppiert man aber (6 + 4) + 1,
so ist eine tesserale Atomsymmetrie nicht mehr denkbar, sondern nur eine
Wirtelsymmetrie. Merkwürdigerweise führt die Elektronenanordnung bei $Au$
(vgl. p. 109) zu der gleichen Wirtelsymmetrie, wie ja auch das chemische
Verhalten viele Ähnlichkeiten mit $Cu$ und $Ag$ aufweist.

Gleichwohl ist die tesserale Krystallgestalt für alle diese Elemente die
einzig bekannte und ließe sich nur mit den Schönflies'schen Baugruppen
aus den Wirtelatomen aufbauen (vgl. P. 106).

Die Gruppierung 8 + 3 (Oktaeder + Hauptsymmetrieebenen) ist trotz ihrer tesseralen Symmetrie physikalisch und auch wegen des Mangels einer Beziehung zu *Au* weniger wahrscheinlich.

Die Zwölfer-Schale (*Zn, Cd, Dy*) würde zunächst auf eine Ausnutzung der Rhombendodekaederlücken hinzudeuten scheinen, doch blieben dabei die viel wirkungsvolleren Würfelnormalen ganz unberührt, was augenscheinlich zu keinem stabilen Gleichgewichtszustand führt. Geht man aber von den Würfelnormalen aus, dann lassen sich damit nur noch 6 Oktaedernormale kombinieren, wogegen 2 diametral gelegene unbesetzt bleiben. Versucht man auf der Kugelschale eine dementsprechende Bahnverteilung, so erhält man 2 Sechserringe, die sich um eine tesserale Körperdiagonale scharen, wodurch der hexagonale Typus wahrscheinlich wird, wie dies tatsächlich bei *Zn* und *Cd* zutrifft.

Mit dreizehn Elektronen wäre die Gruppierung 12 + 1 (Rhombendodekaeder + 1 Würfelfläche) oder 8 + 5 (Oktaeder + 5 Würfelflächen) möglich, wodurch man in beiden Fällen zu tetragonaler Symmetrie kommt, die auch bei *Ga* angegeben wird.

Die, allerdings fragliche, tesserale Vollform des *In* ist dagegen auf diesem Wege nicht zu deuten, will man nicht den schon mehrfach vorgeschlagenen Ausweg des Aufbaues eines tesseralen Gitters aus Wirtelatomen beschreiten.

Die vierzehn Elektronenbahnen bei *Ge, Sn* und *Er* lassen sich leicht tesseral in der Kombination 8 + 6 (Oktaeder + Würfel) verteilen, wie dies wohl für *Ge* zutrifft.

Bei *Sn* ist allerdings keine tesserale Modifikation angegeben, wenn nicht das unter 20° stabile »graue Zinn« dazugehört. Wählt man die Kombination: 12 Rhombendodekaederflächen + 2 parallele Würfelflächen, so liefert dies eine tetragonale Form, wie dies dem gewöhnlichen Zinn entspricht.

Es wird ganz von der Phasendifferenz der einzelnen Elektronen abhängen, ob statt der tetragonalen eine rhombische Symmetrie entsteht.

Fünfzehn Elektronenbahnen folgen am einfachsten der Kombination 12 + 3, wobei die 3 Elektronenbahnen nach 3 in einer Ecke zusammenstoßenden Würfelebenen angeordnet sein können, was eine ausgesprochen trigonale Symmetrie gibt,

wie sie tatsächlich dem *As* und *Sb* entspricht, deren positive
5-Wertigkeit (negativ 3-wertig) übrigens auf den merkwürdig
stabilen 10-Typus zurückführt, der durch *Ni* und *Pd* repräsentiert wird.[1] Andrerseits ist die Aufnahme von 3 weiteren
Elektronen (negativ 3-wertig) nach den restlichen Würfelflächen sehr verständlich.

Denkt man sich die 3 Würfelbahnen zentral als Großkreise geführt, so gäbe dies eine tesserale Anordnung, die
allerdings nicht wahrscheinlich ist. Bei *As* ist eine tesserale
Modifikation bekannt.

Bei sechzehn Elektronen würde man die Anordnung 12 + 4 erwarten,
die entweder tesseral oder mindestens tetragonal sein könnte, wenn man
4 Bahnebenen in 4 Würfelflächen legt. Sowohl bei *Se* wie auch bei *Te* ist
aber das trigonale System angegeben. Sollte man an die Kombination:
12 + 3 Würfelebenen + 1 der besetzten Würfelecke gegenüberliegende Okta-
ederebene denken? Das wäre allerdings eine polar-trigonale Anordnung.
Noch weniger verständlich liegen die Bedingungen bei der Siebzehner-
Schale. Sowohl für *Br* wie für *J* (für letzteres sicher) wird rhombische
Symmetrie angegeben. Die Kombination 12 + 5 Würfelebenen führt zu tetragonaler Anordnung. Allerdings wäre nicht ausgeschlossen, daß durch eine
entsprechende Ausgangslage der schwingenden Elektronen eine Herabsetzung
der Symmetrie der Wirtelatome zustande kommt.

Die Achtzehner-Schale ist wieder ein ausgesprochener
Edelgastypus für *Kr* und *X*.

In der fünften Periode gehen nun die symmetrischen Ver-
teilungen der Elektronen weiter bis auf 32, also 24 + 8 nach
der früheren Auseinandersetzung (p. 99).

Bemerkenswert ist, daß bis auf *Bi* nur tesserale Haupt-
modifikationen bekannt sind, demnach die äußerste Schale
offenkundig nur mehr sehr geringen oder gar keinen Einfluß
auf die Symmetrie des Atoms nimmt.

Bekannt sind: das tesserale *W* mit 20 = 12 + 8 Elektronen, das tesserale *Os* mit 22 = 12 + 6 + 4, das tesserale *Ir*
mit 23 = 12 + 8 + 3 und *Pd* mit 24 Elektronen. *Os, Ir, Pd*
haben auch trigonale Modifikationen, die sich ganz gut als
entartete tesserale Formen deuten lassen.

---

[1] Auch bei *Sn* (p. 109) liefert die positive 4-Wertigkeit (neg. 4-wertig)
die Möglichkeit, 4 Elektronen abzuspalten, was wiederum zum *Ni*-Typus
führt, der eine Art Nebentypus der Edelgasformen vorzustellen scheint.

Die 25 Elektronenbahnen des *Au* sind wieder ziemlich unverständlich, ·wenn man bedenkt, daß *Au* nur in tesseraler Modifikation bekannt ist und auch ziemlich leicht krystallisiert. *Au* ist positiv 1-wertig, was auf die ·Grundanlage 24 + 1 hinzudeuten scheint.[1] Das würde, ähnlich wie bei *Cu* und *Ag* [(6 + 4) + 1] mit einem Wirtelbau des Atoms vereinbar sein und das Gitter müßte wieder nach den Prinzipien von Schönflies aus solchen Wirtelatomen aufgebaut werden.

Nach ähnlicher Überlegung müßte dem *Hg* die Anordnung 24 + 2 = 26 zugeschrieben werden, was zu einem tetragonalen, also wirteligen Bau führt. Auch hier wäre das Gitter wie bei *Au* aus Wirtelatomen aufbaubar (leichte ·Legierung mit *Au*!, Amalgam).

Das *Pb* mit 28 = 24 + 4 Elektronenbahnen entspricht genau der tatsächlichen tesseralen Symmetrie. Die seinerzeit behauptete Allotropie ist nach Cohen, Inouye (6) nicht vorhanden.

Dagegen ist die ausgesprochen trigonale Symmetrie des *Bi* mit 29 Elektronen nicht ohne weiteres erklärlich, besonders nicht die große chemische Ähnlichkeit mit *As* und *Sb*. Es läßt sich mit 24 + 5 (Oktaederflächen) ganz gut eine trigonale Anordnung bauen, die auch chemisch negativ ·3-wertigen Charakter hat, doch ist damit keine Annäherung oder Analogie zu dem Verhalten von *As* und *Sb* zu erreichen.

In der nachstehenden Übersicht der bisherigen Ergebnisse ist zu erkennen, daß ein faßbarer Zusammenhang zwischen Atomsymmetrie und Krystallform in der Tat bestehen und bei den Elementen auch deutlich zum Ausdruck kommen muß. Von den 43 krystallographisch bekannten Elementen bestätigen 23, also mehr als die Hälfte, ohne Zwang diese Anschauung. Bei 4 Elementen läßt sich unter Vorbehalt noch eine passende Elektronenanordnung angeben, für 16 Elemente, also etwas mehr als ein Drittel der bekannten Formen, ist dagegen ohne stark hypothetischen Einschlag

---

[1] *Cu, Ag, Au* und *Al* krystallisieren tesseral mit flächenzentrierten Würfelgittern (5, 7, 18). Dabei besteht aber nur volle Mischbarkeit zwischen *Cu* und *Au* wie auch *Au* und *Ag*, nicht aber zwischen *Au* und *Al*, was bei der bis ins Detail übereinstimmenden Gitterconstruction ($a = 4 \cdot 07 \times 10^{-8}$ *cm* in beiden Fällen) ganz unverständlich wäre, wenn nicht der Atombau selbst hier mitspielte. *Al* kann mit einem Kugelatom gedeutet werden, ·*Cu, Ag* und *Au* scheinen besser als Wirtelatome erfaßbar. Dieser Unterschied muß unbedingt in der Mischbarkeit zum Ausdruck kommen.

## Tabelle der bisherigen Ergebnisse bezüglich des Atombaues.

| Elektronenzahl der äußeren Schale | Übereinstimmung zwischen angenommener Elektronenverteilung und wahrer Krystallsymmetrie | | | Keine Krystallform bekannt |
|---|---|---|---|---|
| | Gut | Zweifelhaft | Schlecht oder gar nicht | |
| 1 | *Na, K* | — | — | *Li, Rb, Cs* |
| 2 | *Be, Mg, Ca* | — | — | *Sr, Ba, Ra* |
| 3 | — | — | *Al* | *B, Sc, Y, La* |
| 4 | *C, Si, Ti, Th* | — | — | *Zr, Ce* |
| 5 | — | — | *P, V* | *N, Nb, Bv, Pr* |
| 6 | *Cr, U* | — | *S* | *O, Mo, Nd* |
| 7 | — | — | — | *F, Cl, Mn,* N 43, N 61 |
| 8 | *Fe, Ru* | — | — | *Ne, Ar, Sm* |
| 9 | — | — | *Co, Rh* | *Eu* |
| 10 | *Ni, Pd* | — | — | *Gd* |
| 11 | — | — | *Cu, Ag* | *Tb* |
| 12 | *Zn, Cd* | — | — | *Dy* |
| 13 | *Ga* | — | *In* | *Ho* |
| 14 | *Ge* | *Sn* | — | *Er* |
| 15 | — | *As, Sb* | — | *Tu* I |
| 16 | — | — | *Se, Te* | *Ad* |
| 17 | — | — | *Br, J* | *Cp* |
| 18 | — | — | — | *Kr, X* |
| 19 | — | — | — | *Ta* |
| 20 | *W* | — | — | — |
| 21 | — | — | — | N 75 |
| 22 | *Os* | — | — | |
| 23 | — | *Ir* | — | |
| 24 | *Pt* | — | — | |
| 25 | — | — | *Au* | — |
| 26 | — | — | *Hg* | — |
| 27 | — | — | — | *Tl* |
| 28 | *Pb* | — | — | — |
| 29 | — | — | *Bi* | — |
| 30 | — | — | — | *Po* |
| 31 | — | — | — | N 85 |
| 32 | — | — | — | *Em* |
| Summe | 23 | 4 | 16 | (49) |

derzeit noch keine befriedigende Lösung der Frage um den Zusammenhang von Atom- und Krystallbau gelungen.

Eine Überprüfung der Liste läßt erkennen, wie viele offene Fragen noch vorliegen, für wie viele Elemente vor allem, von den Edelgasen abgesehen, noch nicht einmal die Krystallgestalt bekannt ist. Die röntgenologische Durchforschung der Materie, und hier vor allem die Methode von Debye-Scherrer, ist ganz besonders geeignet, auch im Falle sehr ungünstiger Krystallisation, wenn nur überhaupt ein krystallines Pulver vorliegt, das Krystallsystem gleichzeitig mit der Struktur aufzudecken. Ist auch die mathematische Auswertung der Debye-Resultate besonders bei nicht-tesseralen Körpern sehr schwierig und umständlich, so ist doch bei den Elementen der gewaltige Vorteil nicht zu unterschätzen, daß nur einerlei Art von Atomen für die Lösung des Strukturproblems zu berücksichtigen ist.

Jedenfalls ist heute schon klar, daß die geheimnisvolle »Kohäsionskraft« der bisherigen Krystallphysik und Krystallchemie restlos durch elektrische, rechnerisch erfaßbare Kräfte ersetzt werden muß [vgl. Born (5)] und daß physikalische und chemische Überlegungen übereinstimmend mit den Forderungen und Erfahrungen der Krystallographie zu einer räumlichen Verteilung der nach den chemischen Perioden zu gruppierenden Elektronen führen.

# Literatur.

(1) **Abegg**, Zschr. f. anorg. Ch., *50*, p. 310 (1906).

(2) **Behrens**, Mikroskop. Gefüge der Metalle u. Legierungen, 1894 (p. 54).

(3) **Bohr**, Phil. Mag., *26*, p. 857 (1913); *27* (1914), und *30* (1915).

(4) **Born und Landé**: Sitzber. d. preuß. Acad. d. Wiss., 1918, p. 1048.

—            —            Verb. d. Deutsch. phys. Ges., *20*, p. 202 (1918).

—    Die Naturwissenschaften, Jahrg. 1919, Heft 9.

(5) **Bragg**, Phil. Mag., *28*, p. 355 (1914).

(6) **Cohen, Inouye**, Zschr. f. phys. Ch., *74*, p. 202 (1910).

(7) **Debye und Scherrer**, Nachr. d. kgl. Ges. d. Wiss. Göttingen, 1918, p. 101.

—            —            Phys. Zschr., *19*, p. 23 u. 474 (1918).

(8) **Groth P. v.**, Chemische Krystallographie (1. Bd., Elemente usw.).

(9) **Johnsen A.**, Fortschr. d. Min., Kryst. u. Petrogr., *5*. Bd., p. 17 (117!), 1916.

(10) **Kossel W.**, Ann. d. Phys., *49*, p. 229 (1916).

—            Die Naturwissenschaften, *7*, p. 339 (1919).

(11) **Meyer Stef.**, Physik. Zschr., *19*, p. 179 (1918).

(12) **Moissan**, Compt. rend., *127*, p. 585 (1918).

(13) **Niggli**, Geometrische Krystallographie d. Diskontinuums, 2. Bd., Berlin, Bornträger, 1917—1919.

(14) **Rinne**, Zentralbl. f. Min. etc., 1919, 161.

(15) **Scherrer**, Physic. Zschr., *19*, p. 23 (1918).

(16) **Schönflies**, Krystallsysteme u. Krystallstruktur, Leipzig, Teubner, 1891.

(17) **Stock**, Ber. d. chem. Ges., *41*, p. 250, 764 (1908).

(18) **Vegard**, Phil. Mag., *31*, p. 83 (1916); *32*, p. 65 (1916).

(19) **Voigt W.**, Physic. Zschr., *19*, p. 237 (1918).

# Über das Vorkommen von Gipskrystallen bei den Tamaricaceae

Von

Hermann Brunswik

Aus dem Pflanzenphysiologischen Institut der Universität in Wien
Nr. 135 der zweiten Folge

(Mit 1 Tafel und 1 Textfigur)

(Vorgelegt in der Sitzung am 18. März 1920)

Im Jahre 1887 beschrieb Volkens[1] für einige Tamarica-
·ceenarten (*Reaumuria hirtella* Jaub. et Sp., *Tamarix articulata* Vahl., *T. mannifera* Bunge, *T. tetragyna* Ehrb.) das
regelmäßige Vorkommen von epidermalen Drüsen, die ein
Gemisch von hygroskopischen Salzen (Chlornatrium, Magne-
sium- und Calciumverbindungen) sezernieren. Diese Drüsen
sind wahrscheinlich eine anatomische Anpassung an die xero-
phytische Lebensweise, denn die Tamaricaceae zählen zu den
Charakterpflanzen der Steppen- und Wüstenflora. Eine zu-
sammenfassende Beschreibung des Baues dieser Drüsen, ihrer
Entwicklungsgeschichte und des Sekretionsmechanismus gab
Brunner[2] in seinen Beiträgen zur vergleichenden Anatomie
der Tamaricaceen.

Die physiologische Bedeutung der so ausgeschiedenen
Salzkrusten ist freilich noch umstritten. Während ihnen
Volkens[1] und Brunner[2] die Fähigkeit zuschreiben, Wasser

---

[1] G. Volkens, Die Flora der ägyptisch-arabischen Wüste, 1887, p. 27
und 106.

[2] C. Brunner, Beitrage zur vergleichenden Anatomie der Tamarica-
·ceen. Mit. Botan. Staatsinst. Hamburg, 1909, p. 89—162.

aus der Atmosphäre anzusaugen und der Pflanze zu über-
mitteln, deutet sie Marloth[1] als Transpirationsschutz. In
jüngerer Zeit betonen Stahl[2] und Haberlandt,[3] daß die
Pflanzen sich dadurch nur des die Assimilation und das
Wachstum beeinträchtigenden Salzüberschusses entledigen.

Doch auch bei in unseren Breiten kultivierten *Tamarix*-
Arten (*T. tetrandra* L., *T. gallica* L. und *T. octandra*) können
unter Umständen Krusten von ausgeschiedenem Kalkcarbonat
auftreten; so beobachtete Molisch[4] nach langem Ausbleiben
von Regen einen solchen Fall am Laurenziberg in Prag.

Jedenfalls enthalten die Tamaricaceae reichlich anorganische Kalksalze im Zellsaft gelöst. — Über krystallisierte
Exkrete in den Pflanzen selbst finden sich nur wenige und
widersprechende Angaben. F. Niedenzu unterscheidet bei
Bearbeitung der *Tamaricaceae* in Engler-Prantl's Natürlichen Pflanzenfamilien[5] die Arten *Reaumuria, Hololachne,
Tamarix* und *Myricaria* als krystallführend, von *Fouquiera*,[6]
der er — mit Unrecht — den Besitz von Krystalldrusen im
Gewebe abspricht.

Solereder[7] hingegen gibt an, daß »oxalsaurer Kalk in
Form von Drusen oder selten von Einzelkrystallen« bei *Tamarix,
Reaumuria* und *Fouquiera* vorhanden sei, während bei *Hololachne* und *Myricaria* »keine Krystalle zur Beobachtung gelangten«.

---

[1] R. Marloth, Ber. der Deutsch. Bot. Ges., 1887, Bd. V, p. 321. Hierbei
eine Analyse der Salzausscheidung bei *T. articulata* mitgeteilt: Ca Cl$_2$ 51·9,
Mg SO$_4$ 12·0, Mg Cl$_2$ 4·7, Mg HPO$_4$ 3·2, Na Cl 5·5, Na NO$_3$ 17·2, Na$_2$CO$_3$
3·8 %.

[2] E. Stahl, Bot. Zeitung, 1894, Heft VI—VII; Bot. Zeitung (Flora),
13. Bd. (Neue Folge), Zur Physiologie und Biologie der Exkrete, p. 30.

[3] G. Haberlandt, Physiol. Pflanzenanatomie, 4. Aufl., p. 454.

[4] Nach einer mündlichen Mitteilung von Hofrat Prof. Dr. Molisch. Vgl.
auch H. Molisch, Mikrochemie der Pflanze, 1913, p. 48.

[5] Engler-Prantl, Natürliche Pflanzenfamilien, III, 6 u. 6 a, p. 289.

[6] Auf die in neuerer Zeit erfolgte Abtrennung von *Fouquiera* als eigene
Familie soll erst später eingegangen werden.

[7] H. Solereder, System. Anatomie der Dicotyledonen, 1899, p. 129—132;
Nachtrag, 1908, p 38—39.

Auch Brunner,[1] dessen vergleichende Untersuchungen sich hauptsächlich auf Stamm und Samenanlage der Tamaricaceae beziehen, spricht von oxalsaurem Kalk, der regelmäßig bei allen *Tamarix*-Arten, gelegentlich bei *Myricaria* und *Reaumuria* anzutreffen ist.

Wie von mehrfacher Seite schon betont wurde, wird bei der Diagnose »Kalkoxalat« oft etwas oberflächlich vorgegangen. So auch im vorliegenden Falle. Schon ein kurzes Verweilen der krystallführenden Schnitte von *Tamarix*-Arten in Wasser, ja selbst in verdünntem Glyzerin zeigt nach meinen Beobachtungen, daß die zahlreichen Krystalle wasserlöslich, also sicher kein Kalkoxalat sind. Schwieriger gestaltete sich die positive Beantwortung der Frage nach ihrer Natur. Hiezu war eine genaue Untersuchung ihres chemischen Verhaltens unerläßlich.

## I. Chemisches Verhalten der Krystalle.

Als Untersuchungsmaterial wurden frische Stengel und Blätter von *Tamarix tetrandra* L. und *T. gallica* L. benutzt, Arten, die sowohl im Botanischen Garten der Universität Wien als auch in vielen öffentlichen Gärten dieser Stadt kultiviert werden. Nur in zweiter Linie wurde Herbarmaterial (aus dem Hofmuseum Wien) herangezogen.

### 1. Löslichkeit.

Als charakteristisches Merkmal der Krystalle wurde bereits ihre Wasserlöslichkeit hervorgehoben.

Sobald die krystallhältigen Schnitte mit dem Wasser in Berührung kommen, verlieren die normalerweise stark lichtbrechenden, bläulich schimmernden Drusen und Einzelkrystalle fast momentan diese Eigenschaften, so daß sie bald grauschwärzlich und stark angegriffen erscheinen. In 20 Minuten — bei nicht zu dicken Schnitten unter dem Deckglas — verschwinden die letzten Krümmeln restlos.

---

[1] C. Brunner, l. c., p. 94—95.

Die Krystalle lösen sich also schon in kaltem Wasser;
diesem Umstande ist es zuzuschreiben, daß sie in verdünntem Glyzerin schon nach mehreren Stunden gelöst sind,.
ja daß sie sich in konzentriertem Glyzerin nur wenige
Tage halten. Ebenso kann auch Glyzeringelatine die Krystalle
nur einige Wochen konservieren.

Unlöslich sind die Krystalle in absolutem Alkohol,
Xylol, Äther und Chloroform. Als Einbettung für die
Schnitte wurden daher Damarharz und Kanadabalsam ver-
wendet.

In konzentrierter HCl, $HNO_3$, $H_2SO_4$ sind die Krystalle
ohne Fällung und ohne Aufbrausen löslich, wenn auch
durchwegs langsamer als in destilliertem Wasser unter sonst
gleichen Bedingungen (in konzentrierter HCl z. B. in zirka
30 Minuten); in Eisessig unlöslich. In gesättigter Oxalsäure sind sie scheinbar auch unlöslich; doch zeigt ein Übertragen der Schnitte darauf in Wasser, daß sie nun auch
wasserunlöslich geworden sind, daß sie sich also mit Oxalsäure chemisch umgesetzt haben (siehe Ca-Nachweis).

Alkali wie $NH_3$, Na OH, KOH lösen sie; auf die sekun-
däre Fällung typischer Krystalle mit konzentrierter Kalilauge
soll erst beim Nachweis des Kations näher eingegangen
werden.

## 2. Reindarstellung der Krystallsubstanz.

Zusammenfassend können zwei Eigenschaften als für die
Substanz charakterisierend aufgestellt werden: völlige Unlöslichkeit in Eisessig bei gleichzeitiger guter Wasserlöslichkeit.

Dies weist auch den Weg zur Reingewinnung. In kleinen
Mengen, auf dem Objektträger, wurde die Substanz isoliert, indem man aus den frischen Schnitten mit destilliertem
Wasser umkrystallisieren läßt und mit konzentrierter $CH_3.COOH$
den Rückstand gründlich spült, so daß alle anderen krystallinischen Ausscheidungen entfernt werden. Um den Stoff in
größeren Mengen zu erhalten, werden fein zerkleinerte
Blatt- oder Stengelstücke, die sich als besonders krystallreich
erwiesen, 24 Stunden mit destilliertem Wasser ausgezogen

und das — eventuell eingeengte — Filtrat mit einer mehrfachen Menge Eisessig versetzt. Der ausfallende Niederschlag,.
in feinen Nadelbüscheln krystallisierend, erweist sich in seinen.
Eigenschaften völlig gleich den in der Pflanze vorkommenden.
Krystallen.

## 3. Verhalten bei der Veraschung.

Nach dem Veraschen der Schnitte durch einmaliges Auf--
glühen behalten die Krystalle ihre Form bei, sind jedoch.
leicht gebräunt — wohl infolge organischer Beimengungen —
und zeigen eine gekörnt-gestreifte Struktur.

Ihre Löslichkeit wird dadurch in keiner Weise beein--
trächtigt. In Wasser bleiben sie löslich, so daß man sie
auch aus der Asche umkrystallisieren kann. In konzentrierter
$CH_3 . COOH$ völlig unlöslich, lösen sie sich nur langsam und
ohne Gasblasenentwicklung in konzentrierter HCl, rascher in
$HNO_3$ und $H_2SO_4$. — Ebenso verhält sich die aus dem
Extrakt gefällte Reinsubstanz; die einzelnen Nadeln schmelzen
zu kleinen Körnchen zusammen, die wasserlöslich bleiben.

Die Substanz wird also durch das Glühen in keiner
Weise verändert; schon dadurch ist die Möglichkeit, daß.
ein organisches Salz vorliegt, ausgeschlossen.

## 4. Nachweis des Calciums als Kation.

Empfindliche Ca-Reaktionen stehen eine ganze Reihe zur
Verfügung. Die gebräuchlichste, die Fällung des Ca als Gips,.
war im vorliegenden Falle, wie noch gezeigt werden wird,.
nicht gut anwendbar. Doch verbleiben immer noch die Fällung
des Ca mit Oxalsäure und die in letzter Zeit von Molisch[1]
empfohlenen Reaktionen mit Sodalösung und einem Gemisch.
von konzentrierter Kalilauge mit Kaliumcarbonat.

Alle drei angeführten Reaktionen fallen mit frischen
Schnitten positiv aus; jedoch ist die Fällung infolge der
leichten Wasserlöslichkeit der Krystalle keineswegs lokalisiert..

---

[1] H. Molisch, Nachweis von gelösten Kalkverbindungen mit Soda;.
Nachweis von Kalk mit Kalilauge oder $KOH + K_2CO_3$. Ber. d. Deutsch..
Botan. Gesellsch., Bd. XXXIV, Heft 5 und 6.

Der Einwand ist hiebei berechtigt, daß damit nicht das Ca in den Krystallen, sondern nur der allgemeine Calciumgehalt der Schnitte nachgewiesen wurde. Immerhin macht schon ein Vergleich der ausgefallenen Menge von Kalkoxalat, Gaylussit $(Na_2CO_3 . CaCO_3 + 5 H_2O)$, respektive des Kaliumcalciumcarbonats $(2 Ca CO_3 + 3 K_2CO_3 + 6 H_2O)$ bei einem reichlich Krystalle führenden Schnitt und einem gleichgroßen vom selben Pflanzenteil, der keine Krystalle enthält, es sehr wahrscheinlich, daß die Krystalle Calcium enthalten.

Eindeutig und beweisend wird erst der positive Ausfall der genannten drei Reaktionen, wie er mit der auf dem Objektträger isolierten oder durch Eisessig gefällten Substanz gelingt. Eindeutig ist schließlich das bereits erwähnte Verhalten der Krystalle mit konzentrierter Oxalsäure, wobei eine vollkommene Umsetzung — unter Beibehalten der äußeren Gestalt — in das wasserunlösliche Kalkoxalat erfolgt.

Die Krystalle sind demnach, wie es auch das Nächstliegende ist, ein wasserlösliches Calciumsalz.

Die übliche Fällung des Ca mit 2 bis $10\%$ $H_2SO_4$ als Gips gelingt natürlich auch, sowohl mit den Schnitten wie mit der reinen Substanz. Auch hiebei ist ein lokalisierter Nachweis infolge der Löslichkeit der Krystalle im allgemeinen nicht möglich. Bereitet man sich jedoch die $2\%$ Schwefelsäure nicht mit Wasser, sondern mit einem zirka $30\%$ Alkohol oder $30\%$ Essigsäure, so setzen sich bei Anwendung dieses Reagenz — die Schwefelsäure verhält sich gegen Alkohol und Essigsäure indifferent — im frischen Schnitt wie im umkrystallisierten Zustand die Gipsnadelbüschel direkt an die korrodierten Krystalle an. Diese Methode wäre für alle leicht wasserlöslichen Ca-Salze zu empfehlen. In vorliegendem Falle jedoch handelt es sich, wie noch gezeigt werden wird, nicht um eine Neubildung von Gips, sondern bloß um ein Umkrystallisieren des schon vorhandenen $Ca SO_4$ in die bei saurer Lösung immer auftretende Nadelbüschelform. — Infolge der Wasserlöslichkeit der vorliegenden Krystalle liegt es im Bereich der Möglichkeit, daß das Ca nicht das einzige Kation der Substanz sei, daß es sich vielmehr um ein Calciumdoppelsalz handeln könne.

In Betracht kommen hiebei vor allem die Alkalimetalle und das Magnesium. Die üblichen mikrochemischen Reaktionen auf Kalium, Natrium und Ammonium verlaufen jedoch sämtlich negativ. Magnesium ist zwar reichlich im Gewebe vorhanden, wahrscheinlich als $MgCl_2$ (Halophyt); bei Anwendung der Methode von Richter[1] ($0\cdot1\%$ $NaHNH_4PO_4 +$ $+ 12 H_2O$ in Ammoniakatmosphäre) fallen sofort reichlich Krystalle von Magnesiumammoniumphosphat aus, bevor noch die zu untersuchenden Krystalle wesentlich gelöst erscheinen. Wäscht man die Schnitte hierauf in Alkohol aus und setzt die Magnesiumreaktion bis zur Lösung der Krystalle fort, so fällt kein Magnesiumammoniumphosphat mehr aus. Natürlich beweist der negative Ausfall der Magnesiumprobe mit der isolierten Substanz noch viel strenger, daß die Krystalle auch kein Magnesium enthalten.

Die bei den Tamaricaceae vorkommenden Krystalle sind demnach ein einfaches Calciumsalz.

## 5. Nachweis der Schwefelsäure als Anion.

Durch die Löslichkeitsverhältnisse und das Verhalten der Krystalle beim Veraschen, wie sie bereits geschildert wurden, ist es möglich, von vornherein den Kreis der in Betracht kommenden Anionen recht eng zu ziehen. Die organischen Säuren können völlig ausgeschaltet werden und wasserlösliche, einfache Calciumsalze bilden von den anorganischen Säuren nur: HCl, (HBr, HJ), $HNO_2$, $HNO_3$, $H_3PO_4$ (als primäres oder sekundäres Salz) und schließlich $H_2SO_4$ als den schon schwerer löslichen (1 : 400) Gips. — Die Möglichkeit, daß ein Doppelsalz vorliegt, wurde bereits früher ausgeschlossen.

Da die Krystalle keine Diphenylaminprobe nach Molisch liefern und auch die mikrochemischen Reaktionen für Phosphorsäure negativ verlaufen — Phosphate sind übrigens in Eisessig löslich —, so verbleiben zur näheren Untersuchung nur Schwefelsäure und Salzsäure als Anion.

---

[1] O. Richter, Untersuchungen über das Magnesium und seine Beziehungen zur Pflanze, I. Teil. Diese Sitzungsber., 1902, Bd. CXI, p. 171.

Die mikrochemischen Reaktionen für das $SO_4$-Ion sind,.
wie Molisch[1] betont, wenig charakteristisch und zum Teil
nicht eindeutig. Bei den relativ kompakten Mengen, welche
die Krystalle in den einzelnen Zellen darstellen, liefert jedoch
die Fällung von $BaSO_4$ mittels einer konzentrierten $BaCl_2$-
Lösung ganz brauchbare Ergebnisse. Trägt man die frischen,.
krystallführenden Schnitte in eine Bariumchloridlösung ein, so
setzen sich alsbald die Krystalle in eine dunkle, schwarze,.
körnig-streifige Masse um, die fast gleichmäßig die betreffenden
Zellen erfüllt. Wäscht man nun die Schnitte aus und bringt
sie in Königswasser (2 Teile konzentrierte $HCl + 1$ Teil konzentrierte $HNO_3$), so bleiben die dunklen krystallinischen
Komplexe völlig ungelöst. Es unterliegt keinem Zweifel, daß
es sich um gefälltes Bariumsulfat handelt.

Mit den isolierten Krystallen bildet sich ein feinkörniger
Niederschlag, der ebenfalls in allen Säuren ungelöst bleibt. —
Eine mit einer größeren Menge der rein dargestellten Sub-
stanz makrochemisch durchgeführte Fällung mit $BaCl_2$ ergab
einen reichlichen Niederschlag, der sich auch beim andauernden
Kochen mit Königswasser nicht löste.

Schließlich wurde mit der Substanz die in der Mineralogie gebräuchliche Heparreaktion mit stets positivem Ergebnis (Schwärzung des Silberbleches durch die befeuchtete
Sodaschmelze) durchgeführt. Die hiebei verwendeten Reagenzien, sowohl die Soda wie die Kohle, waren geprüft
schwefelfrei.

Die Krystalle sind demnach reine Gipskrystalle $CaSO_4 +$
$2 H_2O$, sowohl nach ihrem mikrochemischen Verhalten in den
Schnitten wie auch nach der makrochemischen Analyse der
isolierten Substanz. Die erschwerte Wasserlöslichkeit des
Gipses $1 : 400$ erklärt es überhaupt, wieso es möglich ist, daß
eine wasserlösliche Substanz in der lebenden Zelle aus-
krystallisieren kann. $CaCl_2$- oder $CaNO_3$-Krystalle in der
Pflanze wären schon aus diesem Grunde unmöglich, da hiezu
Salzkonzentrationen nötig wären, die auch ein Halophyt nicht
vertragen würde.

---

[1] H. Molisch, Microchemie der Pflanze, 1913, p. 61.

Es erübrigt noch zu erwähnen, daß Chloride, wie es
bei diesen Salzpflanzen nicht wundernimmt — die Fähigkeit, Chloride mittels der epidermalen Drüsen auszuscheiden,
wurde bereits eingangs festgestellt —, im Zellsaft mikrochemisch leicht nachzuweisen sind, mit den Krystallen aber
gar nichts zu tun haben.

## II. Beschreibung der Krystalle.

Bisher wurde von den Krystallformen des natürlichen
Vorkommens und wie sie sich beim Umkrystallisieren und
Fällen des Gipses ergeben, noch nichts erwähnt, um jetzt im
Zusammenhang, als Kontrolle und Bestätigung des chemi-
schen Untersuchungsergebnisses, diese Frage zu behandeln.

Der Gips kommt bei den Tamaricaceae meist in Drusen
in der Größe von 15 µ bis 35 µ vor. In ihrem Gesamthabitus
ähneln sie den bekannten Kalkoxalatdrusen, so daß eine Verwechslung bei bloßer Betrachtung leicht erklärlich erscheint.
Unter besonderen Umständen, z. B. in den englumigen Markstrahlzellen, kommen auch schön ausgebildete Einzelkrystalle vor. Diese sind dann (siehe Tafel, Fig. 1) regel-
mäßig-sechseckige oder rhombische Plättchen, manchmal auch
mit abgerundeten Ecken. Die Drusen sind, wie man durch
Aufhellen der Schnitte in Damarharz oder Kanadabalsam feststellen kann, eine Übereinanderschichtung solcher Plättchen
unter teilweiser Verschmelzung.

Ohne eine solche Behandlung erscheinen die Drusen als
eine homogene, stark lichtbrechende Masse; fast regelmäßig
enthalten sie einen dunklen Kern, wie es Tunmann[1] für
zahlreiche Oxalatkrystalle angibt. Die Natur dieser Kerne, die
am besten in Kanadabalsam hervortreten, ist zweifelhaft. Da
jedoch diese Bildungskerne zuweilen auch in Einzelkrystallen
feststellbar sind, so dürfte es sich dabei nur um zufällige
Einschlüsse organischer Natur bei der Krystallbildung handeln.

Etwas verwirrend erscheinen die Krystallformen in
ihrer großen Mannigfaltigkeit, die man durch Umkrystalli-

[1] O. Tunmann, Pflanzenmikrochemie, 1913, p. 139.

sieren aus frischen Schnitten oder bei der Fällung mit
Eisessig erhält. Bestimmend für ihre Form ist vor allem
die Reaktion der Mutterlauge (sauer, neutral etc.), die Geschwindigkeit ihres Ausfallens (Konzentrationsgefälle) und
schließlich die Größe des zum Krystallisieren zur Verfügung
stehenden Raumes (unter oder außerhalb des Deckglases, im
Tropfen oder in der ausgebreiteten freien Flüssigkeit).

Man kann am besten vier Haupttypen der so gewonnenen Krystalle unterscheiden, wobei zu betonen ist, daß
es unter Berücksichtigung der oben angeführten Faktoren jederzeit gelingt, den einen Krystallisationstypus in den anderen
überzuführen. Daß es sich also stets um dieselbe Substanz
handelt, ist dadurch völlig unzweifelhaft.

Der erste Typus ist der Nadeltypus. Aus saurer Mutterlauge fällt der Gips in feinen Nadeln, nadeligen Durch-
kreuzungen und dichten Nadelbüscheln aus. Es ist derjenige
Typus, der bei der gebräuchlichen Ca-Reaktion mit verdünnter $H_2SO_4$ auftritt. Vereinzelt finden sich auch die charakteristischen Schwalbenschwanzzwillinge, für die ein Winkel
von 104° (respektive 76°) oder 130° angegeben wird.

Der Plättchentypus entsteht bei neutraler Reaktion
(beim Umkrystallisieren mit destilliertem Wasser), wenn die
Lösung unter dem Deckglas hervortritt, die Krystallbildung
daher größtenteils außerhalb des Deckglases erfolgt. (Das
Deckglas wirkt dabei verdunstungshemmend.) Vorherrschend
sind rhombische Plättchen, häufig mit zwei gerundeten Kanten
neben langprismatischen Krystallen und linealartigen Zwillingen.[1]

Bei raschem Verdunsten des Wassers, also bei Tropfen
ohne Deckglas, bilden sich die Gipskrystalle in quadrati-

[1] Heinrich Vater (Mikroskopische Studien über die Krystallisation des
Gipses. Versuche von Otto Maschke, mitgeteilt von Heinrich Vater, Zeitschr.
f. Krystallographie etc., XXXIII. Bd., 1. Heft, 1900) wies nach, daß dieser
Typus der von Lösungsgenossen unbeeinflußte, dem Gips bei Krystallisation aus zusatzfreier Lösung zukommende ist. Zugleich stellte er auch
das Zurücktreten der Bildung von Zwillingen sowie das wechselnde Verhältnis der Achsenlängen (langprismatische — tafelförmige Krystalle) bei
diesem Grundtypus fest.

schen Formen und kugeligen Sphäriten aus und sind
so für die Substanz am wenigsten charakteristisch.

Am seltensten tritt der Hanteltypus aus wässeriger,
neutraler Lösung auf; hiebei wird der Gips in Form von
Hanteln, pilzhutförmigen Gebilden, Doppelpinseln, Kleeblatt-
formen und breiteren Spießen frei in der Mutterlauge unter
dem Deckglas zum Ausfallen gebracht. Vorbedingung hiezu
ist knappes Anliegen des Deckglases ohne Hervortreten von
Flüssigkeit unter dem Deckglasrand, so daß die Verdunstung
stark verlangsamt wird. — Dieselben vier Krystallisations-
typen können auch aus einer Lösung von käuflichem Gips
erzielt werden.

Wie die Versuche O. Maschke's [1] ergaben, lassen sich
Gipskrystalle durch Zusatz von Eosin oder Hämatoxylin zur
Mutterlauge in charakteristischer Weise färben. Die Farbstoff-
aufnahme ist hierbei »molekular«, erstreckt sich jedoch nicht
durch die gesamte Masse der Krystalle, sondern es färben
sich nur die zu $\{101\} - P\infty$ gehörigen Sektoren (= An-
wachskegeln), so daß die Krystalle infolge der Färbung die
sogenannte Sanduhrstruktur annehmen. (Anorganische Krystalle mit Sanduhrstruktur können noch aus Strontiumnitrat
hergestellt werden.) Die färbenden Substanzen sind nicht isomorph mit den Krystallen.

Dieses typische Verhalten des Gipses kann leicht dazu
benutzt werden, sich zu vergewissern, ob man Gipskrystalle
vor sich hat oder nicht. Tatsächlich gelangen die Färbungen
mit der aus der Pflanze rein dargestellten Krystallsubstanz in
vollkommen gleicher Weise wie mit käuflichem Gips. Am
besten bewährte sich eine nicht zu starke wässerige Eosinlösung, während das von Maschke ebenfalls verwendete
Hämatoxylin (Färbungen gelangen ihm auch mit Natron-
karmin und Lackmus) infolge seiner leichten Zersetzlichkeit
keine guten Resultate liefert. Mit Bismarckbraun jedoch gelingen, wie ich feststellen konnte, die Färbungen ebenso
schön wie mit Eosin, während sich Methylgrün, Methyl-
und Gentianaviolett hiezu nicht eignen. — Ein direktes

---

[1] H. Vater, l. c., p. 60—67.

Umkrystallisieren des Gipses aus den frischen Schnitten mit wässerigem Eosin oder Bismarckbraun gelingt wegen des hohen Gerbstoffgehaltes der Pflanzenteile bei den Tamaricaceae nicht, wäre jedoch in anderen Fällen eine elegante Methode des Gipsnachweises.

Herr W. Koppi, Demonstrator am mineralogisch-petrographischen Institut der hiesigen Universität, hatte die Freundlichkeit, die Krystalle auf ihr optisches und krystallographisches Verhalten hin zu untersuchen, wofür ich ihm auch an dieser Stelle bestens danken möchte. Er teilte mir folgendes mit:

»Von den vorgelegten Präparaten zeigen die durch Fällung mit Essigsäure und Umkrystallisieren in Destillat erhaltenen Krystalle im allgemeinen das für mikroskopische Gipskrystalle charakteristische Bild; Büschel dünner, spitzer Nadeln, größere Schwalbenschwanz- und Durchkreuzungszwillinge, daneben größere und dickere, rhomboidal umgrenzte Einzelkrystalle (30×30 μ. bis 30×50 μ).

Die Doppelbrechung ist niedrig, die dünneren Krystalle zeigen zwischen gekreuzten Nicols kaum merkliche Aufhellung, die dickeren ein Graublau bis Weiß erster Ordnung.

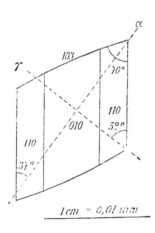

$1 cm = 0,01 mm$

An den größeren, rhomboidal umgrenzten Krystallen konnten die Kantenwinkel und Auslöschungswinkel gemessen und dadurch die Lage der Krystalle und die auftretenden Flächen bestimmt werden.

Die Krystalle liegen fast durchwegs auf der {010}-Fläche· Der Kantenwinkel an der Spitze der rhomboidalen Krystalle ist stumpfer als der der normal aus käuflichem Gips dargestellten mikroskopischen Krystalle; die Messung ergab einen mittleren Wert von 70° (Goldschmidt, Winkeltabellen: 70° 12'), entsprechend dem Winkel zwischen der Fläche {103} und der Trace der {100}. Die {103} erscheint gekrümmt (siehe Textfigur).

Die Schwingungsrichtung $\alpha$ geht durch den spitzen Winkel
der Krystalle und bildet mit der Kante der Flächen {110, 010}
einen Winkel von ungefähr 37° (berechnet 1. c. 36° 20').

Der mittlere Brechungsexponent $\beta$ stimmt mit den Angaben für Gips ($\beta = 1\cdot5247$) gut überein; er wurde durch
Einbettung in ein Benzol-Bromnaphtalin-$\alpha$-Gemisch zu $1\cdot526\dots$
bestimmt.«

## III. Vorkommen und Verbreitung der Gipskrystalle bei den Tamaricaceae.

Die Gipsausscheidungen konnten im Stamm, im Laub-
blatt, in der Blüte, in Samenanlage und Samen nachgewiesen
werden.

Im mehrjährigen Holze kommen sie — im Gegensatz zu
den Oxalatkrystallen bei vielen Holzgewächsen — nur sehr
spärlich vor. Da einjährige Sprosse in Mark und Rinde reichlich Gipskrystalle enthalten, so müssen diese bei weiterem
Wachstum infolge erhöhtem Wasserzustrom wiederum in
Lösung gehen. Überhaupt scheint das Auftreten der Gipskrystalle mehr gebunden an die stärker transpirierenden
Organe, also an das chlorophyllführende Gewebe (Blätter,
einjährige grüne Zweige) und an Blüte und Fruchtknoten.

Besonders reichlich und regelmäßig sind die Krystalle
zu finden:

1. In den Blättern. Da hiebei die Drusen in den inneren
Zellreihen des chlorophyllführenden Mesophylls, ganz eingekapselt im plasmatischen Zellinhalt, zu liegen kommen,
können sie ohne Anwendung besonderer Hilfsmittel leicht
übersehen werden. Durch Behandlung der Schnitte mit Konzentrierter Schwefelsäure, wobei die Krystalle viel langsamer als das umliegende Gewebe zerstört werden, oder
durch Veraschung der Blätter kann man eine Übersicht
über ihr reiches Vorkommen in diesen Organen gewinnen.
Die besten Resultate jedoch liefert die übliche Aufhellung
der Schnitte oder ganzer Blätter in Chloralhydrat (5:2)
(siehe Tafel, Fig. 2), wobei freilich die Gipskrystalle langsam
angegriffen werden, so daß innerhalb zweier Tage in der
Umgebung des Schnittes reichlich Gipsnadeln, vereinzelt

Schwalbenschwanzzwillinge ausfallen, während die Drusen»
selbst zerkrümmeln. Chloralhydratpräparate können daher
nicht zur dauernden Konservierung der Gipskrystalle verwendet werden.

2. In den einjährigen Zweigen, sowohl im Mark wie
in der Rinde, manchmal in den jungen Markstrahlen. Im Mark
können im Herbst die Krystalle und gespeicherte Stärke
nebeneinander in denselben getüpfelten, sklerenchymatischen
Zellen vorkommen. — Direkt gespeichert und förmlich ge-
staut sind die Gipsdrusen bei *Tamarix*-Arten in der Rinde
des Stengelfußes, wobei die Zellen, in welchen sie zu liegen
kommen, deutlich verholzt sind. Während sie bei *T. tetrandra*
(Exemplare aus Wien) nur einigermaßen sklerenchymatisch.
verdickt sind, finden sich bei anderen *Tamarix*-Arten weitaus
stärkere Sklerenchymzellen (siehe Tafel, Fig. 4), die bei
*T. laxa* u. a. schon den Habitus von Steinzellen haben.
Brunner[1] betont in seiner Untersuchung, daß diese »diffuse
Sklerose« für alle Tamariceen typisch sei, wenn sie auch bei
einzelnen Arten vor der Korkbildung nur schwach auftritt;
zugleich stellt auch er fest, daß diese Steinzellen fast immer
Krystalle enthalten.

Da die Gipskrystalle in der primären Rinde nur in diesen
verholzten Zellen und niemals im Parenchym vorkommen,
besteht hier offensichtlich ein ursächlicher Zusammenhang.
Da nichts dafür spricht, daß die Pflanze die primär entstandenen Gipsausscheidungen durch diese Verholzung später
förmlich abkapselt und aus dem weiteren Stoffwechsel in
diesen »Krystallscheiden«[2] ausschaltet, so dürfte dieser Befund wohl dahin zu deuten sein, daß die Krystallisations-
bedingungen in diesen starkwandigen, englumigen Zellen für
die bereits konzentrierten $CaSO_4$-Lösungen am günstigsten sind.

Die Krystallablagerung in Blüte, Samenanlage und Samen
wurde nur bei *Tamarix tetrandra* Pall. (Exemplare aus Prag
1916 und dem Mediterrangebiet) und bei *T. Hampeana* Boiss.
et Heltr. (Persien) untersucht. Sie sind regelmäßig, wenn auch

---

[1] C. Brunner, l. c., p. 94.
[2] E. Stahl, l. c., p. 85—86 (*Tamarix* zitiert).

manchmal spärlich nachweisbar und kommen in allen Teilen
der Blüte, in den Blumenkronblättern, in den Staubfäden längs
der Gefäßbündel, im Griffel und reichlicher in den Kelch-
blättern vor, wobei die basalen Anteile der angeführten Gebilde bevorzugt werden. — Das Vorkommen von Krystallen
in der Samenanlage und in der Samenschale bei den
meisten Arten von *Reaumuria* und *Tamarix* beschreibt schon
Brunner,[1] so daß nur nachzuweisen war, daß auch diese
Ablagerungen Gips darstellen.

Über das spezielle Vorkommen der Gipskrystalle bei den
einzelnen Arten der Tamaricaceae siehe die folgende Tabelle.
Untersucht wurden acht Arten von *Tamarix*, je drei Arten
von *Reaumuria* und *Myricaria, Hololachne soongerica,* schließlich zwei Arten von *Fouquiera,* einer Gattung, die erst in
neuerer Zeit als eigene Familie von den Tamaricaceae abgetrennt wurde (Engler[2]). Das Material hierzu stammt aus
den Herbaren des Hofmuseums in Wien und des Botanischen
Institutes der Universität Wien.

---

[1] C. Brunner, l. c., p. 150, 152, 155.

[2] Engler-Prantl, Natürliche Pflanzenfamilien, Nachtrag I, p. 251,
und Nachtrag III zu III, 6, p. 228. Vgl. auch G. V. Nash, A Revision of
the Family Fouquieraceae in Bull. Torr. Bot. Cl., XXX, 1903, p. 449—459.

Übersicht über das Vorkommen der Gipskrystalle bei den Tamaricaceae.

## 1. Tamarix.

| Name | Fundort | Krystalle im | | | | | | Anmerkung |
|---|---|---|---|---|---|---|---|---|
| | | Blatt (assimil. Endsproß) | einjährigen Zweige, und zwar | | | mehrjährigen Stamm | | |
| | | | Rinde | Mark-strahlen | Mark | | | |
| T. tetrandra Pall. | Wien (Bot. Garten) 1919, Prag 1916 | +! | + | + | — | +! | — | Stamm in Rinde und Mark nur erfüllt mit transitorischer Stärke |
| T. gallica L. | Cette (Frankreich), Bengali. — Wien (Bot. Garten) | + | + | + | + | + | — | Im Mark nebst den Krystallen in denselben Zellen transitorische Stärke |
| T. parviflora DC. | Attica 1886. — Triest 1902 | +! | + | + | — | + | Standen zur Untersuchung nicht zur Verfügung | 0 |
| T. phalerica Ndz. | Phaleron | + | + | + | — | +! | | 0 |
| T. laxa Willd. | Afghanistan | + | + | + | — | ? | | 0 |
| T. Meyeri Boiss. | Palästina 1897 | + | + | + | — | ? | | Sehr spärlich |
| T. Hampeana Boiss. | Persien | + | +! | +! | — | ? | | Blüten- und Kelchblätter krystallfrei, sonst sehr reichlich |
| T. octandra Bge. | ? | +!! | + | +!! | — | +! | | Besonders reichlich |

Zeichenerklärung: + Gipskrystalle vorhanden, — fehlen, ! Gipskrystalle reichlich, ? zweifelhaft.

## 2. Die übrigen Gattungen.

A. *Reaumuria hypericoides* Willd. Fundort: Nordpersien.

Krystalle sowohl in den Blättern wie im Stengel. — In den Blättern sehr zahlreich; formal wie die in den Blättern bei *Tamarix*-Arten. Drusen. Besonders reich um die Blattnerven gelagert, sonst eingekapselt im chlorophyllführenden Mesophyll. — In den einjährigen Zweigen ziemlich spärlich, doch als gut ausgebildete Einzelkrystalle (Sechsecke, rechteckige Stäbchen, Wetzsteine etc.); nur ausnahmsweise im Mark auch Drusen wie bei *Tamarix*.

*Reaumuria squarrosa* Jaub. et Sp. Fundort: Nordpersien.

Blattparenchym direkt vollgepfropft mit Gipskrystallen. Zentral an den Leitbündeln Sphärite, runde Platten, die üblichen Drusen wie bei *Tamarix*; mehr peripher, eckige, polygonale Einzelkrystalle. — Erstaunliche Fülle (siehe Tafel, Fig. 2). — Im Mark und Rinde der Achse nur spärliche Drusen, manchmal Einzelkrystalle. In der Frucht keine Krystalle.

*Reaumuria vermiculata* L. Fundort: Kairo-Mocatan.

Im Blatt wie bei *Reaumuria squarrosa*, nur nicht so zahlreich. Im Stamm keine Krystalle nachweisbar, jedoch starker Gipsgehalt im wässerigen Auszug der Schnitte.

B. *Hololachne soongerica* Ehrbg. Fundort: Riddersk (Sibirien).

Im Blattparenchym Gipsdrusen wie bei *Tamarix*, *Reaumuria* und *Myricaria*, jedoch nicht so constant und regelmäßig wie bei diesen. Drusen meist längs den Leitbündeln, erreichen keine besondere Größe. — Vorhanden auch im assimilierenden Endsproß. Stamm jedoch krystallfrei.

C. *Myricaria longifolia* Ehrbg. Fundort: Irkutsk.

Gipsdrusen wie bei *Tamarix*, im Blattparenchym eingelagert, jedoch ziemlich spärlich. Meist in den Blatträndern und am Blattgrund sowie längs der Gefäße. — Stamm führt in Mark und Rinde keine Krystalle, nur allgemeiner Gipsgehalt nachweisbar.

Bei dieser und den nächstfolgenden *Myricaria*-Arten ist Gips in den größeren Epidermiszellen stellenweise in Spießen und strahlig-fachrigen Krystallen ausgefallen — wohl secundär beim Vertrocknen. Dieser Umstand weist jedoch auf den hohen $CaSO_4$-Gehalt des Zellsaftes hin, der auch durch wässerige Extraktion nachweisbar ist.

*Myricaria alopecuroides* Schrenk. Fundort: Altaigebirge (Tomsk).

Im Blattparenchym fast in jeder der kubischen Zellen eine, wenn auch sehr kleine Krystalldruse oder Gipskörnchen. — Gipsdrusen in normaler Größe nur am Blattgrund längs der Gefäßbündel.

Im Stamm keine Gipskrystalle zu beobachten.

*Myricaria germanica* L.  Fundort: Wien; Norwegen.

Krystalle in den Pallisadenzellen eingekapselt, äußerst spärlich. Allgemeiner Gipsgehalt der Blätter (Epidermis!) und Stengel jedoch bedeutend. —
Es bilden sich nur keine faßbaren, nennenswerten Krystallexkrete.

D.  *Fouquiera formosa* H. B. K. und *Fouquiera splendens* Engelm.
Fundort: Mexico.

Längs der Blattnerven und in sklerenchymatischen Zellen der Rinde
reichlich wasserunlösliche Sphärite und Drusen, die sich als gewöhn-
liches Kalkoxalat erweisen (in $H_2O$ und Eisessig unlöslich; Ca-Reaktion
mit 2 $^0/_0$ $H_2SO_4$; verascht zu Kalkcarbonat).

Bei allen positiven Angaben über das Vorkommen von Gipskrystallen
wurden mit ihnen folgende Reaktionen gemacht:
1. Wasserlöslichkeit; umkrystallisiert in den Nadel-, Plättchen- oder
Hanteltypus. — 2. Unlöslichkeit in Eisessig. — 3. Verascht, nur langsam
ohne Gasblasenentwicklung in HCl löslich.

Das Vorhandensein von Gipskrystallen in größerem (*Tamarix, Reaumuria*) oder geringerem Maße (*Hololachne, Myricaria*)
ist somit bei allen untersuchten Arten der Tamaricaceae
nachweisbar, wobei zu betonen ist, daß Krystallexkrete anderer
Natur (Kalkoxalat etc.) niemals auftreten.

Die Fouquieroideae hingegen, die wegen ihrer sym-
petalen Blumenkrone, vor allem wegen ihres ölreichen Nähr-
gewebes (im Gegensatz zum stärkereichen der Tamaricaceae)·
und anderer Plazentation als eigene Familie (Fouquieraceae) abgetrennt wurden, erweisen sich auch in ihrem Chemis-
mus wesentlich verschieden, indem sie keine Gipskrystalle
wie die Tamaricaceae bilden, wohl aber das verbreitete Kalkoxalat führen, das dieser Familie wiederum völlig fehlt. Dieser
Befund ist also ein neuer Beweispunkt für die Berechtigung:
der Abtrennung der Fouquieraceae von den Tamarisken.

Auch die systematisch und ökologisch nahe verwandte·
Familie der Frankeniaceae (ebenfalls Wüstenpflanzen mit
Salzausscheidung) zeigt sich in diesem Punkte wesentlich
verschieden, indem sich bei ihren Vertretern — z. B. bei
*Frankenia hirsuta* L. — wohl Kalkoxalatdrusen, aber keine·
Gipskrystalle finden.

# IV. Physiologische Bedeutung der Gipskrystalle.

Bisher sind nur vereinzelte Fälle eines Vorkommens von Gipskrystallen in der lebenden Zelle bekannt.

So identifizierte A. Fischer[1] die bei den Desmidiaceen auftretenden Kryställchen als Gips und wies sie bei *Closterium*, *Cosmarium*, *Micrasterias*, *Euastrum*, *Pleurotaenium*, *Penium* und *Tetmemorus* nach.

Radlkofer[2] fand Gipskrystalle bei den Capparideen. Ob die kleinen Krystalle bei *Marattiaceae* und bei *Saccharum officinarum* wirklich Gips darstellen, wie Hansen[3] angibt, ist noch nachzuprüfen, da Monteverde[4] sie für Kalkoxalat erklärt.

Der vorliegende Befund der reichlichen Ablagerung von Gipskrystallen und Drusen bei der rein xerophytischen Familie der Tamaricaceae rückt es in den Bereich der Möglichkeit, daß auch bei anderen Familien Krystallexkrete, die bisher als Kalkoxalat bezeichnet wurden, sich als Gips erweisen. Eine gewisse Übereinstimmung in der Krystallform und das gleiche mikrochemische Verhalten gegen Essigsäure und Chloralhydrat erklären leicht die Verwechslung.

Es wurde bereits erwähnt, daß bei den Tamaricaceae sich die zahlreichsten Gipskrystalle in den grünen Pflanzenteilen, also in den Blättern und einjährigen Zweigen, vorfinden. Diese werden nun im Herbste (Oktober—November) fast restlos abgeworfen und der Gips geht, wie ich mich überzeugen konnte, in wenigen Tagen aus den abgestorbenen, der Bodenfeuchtigkeit und Witterung ausgesetzten Pflanzenteilen vollkommen in Lösung. Der Boden, in dem die Pflanze steht, wird dadurch neuerdings mit $CaSO_4$ angereichert; man

---

[1] A. Fischer, Über das Vorkommen von Gipskrystallen bei den Desmidiaceen. Jahrb. f. wiss. Bot., 1884, Bd. 14, p. 133.

[2] Vgl. H. Solereder, Systematische Anatomie der Dikotyledonen, 1899, p. 82.

[3] A. Hansen, Über Sphärokrystalle. Arb. d. Würzburger Inst., 1884, Bd. III, p. 109, 117—118.

[4] Monteverde, Über Krystallablagerungen bei Marattiaceen. Ref. Bot. Zbl., 1887, Bd. XXIX, p. 358.

könnte also von einem teilweisen Kreislauf des Gipses in diesem Falle sprechen.

Sicherlich kann man die Gipskrystalle als ein Krystall-exkret im Sinne von Stahl[1] bezeichnen. Andere Krystall-exkrete, also Kalkoxalat oder Kalkcarbonat, sind bei den Tamaricaceen nicht vorhanden. Zur Erklärung ihres Entstehens läßt sich wohl nur folgendes anführen: Wie schon erwähnt, sind alle Arten der Tamaricaceae Xerophyten, Charakterpflanzen des Mediterran-gebietes, der zentralasiatischen und afrikanischen Steppen und Wüsten. Das spärliche Wasser, das ihnen jeweilig zu Gebote steht, enthält reichliche Mengen anorganischer Calcium- und Magnesiumverbindungen infolge der Bodenbeschaffenheit ge-löst und die Wurzeln müssen sich wohl daran gewöhnen, solche relativ konzentrierte Salzlösungen aufnehmen zu können. Beim Durchpumpen derselben durch die Pflanze wird nur ein geringer Teil der Sulfate zum weiteren Aufbau ver-wertet. Der Überschuß wandert an die peripheren Pflanzen-teile — Blätter- und Endsprosse — und gelangt dort, infolge der am frühesten erreichten Übersättigung (1 : 400), als Gips-krystalle und Drusen zur Ausfällung, während die wasser-löslicheren Salze (Chloride, Carbonate, $MgSO_4$) durch die epidermalen Drüsen, die sicherlich als umgewandelte Hyda-toden aufzufassen sind,[2] in Form von Salzkrusten abgeschieden werden.

Bei den in unseren Breiten in normal zusammengesetztem Boden kultivierten Tamaricaceae kommt es im allgemeinen (Ausnahmen: die schon eingangs erwähnte Beobachtung von Molisch) nicht mehr zur Ausbildung von Salzkrusten; die Exkretion von Gipskrystallen erscheint jedoch quantitativ und qualitativ völlig gleich wie bei den Arten der Wüste. $CaSO_4$ steht — im Gegensatz zu den Chloriden — den Pflanzen auch hier zur Verfügung und die Wurzel behält die Fähig-keit gesteigerter Salzaufnahme, einmal erworben, bei, so daß auch die bei uns kultivierten oder heimischen (*Myricaria*

---

[1] E. Stahl, Zur Physiologie und Biologie der Exkrete, Flora, 13. Bd., 1919, p. 1 u. ff.

[2] Vgl. G. Haberlandt, Physiolog. Pflanzenanatomie, 4. Aufl., p. 454.

*germanica* L.) Tamaricaceae ihren Sulfatüberschuß als Gips-
ablagern und ihn jeden Herbst mit dem Laubfall größtenteils abstoßen.

## V. Zusammenfassung.

1. Die bei den Tamaricaceae vorkommenden Krystalle
bestehen nicht, wie man bisher angenommen hat, aus Kalkoxalat, sondern aus Gips.

2. Ihre Gipsnatur wurde mikro-, makrochemisch und
krystallographisch erwiesen.

3. Das Vorkommen der Krystalle innerhalb der Familie
der Tamaricaceae erstreckt sich in stärkerem oder geringerem
Maße auf sämtliche untersuchte Arten ihrer vier Gattungen:
*Tamarix, Reaumuria, Myricaria, Hololachne.*

4. Die Arten von *Fouquiera* (jetzt Fouquieraceae) enthalten keine Gips-, wohl aber Kalkoxalatkrystalle. Es ist dies
ein neuer Beweis für die Berechtigung der erfolgten Abtrennung von *Fouquiera* als eigene Familie. Auch die nahe verwandten Frankeniaceae führen bloß Kalkoxalat.

5. Die Lokalisation der Gipskrystalle in der einzelnen Pflanze ist folgende: Im Mesophyll, besonders längs
den Blattnerven, entlang der Leitbündel in Mark und Rinde,
dort häufig in sklerenchymatischen Zellen. Unter Umständen
sind Pflanzenteile, z. B. das Mesophyll (*Reaumuria*) oder der
Stengelfuß einjähriger Zweige (*Tamarix*) dicht angefüllt mit
Gipskrystallen.

Am Schlusse meiner Arbeit ist es mir ein Bedürfnis,
Hofrat Prof. Dr. Hans Molisch und Herrn Assistenten
Dr. Gustav Klein für ihre vielfachen Anregungen und ihre
Unterstützung meinen besten Dank ausdrücken zu dürfen.

## Erklärung der Tafel.

Fig. 1 *a*. Formen der bei den Tamaricaceae vorkommenden Einzelkrystalle und Drusen von Gips Ca SO$_4$ + 2 H$_2$O. Vergr. 285.

Fig. 1 *b*. Mit Eosin und Bismarckbraun künstlich gefärbte Gipskrystalle (Sanduhrstruktur). Gefärbte Anwachskegel (*a*). Vergr. 285.

Fig. 2. Blattquerschnitt von *Reaumuria squarrosa* Janb. et Sp. Vertieft gelagerte Epidermisdrüsen (*dr*). Besonders reiches Vorkommen von Gipskrystallen (*g*) im Mesophyll. Speichertracheiden (*sp*) (Vesque). Vergr. 60.

Fig. 3. Querschnitt durch einen Endsproß von *Tamarix tetrandra* Pall. Assimilationsgewebe (*as*) noch vorhanden. Zahlreiche Gipskrystalle (*g*) außerhalb des Sklerenchymringes (*sk*). Vergr. 140.

Fig. 4. Querschnitt durch die Rinde von *Tamarix phalerica* Ndz. Verstreute Sklerenchymzellen (*sk*), teilweise Gipsdrusen (*g*) enthaltend. Vergr. 140.

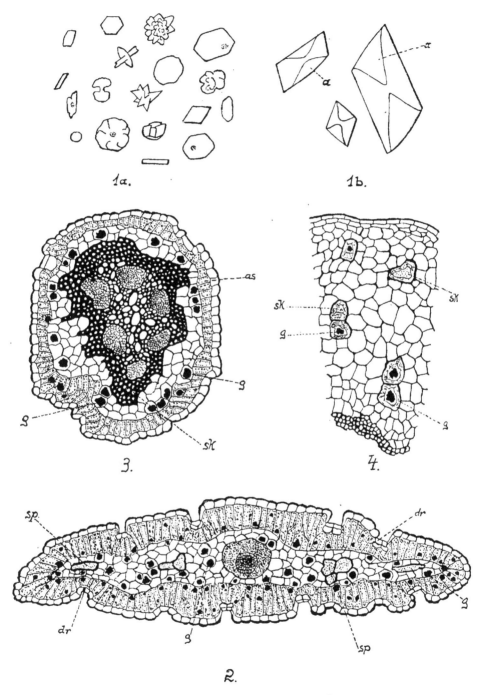

# Fragmente zur Mykologie

(XXIV. Mitteilung Nr. 1189 bis 1214).

Von

## Prof. Dr. Franz Höhnel

k. M. Akad.

(Vorgelegt in der Sitzung am 11. März 1920)

### 1189. Über Celtidia duplicispora Janse.

Der Pilz wurde 1897 in Ann. Jard. bot. Buitenzorg,
XIV. Bd., p. 202, Taf. XII, Fig. 1 bis 8, beschrieben und
abgebildet. Nach Janse soll derselbe eine nur bis 290 μ
große, in kleinen, eiförmig angeschwollenen, traubig gehäuften
Wurzeln einzeln eingewachsene, schmarotzende Tuberacee
sein. Derselbe entwickelt sich aus freien, dunkel gefärbten,
5 μ dicken Hyphen, die um die eiförmigen Wurzeln herum
einen Filz bilden. Diese Hyphen sollen Schnallen aufweisen.
Da nun unter den Ascomyceten die Tuberaceen bekanntlich
durch das Vorhandensein von Schnallen an den Hyphen ausgezeichnet sind, glaubt Janse den Pilz, für den er keinen
anderen Platz im System ausfindig machen konnte, zu den
Tuberaceen stellen zu müssen. Allein es ist mir sehr fraglich, ob seine Angabe betreffend die Schnallen richtig ist.
Möglicherweise waren die von ihm gesehenen Gebilde keine
echten Schnallen oder die Hyphen mit den Schnallen gehörten gar nicht zum Pilze, sondern zu irgendeinem Basidio-
myceten. Jedenfalls ist es auffallend, daß Janse keine solche
Schnalle abbildet.

Der rundliche Pilz ist angeblich bleibend drei Zellagen
tief eingewachsen. Die etwa 140 bis 150 μ langen, 70 bis

80 μ breiten Schläuche sind angeblich, unregelmäßig angeordnet, oben breit abgerundet, unten kurz zugespitzt, eiförmig und sehr zartwandig. Sie enthalten, wenn gut entwickelt, 8 Sporen und liegen in einem dichten Filz von
hyalinen, nur 0·7 μ breiten Hyphen mit verhältnismäßig derber
Membran. Die Fruchtkörper zeigen außen eine dünne, gleichmäßig dicke, parenchymatische Rindenschichte, die nur aus
wenigen Lagen gefärbter Zellen besteht. Die Sporen sind
zweizellig, dunkelbraun, etwa 35 ≍ 20 μ groß, ringsum fein
spitzstachelig und bestehen aus zwei fast kugeligen Zellen.
Der Pilz zeigt keinerlei Mündungsöffnung.

Janse stellt den Pilz schließlich zu den Elaphomyceta-
ceen.

Es ist aber klar, daß derselbe nur als Perisporiacee aufgefaßt werden kann. Unter diesen ist er offenbar ganz nahe
mit *Zopfia* Rabenhorst 1874 verwandt, ja es ist mir fraglich, ob *Celtidia* von *Zopfia* genügend gattungsverschieden ist.

*Zopfia* ist nach meiner Angabe in Ann. myc., 1917,
XV. Bd., p. 362, eine Cephalothecacee, mit einer aus Tafeln
zusammengesetzten Perithecienmembran. Aus Janse's Angaben ist etwas Näheres über den Bau dieser nicht zu entnehmen, jedenfalls hat er den Tafelaufbau derselben übersehen, wie dies ja bisher bei den meisten Cephalothecaceen
der Fall war. Im übrigen stimmen *Celtidea* und *Zopfia* selbst
in bezeichnenden Einzelheiten soweit überein, daß nicht daran
zu zweifeln ist, daß sich diese zwei Gattungen im Baue ganz
nahe stehen. Der einzige wesentliche Unterschied, der in
Betracht käme, ist der, daß *Zopfia* ganz oberflächlich stehende
Perithecien haben soll, während diese bei *Celtidea* bleibend
eingewachsen sind. Allein auch *Zopfia* hat Perithecien, die
aus einem eingewachsenen, aus braunen Hyphen bestehenden,
wenig entwickelten Hypostroma hervorgehen und sehr frühzeitig vorbrechen, so daß sie schließlich ganz oberflächlich
erscheinen, was aber eigentlich nicht der Fall ist. Auch kann
es fraglich sein, ob Janse's Angabe hierüber allgemein gültig
ist, denn er hat anscheinend nur wenig Untersuchungsmaterial
vor sich gehabt. Nach Arnaud's Angaben und Bildern in
Bull. mycol. France, 1913, XXIX. Bd., p. 253, ist auch *Richonia*

Boudier von *Zopfia* nicht zu trennen. Derselbe will *Zopfia* in die eigene Familie der Zopfiaceen stellen, die hauptsächlich durch den Tafelaufbau der Perithecienmembran, den er auch bemerkt hat, ausgezeichnet ist. Er hat nicht gewußt, daß es eine ganze Anzahl von Gattungen gibt mit aus Tafeln zusammengesetzter Perithecienmembran, wie ich in Ann. myc., 1917, XV. Bd., p. 360, wo ich die Familie der Cephalothecaceen für dieselben aufgestellt habe, auseinandersetzte. Die Cephalothecaceen scheinen mir eine wichtige Familie zu sein. In derselben sind nach dem Baue des Nucleus' zweierlei Elemente vorhanden; einige Gattungen, wie *Cephalotheca*, haben einen Plectascineennucleus, andere, wie *Zopfia, Eosphaeria*, einen Sphaeriaceennucleus. Die einen scheinen Verbindungsglieder zwischen den Gymnoasceen und Aspergillaceen zu sein, die anderen die Anfangsglieder einer Reihe, die zu den Perisporiaceen und durch diese zu den Sphaeriaceen führen. Letztere hätten demnach mindestens zwei Wurzeln, aus denen sie sich entwickelt haben. Die eine Wurzel läge in einem Teile der Cephalothecaceen, die andere in den Myriangiaceen, aus denen sich die Pseudosphaeriaceen entwickelt haben, die durch dothideale Formen einerseits in die Dothideaceen, andrerseits in die Sphaeriaceen allmählich übergehen. Danach müßten die Cephalothecaceen geteilt werden, je nach dem Bau ihres Nucleus, was noch zu studieren ist.

Ich halte es wohl für möglich, daß so wie *Eosphaeria* v. H. gewiß mit *Bizzozeria* Berl. et Sacc. (siehe Ann. myc., 1918, XVI. Bd., p. 74) zusammenhängt, auch *Zopfia* mit *Caryospora* stammesgeschichtlich verbunden ist.

Indessen sind dies alles nur Vermutungen, die erst dann eine greifbarere Gestalt annehmen werden, wenn die Gattungen, die heute bei den Aspergillaceen und Perisporiales stehen, genauer bekannt sein werden.

Nach dem oben Gesagten muß die Gattung *Celtidia* bis auf weiteres als *Zopfia* mindestens sehr nahestehend betrachtet werden, vorbehaltlich der Untersuchung des Urstückes der *Celtidia duplicispora* Janse.

**1190. Asterina Loranthacearum** Rehm v. **javensis** v. H.

Nach Theissen, Die Gattung Asterina, Wien 1913, p. 79,
ist *Asterina Loranthacearum* Rehm (Ann. myc., 1907, V. Bd.,
p. 522) gleich *Asterina sphaerelloides* Speg. Ich vermute
jedoch, daß die beiden Arten doch voneinander verschieden
sind, schon der verschiedenen Nährpflanzen wegen.

Ein von mir 1908 bei Tjibodas auf Java auf der Blattoberseite einer Loranthacee (*Loranthus?*) gefundener Pilz
weicht nur wenig von Rehm's Pilz nach seiner Beschreibung
ab. Ich betrachte ihn als Varietät desselben.

Er bildet auf den abgestorbenen braunen Blättern nur
blattunterseits undeutliche Flecke. Das Subiculum ist gut entwickelt und besteht aus dunkelbraunen, derbwandigen, abwechselnd reichlich verzweigten und oft Netzmaschen bildenden, ziemlich geraden, aber wellig, stellenweise fast zickzack-
artig verlaufenden Hyphen, mit zahlreichen, meist einzelligen
und wechselständigen, 6 bis 8 μ langen, 4 bis 6 μ breiten,
sehr verschieden gestalteten Hyphopodien. Sie sind meist
mehr minder zylindrisch, stumpf oder spitzlich, länglich, oft
fast kopfig gestielt oder unregelmäßig, fast gelappt. Seltener
sind sie breit und flach zweilappig. Die runden Thyriothecien
sind durchscheinend dunkelbraun, 120 bis 150 μ groß, am
Rande schwach kleingekerbt, seltener undeutlich wimperig,
strahlig gebaut, mit vielen schmal dreieckigen spitzen Lappen,
die schließlich ganz aufgerichtet und zurückgebogen werden,
aufreißend. Das Schildchen besteht aus etwas welligen, 2 bis
3 μ breiten Hyphen, die aus 4 bis 6 μ langen Zellen bestehen.
Die Randzellen sind öfter gelappt. Paraphysen fehlen. Basal-
schichte fehlend. Die eikugeligen, 28 bis 40 ≈ 32 μ großen
Schläuche färben sich mit Jod blaßblau und sind in viel
Schleim eingebettet. Die Sporen sind glatt, dünnwandig, durchscheinend braun und 20 ≈ 9 bis 10 μ groß. Die zwei Zellen
derselben sind fast kugelig und gleich groß. Die *Astero-
stomella*-Pyknothyrien sind kleiner als die Schlauchfrüchte
und enthalten längliche, unten meist spitzliche, 14 bis 20 ≈
9 bis 10 μ große Conidien, mit schmalem hellem Quer-
gürtel.

Verwandte Arten sind anscheinend auch *Asterina con-fertissima* Syd. und *A. Crotonis* Syd. (Ann. myc., 1916, XIV. Bd., p. 90) auf anderen Nährpflanzen.

### 1191. Asterina subglobulifera v. H. n. sp.

Mycelflecke blattoberseits, gleichmäßig zart, deutlich schwarz feinnetzig, rundlich oder unregelmäßig, 2 *mm* bis über 2 *cm* breit, oft verschmelzend, Hyphen steif gerade verlaufend, schwarzbraun, sehr derbwandig, gegen- und wechselständig verzweigt, netzig verbunden, 6 bis 8 μ dick, undeutlich septiert, ungleichmäßig dick, oft fast torulös, stellenweise knotig bis 10 μ dick; spärlich 16 μ breite, deutliche Knotenzellen, ohne Hyphopodien. Thyriothecien schwarz, opak, meist elliptisch, bis 500 μ lang, 300 μ breit, oft mit scharfem Längskiel, meist mit einem Längsspalt aufreißend, in der Mitte opak, am Rande aus parallelen, 6 bis 8 μ breiten, derbhäutigen Hyphen bestehend, meist lang und dicht gewimpert. Paraphysen fehlen. Schläuche eiförmig bis kugelig, 68 bis 74 ≅ 52 bis 54 μ, mit Jod sich nicht färbend, auf einem Filz von hyalinen, zarten, mit deutlichen Schnallen versehenen Hyphen sitzend. Sporen glatt, schmutzig durchscheinend-braun, eilänglich, zweizellig, an der Querwand wenig eingeschnürt, obere Zelle mehr rundlich und etwas breiter als die untere, 40 bis 44 ≅ 18 bis 20 μ.

Auf einem Palmenblatt bei Tjibodas, Java, 1908 von mir gesammelt.

Bildet mit den auch auf Palmenblättern wachsenden *Asterina globulifera* (Pat.) Th. (Die Gattung *Asterina*, Wien, 1913, p. 56) und *Asterina Bakeri* Syd. (Ann. myc., 1916, XIV. Bd., p. 367) eine natürliche Gruppe und stellt einen Übergang zu *Echidnodella* Th. et S. (Ann. myc., 1918, XVI. Bd., p. 422) dar. Knotenzellen sind nur stellenweise deutlich, wie sie auch bei *A. Bakeri* nach der Beschreibung offenbar nicht auffallend sind, im Gegensatze zu *A. globulifera*, wie mir das Urstück in Roumeg., F. sel. ex., Nr. 5969, zeigte, wo sie sehr deutlich sind. Letztere Art hat auch Schnallenbildungen an den hyalinen Hyphen zwischen und unter den Schläuchen, eine bemerkenswerte Tatsache, die bei den Microthyriaceen weiter verfolgt werden sollte. Der Vergleich der *A. globulifera* mit der *A. subglobulifera* läßt ohne weiteres die nahe Verwandtschaft der beiden Arten miteinander erkennen, doch ist die letztere Art viel derber und kräftiger.

## 1192. Asterinella tjibodensis v. H. n. sp.

Räschen blattunterseits, 5 bis 15 *mm* breit, rundlich, oft randständig und verschmelzend, dann größere Blattflächen bedeckend, anfänglich dünn, schwärzlichgrau, später dichter, schwarz, am Rand nicht radiär gebaut, ziemlich gut begrenzt. Hyphen dunkelbraun, derbhäutig, undeutlich gegliedert, abwechselnd unregelmäßig ziemlich bis sehr dicht netzig verzweigt, meist kleinwellig-zackig verlaufend, oft eckig-torulös, 4 bis 6 μ breit, ohne Hyphopodien. Thyriothecien rundlich, mattschwarz, oben flach gewölbt, ohne Papille, 200 bis 300 μ breit, in der Mitte opak, gleichmäßig lockerer oder dichter herdenweise auf dem Mycel verteilt. Schildchen in der Mitte opak, gegen den Rand dunkelbraun-durchscheinend, aus 3 bis 4 μ breiten Hyphen bestehend, am Rande kurz unregelmäßig gewimpert, schließlich drei- bis vierlappig, unregelmäßig aufreißend; Lappen aufgerichtet. Paraphysen fehlend. Schläuche eikugelig, derbwandig, mit Jod sich vereinzelt färbend. Sporen zu acht, lang derbwandig, hyalin und glattbleibend, reif dunkelbraun, ziemlich feinwarzig rauh, an der Querwand mäßig eingeschnürt, an den Enden breit abgerundet, meist 32 μ lang, obere Zelle 16 bis 18 μ breit und wenig länger als die untere, letztere 12 bis 13 μ breit.

An lederigen, kahlen, elliptischen, spitzen, 5 bis 6 *cm* langen, 2 ½ bis 3 *cm* breiten, entfernt stumpfgesägten Blättern eines Holzgewächses mit 0·5 *cm* langen Stielen, Tjibodas, Java, 1908 von mir gesammelt.

Die Schlauchfrüchte sind genau so wie bei *Dimerosporium* Fuck. gebaut, von welchem sich der Pilz nur durch den Mangel der Hyphopodien unterscheidet. Daher hat die Gattung *Asterinella* Th. in ihrer heutigen Begrenzung nur einen sehr geringen Wert.

Von den rauhsporigen *Asterinella*-Arten: *A. diaphana* ‹(Syd.) Th.; *?Uleana* (Patzsch.) Th.; *multilobata* (W.) Th.; *Stuhlmanni* (P. H.) Th.; *Anamirtae* Syd. und *Dipterocarpi* Syd. (siehe Broteria, 1912, X. Bd., p. 101, Ann. myc., 1914, p. 558) ist die beschriebene Art sicher verschieden.

### 1193. Limacinia graminella v. H. n. sp.

Subiculum ausgebreitet, dünnhäutig, schwärzlichgrau, aus nach allen Richtungen sich kreuzenden, blassen bis graubraunen, zarthäutigen, 3 bis 5 μ breiten, gegliederten Hyphen bestehend. Perithecien schwärzlich, abgeflacht kugelig, später oben nabelig einsinkend, bis 120 bis 140 μ groß, reif mit deutlichem Ostiolum, einzelnstehend oder in Gruppen oder kurzen Längsreihen, öfter zu zwei bis drei verwachsen, wie das Subiculum ohne Borsten, oben mit einigen Reihen von niederliegenden, angepreßten, septierten, bräunlichen, ziemlich steifen, öfter zu wenigen verklebten, 80 bis 100 μ langen, unten 4 bis 6 μ breiten Haaren besetzt. Paraphysen fehlend. Schläuche zahlreich, zarthäutig, eiförmig bis kurzkeulig, sitzend, 28 bis 35 ≳ 13 bis 16 μ groß, achtsporig. Sporen mehrreihig stehend, hyalin, mit drei Querwänden, an diesen nicht eingeschnürt, zarthäutig, länglich-zylindrisch, an den Enden verschmälert abgerundet, 15 bis 18 ≳ 4·5 bis 5 μ groß.

Auf der Oberseite der Blätter von *Phragmites* sp. im botanischen Garten von Buitenzorg, Java, 1907, Fr. Höhnel.

Bezeichnend für die Art sind die in mehreren Reihen angeordneten, zum Teil büschelig verwachsenen, niederliegenden, strahlig abstehenden Haare, die zum Teil in das Subiculum übergehen. Echte Borsten fehlen.

### 1194. Über Botryosphaeria inflata Cooke et Massee und Physalospora xanthocephala Butler et Sydow.

Ein von mir auf einer Rinde in Buitenzorg in Java 1907 gefundener Pilz könnte die *Botryosphaeria inflata* C. et M. sein. *Melanops inflata* (C. et M.) wäre in diesem Falle eine echte Art der Gattung. Das eingewachsene Stroma ist meist nur wenig entwickelt und enthält nur wenige Lokuli. Das Stroma-

gewebe besteht aus violettkohligen, dünnwandigen, offenen,.
10 bis 20 µ großen Zellen. Die Lokuli ragen stark vor und
zeigen dementsprechend oben einen bis 200 µ langen, oben
stumpfen, unten etwa 120 µ dicken Schnabel. Sie treten auch
peritheciumartig vereinzelt auf. Dann sehen sie phiolenartig
aus, sind 500 µ hoch, unten stromatisch 190 µ dick gestielt,
in der Mitte bauchig und 250 µ breit, mit 50 bis 60 µ dicker
parenchymatischer Wandung und aufrecht ellipsoidischem
Schlauchraum, oben bis 200 µ lang geschnäbelt. Der Schnabel
ist innen mit einem hyalinen Parenchym ausgefüllt. Die dick-
keuligen, dickwandigen, sitzenden Schläuche sind 90 bis 100 ≶
26 µ groß und färben sich mit Jod nicht. Die acht hyalinen,
ziemlich derbhäutigen Sporen liegen in zwei bis drei Reihen,
haben einen gleichmäßig grobkörnigen Inhalt, sind 32 bis 36 ≶
10 bis 14 µ groß, spindelig-elliptisch, mit meist abgerundeten
bis stumpfen Enden und in der Mitte etwas bauchig.

Indessen scheint es mir am wahrscheinlichsten, daß
*Botryosphaeria inflata* C. et M. derselbe Pilz ist, der in Ann.
myc., 1911, IX. Bd., p. 408, als *Physalospora xanthocephala*
Syd. et Butl. beschrieben und in Ann. myc., 1916, XIV. Bd.,
p. 326, *Botryosphaeria xanthocephala* (S. et B.) Theiss. genannt wurde. Ich vermute, daß Cooke und Massee die
gelben Schnäbel der Stromakörper für *Nectriella*-Perithecien
hielten, die sie als *Nectriella gigaspora* beschrieben infolge
ungenügender Untersuchung.

Ich fand die *Melanops xanthocephala* (B. et S.) Weese
auf am Boden liegender Rinde (von *Albizzia?*) in Buitenzorg,
Java, 1907, in einer durch etwas längere Schnäbel wenig
abweichenden Form.

Da der Pilz bisher nur ungenügend bekannt und sehr
eigentümlich gebaut ist, beschreibe ich ihn im folgenden näher.

Derselbe tritt bei meiner Form stromatisch auf, wenn
auch das Stromagewebe nicht ganz zusammenhängend entwickelt ist. Häufig sind mehrere Schlauchfrüchte fest verwachsen, stets aber finden sich zwischen denselben zahlreiche schwarzviolette, 4 bis 6 µ breite, schwammig ver-
flochtene Hyphen, während im Rindengewebe darunter reichlich 7 bis 16 µ breite Hyphen auftreten, die Streifen und.

Inseln bilden und kurzgliedrig sind, mit ei- bis kugelförmig angeschwollenen Gliedern. Das Ganze muß als lockeres Stroma angesehen werden. Die Schlauchfrüchte sind dothideal gebaut. Die Dothithecien sind gleichmäßig derbwandig und aus offenen, meist wenig abgeflachten violettkohligen Zellen aufgebaut. Ohne Schnabel sind sie, wenn regelmäßig ausgebildet, wenig ausgebaucht-abgestutzt kegelförmig, 160 bis 180 $\mu$ breit und bis 220 $\mu$ hoch. Die obere Fläche, auf der der Schnabel sitzt, ist etwa 100 $\mu$ breit. Der kohlige Teil der Wandung reicht nur bis zu dieser Fläche und ist hier scharf abgeschnitten. In der Mitte bleibt hier eine 40 $\mu$ breite Kreisfläche leer, von einem 12 $\mu$ breiten, scharfrandigen, ringförmigen Vorsprung der kohligen Membran begrenzt.

Das unter dieser 40 $\mu$ breiten so entstehenden Öffnung Nucleargewebe ist dicht, dickwandig-kleinzellig parenchymatisch und enthält die nicht sehr zahlreichen Schläuche, die samt den Sporen denen einer *Melanops* gleichen. Das Gewebe des bis 150 $\mu$ langen und 80 bis 100 $\mu$ dicken Schnabels ist fleischig und innen hyalin, außen mehr minder gelb und scharf von dem kohligen Gewebe der Dothithecien abgegrenzt. Der Schnabel hat einen kreisrunden Querschnitt. Die Wandung ist zweischichtig und besteht ganz aus stark zusammengepreßten Zellen; die innere hyaline Schichte ist 12 bis 16 $\mu$, die äußere gelbe (außen öfter wenig schmutzigbräunlich) ist 12 bis 20 $\mu$ dick. Merkwürdig ist nun, daß der 40 $\mu$ weite Kanal von der Basisfläche des Schnabels an bis fast zu dessen Ende mit einer bis 100 $\mu$ hohen Säule von meist unten konkaven, strukturlosen, gelblichen, kreisförmigen, 30 bis 40 $\mu$ breiten, 2 bis 2·5 $\mu$ dicken, blättchenartigen Zellen ausgefüllt ist, die, wie es scheint, einen glänzenden homogenen Inhalt haben. An Achsenschnitten ähneln diese flachen dünnen Zellen manchmal Periphysen, indessen Flächenschnitte zeigen, daß es strukturlose, flache, übereinanderliegende Zellen sind. Diese Zellschichte endigt oben mit einigen größeren, rundlichen, offenen Zellen.

Man sieht, daß dieser Pilz einen Schnabel hat mit blassem oder gelbem fleischigen Gewebe, so wie eine Hypocreacee, während der Schlauchteil ein kohliges Dothithecium ist.

Jedenfalls ist derselbe keine normale *Melanops* und muß
wohl in eine eigene Gattung gestellt werden, die ich *Creomelanops* nenne und sich von *Melanops* durch den blassen
oder lebhaft gefärbten Schnabel mit dem geschilderten Bau
unterscheidet.

Grundart: *Creomelanops xanthocephala* (B. et S.) v. H.

Müßte eigentlich zu den Hypocreaceen gestellt werden, bei
denen ja auch dothideale Gattungen vorhanden sein müssen.

**1195. Über die Gattung Corallomyces Berk. et Curtis.**

Die Grundart dieser Gattung ist *Corallomyces elegans*
B. et C. (Journ. Acad. nat. hist. scienc. Philadelphia, 1854,
II. Bd., p. 259 [n. g.]). Nach der Beschreibung dieser, anscheinend nicht wiedergefundenen Art werden unter *Corallomyces* heute im allgemeinen solche *Nectria*-Arten verstanden,
deren Stroma aufrecht, einfach zylindrisch oder mehr minder
verzweigt ist, mit darauf sitzenden Perithecien und hyalinen
Sporen.

Allein nach den Angaben von P. Hennings (Hedwigia,
1904, 43. Bd., p. 245) ist wohl als sicher anzunehmen, daß die
Grundart *C. elegans* im reifen Zustande gefärbte Sporen besitzt.

Daher stellte Hennings a. a. O. für die mit hyalinen
Sporen versehene *Corallomyces Heinsensii* P. H. (Engler's
bot. Jahrb. f. Syst., 1897, 23. Bd., p. 538) die neue Gattung
*Corallomycetella* 1904 auf. Allein die bisher zu *Corallomyces*
gestellten 12 Arten unterscheiden sich nicht bloß durch die
Färbung der Sporen voneinander, sondern auch durch den
Bau der Nebenfruchtform, die an den Zweigenden der Stromen
auftritt, und die Standorte. Mit Rücksicht auf die Sporenfarbe
und die Art der Nebenfruchtformen lassen sich die bisherigen,
sicheren oder wahrscheinlichen *Corallomyces*-Arten wie folgt
einteilen:

1. Conidienfrucht: *Corallodendron* Junghuhn 1838.

   *A.* Sporen braun (soweit bekannt). Auf Stämmen und
      Rinden.

     *C. elegans* Berk. et Curt. 1854.

     *C. elegans* B. et C. var. *Camerunensis* P. Henn. 1897.

*C. novo-pommeranus* P. Henn. 1898 (unreif).

*C. Caricae* P. Henn. 1904 (Conid. Fr. unbekannt).

*C. mauritiicola* P. Henn. 1904.

*B.* Sporen hyalin. Auf Rinde.

*C Heinsensii* P. Henn. 1897 (*Corallomycetella* P. H. 1904).

II. Conidienfrucht *Thysanopyxis* (?)-artig.

*C. berolinensis* P. Henn. 1898. Unreif, auf Holz.

III. Conidienfrucht: *Hypocreodendron* P. Henn. 1897. Auf Stämmen.

*C. sanguineum* (P. H.) v. H. Fragm. Nr. 605. Perithecien unreif.

IV. Conidienfrucht: *Microcera* Desm. 1848 (Patelloideae-patellatae).

*A.* Sporen gefärbt.

*C. Jatrophae* A. Möller 1901. Auf Stämmen und Wurzeln.

*B.* Sporen hyalin. Auf Schildläusen (Coccus) parasitisch.

*C. aurantiicola* (Berk. et Br.) v. H. (Nectria B. et Br. 1873) Fragm. Nr. 729.

*C. laeticolor* (Berk. et C.) v. H. (Nectria B. et Curt. 1868), siehe Fragm. Nr. 743.

*C. brachysporus* Penzig et Sacc. 1901.

Hierher gehören auch *Sphaerostilbe coccophila* (Desm.) Tul., *Nectria coccorum* Speg. und vielleicht auch *Nectria coccogena* Speg.

Aus dieser Übersicht würde hervorgehen, daß die Gattung *Corallomyces* in fünf verschiedene, kleinere Gattungen zerlegt werden könnte. Es fragt sich jedoch, ob dies zweckmäßig ist und ob es nicht besser wäre, nur die beiden Gattungen *Corallomyces* und *Corallomycetella* anzunehmen. Da bei der Gattung *Nectria* sowohl die Stromaform als auch die Nebenfrüchte

sehr verschieden beschaffen sind, müßte diese Gattung in
eine Reihe von kleineren Gattungen zerlegt werden, was um
so weniger durchgeführt werden kann, als bei den meisten
*Nectria*-Arten die Stromaausbildung eine sehr wechselnde ist
und keine Nebenfrüchte bekannt sind. Daher wird es am
richtigsten sein, auch die beiden Gattungen *Corallomyces* und
*Corallomycetella* aufzulassen und ihre Arten bei *Letendraea*
Sacc. 1880 (= *Phaeonectria* Sacc. 1895—1913 = *Macbridella* Seaver 1909) und *Nectria* unterzubringen. Die hierbei
maßgebenden Gesichtspunkte wurden von J. Weese in Zentralbl.
Bakteriol., II. Abt., 1914, 42. Bd., 587, Ztschr. f. Gärungsphys.,
1914, IV. Bd., p. 230, und Sitzber. Akad. Wiss. Wien, math.-
nat. Kl., I. Abt., 125. Bd., p. 48, ausführlich und überzeugend
erörtert.

**1196. Über Herpotrichia Schiedermayeriana Fuckel.**

Von dem in Fuckel, Symb. myc., II. Ntr., 1873, p. 27,
beschriebenen Pilze heißt es, daß die Perithecien eiförmig
oder stumpfkegelig, 1 *mm* breit und 1¹/₂ *mm* hoch sind. Im
oberen Teile sollen sie fast kahl sein. Die spindelförmigen
Sporen sollen ein bis drei Querwände haben und in der Mitte
stark eingeschnürt sein sowie an den Enden kleine, kugelige,
abfällige Anhängsel haben.

Der Pilz wurde bisher, soweit mir bekannt, nur zweimal,
in Oberösterreich und in Venetien gefunden (siehe Fungi
italici, Taf. 143), und zwar nur auf morschen Zweigen des
Hollunders.

Der in einem Warmhause im Berliner botanischen Garten
gefundene (Verh. bot. Ver. Brandenbg., 1898, 40. Bd., p. 154),
in Rabenh.-Winter, Fg. europ., Nr. 4060, Rehm, Asc. exs.,
Nr. 1140, und Mycoth. march., Nr. 4019, als *Herpotrichia
Schiedermayeriana* v. *Caldariorum* P. H. ausgegebene Pilz
ist meines Erachtens davon verschieden, wenn auch wahrscheinlich damit verwandt.

Abgesehen von dem anderen Standorte sind die Perithecien nur 500 bis 600 µ groß, die Sporen sind stets nur

zweizellig und in der Mitte nicht oder kaum eingeschnürt. An den Enden zeigen sie überdies spitz bleibende, 4 bis 6 μ. lange, hyaline Anhängsel.

Dieser Pilz, den ich allein untersuchen konnte, hat oben kahle, abgeflachte Perithecien, die daselbst eine 400 μ. breite, rötliche, runde Scheibe haben, in der sich die runde, mit Periphysen ausgekleidete, 60 μ. breite Mündung befindet. Die Perithecienmembran ist oben 40 bis 45 μ dick, nach unten zu nur wenig stärker. An Querschnitten erkennt man, daß die Mündungsscheibe weichfleischig, derbwandig, kleinzellig und ziegelrot ist. Dieser rote Teil der Membran ist ziemlich scharf gegen den unteren, schwarzbraun gefärbten Teil der Perithecienmembran abgegrenzt. Die obere Hälfte der letzteren ist kahl. Mit Salzsäure wird der dunkelfärbige Teil der Perithecienmembran lebhaft rotbraun gefärbt. Paraphysen sehr zahlreich, schleimig verklebt, lang, 1 μ. dick und oben verzweigt. Jod gibt keine Blaufärbung des Schlauchporus.

Der Pilz besitzt echte Perithecien und ist schon deshalb keine *Herpotrichia*, die dothidealer Natur ist. Da die Sphaeriaceen Perithecien haben, die oben und unten gleichfärbig oder oben dunkler und derber sind als unten, niemals umgekehrt wie hier, kann der Pilz nur als Nectriacee aufgefaßt werden. In der Tat ist der Scheitel der Perithecien ganz nectriaceenartig beschaffen.

Nectriaceengattungen mit braunen, zweizelligen Sporen gibt es eigentlich nur zwei, *Letendraea* Sacc. 1880 und *Calostilbe* Sacc. et S. 1902, denn *Phaeonectria* Sacc. 1913 und *Macbridella* Seav. 1909 sind nach Weese (Zentralbl. Bakter., II. Abt., 1914, 42. Bd., p. 587; Sitzber. Akad. Wiss. Wien, mat.-nat. Kl., Abt. I, 1916, 125. Bd., p. 48) bis auf weiteres mit *Letendraea* zu vereinigen. (S. Frgm. Nr. 1195).

Von diesen beiden Gattungen unterscheidet sich unser Pilz genügend durch die hyalinen, bleibenden, spitzen, steifen Anhängsel der Sporen. Ich stelle daher für den Pilz die neue Gattung *Xenonectria* auf.

*Xenonectria* v. H. Wie *Letendraea*, aber Sporen mit bleibenden, hyalinen, spitzen Anhängseln.

Grundart: *Xenonectria caldariorum* (P. Henn.) v. H.
(Syn.: *Herpotrichia Schiedermayeriana* Fuck. var. *caldariorum* P. Henn., *H. sabalicola* P. Henn. 1898).

## 1197. Über Chiajaea Saccardo.

Otth beschrieb in Mitt. nat. Ver. Bern 1868, p. 57, die
*Nectria (Gibbera) Hippocastani* mit vierzelligen braunen
Sporen, welche in Hedwigia, 1896, 35. Bd., p. XXXIII, in
eine eigene Sektion: *Chiajaea* Sacc. der Gattung *Calonectria*
gestellt wurde. Nun fand ich am Urstücke von Otth's Pilz,
daß die Aufstellung seiner Art auf Fehlern beruht, daher diese
ganz gestrichen werden muß, daher auch der Name *Chiajaea*
hinfällig ist. Seither fand ich nun, daß es tatsächlich Pilze
gibt, die im wesentlichen hervorbrechende *Calonectria* mit
braunen Sporen sind, also der Beschreibung von *Chiajaea*
entsprechen. Da nun der von mir seinerzeit (Ann. myc., 1919,
Myk. Frgm. Nr. CCXCVIII) geprüfte Teil' des Urstückes der
*Nectria Hippocastani* Otth sehr kümmerlich war, schien es mir
möglich, daß mein damaliger Befund unrichtig ist. Allein die
nochmalige Untersuchung zeigte mir, daß dies ausgeschlossen
ist und Otth's Beschreibung sich nur auf ein Gemenge von
zwei Pilzen, den unreifen Perithecien von *Nitschkia cupularis*
und den Schläuchen und Sporen von *Melanomma pulvis-
pyrius* beziehen kann.

Nun hat A. Möller 1901 (Phycom. u. Ascomyc., Jena,
p. 196 und 297) die *Calonectria Balansiae* mit kleinen, in
entleerten Perithecien von *Balansia redundans* Möll. schma-
rotzenden Gehäusen und vierzelligen braunen Sporen beschrieben, die also auch der Beschreibung von *Chiajaea* entspricht.

Jene Nectriaceen und Sphaeriaceen, die in Perithecien
schmarotzen, haben abgesehen von dieser Eigenheit stets
noch gewisse morphologische Anpassungseigenschaften, die
es rechtfertigen, sie in eigene Anpassungsgattungen zu versetzen.

Ich stelle daher für die *Calonectria Balansiae* die neue
Gattung *Weesea*, benannt nach dem bekannten Wiener Pilz-

forscher Prof. Josef Weese auf, die nach dem Gesagten leicht zu beschreiben ist. Der Pilz hat demnach *Weesea Balansiae* (Möll.) v. H. zu heißen.

In der Sylloge Fung. 1905, XVII. Bd., p. 811, wird die *Calonectria Atkinsonii* Rehm (Ann. myc., 1904, II. Bd., p. 178) als *Chiajaea* bezeichnet, da die Sporen schließlich bräunlich werden sollen. Allein Seaver (Mykologia, 1909, I. Bd., p. 201) beschreibt die Sporen nur als hyalin oder subhyalin und stellt den Pilz zu *Scoleconectria*.

Nun fand ich aber, daß gewisse heute als Sphaeriaceen beschriebene Pilze mit braunen vierzelligen Sporen echte Nectriaceen sind, also der Beschreibung von *Chiajaea* ganz entsprechen. Es sind dies *Melanomma sanguinarium* (Karst.) Sacc., deren Synonymie in Berlese, Icon. Fung., 1894, I. Bd., p. 33, angegeben ist, und *Trematosphaeria porphyrostoma* Fuckel (Symb. myc., 1871, I. Ntr., p. 18 [306]).

Die genannten Arten haben zwar schwarze Perithecien, diese sind aber um die Mündung herum rot. Die Perithecien-membran ist nicht kohlig, sondern fleischig-häutig und ganz so wie bei vielen Nectriaceen aus derbwandigen blassen oder bräunlichen Zellen aufgebaut. Das rote Mündungsgewebe ist strahlig parallelfaserig. Mit Salzsäure färbt sich die Membran blutrot. Paraphysen zahlreich, dünnfädig. Jod färbt den Schlauchporus nicht.

Es sind echte, dunkelfärbige Nectriaceen.

Obwohl nach dem oben Gesagten der Name *Chiajaea* hinfällig ist und derselbe bisher nur als Sektionsbezeichnung angewendet wurde, daher durchaus keine Nötigung vorhanden ist, ihn noch zu verwenden, nehme ich ihn doch wieder auf, da er der Beschreibung nach den genannten Pilzen ganz entspricht, und um einen neuen Namen zu vermeiden.

Von *Trematosphaeria porphyrostoma* Fuck. ist gewiß nicht verschieden *Cucurbitaria Hendersoniae* Fuck. (Symb. myc., 1869, p. 172). Von diesem Pilze habe ich in Fragm. z. Myk., Nr. 1045, XX. Mitt., 1917, angegeben, daß es eine echte *Gibberidea* Fuck. ist. Als solche ist er auch in der Kryptog.-Fl. von Brandenburg, 1911, VII. Bd., p. 294, eingereiht. Allein dies ist gewiß unrichtig. Schon die großen

Perithecien und Sporen und die Form der letzteren zeigen, daß *Gibberidea*, deren Grundart ich aber nicht prüfen konnte, eine Cucurbitarieengattung dothidealer Natur sein wird.

Von *Sphaeria rhodomela* Fries (Observ. mycol., 1815, I. Bd., p. 178), die in Krypt.-Fl. Brandenbg., 1911, VII. Bd., p. 241, genauer beschrieben ist, habe ich zwei wohl sichere Stücke (Rabenh., Fg. europ., Nr. 1243, und am Sonntagsberg in Niederösterreich gesammelte) geprüft.

Die jüngeren Perithecien sind blutrot und werden dann dunkelbraun. Die Hyphen und stumpfen Haare sind hyalin bis rot und werden nur zum Teil und im Alter braun. Irgendeinen wesentlichen Unterschied von *Melanomma sanguinarium* (K.) kann ich nicht erkennen. Demnach gibt es bisher bei uns zwei *Chiajaea*-Arten, *Ch. rhodomela* (Fr.) v. H. und *Ch. Hendersoniae* (Fuck.) v. H. zu nennen sind.

## 1198. Hypocrea Bambusae v. H.

Fruchtkörper oberflächlich, zerstreut oder herdenweise anfangs kugelig, dann etwas abgeflacht, mit stark verschmälerter Basis sitzend, erst weißlich, dann gelb, reif schmutzig-rotbraun, mit matter, fast glatter Oberfläche, bis 1·3 *mm* groß. Stromagewebe gelb, an der Oberfläche lebhaft gelbbraun, fleischig, aus dünnwandigen, gelben, 6 bis 25 μ großen Parenchymzellen bestehend. Perithecien eibirnförmig, 120 μ breit, 200 bis 250 μ hoch, oben kegelig, mit dem 28 μ breiten, rundlichen, mit Periphysen ausgekleideten Ostiolum nicht oder nur wenig vorstehend. Perithecienmembran 12 bis 16 μ dick, aus vielen Lagen von stark abgeflachten Zellen bestehend. Paraphysen sehr spärlich, dünnfädig, nicht verschleimend. Schläuche sehr zahlreich, zylindrisch, unten kurzstielig verschmälert, 60 bis 70 ≈ 3 μ. Jod gibt keine Blaufärbung. Sporen zweizellig, zerfallend. Teilzellen hyalin, kurzrundlich-zylindrisch, mit einem Tropfen, 2·5 bis 3·2 μ hoch, 2·5 bis 3 μ breit.

Auf *Bambus*-Rohr, Peradeniya, Ceylon, 1907 von mir gesammelt.

Mit *Hypocrea rufa* (P.), *discella* Berk. et Br. und *dis-celloides* P. Henn., die ähnlich kleine hyaline Sporen haben, verwandt.

### 1199. Hypocrella lutulenta v. H. n. sp.

Stromen rundlich, fest angewachsen, blaß lehmfarben, halbiert schildförmig, anfänglich glatt, dann mit wenigen bis zahlreichen halbkugeligen Höckern versehen, mit den flachen, graubräunlichen, punktförmigen Mündungsöffnungen. Rand schmal, dünn, kurz-strahlig-faserig. Gewebefleisch dicht oder lockerer aus 4 µ breiten, dickwandigen, hyalinen Hyphen plectemchymatisch aufgebaut. Stromen auf beiden Blattseiten, zerstreut, 2 bis 3 *mm* breit, 450 bis 500 µ dick, mit wenigen bis 30 Perithecien, diese ganz eingesenkt, phiolenförmig, 400 µ hoch, 200 bis 300 µ breit, oben kegelig zulaufend. Perithecien-membran hyalin, aus vielen Lagen von stark zusammen-gepreßten Hyphen bestehend, unten und seitlich 20 bis 25 µ dick, nach obenhin 40 µ dick. Mündung flach, kaum ein-gesenkt, rundlich, 15 µ breit, in einer gegen 100 µ breiten Scheibe liegend. Paraphysen fehlen. Schläuche zylindrisch, dünnhäutig, oben abgerundet und wenig verdickt, unten wenig stielig verschmälert, achtsporig, 160 bis 180 $\approx$ 8 bis 9 µ. Sporen fadenförmig, von Schlauchlänge, septiert, parallel-liegend, im Schlauche in 8 bis 9 $\approx$ 1·6 bis 1·9 µ große, gerade oder kaum gekrümmte, zylindrische, an den Enden abgerundete Glieder zerfallend.

Auf Schildläusen auf Blättern von *Cissus* sp. im Urwalde von Tjibodas auf Java, 1908 von mir gesammelt.

### 1200. Über die Gattung Hypocopra Fries.

Diese wurde von Fries 1849 in Sum. veget. scand., p. 397, als Untergattung von *Massaria* aufgestellt. Als Grund-art führt er *Hypocopra fimeti* (P.) an und als zweite Art *H. merdaria* Fr.

Fuckel (Symb. myc., 1869, p. 240) stellte *Hypocopra* Fr. als Gattung auf mit derselben Grundart. Fuckel sagt, daß sich *Hypocopra* von seiner Gattung *Coprolepa* (a. a. O., p. 239)

eigentlich nur durch das fehlende Stroma unterscheidet. Nun
hat aber nach Winter (Abhdl. nat. Gesellsch. Halle, 1873,
XIII. Bd., H. 1, p. 13, Taf. VII, Fig. III) *Hypocopra fimeti* (P.)
auch ein dünnes ausgebreitetes Stroma, weshalb er die drei
Arten *H. fimeti* (P.), *merdaria* (Fr.) und *equorum* Fuck. in
eine Untergattung stellt, die er *Coprolepa* (Fuck.) W. nennt,
während er die Arten ohne Stroma zu *Hypocopra* Fuck. (non
Fries) stellt. Die *Hypocopra fimeti* konnte ich nicht prüfen,
allein Winter sagt, daß diese Art in allen Teilen eine solche
Übereinstimmung mit *H. merdaria* und *H. equorum* zeigt,
daß sie gewiß in eine Gruppe gehören. In der Pilzflora
Deutschlands hat Winter die Gattung *Hypocopra* im Sinne
Fries' wieder aufgenommen mit den drei letztgenannten Arten.
Obwohl es mir nun auffallend ist, daß bei *H. fimeti*, wie die
angeführte Figur III zeigt, das Stroma als Basalstroma und
nicht als Clypeus erscheint wie bei *H. equorum* (Fig. II) und
*H. merdaria* (Fig. I), so nehme ich doch bis auf weiteres auf
Winter's Versicherung hin an, daß sich *H. fimeti* im übrigen
so wie die zwei anderen Arten verhält.

Die zwei Arten unterscheiden sich nun aber von den
übrigen zu den Sordariaceen gestellten Pilzen dadurch, daß
sie einen Clypeus haben, weich- und dünnhäutige Perithecien,
deren blaßbraune Wandung undeutlich kleinzellig-faserig gebaut ist und aus ganz zarthäutigen Hyphen besteht, sowie
endlich durch eine auffallende Jodreaktion der deutlichen Verdickung der Schlauchspitze.

Bei *Hypocopra equorum* Fuck. ist die Schlauchspitze
deutlich konvex nach innen 10 μ stark verdickt und in dieser
Verdickung färbt sich ein 7 μ hoher, 4 bis 4·5 μ breiter
Zylinder mit Jod violett. Die Färbung verläuft gegen die
Spitze hin allmählich.

Bei *Hypocopra merdaria* Fr. färbt sich in der ähnlich
verdickten Schlauchspitze ein 7 μ breiter, 5 μ hoher, ab-
gestumpfter, mit der Basis nach oben gerichteter Kegel mit
Jod schön blau.

Alle die genannten Eigenschaften fehlen den Arten von
*Soradria*, *Delitschia*, *Sporormia* völlig und zeigen, daß diese
Gattungen ganz anderen Formenkreisen angehören.

In der Tat ist *Pleophragmia* gleich *Pleospora* und sind wenigstens die großsporigen *Sporormia*-Arten *Scleropleella*-artige Pseudosphaeriaceen.

Die beiden geprüften Arten sind aber nichts anderes als mistbewohnende *Anthostoma*-Arten.

Sollte die Grundart *Hypocopra fimeti* (P.) Fr. auch eine *Anthostoma* sein, was mir nicht wahrscheinlich ist, so wäre *Hypocopra* Fries 1849 gleich *Anthostoma* Nitschke 1867. Im anderen Falle wird es sich um eine *Sordaria* mit Basalstroma handeln.

**1201. Über Podospora Cesati und Bombardia Fries.**

In meinem Fragm. z. Mykologie, Nr. 117, III. Mitt., 1907, habe ich angegeben, daß diese beiden Gattungen zusammenfallen. Im Gefolge hat Kirschstein (Krypt.-Flora Brandenbg., Pilze, 1911, VII. Bd., p. 179), ohne meine Angaben zu erwähnen, die Vereinigung der beiden Gattungen durchgeführt.

Indessen habe ich schon 1909, IX. Mitt., Fragm., Nr. 427, nachdem ich noch zwei weitere echte *Bombardia*-Arten kennen gelernt hatte, gesagt, daß es doch zweckmäßig ist, diese zwei Gattungen getrennt zu erhalten, namentlich deshalb, weil die echter *Bombardia*-Arten ein gut entwickeltes Basalstroma haben, auf dem sie gebüschelt oder rasig sitzen. Außerdem haben letztere eine sehr dicke, festknorpelige, aus drei mehrlagigen Schichten bestehende Membran und wachsen nicht auf Mist, sondern auf Pflanzenteilen.

Seither fand ich, daß auch in der Beschaffenheit der Schläuche ein merklicher Unterschied vorhanden ist. Die *Podospora*-Arten haben meist derbwandige, mehr minder zylindrische, oben breit abgerundete Schläuche, während die *Bombardia*-Arten meist lang- und dünngestielte, mehr minder keulig-spindelige, dünnhäutige, oben verschmälert abgestutzte Schläuche haben, die häufig unter der Spitze einen rundlichen, kugeligen, glänzenden Körper (Glanzkörper) zeigen, den ich bei echten *Podospora*-Arten niemals sah.

Solche Glanzkörper, deren Natur noch näher zu erforschen ist, fand ich bei *Bombardiella caespitosa* v. H. (Fragm., Nr. 378),

*Bombardia fasciculata, botryosa* und *Pulvis-pyrius* (Fragm., Nr. 427, 429) und *Eosphaeria uliginosa* (Fr.) v. H. (Ann. myc., 1917, XV. Bd., p. 360). Sie scheinen vornehmlich bei jenen Pilzen aufzutreten, die bisher in die Gattungen *Lasiosphaeria* und *Leptospora* Fuck. (non Rabh.) gestellt wurden und die ich in Ann. myc., 1918, XVI. Bd., p. 73, behandelt habe. Die Glanzkörper scheinen sich erst während der Sporenentwicklung auszubilden, da man sie früher nicht findet. Ich glaube, daß die Pilze mit Glanzkörpern in einem engeren Verwandtschaftsverhältnis zueinander stehen, was noch weiter zu prüfen ist.

*Podospora* Ces. 1856 und *Bombardia* Fries 1849 sind daher auseinanderzuhalten.

Was ihre Verwandtschaft anlangt, so wurden sie schließlich beide zu den Sordariaceen gestellt. Allein damit ist gar nichts ausgesagt, denn diese Familie beruht ganz auf biologischen Merkmalen und ist daher eine ganz unnatürliche, da die Pflanzen nur nach ihren morphologischen und stofflichen Merkmalen geordnet werden dürfen.

In der Tat ist *Pleophragmia* gleich *Pleospora*; die großsporigen *Sporormia*-Arten sind pseudosphärial (*Scleropleella* v. H.); *Sordaria* wird den Anschluß bei *Rosellinia* haben. *Hypocopra equorum* und *merdaria* sind *Anthostoma*-Arten.

Was nun aber *Podospora* und *Bombardia* anlangt, so wurden die Sporen dieser Gattungen bisher stets als einzellig angegeben, so auch zuletzt von Kirschstein (a. a. O., p. 173) in der Übersicht der Sordarieengattungen. Das ist nun falsch, denn es geht aus den Angaben von Fuckel (Symb. myc., 1869, p. 245, Taf. VI, Fig. 20), Woronin, Winter und anderen klar hervor, daß sie anfänglich zylindrisch-wurmförmig, hyalin und einzellig sind und sich dann oben teilen, wodurch eine schließlich dunkel gefärbte Zelle abgegrenzt wird, welche bisher als einzellige Spore mit einem Anhängsel beschrieben wurde. Dieses Anhängsel ist aber eine Zelle, die sich sogar manchmal teilt, wie einige Bilder in Winter (Abhdl. nat. Ges. Halle, 1873, XIII. Bd., Taf. IX, Fig. 13) zeigen. Das sogenannte Anhängsel erster Ordnung der Beschreiber ist daher stets eine Zelle, wie schon Winter (Pilze Deutschlands, 1887, II. Abt.,

p. 171) bei einer Art ausdrücklich sagt. In dieser Beziehung müssen die einzelnen Arten noch näher geprüft werden.

Trotzdem werden die Sporen dieser Pilze allgemein als einzellig beschrieben.

*Sordaria* und *Podospora* sind daher im Gegensatze zu Winter's Meinung, der sie nur ungern auseinanderhielt, zwei voneinander völlig verschiedene Gattungen, die sich nicht bloß durch »Schleimanhängsel«, sondern einen ganz verschiedenen Bau der Sporen voneinander unterscheiden.

Es ist mir nicht zweifelhaft, daß *Podospora* und *Bombardia* in die Verwandtschaft von *Lasiosphaeria* Ces. et de Not., *Bizzozeria* Berl. et Sacc. (em. v. H.) und *Thaxteria* Sacc. (em. v. H.) in Ann. myc., 1918, XVI. Bd., p. 74, gehören.

Von den Sordariaceen bleibt danach nichts mehr übrig.

## 1202. Über die Gattung Delitschia Auerswald.

Wurde 1866 in Hedwigia, 5. Bd., p. 49, auf Grund von *Delitschia didyma* Awld. aufgestellt. Die gefärbten zweizelligen Sporen zerfallen nach Auerswald's Angabe bald in ihre zwei Hälften. Von diesem Pilze konnte ich nur das unter diesem Namen in Krieger, F. saxon., Nr. 1950, ausgegebene Stück untersuchen. Bei diesem aber zerfallen die Sporen nicht. Nachdem nun Krieger's Pilz im übrigen ganz gut mit Auerswald's Beschreibung stimmt und auch bei *Delitschia chaetomioides* Karsten sowie bei *D. Winteri* Plowr., von welch letzterer Art Massee und Salmon sagen, daß sie wahrscheinlich mit *D. didyma* zusammenfällt, ein Sporenzerfall nicht eintritt (siehe Fg. italici, Taf. 621), so lag die Vermutung nahe, daß Auerswald's Angabe betreffend den Sporenzerfall auf einem Irrtum beruht. Allein nachdem auch Winter in Hedwigia, 1874, 13. Bd., p. 54, ausdrücklich sagt, daß *D. didyma* den Sporenzerfall sehr schön zeigt, so kann es doch nicht bezweifelt werden, daß derselbe wirklich eintritt.

Über die Stellung der *D. didyma* läßt sich ohne Prüfung des Urstückes nichts Sicheres sagen. Indessen ist anzunehmen, daß Krieger's Pilz, *D. chaetomioides* und *Winteri* sowohl untereinander wie mit *D. didyma* nahe verwandt sind. Die

Untersuchung zeigte mir nun, daß Krieger's Pilz eine eingewachsene echte Sphäriacee mit vielen verklebten Paraphysen, großen, keuligen, dickwandigen Schläuchen, die mit
Jod keine Blaufärbung geben und mit schwarzen, zweizelligen,
mit einer dicken Schleimhülle versehenen Sporen ist. Demnach ist Krieger, F. sax., Nr. 1950, eine *Phorcys* Niessl 1876
im Sinne Rehm's (Ann. myc., 1906, IV. Bd., p. 268).

Es kann kaum zweifelhaft sein, daß auch *D. chaetomioides* und *D. Winteri* Arten der Gattung *Phorcys* sind, die
sich nur wenig von Krieger's Pilz unterscheiden. *Delitschia
chaetomioides* hat mit einem braunen, abwischbaren Filz bedeckte Perithecien und 38 bis 50 $\leq$ 17 bis 20 $\mu$ große Sporen.
*Delitschia Winteri* hat mit einem sehr dünnen, hyalinen
Filz versehene Perithecien und 60 bis 66 $\leq$ 28 $\mu$ oder 65 bis
75 $\leq$ 29 bis 35 $\mu$ große Sporen, während diese bei Krieger's
Pilz 43 bis 60 $\leq$ 18 bis 20 $\mu$ groß sind. Letzterer Pilz, der
kahle Perithecien hat, scheint eine Form von *D. chaetomioides* Kst. zu sein. Auf den von Karsten beschriebenen
filzigen Überzug der Perithecien ist um so weniger Gewicht
zu legen, als nach Winter's Angabe (Hedwigia, 1874, 13. Bd.,
p. 53) die Stücke Karsten's schon veraltet waren.

Alle diese Formen sind mistbewohnende *Phorcys*-Arten,
die *Ph. Winteri* (Plow.) v. H., *Ph. chaetomioides* (Kst.) v. H.
und *Ph. ch.* (K.) v. H. f. *calva* v. H. zu nennen sind. Sind
vielleicht nur Formen einer Art. Unter *Delitschia* Awld. wird
demnach eine mistbewohnende *Phorcys* zu verstehen sein mit
in die zwei Zellen zerfallenden Sporen.

Mit der Grundart *Delitschia didyma* Awld. ist vollkommen gleich die *Delitschia canina* Mouton (Bull. soc. bot.
Belg., 1887, XXVII. Bd., p. 175, Taf. I, Fig. 4). Mouton gibt
ausdrücklich an, daß die Sporen sehr leicht in ihre zwei
Glieder zerfallen, so auch Auerswald's Angabe unwissent-
lich sicherstellend.

Unter den weiteren vielen beschriebenen Arten finde ich
nur die *Delitschia leptospora* Oudemans (Hedwigia, 1882,
21. Bd., p. 163) mit der Angabe, daß die Sporen sehr leicht
in ihre Hälften zerfallen. Ist nach der Beschreibung gewiß
keine *Delitschia* und noch unsicherer Stellung. Viele angeb-

'liche *Delitschia*-Arten verhalten sich ganz ähnlich den oben besprochenen *Phorcys*-Arten. Es sind sehr wahrscheinlich lauter Arten dieser Gattung, zum Teil wohl miteinander und mit den obigen zusammenfallend. Es sind dies: *Phorcys vulgaris* (Griff.), Sporen 17 bis 30 ≈ 13 bis 16 μ; *Ph. excentrica* (Griff.), Sporen 45 bis 50 ≈ 21 bis 24 μ; *Ph. leporina* (Griff.), Sporen 40 bis 65 ≈ 16 bis 20 μ; *Ph. apiculata* (Griff.), Sporen 28 bis 34 ≈ 16 bis 21 μ (alle in Syll. Fg., XVII, 687); *Ph. furfuracea* Niessl, Sporen 45 bis 50 ≈ 21 μ; *Ph. vaccina* (Pass.), Sporen 50 ≈ 22 bis 25 μ (Syll. Fg., IX, 748); *Ph. patagonica* (Speg.), Sporen 35 ≈ 16 μ (S. F., IX, 749); *Ph. lignicola* (Mout.), Sporen 24 bis 26 ≈ 11 bis 12 μ (S. F., IX, 749); *Ph. minuta* (Fuck.), Sporen 22 ≈ 8 μ. Bei keiner dieser Arten findet ein Zerfall der Sporen statt.

*Delitschia sordarioides* Speg. (Syll. Fg., I. Bd., p. 734) ist nach der Beschreibung wohl sicher eine *Podospora*.

*Delitschia insignis* Mouton (Bull. soc. bot. Belg., 1897, 36. Bd., p. 13) ist nach der Beschreibung eine *Phorcys* oder *Massariopsis* im Sinne Rehm's in Ann. myc., 1906, IV. Bd., p. 269, mit beidendig langgeschwänzten Sporen, die anscheinend in die von mir aufgestellte Gattung *Ceriophora* ganz gut paßt, deren Grundart die *Sphaeria palustris* Berk. et Br. in Rabh, Fg. europ., Nr. 1936, ist.

*Delitschia geminispora* Sacc. et Flag. 1893 (Grevillea, XXI. Bd., p. 66, Taf. 184, Fig. 5) ist eine eigene Gattung, vollkommen gleich *Pachyspora gigantea* Kirschstein (Verh. bot. Ver. Brandbg. 1907, 48. Bd., p. 49) und hat zu heißen *Pachyspora geminispora* (Sacc. et Flg.) v. H.

Die kleinen, oberflächlich stehenden, schwarz beborsteten Arten, *Delitschia moravica* Niessl und *D. bisporula* (Crouan) Hans. sind Trichosphaeriaceen, die vielleicht zu *Protoventuria* Berl. et Sacc. (Syll. Fg., IX. Bd., p. 741) gehören, welche Gattung ich aber nur der Beschreibung nach kenne. Die Sporen dieser Arten zerfallen normal nicht in ihre zwei Hälften. Erst im Alter, wenn sie sich am Miste zu zersetzen beginnen, sieht man einzelne zerfallend.

Die kleinen, kahlen, teils oberflächlichen, teils eingewachsenen, als *Delitschia* beschriebenen Formen sind offenbar *Neo-*

*peckia*, beziehungsweise *Didymosphaeria*-Arten, die (zufällig?)ᵛ
auf Mist zur Entwicklung kamen.

### 1203. Über die Gattung Sporormia de Notaris.

Die Geschichte dieses Gattungsnamens hat Pirotta (Nouv..
Giorn. bot. ital., 1878, X. Bd., p. 128) erschöpfend behandelt.
Danach ist es kein Zweifel, daß *Hormospora* de Not. 1844
der älteste Name der Gattung ist. Den Gattungsnamen *Sporormia* stellte de Notaris 1849 für einen anderen Pilz der
gleichen Gattung auf. Diese Gattungsgleichheit erkannte er
erst nachträglich und wendete daher 1863 wieder den älteren
Namen *Hormospora* an. Es wäre daher dieser letztere Name-
der gültige. Nachdem indes der Name *Hormospora* schon
1840 von Brébisson für eine Algengattung gebraucht und·
seither von mehreren Algenforschern in verschiedenem Sinne
angewendet worden war, so muß statt seiner für die in Rede
stehenden Pilze der Name *Sporormia* de Not. 1849 eintreten,
wenn auch der Name *Hormospora* Bréb. heute nur als
Synonym gilt.

Die meisten *Sporormia*-Arten sind sehr kleine Pilze, die
sich, zumal wenn sie am trockenen Miste sitzen, nicht zur·
Herstellung von Achsenschnitten eignen; abgesehen davon,
daß solche kleine Formen meist, ihrer geringen Größe entsprechend, einen sehr vereinfachten, wenig und nur Unsicheres
lehrenden Bau aufweisen.

Es gibt jedoch auch einige größere zweifellose Arten der
Gattung, die eine erschöpfende Aufklärung über das Wesen
der letzteren zu geben geeignet sind. Eine solche ist *Sporormia megalospora* Awld. nach dem Stücke in Rehm, Ascom.
exs., Nr. 1391.

Dieser Pilz hat kugelige, 350 bis 450 μ breite, ganz eingesenkte Fruchtkörper, die nur mit einer flachwarzigen, 110 μ
breiten, 40 μ hohen Papille an die Oberfläche der Kotballen
gelangen. Diese Papille zeigt eine 40 μ dicke, schwarze, kleinzellig parenchymatische Kruste und ist innen ganz mit einem·
ebensolchen, aber hyalinen Zellgewebe ausgefüllt. Periphysen.

fehlen völlig und erfolgt die Öffnung durch Abbröckeln der Papille. Die den Kern umgebende Membran ist 55 μ dick, davon die innere, 30 μ dicke Schichte aus etwas abgeflachten, hyalinen, die äußere, 25 μ dicke Lage aus ebensolchen, aber schwarzbraunen, dünnwandigen, leeren, 10 bis 20 μ großen Zellen in vielen Lagen bestehen. Beide diese Schichten sind durch eine scharfe, dünne, dunklere Grenzlinie voneinander getrennt. Jod gibt keine Blaufärbung der etwa 30 bis 35 μ großen, derbwandigen Schläuche, zwischen welchen verhältnismäßig wenige, etwa 2 μ dicke Scheinparaphysen, die oben am Deckgewebe angewachsen sind, stehen.

Pirotta gibt von *Sp. megalospora, minima, grandispora, intermedia, lageniformis, Notarisii, gigaspora* und *octomera* an, daß »Paraphysen« fehlen und benutzt dieses Merkmal sogar zur Einteilung der Arten. Allein das ist unrichtig; schon Niessl (Österr. bot. Ztschr., 1878, 48. Bd., p. 42) gibt ganz richtig an, daß alle Arten Paraphysen haben.

Nach der Beschreibung ist *Sporormia megalospora* ein zweifelloser, ziemlich vielschlauchiger, pseudosphärialer Pilz, der sich von *Scleropleella* v. H. (Ann. myc., 1918, XVI. Bd., p. 157) wesentlich nur dadurch unterscheidet, daß die Sporen schließlich in ihre Teilzellen zerfallen.

Ganz ebenso wie die *Sporormia megalospora* verhält sich auch die *Sporormia lignicola* Phill. et Plowr. Diese bisher nur auf Laubholz gefundene Art wächst nach dem Stücke in Krieger, F. sax., Nr. 75, auch auf noch festem Fichtenholze. Nach Berlese (Icon. Fung., 1894, I. Bd., p. 42) ist diese Art gleich *Sporormia ulmicola* Pass. (Hedwigia, 1874, XIII. Bd., p. 52) und nur die holzbewohnende Form von *Sp. intermedia* Awld. Wenn dies richtig ist, so ist die Holzform wahrscheinlich die ursprüngliche und die Kotform dadurch zustande gekommen, daß die erstere gefressen wurde, ihre Sporen den Darmkanal durchgegangen sind, so daß sie sich im Kote entwickeln konnten. Vermutlich gilt dies auch für andere der bisherigen Sordarieen und wäre es von Wichtigkeit, hierüber Fütterungsversuche anzustellen. Offenbar sind nur die dunkelgefärbten Sporen imstande, den Darmkanal lebend zu durchsetzen, während die hellgefärbten Sporen verdaut werden. Daraus würde sich das auffallendste Merkmal der bisherigen Sordarieen, ihre Schwarzsporigkeit, erklären. Am Miste entwickeln sich die Fruchtkörper ganz anders als am Holze, so daß man zwei ganz verschiedene Arten vor sich zu haben glaubt. Dies würde sich nun bei der *Sporormia intermedia* Awld. und ihrer (wahrscheinlichen) Holzform zeigen. Während die erstere 150 bis 200 μ große, fleischighäutige Fruchtkörper hat, besitzt die Holzform 360 μ große, dickwandige, harte, die nach Winter sogar 0·5 bis 0·7 *mm* groß werden sollen. Die Kruste ist etwa 50 μ dick und besteht aus etwa 8 μ großen, abgeflachten Zellen. Periphysen und eine echte Mündung fehlen, oben bricht eine 90 μ breite Papille ab. Ist also auch eine Pseudosphaeriacee.

Auch die *Sporormia gigantea* Hansen, aus Krieger, F. sax., Nr. 276, ist pseudosphärial gebaut. Die 350 μ breiten und 400 μ hohen Fruchtkörper sind eingesenkt, nach obenhin fast krugförmig verschmälert und mit einer 150 μ breiten und 80 μ hohen, außen schwarzkrustigen, innen mit kleinzelligem, hyalinem Gewebe ausgefüllten Papille abschließend. Oben ist die Membran 40 μ. weiter unten 70 μ dick, wovon die Hälfte auf die hyaline Innenschichte fällt. Das Gewebe besteht aus braunschwarzen, halboffenen Zellen. Die Scheinparaphysen sind 2 μ dick und verzweigt; in jungen Fruchtkörpern sehr reichlich vorhanden, werden sie später mehr weniger aufgelöst.

Ebenso ist die *Sporormia insignis* Niessl nach selbstgesammelten Stücken, trotz ihres oft gut entwickelten, 300 μ langen und 200 μ dicken Schnabels eine pseudosphäriale Form. Die Fruchtkörper werden bis über 500 μ breit, mit 40 μ dicker Membran. Die Paraphysen sind hier auch im reifen Zustande sehr zahlreich, nur 1 μ dick und oben stark verzweigt. Es ist kein Zweifel, daß auch die kleinen Arten der Gattung sich ebenso verhalten werden.

Die Gattung *Sporormia* de Not. hat als Grundart *Sp. fimetaria* de N., deren vielzellige Sporen auch in Glieder zerfallen. Daher ist die Gattung eine einheitliche, die neben *Scleropleella* v. H. zu den Pseudosphäriaceen gestellt werden muß.

## 1204. Über die Gattung Pleophragmia Fuckel.

Die Gattung ist 1869 in Fuckel, Symb. mycol., p. 243, aufgestellt auf Grund von *Pleophragmia leporum* Fuck., die in den F. rhen., Nr. 2272, ausgegeben ist. Ganz damit übereinstimmende Stücke gab Krieger in den F. saxon., Nr. 34, aus. Fuckel's Beschreibung der Gattung ist mehrfach falsch. Die Sporen sollen aus drei miteinander verwachsenen Ketten von Zellen bestehen und Paraphysen sollen fehlen. Allein es sind zahlreiche, lange, 2 bis 2·5 μ dicke Paraphysen vorhanden und der runde Querschnitt der Sporen erscheint kreuzförmig geteilt, die Sporenzellen stehen also in vier Reihen.

Die Perithecien sind ganz eingewachsen, ohne Stroma, rundlich, 240 bis 400 μ groß und zeigen oben eine kaum vorragende, schwarze, derbwandige, 100 μ hohe und breite Papille mit einem etwa 50 μ weiten Mündungskanal. Die Perithecienmembran ist oben stärker, sonst ringsum 20 bis 30 μ dick und besteht aus vielen Lagen von dünnwandigen, abgeflachten, großen, schwarzbraunen Zellen.

Der Pilz wurde bisher zu den Sordariaceen gestellt, ist aber eine ganz echte *Pleospora* Rabenhorst 1857 (Bot. Zeitung, XV. Bd., p. 428), die *Pleospora leporum* (Fuck.) v. H. zu heißen hat.

*Pleophragmia* Fuckel 1869 ist daher gleich *Pleospora* Rbh. 1857. Es gibt drei mit dieser Art sehr nahe verwandte *Pleospora*-Arten. *Pleospora Henningsiana* Ruhld. Jahn et Paul (Verh. bot. V. Brandbg., 1902, 43. Bd., p. 105). Perithecien 350 μ breit; Schläuche 160 bis 180 ≈ 20 bis 28 μ groß; Sporen dunkelbraun, sieben- bis neunteilwandig, 45 bis 50 ≈ 10 bis 15 μ. Auf abgestorbenen Laubholzzweigen.

*Pleospora ligni* Kirschstein (ebenda, 1907, 48. Bd., p. 57). Perithecien 200 bis 300 μ; Schläuche 200 ≈ 24 μ; Sporen dunkelbraun, meist neunteilwandig, 36 bis 45 ≈ 12 bis 15 μ. Von der vorigen kaum artlich verschieden. *Pleospora Phragmitis* Hóllos 1910 (Syll. Fung., XXII. Bd., p. 274), Perithecien 700 ≈ 300 μ; Schläuche 130 bis 160 ≈ 20 bis 24 μ; Sporen dunkelbraun, neunteilwandig, 44 bis 50 ≈ 10 bis 12 μ.

Vermutlich ist *Pleospora leporum* (Fuck.) v. H. nur die Hasenkotform der letzteren Art.

Die von Kirschstein in Krypt. Fl. Brandbg., 1911, VII. Bd., p. 198, beschriebene *Pleophragmia pleospora* ist nach der Beschreibung gewiß auch eine *Pleospora*, eine Tierkotform, vermutlich von *Pleospora herbarum*.

### 1205. Über die Gattung Rhynchostoma Karsten.

Die Gattung wurde aufgestellt in Karsten, Mycol. Fenn.,. 1873, II. T., p. 7. Nach der Beschreibung handelt es sich um Ceratostomeen mit langgeschnäbelten, eingewachsenen oder hervorbrechenden Perithecien und zweizelligen braunen Sporen.. Die Grundart wäre *Rhynchostoma cornigerum* K. (a. a. O.,. p. 57), die aber Karsten nur im überreifen Zustande beobachtet hat, ohne Schläuche. Außerdem beschrieb er noch die *Rh. exasperans*, bei welcher Paraphysen nicht erwähnt werden, und *Rh. minutum* mit fadenförmigen langen Paraphysen. Die Gattung scheint sich von *Lentomita* Niessl nur durch die gefärbten Sporen zu unterscheiden.

Winter (Pilze Deutschlands, II. Abt., 1887, p. 761) faßte die Gattung anders auf, betrachtet sie als stromatisch und brachte sie neben *Anthostoma* Ntke. Er stellte als erste Art die *Sphaeria apiculata* Currey in dieselbe. Daher ist *Rhynchostoma* Winter 1887 verschieden von Karsten's Gattung.

Winter hält die Sporen der *Sphaeria apiculata* für zweizellig mit einem hyalinen Anhängsel. Niessl (Verh. nat. Ver. Brünn, 1872, X. Bd., p. 206, Taf. VII, Fig. 48), der den Pilz als *Anthostoma trabeum* neu beschrieb, sagt, daß die Sporen eine zweischichtige Membran haben, deren äußere hyaline Schichte an den beiden Enden etwas vorragt, wodurch mehr minder vorstehende hyaline Endsegmente zustande kommen. Ferner sagt er, daß die braunen Sporen außerhalb der Mitte eine Querlinie zeigen, von welcher er jedoch nicht sicher ist, ob sie von einer Querwand herrührt oder nur von einer ringförmigen Verdickung der Membran.

Die nähere Untersuchung der Stücke in Rehm, Ascom. exs., Nr. 614 und 614 *b*, sowie Krieger, F. sax., Nr. 176,.

zeigte mir nun, daß der Pilz kein Stroma besitzt, also eine
einfache Sphäriacee ist. Die zylindrischen Schläuche sind
oben nur wenig verdickt und quer abgestutzt. Sie geben mit
Jod keine Blaufärbung. Die Sporen wechseln in der Größe
sehr und sind etwas abgeflacht: 18 bis 34 ≍ 9·5 bis 14 ≍
5 bis 6 μ.

Ursprünglich sind sie hyalin und einzellig. Dann wird,
meist am oberen Ende, eine 3 bis 4 μ hohe Kappe durch
eine Querwand abgeschnitten. In dem abgegrenzten Teil ist
deutlich körniges Plasma sichtbar. Die Kappenzelle bleibt
meist hyalin oder fast so. Die große Schwesterzelle wird
dunkelbraun, bleibt entweder einfach oder teilt sich bei guter
Entwicklung in zwei ungleich lange Zellen, so daß nun die
Spore dreizellig wird und die Mittelzelle die größte ist, etwa
3 bis 4 μ länger als ihre Schwesterzelle. So hatte eine 28 μ
lange Spore eine 4 μ lange, hyaline Kappenzelle, eine 14 μ
lange, braune Mittelzelle und eine 10 μ lange, braune Endzelle. An der fast in der Mitte stehenden zweiten Querwand
ist oft eine deutliche Einschnürung vorhanden, auch zeigen
sich in den beiden braunen Zellen zu beiden Seiten der
Querwand oft große Luftbläschen, die nicht miteinander verschmelzen, so daß kein Zweifel möglich ist, daß es sich um
eine wirkliche Querwand handelt. An dem der Kappe gegen-
überliegenden Ende der Sporen ist häufig eine ganz schwache,
hyaline Anschwellung der Sporenhaut zu sehen.

Nach allem ist die *Sphaeria apiculata* Curr. eine kurz-
schnäbelige *Rhynchosphaeria* Sacc. mit ungleich dreizelligen
Sporen, deren kleine Endzelle hyalin und dünnhäutig bleibt.

Der Pilz muß in eine eigene Gattung gestellt werden.

Saccardo hat in Syll. Fung., 1882, I. Bd., p. 278 und
286, bei der Gattung *Anthostomella* zwei Untergattungen:
*Euanthostomella* (Sporen ohne hyaline Anhängsel) und *Entosordaria* (Sporen an einem oder beiden Enden mit hyalinen
Anhängseln) unterschieden.

Die Untersuchung der Grundart von *Entosordaria*, *A. perfidiosa* (de Not.) Sacc. (gleich *A. Poetschii* Niessl) hat mir
nun gezeigt, daß das angebliche hyaline Anhängsel am oberen
Ende der Sporen dieser Art eine eigene Zelle ist. Die Sporen

derselben sind also zweizellig. Sehr leicht sieht man dies bei der zweiten angeführten Art: *A. appendiculosa* (B. et Br.) Sacc., wo die zellige Natur des Anhängsels auch an den ganz reifen Sporen sofort zu erkennen ist, weil keine Verschleimung desselben erfolgt.

*Entosordaria* Sacc. emend. v. H. ist daher eine eigene, von *Euanthostomella* Sacc. verschiedene Gattung mit zweizelligen Sporen mit einer großen braunen und einer kleinen hyalinen oder fast hyalinen Zelle. Bei zwei Arten von *Entosordaria* findet, selten oder meist, auch eine Teilung der großen braunen Sporenzelle in zwei ungleich große Zellen statt, genau so wie bei der *Sphaeria apiculata* Curr. Selten bei *Entosordaria perfidiosa* (de Not.) v. H., meist bei *Entosordaria Cacti* (Schw.) Sacc. Dasselbe ist stets der Fall bei *Entosordaria altipeta* (Peck) v. H., gleich *Rhynchostoma altipetum* (Peck) Sacc.

Von den 155 beschriebenen *Anthostomella*-Arten gehören teils sicher, teils wahrscheinlich zu *Entosordaria* folgende Arten:

*Entosordaria pedemontana* (Ferr. et Sacc.) v. H. (= *? Rehmii* [Thüm.] v. H.); *dryina* (Mouton) v. H.; *albocincta* (E. et Ev.) v. H.; *cornicola* (E. et Ev.) v. H.; *tersa* (Sacc.) v. H.; *Magnoliae* (E. et Ev.) v. H.; *Cacti* (Schw.) v. H.; *Molleriana* (Wint.) v. H.; *sabalensioides* (E. et Martin) v. H.; *hemileuca* (Speg.) v. H.; *Ammophilae* (Ph. et Plowr.) v. H.; *cymbisperma* (Wint.) v. H.; *Fuegiana* (Speg.) v. H.; *perfidiosa* (de Not.) v. H. (gleich *Poetschii* [Niessl]); *appendiculosa* (B. et Br.) v. H.; *umbrinella* (de Not.) v. H.; *italica* (Sacc. et Speg.) v. H.; *tomicoides* (Sacc.) v. H.; *Rehmii* (Thüm.) v. H.; *altipeta* (Peck.) v. H.; *clypeoides* (Rehm) v. H. (Ann. myc., 1909, VII. Bd., p. 406).

Auch *Anthostoma urophora* Sacc. et Speg. (Syll. Fg., I. Bd., p. 295) wird *Entosordaria urophora* (Sacc. et Speg.) v. H. zu nennen sein.

In der Untergattung *Entosordaria* sind in der Syll. Fung. noch viele andere Arten angeführt, die längere, borstenförmige Anhängsel an einem oder beiden Sporenenden besitzen. Ob diese Anhängsel nur Zellhautverdickungen oder auch zelliger

Natur sind, muß noch geprüft werden. Bei *Anthostomella rostrispora* (Gerard) Sacc. var. *foliicola* Sacc. auf morschen Birkenblättern, in Rehm, Ascom. exs., Nr. 1388, scheinen die jungen Sporen drei- bis fünfzellig zu sein und sich dann die mittlere Zelle zu vergrößern und braun zu färben, wären also die pfriemlichen Anhängsel zelliger Natur. S. Fr. 1212.

Alle oben angeführten *Entosordaria*-Arten sind ganz ähnlich der *Sphaeria apiculata* Curr., nur daß bei den meisten Arten die große braune Sporenzelle ungeteilt bleibt.

Daher ist dieser Pilz auch eine *Entosordaria*, *E. apiculata* (Curr.) v. H.

*Entosordaria* als Untergattung in der Syll. Fung. ist jedenfalls eine Mischgattung. Aber auch *Entosordaria* Sacc.-v. H. im obigen Sinne ist vielleicht keine einheitliche Gattung, da bei einzelnen Arten derselben ein Clypeus und eine Jodreaktion der Schläuche vorhanden ist oder nicht, auch die Sporen zwei- bis dreizellig sind. Sie wird daher auf Grund der Urstücke noch näher zu prüfen sein.

Die Gattung *Entosordaria* Sacc.-em. v. H. wird bis auf weiteres wie nachfolgt zu beschreiben sein.

*Entosordaria* Sacc. (ut Subg.) em. v. H. als Gattung:

Ceratostomeen. Perithecien eingewachsen, oft hervorbrechend, mit kurzem, oft nur papillenförmigem Schnabel, kugelig, derbhäutig, kleinzellig parenchymatisch. Paraphysen vorhanden. Schläuche meist zylindrisch. Sporen meist einreihig, länglich, an einem Ende mit sehr kleiner hyaliner Zelle und ein bis zwei großen braunen Zellen. Mittelzelle, wenn vorhanden, am längsten. Ohne oder mit Jodblaufärbung des Schlauchporus.

Grundart: *Entosordaria perfidiosa* (de Not.) v. H.

Syn.:     *Sordaria perfidiosa* de Notaris 1867.

        *Anthostomella Poetschii* Niessl 1876.

        *Anthostomella perfidiosa* (de Not.) Sacc. 1882.

### 1206. Didymella Pandani v. H. n. sp.

Perithecien die ganze Blattoberseite bedeckend, ungleichmäßig verteilt, kleine, dichtere Herden bildend, die durch Stellen, wo sie lockerer angeordnet sind, ineinander übergehen, eine Zellage unter der Epidermis eingewachsen, schwarz, fast kugelig, 130 bis 180 µ groß, mit einer 6 bis 8 µ dicken Membran, die aus zusammengepreßten, schwarzbraunen, 8 bis 15 µ großen, dünnwandigen Parenchymzellen besteht, außen mit Hyphen überzogen. Zwischen den Perithecien keine gefärbten verbindenden Hyphen zu sehen. Mündungspapille blaß, 20 µ hoch, die Epidermis durchbrechend, nicht vorragend, mit rundlicher oder länglicher, 12 bis 20 µ breiter, unregelmäßig schwarz beringter Mündung, mit deutlichen Periphysen. Paraphysen zahlreich, lang, verschleimt verschmolzen. Schläuche zahlreich, keulig, unten ziemlich kurz knopfig gestielt, mäßig derbwandig, oben abgerundet, allmählich wenig verdickt, ohne Jodfärbung, 76 bis 80 ≍ 20 µ. Sporen zu acht zweireihig, hyalin, zarthäutig, mit vielen Tröpfchen, zweizellig, obere Zelle breiter und um die Hälfte länger als die untere, an den Enden wenig verschmälert abgerundet, 20 bis 22 ≍ 7 bis 8 µ. Nebenfrucht *Septoriopsis Pandani* v. H. n. G. Pykniden wie die Perithecien, aber Papille schwarzbraun, zylindrisch, 25 µ breit und hoch; Träger kurz, papillenförmig, unten und seitlich. Conidien hyalin, einzellig, mit reichlichem Inhalt, gerade, verkehrt keulig, unten spitzlich, darüber 5 bis 7 µ breit, nach obenhin allmählich auf 2 µ verschmälert, oben stumpflich, in einer Lage stehend, 40 bis 60 ≍ 5 bis 7 µ.

Auf dürren *Pandanus*-Blättern im Botanischen Garten von Buitenzorg, Java, 1907, von mir gesammelt.

Wäre mit *Didymella pandanicola* Syd. zu vergleichen, von der ich nur den Namen aus Ann. myc., 1917, XV. Bd., p. 207, kenne.

Die beschriebene *Didymella* paßt sehr gut in die Gattung nach den Angaben in Ann. myc., 1918, XVI. Bd., p. 64.

#### 1207. Astrosphaeriella bambusella v. H. n. sp.

Perithecien zerstreut oder in kleinen Herden, sich fünf Zellagen unter der Epidermis entwickelnd, mit flacher, runder, 0·5 bis 1 *mm* breiter Grundfläche der Sclerenchymschichte aufsitzend und bis 0·7 *mm* weit stumpflich-kegelig vorbrechend, von den Gewebslappen an der Basis zackig-ring-

förmig begrenzt. Perithecienmembran spröd-kohlig, an der
Grundfläche dünner, am Kegel dick. Perithecien schwarz,
hart, glänzend. Mündung an der Spitze des Kegels, rundlich.
Paraphysen sehr zahlreich, schleimig verbunden, die Schläuche
überragend, kaum 1 μ dick, oben verzweigt. Schläuche zahlreich, spindelig-keulig, gestielt, oben zylindrisch vorgezogen,
am Scheitel abgerundet und wenig verdickt, ohne Jodfärbung,
160 bis 270 ≈ 10 bis 12 μ. Sporen zu acht zweireihig, zweizellig, schwach bräunlich, spindelförmig, spitzlichendig, meist
gerade, dünnhäutig, an der Querwand nicht oder wenig eingeschnürt, 44 bis 48 ≈ 4 bis 6 μ.

An Bambusrohrhalmen, Tjibodas, Java, 1907, von mir
gesammelt.

Von der Grundart *A. fusispora* Syd. (Ann. myc., 1913,
XI. Bd., p. 260) gut verschieden. Die Gattung *Astrosphaeriella*
steht *Oxydothis*, *Merilliopeltis* und *Ceriospora* (Ann. myc.,
1918, XVI. Bd., p. 68 und 92) wohl nahe, wird aber wegen
der mangelnden Jodreaktion vermutlich von *Didymosphaeria*
im Sinne Rehm's abzuleiten sein und nicht von *Ceriospora*,
was auch die schwache Färbung der Sporen zeigt.

**1208· Über Pterydiospora javanica Penzig et Saccardo.**

Von diesem in Icon. Fung. javanic., 1904, p. 13, Taf. X,
Fig. 3, beschriebenen und abgebildeten Pilze wird angegeben,
daß die Sporen hyalin sind. Ich habe denselben nach dem
Urstücke im Fragm. Nr. 377, VIII. Mitt., 1909, behandelt und
die Sporen auch hyalin gefunden. Infolgedessen erklärte ich
ihn als mit *Massarinula* zunächst verwandt. Ich hatte dabei,
ebenso wie Penzig und Saccardo, nicht in Erwägung gezogen, ob das Urstück auch völlig ausgereift ist. Nun zeigte
mir ein von mir selbst 1908 auch bei Tjibodas gesammeltes
Stück, daß die reifen Sporen schon in den Schläuchen durchscheinend hellviolett werden.

Infolgedessen ist die Gattung *Pterydiospora* P. et S. zunächst mit *Phorcys* Niessl 1876 = *Massariella* Speg. 1880
verwandt. Sie unterscheidet sich von dieser Gattung durch
die kegeligen, ganz hervorbrechenden, derben, lederig-kohligen

Perithecien, die mehr keuligen Schläuche, die zwei- bis drei-
reihig liegenden Sporen, die eine nur dünne Schleimhülle-
haben, welche am unteren Ende stark breit zungenförmig-
vorgezogen ist.

### 1209. Massariopsis substriata v. H. n. sp.

Perithecien meist einzeln, selten zu zwei verwachsen, in
ausgebreiteten Herden, 50 μ tief, vier Zellagen unter der Epidermis zwischen Sklerenchymfasern eingewachsen, wenig abgeflacht kugelig, oft etwas länglich, 350 bis 600 μ groß, oben
mit einem gut abgesetzten, 50 μ langen, dicken Hals vorbrechend, der einen 30 bis 40 μ breiten Kanal zeigt, sich in
der Epidermis zu einem meist nur 180 μ großen Clypeus
erweitert, der die flache, scharfrandige, erst 8 bis 10 μ, dann
20 bis 25 μ große Mündung enthält. Clypeus oft viel größer
und dann flach vorgewölbt. Perithecienmembran 12 bis 20 μ
dick, aus vielen Lagen von stark zusammengepreßten, dunkelbraunen Parenchymzellen bestehend. Periphysen fehlend. Paraphysen zahlreich, zarthäutig, dünn bis bandförmig, kaum verzweigt. Schläuche zylindrisch, kurz gestielt, oben abgerundet.
und stark verdickt, 180 ≈ 8 μ. Jod färbt unter der Verdickung
eine dicke Querplatte stark blau. Sporen zu acht, einreihig,.
schön braunviolett, zweizellig, spindelig-länglich, an den Enden
verschmälert abgerundet, gerade, an der Querwand nicht eingeschnürt, 16 bis 25 ≈ 5 bis 7 μ, der Länge nach oft kaum sichtbar fein hyalin gestreift, auf jeder Seite vier bis sechs Streifen.
Querschnitt der Sporen kreisrund, am Rande oft fein hyalin
krenuliert.

Auf Bambusrohr in Tjibodas und Buitenzorg, Java, 1907,.
von mir gesammelt.

Ich stelle diese Form vorbehaltlich der Revision der in-
Betracht kommenden Gattungen einstweilen zu *Massariopsis*
Niessl im Sinne von Rehm in Ann. myc., 1906, IV. Bd.,.
p. 269, wegen der Blaufärbung des Porus.

### 1210. Über Cladosphaeria Sambuci racemosae Otth.

In meinem Fragment zur Mykologie, Nr. 1042, XX. Mitt.,.
1917; gab ich an, daß *Sphaeria hirta* Fries, welche *Karste--*

*nula hirta* (Fr.) v. H. zu heißen hat, an den dünnen Zweigen in einer abweichenden Form mit stets kleineren (20 bis 22 ≈ 6 µ) blassen und vierzeiligen Sporen auftritt, die man für eine eigene Art halten möchte.

Dies ist nun tatsächlich schon geschehen, denn es ist kein Zweifel, daß der von Otth (Mitt. naturf. Gesellsch. Bern, 1871, p. 108) unter dem Namen *Cladosphaeria Sambuci race-mosae* beschriebene Pilz ebendiese kleinsporige Form der dünnen Zweige ist. Diese Form müßte nun *Karstenula hirta* (Fr.) v. H. forma *Sambuci racemosae* (Otth) v. H. genannt werden, welcher Name aber unpassend ist, da der Pilz nur auf dem Traubenhollunder wächst.

**1211. Über die Gattung Ophiobolus Aut. (non Riess).**

In Ann. mycol., 1918, XVI. Bd., p. 85, habe ich gezeigt, daß die Gattung *Ophiobolus* im heutigen Sinne in drei von-einander völlig verschiedene Gattungen zerfällt, mit den Grund-arten *Leptospora porphyrogona* (Tode) Rabh. 1857, *Ento-desmium rude* Riess 1854 und *Ophiobolus acuminatus* (Sow.) Duby 1854. Eine nähere Prüfung der Stellung dieser Gattungen ergab nun, daß *Leptospora porphyrogona* ein echt sphärialer Pilz ist. *Entodesmium rude* hingegen ist dothidealer Natur. Die Fruchtkörper sind perithecienähnlich, aber oft sehr schön stromatisch verwachsen, wo dann die dothideale Beschaffen-heit ohne weiteres zu erkennen ist. Sie sind etwa 420 µ hoch und unten kugelig ausgebaucht; die obere Hälfte bildet einen oben abgerundeten, 220 µ hohen, 160 µ dicken Zylinder, der anfänglich ganz mit einem hyalinen Parenchym ausgefüllt ist, schließlich aber kanalartig durchbrochen wird. Bei dieser Gelegenheit wird das in der Achse des Zylinders befindliche Gewebe in eine feinkörnige schleimige Masse verwandelt, in der sich eine sehr zartfaserige Struktur erkennen läßt, wodurch Periphysen vorgetäuscht werden, die aber völlig fehlen, ebenso wie ein echtes Ostiolum, obwohl die reifen Fruchtkörper eine sehr regelmäßige runde Öffnung zeigen. Die schwarze, etwa 30 µ dicke Wandung ist nach innen schlecht abgegrenzt und besteht aus wenig abgeflachten, bis 20 µ großen, dünnwandigen

Zellen. Auch das Stromagewebe zwischen den Fruchtkörpern
ist offenzellig parenchymatisch. Der Pilz tritt nicht selten, so
in dem Stücke in Krieger, Fg. sax., Nr. 2215, in eigenartigen
zurückgebliebenen Zwergformen auf, die eine Nebenfrucht desselben vortäuschen. Es sind dies meist in Gruppen stehende,
150 bis 200 μ breite, weiße, schwarz berandete, sitzende oder
kurz und dick gestielte Scheibchen, die 2 bis 2·5 μ breite,
parallele, paraphysenartige Fäden enthalten.

*Entodesmium rude* könnte ohne weiteres als Dothideacee
gelten.

*Ophiobolus maritimus* Sacc. hat nach der Beschreibung
(Michelia, 1878, I. Bd., p. 119) fadenförmige hyaline Sporen,
die in zylindrische, zweizellige, 15 bis 20 ≈ 2 μ große Glieder
zerfallen. Die Perithecien stehen einzeln in kleinen Herden.
Von einem Stroma ist nicht die Rede. Der Pilz ist nicht wieder
und anscheinend nur spärlich gefunden worden, denn Berlese
(Icon. Fung., 1900, II. Bd., p. 127) konnte am Urstücke nichts
mehr feststellen. Da Paraphysen angeblich fehlen und kein
Stroma vorhanden ist, gehört der Pilz gewiß nicht zu *Entodesmium*. Ist vielleicht eine neue Diaportheengattung.

*Ophiobolus acuminatus* (Sow.) Duby ist ein sphärialer
Pilz. Echte Arten der Gattung *Ophiobolus* Riess (non Aut.) =
*Leptosphaeriopsis* Berlese sind nach des letzteren Angaben
(Icon. Fg., 1900, II. Bd., p. 139) noch *Leptosphaeria ophio-
boloides* Sacc. und *Ophiobolus Bardanae* (Fuck.) Rehm.

*Ophiobolus compressus* Rehm und *Ophiobolus Tanaceti*
(Fuck.) Sacc. haben 3·5 bis 4·5 μ breite, gefärbte Sporen
mit vielen deutlichen Querwänden, sind dothideal gebaut und
nichts anderes als lang- und schmalsporige echte *Leptosphaeria*-Arten.

Ganz deutlich dothideal ist auch *Ophiobolus herpotrichus*
(Fries), aber mit nur 2 μ breiten Sporen.

*Ophiobolus Rostrupii* Ferd. et Winge ist, wie schon
Lind angab (Ann. myc., 1915, XIII. Bd., p. 17) gleich *Lino-
spora Brunellae* E. et Ev. = *Hypospila Brunellae* E. et Ev.
(Proc. Acad. nat. scienc. Philad., 1894—95, p. 337, 338). Der
Pilz wurde von Berlese (Icon. Fung., 1900, II. Bd., p. 149)
zu *Ceuthocarpon* Karst. gestellt; indessen sagt er, daß er

besser bei *Ophiobolus* stünde. Lind sagt, daß der Pilz eine Clypeosphäriäcee ist, weil er *Ceuthocarpon*, das eine Diaporthee ist, für eine solche hält.

Theissen und Sydow (Ann. myc., 1918, XVI. Bd., p. 25) sagen, daß der Pilz in der Wachstumsweise und im Bau des Nukleus ganz mit *Phaeosphaerella macularis* übereinstimmt. Sie geben an, daß eine kurze, später abfallende Scheitelpapille vorhanden ist und die Schläuche einen grundständigen Büschel bilden.

Die Untersuchung des Pilzes in Ellis u. Everh., Fg. Columb., Nr. 939, zeigte mir aber, daß diese Angaben unrichtig sind. Die zwischen den beiden Blattepidermen eingewachsenen 350 µ großen, etwas abgeflacht kugeligen Fruchtkörper haben unten und seitlich eine gleichmäßig 20 bis 25 µ dicke Strömawand, die aus meist drei Lagen von offenen, großen, schwarzbraunen Zellen bestehen, die etwas gestreckt und meist deutlich senkrecht gereiht sind. Nach oben hin wird die Wandung dicker und ist an der dothidealen Mündung 60 µ dick. Der 25 µ breite Mündungskanal erweitert sich nach oben auf 35 µ. Die Mündung ist flach oder fast so. Eine abfällige Papille fehlt. Manchmal enthält das Stroma zwei Lokuli. Die sehr zahlreichen Schläuche sitzen durchaus nicht büschelig am Grunde, sondern ganz so wie bei *Leptosphaeria* sich mehr minder weit an den Seitenwänden hinaufziehend. Paraphysoide Fäden sind zwischen den Schläuchen in großer Menge vorhanden und reichen bis zum Scheitel des Schlauchraumes. Die Sporen sind spindelig-zylindrisch, sind meist 125 µ lang, in der Mitte bis 5·5 µ dick, nach den stumpflichen Enden hin schmäler. In der Mitte ist eine deutliche Querwand mit starker Einschnürung, wo manchmal ein Zerbrechen der Sporen stattfindet. In den beiden Hälften sind noch mehrere, aber öfter wenig deutliche Querwände zu sehen. Die einzeln liegenden Sporen sind blaßgelblich, der achtsporige Schlauchinhalt ist aber ockergelb.

Danach ist der Pilz eine ganz echte, dothideale *Leptosphaeria* de Not. (non Aut.) mit sehr langen schmalen Sporen. Er ist mit *Ophiobolus compressus* und *O. Tanaceti* verwandt.

Für diese langsporigen *Leptosphaeria*-Arten, die von den
sphärialen *Leptospora* Rbh.-Arten ganz verschieden sind, muß
doch wohl eine eigene Gattung aufgestellt werden, die ich
*Leptosporopsis* nenne.

*Leptosporopsis* ist eine dothideale Gattung, die zu den
Montagnelleen gestellt werden muß, während *Phaeosphaerella*
eine Pseudosphäriacee ist.

Die *Ophiobolus*-Arten mit ganz dünnen Sporen mit oder
ohne Knotenzelle werden wohl meist sphärialer Natur sein
und zu *Leptospora* Rabh. gehören. Aber auch jene Arten,
die breite, deutlich mehrzellige, gefärbte Sporen mit Knotenzelle besitzen, werden sphärialer Natur sein und sich von
*Nodulosphaeria* ableiten, also zu *Leptospora* gehören.

Es gibt aber auch Arten mit ziemlich breiten, deutlich
zelligen Sporen ohne Knotenzelle, die sphärialer Natur sind,
so *Ophiobolus fruticum.*

Ob es schmalsporige Formen dothidealer Natur gibt, wird
noch zu untersuchen sein. Eine Übergangsform dazu wäre
*Ophiobolus herpotrichus.* Diese Formen müßten alle zu *Lepto-
sporopsis* gestellt werden.

### 1212. Über die Gattung Anthostomella Saccardo.

Der Gattungsname *Anthostomella* findet sich zuerst in
Nuovo Giorn. bot. ital., 1876, VIII. Bd., p. 12, jedoch ohne
Beschreibung, noch ohne Angabe einer Grundart. Eine Be-
schreibung derselben wird erst 1882 in der Syll. Fung., I. Bd.,
p. 278, gegeben. Hier wird die Gattung in die Sektionen
I. *Euanthostomella* (Sporen ohne hyaline Anhängsel) und
II. *Entosordaria* (Sporen an einem oder beiden Enden mit
hyalinen Anhängseln) geteilt. Dazu kommt noch 1905 die
Abteilung *Anthostomaria* für die flechtenbewohnenden Arten
(Syll. Fung., XVII. Bd., p. 595).

Welche Berechtigung die Gattung *Phaeophomatospora*
Spegazzini 1909 (angeblich *Phomatospora* mit gefärbten
Sporen) in Anal. Mus. nac. Buenos Aires, 3. Ser., XII. Bd.,
p. 339, hat, müßte am Urstücke noch geprüft werden. Clypeus
und Paraphysen sollen fehlen.

Die Gattung *Paranthostomella* Spegazzini (Fungi chilens., Buenos Aires, 1910, p. 42) soll sich von *Anthostomella* nur durch den Mangel eines Clypeus unterscheiden. In der Gattung stehen drei Arten, die, nach den Beschreibungen beurteilt, voneinander gattungsverschieden sind. Die Grundart *P. eryngiicola* Speg. hat einzellige Sporen, keine Paraphysen und dickwandige, keulige, oben stark verdickte Schläuche, in denen die Sporen zweireihig stehen. Sie weicht daher mehrfach von *Anthostomella* ab und wird als eigene gute Gattung gelten müssen. Die zweite Art, *P. unciniicola* Speg., hat zweizellige Sporen mit kleiner, hyaliner, unterer Endzelle, Paraphysen und zylindrische Schläuche. Ist offenbar eine echte *Entosordaria* Sacc. em. v. H. mit nicht (oder schlecht?) entwickeltem Clypeus.

Die dritte Art, *P. valdiviana* Speg., wäre eine *Entosordaria* ohne Paraphysen. Es sind einige als *Anthostomella* in der Syll. Fung. angeführte Pilze als paraphysenlos beschrieben. Allein die Paraphysen werden oft übersehen und es fragt sich, ob wirklich paraphysenlose hierhergehörige Formen bestehen. Vermutlich ist *P. valdiviana* nur eine *Entosordaria* ohne deutlichen Clypeus.

Niessl hat 1876 (Verh. naturf. Ver. Brünn, XIV. Bd., p. 203) die Gattung *Anthostomella* Sacc. in zwei geteilt: *Anthostomella* Sacc. em. Niessl mit Schläuchen, die oben wenig oder nicht verdickt sind und daselbst keinen besonderen Bau zeigen, und *Maurinia* Niessl mit Schläuchen, die oben stark verdickt sind und einen besonderen Bau zeigen. Für *Maurinia* führt er als einziges Beispiel die *Sphaeria lugubris* Roberge an, die er in Verb. naturf. V. Brünn, 1872, X. Bd., 211, als *Anthostomella* beschrieb. Wie aus Fig. 47 auf Taf. VII zu ersehen ist, hat dieser Pilz an der Spitze der Schläuche eine 4 bis 5 $\mu$ hohe und breite, zylindrische, in das Schlauchlumen ragende Verdickung. Dies fand ich am Urstücke in Desm., Pl. crypt. Fr., 1849, Nr. 1792, bestätigt. Ich konnte auch feststellen, daß sich diese zylindrische Verdickung mit Jod stark blau färbt.

Indessen ist nach meiner Erfahrung der Bau der Schlauchspitze nur bei jenen Arten mit genügender Sicherheit fest-

stellbar, die breitere Schläuche haben; sobald die Schlauch-
breite auf 4 bis 6 μ herabsinkt, wird der Bau der Spitze derselben undeutlich. Dazu kommt noch, daß, wie es scheint, alle·
echten *Euanthostomella*-Arten die Blaufärbung des Schlauchporus mit Jod zeigen, so daß auch diese keinen Unterschied
ergibt.

So zeigte mir die Untersuchung des Urstückes von
*Anthostomella punctulata* (Rob.) in Desmazières, Pl. crypt.
Fr., 1850, Nr. 2080 (vollkommen übereinstimmend mit Rehm,
Ascom. exs., Nr. 2106, die als *A. phaeosticta* [Berk.] Sacc.
unrichtig bestimmt ist), daß die etwas abgeflachten, etwa
6 bis 8 ⁓ 4 ⁓ 2·6 μ großen Sporen in 40 ⁓ 4 bis 5 μ großen
Schläuchen liegen. Der Bau der wenig verdickten Schlauchspitze ist undeutlich, doch färbt sich der sehr kleine Porus
mit Jod schwach blau. Die 220 μ großen Perithecien haben
eine rundliche, 20 bis 25 μ große Mündung, in der man eine
Anzahl von bräunlichen, spitzen, 5 bis 6 ⁓ 2 μ großen Zähnen
strahlig angeordnet sieht.

Es wird daher der Gattung *Maurinia* Niessl 1876 keine·
praktische Bedeutung zukommen.

Die Gattung *Leptomassaria* Petrak 1914 (Ann. myc.,
XII. Bd., p. 474) ist begründet auf *Quaternaria simplex* (Otth)
Nitschke 1871. Diese ist jedenfalls nächstverwandt mit
einigen großsporigen *Anthostoma*-Arten und daher bei diesen
einzureihen. Als Massariee kann der Pilz nicht angesehen
werden trotz des Mangels eines Stromas.

Die Gattung *Astrocystis* Berk. u. Br. 1873 ist nahe verwandt mit *Anthostomella* und kann als Anpassungsgattung
erhalten bleiben. Siehe Fragm. z. Mykol., Nr. 225, VI. Mitt.,
1909.

Jene *Anthostomella*-Arten, welche oben oder unten ein·
hyalines kappenförmiges Anhängsel haben, gehören in eine
eigene Gattung, *Entosordaria* Sacc. em. v. H., denn dieses
Anhängsel ist eine Zelle, die durch eine Querwand abgetrennt
wird und hyalin bleibt, wie in dem Fragmente Nr. 1205 über
*Rhynchostoma* besprochen ist.

Die Grundart *Entosordaria perfidiosa* (de Not.) v. H.
gibt mit Jod keine Blaufärbung des Porus. Die meisten Arten

dieser Gattung geben aber die blaue Jodreaktion. Dasselbe
gilt auch für die Eu-*Anthostomella*-Arten.

*Anthostomella rostrispora* (Gerard) Sacc. (Michelia, 1877,
I. Bd., p. 25), Var. *foliicola* Sacc., F. italici, Taf. 177 (Syll.
Fung., 1882, I. Bd., p. 287) ist jedenfalls eine eigene Art.

Die Perithecien sitzen in dem Stücke in Rehm, Asc. exs.,
Nr. 1388, auf den morschen Birkenblättern blattunterseits zerstreut oder in kleinen Gruppen. Sie entwickeln sich unter der
Epidermis und zeigen oben einen 20 bis 25 $\mu$ dicken Clypeus,
der wenig entwickelt ist und von der warzenförmigen, 60 $\mu$
breiten und 50 $\mu$ hohen Mündungspapille durchsetzt wird. Die
fast kugeligen, 180 $\mu$ breiten Perithecien haben unten und
seitlich eine braunviolette, 6 $\mu$ dicke Membran, die aus zusammengepreßten Zellen besteht. Paraphysen vorhanden, fädig.
Schläuche zylindrisch, $100 \approx 4 \mu$, oben abgestutzt und verdickt. Jod färbt den kleinen Porus schwach blau. Die jungen
Sporen sind hyalin, meist gerade oder schwach gebogen und
schmal spindelförmig mit sehr spitzen Enden. Sie zeigen in
der Mitte stets zwei Plasmatropfen. Dann treten zwei oder
vier sehr zarte Querwände auf. Die so entstehende Mittelzelle
wird etwas größer und breiter ($8$ bis $10 \approx 3 \mu$), schließt die
zwei Plasmatropfen ein, wird derbwandig und violettbraun,
während die je ein bis zwei Endzellen sehr zarthäutig und
hyalin bleiben und Schleimanhängsel vortäuschen. Gesamtlänge der Sporen etwa 20 $\mu$.

Der Pilz ist eine kleinsporige Art der Gattung *Heptameria* Rehm et Thümen 1878 $=$ *Verlotia* H. Fabre 1879
und hat *Heptameria foliicola* (Sacc.) v. H. zu heißen.

In die Gattung *Heptameria* könnten noch gehören: *Anthostomella perseicola* (Speg.); *Closterium* (B. et C.) Sacc.;
*achira* Speg.; *unguiculata* (Mont.) Sacc. und *A. rostrispora*
(Ger.). Noch bemerke ich, daß auch Traverso (Flor. ital.
crypt., I. Fungi, 1907, II. Bd., p. 489) den obigen Pilz als
eigene Art betrachtet (*Anthostomella foliicola* [Sacc.] Trav.
[1906]). Er fand auch, wie in Fig. 96, 7, abgebildet, daß einer
der hyalinen Fortsätze zweiteilig ist, was eben von der zelligen
Natur desselben herrührt.

*Anthostomella clypeata* (de Not.) Sacc. (Syll. Fg., 1882,
I. Bd., p. 283).

Nach Traverso (Flora ital. cryptog., I. Fungi, 1907,
II. Bd., p. 481) hat das Urstück 80 bis 90 ≃ 8 bis 9 μ große
Schläuche und dunkelbraune, 10 bis 14 ≃ 5 bis 6 μ große
Sporen. Davon weicht nun das Stück in Sacc., Mycoth.
venet., Nr. 1444, das er als zugehörig anführt, ab. Dieses
paßt fast genau zur *Anthostomella limitata* Sacc. (Fung.
ital., Taf. 129).

Die Nr. 1444 hat in kleinen Herden stehende Perithecien,
die sich in und unter der Epidermis entwickeln und öfter zu
wenigen miteinander verwachsen sind. Sie sind aufrecht eiförmig, etwa 150 bis 160 μ breit und 250 μ hoch, zeigen
unten und seitlich eine dunkelbraune, 10 bis 12 μ dicke
Membran, die aus vielen Lagen von stark zusammengepreßten
Zellen besteht. Oben zeigt sich ein opakschwarzer, klein-
zelliger, wenig ausgebreiteter, 40 bis 50 μ dicker Clypeus.
Die rundliche, 40 μ weite Mündung ist flach. Paraphysen
zahlreich, fädig, stark verschleimend, nach obenhin in die
Periphysen übergehend. Die fast zylindrischen Schläuche sind
bis 90 ≃ 5 bis 6 μ groß, oben wenig verschmälert abgestutzt
und wenig verdickt. Mit Jod färbt sich eine dünne Querplatte an der Innenseite der Verdickung schön · blau. Die
elliptischen, an beiden Enden verschmälert abgerundeten
Sporen stehen einreihig, sind 10 bis 14 ≃ 3 bis 4 (selten
bis 5) μ, gerade und blaßschmutzig graublau, stets einzellig.

Der einzige Unterschied von *A. limitata* Sacc. würde
darin bestehen, daß die Sporen weniger spitzendig sind, als
sie Saccardo zeichnet. Jedenfalls ist aber der Pilz nicht die
*A. clypeata* de Not.

Was Winter *A. clypeata* nennt, ist gewiß eine andere,
von Rehm in Ann. myc., 1909, VII. Bd., p. 406, *A. clypeoides* R.
genannte Art. Diese ist jedenfalls eine *Entosordaria* Sacc.
em. v. H., während *A. clypeata* de Not. und *limitata* Sacc.
zu *Euanthostomella* gehören.

*Anthostomella ammophila* (Phill. et Plowr.) Sacc. (Syll.
Fung., 1891, IX. Bd., p. 513) hat etwa 340 μ breite, kugelige,

in und unter der Epidermis eingewachsene derbhäutige Perithecien, die mit einem 20 μ dicken Clypeus bedeckt sind und
·mit der Mündungswarze etwas vorbrechen. Die 16 bis 18 μ
dicke, schwarzbraune Perithecienmembran besteht aus vielen
·Lagen von kleinen, stark zusammengepreßten Zellen. Die
zylindrischen Schläuche sind 8 μ dick, oben abgestumpft und
mit nach innen vorspringendem kurzen Zylinder, der sich mit
Jod blau färbt. Die elliptischen, dunkelbraunen, 9 bis 10 ≍ 6 μ
großen Sporen sind zweizellig, wie man an den noch un-
entwickelten Sporen leicht sehen kann. Die untere Zelle bleibt
hyalin und ist nur 2 bis 3 μ hoch. Schließlich sieht sie wie
ein kleines hyalines Schleimanhängsel aus. Ist eine *Entosordaria* mit Clypeus und Jodreaktion.

*Anthostomella Helichrysi* H. Fab. f. *Solidaginis* Rehm
in Asc. exs., Nr. 1132, ist von Fabres' Art (Syll. Fung.,
IX. Bd., p. 508) sicher ganz verschieden. Der Pilz hat bis
über 700 μ große, in der Rinde eingewachsene, mit einem
40 μ dicken Clypeus versehene, fast kugelige, oben bauchig-
kegelige, die Rinde auftreibende, scheinbar fast halbkugelig
vorstehende Perithecien, die einzeln, oft in kurzen Reihen
stehen, öfter zu mehreren einander sehr genähert oder mit-
·einander verwachsen sind. Der Clypeus ist über denselben
meist stark glänzend. In der Rinde zeigt sich ein mehr
weniger gut entwickeltes Stroma und im Holzkörper eine
dünne schwarze Saumlinie. Die ringsum gut entwickelte Perithecienmembran besteht aus vielen Lagen kleinerer, stark
abgeflachter Zellen und ist 25 bis 40 μ dick. Paraphysen
zahlreich, fädig; Schläuche zylindrisch, bis 130 ≍ 7 bis 9 μ
groß, oben schwach kugelig angeschwollen und mit einer
·6 bis 7 μ langen und 4 bis 5 μ breiten, in das Schlauchlumen ragenden zylindrisch-rundlichen Membranverdickung,
die sich mit Jod dunkelblau färbt. Die einreihig stehenden,
kahn-spindelförmigen, ·beidendig spitzen, einseitig abgeflachten,
meist 20 bis 24 ≍ 6 bis 8 (sehr selten bis 33 ≍ 10) μ großen
Sporen sind manchmal schwach gekrümmt und durchscheinend
violettbraun.

Der durch seine auffallend stark verdickte Schlauchspitze
·und deren starke Jodfärbung bemerkenswerte Pilz ist offenbar

die *Anthostoma italicum* Sacc. et Speg. (Michelia, 1878, I. Bd., p. 326). Aus der Abbildung in Fung. ital., Taf. 165, ist die auffallend starke Verdickung der Schlauchspitze gut zu erkennen.

Anscheinend verwandte Formen sind auch *Anthostomella affinis* Sacc. (Michelia, I. Bd., p. 439) und *A. Intybi* (Dur. et Mt.) Sacc. (Syll. F., I. Bd., p. 285).

*Anthostomella constipata* (Mtg.) Sacc. Var. *diminuta* Rehm in Tranzschel et Serebr., Mycoth. ross., Nr. 73, ist jedenfalls eine eigene Art, mit 10 bis 12 $\asymp$ 4 $\mu$ großen Sporen (*Anthostomella diminuta* [R.] v. H.).

Der in J. Bornmüller, Plantae exs. Canarienses, Nr. 1599, als *Anthostomella lugubris* Roberge ausgegebene, von P. Magnus bearbeitete Pilz ist falsch bestimmt und eine eigene neue Art:

*Anthostomella graminella* v. H. n. sp. Perithecien 200 $\mu$ breit, rundlich, mit etwa 15 $\mu$ dicker, brauner, aus vielen Lagen von dünnwandigen, undeutlichen, stark zusammengepreßten Zellen bestehender Membran, unter einem kleinen Clypeus eingewachsen, zerstreut oder in Reihen. Mündung rundlich, mit radiären Periphysen, 25 bis 28 $\mu$ breit. Schläuche zarthäutig, sitzend, keulig, 80 bis 84 $\asymp$ 20 $\mu$. Jod gibt keine Blaufärbung derselben. Sporen zweireihig, flachgedrückt, elliptisch mit verschmälerten abgerundeten Enden, wenig durchscheinend violettbraun-schwarz, 18 bis 20 $\asymp$ 10 bis 12 $\asymp$ 3 bis 6 $\mu$. Paraphysen frei, kaum länger als die Schläuche, nicht verschleimend, zarthäutig, mit einigen Querwänden und kleinen Öltropfen, bandförmig, 4 bis 6 $\mu$ breit.

Auf *Festuca filiformis*, Teneriffa, J. Bornmüller 1901.

Diese Art ist durch die keuligen Schläuche mit zweireihig liegenden Sporen und die bandförmigen, zelligen, breiten Paraphysen sehr ausgezeichnet.

Unter den vielen Arten der Gattung fand ich nur zehn mit angeblich zweireihig liegenden Sporen, die alle ganz verschieden sind. Es sind dies: *Anthostomella smilacina* (Peck) Sacc. (Syll. Fg., I, 281); *Intybi* (Dur. et Mt.) (I, 285); *?Baptisiae* (Cooke), I, 285; *melanosticta* E. et Ev. (IX, 510); *Lepidospermae* Cooke (XI, 281); *grandispora* Penz. et Sacc.

(XIV, 502); *thyrioides* Ell. et Ev. (XVII, 595); *Coffeae* Del. (XVII, 594); *Molleriana* Trav. et Spessa (XXII, 98); *Osyridis* Bub. (XXII, 97).

### 1213. Anthostomella bambusaecola v. H. n. sp.

Perithecien zerstreut oder herdenweise, einige Zellagen unter der Epidermis entwickelt, etwas abgeflacht kugelig, bis 800 µ groß, derbhäutig, mit 8 bis 15 µ dicker, gelbbrauner Membran, die aus vielen Lagen von stark zusammengepreßten, etwa 2 µ breiten Hyphen besteht, die nach obenhin mehr minder senkrecht parallel verlaufen.. Clypeus länglich, bis über 1 *mm* lang, flachkegelig, schwarz, meist matt, in der Mitte 80 µ dick, allmählich verlaufend. Ostiolum sehr klein, unregelmäßig. Paraphysen lang und dünnfädig, mit Öltröpfchen, 1 bis 2 µ breit. Schläuche zylindrisch, lang gestielt, 96 bis 120 ≈ 4 bis 6 µ groß. Jod färbt eine Querplatte innen an dem verdickten Scheitel derselben blau. Sporen durchscheinend violettschwärzlich, elliptisch-länglich, einseitig etwas abgeflacht, an den Enden abgerundet, 8 bis 9 ≈ 5 ≈ 3 bis 3·5 µ groß.

An Bambusrohrhalmen, Tjibodas, Java, 1908, von mir gesammelt.

Es ist mir nicht unwahrscheinlich, daß *Rosellinia (Amphisphaerella) formosa* v. *flavozonata* Penzig et Saccardo (Icon. Fung. javanic., 1904, p. 6, Taf. V, Fig. 4) derselbe Pilz ist, der dann ganz falsch beschrieben und eingereiht wäre.

### 1214. Paranthostomella bambusella v. H. n. sp.

Perithecien schwarz, rund, unten flach, oben kegelig gewölbt, drei Zellagen unter der Epidermis entwickelt, 200 bis 250 µ breit, 200 µ hoch, in dichten, ausgebreiteten Herden stehend, das darüberliegende Gewebe vorwölbend, nicht vorbrechend, ohne Clypeus. Perithecienmembran häutig, 4 bis 6 µ dick, undeutlich kleinzellig. Mündung flach, rund, anfänglich 20 bis 25 µ breit, scharf berandet; Rand von dünnen, etwa 2 bis 3 µ langen, schwarzen, radialstehenden, später undeutlich werdenden Borsten gezähnt. Periphysen deutlich, strahlig angeordnet. Schläuche bereits meist zerstört, dünnhäutig, zylindrisch, etwa 70 ≈ 6 µ groß, achtsporig; Sporen schief oder fast quer einreihig, einzellig, durchscheinend schwarzviollett,, meist gerade, spindelförmig, an den Enden spitzlich, 12 bis 15 ≈ 5 bis 6·5 μ. Paraphysen bereits undeutlich.

Auf den Halmen einer dornigen *Bambusa* im botanischen Garten von Buitenzorg, Java, 1907, von mir gesammelt.

Weicht von den echten *Anthostomella*-Arten durch den Mangel eines Clypeus ab. Ob es eine der Grundart *Parantho-stomella eryngiicola* Speg. 1910 genügend entsprechende Form ist, könnte nur das Urstück dieser Art lehren. Dieses soll dickwandige, keulige, oben stark verdickte Schläuche mit zweireihig stehenden Sporen und keine Paraphysen haben, würde also einigermaßen abweichen. Von den bisher be-schriebenen *Anthostomella*-Arten ist der beschriebene Pilz, soweit sich dies aus den Beschreibungen entnehmen läßt, wohl verschieden.

# Namenverzeichnis.

**Anthostoma** italicum Sacc. et Speg. 212, trabeum 205. — **Antho-stomella** ammophila (Ph. et Pl.) Sacc. 212, bambusaecola v. H. 213, Baptisiae Cke. 212, Closterium (B. et C.) 212, clypeata (de Not.) 212, clypeoides R. 212, Coffeae Del. 212, constipata var. diminuta Rehm 212, diminuta (Rehm) v. H. 212, graminella v. H. 212, grandispora Penz. et Sacc. 212, Helichrysi f. Solidaginis Rehm 212, Intybi (D. et M.) 212, Lepidospermae Cke. 212, limitata Sacc. 212, lugubris Rob. 212, melanosticta E. et Ev. 212, Molleriana Trav.. et Spissa 212, Osyridis Bub. 212, perfidiosa (de Not.) 205, perseicola (Speg.) 212, phaeosticta (Berc.) 212, Poetschii Nssl. 205, punctulata (Rob.) 212, rostrispora var. foliicola Sacc. 205, 212, smilacina (Peck.) 212, thyrioides E. et Ev. 212, unguiculata (Mont.) 212. — **Asterina** Loranthacearum var. javensis v. H. 190, sphaerelloides Speg. 190, subglobulifera v. H. 191. — **Asterinella** tjibodensis v. H. 192. — **Astrocystis** B. et Br. 212. — **Astrosphaeriella** bambusella v. H. 207. — **Bizzozeria** Berl. et Sacc. 201. — **Bombardia** fasciculata 201. — **Bombardiella** caespitosa v. H. 201. — **Botryo-sphaeria** inflata Cke. et Mass. 194, xanthocephala (S. et B.) Theiss. 194. — **Calonectria** Atkinsonii Rehm 197, Balansiae A. Möll. 197. — **Celtidia** duplicispora Janse 189. — **Chiajaea** Hendersoniae (Fckl.) v. H. 197, rhodomela (Fr.) v. H. 107. — **Cladosphaeria** Sambuci-racemosae Otth 210. — **Corallodendron** Jungh. 195. — **Coralliomyces** aurantiicola (B. et Br.) 195, berolinensis P. H. 195, brachysporus P. et S. 195, Caricae P. H. 195, elegans B. et C. 195, var. Camarunensis P. H. 195, Heinsensii P. H. 195, Jatrophae A. Möll. 195, laeticolor (B. et C.) v. H. 195, novo-pommeranus P. H. 195, sanguineus (P. H.) v. H. 195. — **Corallomycetella** P. Henn. 195. — **Creomelanops** xanthocephala (B. et S.) v. H. 194. — **Cucurbitaria** Hendersoniae Fckl. 197. — **Delitschia** bisporula (Cr.) 202, canina Mout. 202, chaetomioides Karst. 202, didyma Awld. 202, gemininspora Sacc. et Flag. 202, insignis Mout. 202, leptospora Oud. 202, moravica Nssl. 202, sordarioides Speg. 202, Winteri Plowr. 202. — **Didymella** Pandani v. H. 206. — **Entodesmium** rude Riess 211. — **Entosordaria** albocincta (E. et Ev.) v. H. 205, altipeta (Peck) v. H. 205, Ammophilae (Ph. et Pl.) 205, apiculata (Curr.) 205, appendiculosa (B. et Br.) 205, Cacti (Schw.) 205, clypeoides (Rehm) 205, cornicola (E. et Ev.) 205, cymbisperma (Wint.) 205, dryina (Mout.) 205, fuegiana (Speg.) 205, hemileuca (Speg.) 205, italica (Sacc. et Speg.) 205, Magnoliae (E. et Ev.) 205, Molleriana (Wint.) 205, pedemontana (Ferr. et Sacc.) 205, perfidiosa (de Not.) 205, 212, Rehmii (Thüm.) 205, sabalensioides (E. et Mart.) 205, tersa (Sacc.) 205, tomicoides (Sacc.) 205, umbrinella (de Not.) 205. — **Eosphaeria** uliginosa (Fr.) v. H. 201. —

**Heptameria** foliicola (Sacc.) 212. — **Herpotrichia** sabalicola P. H. 196, Schiedermayeriana Fckl. 196. — **Hormospora** de Not. 203. — **Hypocopra** equorum Fckl. 200, 201, fimeti (P.) 200, merdaria Fr. 200, 201. — **Hypocrea** Bambusae v. H. 198. — **Hypocrella** lutulenta v. H. 199. — **Hypo-creodendron** P. H. 195. — **Hypospila** Brunellae E. et Ev. 211. — **Karstenula** hirta (Fr.) 210, f. Sambuci-racemosae (Otth) v. H. 210. — **Lasiosphaeria** Ces. et de Not. 201. — **Leptomassaria** Petr. 212. — **Leptosphaeria** ophioboloides Sacc. 211. — **Leptospora** porphyrogona (Tde.) 211. — **Lepto-sporopsis** v. H. 211. — **Letendraea** Sacc. 195, 196. — **Limacinia** grami-nella v. H. 193. — **Linospora** Brunellae E. et Ev. 211. — **Macbridella** Seav. 195, 196. — **Massariopsis** substriata v. H. 209. — **Maurinia** Nssl. 212, sanguinarium (Karst.) 197. — **Melanops** inflata (C. et M.) 194, xantho-cephala (C. et M.) 194. — **Microcera** Desm. 195. — **Nectria** coccogena Speg. 195, coccorum Speg. 195. — **(Gibbera)** Hippocastani Otth 197. — **Ophiobolus** acuminatus (Sow.) 211, Bardanae (Fckl.) 211, compressus Rehm 211, herpotrichus (Fr.) 211, maritimus Sacc. 211, Rostrupii Ferd. et Wge. 211, Tanaceti (Fckl.) 211. — **Pachyspora** geminispora (Sacc. et Fl.) 202, gigantea Kirschst. 202. — **Paranthostomella** bambusella v. H. 214, eryngiicola Speg. 212, unciniicola Speg. 212, valdiviana Speg. 212. — **Phaeonectria** Sacc. 195, 196. — **Phaeosphaerella** macularis 211. — **Phorcys** chaetomioides (Karst.) 202, f. calva v. H. 202, Winteri (Plowr.) 202. — **Physalospora** xanthocephala B. et Syd. 194. — **Pleophragmia** leporum Fckl. 204, pleospora Kirschst. 204. — **Pleospora** Henningsiana Ruhld. 204, leporum (Fckl.) 204, ligni Kirschst. 204, Phragmitis Holl. 204. — **Podo-spora** Ces. 201. — **Pterydiospora** javanica Penz. et Sacc. 208. — **Quaternaria** simplex (Otth) 212. — **Rhynchostoma** altipetum (Pec‹) 205, cornigerum K. 205, exasperans K. 205. — **Rosellinia (Amphisphaerella)** formosa var. flavozonata P. et S. 213. — **Sordaria** perfidiosa de Not. 205. — **Sphaeria** apiculata Curr. 205, hirta Fr. 210, rhodomela Fr. 197. — **Sphaerostilbe** coccophila (Desm.) 195. — **Sporormia** gigantea Hans. 203, insignis Nssl. 203, lignicola Ph. et Pl. 203, megalospora Awd. 203, ulmi-cola Pass. 203. — **Thaxteria** Sacc. 201. — **Thysanopyxis** 195. — **Trematosphaeria** porphyrostoma Fckl. 197. — **Weesea** Balansiae (Möll.) v. H. 197. — **Xenonectria** caldariorum (P. H.) v. H. 196.

Akademie der Wissenschaften in Wien
Mathematisch-naturwissenschaftliche Klasse

# Sitzungsberichte

## Abteilung I

Mineralogie, Krystallographie, Botanik, Physiologie der
Pflanzen, Zoologie, Paläontologie, Geologie, Physische
Geographie und Reisen

129. Band. 5. und 6. Heft

# Studien an Eisenorganismen

## I. Mitteilung

## Über die Art der Eisenspeicherung bei Trachelomonas und Eisenbakterien

Von

### Josef Gicklhorn

Aus dem Pflanzenphysiologischen Institute der Universität zu Graz

(Mit 5 Textfiguren)

(Vorgelegt in der Sitzung am 22. April 1920)

## I.

*A)* Den Ausgangspunkt der im folgenden mitgeteilten Studien bilden Beobachtungen an verschiedenen Trachelomonasarten nach Durchführung der bekannten Eisenreaktion mit gelbem Blutlaugensalz und Salzsäure. Für diese Untersuchungen standen mir drei Trachelomonasarten zur Verfügung; da bei der bekannten Variabilität dieses Eisenflagellaten eine Bestimmung nur annähernd möglich war, unterlasse ich die Artdiagnosen und verweise statt aller Beschreibung auf Fig. 1.

Sämtliche Formen sind bei gleicher Vergrößerung unter Berücksichtigung der für eine Bestimmung notwendigen Merkmale gezeichnet, die während einer einmonatlichen Beobachtung als konstant sich erwiesen.

Die Trachelomonaden sind als typische »Eisenorganismen« — im Sinne von Gaidukov[1] und Molisch[2] — bekannt;

---

[1] Gaidukov N.: Über die Eisenalge *Conferva* und die Eisenorganismen des Süßwassers im allgemeinen. Ber. d. Deutsch. bot. Ges. 1905, p. 250 bis 252.

[2] Molisch H.: Die Eisenbakterien. 1910 Jena, Verl. Fischer, p. 56.

im mikroskopischen Bild zeigt der oft verschiedenartig
skulpturierte, verhärtete Panzer eine leicht gelbe bis tief
braune Färbung, die durch eingelagertes $Fe_2O_3$ bedingt ist.
    Prüft man nun auf den Eisengehalt durch Anwendung
der von Molisch[1] und anderen als sicherste und beste
Reaktion erkannten Berlinerblauprobe, so erhält man in diesem
speziellen Fall nicht nur verschieden intensive Blaufärbung
des Gehäuses, sondern auch verschiedene Lokalisation
des gebildeten Berlinerblau; entscheidend ist, wie später
begründet wird, die Art der Durchführung der Reaktion und
der Zustand des Flagellaten. Die beistehende Fig. 2 kann
die Verhältnisse am einfachsten darstellen.

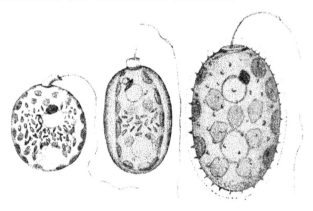

Fig. 1.

Die für die Reaktionen verwendeten Trachelomonas-Arten nach dem lebenden
Objekt gezeichnet. Vergr. zirca 1000 mal.

    I. Kann der Panzer gleichmäßig eine tiefe Blaufärbung
annehmen, ohne weitere Veränderungen zu zeigen. Das gilt
vor allem für leere Gehäuse, aber auch für die Anfangs-
stadien der Reaktion bei solchen, in welchen der lebende
Flagellat sich noch befindet (Fig. 2a).
    II. Kann die sonst auf das Gehäuse scharf lokalisierte
Reaktion auch außerhalb des Gehäuses auftreten und dieses
mit einem blau gefärbten Hof umgeben. Der Berlinerblau-

---

[1] Molisch H.: Microchemie der Pflanze. 1913. Jena, Verl. Fischer,
p. 39 bis 40.

niederschlag ist entweder körnelig oder homogen blau, ohne Struktur (Fig. 2 b).

III. Kann die anfänglich auf das Gehäuse beschränkte Reaktion durch Bildung typischer Traube'scher Zellen als Blasen und Beutel ein ganz absonderliches Bild bieten; sackartig umgibt die Niederschlagsmembran das Gehäuse, dabei in 2 bis 5 Minuten auf das Doppelte der Gehäusegröße heranwachsend (Fig. 2 c).

Der Ort und die Art der Bildung kann unter dem Mikroskop leicht verfolgt werden; unter gewissen Bedingungen entstehen aber die sackartigen Niederschlagsmembranen

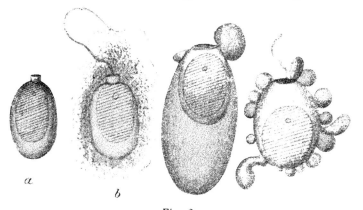

*a.*

*b.*

Fig. 2.

Die drei Typen der Berlinerblaureaktion bei Trachelomonaden: *a)* gleichmäßig tiefblaue Färbung des Gehäuses, nachdem zuerst $K_4FeCN_6$ zugefügt wurde, später HCl; *b)* schwache Färbung des Gehäuses, dieses von tiefblauem, homogenem und körneligem Niederschlag von Berlinerblau umgeben; Reaktionsbedingungen wie bei *a)*, doch mit besonderer Vorsicht ausgeführt, um stärkere Strömungen im Präparat zu vermeiden; *c)* Bildung Traube'scher Zellen um das Gehäuse und auf diesem; Reagentien gleichzeitig zugefügt. — Flagellat einfach schraffiert mit eingezeichnetem Augenfleck. Vergr. zirka 700 mal.

ruckartig und ein förmliches Herausschnellen eines blauen Beutels aus der mit einem versteiften Kragen umgebenen Geißelöffnung hat in erster Linie die Aufmerksamkeit auf sich gelenkt.

*B)* Als **Bedingungen** für diese auch durch Übergänge verbundenen Typen der Reaktion wurden erkannt: die Art der Durchführung der Eisenreaktion einerseits, das Fehlen

oder Vorhandensein des lebenden Flagellaten anderseits.
Nach den Erfahrungen von Molisch[1] wird die Probe auf
Eisenverbindungen ($Fe_2O_3$ locker gebunden) folgendermaßen
angestellt:

>Zarte Objecte, Algenfäden, dünne Schnitte legt man auf einen Object-
träger in einen Tropfen gelber Blutlaugensalzlösung und fügt einen Tropfen
verdünnter Salzsaure hinzu...... Ich verwende in der Regel eine 20⁰/₀ Blutlaugensalzlösung und eine höchstens 5⁰/₀ Salzsäure. Die zu untersuchenden
Objecte müssen zunächst vom Kaliumferrocyanid ganz durchtränkt
werden...... Dann laßt man die Salzsäure entweder direkt auf den Object-
träger oder bei diceren Objecten wieder in Glasdosen einwircen.«

Auf diese Weise erhält man eine sichere Reaktion durch
Berlinerblaubildung; aber bei Verwendung von frischem,
lebendem Versuchsmaterial in unserem Fall fast ausnahmslos Reaktionen vom Typus II, wie Fig. 2*b* zeigt.
Wenn man aber die beiden Reagentien am Objektträger
gut mischt, und dann direkt in den Tropfen das Material aus
der Pipette zufließen läßt und nach raschem Auflegen des
Deckglases beobachtet oder — was besser geeignet ist —
die Probe mit dem Versuchsmaterial neben den Reagens-
tropfen bringt und sodann beim Auflegen des Deckglases
auf die Diffusionszone achtet, so tritt die Berlinerblaubildung
fast ausnahmslos nach Typus III der Reaktion auf (Fig. 2*c*)
Wird ferner die Probe auf dem Objektträger mit einem der
Reagentien — gleichgültig mit welchem zuerst — versetzt,
nach einiger Zeit das Entsprechende, z. B. die Salzsäure mit
Filterpapier nachgesaugt, so stellt sich vorwiegend eine
Berlinerblaubildung nach Typus I ein (Fig. 2*a*). Nach der
Kenntnis dieser Verhältnisse gelang es mir jederzeit mit
Sicherheit, irgendeinen der erwähnten Reaktionstypen zu er-
zielen und demonstrieren zu können.

*C)* Die Erklärung für dieses verschiedene Verhalten ist
am einfachsten in folgender Überlegung zu geben. Fügt man
z. B. zuerst Salzsäure zu, so erfolgt rasche Tötung des
lebenden Flagellaten; durch die eindringende Salzsäure wird
das gebundene Eisen aus dem Gehäuse und dem Flagellaten

---

[1] Molisch: Microchemie etc., p. 39 bis 40.

— darüber später — gelöst, in reaktionsfähige Form gebracht und kann mit dem $K_4Fe(CN)_6$ als Berlinerblau nachgewiesen werden. Das Gleiche gilt für den Fall, als man zuerst gelbes Blutlaugensalz einwirken läßt; auch hier werden durch die Tötung des Objektes Bedingungen geschaffen, die ein Freiwerden des Eisens in reaktionsfähiger Form ermöglichen, zumindest vorbereiten, was durch nachfolgenden Salzsäurezusatz in erhöhtem Maße eintritt. In beiden Fällen aber, durch den zeitlich getrennten Zusatz von $K_4Fe(CN)_6$ und HCl bedingt, wird eine Diffusion des nachzuweisenden Eisens eintreten (Typus II).

Wird beim Durchsaugen des Präparates, — auch bei bloßem Zusatz vom Rande des Deckglases her treten Strömungen auf — das diffundierte Eisen weggespült, so kann nur das noch übrige, noch nicht gelöste Eisen nach erfolgtem Freiwerden in Reaktion treten. Daher muß ein lokalisierter Eisennachweis, in der Regel auf das Gehäuse beschränkt, nach Typus I sich einstellen.

Wenn man aber beide Reagentien gleichzeitig wirken läßt, so muß in dem Augenblick als das Eisen in reaktionsfähiger Form in genügender Menge frei wird — man denke an die enorme Empfindlichkeit der Probe — auch schon die Bildung von Berlinerblau stattfinden. Bei ungestörter Reaktion wird die einsetzende Diffusion des Eisens sofort durch die Niederschlagsmembran von Berlinerblau aufgehalten werden, was schließlich zur Bildung von Traube'scher Zellen führen muß, für deren Entstehung und Wachstum in diesem Falle also die gleichen Bedingungen gelten, wie für die Ferrocyankupfermembran des bekannten Vorlesungsversuches· oder bei der Pfeffer'schen Zelle. Diese Erklärung gilt auch für jene Fälle, wo durch Gallerte oder Schleime, z. B. bei Algen, Bakterien, Flagellaten usw. überhaupt Eisen in reichlicher Menge gespeichert wird oder eingelagert werden kann. Die verschiedenen Typen der Eisenreaktion hat auch Klebs[1] bei

---

[1] Klebs G.: Über die Organisation der Gallerte bei einigen Algen und Flagellaten. Untersuchungen aus d. bot. Instit. zu Tübingen, II. Bd., 1886 bis 1888, p. 333 bis 418, besonders p. 366.

Zygnema beobachtet und seine Erklärung deckt sich vollkommen mit der hier gegebenen, wie ich nach Abschluß der
mikroskopischen Beobachtungen beim Literaturstudium finden
konnte.

*D)* Woher stammt das freigewordene Eisen?
Auf den ersten Blick scheint das Gehäuse das meiste Eisen
zu enthalten; es wäre aber auch möglich, daß der lebende
Flagellat selbst Eisenverbindungen führt, oder daß zwischen
Gehäuse und dem Flagellaten eisenreiche Stoffe gelöst oder
in Schleim absorbiert sich finden könnten. Der hohe Eisengehalt des Gehäuses ist jedenfalls tatsächlich vorhanden,
wenn auch mit dieser Feststellung noch gar nichts über das
Zustandekommen der Eisenspeicherung ausgesagt werden
kann. Die Berücksichtigung der eben erwähnten Möglichkeiten hat nun das sichere Resultat ergeben, daß die
Hauptmenge des nachgewiesenen Eisens bei Trachelomonas aus dem Innern des Gehäuses stammt.
Dieser Befund erklärt am einfachsten die verschiedenen
Bilder der Eisenreaktion, wenn diese um das Gehäuse
zonenförmig auftritt, was aber bei leeren Gehäusen nicht
oder nie in dem Maße als an bewohnten zu beobachten ist.
Nun habe ich nie bei den vielen Hunderten von Objekten
den chlorophyll führenden Flagellaten selbst bei Zusatz von
$K_4Fe(CN)_6$ und HCl durch gebildetes Berlinerblau gefärbt
gesehen. Ich war daher geneigt, die Hauptmenge des Eisens
als locker gebundene oder in Schleim absorbierte Verbindungen zwischen dem starren Gehäuse und dem amöboid,
beziehungsweise kontraktil beweglichen Flagellaten zu suchen.
Diese Annahme ist hinfällig geworden durch Beobachtungen,
aus denen mit Sicherheit hervorgeht, daß die nachgewiesenen
Eisenoxydverbindungen aus dem **Plasma** des lebenden
Flagellaten stammen, beziehungsweise unter bestimmten
Bedingungen ausgeschieden werden.

Führt man die Eisenreaktion bei Trachelomonas derart
aus, daß die gemischten Reagentien vom vorgeschriebenen
Prozentgehalt durch Auflegen des Deckglases mit dem
Versuchstropfen vereinigt werden und beobachtet man die
beweglichen Trachelomonaden, wenn diese in das abgestufte

Konzentrationsgefälle der Reagentien kommen, so ergeben sich ganz einheitlich folgende Bilder: (Fig. 3 a, b, c.) Die rasche Bewegung wird langsamer, es erfolgt ein Taumeln und Drehen am Ort und in dem Maße als der Flagellat sich kontrahiert, erscheint an der Geißelöffnung langsamer oder auch ruckartig vorgestoßen ein tiefblau gefärbter Beutel von Berlinerblau; oder in anderen Fällen kommt es zur Bildung eines körneligen Niederschlages von Berlinerblau, der wie ein Springbrunnen aus der Geißelöffnung hervorquillt. Immer aber erfolgt noch durch kurze Zeit, etwa 10 Sekunden bis $1/_2$ Minute lang, eine geringe Bewegung des Flagellaten, der

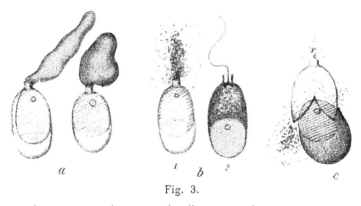

*a*      *1* *b* *2*      *c*

Fig. 3.

Niederschlagsformen an lebenden Flagellaten bei gleichzeitigem Zusatz von $K_4Fe(CN)_6$ + HCl. *a)* Beutelbildung ruckartig von dem Geißelkragen aus entstehend; *b)* körneliger Niederschlag fontänenartig hervorgestoßen (1), beziehungsweise im Gehäuseinnern gebildet, wenn durch die Geißel mit anhaftendem Plasmapfropf die Öffnung verstopft ist (2); *c)* bei zerdrücktem Gehäuse um den contrahierten, freigelegten Flagellaten ist eine langsam wachsende Niederschlagsmembran entstanden. Vergr. zirca 700mal.

dann sich abrundet und getötet im Gehäuse als grüner Ballen mit rotem Fleck (Augenfleck!) liegen bleibt. Wird vorerst durch einen stärkeren Druck auf das Deckglas das Gehäuse gesprengt und so der Flagellat ganz oder teilweise freigelegt, so erfolgt die Eisenreaktion sofort in stärkster Intensität um den Flagellaten zu einer Zeit, wo das Gehäuse noch gar keine oder eine leicht grünlich-blaue Färbung zeigt. Ist der Druck nicht so kräftig gewesen, um den Flagellaten zu schädigen, so erfolgt nach der Bewegung einmal die Eisenreaktion dort, wo der Flagellat das Gehäuse ganz oder teilweise verlassen hat, dann aber in etwas schwächerer Intensität bei der Einwirkung des $K_4Fe(CN)_6 + HCl$. Bei allen diesen Reaktionen bleibt aber stets der Flagellat ohne merkbare Blaufärbung durch Berlinerblau.

Aus diesen Beobachtungen folgt in einwandfreier Weise die Tatsache, daß die Hauptmenge des nachzuweisenden Eisens aus dem lebenden Protoplasten stammt und daß Eisengehalt des Organismus und Einspeicherung in der gebildeten Hülle ganz getrennt auftreten können. Trotz des hohen Eisengehaltes, geschätzt an der tiefblauen Färbung der ausgeschiedenen Verbindung, können die Gehäuse, namentlich bei jüngeren Individuen gar kein Eisen oder nur sehr geringe Mengen davon führen. Das nachgewiesene Eisen wird vom lebenden Flagellaten unter gewissen Bedingungen eben aktiv ausgeschieden und findet sich in Oxydform vielleicht in den äußeren Plasma-schichten vor. Ob bei der nachgewiesenen Eisenreaktion nachher Bildung Traube'scher Zellen erfolgt oder körnelige Niederschläge von Berlinerblau auftreten, hängt von der Geschwindigkeit der Tötung ab; bei fast augenblicklicher Wirkung genügend hoher Konzentration der Reagen-tien ist das Entstehen von blauen Blasen und Beuteln die Regel.

Es ist aber noch eine Möglichkeit zu berücksichtigen: Vielleicht könnten die nachgewiesenen Eisenverbindungen doch aus dem umgebenden Wasser des Versuchstropfens stammen, und durch etwa ausgeschiedenen Schleim des Flagellaten eine Adsorption erfolgt sein, oder das Gehäuse beträchtliche Eisenmengen bei der Reaktion in reaktions-fähiger Form abgeben, das dann fälschlich als aus dem Protoplasten stammend hier angegeben wird?

Dieser Einwand wird hinfällig durch folgende Beobach-tungen und Überlegungen:

1. Zeigt das Wasser des Versuchstropfens auch nach längerer Zeit in der Umgebung der Flagellaten keine nach-weisbaren Mengen gelöster Eisenverbindungen.

2. müßte man eine ganz plötzliche Eisenspeicherung bis zur vollen Sättigung annehmen, um die tiefblaue Färbung zu erklären: eine Annahme, die gewiß allen Erfahrungen über Adsorption widersprechen würde.

3. Ist deutlich — wie schon früher erwähnt — zu sehen, daß die Diffusion der nachweisbaren Eisenverbindungen vom Flagellaten aus um das Gehäuse hofförmig ausgebreitet erfolgt, nicht aber bei leeren Gehäusen, zu mindest nicht in diesem Maße.

4. Zeigt die Möglichkeit, die Eisenverbindungen nach der Tötung des Versuchsobjektes fortwaschen zu können, daß nicht die Eisenverbindungen des umgebenden Wassers die Reaktion bedingen.

5. Zeigt die Geißel nach der Tötung des Flagellaten nur soweit die »Beizewirkung« der Eisensalze, als die Diffusionszone reicht; dann hebt sich bei der Berlinerblaubildung die Geißel wie mit Gentianaviolett tingiert ab, wobei die peitschenförmige Gestalt klar hervortritt (Fig. 2b).

6. Würden selbst bei Berücksichtigung der enormen Empfindlichkeit der Eisenreaktion die Spuren in der geringen Wassermenge eines Versuchstropfens nicht hinreichen, um die intensiven Reaktionen bei den angegebenen Versuchen verständlich machen zu können.

Auf Grund der erwähnten Überlegungen und der früher mitgeteilten Beobachtungen geben sonach die oben angeführten Folgerungen die einfachste und naheliegendste Erklärung.

*E)* Die Ausscheidung von Eisenverbindungen, in Form eisenhaltiger Gallerte und Schleime.

Auf Grund von Beobachtungen kann schließlich nur die Annahme in Betracht kommen, daß wir darin einen typischen Reizvorgang zu erblicken haben. Es stehen auch hier eigene Beobachtungen an Trachelomonas vollständig im Einklang mit den Studien von Klebs[1] an Euglenaarten-Trache-

---

[1] Klebs l. c. p. 405 bis 410 und Klebs G., Unters. aus d. bot. Inst. zu Tübingen, Bd. I, 1881 bis 1885, besonders p. 274 bis 277.

lomonas ist ja auch eine Euglenacee —, so daß ich diese
Angaben etwas eingehender erwähnen muß.

Zunächst hebt Klebs hervor, daß »die Gallerte bei Flagellaten stets
ein Ausscheidungsprodukt und nicht ein Umwandlungsprodukt der peripherischen Haut ist« (p. 404). Weiters zeigt namentlich *Euglena sanguinea* bei
Zusatz verdünnter Methylenblaulösung »in dem Moment der Berührung des
Farbstoffes .... ein lebhaftes Hin- und Herzucken, Zusammenziehen und
Wiederausdehnen .... von dem Körper strahlen nach allen Seiten sofort
tiefblau sich färbende Gallertfäden, welche sich zu einer Hülle in Form eines
Netzwerkes vereinigen. Die Gestalt dieser Gallertausscheidung ist in den
einzelnen Fällen außerordentlich verschieden, hängt von der Individualität
der Euglena, von der Natur, von der Konzentration des Farbstoffes ab.. . .«
(p. 405). Oft »erscheint die Gallerte fast wie ein homogener, diluierter
Schleim« (p. 405), besonders bei Verwendung von verd. Methylgrün.

Ferner ergab sich die Tatsache, daß »das Cytoplasma die Substanz
durch die Plasmamembran preßt, welche gegenüber der vegetabilischen
Zellhaut sich durch ein sehr viel dichteres Gefüge auszeichnen muß und
sich in dieser Beziehung wie die Hautschicht des vegetabilischen Plasmas
verhält.'...« (p. 406). Klebs vermutet sogar, daß bei *Euglena sanguinea*
ein Zusammenhang der Gallertausscheidung besteht mit den »Gallertstäbchen,
welche sehr regelmäßig in Spiralreihen auf der Plasmamembran sitzen, entsprechend ihrer Spiralstreifung, so daß wahrscheinlich an den schmalen
Furchen zwischen den eigentlichen Spirallinien die Ausscheidung erfolgt«....
Weiters ».... laßt sich feststellen, daß an der noch lebenden Euglena
innerhalb der Plasmamembran im peripherischen Protoplasma sich kugelige
Körper. .. farben, welche vielleicht das Bildungsmaterial für die Ausscheidung
darstellen« (p. 406). Weitere Prüfung ergab: »Die größere Mehrzahl der
Euglenaceen hat nicht die Fähigkeit, auf äußere Reize hin sofort Gallerte
auszuscheiden; die Bildung derselben bei Teilungen, Ruhezuständen geht
langsam vor sich, so daß sie nicht direkt sichtbar wird« (p. 406 bis 407),
aber es »spricht alles dafür, daß die Hülle in gleicher Weise gebildet
wird« (p. 276 im I. Bd. der Tübinger Unters.).

Die genaue Prüfung der Tatsachen führt zu der begründeten Annahme,
daß »die Gallertausscheidung in die Reihe der Reizerscheinungen
gehört, da nur lebende Individuen der Euglena dieselben
zeigen. Die Rolle des auslösenden Reizes können sehr verschiedene
Momente spielen, außer Farbstofflösungen auch Salzlösungen, schwache
Alkalien, Säuren, mechanischer Druck usw. Diese Mittel müssen eine
gewisse schädigende Einwirkung ausüben; denn solche Farbstoffe, wie z. B.
Kongorot, Indigkarmin, Nigrosin.... vermögen nicht die Gallertausscheidung
herbeizuführen. Diese reizauslösenden Farbstoffe müssen hierfür auch eine
gewisse Konzentration besitzen.... Eine Lösung des Methylenblaus von
1 . 100.000 wirkt noch deutlich...., eine solche von 1 : 200.000 nicht
mehr.... Meistens tritt der Erfolg sehr schnell ein.... selbst schnell

tötende Mittel, wie Jodlösung, Alkohol bewirken noch eine Ausscheidung. Dagegen tötet $1^0/_0$ Osmiumsäure so momentan, daß keine Gallerte mehr gebildet werden kann« (p. 405 bis 406).

Die Analogie eigener Beobachtungen mit allen wesentlichen Angaben von Klebs ist so auffallend, daß ich eben diese Studien statt ausführlicher Wiedergabe der eigenen hersetze. Das Verhalten der von mir beobachteten Trachelomonas-Arten ist das gleiche wie es Klebs bei Verwendung von Farbstoffen gesehen hat und seinen Folgerungen ist nur vollinhaltlich beizustimmen. Auch liegt es nahe, mit Klebs »der Gallerte selbst eine gewisse Veränderungsfähigkeit zuzuschreiben, insofern sie gleich nach der Ausscheidung in Berührung mit dem Außenmedium in begrenztem Maße Wasser aufnehmen und infolge dieser Quellung zu homogenen Hüllen verschmelzen kann« (p. 407).

Ich möchte hier, als Einschaltung gedacht, erwähnen, daß die in der Microbiologie so viel verwendete und empfohlene »Tuschemethode« auch als »reizauslösendes Mittel« gelten muß, wie eigene Erfahrungen nach Kenntnis der Verhältnisse lehren und daß das Tuscheverfahren mit größter Vorsicht an lebenden (!) Infusorien, Flagellaten, Bakterien usw. anzuwenden ist. Ausführliche Mitteilungen nach Abschluß dieser Beobachtungen werden anderenorts gegeben werden.

*F)* Über die Eisenspeicherung im Gehäuse. Klebs[1] und ebenso Molisch[2] lassen zwei Möglichkeiten offen: entweder besitzt die anfangs eisenfreie, zarte Gallerthülle »eine ganz besonders ausgebildete Anziehungskraft.... infolge deren sie aus der höchst verdünnten Eisensalzlösung (in Form des kohlensauren Salzes), wie sie das Wasser unserer Sümpfe darstellt, das Eisenoxydhydrat herausziehen kann« (Klebs p. 407). Oder man kann auch an die Möglichkeit denken, »daß bei diesen Arten der lebendige Organismus bei der Eisenspeicherung wirksam ist.....« (p. 407). Auf Grund der früher beschriebenen Ergebnisse der vorliegenden Arbeit kann nur die zweite Möglichkeit in Betracht kommen, da nur durch Beteiligung des lebenden Protoplasten jene intensive Eiseneinlagerung im Gehäuse erklärt werden kann. Der lebende Protoplast führt, wie nachgewiesen wurde,

---

[1] l. c. p. 407, [2] l. c. Eisenbakterien, p. 54 bis 55.

beträchtliche Mengen einer Eisenoxydverbindung, die nur
aus dem umgebenden Wasser stammen kann, und es ist wohl
das Naheliegendste und Einfachste, anzunehmen, daß vom
Plasma aus gleichzeitig mit Ausscheidung der Hüllen Eisen
abgegeben werden kann, beziehungsweise in diese allmählich
eingelagert wird. Mit dieser Eisenablagerung ist allem
Anschein nach eine physikalisch-chemische Zustandsänderung
der Hülle verbunden, deren Adsorptionsvermögen für Eisen
sich eben im Laufe der Zeit ändern muß. Es ist hier nur
ein Spezialfall der bekannten Zustandsänderungen überhaupt
der Adsorptionsfähigkeit im besonderen, wie sie allgemein
Gallerten und viele Kolloide nach Einwirkung von Salzlösungen zeigen. Auf diese Frage will ich bei Besprechung
der Befunde an Leptothrix zurückkommen, vorerst noch die
eine weitere Frage berücksichtigen, nämlich:

*G)* Über die Bindung des Eisens im Plasma und
im Gehäuse.

Im Gehäuse finden sich Eisenoxyde, aber auch
Oxydulverbindungen; der Nachweis mit rotem Blutlaugensalz und Salzsäure in den von Molisch angegebenen
Konzentrationen gelingt jederzeit. Allerdings muß man einige
Zeit länger warten als bei der Berlinerblauprobe. Das Plasma
führt aber nur sehr geringe Mengen von Eisenoxydulverbindungen und der ausgestoßene Schleim zeigt sehr
selten oder nur in nebensächlich geringen Mengen durch
Bildung von Turnbullsblau die Gegenwart von Eisenoxydulverbindungen an. Das Plasma des toten Flagellaten
führt weder $FeO$ noch $Fe_2O_3$-verbindungen in nachweis-
barer Menge; beim Absterben, nicht aber bei bloßer Reizung,
wird alles Eisen ausgestoßen.

Auf die weitere Frage, in welcher Verbindung das
Eisen auftritt, vermag ich keine Antwort zu geben; auch
bisher hat man immer von »Eisenverbindungen« gesprochen;
nur Winogradsky[1] nimmt an, »daß nach der Oxydation
zunächst ein neutrales Eisenoxydsalz irgend einer organi-

1 Winogradsky S., Über Eisenbacterien. Bot. Zeitung. 1888.
46. Jhrg., p. 260 bis 270, speziell 268.

schen Säure...« sich bildet. Mit gelbem und rotem Blutlaugensalz allein tritt keine Reaktion ein, obwohl zahlreiche
organische Eisenverbindungen, wie Molisch[1] bei der Überprüfung der Angaben von Zaleski gefunden hat, sicher
reagieren. Der versuchte Nachweis von Karbonaten war
ebenfalls negativ. Möglicherweise ist durch eine mikrochemische Untersuchung des ausgeschiedenen Schleimes
ein Anhaltspunkt zu gewinnen, obwohl die bisherigen Daten
über die Mikrochemie der Schleime sehr dürftig sind.

Auch in der Frage, inwieferne der Eisengehalt und die
Eisenspeicherung bei Trachelomonas mit der Assimilation
zusammenhängt, kann keine abschließende Antwort gegeben
werden. Unter Hinweis auf die Versuche von Pringsheim
und Hassack hält Molisch[2] es für sehr wahrscheinlich,
daß die Eisenalgen die erforderliche $CO_2$ auch den gelösten
Bikarbonaten des Eisens entziehen können, durch den bei
der Assimilation freiwerdenden O das Eisen oxydieren und
in der Hülle deponieren: eine Annahme, die Hanstein[3] zur
Erklärung der Eisenspeicherung bei Eisenalgen zuerst geäußert hat. Die Prüfung mit Phenolphtaleïn auf Alkalien, wie
sie bei der Assimilation auftreten[4], fiel sowohl makroskopisch
als auch im mikroskopischen Bild negativ aus. Doch sind
dies Fragen, die nur durch ausgedehnte physiologische Versuche einwandfrei beantwortet werden können. Für die
Hauptfragen der Physiologie der Eisenspeicherung scheinen
mir die zwei letzten Fragen aber nebensächlich zu sein,
besonders dann, wenn man die Verhältnisse bei den Eisenbakterien, die ja in erster Linie für eine Theorie der »Eisenorganismen« in Betracht kommen, berücksichtigt; hier fallen
die Fragen über die Rolle des Chlorophylls, beziehungsweise
der $CO_2$-Assimilation im Lichte bei der Aufnahme und Ablagerung der Eisenverbindungen überhaupt weg.

---

[1] Molisch H., Die Pflanze in ihren Beziehungen zum Eisen. 1892.
Jena. Verl. Fischer, pag. 51.
[2] Siehe Eisenbakterien 2, p. 54.
[3] Molisch: l. c. p. 53.
[4] Siehe Klebs: l, c. p. 341.

Schließlich möchte ich noch erwähnen, daß für alle mitgeteilten Beobachtungen stets viele Hunderte von Trache-
lomonas-Individuen geprüft wurden, daß aber für die meisten
Versuche die größeren Formen gewählt wurden und erst
ergänzend auch die übrigen herangezogen wurden.

*H)* Ohne auf Details einzugehen, will ich noch erwähnen, daß verschiedene Bilder der Berlinerblaureaktion am Gehäuse von Trachelomonas
auf einen schaligen Bau des Panzers hinweisen. Durch die rasch anwachsenden Niederschlagsmembranen kommt es oft zu einer direkten Häutung
des Panzers, indem die äußerste, skulpturierte Schichte dem Berlinerblau
gewissermaßen den Rückhalt bietet, wobei trotz Dehnung des rasch wachsenden Beutels alle Feinheiten der Skulptur erhalten bleiben (siehe Fig. 4*a*).

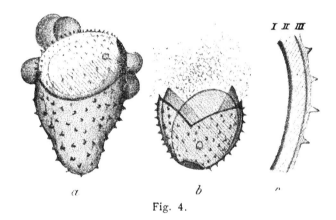

Fig. 4.

Beutelbildung und Verteilung der Eisenreaktion am Trachelomonas-Gehäuse.
*a)* Die wachsende Niederschlagsmembran von Berlinerblau hat die äußerste
skulpturierte Hülle auf einer Schalenhälfte abgehoben und gedehnt; der so
freigelegte innere Schalenanteil ist vollständig glatt und hat schwächere
Blaufärbung; *b)* am zerdrückten Gehäuse ist die innerste Schichte abgelöst
und durch deutliche Fe-Reaktion sichtbar zu machen; *c)* Schema des
Schalenbaues. I. innerste Schichte, II. Zwischenschichte, III. äußerster skulp-
turierter Schalenanteil. Vergr. zirca 1000 mal.

Desgleichen ist nach Aufsprengen des Gehäuses eine innerste, feine Lamelle
ebenfalls häufig durch die wachsenden Niederschlagsmembranen abzuheben
(Fig. 4*b*), so daß zwischen diesen beiden Schichten eine starke Schale, die
den Hauptanteil des Panzers ausmacht, zu liegen kommt. Obwohl weder bei
noch so starken Vergrößerungen, noch nach verschiedenen Färbungen eine
der erwähnten Schichten gesondert zu sehen ist, muß man deren differente
Ausbildung doch als wirklich vorhanden annehmen, da die Häutung so
leicht und unter so regelmäßigen Bildern erfolgt, daß eine andere Deutung

dagegen nur gezwungen erscheinen cann. Der Bau der Membran wäre danach so wie Fig. 4c zeigt. Ich glaube, daß man darin ein weiteres Beispiel der Leistungsfähigkeit der Microchemie, der Berlinerblauprobe im besonderen, sehen cann, indem hier, ähnlich wie bei Molisch's Nachweis[1] des Procambiumnetzes in Kotyledonen von Sinapis eine morphologische Differenzierung am einfachsten und sichersten durch eine mikrochemische Reaction aufzuzeigen ist. Die Niederschlagsmembranen von Berlinerblau bilden nach längerem Liegen an ihrer Oberfläche eine feine, zierliche netzige Structur aus, die aber jedesmal entsteht, auch dort, wo vorher ceine Structur des rasch wachsenden Beutels zu finden ist.

## II.

*1)* Die mitgeteilten Beobachtungen gewinnen nun ein größeres Interesse, wenn man die Übertragung auf typische Eisenbakterien versucht und findet, daß im wesentlichen gleiche Verhältnisse vorliegen. Es ist auffallend, wie weit die Ähnlichkeit geht und ich glaube, daß von hier aus eine klare Beurteilung der bisher gegebenen Theorien der Eisenspeicherung von Winogradsky und Molisch möglich ist. Obwohl gerade in Fragen der Bakteriologie, auch in vielen anderen Gebieten der Physiologie, die Gültigkeit einer allgemeinen Theorie erst am einzelnen Objekt zu prüfen ist, sind in unserem Falle so ziemlich alle bisher bekannten einschlägigen Beobachtungen einheitlich zu gruppieren, zum mindesten ohne weitere, erst wieder zu begründende Hilfsannahmen verständlich zu machen. Für die Untersuchung der Eisenbakterien habe ich in erster Linie Leptothrix ochracea gewählt, deren Physiologie und Morphologie durch die grundlegenden monographischen Arbeiten von Molisch[2] genau bekannt ist. Ich hatte üppige Rohkulturen in hohen Standgläsern, wie man sie nach Winogradsky[3] sich verschaffen kann; teilweise kam Material — fast speziesrein in außerordentlich großen Lagern — mit dünner Scheide zur Verwendung; auch im Freien gesammelte Eisenbakterien und Leptothrix von verschiedenen Proben meiner Kultur-

---

[1] Siehe Mikrochemie p. 40.

[2] l. c. Eisenbacterien.

[3] Siehe Anmercung p. 198 dieser Arbeit p. 236; in meinen Versuchen nur Grazer Leitungswasser ohne besonderen Eisenzusatz!

gläser mit Algen und Infusorien wurde benützt. Die Stärke
der Scheiden war in diesen verschiedenen Proben recht
wechselnd, ebenso der Grad der Eiseneinlagerung, so daß
ich alle Übergänge in gewünschter Vollständigkeit vor mir
hatte. Geht man nun vergleichend die Ergebnisse durch, wie
sie auf Grund von Untersuchungen an Trachelomonas mitgeteilt wurden, so zeigt sich folgendes:

1. liefert die Berlinerblauprobe entweder eine streng auf
die Scheide mit den eingeschlossenen Bakterien lokalisierte
Reaktion (Typus I); oder um die Bakterien, beziehungsweise
die Scheiden erfolgt körnelig oder homogen blau Berlinerblaubildung (Typ. II); diese besondere Form der Fe-Reaktion ist
bisher weder bei Bakterien noch an anderen Objekten berücksichtigt worden, vielleicht sogar als mißlungene Reaktion
angesehen worden. Oder aus den Scheiden, sei es an der
Oberfläche oder der Bruchstelle einer kräftigen Scheide,.
treten kleine Blasen und Säckchen hervor (Typ. III). Fäden
mit dünner Scheide sind besonders geeignet für die Reaktion
vom Typus III (!) und II, solche mit starker, gallertig ver-
quollener Scheide für die Berlinerblaubildung nach Typus III.
Fig. 5 veranschaulicht dies am verständlichsten. Die Bedingungen sind die gleichen, unter welchen auch
Trachelomonas bei der Reaktion mit $K_4Fe(CN)_6 + HCl$
so wechselnde Bilder gezeigt hat, ebenso gelingt je
nach der Art der Durchführung der Probe auch hier eine
willkürliche Darstellung eines der erwähnten Typen; die
früher gegebene Erklärung ist auch hier zutreffend.

2. Das nachgewiesene Eisen stammt hier zum größten
Teil aus der braun gefärbten Scheide, doch es ist nicht
ausschließlich auf diese beschränkt, sondern in mehr
minder großer Menge auch in der lebenden Bakterienzelle zu finden. Auch dort, wo bei festsitzenden Fäden ein
deutlicher Gegensatz von Basis und Spitze der Bakterien-
fäden ausgeprägt ist, wo die Scheide um die letzten 4—20
Zellen überhaupt noch nicht oder nur in sehr geringer
Dicke gebildet ist, tritt eine tiefe Blaufärbung der
Bakterienzelle auf, wenn die Scheide kaum einen leicht-
blauen Farbenton durch Berlinerblau erkennen läßt. Daher

kann auch bei Leptothrix Eisengehalt der Zelle und
Eisenspeicherung in der Scheide getrennt sein. Selbst
bis tief in die Scheide, — von der Spitze weg gerechnet —
die bereits kräftig Eisenoxydverbindungen eingelagert
zeigt, ist der annähernd gleich intensive Farbenton
der Bakterienzelle zu verfolgen, wenn auf $Fe_2O_3$-Ver-
bindungen geprüft wird. Diese Tatsache scheint zur Beurteilung der bisherigen Erklärungsversuche der Eisenaufnahme

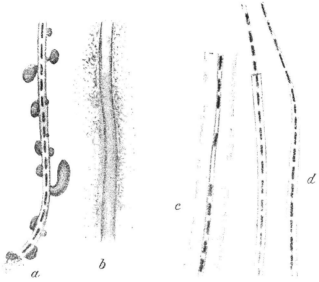

Fig. 5.

Eisenreaktion an *Leptothrix ochraceae*. *a)* Die Schleimhülle zeigt Beutelbildung,
die Bakterien selbst tiefblau gefärbt; *b)* Reaktion an alten Scheiden mit
Berlinerblaubildung außerhalb der Scheide; *c)* Leptothrixfäden mit kräftiger
Scheide in der Wasserhaut wachsend; *d)* Leptothrixfäden von tieferen
Wasserschichten mit bedeutend schwächerer Scheide; die Bakterienzellen
selbst weisen bei *c)* und *d)* starke Fe-Reaktion auf, auch dort wo noch
keine oder nur eine sehr zarte Scheide gebildet ist, die keine Fe-Reaktion
erkennen läßt. Vergr. zirka 1000 mal.

und -speicherung von Bedeutung zu sein. Molisch[1] kam bei
seinen Versuchen zu Ergebnissen, die er in folgenden Sätzen
ausdrückt: » .... wenn das Plasma der Eisenbakterie wirklich mit so großer Begierde Eisenoxydul aufnähme, dann

---

[1] Siehe: Die Pflanze in ihren Beziehungen zum Eisen, p. 69.

sollte man doch dieses hier auch nachweisen können.
Eisen ist aber im Plasma nie nachweisbar, in der
Scheide aber immer.[1] Selbst nach ganz kurzem Aufenthalt
in verdünnter Ferrocarbonat- oder in einer anderen Eisenlösung wird man mit Leichtigkeit mittels der Blutlaugensalzprobe Eisen in der Gallertscheide, nicht aber in den
Zellen konstatieren können.«[2] Und weiters wird nach
Molisch »ohne vorher erst in das Innere der Zellen oder,
genauer gesagt, in das Plasma einzutreten« das Eisensalz
eben in erster Linie in der Gallerthülle zurückgehalten, die
»wie ein Filter fungiert« (ebenda p. 70). Dem gegenüber
betont später aber Molisch in seiner Monographie der
Eisenbakterien selbst ausdrücklich, . . . .»daß die Leptothrixfäden sehr gierig Eisenoxydulverbindungen aufnehmen. . . .«
daß ». . . . für eine merkbare Reaktion schon einige Minuten
genügen. . . .« und daß dann . . . .»das Eisen in dem Faden
sowohl in der Oxyd- als in der Oxydulform vorhanden ist.
Es färben sich die Scheiden und die Zellen.«[3] Das
Ergebnis seiner so umfassenden und exakten Versuche faßt
Molisch[4] in den letzten Untersuchungen dahin zusammen:
»Daher bin ich der Meinung, daß das Eisenoxydul in die
Fäden und zwar in die Scheiden, zum Teil auch in die
Zellen vordringt (!). . . .[5]«

Nun beziehen sich aber diese Reaktionen in erster Linie
auf Fälle, wo die Eisenbakterien in Lösungen übertragen (!)
wurden, die eine ungleich höhere Konzentration der Eisensalze aufweisen, als es bei gewöhnlicher Kultur in Leitungswasser der Fall ist (z. B. durch Oxydation reduziertes Fe in
destilliertem $H_2O$ oder nach Durchleitung und Sättigung (!) mit
$CO_2$, ebenso »verdünnte Ferrocarbonat- oder eine andere
Eisenlösung« (%?). Die hier erwähnten Beobachtungen an
Leptothrix, die im Leitungswasser ohne Zusatz von $Fe_2(OH)_3$
gezogen wurde und trotzdem auch in den Zellen Eisenverbindungen in reichlicher Menge führt, besonders dort,

---

[1], [2] und [3] von mir gesperrt.
[4] Molisch: Eisenbacterien, p. 49.
[5] Von mir hervorgehoben.

wo eine Scheide noch gar nicht merkbar ausgebildet ist, zeigt, daß der Eisengehalt der lebenden Bakterienzelle doch nicht ganz nebensächlich sein kann. Ob das Eisen in der Zelle nachzuweisen ist, hängt eben auch von der Art der Ausführung der Reaktion ab und aus den Zellen könnte das Eisen recht leicht und schnell diffundiert sein, wenn man nicht das $K_4Fe(CN)_6$ und die Salzsäure gleichzeitig wirken läßt. Das dürfte in vielen Untersuchungen nicht gebührend betont worden sein, da man auf die hier Typus II genannte Reaktionsform beim Fe-Nachweis bisher nicht Rücksicht genommen hat. Vielleicht ist das der Grund, warum Molisch kein Eisen in der Zelle nachweisen konnte und auch in späteren Arbeiten die Reaktion der Eisen-verbindungen der Zelle gegenüber der intensiven Färbung der Scheide zurücktreten läßt. Bei meinen Ver-suchen an gewaschenen Leptothrixfäden oder mit Präparaten nach Molisch's Deckglasmethode hergestellt, sind gerade die Reaktionen der jüngeren Fäden sehr kräftig gewesen und haben die Eisenbakterien wie mit Methylenblau gefärbt von den eisenfreien, anderen Fadenbakterien abgehoben.

3. Auch bei Leptothrix ist die Eisenreaktion in der Zelle und den Scheiden sehr kräftig, wenn im umgebenden Wasser der Probe kein Fe in nachweisbaren Mengen auftritt; ebenso kann aus toten Zellen das Eisen diffundieren und im Versuchstropfen nachgewiesen werden; ferner ist die neuerliche Eisenspeicherung von eisenfrei gemachten Zellen und Scheiden bei Leptothrix nie so kräftig, als es das lebende Material zeigt; weiters stammt auch hier das Fe der Zelle nicht etwa aus der Scheide, sondern ist in der Zelle schon vorhanden, denn auch die jüngsten Bakterien ohne Scheiden zeigen tiefe Blaufärbung.

Aus alledem folgt, daß der lebende Protoplast eine größere Rolle spielt, als man nach den bisherigen Befunden erwarten sollte.

4. Die Scheidebildung der Eisenbakterien ist ebenso wie bei den Flagellaten durch Ausscheidung seitens des Protoplasten und nicht durch Umwandlung der

**Membran zu erklären.** Gerade bei den Eisenbakterien liegen die Verhältnisse der Gallertbildung durch »reizauslösende« Stoffe und Bedingungen recht klar. So sagt Molisch[1]: »Fehlt das Eisen in der Lösung, so wächst und vermehrt sich die Leptothrix zwar sehr gut, allein die Fäden bleiben relativ kurz und die Scheiden bleiben dünn. Bei Darbietung von gelöstem Eisen verdicken sich die Scheiden und Eisen wird darin als Eisenoxyd deponiert« und ferner »....jeder kann sich leicht überzeugen, daß gerade die Dicke[2] gallertartiger Eisenbakterienscheiden nach der Zusammensetzung des Mediums außerordentlich schwankt....«.[3] Daß auch mechanische Einflüsse maßgebend sein können, zeigt die Ausbildung von Haftscheiben bei Cladothrix dichotoma, Chlamydothrix sideropous und den übrigen festsitzenden Eisenbakterien, ebenso die Gallerthöfe von Liderocapsa Treubii und S. major. Auch die kräftige Scheidenbildung an Leptothrix, die knapp unter der Wasseroberfläche wächst oder in der Wasserhaut selbst sitzt, ist vielleicht durch die Wirkung des atmosphärischen Sauerstoffes mit bedingt. Die Stärke der Gallertscheide hängt mit von der Wirkung auf den lebenden Protoplasten ab; ist nicht einfach eine bis zu einem gewissen Grad fortschreitende Quellung bereits gebildeter Gallerte, die durch immer kräftigere Eisenspeicherung eine Verdickung erfährt. Zum Teil betont dies auch Molisch[4].

Ich möchte erwähnen, daß auch durch siedendes Wasser abgetötete Leptothrixfäden, wie man sich mittels der Blutlaugensalzprobe überzeugen kann, Eisenverbindungen gierig anziehen und speichern, doch schreitet die Speicherung nicht bis zu jener auffallenden Verdickung der Scheiden vor, wie man sie an den lebenden Fäden bemerkt. Hier fehlt dann der Einfluß der lebenden Zelle.[5]

Die Wirkung des umgebenden Mediums auf die Dicke der Gallertscheide ist nur durch den Einfluß des Protoplasten zu erklären.

[1] l. c. p. 50.
[2] Von mir gesperrt.
[3] Ebenda p. 47.
[4] Ebenda p. 49.
[5] Von mir gesperrt.

5. Die erhöhte Gallertausscheidung bei Zufuhr von größeren Eisenmengen ist, ähnlich wie in den Versuchen von Klebs, dadurch leicht verständlich, daß die Eisensalze in größerer Konzentration schneller und ausgiebiger als »reiz- auslösende« Wirkung den Protoplasten beeinflussen können, ebenso wie der stete Kontakt der basalen Zellen festsitzender Eisenbakterien in gleicher Weise wirksam sein kann. Der Erfolg tritt nur nicht so schnell ein wie bei Trachelomonas, ist aber prinzipiell von der ruckartigen Abgabe gallertartiger, eisenhaltiger Stoffe durch den Protoplasten bei Reizung mannigfacher Art nicht verschieden. Nur darin kann der »Einfluß des Plasmas auf die Gallerte und ihre merkwürdige Anziehungskraft für Eisenverbindungen«, von welchem die verschiedenen Autoren sprechen, sich geltend machen.

6. Ist es ähnlich wie bei Trachelomonas auch für Leptothrix wohl auf Grund dieser Befunde das Einfachste, nicht ausschließlich eine Filterwirkung anzunehmen, sondern an eine **dauernde**, langsam vor sich gehende Eisenabgabe vom Protoplasten her zu denken. Damit ist unter geänderten Bedingungen, z. B. beim Abtöten der Zellen und Änderung des Zustandes der Gallerte nach Kochen oder Einwirkung von HCl, ebenso bei älteren Scheiden, ferner beim Übertragen in stärker konzentrierte Eisenlösungen als das Leitungswasser ist, eine Eisenspeicherung der Gallerte allein zugegeben. Die Zustandsänderung der Gallerte unter gewöhnlichen Bedingungen — Leitungswasser oder solches aus Tümpeln, Teichen etc. — nach Art der »Beizewirkung· von Eisensalzen ist ebenso verständlich, wenn man an eine Eisenabgabe vom Plasma her denkt, als wenn eine Filter- wirkung angenommen wird, die bei jungen Zellen, die sonst wohl Eisen führen, gar nicht anzuwenden ist, da eine als Filter. funktionierende Scheide ja noch nicht oder nur in minimalem Grade ausgebildet ist. Es wird einstimmig von Eisenbakterien angegeben — und ich selbst konnte mich überzeugen — daß eine Eisenspeicherung der Gallerte allein nie jenen Grad der Gelb- bis Braunfärbung erreichen kann, als es unter dem dauernden Einfluß lebender Zellen geschieht. Es stellt sich eben bald ein Gleichgewichtszustand

ein, sobald der einer bestimmten Gallertmenge bestimmter Konstitution entsprechende Sättigungsgrad der Adsorption für Fe-Verbindungen erreicht ist. Eine chemische Umsetzung mit der Substanz der Gallerte anzunehmen, wobei eben fortwährend für neu eintretendes Eisen Platz geschafft würde, ist schon deshalb abzuweisen, weil ja die Speicherungsversuche mit leeren Scheiden ergeben, daß nur ein ganz bestimmter Grad der Eisenaufnahme nachzuweisen ist — alles das Gesagte für die Dauer des Versuches gemeint.

7. Es liegen auch bei Leptothrix in erster Linie $Fe_2O_3$-Verbindungen vor. Wie diese aus dem FeO durch Oxydation entstanden sind, kann hier übergangen werden. Jedenfalls hat für Leptothrix die Aufnahme und Oxydation zu $Fe_2O_3$ nicht jene Bedeutung, als Winogradsky meinte und es ist ja das wesentlichste und bestbegründete Ergebnis der ausgedehnten Versuche von Molisch, daß das Eisen für die »Eisenorganismen« nur zum Aufbau des Protoplasten erforderlich und nicht Energiequelle des Betriebsstoffwechsels ist. Da sowohl FeO als $Fe_2O_3$-Verbindungen, wenn auch in ungleichem Grade löslich sind, kann der Protoplast beide aufnehmen und es ist gewiß richtig, wenn Molisch[1] sagt: »Bei der Aufnahme organischer Eisenverbindungen mag das lebende Plasma auch für die Abspaltung des Eisens sorgen und auf diese Weise in den Prozeß der Eisenablagerung eingreifen«.

8. Auch für die Eisenbakterien ist bisher unentschieden, was es denn für »Eisenverbindungen« sind, welche in der Scheide und der Zelle nachgewiesen werden. Auch hier tritt mit gelbem oder rotem Blutlaugensalz allein keine Reaktion auf.

9. Das Überwiegen von $Fe_2O_3$-Verbindungen ist nicht durch die Wirkung des atmosphärischen Sauerstoffes allein ausreichend in allen Fällen zu erklären. Man findet in Kulturen auch weit unter der Oberfläche braungefärbte Scheiden mit $Fe_2O_3$ und namentlich das Vorkommen von Eisenoxyden in den Zellen von Leptothrixfäden, die weit

---

[1] Siehe 2, p. 40.

vom Wasserspiegel ruhigstehender Kulturen entfernt sind, müßte diese Annahme gezwungen erscheinen lassen. An der Oxydation von FeO, beziehungsweise der Aufnahme oder Abspaltung von Fe in Oxydform aus irgend welchen Eisenverbindungen des umgebenden Mediums ist entschieden der Protoplast mit beteiligt.

Die hier mitgeteilten Beobachtungen und Erklärungen gelten in allem auch für die übrigen Eisenbakterien — ich hatte mit Ausnahme von Gallionella — alle anderen zur Verfügung; da diese Versuche aber an den übrigen fadenförmigen Eisenbakterien die gleichen Verhältnisse ergeben, so genügt es, der Kürze halber Leptothrix als Typus hinzustellen und an dieser Art sind auch die meisten Reaktionen durchgeführt worden.

*J)* Auf drei Punkte kann ich aber in dieser Arbeit noch nicht genauer eingehen: das Verhalten der Anthophysa, die Eisenablagerung in Membranen der Wasserpflanzen und Algen und die Untersuchungen an Spirophyllum. Das Verhalten der Anthophysa vegetans wird von Molisch[1] als wichtiger Gegengrund zu Winogradsky's Theorie hingestellt; doch gelten die von Molisch angeführten Punkte vielleicht nur für A. vegetans, denn eine bisher unbekannte Anthophysaart, die ich den Sommer dieses Jahres wiederholt beobachtete, zeigt ganz abweichende Bilder. Es ist eine schmale, stark eisenhaltige zentrale Röhre bis ganz knapp zur Kolonie der — auch im Bau abweichenden — Flagellaten vorhanden und dieser Stiel erst von einer kräftigen, auch mit Eisen inkrustierten Gallerte umgeben. Genauere Beobachtungen mit Rücksicht auf die hier behandelten Fragen wurden damals nicht angestellt und zur Zeit ist diese Anthophysaart nicht zu finden. Spirophyllum ferrugineum, das seit den Studien von Lieske[2] besonderes Interesse beansprucht,

---

[1] l. c. p. 57.

[2] Lieske Rud., Beitrage zur Kenntnis der Physiologie von Spirophyllum ferrugineum, einem typischen Eisenbakterium. Jahrb. f. wiss. Bot., 1911, 49. Bd., p. 91.

bedarf einer eingehenden morphologischen und physiologischen
Bearbeitung, da die sonst ausgezeichneten Untersuchungen von
Lieske in manchen Punkten ergänzt und nachgeprüft werden
müssen, ehe dieser Eisenbakterie eine solche Sonderstellung
zuerkannt werden sollte. Ich möchte nicht unterlassen, schon hier
darauf hinzuweisen, daß nur aus Untersuchungen dieser in
vielem recht ungenügend bekannten Bakterie keinerlei »Wider-
legung« der so umsichtigen und exakten Versuche von
Molisch gefolgert werden kann, was wohl von Lieske selbst
betont, von anderen Autoren aber nicht genügend beachtet wird.
Da mir derzeit ausgezeichnetes Material von Spirophyllum
zur Verfügung steht, wird eine eingehende Untersuchung aller
einschlägigen Fragen bei Spirophyllum durchgeführt. Ebenso
gedenke ich die hier wesentlichen Ergebnisse auch an den
von mir gefundenen neuen Eisenbakterien — 5 Arten —
zu überprüfen, da diese Formen mancherlei Besonderheiten
aufweisen.

*K)* Diese vergleichend durchgeführten Studien dürften
wohl ohne weiteres die Möglichkeit erkennen lassen, die
bisher ohne Vermittlung einander gegenüberstehenden
Theorien von Winogradsky und Molisch zu vereinigen:
es zeigt sich, daß gewisse Punkte in beiden Theorien, in
sachgemäßer Weise vereinigt, einen Standpunkt ergeben
können, von dem aus eine einheitliche Erklärung der
meisten, vielleicht aller bisherigen, Beobachtungen und Versuche möglich ist.

Die Notwendigkeit und die Bedeutung der Eisenaufnahme
und Oxydation als Energiequelle ist — vielleicht mit Ausnahme von Spirophyllum — durch Molisch's Versuche
uneingeschränkt widerlegt, und damit der wesentlichste
Gedanke der Theorie von Winogradsky hinfällig. Anderer-
seits aber ist sicher eine Anzahl von Fällen aufgezeigt, wo
Molisch's Annahme einer »Filterwirkung« der Scheide nicht
ausreicht und einer Ergänzung bedarf. Gelegentlich äußert
sich auch Molisch in diesem Sinne, wie aus den früher
zitierten Stellen zu ersehen ist. In diesen Fällen aber geben
die von Winogradsky geäußerten Gedanken einer Betei-

ligung des lebenden Protoplasten als des wichtigsten
und ersten Ortes der Eisenaufnahme und -speicherung
eine völlig ausreichende Grundlage. Der Vorgang der
Eisenspeicherung ist sonach unter normalen Bedingungen,
d. h. in sehr verdünnten Eisenlösungen natürlicher Wässer,
als Eisenabscheidung von der Zelle her aufzufassen
und nicht nur als Eiseneinlagerung der zur Zelle
durch die Scheide vordringenden Lösung. In der durch
äußere Mittel verschiedener Art (chemische Bedingungen wie
Fe, Mn-Salzzusatz, mechanische Wirkung durch stete Berührung, Reaktion auf O-Zufuhr etc.) nachweisbaren Änderung
der Ausbildung der Gallertscheiden durch das Plasma ist der
erste Einfluß auf die Eisenspeicherung gegeben. Analog der
Beizewirkung von Eisensalzen an Gallerten, wird auch in
diesem Falle die Adsorptionsfähigkeit für Eisen eine Änderung
erfahren, eine Verfestigung der Gallerte eintreten können.
Die Annahme von Winogradsky, daß nur oder in erster
Linie Oxydulverbindungen aufgenommen werden, ist
durch die vorliegenden Untersuchungen ebensowenig zu
bestätigen, als bei früheren Beobachtungen von Molisch.
Es können je nach den äußeren Verhältnissen, sowohl
Oxydule als Oxyde, sei es als anorganische oder orga-
nische Verbindungen aufgenommen werden; doch wird die
Oxydation der Oxydulverbindungen, beziehungsweise die
Abspaltung von Fe aus irgendwelchen Verbindungen unter
Mitwirkung der Zelle erfolgen können und nicht in allen
Fällen nur dem zutretenden, gelösten Sauerstoff zuzuschreiben
sein. (Trachelomonas im Dunkel gehalten, bei hohem Eisen-
oxydgehalt im Protoplasten!)

Die hier hervorgehobenen Gesichtspunkte glaube ich
durch die mitgeteilten eigenen Beobachtungen und den Hinweis auf bereits bekannte Ergebnisse der grundlegenden
Versuche von Molisch ausreichend genug begründen zu
können. Von diesem Standpunkte aus werden Versuche an
Spirophyllum, anderen Eisenbakterien als Leptothrix, an
Eisenalgen und eisenspeichernden Wasserpflanzen durchgeführt; es soll dabei sowohl die mikrochemische Analyse
als das physiologische Experiment entsprechend berücksichtigt

werden. Diese Ergebnisse sollen Gegenstand einer zweiten
Mitteilung sein.

Ich möchte nun schließlich auch hier Herrn Professor
K. Linsbauer für das Interesse an dieser Arbeit ergebenst
danken, ebenso für die gelegentlichen Anregungen bei
Diskussionen des hier abgehandelten Themas.

## Zusammenfassung.

1. Berlinerblaubildung als Reaktion auf $Fe_2O_3$-Verbin-
dungen tritt bei Trachelomonasarten und Eisenbakterien in
drei Typen auf: *a)* lokal auf eisenführende Teile des Organismus beschränkt, *b)* als körneliger oder homogen blauer
Niederschlag auch außerhalb der Körperteile, *c)* in Form
Traube'scher Zellen verschiedenster Gestalt und Größe an der
Körper- beziehungsweise Schalen- und Scheidenoberfläche.
Die Art und der Ort der endgültigen Fe-Probe hängt sowohl
von der Art der Durchführung der Reaktion als auch von
der Gegenwart des lebenden Protoplasten ab.

2. Außer im Gehäuse von Trachelomonas finden sich im
Flagellaten Eisenverbindungen vor, die beim Absterben oder
bei Reizung aus dem Protoplasma ausgestoßen werden.

3. Der lebende Flagellat, beziehungsweise die lebende
Zelle von Eisenbakterien kann beträchtliche Mengen von
Eisenoxydverbindungen führen, ohne daß das Gehäuse,
beziehungsweise die Gallertscheide Eiseneinlagerung zeigt;
Eisengehalt und Eisenspeicherung können daher getrennt
von einander auftreten.

4. Das im Mikroskop zu beobachtende Ausstoßen
eisenhaltiger Gallerte und Schleime, nachgewiesen durch
Bildung ruckartig anwachsender Traube'scher Zellen beim Fe-
Nachweis, ist als Reizvorgang aufzufassen, da nur lebende
Trachelomonasarten dies zeigen; mechanische, chemische
Reizung bewirkt diese aktive Ausscheidung besonders auffällig.

5. Im Gehäuse von Trachelomonas kommen sowohl FeO
als auch $Fe_2O_3$-Verbindungen vor; im Flagellaten finden sich
nur $Fe_2O_3$-Verbindungen.

6. Durch die mikrochemische Methode läßt sich leicht ein schaliger Bau aus differenten Schichten beim Trachelomonasgehäuse nachweisen, der aber weder durch direkte Beobachtung, noch durch Tinktionen zu differenzieren ist.

7. Bei Eisenbakterien, Leptothrix ochracea als Typus genommen, sind ähnliche Verhältnisse aufzuzeigen: auch der lebende Protoplast der Zelle führt große Mengen von $Fe_2O_3$-Verbindungen; Eisengehalt der Zelle und Eisenspeicherung sind in hohem Maße von einander unabhängig; jüngere Fäden mit kaum merklich ausgebildeter Scheide, die selbst eisenfrei ist, zeigen doch starke Eisenreaktion; die Intensität der Eisenreaktion ist in lebenden Zellen des ganzen Fadens annähernd gleich; in toten Zellen ist bei Leptothrix kein $Fe_2O_3$ mehr nachzuweisen.

8. Die nachgewiesenen $Fe_2O_3$-Verbindungen dürften nicht ausschließlich durch Oxydation der $FeO$-Verbindungen mit Hilfe des atmosphärischen Sauerstoffes entstanden sein. Die in der vorliegenden Untersuchung mitgeteilten Tatsachen weisen auf einen entscheidenden Einfluß des lebenden Protoplasten hin.

9. Die bisherigen Theorien der Eisenspeicherung von Winogradsky und Molisch lassen durch eine sinngemäße Vereinigung zu einem Standpunkt gelangen, der so ziemlich alle bisher bekannten einschlägigen Tatsachen erklären kann. Die durch Untersuchungen von Molisch nachgewiesene Entbehrlichkeit größerer Mengen von Fe-Salzen widerlegte die von Winogradsky angenommene Bedeutung der Fe-Verbindungen als Energielieferanten; die Fe-Speicherung, der hohe Fe-Gehalt der lebenden Zelle, die Veränderungen der Hüllen und Gallerten von Eisenorganismen auf Grund der Wirkung äußerer Reizungen weisen dagegen auf die von Winogradsky betonte Hauptrolle des lebenden Protoplasten hin.

# Bemerkungen
# über Alfred Fischer's „Gefäßglykose"

Von

Karl Linsbauer

(Mit 3 Textfiguren)

Aus dem pflanzenphysiologischen Institute der Grazer Universität

(Vorgelegt in der Sitzung am 22. April 1920)

Schon Th. Hartig (I, 1858) kam auf Grund von Ringelungsversuchen an Bäumen zu dem Ergebnisse, daß durch den im Frühjahre aufsteigenden »rohen Nahrungssaft« auch gelöste Kohlenhydrate mitgeführt werden, die im Baustoffwechsel der sich bildenden Triebe Verwendung finden. Dem im Wintersafte unserer Holzgewächse oft in bedeutender Menge auftretenden Zucker schreibt Hartig (II) eine doppelte Genese zu. »In den Wandersäften ist er entweder nicht mehr auf Bildung organisierter Reservestoffe verwendeter, als Zuckerlösung überwinternder Reservestoff oder er ist als ein Auflösungsprodukt vorgebildeter, organisierter Reservestoffe zu betrachten«.

Sachs (1863) schloß sich dieser Auffassung insoferne an, als auch er zu dem Ergebnisse kommt, daß die Stärke »innerhalb des Holzkörpers selbst aufgelöst und in diesem dem Orte ihrer Bestimmung zugeführt (wird), indem ihr Lösungsprodukt mit dem aufsteigenden Rohstoffe zu den Knospen hinaufgetrieben wird«.

Die Vorstellung von der Beteiligung des Holzkörpers an der Leitung der Kohlenhydrate fand eine Stütze in den Erfahrungen über die qualitative Zusammensetzung des Blutungssaftes, der im Frühjahre bekanntlich ansehnliche Zuckermengen enthält (Schröder 1868).[1] Nachdem schon Schröder die im Stamme deponierte Stärke als die Quelle des Zuckers im Blutungssaft in Anspruch genommen hatte, schloß Haberlandt (1884, p. 366) auf Grund des vorliegenden Tatsachenmaterials »daß im Frühjahre, wenn sich die im Holzparenchym und in den Markstrahlen aufgespeicherte Stärke in Zucker verwandelt, die Zuckerlösung in das wasserleitende Röhrensystem osmotisch hineingepreßt wird und in demselben mit dem Transpirationsstrom in die wachsenden Blätter gelangt«. War auch diese Schlußfolgerung, wie Strasburger (1891, p. 880) zeigte, soweit sie sich auf einen Versuch von Paul Schulz (1883) über das Aufsteigen einer Tanninlösung im Stamme stützte, nicht gerechtfertigt, so konnte sie doch mit Recht auf die Erkenntnis begründet werden, daß der Zuckergehalt des Blutungssaftes nur aus den im Winter Stärke speichernden Holzparenchym und Markstrahlzellen stammen kann. Der Übertritt von Zucker aus den lebenden Zellen des Holzes in die Gefäße ist jedenfalls auf Grund der gegenseitigen anatomisch-topographischen Beziehung zwischen diesen Elementen leicht verständlich. Einen indirekten Beweis hiefür sah Alfred Fischer (I, 1886) in der von ihm beobachteten Ablagerung von Stärke in protoplasmahältigen Tracheen von Plantago.

Angeregt durch diese Beobachtung wandte Fischer dem »Zuckergehalt des Gefäßsaftes« sein besonderes Augenmerk zu. Seine Untersuchungen über diesen Gegenstand (II, 1888; III, 1891) wurden von grundlegender Bedeutung für unsere ganze Auffassung über die Wanderung der Kohlenhydrate im Stamme der Holzgewächse und die Beanspruchung von Elementen des Holzkörpers als Wanderbahnen.

Es gelang ihm eine lokalisierte Reduktion der Fehling-schen Probe in Zellen des Holzes zu erhalten, woraus er auf die Anwesenheit von Glykose (eventuell von Glykosiden) schloß, da er auf Grund kritischer Erwägungen das Vorhandensein anderer reduzierender Substanzen ausschließen zu können glaubte. »Aus den vorstehenden Auseinandersetzungen

[1] Weitere Literatur bei W. Pfeffer (l. Bd., p. 244), Hornberger (1887), Czapec (l. Bd., p. 471).

ergibt sich demnach mit der bei mikrochemischen Untersuchungen gewöhnlich nur erreichbaren Sicherheit, daß der
reduzierende Körper schon ursprünglich in der Pflanze vorkommt und Glykose ist...« »Jedenfalls ist anzunehmen, daß
der Kupferniederschlag auf einen gelösten, stickstofffreien
Reservestoff zurückzuführen ist« (II, p. 409). In der Folge
bezeichnet Fischer diesen Stoff als »Gefäßglykose« schlecht-
weg. Er untersuchte ihr Auftreten und ihre Verteilung in
Abhängigkeit von der Jahreszeit und entwarf in seiner allgemein bekannten Arbeit über die Physiologie der Holzgewächse ein klares und geschlossenes Bild der Wandlung
und Wanderung der N-freien Reservestoffe in den Bäumen,
das in seinen Grundzügen in alle Lehrbücher übergegangen ist.

An dieser Stelle soll nur von Fischer's Glykoseunter-
suchungen die Rede sein, die im Wesentlichen durch die
Autorität Strasburger's ihre Bestätigung fanden (1891, p. 883 ff.).

Der Nachweis der »Gefäßglykose« durch A. Fischer
fand merkwürdigerweise kaum eine Kritik, obgleich manche
Beobachtungen geeignet waren, den unbefangenen Leser
stutzig zu machen und zu einer kritischen Nachprüfung zu
veranlassen. Gegen die Methode selbst wendet nur gelegentlich
Lundegårdh ein, daß auch ein großer Teil der Gerbstoffe
und Glykoside wie Aesculin u. a. die Fehling'sche Lösung
reduzieren, so daß Fischer nicht berechtigt gewesen sei, die
Aesculus-Rinde wegen des erzielten Niederschlages von
Kupferoxydul als glykosereich zu bezeichnen. Abgesehen aber
davon, daß Fischer selbst wenigstens auf die durch Gerbstoffe bedingte Fehlerquelle aufmerksam gemacht hat (II,
p. 408), kommt Notter (1903, p. 18) zu dem Ergebnisse,
daß der Aesculus-Gerbstoff keine reduzierende Wirkung auf
»Fehling« ausübt.

Jedenfalls bleiben aber noch genügend andere Bedenken
bestehen. Ich verweise etwa auf die merkwürdige Differenz im
Verhalten der krautigen Pflanzen und eines Teiles der Sträucher
gegenüber den Bäumen, von denen nur die letzteren Glykose
in den Gefäßen führen sollen, während erstere keinen Oxydulniederschlag in den Wasserleitungsbahnen ergaben (III, p. 78).
Glaubte Fischer daraus auf eine verschiedenartige Benützung

der Wasserbahnen in beiden Fällen schließen zu sollen, so
nimmt Strasburger (l. c., p. 896) keinen prinzipiellen Unterschied an, es wäre denn, daß die Aufspeicherung von Kohlen-
hydraten im Gefäßsystem der krautigen Pflanzen überhaupt
fehlt; zur Stütze seiner Anschauung zieht er Erfahrungen über
die Wirkung eines Zusammenpressens der Stengelteile heran,
die lehrten, daß bei vielen Pflanzen Früchte und Samen reifen
und Kohlenhydrate speichern, »auch wenn kein anderer Weg
der Zufuhr als die Wasserbahnen offen sind« (p. 898).[1] Da
der Gefäßinhalt jedoch »Fehling« nicht reduziert, wäre an die
Leitung löslicher aber nicht reduzierender Kohlenhydrate zu
denken, doch fehlt auch für diese Vermutung der Beweis.

Sehr auffällig erscheint mir auch eine Unstimmigkeit
zwischen den Angaben, welche Fischer in seinen beiden
Arbeiten über das Auftreten der Glykose im Holze macht.
Die ausführlichere Publikation legt nur auf ihr Vorkommen
in den Wasserbahnen Gewicht. »Die Holzfasern enthalten
in den meisten Fällen, z. B. bei *Betula*, *Populus*, *Cornus*,
*Acer* entweder gar keinen oder nur hie und da spärliche
Niederschläge, so daß meistens die Gefäße allein glykosehältig
sind« (III, p. 76). Die von Fischer konstatierten Ausnahmen
*Pirus Malus* und *Prunus avium* bestehen, wie Strasburger
(l. c., p. 884) nachweist, in Wirklichkeit nicht, insofern die
»Holzfasern« der Rosifloren tatsächlich Tracheiden darstellen.
In seiner ersten Mitteilung wird aber ganz besonders
auch auf das Glykosevorkommen in den Holzfasern und in den
Zellmembranen hingewiesen. Die Untersuchung ergab, daß sie
(die Glykose) vorwiegend in toten Gewebeelementen (Gefäßen,
Tracheiden, Holzfasern, Markzellen, obliterierte Siebröhren-
schicht, mancher Bast) oder in den Wänden lebender Elemente
(manche Bastfasern, grüne Rindenzellen) vorkommt. (II, p. 415).
»So ergibt sich, daß die toten Elemente des Holzes und die
Markzellen als Wanderungsbahnen der Glykose in Betracht
kommen müssen« (II, p. 417). Wie aber soll die Glykose in

---

[1] Diese Untersuchungen nehmen allerdings keine Rücksicht auf die
eigene Assimilationstätigkeit der Früchte, deren Bedeutung nicht unterschätzt
werden darf.

die toten Holz- und Bastfasern usw. gelangen und von hier abgeleitet werden?

Nicht minder unverständlich ist auch der Befund, daß der Glykosegehalt im alten Holz nicht weniger bedeutend ist wie in den jungen Zweigen, obgleich doch offenbar die älteren Jahresringe an der Wasserleitung keinen Anteil mehr nehmen. Für *Ailanthus glandulosa* im besonderen lesen wir, daß hier trotz frühzeitiger Verstopfung der Gefäße mit Gummi »die Glykosereaktion ebenso deutlich in unwegsamen Gefäßen gefunden wurde wie in offenen.«[1]

Auch die Beobachtung, daß im ausgetrockneten Holze und in jahrelang in Alkohol gelegenem Material die »Gefäßglykose« in unveränderter Lokalisation und unvermindert gefunden wurde, ist zumindestens unerwartet, da Glykose in Alkohol — absoluter Alkohol wurde doch wohl zur Konservierung nicht verwendet — durchaus nicht unlöslich ist.

Unaufgeklärt bleibt auch — worauf schon Strasburger hinwies — die Beobachtung des Vorkommens von Glykose in den Gefäßen von solchen Bäumen (Ahornarten), in deren Blutungssaft Schröder zwar Rohrzucker, aber nicht eine Spur Traubenzucker nachzuweisen vermochte.

Völlig unerwartet ist jedenfalls auch die Beobachtung, daß Gefäßglykose zu allen Jahreszeiten in allen Teilen des Stammes gefunden wurde, was auch Strasburger (l. c., p. 894) und Notter bestätigten. Daß Glykose das ganze Jahr hindurch mit dem Wasserstrom aufwärts geführt würde, wie Fischer will, hat Strasburger mit Recht bezweifelt. Welche Rolle spielt aber die Gefäßglykose, wenn nach erfolgtem Knospenschluß und Einstellung der Kambiumtätigkeit die Entwicklungsvorgänge im Wesentlichen ihren Abschluß gefunden haben?

Diese und andere Bedenken veranlaßten mich, anläßlich von Untersuchungen über die Wandelung der Reservestoffe in Holzgewächsen der Glykosefrage näher zu treten.

---

[1] Strasburger (l. c., p. 894) bemerkt nur kurz, daß er das Kernholz an verschiedenen Coniferen, dann bei *Robinia* und bei der Eiche zuckerfrei fand und glaubt, daß es so auch in anderen Fällen sein werde.

Ich erhoffte mir zunächst von der Verwendung des
Senft'schen Reagens — Phenylhydrazin und Natriumazetat —
ein günstiges Ergebnis, da es zum lokalisierten Nachweis
der Glykose der Fehling'schen Probe jedenfalls vorzuziehen
ist, wenngleich es dieser an Empfindlichkeit nachsteht. Meine
Ergebnisse waren aber sehr unbefriedigend; unter Umständen
erhielt ich zwar eine schwache Reaktion in lebenden Zellen,
doch konnte ich eine Osazonbildung in den Wasserleitungsbahnen nicht beobachten. Ich griff also wieder auf die
Fehling'sche Reaktion zurück. In Übereinstimmung mit Fischer
fand auch ich, daß die Reaktion in der üblichen Weise auf dem
Objektträger ausgeführt, nicht das gewünschte Resultat gibt;
der erzielte Oxydulniederschlag ist schwach und wenig
lokalisiert. Die von Fischer angegebene Modifikation der
Fehling'schen Probe führte dagegen ohneweiters zum erwarteten
Ergebnisse. [1]

Fischer geht in der Weise vor, daß er median gespaltene
Aststücke auf etwa 5 bis 10 Minuten in eine konzentrierte
Lösung von Kupfersulfat einträgt und nach Abspülung mit
Wasser in eine siedende Lösung von Seignettesalz mit Ätz-
natron einträgt, in der sie 2 bis 5 Minuten (III, p. 74) kochen
müssen. [2] Warum bei dieser Methode der Zucker nicht aus
den Zellen und namentlich aus den Gefäßen herausdiffundieren
soll, ist mir nicht recht erklärlich, ebenso war mir die lange
Kochdauer zunächst unverständlich, da doch erfahrungsgemäß
der Oxydulniederschlag bei Anwesenheit reduzierender Zucker
beim ersten Aufwallen der Lauge eintritt. Tatsächlich erzielt
man jedoch auf dem eingeschlagenen Wege deutliche Niederschläge in den toten Elementen des Holzes.

Die auftretenden Oxydulniederschläge sind oft sehr schön
auf einzelne Zellelemente lokalisiert; ich fand sie wie Fischer
auf die Wasserbahnen beschränkt, häufig aber auch die
Libriformfasern dicht erfüllend. Bisweilen sind sie auch in der
Zelle lokalisiert. So beobachtet man sie z. B. in den Tracheiden

---

[1] Ich benutzte annähernd mit gleichem Erfolg nach verschiedenen
Rezepten (F. Allihn, Artur Mayer u. a.) hergestellte Lösungen.

[2] Auch Tunmann (1913, p. 184) übernimmt diese Methode als geeignet zum lokalisierten Glykosenachweis.

des Fichtenholzes oft im Umkreise der Hoftüpfel (Fig. 1) oder etwa in den Markstrahlzellen von *Ailanthus* hauptsächlich die Tüpfelkanäle erfüllend. Ich lege dieser Erscheinung indessen keine Bedeutung bei, da vielleicht nur physikalische Gründe für sie maßgebend sind. Ich kann auch die Beobachtung von Fischer bestätigen, daß die Niederschläge in den Wasserbahnen oft der Membran anliegen. Der von ihm gegebenen Erklärung vermag ich mich jedoch nicht anzuschließen; es ist durchaus unwahrscheinlich, daß bei der Durchführung der Reaktion die Zuckerlösung sich nicht im ganzen Gefäßlumen verteilt.

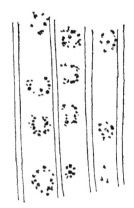

Fig. 1. Verteilung des Kupferoxydulniederschlages im Bereiche der Hoftüpfel an einem Radialschnitte durch Fichtenholz.

Bemerkenswert scheint mir eine andere Beobachtung, welche auf eine Beziehung zur Zellmembran hinweist. Namentlich an Libriformfasern konnte ich bei verschiedenen Hölzern an günstigen Stellen unzweifelhaft die Bildung des Niederschlages im Bereiche der Mittellamelle beobachten, von wo aus er sich in die Verdickungsschichten hineinzog (Fig. 2). Ähnliches konnte ich auch an den Markstrahlzellen von *Ailanthus* nachweisen. Die Angaben Fischer's über das Auftreten des Oxydulniederschlages innerhalb der Membranen finden somit ihre Bestätigung, doch muß es von vornherein einigermaßen zweifelhaft erscheinen, ob die Bildung des Präzipitates etwa auf einem Glykosegehalt der Membran beruht, die von einer Zuckerlösung infiltriert ist; gerade die augenscheinliche Lokalisierung in der Mittellamelle scheint gegen eine solche Deutung zu sprechen.

Ich habe auch einige Kernhölzer in den Bereich der Untersuchung gezogen, kann aber die schon oben erwähnten Angaben Strasburger's nicht durchaus bestätigen. So fand ich in einem achtjährigen frischen Kirschenaste, der einen Durchmesser von etwa 6 Zentimeter aufwies, im Kern wie im Splinte eine annähernd gleiche Verteilung des Oxydul-

niederschlages. In einem Kernholz von *Caesalpinia echinata*
aus der Institutssammlung, das einem 12 Zentimeter starken
Holzstücke entstammte, konnte gleichfalls ein, wenngleich nur
spärlicher Niederschlag erzielt werden.

Fig. 2 Oxydulnieder-
schläge in den Membranen
von Rotholztracheiden
der Fichte. Das Holz war
vor Ausführung der Re-
aktion stundenlang in
gewechseltem Wasser
ausgekocht worden.

Der Oxydulniederschlag tritt somit
unzweifelhaft auch in alten Teilen des
Holzkörpers auf, die jedenfalls keine
lebenden Elemente mehr enthalten und
von der Wasserleitung ausgeschaltet sind.

Um diese überraschende Tatsache
aufzuklären, versuchte ich, auf dem
Boden der Fischer'schen Anschauung
stehend, die Glykose aus den Gefäßen
durch Durchspülen mit Wasser auszu-
waschen, wobei ich einen Unterschied
im Verhalten der leitenden und von der
Leitung bereits ausgeschalteten Wasserbahnen erwartete.

Meine Bemühungen blieben aber
ebenso fruchtlos wie die gleichartigen
Versuche von Alfred Fischer. Ich setzte
etwa 10 Zentimeter lange, zwei- bis
dreijährige Zweigstücke von Ahorn und
Weide luftdicht in einen Saugkolben
ein und saugte mittels einer Wasser-
strahlpumpe langsam destilliertes Wasser
durch. Nach der Durchspülung wurden
die Zweige entrindet und das Kambium
sowie die peripheren Holzschichten entfernt. Nachdem die
Zweigstücke hierauf sorgfältig abgespült worden waren, um
etwa anhaftende Fragmente der abpräparierten Teile zu entfernen, wurde ein mittleres Stück von 1 bis 1·5 Zentimeter
Länge herausgeschnitten, halbiert und in toto der Fehling'schen
Probe genau nach Angabe Fischer's unterworfen. Das Spül-
wasser wurde auf dem Wasserbade tunlichst eingeengt und
gleichfalls auf Zucker untersucht. Während aber in diesem
auch nicht die Spur einer Reduktion nachweisbar war, zeigten
die behandelten Zweigstücke einen im Vergleiche zu den

nicht behandelten Kontrollzweigen unverminderten Oxydulniederschlag, und zwar wie ich besonders betone muß,
nicht nur in den lebenden Elementen und Holzfasern, sondern
auch in den Wasserbahnen.

Um mich zu vergewissern, welchen Weg das durch-
gesaugte Wasser genommen hat, durchspülte ich andere
Zweige mit wässeriger Eosinlösung. Zum Versuche wurden
diesmal Ahorn- und Fichtenzweige be-
nützt. An der eingetretenen Färbung
konnte man sich leicht überzeugen,
daß die Spülflüssigkeit durch alle
Wasserleitungselemente gesaugt worden
war, so daß doch wenigstens eine Verminderung des Reduktionsvermögens
zu erwarten gewesen wäre. Das Ergebnis war aber wieder insoferne
negativ, als die Reduktion nach wie
vor mit unverminderter Stärke eintrat.
Um ein Bild von der Stärke des Kupferoxydulniederschlages zu geben, der in
einem derartig behandelten Objekte
(Fichte) auftrat, verweise ich auf die
nebenstehende Fig. 3, welche tunlichst
genau mit dem Zeichenprisma angefertigt
wurde.

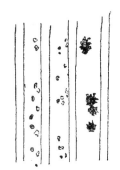

Fig. 3. Niederschläge von
Kupferoxydul in den
Tracheiden eines Fichten-
holzes, das vor der Re-
aktion im zerkleinerten
Zustand einige Stunden
in wiederholt gewechsel-
tem Wasser ausgekocht
worden war.

Adolf Fischer führte das negative Ergebnis darauf
zurück, daß sich die Wasserleitungsbahnen bei der gewählten
Versuchsanordnung schnell verstopfen. Immerhin sind doch
die in Betracht kommenden Glykosemengen so gering,[1] daß
man erwarten sollte, es würde die Zuckerlösung schon in
wenigen Minuten aus den Gefäßen herausgespült sein; selbst
wenn eine starke Adsorption des Zuckers stattfinden sollte,
wäre wohl wenigstens eine Verminderung des Oxydulniederschlages zu erwarten gewesen.

Haben die Durchspülungsversuche zu einem negativen
Ergebnisse geführt, so wäre es nach Fischer doch möglich,

---

[1] Fischer berechnet für ein Gefäß von 0·05 *mm* Durchmesser einen
Glykosegehalt von 0·0000196 *mg* auf 1 *mm* Länge (III, p. 131).

die Glykose auszulaugen. Nach 24stündigem Liegen in Wasser
wäre der Oxydulniederschlag in den oberflächlichen Zellagen
ersichtlich vermindert worden. Aber auch mit dieser Methode
bin ich nicht zum Ziele gekommen. Ich untersuchte Zweige
verschiedener Art (z. B. Fichte, *Ailanthus*) nach achttägigem
Liegen in Wasser, ohne eine Änderung der Stärke der
»Glykose«-Reaktion ermitteln zu können. Dazu muß ich
allerdings bemerken, daß ein Abschätzen der Quantität des
Oxydulniederschlages umso mißlicher ist, als selbst in gleichartigen Zellen desselben Schnittes Korngröße und Dichtigkeit
des Niederschlages wechseln.

Schließlich ging ich noch in radikalerer Weise vor, um
etwaige Glykose in Lösung zu bringen. Von der Oberfläche
eines durchspülten und entschälten Zweigstückchens wurden
teils ganz grobe Späne, teils feinere Schnitte abgenommen
und in reichlicher Wassermenge durch eine Stunde ausgekocht und nachgewaschen. Die jetzt wohl zweifellos zuckerfreien Partikeln wurden in der Eprouvette der Fehling'schen
Probe unterworfen, wobei sie eine Viertelstunde lang in der
Lösung gekocht wurden. Das Ergebnis übertraf meine Er-
wartungen. Die Späne reduzierten schon makroskopisch
schwach aber deutlich die Fehling'sche Lösung. Ausgekochte
Schnitte auf dem Objektträger in gleicher Weise behandelt —
sie wurden auf dem Wasserbade ebensolange erhitzt —
zeigten einen kräftigen Niederschlag im Lumen der toten und
plasmaführenden Zellen. Zum Teil war der Kupferniederschlag
feinkörnig, zum Teil auffallend durch die Ausbildung schöner
Krystalle und Krystallaggregate.

Das Ergebnis war dasselbe, wenn Sägespäne aus einem
trockenen Fichtenholz — es wurde ein altes Fichtenbrett
benutzt — vor Durchführung der Reaktion stundenlang mit
reichlicher Wassermenge ausgekocht wurden. Kocht man die
Späne im Reaktionsgemische, so ist die Kupferreduktion
schon makrochemisch deutlich nachweisbar.

Damit ist wohl der Beweis erbracht, daß die
Reduktion der Fehling'schen Probe in den toten
Elementen des Holzes der Hauptsache nach nicht

auf Glykose und überhaupt nicht auf im »Rohsafte»
gelöste Substanzen zurückgeführt werden kann.

Die von Alfred Fischer schon in seiner ersten Veröffentlichung über unseren Gegenstand zugegebene Möglichkeit, daß
die Reduktion höchstens auf einen »unbekannten« Stoff zurückgeführt werden könnte, trifft somit wider Erwarten zu, wenigstens
insoferne als es sich um die Wirkung eines bisher noch
nicht identifizierten Stoffes handelt. Daß Harze und Gerbstoffe nicht in Betracht kommen, hat bereits Fischer selbst
dargetan und geht schon daraus hervor, daß die reduzierende
Wirkung trotz Kochens in Wasser und Alkohol erhalten bleibt.

Die Reduktionswirkung kann jedenfalls nur durch in
Wasser und Alkohol schwer lösliche Inhaltsstoffe oder durch
die Membran selbst bedingt sein. Insoferne die Oxydulniederschläge lokalisiert in den toten Elementen der Wasserbahnen
auftreten, wird man sich für die zweite Eventualität entscheiden
müssen. Ein Gleiches gilt für die inhaltsleeren Holzfasern.
Ob auch die Membranen lebender Zellen eine reduzierende
Wirkung ausüben können, läßt sich dagegen nicht mit gleicher
Sicherheit behaupten. Die Gesamtheit des Zellinhaltes können
wir nur durch energisch wirkende Agentien entfernen, wobei
die Membranen eine derartige Veränderung erfahren könnten,
daß sie erst infolge dieser Einwirkung eine reduzierende
Wirkung äußern.[1]

Wenn wir die Zellmembran für die Reduktion der Fehling-
schen Lösung verantwortlich machen, so könnte zunächst
daran gedacht werden, daß durch das Kochen mit Lauge ein
reduzierender Zucker abgespalten wird. Gegen eine etwaige
hydrolytische Abspaltung eines Zuckers aus der Zellulose
sprechen aber andere Erfahrungen. Wenigstens wurde beobachtet, daß Baumwollzellulose bei Behandlung mit Laugen
unter Druck zwar in beträchtlichem Maße gelöst wurde, doch
gab die Lösung keine Reaktion mit Fehling. »Es ist zu
betonen, daß anscheinend keine Zucker gebildet werden; wenn
also Alkalien eine Hydrolyse bewirken, so führt diese nicht
wie bei Verwendung von Säuren bis zu Zuckern« (Schwalbe,

---

[1] So wirkt z. B. Sulfitzellulose reduzierend (Schwalbe. p. 574).

p. 49). Möglich wäre es jedoch, daß durch die Einwirkung heißer Lauge bei Luftzutritt eine teilweise Oxydation der Zellulose erfolgt unter Bildung von Stoffen, die der Oxyzellulose nahestehen, welche bekanntlich Fehling reduzieren. Ob aber die doch verhältnismäßig kurze Kochdauer zu einer entsprechenden Oxydation hinreicht, ist zweifelhaft.

Es ist jedenfalls auffällig, daß so häufig gerade die Mittellamelle einen lokalisierten Oxydulniederschlag zeigt, also jener Anteil, der am stärksten verholzt ist (Wislicenus 1909). Daß aber diese Reaktion nicht auf das Czapek'sche »Hadromal« zurückgeht, also auf jenen Komplex, den wir für den Eintritt der Phloroglucinsalzsäurereaktion verantwortlich machen, dafür spricht schon der Umstand, daß durchaus nicht alle verholzten Membranen reduzierend wirken, wie schon aus den Beobachtungen Fischer's hervorgeht, der z. B. das Ausbleiben der Reduktion in den Gefäßen der krautigen Pflanzen betont. Ferner nimmt das Reduktionsvermögen des Holzes durch andauerndes Kochen mit $n/_{10}$ KOH ersichtlich ab, während die »Holzreaktion« augenscheinlich dabei ungeschwächt erhalten bleibt.

Es scheint mir daher wahrscheinlicher, daß die reduzierende Wirkung auf vorliegende Zellulosemodifikationen zurückzuführen ist. Für die Ligno-, Oxy- und Hydrozellulosen ist ja ein mehr oder minder kräftiges Reduktionsvermögen der Fehling'schen Lösung bezeichnend.

Da die chemische Charakteristik der Zellulosen nicht immer zur sicheren makrochemischen Unterscheidung ausreicht, so ist eine mikrochemische Untersuchung von vornherein wenig Erfolg versprechend, umsoweniger als die Reduktion auch auf verschiedenen nebeneinander befindlichen Membranstoffen beruhen kann.[1]

Die Zurückführung des Kupferoxydulniederschlages auf eine reduzierend wirkende Membransubstanz macht manche Angaben Adolf Fischer's verständlich. Vor allem erklärt sich jetzt die von ihm für notwendig erachtete lange Kochdauer bei Ausführung der Reaktion. Die reduzierende Wirkung der

---

[1] Wobei natürlich auch an Pentosen zu denken wäre.

oben genannten Zellulosen stellt sich immer erst nach längerem Kochen ein, während Glykosen sofort reduzieren. Verständlich ist es jetzt auch, daß in Elementen, die mit der Wasserleitung gar nichts zu tun haben, die Holzfasern und tote Markzellen oder Gefäße, die durch Verstopfung an der Wasserleitung verhindert sind, nichtsdestoweniger »Gefäßglykose« enthalten können. Daß reduzierende Zellulosen nicht überall vorhanden sein müssen oder erst in älteren Zellen gebildet werden können, erklärt vielleicht auch das abweichende Verhalten krautiger Pflanzen und einjähriger Triebe.

Wenn wir die in den toten Elementen des Holzes auftretende Reduktion von Fehling auf die reduzierende Wirkung der Zellmembranen zurückführen, so bedürfen aber die Beobachtungen der jahreszeitlichen Veränderungen in der Stärke des Oxydulniederschlages einer Aufklärung.

Sehr beträchtlich sind sie offenbar überhaupt nicht. Die quantitativen Beobachtungen beruhen natürlich nur auf Schätzungen. Notter, der die jahreszeitlichen Veränderungen im Gehalt an »Gefäßglykose« graphisch wiedergibt, äußert sich über die eingeschlagene Methode folgendermaßen: »Für die Stärke des Kupferoxydulniederschlages stellte ich auch 12 Typen auf, die hinsichtlich Genauigkeit mit den Mängeln aller solcher Bestimmungen behaftet sind, für vorliegende Untersuchungen aber ihren Zweck erfüllen.« (p. 18.) Bedenkt man aber, daß der Niederschlag bezüglich Dichtigkeit und Korngröße sogar in Elementen desselben Schnittes je nach den Reaktionsbedingungen, die man nicht immer in der Hand hat, verschieden ist, dann wird man den Wert solcher Schätzungen sehr gering anschlagen und Schätzungsfehler um eine ganze Anzahl von Einheiten sind durchaus möglich. Immerhin stehen aber Notter's Befunde doch mit den viel vorsichtiger gehaltenen Angaben Alfred Fischer's bis zu einem gewissen Grade im Einklange; eine Veränderung in der Stärke des Oxydulniederschlages ist danach offenbar tatsächlich zu konstatieren.

Daß das Reduktionsvermögen der Membran eine Veränderung erfahren sollte, ist kaum anzunehmen; die Erklärung ist meines Erachtens viel einfacher: Daß Zucker unter Um-

ständen mit dem Saftstrome mitgeführt wird, erscheint zweifellos; die Ringelungsversuche und insbesondere die Analysen
des Blutungswassers sprechen eine zu deutliche Sprache.
Meines Erachtens haben nur Alfred Fischer und seine Nach-
folger darin geirrt, daß sie den gesamten Oxydulniederschlag
auf Rechnung der Glykose setzten, während ein Teil, wahrscheinlich sogar der größere, auf die reduzierende Wirkung
der Membran zurückzuführen ist. Halten wir uns an die
Äußerung von Alfred Fischer (III, p. 86): »Soweit eine Ab-
schätzung es gestattet, darf wohl behauptet werden, daß im
Frühjahre, von Anfang April bis Ende Mai, die toten Elemente
des Holzes am glykosereichsten sind.«[1] Die Steigerung des
Oxydulniederschlages ist unserer Meinung nach auf das tat-
sächliche Auftreten von Zucker im »Rohsaft« zurückzuführen,
was mit unseren übrigen Erfahrungen im Einklange steht.
Was aber wieder zweifelhaft geworden ist, ist die Behauptung,
daß die Wasserbahnen das ganze Jahr über Glykose führen.

Jedenfalls sind die bisherigen Angaben über das
quantitative Auftreten der Glykose in den Wasserleitungsbahnen und die daraus gezogenen Schlüsse
nur unsicher begründet, da Glykose und andere die
Reduktion bedingende Stoffe nicht genügend aus-
einandergehalten wurden, so daß die Glykose-Frage
einer erneuten kritischen Untersuchung dringend
bedürftig wäre.

## Zusammenfassung.

1. Die nach der Methode Alfred Fischer's erzielbare
Reduktion der Fehling'schen Lösung in den toten Elementen,
speziell den Gefäßen des Holzkörpers ist, wenigstens der
Hauptsache nach, nicht auf Glykose oder einen anderen
gelösten reduzierenden Zucker zurückzuführen.

2. Der Kupferoxydulniederschlag, der unter diesen Umständen teils im Zellumen, teils in der Membran selbst zur
Abscheidung gelangt, ist vielmehr ausschließlich oder vor-

---

[1] Diese Beobachtung wird auch von Notter bestätigt (p. 31), hingegen
scheint mir bezüglich des zweiten von Notter gefundenen Maximums im
Herbste eine Nachprüfung dringend wünschenswert.

wiegend auf die reduzierende Wirkung der Membran, wahrscheinlich bestimmter Zellulosemodifikationen, zurückzuführen; dadurch findet auch die scheinbare Glykosespeicherung in Libriformfasern und den an der Wasserleitung nicht mehr beteiligten Gefäßen ihre ungezwungene Erklärung.

## Literaturübersicht.

F. Allihn, »Über den Verzuckerungsprozeß bei der Einwirkung verdünnter $H_2SO_4$ auf Stärkemehl, bei höherer Temperatur.« Journ. f. pract. Chem. N. F. Bd. 22, 1880, p. 46.

Fr. Czapek, Biochemie der Pflanzen, II. Aufl., Jena 1913.

Alfred Fischer, I. Neue Beobachtungen über Stärke in den Gefäßen Berichte d. deutsch. bot. Ges., Bd. 4, 1886, p. XCVII.

— II. Glykose als Reservestoff der Laubhölzer. Botan. Zeitung. Bd. 46, 1888, p. 405.

— III. Beiträge zur Physiologie der Holzgewächse. Jahrb. f. wiss. Bot., Bd. 22, 1891, p. 73.

G. Haberlandt, Physiologische Pflanzenanatomie, I. Aufl., Leipzig 1884.

Th. Hartig, I. Über die Bewegung des Saftes in den Holzpflanzen Bot. Ztg. 1858, p. 338.

— II. Lehrbuch der Anat. u. Phys. der Holzpflanzen.

R. Hornberger, Beobachtungen über den Frühjahrssaft der Birke und Hainbuche. Forstliche Blätter 1887. — Ref. im Bot. Ctrbl., Bd. 33, p. 227.

B. Lidforss, Über die Wirkungssphäre der Glykose- und Gerbstoffreagentien. Acta Universitatis Lundensis, T. 28, 1891/92, p. 1.

A. Meyer, Mikrochemische Reaktion zum Nachweis der reduzierenden Zuckerarten. Ber. d. deutsch. bot. Ges., Bd. 3, 1885, p. 332.

C. Notter, Beitrag zur Physiologie d. Holzgewächse. In. Diss., Heidelberg 1903.

J. Sachs, Über die Leitung der plastischen Stoffe durch verschiedene Gewebsformen. Flora, Bd. 46, 1863.

J. Schröder, Beitr. z. Kenntnis der Frühjahrsperiode d. Ahorns. *Acer platanoides*. Jahrb. f. wiss. Bot., Bd. 7, 1869/70, p. 261.

P. Schulz, Das Markstrahlgewebe und seine Beziehungen zu den leitenden Elementen des Holzes. Jahrb. d. bot. Gartens zu Berlin, Bd. II, 1883, p. 230.

C. G. Schwalbe, Die Chemie der Zellulose, Berlin, Bornträger 1911.

E. Strasburger, Über den Bau und die Verrichtungen d. Leitungsbahnen in den Pflanzen. (Histologische Beiträge III.) Jena 1891, p. 877.

O. Tunmann, Pflanzenmikrochemie, Berlin 1913.

H. Wislicenus, Tharandter forstl. Jahrb., Bd. 60, 1909, p. 313.

# Über das Vorkommen von kohlensaurem Kalk in einer Gruppe von Schwefelbakterien

Von

Egon Bersa

(Mit 1 Tafel und 2 Textfiguren)

Aus dem Pflanzenphysiologischen Institute der Universität Graz

(Vorgelegt in der Sitzung am 22. April 1920)

Gelegentlich der Durchmusterung von Schlammproben aus dem Bassin des botanischen Gartens entdeckte J. Gicklhorn (1920) einige bisher noch nicht bekannte, einzellige, farblose Schwefelbakterien. Besonders reichlich und beständig kamen drei Formen vor: Achromatium oxaliferum Schewiakoff, Microspira vacillans Gicklhorn und Pseudomonas hyalina Gicklhorn.

An diesen, alle anderen Bakterien an Größe überragenden Organismen lag es nahe, der Frage nach dem Vorhandensein eines Kernes bei den Bakterien mit den neuen Untersuchungsmethoden, wie sie von Arthur Mayer (1912) ausgearbeitet wurden, näherzutreten. Doch schon bei den ersten Versuchen die Zelle von ihren Inhaltskörpern zu befreien, sah ich mich veranlaßt, auch die Mikrochemie derselben zu berücksichtigen. Gleichzeitig stellte sich heraus, daß die zunächst als Schwefel angesprochenen Inhaltskörper von Achromatium zum größten Teil gar nicht aus Schwefel bestanden und daß Microspira vacillans und Pseudomonas hyalina sich ebenso verhielten. Die letzteren wurden daher in die

Untersuchung miteinbezogen. Da ich mich vor allem auf die
Untersuchung von A c h r o m a t i u m einschränkte, ergab sich
im Verlaufe der Arbeit folgende Gliederung:
1. Morphologie, Cytologie (Systematik). 2. Mikrochemie
(Inhaltskörper). 3. Allgemeines, in welchem einige physiologische Fragen erörtert werden sollen.

## I. Morphologie, Cytologie.

Unser Organismus ist dreimal beschrieben worden.

Als Achromatium oxaliferum S c h e w i a k o f f (1893). Modderula Hartwigi
F r e n z e l (1897). Hillhousia mirabilis W e s t & G r i f f i t h s (1909).

Schon L a u t e r b o r n (1898), der den Organismus zuerst gefunden
hatte, um ihn S c h e w i a c o f f zu überlassen, betont ausdrücklich, daß
M o d d e r u l a F r e n z e l dasselbe ist wie A c h r o m a t i u m S c h e w i a-
c o f f. Fundort, Gestalt, Größenverhältnisse, Fortpflanzungsweise, Bewegungs-
art sind genau dieselben. W e s t & G r i f f i t h s haben 1909 die Arbeit
S c h e w i a k o f f s wahrscheinlich übersehen. Erst 1913 geben sie eine
vergleichende Zusammenstellung der »Unterschiede« zwischen A c h r o m a-
t i u m und H i l l h o u s i a. Diese sind nun folgende:

| Achromatium. | Hillhousia. |
|---|---|
| 1. Unterscheidung einer peri-pheren Alveolarschichte und eines großmaschigen Zentralkörpers. | 1. Es ist nur ein gleichmäßig gebautes, großmaschiges, proto-plasmatisches Netzwerk vorhanden. |
| 2. Ansehnliche rötliche Chro-matinkörner in den Kanten des Netzwerkes des Zentralkörpers. | 2. Durch Färbung ist Chromatin nicht bestimmt zu erkennen, wohl aber kleine Körnchen, die möglicher-weise aus Chromatin bestehen. |
| 3. Die Inhaltskörper der Vacu-olen bestehen aus Calciumoxalat | 3. Die Inhaltskörper bestehen aus Calciumkarbonat. |
| 4. Kein Schwefel vorhanden. | 4. Stark lichtbrechende, rötliche Schwefeltropfen im Protoplasmanetz. |
| 5. Größe: 29 $\mu \times 15 \mu$ im Mittel. | 5. Größe: H. mirabilis: 60 $\mu \times 26 \mu$. H. palustris. 25 $\mu \times 14 \mu$ |

Die Unterschiede sind auf den ersten Blick ziemlich bedeutend. Wenn
man aber Abbildungen und Beschreibung der beiden Autoren critisch vergleicht, so merkt man bald, daß sie dasselbe Bild gesehen, aber verschieden
gedeutet haben. Richtig haben nur W e s t & G r i f f i t h s in ihrer zweiten
Arbeit (1913) beobachtet. Die rötlichen Körner, die S c h e w i a k o f f als
Chromatin gedeutet hat, sind (wenigstens zum Teil) nichts anderes als die
Schwefeltröpfchen, die im Protoplasma liegen und sich ohne weiteres heraus-
lösen lassen. Durch die starke Interferenz können sie einen rötlichen Glanz
vortäuschen, so daß man, besonders wenn das rot oder violett gefärbte

Plasma durchscheint, der Meinung sein cann, sie seien intensiv rot gefärbt. Ebenso unrichtig hat er die chemische Zusammensetzung der Inhaltskörper gedeutet.[1] Denselben Fehler begehen nach ihm auch noch V i r i e u x (1913), M a s s a r t (1901) und N a d s o n (1913). Nach W e s t & G r i f f i t h s (1913, p. 89) hätten V i r i e u x und M a s s a r t H i l l h o u s i a vor sich gehabt und nicht A c h r o m a t i u m, weil sie Schwefeltröpfchen fanden und ceine Alveolarschichte feststellen connten. Sie setzen sich aber ohne weiteres darüber hinweg, daß V i r i e u x und M a s s a r t cein Calciumcarbonat finden, sondern die Angabe S c h e w i a k o f f s bestatigen. Die Alveolarschichte hat S c h e w i a k o f f, zweifellos beeinflußt durch die Ideen B ü t s c h l i's. zu sehen geglaubt und davon den großmaschigen Protoplasten als Zentralcörper unterschieden.

Von Arten wurden beschrieben:

A. oxaliferum S c h e w i a c o f f (1895) Länge 15—43 μ. Breite 9—22 μ.

     »      »      »

(Massart 1901) . . . . . . . . . . . . . . . . . . . . . . .    »    30 μ.    »    20 μ.

M. Hartwigi F r e n z e l (1897) . . . . . .    »    30—50 μ.    »    9—12 μ.

H. mirabilis W e s t & G r i f f i t h s (1909) . . . . . . . . . . . . . . . . . . . . . . . . . . . . . .    »    42—86 μ.    »    20—33 μ.

H. palustris W e s t & G r i f f i t h s (1913) . . . . . . . . . . . . . . . . . . . . . . . . . . . . .    »    25 μ.    »    14 μ.

A. gigas N a d s o n (1913) . . . . . . . .    »    bis 102 μ.

Ich habe nun im Laufe eines halben Jahres Gelegenheit gehabt, ein reiches Material zu durchmustern, konnte aber nie zwei oder mehrere in einer Form oder Größe konstant abweichende Arten finden. Ich kann nur, wie schon S c h e w i a - k o f f betont hat, ungemein starke Schwankungen in den Größenverhältnissen feststellen. Die kleinsten Zellen waren fast kugelrund und maßen kaum 9 μ im Durchmesser, während die größte von mir beobachtete 75 μ × 25 μ. maß. Im Mittel maßen die Zellen 30—40 μ × 10—18 μ. Solche Maße beziehen sich auf lebende Zellen, die nicht in Teilung begriffen sind. Da solche in der Größe stark schwankende Zellen zur selben Zeit und oft im selben Präparat vorkommen, so können nur auf Grund von Größenunterschieden verschiedene Arten nicht aufgestellt werden, so daß ich das mir vorliegende A c h r o - m a t i u m für eine einzige Art betrachte und die bis jetzt beschriebenen Arten zu A c h r o m a t i u m o x a l i f e r u m S c h e w i a k o f f gehörig halte. Sicherere Unterscheidungs-

---

[1] Siehe auch die Fußnote p. 245.

merkmale ließen sich wahrscheinlich nur aus Reinkulturen
gewinnen.

A c h r o m a t i u m ist wohl sehr weit verbreitet. Um ein Bild von der
Verbreitung zu geben, führe ich einige Fundorte an: Neuhofer Altrhein (Schew.,
Lauterb.), Rheinpfalz (Lauterb., p. 96), Müggelsee bei Berlin (Frenzel), Jura-
seen (Virieux), Böhmen, Wien (Molisch), Graz (Gicklhorn), Großbritannien
an mehreren Stellen (West & Griffiths 1913), Hapsaler Meerbusen (Nadson),
Namaqualand, S.-Afrika (West & Griffiths). A c h r o m a t i u m hält sich
an der Oberfläche des Faulschlammes von Sümpfen und Teichen auf;
Orte, an denen reichlich organische Substanzen verwesen und H₂S entwickeln. Auffallend ist das Auftreten im Brackwasser des Hapsaler Meer-
busens, was darauf hindeuten würde, daß es auch Meerwasser bis zu einem
gewissen Grade vertragen kann. Möglicherweise sind auch die »Beggiatoen-
keime« C o h n's (1887) und W a r m i n g's (1876) zu A c h r o m a t i u m zu
zählen, da ja das Vorkommen im Hapsaler Meerbusen ein Auftreten an der
Nordküste Deutschlands nicht unwahrscheinlich macht.

Die Zellen sind meist langgestreckt, zylindrisch, mit regelmäßig abgerundeten Enden, seltener kugelig oder oval (vgl.
Fig. 1 der Tafel). Meist sind sie von stark lichtbrechenden,
$1-10\,\mu$. großen, mehr weniger abgerundeten Inhaltskörpern
vollständig erfüllt (Fig. 11 der Tafel). Diese Inhaltskörper
verhindern den Einblick in den inneren Aufbau der Zelle; man
erkennt nur einen hellen Saum mit einer scharfen Kontur, das
randständige Protoplasma mit der Membran. Zellen, die aus
irgendeinem Grunde weniger Inhaltskörper enthalten, lassen
den Bau des Protoplasten besser erkennen. Schon der lebende
Organismus zeigt da ein großwabig gebautes Plasma, welches
gleichmäßig die ganze Zelle erfüllt und in dessen Strängen
und Kanten man kleine, bis etwa $2\,\mu$ große, stark lichtbrechende runde Körnchen oder Tröpfchen bemerkt, während
die von den Wabenwänden umschlossenen Vakuolen leer sind,
oder ein bis mehrere Körnchen von verschiedener Größe
und Gestalt einschließen, die so groß sind, daß sie die ganze
Vakuole ausfüllen und letztere sich in der Form diesen
Inhaltskörpern anpassen muß. Manchmal sind die Körner
aber kleiner und zeigen dann oft eine deutlich eckige Gestalt
(Fig. 11 der Tafel). Solche Körner können sich, wenn sie
nicht zu groß sind, in ausgesprochener Molekularbewegung
befinden, ein Beweis dafür, daß sie frei in der Vakuole liegen
und ihre eckige Gestalt ihrer festen Beschaffenheit verdanken.

In selteneren Fällen, unter ungünstigen Lebensbedingungen, trifft man Achromatien ohne Inhaltskörper an, wohl sind aber meist die stark lichtbrechenden Tröpfchen im Protoplasmanetz zu finden. Diese sind mehr an der Peripherie der Zelle gelagert, gegen das Zentrum zu spärlicher werdend. Ganz inhaltsleere Zellen sind wohl abgestorben, was sich oft auch durch eingetretene Veränderungen im Protoplasma, Schrumpfungen etc. verrät. An solchen inhaltsarmen, lebenden Zellen läßt sich der wabige Bau des Protoplasten gut beobachten und zugleich feststellen, daß die in den fixierten Achromatien sichtbaren Strukturen mit denen in den lebenden Zellen durchaus übereinstimmen. Von einer Alveolarschichte im Sinne Bütschli's ist keine Spur zu sehen, trotz der Angaben von Schewiakoff, daß sie nur am lebenden Objekt an sehr günstigen Stellen zu sehen seien.

Auch an vorsichtig fixierten Objekten ist ebenfalls v o n  e i n e r A l v e o l a r s c h i c h t e, trotz Beobachtung mit starken Immersionen, n i c h t d a s  m i n d e s t e  w a h r z u n e h m e n. Allerdings muß man beim Fixieren vorsichtig vorgehen. Denn jene Fixierungsflüssigkeiten, welche starke Säuren enthalten, können bei plötzlichem Zusatze die Zelle stark beschädigen. Besonders das zarte Wabengerüst leidet darunter. Wenn nämlich die Inhaltskörper zu rasch herausgelöst werden, so bewirkt der Lösungsvorgang starke Diffusionsströme, teilweise auch Gasentwicklung, was die Wabenwände zerreißt, das ursprüngliche Bild des Protoplasmanetzes stört und zu Täuschungen Anlaß geben kann. Auf solche Vorgänge haben schon S c h e w i a k o f f und W e s t  &  G r i f f i t h s aufmerksam gemacht. Durch das Zerreißen der peripheren Waben und nachheriges Kollabieren der zentralen Wabenwände kann eine dichtere Protoplasmamasse im Zentrum vorgetäuscht werden, die, wenn sie auch nicht als Kern angesehen wird, immerhin einem Zentralkörper ähnlich sehen kann. Besonders wahrnehmbar sind diese Zerreißungen, wenn man seitlich am Präparat etwas Säure zusetzt. Durch Diffusion dringt diese bald ein, die Inhaltskörper beginnen sich zu lösen und gleiten durch die zerrissenen Waben hin und her. Am besten fixiert man daher mit Flüssigkeiten, die die Inhaltskörper nur sehr langsam angreifen, während das Protoplasma gehärtet wird. So: 1% Osmiumsäure, Formol (40%, und schwächer), wässerige Pikrinsäure. W e s t  &  G r i f f i t h s empfehlen auch 3 Teile Alkohol und 1 Teil Essigsäure.

D i e  Z e l l w a n d  i s t  i n n e n  v o n  e i n e r  d u n n e n,  g l e i c h - m ä ß i g  s t a r k e n  P r o t o p l a s m a s c h i c h t e  a u s g e k l e i d e t. Eine Struktur in der Rindenschichte, wie sie S c h e w i a k o f f beschreibt, konnte ich nicht entdecken. Er sagt zwar: (p. 53) »Ich muß zugeben, daß die beschriebene Struktur der Rindenschicht nicht an allen, sondern nur an einigen

wenigen lebenden Achromatien zu sehen war und erst an fixierten Exemplaren mit Deutlichkeit hervortrat.... Im lebenden Zustande muß nämlich
eine ganz minimale Differenz im Lichtbrechungsvermögen der Wabenwände
und des Wabeninhaltes der Rindenschichte bestehen, weshalb auch von
den Strukturverhältnissen derselben so gut wie nichts wahrzunehmen ist und
die Rindenschicht meist homogen erscheint. Wird aber bei der Fixierung
dieses annähernd vorhandene Gleichgewicht im optischen Verhalten auf-
gehoben, so kommen die feineren Strukturverhältnisse zum Vorschein. Sie
werden demnach nicht künstlich etwa durch Plasmolyse erzeugt, wie es
Fischer meint, sondern bloß wahrnehmbar oder deutlich gemacht.» Aber
auch alle späteren Untersucher haben davon nichts wahrgenommen. Selbst
Virieux und West, die das Achromatium ziemlich genau cytologisch,
besonders färbetechnisch untersucht haben, fanden nichts dergleichen, so
daß es sich bei Schewiakoff entweder um postmortal entstandene
Strukturen handelt, oder um ein Vorurteil bei der Beobachtung. Bei vorsichtigem Töten, beim Durchsaugen von Farbstofflösungen oder Konservierungs-
flüssigkeiten unter dem Deckglase treten fast regelmäßig bei den meisten
Zellen Schrumpfungen ein, die man durch Übertragen in Wasser wieder
rückgängig machen kann. Daß dabei die Struktur des Protoplasten mehr
oder weniger leidet, ist klar.

Außerdem ist bei keiner echten Bakterie bis jetzt eine
Alveolarschichte nachgewiesen worden (Meyer A., 1912, p. 35f.
und 78f.). Von den Bakterien sind bis jetzt die wenigsten genau
daraufhin untersucht, auch ist die systematische Stellung
unseres Organismus vorläufig noch zweifelhaft.

An das wandständige Plasma setzt sich sofort das grob-
vakuolige zentrale Plasma an (Fig. 5 der Tafel). Diese Waben
sind überall ziemlich gleichmäßig gebaut, nehmen aber
gegen die Mitte zu etwas an Größe ab und können bei
einzelnen Exemplaren im Zentrum etwas dichter gelagert sein,
so den Eindruck eines Zentralkörpers hervorrufend (Fig. 7
der Tafel). Ein Kern ist nicht vorhanden. Bei Färbungen mit
den gewöhnlichen Kernfarbstoffen ist, mit Ausnahme einer
leichten Färbung des feinkörnigen Protoplasten, nicht viel zu
erkennen. In den Maschen, hauptsächlich in den Kanten und
Ecken findet man hie und da zerstreut etwas stärker färbbare
Körnchen von sehr verschiedener Grösse, meist sehr klein und
undeutlich. Sie sind auch mit Formol-Fuchsin nach A. Meyer
(1912, p. 73) sichtbar zu machen und treten anscheinend
in jeder Zelle ziemlich beständig auf, wie auch Virieux
sowie auch West & Griffiths (1913) konstatieren konnten.

Letztere haben auch einige mikrochemische Reactionen versucht, um sich zu überzeugen, ob diese Körnchen aus Nukleoproteiden bestehen. Nach ihnen (1909, p. 402) werden diese Körnchen von conzentriertem $Na_2CO_3$, zehnprozentiger NaCl-Lösung, sowie fünfprozentiger KOH zum größten Teil herausgelöst, während angesäuertes Pepsin-Glyzerin die Körnchen nicht angreift und nur das protoplasmatische Netzwerk zerstört. Aus diesen Reactionen schließen sie »that a considerable proportion of the granules present in the general protoplasmic network consist of nucleo-proteids« (1909, p. 403). Einen weiteren Beweis für das Vorhandensein von Nukleo-proteiden wollen die Verfasser durch den Nachweis von Phosphor in der Asche der Zelle bringen.

Aus dem vorstehenden können wir entnehmen, daß das Vorhandensein einer echten chromatischen Substanz sehr zweifelhaft ist. Die aufgefundenen färbbaren Körnchen bestehen zwar anscheinend aus Nukleo-proteiden, nehmen auch teilweise Kernfarbstoffe an, zeigen aber doch nicht den ausgesprochenen Charakter des Chromatins der echten Zellkerne. Es handelt sich auch wahrscheinlich nicht um A. Mayer'sche Bakterienkerne, denn diese haben doch eine bestimmte konstante Größe und charakteristische Farbenreaktion. Weitere Untersuchungen werden noch Aufschluß bringen können, besonders wenn man die nächstverwandten Bakterien mitberücksichtigt.

Der Protoplast ist von einer im lebenden Zustande nicht immer deutlich sichtbaren Membran umgeben. Sie ist farblos, glatt, strukturlos, und an fixierten Objekten deutlich doppelt konturiert. Sie läßt sich durch Zerdrücken der Zellen leicht isolieren und so bequem untersuchen. Sie scheint ziemlich derb zu sein, nimmt Anilinfarbstoffe leicht auf, färbt sich intensiv, bevor der Farbstoff noch in die Zelle gedrungen ist. Eine punkt- oder netzförmige Struktur, wie sie Schewiakoff (p. 50 und Fig. 11) beschreibt, ist nicht zu sehen. Gegen chemische Agentien ist sie ziemlich widerstandsfähig, wird von fast allen Substanzen, die ich bei den später beschriebenen mikrochemischen Reaktionen anwendete, nicht angegriffen und ist gegen viele (z. B. Glycerin) sehr schwer durchlässig.

Schon West & Griffiths und Schewiakoff haben festgestellt, daß die Membran nicht aus Zellulose besteht. Alle diesbezüglichen Reaktionen versagen. Mit Jod färbt sie sich leicht gelb bis bräunlich und bleibt auch in Kupferoxydammoniak, selbst bei längerer Einwirkung, unver-

ändert. Dasselbe ist auch in' schwacher Kalilauge dei Fall. In konzentrierter
Kalilauge löst sich die Membran langsam. Viel rascher in konzentrierter
$H_2SO_4$, die überhaupt die ganze Zelle rasch zerstört. Langsam aber sicher
wird die ganze Zelle auch von starcer Chromsäure angegriffen und ganz
aufgelöst. Bevor sich die Membran lost, quillt sie in $H_2SO_4$ rasch˙auf
und hebt sich auch öfters von den gleichzeitig schrumpfenden Protoplasten
ab. Lamellöse Struktur (W e s t & G r i f f i t h s 1909, p. 401f., Fig. 13, 14)
ist nicht vorhanden. Was die Autoren dafür halten, ist ihnen durch die
gequollene Schleimhülle (siehe weiter unten) vorgetäuscht worden. Die
Membran durch Plasmolyse von den Protoplasten abheben zu wollen, gelingt
auf ceine Weise, wenigstens an der lebenden Zelle nicht. Auch an der
toten Zelle ist dies nicht sehr leicht. Trotz ihrer großen Widerstandsfahigkeit
ist die Membran sehr weich und nachgiebig und scheint mit dem Protoplasten
innig verbunden zu sein. Daher commt es, daß bei Anwendung von wasser-
entziehenden Mitteln die ganze Zelle schrumpft, durch zahlreiche Einbuchtungen
die Form ganz verliert. Nur bei Anwendung von Mitteln, die auch cräftig
zerstörend wircen, gelingt es den Protoplasten von der Membran abzuheben.
So mit conzentrierter $H_2SO_4$, oder mit conzentrierter wässeriger Karbol-
säurelosung. Bevor die Membran und die Schleimhülle stark quellen, schrumpft
der Protoplast ott zu einem formlosen Klumpen zusammen, sich dabei mehr
oder weniger vollstandig von der Membran abhebend. So kann man sich
überzeugen, daß in vielen Fällen die äußerste Plasmaschichte an der Zellwand hängen bleibt und sich nur der innere Plasmateil durch Reißen der
äußeren Plasmalamellen contrahiert. Oft sieht man noch (besonders mit
Karbolsaure), wie dünne Plasmafäden eine Verbindung zwischen dem zentralen
und dem wandständigen Plasma herstellen.

Aus all dem kann man wohl mit einiger Wahrscheinlichkeit
schließen, daß die Membran kein selbständiges Organ darstellt,
sondern nur »eine äußerste, fester gewordene, aber auch
chemisch veränderte Plasmaschichte« wie sie B ü t s c h l i (1890)
bei C h r o m a t i u m   O k e n i i nachgewiesen hat. Auch ihre
chemische Beschaffenheit scheint sich mehr derjenigen mancher
Pilze und Bakterien zu nähern.

Als ä u ß e r s t e   U m h ü l l u n g finden wir bei A c h r o -
m a t i u m   eine   S c h l e i m s c h i c h t e, die an der lebenden
Zelle nicht ohne weiteres nachzuweisen ist; ihre Lichtbrechung
ist so schwach und ihre Struktur so wenig ausgeprägt, daß
sie im Wasser vollständig verschwindet. Doch schon die
Leichtigkeit, mit der die Organismen an Detritusbrocken
hängen bleiben, sowie die oft zahlreichen, an ihrer Oberfläche
haftenden Bakterien lassen vermuten, daß die Oberfläche der
Zelle zumindest sehr klebrig sein muß. In Tusche eingelegte

lebende Achromatien zeigen die Schleimhülle sehr deutlich. Sie hebt sich als scharf begrenzter, heller Hof deutlich ab, der eine durchschnittliche Breite von 2 bis 3 µ erreicht. Seltener trifft man auch Zellen an, deren Schleimhof kaum sichtbar ist. Im lebenden Zustande anscheinend hyalin, erkennt man erst bei Behandlung mit gewissen Reagenzien die wahre Struktur. Mit $H_2SO_4$ oder wässeriger Karbolsäurelösung läßt sich die lamellöse Struktur andeutungsweise sichtbar machen (Textfig. 1). Die Schleimschichte quillt stark auf, erreicht oft in ihrer Breite ein Drittel des Zellendurchmessers und zeigt sich mehr oder weniger geschichtet.[1]

Man findet regelmäßig bei fixierten Achromatien auch solche, deren Schleimhülle zerrissen und von der Zelle ab-gelöst ist, was auf losen Zusammen-hang hindeutet und daß der Schleim von der Zelle durch die Membran hindurch ausgeschieden wird. Läßt man die lebende Zelle in Tusche längere Zeit liegen, so kann man nach einiger Zeit bemerken, wie an ein-zelnen Zellen (durchaus nicht an allen) der Schleim ziemlich rasch aufquillt, meist bis zu doppelter und dreifacher Stärke, dadurch weniger dicht und daher auch weniger klar und durch-sichtig wird, mit ziemlich unregel-mäßig wolkigen Umrissen (Fig. 4 der Tafel). Unter diesem Schleim kann

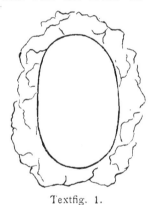

Textfig. 1.

Mit 5 % Karbolsäurelösung behandelte Zelle. Schleim-hülle gequollen. Vergr zirka 800.

nach einiger Zeit (zirka 15 Minuten) an der lebenden Zelle eine neue, scharf und klar begrenzte Schleimschichte erscheinen, die zuerst sehr schmal, allmählich an Breite zunimmt, bis sie

---

[1] Diese gequollenen Schichten haben West & Griffiths fälschlich der Membran zugesprochen, da sie den Schleimhof übersahen oder falsch deuteten. Sie sprachen der Membran nur eine klebrige Außenseite zu, hervor-gerufen durch kleine Mengen ausgeschiedenen Schleimes (small amount of mucus, 1913, p. 83). Nur Schewiakoff hat die Schleimschichte gesehen und als solche erkannt. ihr konstantes Vorkommen aber wohl übersehen und daher weiter nicht beachtet.

eine Dicke von 1 bis 2 μ. erreicht hat, ein Vorgang, der sehr
charakteristisch und nicht zu übersehen ist.[1]

Beobachtet man die lebenden Achromatien im Dunkelfelde,
so ist die Schleimschichte nur als heller Schein undeutlich
wahrzunehmen. Diese Erscheinung ähnelt sehr dem an peritrich.
gegeißelten Bakterien sichtbaren »Heiligenschein«.

Nur dadurch läßt sich der Irtum von West & Griffiths.
erklaren, die einen begeißelten Organismus vor sich zu haben glaubten.
Unerclarlich ist mir auch ihre Angabe, daß bei Fixierung mit 5% Karbolsaure sowie mit 40% Formalin die durch das Absterben in Ruhe commenden
Zilien leicht zu sehen seien. Ich lasse die betreffende Stelle hier teilweise
folgen (1909, p. 399)· »The organism is a peritrichous bac-
terium with several hundred short cilia disposed all over
the exterior or the cell-wall. The cilia can be seen immediately on fixation
either with a 5-per-cent. carbolic acid solution or with a 40-per-cent. formalin solution. The action of these reagents results in a cessation of the
movements of the cilia in from 10 to 20 seconds, during which period many
of them are thrown off an become disintegrated«...

Die Bewegung ist bis jetzt noch ganz rätselhaft,
ähnlich wie bei Oszillarien und Diatomeen sehr langsam,
schwankend, oft mehr gleitend oder rollend, unsicher und
ruckartig. Seltener beobachtet man auch eine drehende
Bewegung um die Längsachse. Daß die Bewegung durchaus
aktiv ist und nicht durch Wasserströmungen im Präparat
hervorgerufen wird, beweist schon der Umstand, daß zufällig
dicht beieinander liegende, oder absichtlich zusammengebrachte
Achromatien gleichzeitig Bewegungen nach verschiedenen
Richtungen ausführen und sich nach einiger Zeit vollständig
zerstreut haben. Durch kein Mittel ist es möglich, irgendwelche
Bewegungsorgane sichtbar zu machen. (Siehe auch Schewiakoff 1893, p. 47.) Doch liegt es nahe, an eine Schleim-
absonderung ähnlich der der Oszillarien zu denken.

Die Fortpflanzung geschieht durch einfache Zweiteilung, doch
nicht so, wie bei echten Bacterien. Bei den Bacterien wie bei den Eumyzeten

---

[1] Über die Ursachen dieser Quellungserscheinung und Neubildung der
Schleimschichte mochte ich nur eine Vermutung vorbringen. Es cann
moglicherweise eine ähnliche Erscheinung sein, wie sie bei mechanischer
oder chemischer Reizung von mit Schleimhüllen ausgestatteten Flagellaten
eintritt, d. h., daß die Tuscheteilchen durch ihren Kontakt einen Reiz auf
die Zelle ausüben.

»findet die Bildung der Querwand der Zellfäden succedan, die erste
Anlage der Zellwand in Ringform statt« (A. M e y e r 1912, p. 96), wie
es nach B ü t s c h l i's Untersuchungen (1890, p. 14)[1] bei C h r o m a t i u m
O k e n i i der Fall ist. Eine solche Ringbildung tritt nun bei A c h r o -
m a t i u m nicht auf. Die sich zur Teilung anschickenden Zellen sind durch-
schnittlich größer, langgestreckt. Die Mitte der Zelle beginnt sich allmahlich
einzuschnüren; die Zelle nimmt dabei eine biskuitförmige Gestalt an (Fig. 1,
2 und 3 der Tafel). Die beiden Hälften rücken immer mehr voneinander ab,
die Einschnürung wird immer tiefer, bis die letzte Verbindung reißt und die
neugebildeten Tochterzellen auseinanderfallen. Beobachtet man solche Stadien
in Tusche, so bemerkt man auch, wie die Schleimhülle der Zellmembran
der Einschnurung folgt, ohne irgendwelche Schleimkapsel zu bilden, wie sie
für viele Cyanophyceen und Bakterien charakteristisch ist. Die Bewegung wird
dabei nicht eingestellt. An solchen in der Teilung schon sehr vorgeschrittenen
Achromatien kann man auch ähnliche Bildungen beobachten, wie sie von
A. M e y e r (1912, p. 96) als »Plasmodesmen« bei Bacterien bezeichnet
wurden. Zwischen den beiden Hälften besteht noch längere Zeit eine protoplasmatische Verbindung als feiner Faden (Fig. 3 und 4 der Tafel).

Die Vermehrung geht äußerst langsam vor sich; selbst bei stunden-
oder tagelanger Beobachtung schon ziemlich vorgeschrittener Teilungszustände
sind wahrnehmbare Veränderungen nicht zu bemerken. Dies dürfte auch der
Grund sein, warum bis jetzt Kulturversuche fehlgeschlagen haben.

## II. Inhaltskörper.

A c h r o m a t i u m   o x a l i f e r u m ist in lebendem Zustande mehr oder weniger von Inhaltskörpern erfüllt, die hauptsächlich in den Vakuolen und im Plasma, welches die Wände
der Vakuolen bildet, zerstreut sind. Dasselbe gilt auch für
M i c r o s p i r a   v a c i l l a n s und P s e u d o m o n a s   h y a l i n a.
Während A c h r o m a t i u m und M i c r o s p i r a   o h n e Inhaltskörper farblos, hyalin, mit den charakteristischen großen
Vakuolen und der scharf konturierten Membran nur bei auf-
merksamer Durchmusterung des Gesichtsfeldes zu finden
sind, ist P s e u d o m o n a s überhaupt nicht sicher von anderen
runden farb- und inhaltslosen Bakterien zu unterscheiden
(Fig. 6 und 12 der Tafel). Die Inhaltskörper sind stark glänzend
und infolge ihrer starken Lichtbrechung fast undurchsichtig.
A c h r o m a t i u m erscheint in durchfallendem Licht fast

---

[1] Zitiert nach S c h e w i a k o f f.

schwarz. Besonders bei starker Vergrößerung und bei gewisser
Beleuchtung schimmern die unteren Inhaltskörper mit einer
etwas graugrünlichen Farbe durch und erwecken den Eindruck,
als wäre der Organismus schwach gefärbt.[1] An zerdrückten
Zellen erkennt man, daß weder das Plasma, noch die Inhaltskörper eine Eigenfärbung besitzen. Microspira sowie
Pseudomonas sind ebenfalls farblos und wegen ihrer
geringen Größe bedeutend durchsichtiger.

Bei Achromatium und Microspira finden wir in der Zelle
die Inhaltskörper in allen Größen vertreten von ungefahr 10 µ Durchmesser
bis zu sehr kleinen herab, die nur bei starken Vergrößerungen zu sehen
sind; während die großen gleichmaßig in den Vacuolen verteilt sind, liegen
die kleinen runden Tropfchen im Plasma mehr an der Peripherie der Zelle
oder den Raum zwischen den großen Körnern einnehmend. Bei Pseudomonas finden wir nur ein bis drei Körnchen; in den weitaus meisten Fallen
sind aber nur zwei Körnchen vorhanden.

Die auffallende Ähnlichkeit der Inhaltskörper mit den Schwefeltropfen
der Beggiatoen hat ihre Einreihung in die Gruppe der Schwefelbakterien
veranlaßt. Besonders bei Achromatium wurde die Schwefelnatur der
Inhaltskörper ohne weiteres angenommen (Molisch, 1912, p. 56), obwohl
die Angaben der verschiedenen Untersucher recht widersprechend lauten.

Bei der Nachprufung stimmten zu meiner Überraschung
die chemischen Verhältnisse der Einschlüsse von
Achromatium mit denen von Microspira vacillans und
Pseudomonas hyalina uberein, so daß ich die zwei letzteren
Formen in diesen Kapiteln auch mitberucksichtige.[2]

## 1. Schwefel.

Die letzte Arbeit, die sich speziell mit der Microchemie der
Einschlüsse der Beggiatoen beschaftigt, ist die von Corsini
(1905). Nach seinen Untersuchungen, die ich durchaus bestatigen kann,
zeigen die Schwefeleinschlüsse folgende Eigenschaften: Leichte Löslichkeit
in Äther, Chloroform, Schwefelkohlenstoff, Xylol und Benzin, selbst-
verstandlich nach Antrocknen der Faden am Objektträger. Absoluter Alkohol
lost den Schwefel nur langsam. Ebenso löst Kalilauge in der Warme Mit
kochender $H_2SO_4$ fließen die Schwefeleinschlüsse der Beggiatoen zu oligen
gelben Tropfen zusammen. Unlöslich sind sie in $H_2SO_4$, HCl und $HNO_3$.

----

[1] Siehe auch Schewiakoff l. c. p. 59 sowie West & Griffiths 1909, p. 399.

[2] Obwohl Pseudomonas bipunctata Gicklhorn nicht
untersucht werden konnte, so verhält sie sich bezüglich der Inhaltskorper
sicherlich wie Pseudomonas hyalina.

Am auffallendsten ist die leichte Löslichkeit in starker Essigsäure. Wenn man die Fäden mit konzentrierter Essigsäure behandelt, so lösen sich die Einschlüsse rasch und bilden auf und neben den Faden kleine, doppelbrechende, rhombische Kryställchen, die sich unzweideutig als Schwefel identifizieren lassen. Ebenso, wenn auch lange nicht so schön und so schnell, tritt die Umwandlung bei Behandlung mit destilliertem Wasser oder Alkohol ein. Aus mit HCl zersetzten Polysulfureten erhielt C o r s i n i ebensolche Kügelchen, wie sie in den Beggiatoen auftreten und die alle oben angedeuteten Reaktionen gaben. Die Behandlung von Polysulfureten mit Essigsäure ergab sofort sehr schöne und zahlreiche Kryställchen.

M o l i s c h (1913) hat später gezeigt, daß durch Behandeln der Fäden mit konzentrierter wässeriger Pikrinsäurelösung durch eine Minute und nachherigem Auswaschen in Wasser die Umwandlung der Tropfen in Schwefelkrystalle schon nach 24 Stunden vor sich geht. Ebenso erhält man schöne Krystalle durch Einlegen in Glyzerin. Daß aber bei längerem Einwirken der Pikrinsaure die Schwefeltropfen auch herausgelöst werden, scheint er nicht beobachtet zu haben. Ich möchte noch hinzufügen, daß auch Aceton in starker Konzentration sowie Nelken- und Zedernöl den Schwefel rasch losen.

Behandelt man nun A c h r o m a t i u m [1] mit verdünnten Mineralsäuren, z. B. HCl, so tritt eine unerwartete Erscheinung ein. Sowie die Säure langsam in das Präparat vordringt, beginnen von der Peripherie her die großen Inhaltskörper sich zu verkleinern, nehmen an Umfang immer mehr ab und verschwinden schließlich vollständig. Übrig bleiben nur eine Anzahl kleiner, etwa 2 μ. an Größe nicht übersteigende, stark lichtbrechende Kügelchen. Diese sind durch keine Konzentrationsveränderung der Säure zum Verschwinden zu bringen. Im ersten Augenblick glaubt man in diesen Tröpfchen Überreste der verschwundenen großen Inhaltskörper vor sich zu haben. Durch sorgfältige Beobachtung überzeugt man sich aber, daß diese kleinen Tröpfchen auch an den lebenden Zellen zu sehen sind; daß sie meist an der Peripherie der Zelle liegen, oder die Zwischenräume, welche die großen Inhaltskörper freilassen, einnehmen. Wenn man die großen Inhaltskörper mit HCl vorsichtig herauslöst, so bleibt die Form der Zelle ziemlich unverändert erhalten und läßt

---

[1] Wenn von nun an nicht ausdrücklich andere Angaben gemacht werden, gilt für M i c r o s p i r a v a c i l l a n s und P s e u d o m o n a s h y a l i n a genau dasselbe.

erkennen, daß die kleinen Tröpfchen im Plasma liegen,
welches die einzelnen Stränge und Waben bildet. Bei Pseudomonas liegt die Sache insofern etwas anders, als hier durch
die Säure der oder die Inhaltskörper vollständig verschwinden,
ohne irgendwelche unlösliche Kügelchen zurückzulassen (Fig. 6
und 12 der Tafel).

Diese stark lichtbrechenden Tröpfchen gleichen vollständig den Schwefeltropfen der Beggiatoen und bei sorg-
fältiger mikrochemischer Prüfung ergibt sich, daß sie alle
jene für die Schwefeleinschlüsse oben angeführten charakteristischen Reaktionen geben. Beim Erhitzen einer größeren
Anzahl von Achromatien über der Flamme verschwinden die
Tröpfchen und geben einen deutlichen Geruch nach ver-
branntem Schwefel. Daß Achromatium und Microspira
Schwefel enthalten, ist wohl ganz ohne Zweifel, um so mehr,
als das Auftreten und Verschwinden dieser Tröpfchen an das
Vorhandensein von $H_2S$ gebunden ist. Pseudomonas
bildet eine Ausnahme, da es mir nicht gelungen ist, solche
zu finden, die auch Schwefel im Innern führen.

## 2. Calciumkarbonat.

Die »großen Inhaltskörper« der Vakuolen zeigen eine so
starke Lichtbrechung, daß man sie auf den ersten Blick nicht
von großen Schwefeltropfen unterscheidet.[1] Sie sind aber
niemals so vollständig rund wie diese, oft gegenseitig abgeflacht und mit weniger glatter . Oberfläche, vielfach von
eckiger Gestalt. (Fig. 11 a der Tafel.) Schon daraus läßt sich
leicht der Schluß ziehen, daß diese Körper eine ziemlich feste
Konsistenz besitzen müssen. Zerdrückt man einige isolierte
Achromatien im Wasser, so tritt der protoplasmatische Inhalt
mitsamt den Körnern heraus und gibt die meisten davon frei
Drückt man weiter auf das Deckglas, so kann man feststellen,
daß die Inhaltskörper an ihrer Oberfläche zuerst Risse bekommen und dann schließlich ganz zerquetscht werden
können, ohne Tröpfchengestalt wieder anzunehmen. Im polari-

---

[1] Schewiakoff gibt p. 59 an, daß das Lichtbrechungsvermögen
zwischen Alkohol absolut. (1·367) und Schwefelkohlenstoff (1·626) liegt.

siertem Lichte leuchten sie nicht auf, sind also einfach brechend.
(Schewiakoff, 1893, p. 60; West & Griffiths, 1913,
p. 79).

Die einzelnen Körper liegen nicht ganz frei in den Waben,
sondern sind von einem äußerst dünnen und zarten Häutchen
umhüllt. Wenn man nämlich die isolierten Inhaltskörper vorsichtig mit sehr verdünnter HCl behandelt, so verschwindet
das Korn vollständig und zurück bleibt ein hauchdünnes
Häutchen von der Größe und Gestalt des verschwundenen
Kornes. Es nimmt Anilinfarbstoffe an, färbt sich mit Jodalkohol gelbbräunlich, gibt aber nicht die Zellulosereaktion
(Schewiakoff, l. c., p. 60).

Das im nachstehenden beschriebene chemische Verhalten
wurde zur Kontrolle nicht bloß an ganzen Zellen, sondern
womöglich auch an durch Zerquetschen isolierten Inhaltskörpern, sofern sie sich nicht durch ihre Kleinheit dieser
Isolierung entzogen (Pseudomonas hyalina), geprüft.

Bringt man zu den Organismen irgendeine Mineralsäure (HCl etc.), so werden die Körner rasch gelöst. Dasselbe geschieht auch in organischen Säuren, wie Essig-, Apfel-, Bernstein-,
Zitronen-, Ameisen- und Oxalsäure. Es genügen schon sehr geringe
Konzentrationen (0·1⁰/₀), um diese Wirkung hervorzubringen. Chromsäure,
so stark verdunnt, daß sie im Präparat farblos erscheint, löst schon sehr
rasch. Werden die Säuren in stärkerer Konzentration zugesetzt und zwar so
rasch, daß sie nicht langsam zur Zelle hindiffundieren können, was durch
vorsichtigen Wasserentzug an der entgegengesetzten Seite des Deckglases
möglich ist, so lösen sich die Inhaltskörper fast momentan unter stürmischer
Blasenbildung. Dabei wird die Zelle oft vollständig zerrissen. Die Gasblasen
sind vollständig farblos und entsprechend der geringen Menge der Inhaltskörper auch nicht sehr groß. Langsam, aber doch deutlich sichtbar, lösen
sich diese Gasblasen auf, werden immer kleiner und verschwinden schließlich
vollständig. Bei schwächerer Konzentration oder bei langsamem Zufließen ist
die Gasentwicklung viel sparlicher; ja sie kann ganz ausbleiben, wenn die
Verdünnung sehr stark ist. Man sieht dann oft nur einige spärliche Bläschen
auftreten, die gleich wieder verschwinden. [1]

Bringt man Achromatium kurze Zeit in Fixierungsflüssigkeiten, die
keine Säuren enthalten, z. B. Alkohol (absolut oder verdunnt), Sublimat,

---

[1] Das Verschwinden oder Nichtauftreten der Blasen beruht auf der
leichten Löslichkeit des Gases (hier Kohlensäure) im Wasser. Auf diese
Erscheinung, die Schewiakoff und andere zur falschen Auffassung der
Inhaltskörper geführt hat, hat schon Melnicoff (1877) hingewiesen.

Osmiumsäuredämpfe, oder tötet die Zellen durch Erhitzen, so bleiben sie
zuerst unverändert, zeigen aber dann, in reines Wasser gebracht, daß sich
die Inhaltskörper in zirca 1 Stunde auflösen. Rascher geht die Lösung vor
sich, wenn man Wasser durch das Präparat saugt. Ebenso läßt sich die
Auflösung an in Wasser zerdrückten Exemplaren beobachten. Ziemlich
rasch lösen sich die Inhaltskörper auch in Jodalkohol,
Kaliumpermanganat, Chloralhydrat, wässeriger Karbol-
säure, Calciumacetat, Millon'schem Reagens, $CuSO_4$,
Aceton; langsam in verdünnter KOH, verdünntem $NH_3$,
Eisenchlorid, $K_2Cr_2O_7$, $H_2SO_4$, $CaCl_2$, Kalciumacetat, verdünnte $Na_2CO_3$.

Unlöslich sind sie im Alkohol absolut und bleiben darin auch dauernd
unverändert (siehe auch Schewiakoff, p. 62). In verdünntem Alkohol
sind die Inhaltskörper nur sehr langsam löslich. Ganz unlöslich sind sie
auch in Anilin, Äther, Glyzerin, Chloroform, Bergamotte-, Nelken-, Oliven-
und Zedernol, sowie Schwefelkohlenstoff. Bringt man sie aber ins Wasser
zurück, so lösen sie sich vollständig auf. Wir haben es also mit einem
Stoff zu tun, der im Gegensatze zum Schwefel in den wichtigsten
organischen Lösungsmitteln unlöslich ist, wohl aber von
manchen Salzen und verdünnten Alkalien angegriffen
wird, sowie rasch unter Aufbrausen von Säuren gelöst wird.

Ich versuchte nun systematisch einzelne Jonenreaktionen
sowie einzelne charakteristische Reaktionen auf organische
Substanzen. Dazu wurde meist eine entsprechende Menge
von Zellen isoliert, in destilliertem Wasser gewaschen und in
das betreffende Reagens eingelegt. Die Reaktionen auf organische
Stoffe (wie z. B. Fett, Zucker, Eiweiß etc.) verliefen durchaus
negativ. Die Reagentien wurden möglichst frisch bereitet
angewendet und durch Parallelversuche auf ihre Zuverlässigkeit geprüft.

K, Na und Mg waren nicht nachzuweisen; ebensowenig
gelang es auch nur Spuren von Fe zu finden, was bei dem
Vorhandensein einer Schleimschichte und dem starken Eisengehalt des Wassers, der durch zahlreiche Eisenorganismen
(Trachelomonas, Anthophysa, Eisenbakterien) angezeigt wurde,
wohl zu erwarten gewesen wäre. Zum Calciumnachweis
wurden die zwei neuen, von Molisch (1916) beschriebenen
sehr empfindlichen Reaktionen angewendet, wobei sich
mit $Na_2CO_3$ oder $KOH + K_2CO_3$ charakteristisch geformte
Doppelsalze bilden. Die Zellen wurden in die Lösung eingelegt. Nach einiger Zeit schossen besonders an den

zerdrückten Zellen unter gleichzeitigem Verschwinden der Inhaltskörper große, gut geformte Krystalle an, die alle die von M o l i s c h beschriebenen Eigenschaften aufwiesen (Fig. 13 der Tafel). Daß die Krystallbildung durch die Inhaltskörper veranlaßt wird, beweist schon der Umstand, daß sonst im ganzen Präparate kein einziger Krystall zu finden ist, sowie daß an Zellen ohne Inhaltskörper die Reaktion ausbleibt. Die Reaktion gelingt, beliebig oft wiederholt, immer gut, vorausgesetzt, daß die Zellen Inhaltskörper enthalten. Auch die Menge der angeschossenen Krystalle deutet darauf hin, daß sie nur von den reichlich vorhandenen Inhaltskörpern herstammen können. Mit P s e u d o m o n a s wurden diese Versuche wegen der Kleinheit der Zellen nicht durchgeführt.

M o l i s c h (1916, Nr. 5) beschreibt und bildet auch einen hübschen Versuch ab, der darin besteht, daß bei Zufügung von Oxalsäurelösung zu den gebildeten Doppelsalzkrystallen diese sich lösen, während sich gleichzeitig um diese herum kleine Beutel aus oxalsaurem Kalk bilden. Fugt man zu den in Wasser liegenden Zellen Oxalsäure hinzu, so werden die Inhaltskörper ohne aufzubrausen, langsam gelöst, während sich die Zelle auch in unserem Falle mit einem körnigen Niederschlag bedeckt. An irgendeiner Stelle brechen diese Beutel auf und vergrößern sich zusehends, bis der osmotische Gleichgewichtszustand erreicht ist. Den Vorgang kann man sehr schön und deutlich an allen drei Arten beobachten (Fig. 9 der Tafel). Fehlen an sonst noch lebenden Exemplaren die großen Inhaltskörper, so bleibt die Erscheinung aus.

Obwohl die M o l i s c h'schen Kalkreaktionen so scharf und empfindlich sind, daß sie als genügende Beweise für das Vorhandensein des Kalkes gelten können, so will ich doch mehrere Versuche beschreiben, die die sich aufdrängenden Zweifel entkräften sollen. Unter anderem wollte ich versuchen, ob der gewöhnliche K a l k n a c h w e i s m i t $H_2SO_4$ sich hier auch anwenden ließe. Die Reaktion ist ja bedeutend weniger empfindlich, da der gebildete Gips in Wasser sowie in $H_2SO_4$ schon merklich löslich ist.

Läßt man mehrere gut gewaschene Zellen auf dem Objektträger antrocknen, so schrumpfen sie leicht, soweit es die Inhaltskörper erlauben, behalten aber im übrigen ihre Form. Bringt man nun neben den Zellen einen möglichst kleinen Tropfen (1 bis 2 *mm* im Durchmesser) $H_2SO_4$ auf den Objektträger, so kann man unter dem Mikroskop das langsame Ausbreiten des Tropfens beobachten, bis der Augenblick eintritt, wo er die Zellen benetzt. In diesem Augenblick brausen diese lebhaft auf und die Inhaltskörper verschwinden. Sogleich, oder nach kurzer Zeit, schießen an derselben Stelle oder daneben einige wenige aber charakteristische Nädelchen von Gips an, die sich im Überschuß der $H_2SO_4$ wieder lösen können.

Eine größere Anzahl Achromatien (zirca 100) wurde isoliert und durch
mehrmaliges Übertragen in destilliertem Wasser gewaschen; nach dem Antrocknen setzte ich eine Spur starc verdünnte Essigsäure ($0.1\%$) zu, legte
sodann einen kleinen, einseitig durch einen Glasfaden unterlegten Deckglas-
splitter so auf, daß ein keilförmiger Raum zwischen diesem und dem Object-
träger entstand und ließ das Ganze, vor Staub geschützt, eintrocknen. Die
Essigsäure hatte die Inhaltskörper gelöst und hinterließ beim Austrocknen
mehrere aus deutlichen Nadeln gebildete Sphärite, sowie undeutliche Massen.
die sich aber auch als doppelbrechend und also krystallinischer Natur erwiesen. Brachte ich nun zu einem kleinen Bröckchen dieser Masse conzen-
trierte $H_2SO_4$, so brauste sie nicht mehr auf. löste sich rasch und gab
sofort, wegen der größeren Menge, die zum Versuche verwendet wurde.
schöne Gipsnadeln. Der Kalc wird also von der Essigsäure aufgenommen
und gibt als essigsaurer Kalc die undeutlichen krystallinischen Massen.

Nachdem ich mich so überzeugt hatte, daß jedenfalls Kalk
in den Inhaltskörpern vorhanden war, ging ich daran, die rest-
liche Substanz zu bestimmen, an die der Kalk gebunden war.
Zwei Möglichkeiten lagen vor. Da das Aufbrausen mit starken
Säuren sehr auffallend war und das Gas vom Wasser leicht
absorbiert wurde, konnte es sich nur um $CO_2$ oder $H_2S$ handeln.
Am naheliegendsten war natürlich $CO_2$, da Sulfide oder Poly-
sulfide des Calciums noch nirgends im Pflanzenreich gefunden
worden sind, anderseits $CaCO_3$ eine in vielen Pflanzen weit-
verbreitete Substanz ist. Um dies festzustellen, brachte ich
gehörig isolierte und gewaschene Zellen in verschiedene
Reagenzien, die mit $CO_2$ oder $H_2S$ charakteristische Reaktionen
geben.

Bringt man die Zellen in B a r y t w a s s e r (Ätzbaryt), so geben die
Inhaltskörper unter langsamer Auflösung einen cleincörnigen, farblosen
Niederschlag, der streng local in und um den Zellen auftritt und unter
gekreuzten Nikols hell aufleuchtet. Oder es entstehen an Stelle der Inhalts-
cörper wenige aber große Sphärite, die im polarisierten Lichte hell leuchten
und schöne duncle Kreuze zeigen. Behandelt man diese mit HCl, so brausen
sie auf und lösen sich. Dieselbe Erscheinung tritt bei Behandlung mit Kalc-
wasser ein. Weniger deutlich ist es mit $BaNO_3$, doch cann man immerhin
schöne Sphärite erhalten.

Konzentriertes B l e i a c e t a t (Bleizuccer) gibt in und an der Zelle
einen weißen cörnigen Niederschlag, der sich durch die isolierten Körner
ebenso leicht erhalten läßt; er ist ebenfalls leicht in Säuren löslich. Ähnlich
liegen die Verhältnisse mit $AgNO_3$ oder $ZnSO_4$. Immer entsteht ein in Säuren
leicht löslicher w e i ß e r Niederschlag.

Am uberraschendsten vielleicht ist die Erscheinung. die eintritt, wenn
man die Zellen längere Zeit in conzentriertes S u b l i m a t einlegt. Nach

kurzer Zeit beginnen sich in allen Zellen die Inhaltskörper zu lösen und in den meisten entsteht ein prachtvoll gelb bis dunkelroter Niederschlag. Zerdrückte Individuen geben die rote Färbung sofort, und man kann jetzt sehen, wie die rote Färbung ausschließlich an die Inhaltskörper gebunden ist. Der rote Niederschlag sowie die rotgefärbten Körner lassen sich durch einen Wasserstrom langsam auflösen.

Die hier aufgezählten Erscheinungen deuten, glaube ich, zur Genüge an, daß es sich in diesem Falle unmöglich um $H_2S$ handeln kann. Die angewendeten Schwermetallsalze müßten mit irgendwelchen Sulfiden oder Polysulfiden schwarze oder zumindest dunkle Niederschläge geben. So Bleiacetat, $AgNO_3$, $ZnSO_4$ und ebenso $HgCl_2$. Die entstandenen Niederschläge sind aber bis auf die Reaktion mit $HgCl_2$ rein weiß. Es kann also nur $CaCO_3$ vorliegen, denn alle oben genannten Salze geben mit $CO_2$ in Wasser unlösliche weiße Niederschläge, die sich in Säuren wieder leicht lösen. Der in $HgCl_2$ entstandene rote Niederschlag könnte möglicherweise für rotes Quecksilbersulfid (Zinnober) angesehen werden. Ich muß aber darauf hinweisen, daß durch $H_2S$ immer nur schwarzes Quecksilbersulfid gefällt wird, während das rote Zinnober nur durch Sublimation der schwarzen Modifikation erhalten wird. Der Niederschlag braust auch bei Behandlung mit Säuren nicht auf. Wenn man aber das Vorhandensein eines Karbonates annimmt, so läßt sich der rote Niederschlag zwanglos erklären. Denn aus der Wechselzersetzung von Sublimat und in Lösung befindlichen Karbonaten entsteht nicht Quecksilberkarbonat, sondern rotes Quecksilberoxyd, welches die Inhaltskörper sofort rot färbt. Die Färbung kann auch nur in dem Augenblick eintreten, wo das $CaCO_3$ aus der absterbenden Zelle in Lösung geht, denn nur das gelöste Karbonat bringt die Wirkung hervor. Davon kann man sich makro- und mikroskopisch leicht überzeugen. Lösliche Karbonate ($Na_2CO_3$, $K_2CO_3$) geben unter $CO_2$-Entwicklung den roten Niederschlag, während $CaCO_3$ (krystallisiert) in kürzerer Zeit gar keinen Niederschlag zeigt.

Der Vollständigkeit halber führe ich noch zwei Reaktionen an, die ebenfalls auf das Vorhandensein eines Karbonates hinweisen. Bringt man zu den Organismen verdünntes $CuSO_4$ und $H_2O_2$, so färben sich die Inhaltskörper bald gelblich und nehmen schließlich eine r o t - b i s d u n k e l b r a u n e

F a r b e an, ohne ihre Form merklich zu verändern. Der Vorgang, der sich
makrochemisch genau nachahmen läßt, ist nicht schwer zu erklären. Das
$CaCO_3$ tritt wohl zuerst beim Eindringen des $CuSO_4$ in die Zelle mit diesem
in Reaktion und gibt $CaSO_4$ und $CuCO_3$. Durch das hinzutretende $H_2O_2$
wird das Kupfer zu $CuO$ oxydiert, während $CO_2$ frei wird. Ist letztere in
größeren Mengen vorhanden, so wird sie unter Blasenbildung entweichen,
wie das in vitro der Fall ist, nicht aber im Präparate, wo ja die freiwerdende
Kohlensäuremenge so gering ist, daß sie vom umgebenden Wasser sofort
absorbiert wird. Ebenso dürfte auch der Gips sich lösen.

Legt man die Organismen in $FeSO_4$-Lösung ein, so nehmen sie eine
braun-grüne Farbe an, welche zuerst in eine braun-gelbe und nach etwa
15 Minuten in eine goldgelbe übergeht; die Körper wurden somit von der $FeSO_4$-
Lösung nicht gelost, sondern blieben darin während dreier Tage erhalten.
S c h e w i a c o f f hatte diese Veränderung auch schon wahrgenommen (p. 62),
ohne aber eine Erklärung dafür geben zu können. Auch diese Reaktion läßt
sich zwanglos erklaren. Kohlensaure Salze fällen nämlich aus $FeSO_4$ grünes
Eisenkarbonat, welches aber wegen seiner Unbestandigkeit sofort in gelbes
Eisenoxyd und dann in Eisenhydroxyd übergeht; dieses ist unloslich und
verleiht den Inhaltskörpern eine schön gelbbraune Färbung. Was mit dem
nebenbei entstehenden $CaSO_4$ geschieht, kann ich nicht sagen. Entweder
bleibt es in den Inhaltskörpern als unlöslicher Bestandteil zurück und entzieht
sich der Beobachtung, oder es löst sich in der $FeSO_4$-Lösung vollständig auf.

Nun möchte ich zwei Erscheinungen anführen, die mir nicht ohne
weiteres verständlich sind. Behandelt man Achromatien mit starker $CuSO_4$-
Lösung, so werden die Inhaltskörper sehr rasch gelöst. Ganz anders fällt
der Versuch aus, wenn das $CuSO_4$ sehr langsam von der Seite unter das
Deckglas hineindiffundiert. Bei jenen Zellen, die von der Lösung rasch erreicht
werden, bemerkt man nichts besonderes, außer daß die Inhaltskörper rasch
verschwinden. Wo aber das $CuSO_4$ zu den Zellen nur äußerst langsam
vordringt, bleiben die Inhaltskorper zuerst unverändert, nehmen bald einen
etwas bläulichen Ton an und lösen sich dann langsam auf. Während dieses
Auflösungsprozesses schießen ziemlich rasch oft sehr l a n g e  u n d  d ü n n e
K r y s t a l l n a d e l n aus den Inhaltskörpern hervor und bilden in der Zelle eine
zierliche Druse, die in polarisiertem Lichte lebhaft aufleuchtet. Die einzelnen
Nadeln können oft so lang werden, daß sie die Membran nach den verschiedensten Richtungen ausbauchen, ja selbst durchstoßen können (Fig. 10
der Tafel). Sowie aber im Präparat eine lebhaftere Strömung einsetzt, verschwinden diese merkwürdigen Drusen äußerst rasch. Am Naheliegendsten
ist es dabei an eine Bildung von Gips zu denken. Ich kann mich nicht so
ohne weiteres entschließen, dies zu glauben, schon aus dem Grunde, weil
$CaSO_4$ in strömendem Wasser sich nie so rasch löst wie die vorhin geschilderten Drusen. Anderseits ist aber der Gips, wie man sich leicht überzeugen kann, in $CuSO_4$-Lösung viel leichter löslich und so kann dieser
Umstand die Ursache des raschen Verschwindens der Drusen sein.

Eine andere mir noch unclare Erscheinung ist die schon von S c h e-
w i a c o f f (p. 64 f.) an A c h r o m a t i u m bemercte Tatsache, daß wenn
man zu einer Probe, die A c h r o m a t i u m, M i c r o s p i r a oder P s e u-
d o m o n a s enthält, einen Tropfen mäßig starcen J o d a l c o h o l hinzusetzt,
fast augenblicklich die Inhaltskörper gelöst werden, während zur gleichen
Zeit außen an der Zelle sich prismatische Nadeln ansetzen, die allmählich
die ganze Zelle bedecken oder zu vielverzweigten Bäumchen und Drusen
zusammentreten (Fig. 8 der Tafel). Was die chemische Beschaffenheit dieser
Krystalle betrifft, so hat die Untersuchung ergeben, daß es sich zweifellos
um Ca SO$_4$ handelt. Ich kann durchaus nicht den Angaben S c h e w i a k o f f's
beistimmen, daß die Krystalle in verdünnter HCl, HNO$_3$ sowie H$_2$SO$_4$ leicht
und ohne Aufbrausen löslich seien, während sie in starker oder konzentrierter
H$_2$SO$_4$ unter Aufbrausen nadelförmige Kryställchen von Gips geben. Nach
meinem Befund sind die Krystalle in starcer H$_2$SO$_4$ nur langsam und ohne
Blasenbildung löslich, selbst in einem lebhaften Flüssigceitsstrom. Mit Alkohol
allein oder mit Jodwasser gelingt der Versuch nicht. Nimmt man aber Alcohol,
dem einige Tropfen H$_2$SO$_4$ zugefügt wurde, so kann man, wenn auch langsamer, dieselbe Reaktion hervorbringen. Ganz negativ fällt sie mit Alcohol
+ HCl aus. Die Bildung des Ca SO$_4$ kann also nicht von Säurespuren im
Jodalkohol herrühren oder von dem Jod allein. Da ich einen alten Jodalkohol
unbecannter Herkunft verwendete, und mit frischem reinen Jodalkohol der
Versuch unter cenen Umständen gelingen will, so glaube ich, daß der
Jodalkohol möglicherweise mit Schwefelsäurespuren verunreinigt war.

Läßt man eine größere Anzahl gut gereinigter Zellen
antrocknen, bedeckt sie sodann mit einem mäßigen Tropfen
destillierten Wassers und gibt dann das Ganze in eine feuchte
Kammer, um das Austrocknen zu verhindern, so kann man
nach einiger Zeit das Verschwinden der Inhaltskörper wahrnehmen. Rings um die Zelle herum, meist in nächster Nähe,
oft in und auf der Zelle selbst, treten aber zahlreich kleine
farblose Krystalle auf, die die Gestalt eines schiefen Rhomboeders
zeigen. Oft sind diese Kryställchen zu ganzen Drusen verwachsen
(Textfig. 2). Da die Zellen gut gewaschen wurden und in
destilliertem Wasser lagen, so können diese Kryställchen nur
aus den Inhaltskörpern hervorgegangen sein. Außerdem muß,
da beim Eintrocknen des Wassertropfens mit Ausnahme dieser
Krystalle gar kein weiterer Rückstand zurückbleibt, wohl die
ganze herausgelöste Masse der Inhaltskörper sich in diese
Rhomboeder umgewandelt haben. Diese Krystalle sind in
Wasser so gut wie unlöslich, stark licht- und doppelbrechend.
Sie sind in HCl, H$_2$SO$_4$, Essigsäure und Oxalsäure unter

lebhaftem Aufbrausen leicht löslich. Dabei entsteht mit Oxalsäure ein undeutlich körniger Niederschlag von Calciumoxalat
sowie mit $H_2SO_4$ die charakteristischen Gipsnadeln. In
wasserfreier Essigsäure (Eisessig) tritt keine schnell sichtbare
Veränderung ein, was sich wohl dadurch erklärt, daß der
sich bildende essigsaure Kalk in Eisessig unlöslich ist und
die Krystalle vor weiterer Auflösung schützt. Ihrem ganzen
Verhalten nach bestehen diese Krystalle, also ebenfalls aus
$CaCO_3$, entstanden durch Umwandlung aus dem in Lösung
gegangenen $CaCO_3$ der Zelle.

Aus allen diesen Versuchen können wir mit Sicherheit
schließen, daß die **großen Inhaltskörper zweifellos**

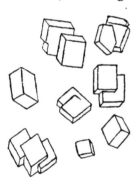

Textfig. 2.

Aus den Inhaltskörpern
von Achromatium erhal-
tene Calcitkrystalle. Vergr.
ca. 1000.

**aus kohlensaurem Kalk** bestehen.
Wenn schon dieser Befund ein etwas
unerwarteter ist, so ist um so auffallender, daß diese $CaCO_3$-Körner, die doch,
wie ich oben gezeigt habe, feste Konsistenz besitzen, nicht doppelbrechend
sind. Es kann sich also nur um eine
**amorphe Modifikation** handeln.
Wenn es anderseits auch schon seit
langem bekannt ist, daß sich amorpher
kohlensaurer Kalk künstlich herstellen
läßt, so wurde er bis jetzt im Pflanzenreiche und speziell bei den Bakterien
noch nicht in fester Form nachgewiesen.
Wo er vorkommt, ist er entweder in
Form von Inkrustationen oder als Einlagerung beschrieben
worden, die aus undeutlich krystallisierten, aber in polarisiertem Lichte hell aufleuchtenden Massen bestehen.

Kelly war die erste, die das Vorkommen von amorphem $CaCO_3$ in
den Panzern verschiedener Krustaceen und Myriopoden nachzuweisen suchte.
Erst die ausgedehnten Untersuchungen Bütschli's (1908) haben die Vermutungen Kelly's bestätigt und uns über die Eigenschaften des colloidalen
oder amorphen $CaCO_3$ etwas aufgeklärt. Der Arbeit von Bütschli entnehmen wir, daß der amorphe kohlensaure Kalk, der sich in
reinem, getrocknetem Zustande nur kurze Zeit hält und bald in Calcit übergeht, nur dann haltbar ist, wenn er in einer Eiweislösung
gefällt und mit dieser getrocknet wird. Ein solcher «Eiweißkalk» bleibt

sehr lange unverändert, was von Interesse ist, da der amorphe $CaCO_3$ in der Tierwelt in Vereinigung mit Chitin relativ haltbar vorkommt. Sein spezifisches Gewicht liegt zwischen 2·25 und 2·45. Beim Erhitzen auf 200° bis 230° C wandelt er sich in die krystalline Modifikation um. Dasselbe geschieht, wenn man den amorphen Kalk in Wasser oder in eine NaCl-Lösung bringt. Die Umwandlung in kleine Rhomboeder oder undeutliche Sphärite setzt sofort ein und ist in kurzer Zeit vollendet. Er ist in Wasser relativ löslich und wandelt sich in konzentrierte Sodalösung oder Pottasche in die charakteristischen Doppelsalze um. «Die Reaktion ist recht bezeichnend für die amorphe Modifikation, da Aragonit und Calcit bei gleicher Behandlung nur wenig und langsam Gaylussit geben, der Aragonit etwas mehr, der Kalzit sehr wenig» (Bütschli, 1908, p. 15). Weiters sagt er: »....eine direkte Umwandlung (des amorphen Kalkes) ....findet nicht statt; vielmehr zeigen meine Beobachtungen an gefalltem und getrocknetem amorphen Kalk ebenso wie am Krebspanzer, daß der amorphe Kalk zunächst stets vom Wasser gelöst und dann erst als Calcit abgeschieden wird« (Bütschli, 1908, p. 17). Eine langsame Umwandlung in Calcit geht sogar in bereits festem Kanadabalsam vor sich.

Diese Resultate stimmen mit meinen Beobachtungen sehr gut überein. Sowie das $CaCO_3$, in dem Eiweiß oder im Crustaceenpanzer wegen der kolloidalen Form der einschließenden Medien nicht krystallisiert vorkommen kann, ebenso steht es auch bei unseren Organismen. Eine ausschlaggebende Bedeutung schreibe ich dem »Häutchen« zu, welches das Calciumkarbonat umhüllt. Wahrscheinlich liegt die Sache sogar so, daß die Kalkkörner von einer kolloidalen eiweißähnlichen Masse durchdrungen sind, welche bei der Auflösung des Kalkes scheinbar als zartes Häutchen zurückbleibt. In ähnlicher Form dürfte ja auch der Schwefel in der Zelle kolloidal erhalten bleiben.

Leider sagt Bütschli gar nichts über das Verhalten gegenüber anderen Reagenzien. Doch dürfte die Sache ganz klar liegen. Sobald die Zelle durch irgendwelche chemische Agentien geschädigt oder abgetötet wird, wird der $CaCO_3$ frei, während die Schnelligkeit des Lösungsvorganges jedenfalls von der zugesetzten Substanz beeinflußt wird. Chemische Wechselzersetzungen dürften nur eine geringe Rolle spielen, da ja manche Chemikalien mit dem $CaCO_3$ nicht in Reaktion treten.

Durch Einlegen in verschiedene Flüssigkeiten konnte festgestellt werden, daß das Lichtbrechungsvermögen dieser Körner bei gewöhnlichem Tageslicht zwischen dem von Zedernöl und Nelkenöl liegt, also bei zirka 1·51—1·54. Die Lichtbrechung ist also ziemlich beträchtlich und weist ebenfalls auf Calciumkarbonat hin.

Andere Inhaltskörper, wie sie schon Hinze (1901) bei Beggiatoa mirabilis gefunden hat, wurden vergeblich gesucht.

## III. Allgemeines.

Wenn wir auf die Ergebnisse dieser Untersuchung zurück-
blicken, so können wir sagen, daß wir es mit drei Arten zu
tun haben, die sich in ganz auffallender Weise von den bis
jetzt bekannten Schwefelorganismen unterscheiden. Aus dem
bloßen Vorhandensein von Schwefel in den Zellen auf ihre
Zugehörigkeit zu den Thiobakterien zu schließen, wie es bis
jetzt noch immer geschah, ist nicht ganz exakt. M i g u l a
(1900, I. Bd.) sagt: »Man hat die sämtlichen, Schwefelkörner
enthaltenden Arten zu einer physiologischen Gruppe der sogenannten Schwefelbakterien zusammengefaßt, ohne Rücksicht
auf ihre systematischen Verschiedenheiten.« Wir müssen bedenken, daß es sicher nur für B e g g i a t o a und T h i o t r i x
(K e i l, 1912) nachgewiesen ist, daß sie $H_2S$ und den Schwefel
unbedingt zum Leben benötigen.[1] Wenn wir uns also etwas
vorsichtiger im Ausdruck fassen, so müssen wir sagen, daß
z u  d e r  p h y s i o l o g i s c h e n  G r u p p e  d e r  S c h w e f e l -
b a k t e r i e n  n u r  s o l c h e  A r t e n  z u  r e c h n e n  s i n d, d i e
n i c h t  b l o ß  S c h w e f e l  i n  i h r e n  Z e l l e n  e n t h a l t e n,
s o n d e r n  v o n  d e n e n  w i r  w i s s e n  o d e r  z u m i n d e s t
v e r m u t e n, d a ß  s i e  d e n  S c h w e f e l w a s s e r s t o f f  a l s
E n e r g i e q u e l l e  z u m  L e b e n  n o t w e n d i g  b r a u c h e n.
Der Grund dafür, warum wir die überwiegende Zahl der
Formen nur vermutungsweise oder nur auf Grund ihrer
morphologischen Eigentümlichkeiten zu den Schwefelbakterien
rechnen, liegt in den bis jetzt fast unüberwindlichen Schwierigkeiten, die diese Organismen einer Kultur entgegensetzen, so
daß ein sicherer Nachweis nicht erbracht werden kann. Wie
wir gesehen haben, enthalten sowohl A c h r o m a t i u m als
auch M i c r o s p i r a Schwefeltropfen, die sich in keiner Weise
von den bei den anderen Schwefelbakterien nachgewiesenen

---

[1] H i n z e (Ber. d. d. bot. Ges., Bd. 21, 1903, p. 394) hat gezeigt, daß
in O s c i l l a r i a-Arten, die in star$<$ $H_2S$-haltigem Wasser zu leben vermögen,
sich Schwefeltropfen gefunden haben. Es ist nicht wohl anzunehmen, daß
sie den $H_2S$ oxydieren, sondern daß dieser durch den Einfluß des Sauer-
stoffs in den assimilierenden Zellen oxydiert wird, und der Schwefel in der
Zelle in Form von Tröpfchen abgelagert wird, ohne für die Algen wahrscheinlich von irgendwelcher Bedeutung zu sein.

unterscheiden. Morphologisch können wir diese Formen also ohne weiteres zu diesen rechnen. Wie das Vorkommen in der Natur und die aufgestellten Rohkulturen zeigen[1], dürfen wir auch aus dem physiologischen Verhalten (Notwendigkeit von $H_2S$) auf ihre Schwefelbakteriennatur schließen. Im allgemeinen sind die Formen, soviel ich beobachten konnte, gegen Veränderungen in den Kulturmedien empfindlicher als die übrigen Schwefelorganismen, was besonders bei P s e u d o - m o n a s h y a l i n a der Fall ist. Dies wird von verschiedenen bis jetzt noch ungeklärten Umständen abhängen, von denen das wahrscheinlich recht hohe Kalkbedürfnis keine geringe Rolle spielen dürfte.

P s e u d o m o n a s h y a l i n a nun unterscheidet sich auffallend von den zwei anderen Arten durch den v o l l - s t ä n d i g e n u n d k o n s t a n t e n M a n g e l a n S c h w e f e l. Die Inhaltskörper bestehen bloß aus amorphem $CaCO_3$. Diese Art braucht also entweder sehr wenig $H_2S$ oder, was wahrscheinlicher ist, sie reduziert gerade nur soviel $H_2S$, daß der gebildete Schwefel sofort zu $H_2SO_4$ verarbeitet wird. Eine dritte Möglichkeit käme noch in Betracht und zwar, daß sie den Schwefelwasserstoff anders verarbeitet, als es die gewöhnlichen Schwefelbakterien tun. Überhaupt ist ja auch bei M i c r o s p i r a und A c h r o m a t i u m die verhältnismäßig geringe Menge von Schwefel auffallend, die bei ihrer Größe in den Zellen abgelagert wird. Einerseits ist dies verständlich, wenn man bedenkt, daß diese Formen anscheinend ziemlich viel Sauerstoff brauchen, so daß der gebildete Schwefel nicht zu reichlich gespeichert wird und bald verbrannt werden könnte. Anderseits ist es ja möglich, daß sie ebenso wie P s e u d o m o n a s den $H_2S$ vielleicht in einer etwas anderen Weise verwerten können. Zu dieser Vermutung gibt auch das ungewöhnliche Vorkommen von $CaCO_3$ Anlaß, dessen Menge bei normalen Zellen sicher $90\%$ der Masse ausmacht. Zweifellos ist es auch kein Zufall, wenn der $CaCO_3$ bei Mangel an

---

[1] Obwohl im Sommer 1919 zahlreiche Kulturversuche angestellt wurden, gelang doch kein einziger befriedigend. Sobald die bessere Jahreszeit eintritt, werden die Versuche wieder aufgenommen werden.

Schwefelwasserstoff zuerst aus der Zelle verschwindet. Trotz
alledem können wir uns über die Rolle, die der kohlensaure
Kalk im Stoffwechsel dieser Formen spielt, auch nicht vermutungsweise äußern, und es werden weitere diesbezügliche
Untersuchungen hoffentlich mehr Anhaltspunkte liefern.

Schon aus diesen vorläufigen Erörterungen können wir
ersehen, daß diese drei Arten einander physiologisch ziemlich
nahestehen, und sich durchaus nicht ganz wie die anderen
Thiobakterien verhalten. Die in manchen Punkten abweichende
Lebensweise, das Vorhandensein von $CaCO_3$ trennt sie
morphologisch und biologisch scharf von den übrigen Schwefelorganismen und berechtigt uns, sie zu einer besonderen
Gruppe der Schwefelorganismen zusammenzufassen.

Diese Arbeit wurde am pflanzenphysiologischen Institute
der Universität Graz ausgeführt. Es sei mir gestattet, Herrn
Prof. Dr. K. Linsbauer für die stete Förderung der Arbeit
und das rege Interesse, welches er ihr entgegenbrachte, sowie
Herrn Lektor Gicklhorn für die zahlreichen Anregungen
meinen herzlichsten Dank auch an dieser Stelle auszudrücken.

## Zusammenfassung der Resultate.

1. Achromatium Schewiakoff ist identisch mit
Modderula Frenzel und Hillhousia West &
Griffiths. Die von den Autoren angeführten Größenunter-
schiede rechtfertigen noch nicht die Aufstellung mehrerer
Arten. Vielleicht können indessen innerhalb der weit ver-
breiteten Art mehrere Lokalrassen unterschieden werden.

2. Seine Dimensionen schwanken zwischen 9 bis 75 $\mu$
in der Länge und 9 bis 25 $\mu$ in der Breite. Das Plasma ist
gleichmäßig grob, vakuolig gebaut und zeigt keine Differenzierung in eine wabig gebaute Rindenschichte und einen
Zentralkörper. Ein Kern ist nicht vorhanden, wohl
aber lassen sich kleine chromatin-ähnliche Körnchen
im Protoplasma unterscheiden. Die Membran ist ziemlich
widerstandsfähig, enthält keine Zellulose und stellt wahrscheinlich eine verfestigte Protoplasmahaut dar. Die Zelle ist
von einer Schleimhülle umgeben, die wahrscheinlich von der
Zelle durch die Membran ausgeschieden wird. Die Bewegung

ist sehr langsam und unregelmäßig. Irgendwelche Bewegungsorgane (Geißeln etc.) fehlen. Die T e i l u n g geht durch eine einfache Durchschnürung der Zelle vor sich.

3. Im Plasma von A c b r o m a t i u m o x a l i f e r u m und M i c r o s p i r a v a c i l l a n s eingebettet finden sich S c h w e f e l t r ö p f c h e n, welche die Ecken und Kanten der Waben einnehmen und die mit dem Schwefelwasserstoff-Gehalt des Wassers auftreten und verschwinden.

4. In den Vakuolen liegen größere (2 bis 12 μ) K ö r n e r v o n a m o r p h e m k o h l e n s a u r e n K a l k, die von einem dünnen Häutchen (Vakuolenhaut?) umschlossen sind. Ihre physiologische Bedeutung, sowie die Bedingungen ihres Auftretens und Verschwindens sind noch unbekannt.

5. B e i P s e u d o m o n a s h y a l i n a bildet k o h l e n s a u r e r K a l k d e n e i n z i g e n I n h a l t s k ö r p e r. Schwefeltröpfchen konnten bei dieser Form nicht nachgewiesen werden.

6. A l l e d r e i A r t e n s i n d an das Vorkommen von Schwefelwasserstoff gebunden, gehören also zu den Schwefelbakterien, von denen sie w a h r s c h e i n l i c h e i n e b e s o n d e r e G r u p p e darstellen.

## Literaturverzeichnis.

Die mit * bezeichneten Nummern konnten nicht eingesehen werden.

1. B ü t s c h l i, O. Über den Bau der Bacterien und verwandter Organismen. Leipzig 1890.

2. — Über die Einwirkung von konzentrierter Kalilauge und konzentrierten Lösungen von kohlensaurem Kali auf kohlensaurem Kalk etc. Verhandl. d. naturw.-med.Ver. Heidelberg (N. F.), Bd. 8, 1906, p. 277—330.

3. — Über Gaylussit und ein zweites Doppelsalz von Calcium- und Natriumcarbonat. Journ. f. pract. Chemie, Bd. 75. 1907, p. 556—560.

4. — Über die Natur der von B i e d e r m a n n aus Krebsblut und Krebspanzer erhaltenen Krystalle. Biol. Zentrbl. Bd. 27, 1907, p. 457—466.

5. — Untersuchungen über organische Kalkgebilde etc. Abhandl. d. k. Ges. d. Wissensch. zu Göttingen (N. F.), Bd. 6, 1908—10.

6.* C o h n, F. Beiträge zur Physiologie der Phycochromaceen etc. M. S c h u l t z e's Archiv für microscopische Anatomie, 3. Bd. 1887.

7. C o r s i n i, A. Über die sogenannten »Schwefelkörnchen«, die man bei der Familie der Beggiatoaceae antrifft. Zentrbl. f. Bacteriologie etc. 2. Abt., Bd. 14, 1905.

8. F r e n z e l, J. Neue oder wenig bekannte Süßwasserprotisten. Biol. Zentrbl. Bd. 17, 1897, p. 801.

9. G i c k l h o r n, J. Über neue farblose Schwefelbacterien. Zentrbl. f. Bakt.
    2. Abt. Bd. 30. p. 415—427.

10. H i n z e, G. Über den Bau der Zellen von Beggiatoa mirabilis C o h n.
    Ber. d. deutsch. bot. Ges. Bd. 19, 1901, p. 369—374.

11. — Über Schwefeltropfen im Inneren von Oscillarien. Obige Ber. Bd. 21,
    1903, p. 394.

12.* K e l l y, A. Über Conchit, eine neue Modification des cohlensauren
    Kalces. Jenenser Zeitschr. d. Nat.-Wissenschaften, Bd. 35, p. 429—494.

13. K e i l, F. Beiträge zur Physiologie der farblosen Schwefelbacterien.
    C o h n's Beitr. z. Biol. d. Pflanzen. Bd. 11, 1912, p. 335.

14. L a u t e r b o r n. R. Über Modderula Hartwigi F r e n z e l. Biol. Zentrbl.,
    Bd. 18, 1898, p. 95.

15.* M a s s a r t, J. Recherches sur les organismes inferieurs etc. Recueils
    de l'Inst. Bot., Univ. de Bruxelles, Bd. 5, 1901, p. 259.

16. M e y e r Arthur. Die Zelle der Bacterien. Jena 1912.

17. M e l n i k o f f P. Untersuchung über das Vorcommen des cohlensauren
    Kalces in Pflanzen. Inaug.-Diss. Bonn 1877.

18. M i g u l a W. System der Bacterien. 2. Bd. 1897—1900.

19. M o l i s c h H. Neue farblose Schwefelbacterien. Zentrbl. f. Bakt., 2. Abt.,
    Bd. 33, 1912, p. 55.

20. — Microchemie der Pflanze. Jena 1913.

21. — Beiträge zur Microchemie der Pflanze. Nr. 5: Über den Nachweis
    von gelösten Kalcverbindungen mit Soda. Ber. d. deutsch. bot.
    Ges. Bd. 34, 1916, p. 288.

22. — Nr. 6. Über den Nachweis von Kalc mit Kalilauge etc. Dieselben Ber.,
    Bd. 34, 1916, p. 357.

23.* N a d s o n, G. A. Über Schwefelmikroorganismen des Hapsaler Meer-
    busens. Bullet. d. jard. imp. bot., St. Pétersbourg, Bd. 13, 1913,
    p. 106. (Referat Bot. Zentrbl. Bd. 125, p. 642.)

24. S c h e w i a k o f f, W. Über einen neuen bakterienähnlichen Organismus
    des Süßwassers. Verbandl. des med.-naturhist. Ver. Heidelberg
    (N. F.), Bd. 5, 1893, p. 44.

25. V i r i e u x, J. Sur l'achromatium oxaliferum S c h e w i a k o f f. Comptes
    Rend. de l'acad. Bd. 154, 1912, p. 717.

26.* W a r m i n g, E. Om nogle ved Danmarks Kyster levende Bakterier,
    Kiöbenhaven 1876.

27. W e s t G. S. & G r i f f i t h s B. M. Hillhousia mirabilis, a Giant Sulphur
    Bakterium. Proc. of the R. S. London. Serie B. Bd. 81, 1909.

28. — The Lime-Sulphur Bakteria of the Genus Hillhousia. Ann. of Bot.,
    Bd. 27, 1913. p. 83.

29. W i n o g r a d s k y, S. Über Schwefelbacterien. Bot. Ztg. Bd. 45, 1887.

30. — Beiträge zur Morphologie und Physiologie der Bacterien. I. Schwefel-
    bacterien. Leipzig 1888.

31. — Recherches sur les sulfobactéries. Ann. de l'Inst. Pasteur 1889. p. 49.

# Tafelerklärung.

Die Zeichnungen wurden mit Objectiv 5 oder 8 a, Oc. IV, und Zeichenapparat von Reichert angefertigt.

Fig. 1. Achromatium, Habitusbild einer lebenden, noch nicht in Teilung befindlichen Zelle.

Fig. 2 und 3. Teilungsstadien, lebend, bei 3 ist nur mehr ein feiner Verbindungsfaden zwischen den Tochterzellen vorhanden.

Fig. 4. In Tusche liegendes Teilungsstadium, lebend, mit gequollenem Schleimhof, unter welchem eine ganz schmale neue Schleimhülle zum Vorschein kommt.

Fig. 5. Achromatium, mit Formol fixiert, optischer Querschnitt. In den Waben liegen Schwefeltröpfchen.

Fig. 6. Mit Säure behandeltes Achromatium, Aufsicht. Das $CaCO_3$ ist gelöst worden, nur die Schwefeltröpfchen sind geblieben.

Fig. 7. Mit Formol fixiertes Achromatium, optischer Querschnitt; der Protoplast zeigt im Zentrum einen etwas kleinwabigeren Bau.

Fig. 8. Mit Jodalkohol behandelte Zellen zeigen die angeschossenen Nadeln von $CaSO_4$. a) Achromatium, b) Pseudomonas, c) frei in der Lösung gebildete Krystalle.

Fig. 9. Calciumoxalat-Beutel. a) Achromatium, b) Microspira, c) Pseudomonas.

Fig. 10. In einem Achromatium durch $CuSO_4$-Lösung hervorgerufene Krystallbildung.

Fig. 11. Isolierte Inhaltskörper. a) Kalkkarbonat, b) Schwefel.

Fig. 12. a) Microspira mit Säure behandelt, $CaCO_3$ gelöst, der Schwefel ist übrig geblieben. b) Pseudomonas ebenso, aber ohne Schwefel.

Fig. 13. Achromatium mit durch Sodalösung hervorgebrachten Gaylussit-Krystallen.

Fig. 4, 8 und 13 bei zirca 400maliger Vergrößerung; die übrigen bei zirca 800maliger Vergrößerung.

Bersa E.: Kohlensaurer Kalk in Schwefelbakterien.

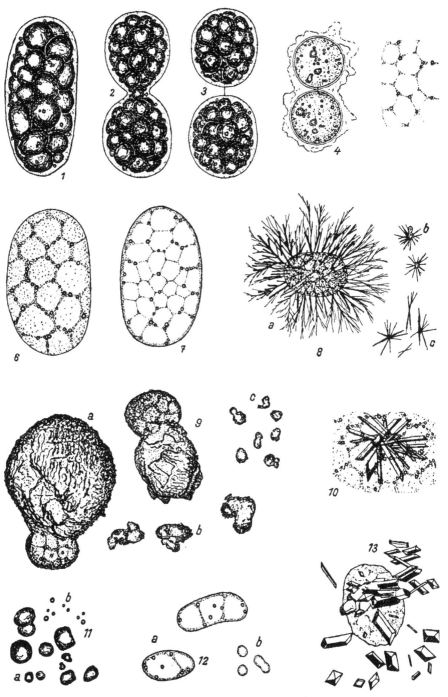

# Aschenbild und Pflanzenverwandtschaft

Von

## Hans Molisch
w. M. Akad.

Aus dem Pflanzenphysiologischen Institut der Universität in Wien
Nr. 139 der zweiten Folge

(Mit 3 Tafeln)

(Vorgelegt in der Sitzung am 1. Juli 1920)

## I. Einleitung.

Die Pflanzen in einem natürlichem System anzuordnen, in dem ihre Verwandtschaft deutlich zum Ausdruck kommt, war stets eines der wichtigsten Ziele der Pflanzensystematik. Vergleichende Beschreibung, Morphologie, Entwicklung, Anatomie, Physiologie, Paläontologie und Phylogenie wurden und werden mit Erfolg herangezogen, um die Pflanzen natürlich zu gruppieren. Auch die Chemie hat der Pflanzensystematik bereits manchen wichtigen Fingerzeig gegeben und nach allem, was wir heute auf diesem Gebiete wissen, kann es wohl keinem Zweifel unterliegen daß die Verwandtschaft der Pflanze sich auch in der chemischen Zusammensetzung der Gewächse, namentlich im Vorkommen spezifischer Stoffe, ausdrücken kann. Ich erinnere nur an das Ferment Myrosin, das die Familie der Cruciferen und ihre Verwandten in so hohem Grade auszeichnet, ich erinnere an das Inulin der Compositen, an die Ruberythrinsäure vieler Rubiaceen, an das Alkannin vieler Borragineen, an das Phykoerythrin und Phykocyan der Rot- und Blaualgen und andere Beispiele, bezüglich welcher meine Mikrochemie Aufschluß gibt.[1]

---

[1] Molisch H., Mikrochemie der Pflanze. Jena 1913, p. 8. In neuester Zeit hat mein Schüler, Herr H. Brunswik, die interessante Entdeckung gemacht, daß alle Gattungen der Tamaricaceen, namlich *Tamarix*, *Reaumuria*, *Myricaria* und *Hololachne* durch Gipskrystalle ausgezeichnet sind. Sitzber. d. Acad. d. Wissensch. in Wien, Math.-naturw. Kl., Abt. I, 129. Bd. 1920, p. 115.

Die mikrochemischen Untersuchungen über gewisse Pflanzenstoffe gingen bisher stets Hand in Hand mit anatomischen, denn man wollte, wenn irgend möglich, nicht bloß wissen, was für ein Stoff in einem Blatt, in einem Stamm oder in einer Wurzel vorhanden ist, sondern auch, wo er sich befindet. Ob in der Epidermis, im Grundgewebe, im Stranggewebe oder ob vielleicht gar nur in einzelnen bestimmten Zellen. Mit anderen Worten, man wollte wissen, ob der Körper gleichmäßig in der Pflanze verteilt oder ob er lokalisiert ist.

Gewöhnlich handelte es sich ja um organische Stoffe und da war es selbstverständlich, daß man die möglichst intakten Organe, Gewebe und Zellen untersuchte und man dachte im allgemeinen nicht daran, auch die Asche mikroskopisch zu untersuchen, weil man sich davon nicht viel versprach und sich im allgemeinen mit der mikrochemischen Untersuchung der Asche begnügte.

Der Zweck der vorliegenden Abhandlung ist, nachdrücklichbst darauf aufmerksam zu machen, daß, wie ich mich durch Hunderte von mikroskopischen Aschenuntersuchungen überzeugt habe, die Asche sehr häufig unter dem Mikroskop nicht mehr oder minder formlos erscheint, sondern ganz charakteristische Bilder aufweist, sei es, daß die Gewebe und Zellen in ihrer Form und Struktur infolge hochgradiger Inkrustierung der Membranen mit Aschensubstanzen deutlich erhalten bleiben oder sei es, daß sich in der Asche beständig gewisse mikroskopische Inhaltskörper vorfinden, die der Asche ein so charakteristisches Gepräge verleihen, daß man die dadurch zustande kommenden Aschenbilder für die Erkennung der zugehörigen Pflanze oder Familie in zahlreichen Fällen verwerten kann.

Das Aschenbild oder wie es auch genannt werden kann, das Spodogramm,[1] ist für viele Pflanzen oft ebenso charakteristisch wie die Form des Blattes, die Zahl der Blüten-

---

[1] σποδός Asche.

blätter oder der Bau der Samenknospe und sollte daher bei der Beschreibung von Pflanzen oder deren Teile mitberücksichtigt werden.

Wenn also vorhin gesagt wurde, daß die Verwandtschaft der Arten und Gattungen, ja sogar ganzer Familien sich auch in der Chemie verraten kann, so gilt dies nicht bloß für die Pflanze als solche, sondern häufig sogar für ihre Asche.

Der Anatom hat .bisher die Asche meist nur zu Rate gezogen, wenn es sich um die sogenannten »Kieselskelette«, d. h. um die Feststellung der Verkieselung der Zellhäute oder den Nachweis von Kieselkörpern gehandelt hat. Aber wie aus den folgenden Zeilen hervorgehen wird, lassen sich die Aschenbilder auch noch für andere Zwecke verwerten.

Die Kalkoxalatkrystalle, Kieselkörper und Zystolithen, die sich in der Pflanze mitunter nur sehr spärlich vorfinden und daher leicht übersehen werden können, werden durch die Verbrennung der Pflanze oder ihrer Teile zu Asche auf ein kleines Volum zusammengedrängt, gehäuft und so leicht gefunden.

Aus dem charakteristischen Aschenbilde kann in gewissen Fällen, z. B. bei Gräsern, Halbgräsern, Irideen u. a. die Zugehörigkeit zu diesen Familien festgestellt oder die Echtheit vegetabilischer Genußmittel, einer Medizinalpflanze oder einer Droge in nicht seltenen Fällen erkannt oder zur sicheren Diagnose mit Vorteil herangezogen werden.

Der Mikroskopie der Asche wird daher in Zukunft mehr Aufmerksamkeit geschenkt werden müssen als es bisher geschehen ist, weil sowohl der Anatom, der Physiologe, der Systematiker und der Untersucher von Verfälschungen vegetabilischer Nahrungsmittel aus dem Aschenbilde wertvolle Schlüsse ziehen kann.

Bezüglich der Methodik sei folgendes erwähnt. Die zu untersuchenden Pflanzenteile — wenn nichts Besonderes bemerkt wird, handelt es sich um Blätter — werden in einem offenen Porzellantiegel wenn möglich bis zum völligen Weißwerden verascht. Die Verbrennung von Pflanzenteilen bis zum völligen oder fast völligen Weißwerden der Asche macht in

der Regel keine Schwierigkeiten; nur in Fällen, wo Zellwände
viel Chloride führen oder wo Haare, Epidermen und Stranggewebe verkieselt sind, kann die Asche in den betreffenden
Teilen schwärzlich bleiben oder erst nach längerem oder
langem Glühen weiß werden. Nach dem Abkühlen legt man
Teile der Asche, ohne sie mehr als notwendig ist zu zer-
bröckeln, auf den Objektträger, behandelt mit einem Tropfen
Anilinöl und bedeckt mit einem Deckglas. Das Anilinöl hat
den großen Vorteil, daß es die Asche rasch vollends durch-
dringt, die Luft verdrängt und das Präparat, ohne es chemisch
zu verändern, gut durchsichtig macht. Man sieht die Asche
also in ihrer fast unveränderten Form.

Anstatt Anilinöl läßt sich mit demselben Vorteil Phenol
verwerten und dieses hat, wie bekannt, noch den besonderen
Vorteil, daß es die verkieselten Membranen und Kieselkörper
in einem eigentümlichen rötlichen Glanz erscheinen läßt. In
Ermanglung von Anilinöl und Phenol läßt sich auch flüssiger
Kanadabalsam anwenden.

Will man Verkieselung feststellen, so behandelt man am
Objektträger die Asche mit 20prozentiger Salzsäure, wodurch
die Karbonate, insbesondere der kohlensaure Kalk, gelöst
werden. Die verkieselten Teile bleiben dann zurück.

Sollten Zweifel bestehen, ob wirklich Kieselsäure vorliegt,
so kann die Asche noch mit »Chromschwefelsäure« behandelt
werden, in der alle organische Substanz zerstört und, abgesehen von Kieselsäure und eventuell der Tonerde, die ganze
mineralische Substanz sich löst.

Es gibt Aschen, die vorwiegend aus Karbonaten bestehen
und die unter raschem Aufbrausen im Salzsäuretropfen fast
augenblicklich verschwinden (Karbonataschen). Dann solche,
die nur wenig oder fast gar nicht brausen und oft in zu-
sammenhängenden Stücken übrig bleiben (Kieselaschen) und
endlich solche, die sowohl reichlich Karbonate als Kieselsäure enthalten (Karbonat- und Kieselsäureaschen).

Alle Aschen lassen sich dauernd in unveränderter Form
in Kanadabalsam aufbewahren. Dieser muß durch Xylolzusatz
leicht flüssig gemacht werden; in dieser Form kann er auf die
trockene Asche direkt aufgetropft und mit einem Deckglas

bedeckt werden. Ein besonderer Verschluß ist nicht notwendig, es ist höchstens darauf zu achten, daß das verdampfende Xylol durch eine entsprechende Menge von Kanadabalsam ersetzt wird.

Für die Herstellung der Aschenpräparate können frische und trockene, seit Jahrzehnten im Herbar gelegene Blätter verwendet werden und namentlich bei trockenen Blättern, die infolge von inzwischen eingetretener Mißfärbung die krystallisierten Inhaltskörper, zumal wenn sie nur spärlich vertreten sind, nur schwer und erst nach mühsamer Untersuchung erkennen lassen, wird man z. B. über die Verteilung des Kalkoxalats in dem betreffenden Pflanzenteil durch die Asche oft rascher und besser orientiert werden als durch Schnitte.

## II. Aschenbild und Pflanzenverwandtschaft.

Jede Zelle enthält Aschensubstanz sowohl im Inhalt als auch in der Wand. Ist die Menge gering wie in den meisten Hölzern, so hört mit der Veraschung der Zusammenhang der Zellen mehr oder minder auf oder die mineralische Substanz sintert so stark zusammen, daß die Asche die zelluläre Struktur gar nicht oder nur sehr undeutlich wiedergibt. Anders jedoch, wenn die Zellhäute mit Kalk oder mit Kieselsäure hochgradig inkrustiert sind. Dann erhält man Aschenbilder, die oft so täuschend die ganze Gewebestruktur und die Form der Zellen, nicht selten bis in die feinsten Einzelheiten widerspiegeln, daß ein Uneingeweihter geneigt wäre, die Asche für das wirkliche Gewebe zu halten.

Solche Aschen kennt man von Diatomeen, Equiseten und Gramineen seit langem und hat sie, weil die Zellenwände hier hauptsächlich aus Kieselsäure bestehen und ausgezeichnet erhalten sind, als »Kieselskelette« bezeichnet.

In demselben Sinne kann man aber auch von »Kalkskeletten« sprechen, denn bei vielen Pflanzen erhält man beim Glühen Aschen, die die zelluläre Struktur gleichfalls wiedergeben, deren Wandskelette aber vornehmlich aus Karbonaten, insbesondere aus Kalkkarbonat bestehen. Solche Kiesel- und Kalkskelette verraten sich schon makroskopisch dadurch, daß das betreffende Objekt, z. B. ein Blatt, nicht zusammensintert, sondern formell gut erhalten bleibt und, wenn es verkieselt ist, auch nach der Behandlung mit Salzsäure wenigstens in großen Stücken seinen Zusammenhang bewahrt.

Es soll nun an einigen lehrreichen Beispielen gezeigt werden, wie sich die Verwandtschaft der Angehörigen einer ganzen Familie oder Gattung an gewissen Eigentümlichkeiten der Asche kundgeben kann.

## Zystolithen-Aschenbild.

1. *Acanthaceae.* Die als Zystolithen bezeichneten, höchst auffallend gestalteten und mit Kalkkarbonat stark inkrustierten exzentrischen Wandverdickungen bleiben in der Asche formell der Hauptmasse nach als Kalkkarbonat erhalten und verleihen der Asche ein charakteristisches Aussehen. In dem intakten Blatt mehr oder minder versteckt und verhältnismäßig auseinandergerückt, rücken sie in der Asche dicht zusammen und treten, weil für das Licht infolge ihrer Dicke schwerer durchlässig und manchmal noch eine Spur Kohle enthaltend, in der sonst weißen Asche um so schärfer hervor. Fig. 1. Darauf hat auch Naumann E. mit Recht aufmerksam gemacht. Mikrofekniska Notiser. I.—III. Bot. Notiser 1915, p. 49—60.

Ihre Form ist verschieden: meist spießförmig, entweder nur an einem oder an beiden Enden spitz, seltener rundlich, länglich oder an beiden Enden stumpf.

Die Zystolithen gehören zwar nicht allen Acanthaceen an, denn sie fehlen ganz den Thunbergieen, Nelsonieen, Acantheen und Aphelandreen, bei allen übrigen aber sind sie vorhanden. Genaueres über den Bau und das Vorkommen der Zystolithen findet man bei Kohl.[1]

Alle zystolithenführenden Acanthaceen gaben bei der Veraschung der Blätter und Stengel ein für zahlreiche Gattungen und Arten dieser Familie eigenartiges Aschenbild, eigenartig, weil die Zystolithen hier die Zusammengehörigkeit und Verwandtschaft selbst noch im Aussehen der Asche bekunden.

---

[1] Kohl F., Anatomisch-physiologische Untersuchung der Kalksalze und Kieselsäure in der Pflanze. Marburg, 1889, p. 134.

*Strobilanthes isophyllus.* Beim Veraschen bleibt die Form des Blattes gut erhalten. Die Asche ist sehr reichlich und besteht der Hauptmenge nach aus einer Unmasse gestaltlich wohlerhaltener, spießförmiger Zystolithen. Sie liegen in der Asche so dicht über- und nebeneinander, daß dadurch ein überaus charakteristisches Aschenbild zustande kommt. Fig. 1.

Über den Gefäßbündeln liegen sie parallel zur Längsachse dieser, sonst im großen und ganzen quer oder schief zur Längsachse des Blattes. In Salzsäure lösen sie sich zum großen Teile oder ganz unter lebhaftem Aufbrausen auf. Kalkoxalatkrystalle babe ich bei dieser Art in der Blattasche vermißt, desgleichen bei *Strobilanthes glomeratus.*

2. Die *Urticales* umfassen die *Moraceae, Cannabaceae, Ulmaceae* und *Urticaceae.* Von Moraceen babe ich die Gattungen *Ficus, Morus, Broussonetia, Maclura* und *Dorstenia*[1] untersucht und überall in der Asche die Zystolithen so massenhaft gefunden, daß das Aschenbild für diese Familie ihr besonderes Gepräge besitzt.

*Ficus elastica.* Das Aschenbild macht den Eindruck eines gut erhaltenen Gewebes. Die Oberhaut, das Mesophyll und die Nervatur sind deutlich zu sehen und die Zystolithen erscheinen zumeist als dunkle oder schwarze Klumpen. Die Gefäßbündel sind mit Kalkoxalatkrystallen übersät. Die ellipsoidischen Öffnungen in der Asche entsprechen den Vorhöfen der Spaltöffnungen.

Die Oberhaut bleibt, weil stark verkieselt, auch nach Behandlung mit Salzsäure deutlich in ihrer Struktur erhalten.

*Ficus stipulata.* Das Aschenbild dieser Art ähnelt dem von *Ficus elastica* insofern, als auch bier die Zystolithen, die Kalkoxalatkrystalle des Mesophylls und die mit den Krystallen reichlich bedeckte Nervatur auffallen. Hingegen ist die Verkieselung minimal und daher verschwindet die als

---

[1] Nach Kohl l. c. p. sollen der Gattung *Dorstenia* Zystolithen fehlen. Das ist aber sicher nicht allgemein richtig, denn die von mir cultivierte *Dorstenia* hatte überaus reichliche Zystolithen. Gerade in zweifelhaften Fällen, wo Zystolithen oder Krystalle nur sehr sporadisch vorkommen, leistet die microscopische Aschenuntersuchung ausgezeichnete Dienste, weil sich die erwähnten Leitfragmente hier so rasch und leicht zu erkennen geben.

zartes Kalkskelett vorhandene Asche bei Behandlung mit
Salzsäure fast vollends.

Andere *Ficus*-Arten verhalten sich ähnlich, sind sie be-
haart, so erscheinen auch die Haare in der Asche gewöhnlich als Kalk- oder Kieselskelette erhalten.

Die Aschenbilder der Urticaceen sind gleichfalls durch
die massenhaft auftretenden Zystolithen sehr auffallend. Man
betrachte z. B. die Asche von *Boehmeria utilis,* Fig. 2. Sie
erscheint mit runden, an der Oberfläche etwas sternartig
ausgezackten Zystolithen *c* wie gepflastert. Diese liegen in
einem Kalkskelett zarter Zellen. Darüber verstreut finden sich
zahlreiche einzellige, gemshornartige Haare *h* und mehr oder
minder lange, gerade oder etwas gebogene Kegelhaare $h_1$ und $h_2$.
Die Nerven werden von kleinen Kalkoxalatdrusen in großer
Zahl bedeckt. Die Zystolithen und Haare sind stark verkalkt
und außerdem doch noch so stark verkieselt, daß sie nach
Behandlung mit Salzsäure in ihrer Form entweder tadellos
oder noch recht gut erhalten bleiben.

*Humulus lupulus, Urtica dioica, U. urens, Boehmeria*-
Arten, *Parietaria officinalis* und *Cannabis sativa* zeichnen
sich ebenfalls durch eine höchst charakteristische Zystolithen-
asche aus. In Soleders[1] »Systematischer Anatomie« wird
auf den systematischen Wert der Zystolithen bei den verschiedenen Familien ausführlich hingewiesen, hier sei nur
darauf aufmerksam gemacht, daß, wie sich aus dem Vorstehenden ergibt, selbst die Asche die Verwandtschaft der
Glieder der einzelnen Familien durch die Zystolithen zu
erkennen gibt und zwar viel bequemer und rascher als es
oft Schnitte vermögen.

## Kalkoxalat-Aschenbild.[2]

### a) Raphiden.

Die entweder einzeln oder in von Schleim umhüllten
Bündeln auftretenden nadelförmigen Krystalle oder Raphiden
sind bekanntlich für mehrere Familien geradezu von systema-

---

1 Soleder H., Systematische Anatomie der Dikotyledonen. Stuttgart 1899, p. 860 ff.

2 In der Asche liegt das im Gewebe ursprünglich vorhandene Kalkoxalat nicht mehr als Oxalat, sondern als Karbonat oder bei sehr langem

tischem Wert. Es sei nur an die Araceen, Palmen, Comme-
linaceen, Liliaceen, Amaryllideen, Orchideen, Bromeliaceen,
Onagraceen, Rubiaceen, Ampelideen u. a. erinnert. Infolge der
zahlreichen Raphidenbündel im Gewebe erhält natürlich die
Asche ein höchst auffallendes Aussehen, weil hunderte
solche Bündel in der Asche auf engen Raum zusammengedrängt erscheinen. Fig. 3. Dazu einige Beispiele:

*Onagraceae*. Das Auftreten von Raphidenbündeln ist für
diese Familie charakteristisch. Sie werden für die Gattungen
*Epilobium, Zauschneria, Jussiaea, Ludwigia, Gayophytum,
Clarkia, Oenothera, Fuchsia, Hauya, Lopezia, Gaura, Gongy-
locarpus* und *Circaea* von Parmentier[1] angegeben. Als
Ausnahme wird *Trapa* angeführt, die keine Raphidenbündel,
wohl aber viele Kalkoxalatdrusen enthält. Wenn eine Familie
in allen ihren Vertretern Raphidenbündel besitzt und eine
einzige Gattung nicht, so mahnt dies, die systematische
Stellung dieser Gattung eingehender zu prüfen. In der Tat
zeigt die bisherige Literatur, daß man über die Zugehörigkeit
der Gattung *Trapa* durchaus nicht im Klaren ist. v. Wettstein[2]
hebt hervor, daß die erwähnte Gattung in mehrfacher Hinsicht von den *Oenotheraceen* abweicht, stellt sie aber noch
zu diesen. Hingegen stellt sie Raimann[3] zu einer eigenen
Familie der *Hydrocaryaceae*. Hier haben wir ein interessantes
Beispiel, daß auch das Aschenbild einer Pflanze einen Fingerzeig für die systematische Einordnung einer Gattung geben
kann.

*Fuchsia globosa*. Asche massenhaft von Raphidenbündeln
durchsetzt. Die einzelnen Raphiden sehr zart. In unmittelbarer
Umgebung der Blattnerven sind die Krystallbündel schlanker
und annähernd parallel zum Nerv gerichtet. Einzelne Kalkoxalatkrystalle sind selten.

---

Glühen als Kalziumoxyd vor; wenn daher im folgenden trotzdem von Kalkoxalatkrystallen der Asche die Rede ist, so sind dann der Kurze halber
nicht sie selbst, sondern die durch das Glühen daraus entstandenen Um-
wandlungen gemeint.

[1] Solereder H., System. Anatomie l. c. p. 422.

[2] Wettstein v., Handbuch d. system. Botanik. 2. Aufl. 1911, p. 680.

[3] Engler-Prantl, Die natürlichen Pflanzenfamilien etc., IV. Abt. III.
7., p. 223.

*Circaea lutetiana*, massenhaft Raphidenbündel in der Asche
*Isnardia palustris*　　　»　　　　»　　　»　»　　»
*Epilobium angustifolium* »
　　　　» *Dodonaei*　　»
　　　　» *montanum*　　»　.　　　　»　　　»　»　»

*Ampelidaceae.* Auch diese Familie enthält, soweit geprüft,
durchwegs Raphidenbündel. Untersucht habe ich:

*Vitis Voiniana.* Asche enthält massenhaft Raphidenbündel
und Kalkoxalatdrusen. Die letzteren hauptsächlich längs der
Nerven.

*Vitis Veitschii.* Ebenso.

*Vitis labrusca.* Ebenso, aber die Drusen spärlicher.

*Cissus discolor.* Reichlich Raphidenbündel, Einzelkrystalle
und Drusen. Überdies mit Kieselsäure erfüllte polygonale
Zellen.

*Ampelopsis quinquefolia.* Die Fig. 3 zeigt die Blattasche
dieser Ampelidee mit zahlreichen Raphidenbündeln *r* und
Drusen von Kalkoxalat *k*. Die übrigen Bestandteile der
Asche, die zu wenig prägnant sind und nur wenig minera-
lisierte Membranen von Zellen darstellen, wurden fortgelassen.

*Rubiaceae.* Solereder[1] weist mit Recht darauf hin,
daß die Ausscheidungsweise des oxalsauren Kalkes für die
Rubiaceen-Gattungen und Unterabteilungen (Triben) von
großem systematischen Werte ist. Er kommt in Form von
großen und kleinen rhomboëdrischen Krystallen, Raphiden,
Krystallsand, Drusen, Nädelchen vor und das Vorkommen gerade dieser oder jener Krystallform ist den einzelnen Triben
eigentümlich. Gerade hier kann die Aschenuntersuchung über
das Vorkommen und die Verteilung der Krystalle rasch und
bequem Aufschluß geben und ein Übersehen, das im Gewebe
leicht möglich ist, verhindern.

### b) Krystallsand.

Bei zahlreichen Gattungen kommen bekanntlich Zellen
vor, die nicht, wie das so häufig bei Phanerogamen der
Fall ist, wohl ausgebildete Einzelkrystalle oder Drusen von

---

[1] Solereder H., l. c., p. 501 ff.

Kalkoxalat enthalten, sondern eine Unzahl von ungemein kleinen, das Zellumen fast ganz erfüllenden Kryställchen, den sogenannten Krystallsand. Bei den Solanaceen, Chenopodiaceen und Rubiaceen ist dies eine häufige Erscheinung. Bei Solereder[1] finden sich nähere Angaben über den systematischen Wert dieser Krystallsandzellen. Über die Zahl, Größe, Form und die Verteilung gibt die Asche rasch Aufschluß.

Die Tabaksasche von *Nicotiana rustica* und anderen Tabakarten besteht großenteils aus Krystallsand. Die veraschten Zellen liegen so dicht neben- und übereinander, daß die Asche das Licht selbst in Kanadabalsam nur sehr geschwächt durchläßt. Die überaus kleinen Kryställchen ähneln Kokken.

Bei *Scopolina atropoides* sind die Krystallsandzellen verhältnismäßig sehr groß und treten in der Asche deutlich hervor.

*Atropa belladonna, Solanum lycopersicum, S. tuberosum, S. dulcamara* und *Lycium barbarum* zeigen typische Krystallsandasche.

Andere Solaneen führen Einzelkrystalle oder Drusen oder beide. So zeigt die Asche von *Hyoscyamus niger* massenhaft Einzelkrystalle[2], die von *Datura stramonium* Drusen und die von *Physalis alkekengi* sowohl Einzelkrystalle als auch Drusen[2].

Da der Krystallsand im Bereiche der Phanerogamen eine nicht allgemein verbreitete, für viele Gattungen aber eine konstante Erscheinung ist, so kann die Asche zur Sicherstellung der Erkennung *(Sambucus, Aucuba)* und der systematischen Stellung, wenn darüber Zweifel obwalten, von Nutzen sein *(Garrya)*.

### c) Einzelkrystalle und Drusen

kommen so häufig vor, daß ihr Nachweis im Aschenbild nicht die Bedeutung hat wie der der Raphiden, des Krystallsands oder der Zystolithen. Immerhin kann das Spodogramm,

---

[1] Solereder H., l. c., p. 654.

[2] Bei *Hyoscyamus niger, Lycium barbarum* und *Physalis alkekengi* fand ich überdies zahlreiche Sphärite, nicht selten radiär gestreift und mit-

weil in der Form, Menge und Verteilung der Krystalle bei den
verschiedenen Familien und Gattungen eine große Mannigfaltigkeit herrscht, von einigen, ja mitunter, wie noch später (p. 287 ff.)
auseinandergesetzt werden soll, von großer Wichtigkeit sein.

Hier sei nur auf einige ganz besonders hervorstechende
Fälle hingewiesen.

*Irideaceae.* Die Asche des Blattes von *Iris germanica*
besteht zum großen Teile aus großen spießförmigen Kalkoxalatkrystallen. Sie sind seit langem bekannt und werden
ja auch in Gewebeschnitten gesehen, aber erst die Asche
gibt eine gute Übersicht und eine Vorstellung von der ungeheuren Zahl dieser Krystalle. Fig. 4.

Sie liegen mit ihrer Längsachse stets parallel zur Längsachse des Blattes und bilden ganze Reihen, die der Asche
ein eigenartiges Gepräge geben.

Alle *Iris*-Arten und alle Iridaceen überhaupt, die ich
untersuchte, zeigen diese Eigentümlichkeit: *Iris palustris,
I. pumila, I. pseudacorus, I. sibirica, I. graminea, I. tuberosa*
und *I. variegata*. Bei der letzten Art sieht man in der Asche
auch massenhaft kleine Sphärite von Kalkoxalat (?). Ferner
*Gladiolus communis, G. illyricus, G. imbricatus, G. segetum,
Romulea columnae, R. bulbocodium, Crocus biflorus, C. vernus,
C. banaticus* und *C. sativus*. Bei *Romulea bulbocodium* finden
sich, abgesehen von den großen spießförmigen Krystallen,
auch rhombenartige, recht große Einzelkrystalle gleichfalls von
Kalkoxalat vor.

Es hat daher den Anschein, als ob nach diesen Ergebnissen die Kalkoxalat-Spieße einen Familiencharakter für
Iridaceen abgeben, doch kann erst nach ausgedehnteren,
auf die zahlreichen Gattungen der Iridaceen sich erstreckenden
Untersuchungen ein endgültiges Urteil abgegeben werden.

Ähnliches gilt von der Asche der Quillaja-Rinde. Auch
diese besteht großenteils aus großen, zugespitzten prismatischen Kalkoxalatkrystallen von ziemlich bedeutender Größe.

---

unter geschichtet, die in der Familie der Solaneen recht häufig sind und
bisher meines Wissens übersehen wurden. Ihre chemische Zusammensetzung
bedarf noch der näheren Untersuchung.

Überaus reich an Krystalldrusen ist die Asche von verschiedenen Kakteen. *Opuntia*-Arten hinterlassen eine sehr voluminöse Karbonatasche, in der Drusen einen dominierenden Bestandteil ausmachen.

Die Fig. 5 zeigt die Asche des die Oberfläche bildenden Gewebes des Flachsprosses von *Opuntia missouriensis*. Die in der Asche vorhandenen Löcher *s* geben die ursprüngliche Lage der Spaltöffnungen an. Die Schließ- und Nebenzellen sind so wenig mineralisiert, daß sie in der Asche nicht oder nur sehr schwer aufzufinden sind. Es ist mir wahrscheinlich, daß die Spaltöffnungen deshalb in den Wänden so wenig mineralische Substanzen einlagern, um auch noch in höherem Alter beweglich zu bleiben und die Öffnung und den Verschluß der Spalten leichter zu ermöglichen.

Unmittelbar unter der Epidermis liegt eine schmale Parenchymschichte, deren Zellen große Drusen von Kalkoxalat *k* enthalten. In der Asche liegt Druse an Druse.

Man sieht hier so deutlich, wie sich in derartigen Pflanzen, die, vielleicht abgesehen von gewissen Wurzelausscheidungen, keine Möglichkeit haben, sich der aufgenommenen Mineralstoffe zu entledigen, diese in geradezu erstaunlichen Massen in ihrem Körper anhäufen.

Aber auch negative Befunde können von Wert sein. Man kennt bereits mehrere Pflanzenfamilien unter den Dikotylen, die der festen Oxalatsalze entbehren: Cruciferen, Fumariaceen, Valerianeen, Campanulaceen, Primulaceen und Plantagineen. In der Asche läßt sich dieser Mangel leicht feststellen und da das Fehlen von Kalkoxalat im Pflanzenreich verhältnismäßig selten zutrifft, so gewinnt dieses negative Merkmal um so mehr an Wert.

### Kieselsäure-Aschenbild.

Die Kieselskelette, die viele Pflanzen nach dem Glühen hinterlassen, haben die Aufmerksamkeit der Botaniker seit langem hervorgerufen, besonders seit v. Mohl uns seine ausgezeichnete Abhandlung über das Kieselskelet lebender Pflanzenzellen beschert hat.[1]

---

[1] Mohl H. v., Botan. Ztg., 1861, p. 209.

Diese Kieselskelette gehören zu den herrlichsten Aschenbildern, die wir besitzen, und sind geeignet, das in der vorliegenden Arbeit gesteckte Ziel in mehrfacher Beziehung zu
stützen.

### Lycopodiaceae und Filices.

Im Bereiche der ersteren Familie verdient die Gattung
Selaginella wegen ihrer schönen Kieselskelette besondere
Erwähnung. Auffallenderweise wird sie in Kohl's zitiertem
Buche bei der Orientierung über das Auftreten der Ver-
kieselung im Pflanzenreiche nicht erwähnt.

Selaginella Martensii: Ich will die Verhältnisse zunächst
schildern, wie ich sie bei dieser Art fand.

a) Blatt. Das im Phenol liegende Blatt läßt den anato-
mischen Bau und auch die Verkieselung deutlich erkennen.
Die obere Epidermis besteht aus abgerundeten polygonalen
Zellen mit welligem Umriß. Die Zellen der unteren Epidermis
sind gestreckt und gleichfalls wellig konturiert. Die in die
Zellen vorspringenden Wandfalten lassen an dem rötlichen
Glanz die besonders starke lokale Verkieselung an ihrer
Spitze erkennen. Selbst in der Asche treten diese verkieselten
Stellen als Knötchen, Strichelchen oder Pünktchen in Erscheinung. Der in kurze einzellige, kegelige Haare, deren
scharfe Spitze infolge ungemein starker Verkieselung sehr
spröde und leicht abbrechbar ist, auslaufende Blattrand erscheint durch dickwandige, in zwei bis sechs Reihen nebeneinander liegende Sklerenchymfasern ausgesteift. Sie sind es,
die in ihren Wänden so stark verkieseln, daß sie in der
Asche mit ihrem aus vorspringenden Höckern bestehenden
Relief bis in die feinsten Einzelheiten erhalten bleiben. Auch
der übrige Teil der Epidermis erfährt eine so starke Verkieselung, daß ihre Zellwände samt den Spaltöffnungen als
Skelett vollständig erhalten bleiben. Der Mittelnerv unterliegt
gegen sein Ende zu gleichfalls starker Verkieselung. So kommt
es, daß ältere veraschte Blätter infolge der Mineralisierung
nach Behandlung mit Salzsäure oft als Ganzes erhalten
bleiben.

b) Der Stamm wird von einer Epidermis begrenzt, die
sich aus prosenchymatisch gestalteten und sklerenchymatisch

gebauten Zellen zusammensetzt, deren Inhalt in alten, stark beleuchteten Pflanzen rote Carotinkügelchen und ebenso gefärbte Chromatophoren führt.[1] Daran schließt sich ein ähnlich gebautes ein- bis mehrschichtiges Hypoderma.

Diese Stengelepidermis bleibt nach Veraschung und Behandlung mit Salzsäure als wohlerhaltenes Kieselskelett zurück. Die Verkieselung kann auch die Wände faserförmiger Zellen des Stamminnern ergreifen, ja viele davon können sogar solid verkieseln.

Ähnlich wie bei *Selaginella Martensii* fand ich die Verhältnisse bei *Selaginella cuspidata*. Auch hier erscheint der Blattrand durch die erwähnten verkieselten Sklerenchymfasern gefestigt, bei *S. caesia* treten sie schon sehr zurück und bei *S. spinulosa* und *helvetica* werden sie ganz vermißt. Doch verkieseln die Epidermen und die Blattrandzellen samt den Haaren bei allen genannten Arten so stark, daß sie stets ein charakteristisches Aschenbild aufweisen.

Bei dem Farnkraut *Athyrium filix femina* und *Polypodium alpestre* erscheint auch die Epidermis des Blattrandes, und zwar die auffallend dicke Außenwand in hohem Grade verkieselt. Diese bleibt in einseitig gezackten, mehr oder minder langen Streifen in der Asche zurück. Die wellig konturierte Epidermiszelle der Blattspreite geben herrliche Kieselskelette nicht bloß bei den genannten Farnen, sondern auch bei *Pteris aquilina* (Fig. 6), *Blechnum spicant, Gleichenia polypodioides* und *Osmunda regalis*. Spaltöffnungen können bei den genannten Farnen so stark verkieseln, daß ihr Lumen mit Kieselsäure teilweise oder ganz erfüllt ist.

So starke Verkieselung ist aber bei Farnen durchaus nicht allgemein verbreitet, denn es gibt zahlreiche Arten, deren Asche bei Behandlung mit Salzsäure unter raschem Aufbrausen fast ganz verschwindet (*Asplenium viride, Scolopendrium vulgare, Ceterach officinarum* etc.).

---

[1] Molisch H., Über vorübergehende Rotfärbung der Chlorophyllkörner in Laubblättern. Ber. d. Deutsch. bot. Ges., 1902, p. 445.

### Equisetaceae.

Die Schachtelhalme sind seit langem als Kieselpflanzen
ersten Ranges bekannt und ihr Kieselskelett gehört zu den
beliebtesten Demonstrationsobjekten im pflanzenanatomischen
Praktikum.

Hier sei betont, daß alle von mir untersuchten Arten:
*Equisetum arvense,* E. *pratense,* E. *telmateja,* E. *silvaticum,*
E. *limosum,* E. *litorale* und E. *hiemale* ein so typisches
Aschenbild liefern, daß die *Equisetum*-Natur an einem nicht
zu kleinen Aschenfragment der Stengel- und Blattoberhaut
leicht erkannt werden kann. Fig. 7.

Allen *Equisetum*-Arten gemeinsam sind die eigenartigen,
nach einem bestimmten Typus gebauten, in Reihen angeordneten Spaltöffnungen s, der mehr oder minder ausgeprägte
wellige Umriß der Oberhautzellen e und e', die durch kuti-
kulare Höckerchen h zustande kommende Punktierung der
Außenmembranen der Epidermiszellen, die je nach den verschiedenen Arten besonders auch bei den Spaltöffnungszellen
Verschiedenheiten darbieten können. Fig. 7.

Schon der Monograph dieser·Gattung, Milde[1], hat den
Spaltöffnungsapparaten der Schachtelhalme große Aufmerksam-
keit geschenkt und ihren Bau für die Diagnosen der einzelnen
Arten verwertet.

Die veraschten fertilen Sprosse von *Equisetum arvense*
und E. *telmateja* brausen mit Salzsäure stark auf, während
die sterilen dies in viel geringerem Grade tun. Die fertilen
sind auch weniger verkieselt, geben aber trotzdem schöne
Kieselskelette.

### Gramineae.

Die Asche braust mit Salzsäure entweder nur ganz
wenig, mäßig oder stark auf. In der Regel bleibt die Asche
nach Behandlung mit Salzsäure in größeren zusammen-
hängenden Stücken erhalten und namentlich ist es die Ober-

---

[1] Milde J., Monographia Equisetorum, Nova acta Leop. Carol. 1866.
Vgl. auch Porsch O., Der Spaltöffnungsapparat im Lichte der Phylogenie. Jena 1905, p. 42, hier auch die einschlagige Literatur.

haut, die ein ungemein genaues Bild ihres Baues in der
Asche zu erkennen gibt.

Besonders auf Grund der ausgedehnten anatomischen
Untersuchungen Grobs[1] kennen wir den Bau der Blätter
recht genau und wissen, daß gewisse Elementarorgane der
Epidermis bei den verschiedenen Arten der Grasblätter sich
immer wieder einstellen und mit Sicherheit auf die Familie
der Gramineen hinweisen. Zu diesen Elementarorganen gehören in erster Linie: die Langzellen mit welliger Kontur,
die Kieselkurzzellen, die Trichome, und unter diesen wieder
besonders die zweizelligen Winkelhaare und die einzelligen
Stachelhaare. Dazu gesellen sich noch die ungemein charakteristischen vierzelligen Spaltöffnungen, die allerdings auch
für einen Teil der Cyperaceen typisch sind. Abgesehen von
der tadellosen Erhaltung der Wand zeigt die Asche nach
Wegschaffung der Karbonate durch Mineralsäuren auch zahlreiche, mannigfaltig gestaltete und eben deshalb für die einzelnen Arten und Gattungen eigenartige Kieselkörper, d. h.
Ausfüllungen der Zellen mit Kieselsäure.

Merkwürdigerweise hat Kohl[2] die weite Verbreitung
dieser soliden Ausgüsse der Zellen mit Kieselsäure, obwohl
er sich mit dem Auftreten der Kieselsäure in der Pflanze
monographisch beschäftigt hat, bei den Gramineen übersehen.
Hätte er sich die Aschen bei einigen beliebig ausgewählten
Grasblättern angesehen, so hätten ihm die ungemein zahlreichen, bei manchen Gräsern auch auffallend großen Kieselkörper nicht entgehen können.[3]

Die Fig. 8 macht uns mit der Blattasche einer Bambusa-
Art nach Behandlung mit Salzsäure bekannt. Man glaubt ein
intaktes Gewebe zu sehen. Alle Zellwände sind, weil hochgradig verkieselt, anscheinend tadellos und unverändert
erhalten. Man sieht die reihenweise Anordnung der Spaltöffnungen s und ihren eigenartigen, aus zwei schmalen

---

[1] Grob A., Beiträge zur Anatomie der Epidermis der Gramineenblätter.
Stuttgart 1896. Bibliotheca Botanica, 36. Heft.

[2] Kohl F. G., l. c.

[3] Molisch H., Beiträge zur Microchemie der Pflanze. Nr. 12. Ber. d.
Deutsch. botan. Ges., Bd. 36. Jhrg. 1918, p. 474.

Schließzellen und zwei Nebenzellen bestehenden Typus, ferner die für Gräser so charakteristischen, wellig konturierten Oberhautzellen *e*, von denen manche *se* mit Kieselsäure vollends erfüllt sind, und endlich die seitlich ein wenig ausgebuchteten Kieselkurzzellen *k*.

Die Gestalt der Kieselkurzzellen wechselt, wie dies Grob im einzelnen ausführlich geschildert hat, bei den verschiedenen Gräsern sehr stark und ist für die einzelnen Tribus verwertbar. Grob bezeichnet sie nach ihrer Gestalt als Kreuz-, Hantel-, Knoten-, Sattel-, Kreis-, Ellipsen-, Stäbchen-, Blättchenzellen usw.

Sie treten hauptsächlich über dem Bast, aber auch über dem Assimilationsgewebe auf und zwar in Reihen. Weil sie solid verkieselt sind, fallen sie in der Asche besonders auf und werden dadurch geradezu zum besonderen Leitfragment in der Asche des Grasblattes. Jeder, der sich mit diesen mannigfaltig, aber doch so eigenartig gestalteten Kieselkurzzellen, den wellig umrandeten Oberhautzellen und den typisch gebauten Stomata vertraut gemacht hat, wird auch in der Morphologie der Asche das Grasblatt erkennen.

## Cyperaceae.

Diese Familie steht den Gramineen nahe. Dies äußert sich unter anderem in dem Grashabitus, durch gewisse Merkmale der Blüte und ihrer Anatomie.

Auch hier erscheint die eigenartige Epidermiszelle mit dem welligen Umriß und die reihenweise Anordnung der Spaltöffnungen, deren Typus dem der Glumifloren oder Gramineen ähnelt oder gleicht.

Die Epidermis der Cyperaceen unterscheidet sich aber von der der Gramineen durch den Mangel der so eigenartig und recht verschieden gestalteten Kieselkurzzellen und durch das, so weit untersucht, nie fehlende Vorkommen der an Stelle der Kieselkurzzellen auftretenden Kegelzellen. Es sind dies höchst charakteristische Epidermiszellen, die dadurch ausgezeichnet sind, daß ihre Innenwand gewöhnlich einen (seltener zwei) in das Lumen vorspringenden, hochgradig verkieselten, kegelförmigen Vorsprung trägt.

In Wasserpräparaten können die Kieselkörper der Kegelzellen leicht übersehen werden, in Phenol werden sie durch
ihre Lichtbrechung schon deutlicher, ungemein scharf treten
sie jedoch in der Asche hervor. Bei verhältnismäßig nicht
zu langem Glühen werden sie geschwärzt, fallen durch
ihre oft kohlenschwarze Farbe auf und bilden auf den
subepidermalen Bastbündeln aufliegende ein bis drei
nebeneinander liegende Längsreihen schwarzer
Punkte, die an die Deckplättchen der Orchideen und
Palmen lebhaft erinnern. Fig. 9. Bei längerem Glühen
werden sie farblos. Als ich sie zum ersten Male sah, hielt
ich sie zunächst für Deckplättchen, allein eine genauere
anatomische Untersuchung lehrte alsbald, daß es sich hier
um etwas ganz anderes, nämlich um kegelförmige verkieselte
Membranvorsprünge in Epidermiszellen handelt.

Diese Kegelzellen bleiben, weil verkieselt, nach
Behandlung mit Salzsäure in der Asche einzeln
oder in mehr minder langen Strängen oder Ketten
übrig und erscheinen, wenn die ursprüngliche Lagerung
etwas gestört wurde, bald in der Aufsicht, bald in der Seitenansicht. Fig. 9.

Analoge Bildungen der Kegelzellen sind die Kieselkurzzellen der Gräser und die Stegmata gewisser monokotyler Familien.

Die Kegelzellen wurden schon von Duval-Jouve[1],
Mazel[2], Westermaier[3], Zimmermann[4] und Grob[5] gesehen
und beschrieben. Duval Jouve hat 57 den verschiedensten
Cyperaceen-Gattungen angehörige Arten geprüft und überall
die Kegelzellen gefunden. Duval Jouve gibt an, daß sie
eine bis zwei Längsreihen bilden, aber Grob bemerkt ganz

---

[1] Duval Jouve, Mém. de l'acad. de Montpellier. T. VIII. 1872.

[2] Mazel A., Études d'anatomie comp. s. l. organ. de végét. dans
les genre Carex. Genève, 1891, p. 21. Zitiert nach Zimmermann.

[3] Westermaier M., Über Bau und Funktion des pflanzlichen Haut-
gewebesystems. Pringsheims Jahrb. f. wiss. Bot., 14. Bd. (1884), p. 65.

[4] Zimmermann A., Beiträge z. Morphologie und Physiologie der
Pflanzenzelle. I. Bd. 1893, p. 310.

[5] Grob A., l. c., p. 68.

richtig, daß es auch mehr sein können und daß diese Reihen
ebenso wie die Kegelzellen einer Reihe einander unmittelbar
anliegen. Die Aschenpräparate geben über den richtigen
Sachverhalt besonders leicht Aufschluß.

Die Kugelzellen sind nach meinen Erfahrungen das
wichtigste Leitelement in der Blattasche der Cyperaceen,
denn ich habe sie unter den von mir untersuchten folgenden
Scheingräsern nirgends vermißt: *Cyperus flavescens, C. fuscus,*
*C. pannonicus, C. longus, C. alternifolius, Eriophorum vagi-*
*natum, E. latifolium, E. alpinum, Scirpus setaceus, Sc. silva-*
*ticus, Sc. maritimus, Sc. holoschoenus, Sc. triqueter, Sc. lacus-*
*tris, Sc. palustris, Heleocharis ovata, Cladium mariscus,*
*Schoenus ferrugineus, Rhynchospora alba, Carex sempervirens,*
*C. hordeiformis, C. flava, C. silvatica, C. vesicaria, C. ri-*
*paria, C. acuta, C. humilis, C. digitata, C. pilosa, C. maxima,*
*C. vulpina, C. brizoides, C. Davalliana, C. cyperoides* und
*C. canescens.*

Kohl[1] erwähnt diese hochgradig verkieselten Kegelzellen,
obwohl sie einen dominierenden und auffallenden Bestandteil
der Epidermisasche bilden, auffallenderweise nicht. Hätte er
die Asche genauer untersucht, hätten sie ihm wohl nicht
entgehen können.

Welch brauchbares Kennzeichen die Kegelzellen für die
systematische Verwandtschaft abgeben können, lehrt auch
die bisher unsichere Stellung der Gattungen *Chrysithrix* L.,
*Lepironia* L. C. Rich. und *Chorizandra* R. Br. Man stellte
sie bisher zu den Cyperaceen, sie gehören aber nach
Pfeiffers[2] neuesten Untersuchungen, in denen auch die
Anatomie berücksichtigt wurde, entgegen früheren Annahmen
zu den Restionaceen. Morphologische und anatomische Merkmale und nicht zuletzt der Mangel an Kegelzellen sprechen
für ihre Abtrennung von den Cyperaceen und ihre Zuweisung
zu den Restionaceen.

Ein anderer Fall, der zeigt, welche Bedeutung den
Kegelzellen für die Systematik in zweifelhaften Fällen ein-

---

[1] Kohl G. F., l. c.
[2] Pfeiffer H., Zur Systematik der Gattung *Chrysithrix* L. und anderer
*Chrysithrichinae.* Ber. d. Deutsch. bot. Ges., 38. Jg. (1920), p. 6.

geräumt wird, lehrt das Studium der Gattung *Caustis.* Sie
wurde von dem Begründer dieser Gattung R. Braun (1810)
zu den Cyperaceen, später von Palla (1888) zu den Restionaceen gestellt, von anderen aber trotzdem bei den Cyperaceen
belassen. Bei dieser schwankenden systematischen Stellung
war daher eine erneute Untersuchung am Platze. Pfeiffer[1]
hat sich ihr unterzogen und kommt auf Grund allseitiger
Berücksichtigung morphologischer und anatomischer Merkmale
und insbesondere weil *Caustis* typische Kegelzellen
besitzt, zu dem Schlusse, daß die Einreihung dieser Gattung
zu den Cyperaceen vollständig gerechtfertigt ist. In der Tat,
wer das, man kann wohl sagen, gesetzmäßige Auftreten der
Kegelzellen bei den verschiedensten Cyperaceen-Gattungen
und nur bei dieser Reihe kennen gelernt hat, wird dem erwähnten Schlusse gerne zustimmen.

Die Kegelzellen, in der Asche so leicht, sicher und
deutlich nachzuweisen, bilden, ebenso wie die Kieselkurzzellen für die Gramineen, gewissermaßen den
anatomisch-chemischen Indikator für die Familie
der Cyperaceen.

Neben diesen Deckepidermiszellen finden sich in der
Cyperaceenasche große, gut erhaltene Kieselskelette der
Oberhaut [*Cyperus longus, C. alternifolius, Heleocharis ovata*
(Halmepidermis), *Scirpus palustris, Carex pilosa, C. maxima,
C. silvatica*] mit Spaltöffnungen *(Cyperus longus, C. alterni-
folius, Scirpus palustris, Schoenus ferrugineus)*, aber auch
nicht selten solid verkieselte gewöhnliche Epidermis- und
Mesophyllzellen, sowie einzelne oder ganze Bündel von
häufig solid verkieselten Bastzellen *(Cyperus longus, Rhyn-
chospora alba* und *Scirpus maritimus).*

## Orchideae.

Viele Gattungen dieser Familie besitzen bekanntlich den
Basttsträngen anliegende, mit Kieselkörpern erfüllte, als Deckzellen oder Stegmata benannte Zellen. Sie sind nicht nur

---

[1] Pfeiffer H., Über die Stellung der Gattung *Caustis* R. Br. im natur-
lichen System. Ber. d. Deutsch. bot. Ges., 37. Jg. (1919), p. 415.

vielen Orchideen eigentümlich, sondern auch *Trichomanes*-Arten, vielen Palmen und den Scitamineen (exklusive Zingiberaceen). Von der Fläche gesehen haben sie Ellipsen- oder Kreisform, im Profil erscheinen sie bikonvex, kegel-, hütchen-, brotleibartig oder kugelig. Ihre Oberfläche ist glatt oder namentlich bei kugeligen warzig. Fig. 10 und 11.

K o h l hat eine große Zahl von Orchideen auf Stegmata im Gewebe untersucht und sie weit verbreitet gefunden. Er hat sie nur bei den Ophrydeen, Listereen, Arethuseen und Cypripedien vermißt.

Ich habe folgende zumeist einheimische Arten geprüft: *Anacamptis pyramidalis; Cypripedium calceolus, Cephalanthera ensifolia, C. rubra, C. pallens, Goodyera repens, Spiranthes autumnalis, Epipactis latifolia, E. rubiginosa, E. palustris, Listera ovata, Ophrys myodes, Chamorchis alpina, Herminium monorchys, Platanthera bifolia, Himantoglossum hircinum, Nigritella angustifolia, Gymnadenia albida, Orchis fusca, O. morio, O. ustulata, Sturmia Loeselii, Malaxis paludosa, Acampe papillosa, Cyrtochilum bictoniense, Oncidium microphyllum, Sarcanthus rostratus, Maxillaria variabilis* und *Coelogyne cristata.* Dabei stellte sich heraus, daß unter den von mir untersuchten e i n h e i m i s c h e n Gattungen nur die Gattung *Cephalanthera*[1] Stegmata besitzt.

A l l e v o n m i r u n t e r s u c h t e n O r c h i d e e n e n t h a l t e n R a p h i d e n u n d d i e s e g e b e n z u s a m m e n m i t d e n K i e s e l k ö r p e r n d e r D e c k z e l l e n , f a l l s d i e s e v o r k o m m e n , d e r A s c h e e i n s e h r c h a r a k t e r i s t i s c h e s A u s s e h e n. Es empfiehlt sich die Asche, vor und nach Behandlung mit Salzsäure, zu betrachten. Vor Behandlung mit Salzsäure erblickt man die Deckplättchen bei *Cephalanthera ensifolia* in einfachen, doppelten oder mehrfachen Reihen parallel den Leitbündeln (Fig. 10), nach der Einwirkung der Salzsäure liegen die Kieselkörper zu hunderten im Tropfen (Fig. 11).

---

[1] K o h l, l. c., p. 277, behauptet, daß der Tribus der Arethuseen die Deckzellen vollständig fehlen. Diese Angabe beruht auf einem Irrtum, denn gerade bei der von dem genannten Autor angeführten Gattung *Cephalanthera* fand ich sie immer in großen Mengen, wie ja auch aus der Fig. 10 zu ersehen ist.

## Marantaceae.

Die von mir untersuchten Arten dieser Familie: *Maranta sanguinea*, *M. spectabilis*, *M. metallica*, *M. kerkoviana* und *Calathea Sanderiana* waren sämtlich durch das massenhafte Vorkommen von Deckplättchen in ihrer Asche ausgezeichnet. Sie liegen entweder einzeln, zu zweien, mehreren oder in langen Ketten vor. Die Verkieselung kann sich auch auf die Epidermiszellen erstrecken, ja stellenweise können die Zellen ganzer Gewebestücke, besonders am Blattrande, solid verkieselt sein.

Die häufig zu den Marantaceen gestellte Gattung *Canna* gibt gleichfalls ein durch Stegmata hervorgerufenes Aschenbild zu erkennen. Die Kieselkörper sind rund, warzig oder abgerundet sternartig, ähnlich Kalkoxalatdrusen und hängen oft in langen Ketten zusammen.

Bei *Maranta sanguinea* finden sich in den meisten Mesophyllzellen auch Kalkoxalatkrystalle von Prismen-, Rauten- und anderer Form und in dem subepidermalen Parenchym von *M. kerkoviana* ganze Haufen prismenartiger Krystalle derselben chemischen Verbindung.

## Musaceae.

Untersucht wurden *Heliconia Seemannii*, *Musa paradisiaca*, *M. Cavendishii*, *Strelitzia reginae* und *Ravenala madagascariensis*. Die Blattasche aller dieser Arten führt Raphidenbündel und massenhaft Deckplättchen von recht verschiedener Form. Bei *Strelitzia* sind sie kugelig und warzig, desgleichen bei *Ravenala*, hier sehr häufig auch sternartig wie Drusen von Kalkoxalat und bei *Musa paradisiaca* und *Heliconia Seemanni* erscheinen sie oft an der Basis gesägt, in der Mitte mit einer Reihe punktförmiger Höckerchen und an der Spitze mit einer konkaven Einsenkung versehen, also ähnlich gestaltet wie die Deckplättchen der *Marantacee*, *Calathea Seemannii*, die ich seinerzeit beschrieben habe.[1]

---

[1] Molisch H., Mikrochemie der Pflanze. Jena 1913, p. 74. Vgl. auch Kohl F. G., l. c., p. 284.

Die Fig. 12 zeigt im Aschenbilde die Ketten von Deckplättchen *d* und überdies verkieselte Schraubengefäße *s* von
*Musa paradisiaca*.

### Zingiberaceae.

Wie bereits Kohl[1] festgestellt hat, entbehrt diese Familie
der Stegmata, nur bei zwei *Alpinia*-Arten konnte er noch sozusagen Reste dieser Gebilde konstatieren. Sie finden sich
bei *Alpinia nutans* und *A. mutica*. Die Deckzellen sind hier
dünnwandig, begleiten die Bastbündeln in langen Reihen und
enthalten viele kleine, rundliche Kieselkörner.

Bei anderen *Alpinia*-Arten, ferner bei *Zingiber*, *Curcuma*,
*Kaempferia*, *Amomum*, *Elettaria*, *Hedychium* und *Costus*
konnte er keine Stegmata nachweisen.

Ich selbst habe die Blattasche von *Curcuma angustifolia*,
*Zingiber officinalis* und *Alpinia nutans* geprüft und nur bei
letzterer Deckplättchen mit runden Kieselkörpern gefunden,
aber nicht bloß Reste, wie sie Kohl nennt und zeichnet,
sondern je einen warzenartigen Kieselkörper in der parenchymatischen Deckzelle. Raphiden waren bei allen drei
Gattungen vorhanden.

Es zeigt sich daher, abgesehen von *Alpinia,* in der
ganzen Familie in dem Mangel von Stegmata eine ganz
auffallende Einheitlichkeit gegenüber den nächst verwandten
Familien innerhalb der Reihe der Scitamineen.

### *Palmae.*

Eine kursorische Untersuchung der Palmen: *Chamae-
dorea oblongata, Ch. Martiana, Ch. Ernesti Augusti, Latania
bourbonica, Livistona rotundifolia, Phoenix dactylifera, Dae-
monorops melanochaetes, Thrinax altissima, Martinezia caryo-
taefoliae, Caryota furfuracea, Archantophoenix Cunninghamii,
Rapis flabelliformis, Phytelephas macrocarpa* und *Oncosperma filamentosa* ließ in Aschenpräparaten der Blattspreite
deutlich die oft hochgradige Verkieselung erkennen. Stegmata
fand ich immer, Raphiden in den meisten Fällen, Kalkoxalatdrusen selten, bei *Martinezia* jedoch massenhaft.

---

[1] Kohl F. G., l. c., p. 284.

Bemerkenswert ist der bedeutende Größenunterschied in den Kieselkörpern, die die Längs- und Queradern begleiten. Die ersteren sind klein und die letzteren auffallend groß. Beide sind warzig.

Die Verkieselung der Epidermiszellen kann z. B. bei *Caryota furfuracea, Pythelephas macrocarpa, Oncosperma filamentosa* u. a. so stark sein, daß die Oberhaut in großen Stücken samt den Spaltöffnungen erhalten bleibt. Da die Schließzellen oft nur schwach verkieselt sind, so fehlen sie in der Asche und an ihrer Stelle findet sich eine entsprechende Lücke. Doch können nicht selten gerade die Spaltöffnungs-apparate sehr stark, ja sogar im Lumen, also solid verkieseln, und ebenso können einzelne Mesophyllzellen und Elemente des Stranggewebes zumal an den Blatträndern einer hoch-gradigen Verkieselung unterworfen sein.

## Pandanaceae.

An der Asche der untersuchten Arten: *Pandanus utilis, P. graminifolius, P. javanicus* und *P. Veitchii* ließ sich fest-stellen, daß die Blätter der Pandaneen in chemischer Beziehung dadurch von den sonst nahestehenden Palmen abweichen, daß sie trotz ihrer Derbheit und Starrheit keinerlei besondere Verkieselung erkennen lassen und anstatt der Deckplättchen mit Kieselkörpern ähnliche Zellen jedoch mit einem Einzelkrystall von Kalkoxalat besitzen. Kohl[1] nennt sie trotzdem Stegmata, obwohl es sich meiner Meinung emp-fehlen würde, diesen Ausdruck bloß für die mit Kieselkörpern und im übrigen so charakteristisch gestalteten Zellen zu beschränken. Will man einen besonderen Terminus für die deckzellähnlichen, die Bastbündel gleichfalls begleitenden Kalkoxalatzellen haben, so könnte man sie als Stegmatoide bezeichnen, um ihre Verwandtschaft im Bau und in der topographischen Lagerung mit den Stegmata anzudeuten.

Neben diesen Stegmatoiden, die in langen geschlossenen Längsreihen die Bastbündel sowie die echten Stegmata begleiten, kommen auch größere Einzelkrystalle (meist monokline Rhomboëder und Zwillingskrystalle mit ein-

---

[1] Kohl F. G., l. c., p. 288.

springendem Winkel) und bei manchen Arten *(P. gramini-folius* und *P. Veitchii)* im Mesophyll noch sehr zahlreiche kleine Drusen und Sphärite (von Kalkoxalat) vor.

Die erwähnten Krystalle, insbesondere die Reihen der Stegmatoide sind für die Pandaneen-Asche äußerst charakteristisch.

Innerhalb der *Spadiciflorae* gibt es keine Familie mehr mit Deckplättchen, weder bei den Sparganiaceen, Typhaceen, Araceen, Lemnaceen noch bei den den Palmen am nächsten stehenden Cyclanthaceen, von denen ich die Blattasche der beiden Gattungen *Carludovica palmata* und *Cyclanthus bifidus* untersucht habe.

Werfen wir nun einen Rückblick auf die mit Monokotylen gemachten Untersuchungen betreffend die Deckplättchen, so können wir sagen: da die Stegmata nur auf bestimmte Familien beschränkt sind; da diese kieselsäureführenden Zellen innerhalb dieser Familien zahlreiche oder sogar alle Gattungen auszeichnen und sich in der Asche durch ihre Chemie und Gestalt so leicht verraten, so geben sie selbst in der Asche noch ein ausgezeichnetes Merkmal für die Erleichterung der Bestimmung monokotyler Familien ab. Ferner liefern die Stegmata, weil sie nur bestimmten Familien angehören, hier aber sich auf viele oder alle Gattungen erstrecken, eine wichtige Stütze dafür ab, daß die Verwandtschaft zahlreicher Arten sich innerhalb ganzer Familien und ihrer Verwandten auch in der Abscheidung von Kieselsäure in eigenartig gestalteten Idioblasten verraten kann.

Charakteristische, durch hochgradige Verkieselung ausgezeichnete Aschen finden sich auch bei Dikotylen nicht selten vor, ich verweise da auch nur auf die Aschenbilder der *Rubiaceae-Galieae,*[1] der Asperifolien, vieler behaarter

---

1 Netolitzky F., Verkieselungen bei den *Rubiaceae-Galieae.* Österr. bot. Zeitschr., 1911, p. 409.

Derselbe: Kieselmembranen der Dikotyledonenblätter Mitteleuropas. Ebenda, 1912, p. 353.

Cucurbitaceen und auf das besonders reizende Aschenbild von *Deutzia scabra*. Die in der Asche nach Behandlung mit Salzsäure reichlich vorhandenen sternartigen Haare könnten geradezu als Kunstmotive verwertet werden. Außerdem bemerkt man verkieselte Epidermis- und Mesophyllstücke. Fig. 14.

## III. Über die Verwertung des Aschenbildes für die Erkennung von Drogen, Rohstoffen, Nahrungs- und Genußmitteln aus dem Pflanzenreiche.

Eine genaue Charakterisierung der genannten Objekte beruht unter anderem auf ihrer mikroskopischen Beschreibung. Daher hat man seit langem zum Zwecke der Erkennung die Anatomie des betreffenden Objektes genau geschildert und diese war auch in den meisten Fällen ausreichend zu einer sicheren Diagnose. Sie diente auch dazu, das Objekt von gewissen Ersatzstoffen oder Verfälschungen zu unterscheiden.

Diese Aufgabe ist häufig leicht, nicht selten schwer, mitunter sehr schwer, weil es an sicheren Merkmalen zuweilen mangelt. Auffallenderweise hat man sich bisher nicht daran erinnert, daß das Spodogramm nicht selten mit großem Vorteil herangezogen werden kann, um die Erkennung zu erleichtern. In Lehrbüchern über Pharmakognosien, Nahrungs- und Genußmitteln, desgleichen in den mikroskopischen Beschreibungen technischer Rohstoffe habe ich vergebens nach Aschenbildern gesucht. Da nun diese meiner Überzeugung nach für die Diagnose von großem Nutzen sein können, so sollen hier einige Beispiele herausgehoben werden, um das Gesagte näher zu begründen.

*a)* **Drogen, aus unterirdischen Achsen bestehend.**

*Rhizoma Iridis.* Der geschälte Wurzelstock von *Iris germanica, florentina* und *pallida* gibt verascht ein höchst eigenartiges Bild. Das Aschenbild zeigt die Asche fast ganz aus mächtigen, derben Spießen von Kalkoxalat *k* zusammengesetzt. Siehe p. 264 und Fig. 4.

*Rhizoma rhei.* Der geschälte Wurzelstock verschiedener *Rheum*-Arten *(Rh. raponticum, Rh. palmatum etc.)* gibt eine Asche, die abgesehen von wenig charakteristischen Teilen der

Hauptmasse nach aus großen Krystalldrusen und wenigen Einzelkrystallen von oxalsaurem Kalk besteht. Im Wasser präpariert gewährt die Asche im auffallenden Licht ein reizendes Bild: man glaubt bei schwacher Vergrößerung kleine Schneeballen mit sternartigem Umriß zu. sehen, die zu hunderten im Gesichtsfelde ziemlich dicht gelagert sind.

*Radix Belladonnae.* Die Asche der Tollkirschenwurzel ist ausgezeichnet durch massenhaftes Vorkommen der Kalk-oxalat-Krystallsandschläuche. Sie bilden die Hauptmasse der Asche. Fig. 15.

*Urginea (Scilla) maritima.* Die Zwiebelschuppen hinter-lassen eine von zahllosen Raphidenbündeln ganz durchsetzte Asche. Die Bündel sind von verschiedener Größe; die einen sind verhältnismäßig kurz, die andern lang und die einzelnen Nadeln erreichen darin ganz außerordentliche Dimensionen.. Man sieht die Raphidenbündel schon mit freiem Auge sowohl in der trockenen Zwiebelschuppe als auch in der Asche.

### b) Blätter.

*Cassia angustifolia,* ein zu der Familie der Caesalpineen gehöriger Strauch, liefert die als Arzneimittel geschätzten Sennesblätter.

Ihre Asche läßt ein deutliches Kalkskelett des Mesophylls erkennen. Aus ihm hebt sich scharf das Nervennetz hervor, das mit Einzelkrystallen von Kalkoxalat wie übersät ist. Die ganze Nervatur gleicht mehrreihigen Zügen von Krystallen,. wie dies so häufig bei *Leguminosen* zu beobachten ist. Im Mesophyll liegen gleichfalls Krystalle von Kalkoxalat, und zwar Drusen.

*Erythroxylon coca.* Blätter. Die Asche zeigt nichts be-sonders auffallendes; nur besonders längs der Blattnervatur liegen einzeln oder in kurzen Reihen Einzelkrystalle von Kalkoxalat, jedoch keine Drusen.

*Barosma crenata.* »*Folia Bucco*«. In der gut erhaltenen bräunlichen Blattasche sind die Ölräume noch gut zu er-kennen. Zahlreiche Kalkoxalatdrusen erscheinen ziemlich gleichmäßig im Mesophyll zerstreut, nur am äußersten Rande des Blattes fehlen sie fast ganz.

*Ilex paraguayensis*, Mate, auch Paraguaytee genannt, besteht bekanntlich aus den zerkleinerten Blättern eines süd-amerikanischen Strauches oder kleinen Baumes. Die Blätter geben ein charakteristisches Aschenbild.

Die obere Epidermis setzt sich, von der Fläche gesehen, aus polygonalen, über den Nerven reihenweise angeordneten Zellen mit derber, welliger, kutikularer Streifung zusammen. Von dieser oberen Epidermis, die hochgradig verkieselt ist, liegen viele mehr oder minder große Stücke *e* wohl erhalten in der Asche vor und können zur Sicherung der Diagnose auf Mate dienen. Fig. 16. Seltener bleibt die untere Epidermis mit den zahlreichen eine breite Ellipse bildenden und von Nebenzellen umgebenen Spaltöffnungen erhalten, etwas häu-figer das groß lakunöse Schwammparenchym *s*, wenn es starke Verkieselung erfährt.

Nicht unerwähnt soll die Tatsache bleiben, daß die Blattasche in einzelnen Stücken sich grünblau färbt, vielleicht infolge des großen Mangangehaltes.

*Cannabis sativa.* Die Laubblätter sind mit zweierlei auffallenden, einzelligen Haaren bedeckt. Die Oberhaut der Blattoberseite führt verhältnismäßig kurze, stark bauchig angeschwollene Haare *h*, die der Unterseite längere, schmälere und an der Basis weniger erweiterte Haare $h_1$. Beide sind gegen die Blattspitze gerichtet und enthalten in dem basalen Teile einen die Zelle ziemlich ausfüllenden Zystolithen. Die kurzen Zystolithenhaare sind oft mit einem Wall von strahlig angeordneten Epidermiszellen umsäumt, die gleich-falls mit kohlensaurem Kalk ausgefüllt sein können. In der Asche scheint der Haarzystolith daher wie von radiaren Fortsätzen umgeben, $h_2$. Das Aschenbild des Hanfblattes ist sehr charakteristisch, weil die Asche sich großenteils aus den geschilderten, gestaltlich ausgezeichnet erhaltenen, ver-kieselten und verkalkten Zystolithenhaaren zusammensetzt. Fig. 18. Außerdem finden sich über den Gefäßbündeln noch vereinzelte Drusen von Kalkoxalat *k*.

### c) Rinden.

*Cinchona succirubra.* Die Asche gleicht einem Sand-
haufen von Kalkoxalat-Krystallsandzellen. Der Krystallsand
zeigt, weil die einzelnen Kryställchen der Zelle aneinander
haften, noch die ursprüngliche Form der Zelle: rund, abgerundet, viereckig, gestreckt oder kegelförmig.

*Cinchona macrocalyx.* Rinde. Die Asche verhält sich
ähnlich.

*Cinchona lucumaefolia.* Rinde. Wie vorhin.

*Cinnamomum zeylanicum.* Zeylonzimmt- oder Kanehl-
rinde. Die Asche erscheint bei schwacher Vergrößerung in
Phenol dicht graupunktiert, in der intakten Asche liegen die
Punkte stellenweise noch in dichten Reihen. Diese entsprechen
dicht gelagerten Zügen von Parenchymzellen, gefüllt mit
Kalkoxalatnadelbündeln. Diese im intakten Gewebe ganz zurücktretenden Elemente setzen einen großen Teil der Asche
zusammen und bilden hier das Leitfragment.

*Cinnamomum Cassia.* Das Aschenbild der Zimtkassien-
rinde ist wesentlich verschieden von der vorhergehenden
Rinde, denn die Kalkoxalatkrystalle sehen zumeist ganz
anders aus als die vom Zeylonzimt. Bei diesem sind sie
nadelförmig, bei jenem aber monokline Rhomboeder, prismen-
artig oder quadratisch. Ihr Größenunterschied ist auffallend.

*Punica granatum;* Rinde. Die Asche besteht großenteils
aus kleinen Drusen von Kalkoxalat. Zahlreiche Reihen von
solchen Krystallen sind in der unversehrten, nicht gequetschten
Asche miteinander zu größeren Stücken verbunden. Diese
Reihen verleihen der Asche ein streifiges Aussehen. Fig. 17.

Die Beispiele ließen sich leicht vermehren, man könnte
damit leicht ein Buch füllen und einen Atlas dazu. Vielleicht
wird dies später jemand, nachdem auf die Wichtigkeit der
Sache ausdrücklichst hingewiesen wurde, unternehmen. Ein
Atlas über Aschenbilder von technich verwerteten Rohstoffen,
Nahrungs- und Genußmitteln aus dem Pflanzenreiche würde
jedenfalls die heute geübte einschlägige Methodik wesentlich
ergänzen und verfeinern.

## IV. Zusammenfassung.

Die vorliegende Arbeit zeigt, daß für die Beschreibung
und Erkennung eines Pflanzenobjektes nicht bloß die Anatomie des Gewebes, sondern auch die Morphologie seiner Asche
herangezogen werden kann, da das Aschenbild entweder
durch sein Zellenskelett oder durch bestimmte Inhaltskörper
oder Leitfragmente und ihre bestimmte Anordnung für jede
einzelne Pflanzenart sehr charakteristisch ist.

Dadurch, daß die Zellwände hochgradig verkieseln oder
verkalken oder, sowohl verkieseln als auch verkalken, bleiben
die Gewebe nach ihrer Veraschung in ihrer zellulären
Struktur scheinbar so gut erhalten, daß man glaubt, das
noch intakte Gewebe vor sich zu haben. Dazu kommen
dann häufig noch Haare und verschiedene in der Asche
noch wohl erkennbare Inhaltskörper, z. B. mannigfach geformte Krystalle, Zystolithen, Kieselkörper und zwar oft in
so charakteristischer Anordnung, daß man in dem so zustande
gekommenen Aschenbild oder Spodogramm einzelne Familien,
Gattungen oder Arten erkennen kann.

Man könnte vielleicht einwenden: Wozu benötige ich die
Asche, wenn mir das Gewebe zur Verfügung steht? Das
Gewebe zeigt doch mehr als die Asche. Gewiß bietet das
Gewebe Einzelheiten, z. B. im Zellinhalt, die bei der Veraschung zerstört werden und die daher in der Asche nicht
mehr gesehen werden können, aber anderseits bietet
die durch einfaches Verbrennen rasch gewonnene
Asche oft in größerer Klarheit und in besserer Übersicht gewisse besondere morphologische Verhältnisse.

Wer einen raschen Überblick über die Verteilung der
Zystolithen bei den Acanthaceen und Urticaceen haben will,
wird ihn leicht und ausgezeichnet an der Hand von Aschenpräparaten gewinnen. Die Gramineen sind durchwegs durch
das Vorhandensein der solid verkieselten Kieselkurzzellen,
die Cyperaceen stets durch die eigenartig geformten, verkieselten Kegelzellen und viele Orchideen, die Marantaceen,
Musaceen und Palmen durch die als Deckplättchen oder
Stegmata bekannten Zellen mit bestimmt geformten Kiesel-

körpern, manche Familien durch Raphidenbündel oder Krystallsand ausgezeichnet. Ja sogar größe und auffallend gestaltete
Einzelkrystalle von Kalkoxalat können für Vertreter einer
ganzen Familie bezeichnend sein wie die mächtigen Kalk-
oxalatspieße der Irideen.

Alle diese Leitfragmente treten aber in der
Asche mit viel größerer Deutlichkeit und Übersicht-
lichkeit hervor als im Gewebe, zumal sie bei der Veraschung auf ein kleineres Volum zusammenrücken und so
leichter sichtbar werden. Die Zystolithen, Kieselkurzzellen
und Kegelzellen stellen einen Familiencharakter dar, der sich
in der Asche in besonders prägnanter Weise zu erkennen gibt.

Wenn man die modernen Bücher über Pharmakognosie,
Drogen, Nahrungs- und Genußmittel und andere Rohstoffe
des Pflanzenreichs durchblättert, so ist hier vom Aschenbild
kaum die Rede und doch würde das Spodogramm die Beschreibung des zugehörigen Objektes in vielen Fällen wesentlich ergänzen, und durch die Herbeiziehung des Aschenbildes
in vielen Fällen die Erkennung des Objektes sowie die Feststellung seiner Echt- oder Unechtheit sicherlich erleichtern.
Ja bei der Diagnostizierung prähistorischer Pflanzenaschen
würde die mikroskopische Untersuchung der Asche überhaupt die wichtigsten wenn nicht sogar die einzigen Er-
kennungsmittel bieten.

Mit anderen Worten: Wie die Form und die Stellung
des Blattes, der Bau der Blüte, die Zahl der Staubgefäße
und die Form der Samenanlage für diese oder jene Pflanzen-
familie oder Gattung charakteristisch ist, so kann in zahlreichen Fällen auch die Morphologie der Asche oder das
Spodogramm einen Hinweis abgeben für die systematische
Stellung der die Asche liefernden Pflanze. Dies sollte in
Zukunft mehr beachtet werden als dies bisher geschehen ist.

# Erklärung der Tafeln.

## Taf. I.

Fig. 1. *Strobilanthes isophyllus*. Aschenbild.[1] Die Asche besteht großenteils aus maiskolbenähnlichen Zystolithen *c*. Die meisten liegen quer zur Längsachse des Blattes, die oberhalb der Blattnerven befindlichen liegen parallel dem Nerven und sind schmäler. Vergr. 60.

Fig. 2. *Bochmeria utilis*. Aschenbild nach Behandlung mit Salzsäure *h*, $h_1$ und $h_2$ Kieselhaare. *c* Zystolithen. Vergr. 60.

Fig. 3. *Ampelopsis quinquefolia* Aschenbild mit zahlreichen Raphidenbündeln *r* und Kalkoxalatdrusen *k*. Die übrigen Bestandteile der Asche, die zu wenig mineralisiert und daher zu wenig prägnant sind, wurden wie auch in den folgenden Abbildungen weggelassen. Vergr. 60.

Fig. 4. *Iris germanica*. Aschenbild. Die Asche besteht der Hauptmasse nach aus langgestreckten, prismatischen Kalkoxalatkrystallen, die parallel zur Längsachse des Blattes gelagert sind.

Fig. 5. *Opuntia missouriensis*. Aschenbild der Sproßoberfläche. Massenhaftes Vorkommen von Kalkoxalatdrusen *k* und dazwischen Lücken *s*, die die ursprüngliche Lage der Spaltöffnungen andeuten. Vergr. 160.

Fig. 6. *Pteris aquilina*. Aschenbild der verkieselten Epidermis nach Behandlung mit Salzsäure. Vergr. 180.

## Taf. II.

Fig. 7. *Equisetum pratense*. Aschenbild der verkieselten Stengeloberhaut nach Behandlung mit Salzsäure. *e* Epidermiszellen mit welligem Umriß und kutikularen Höckerchen *h*. $e_1$ Epidermiszellen an einer vorspringenden Stengelrippe. *s* Spaltöffnung. Vergr. 280.

Fig. 8. *Bambusa*, sp. Aschenbild nach Behandlung der verkieselten Epidermis mit Salzsäure. Man glaubt ein intaktes Gewebe zu sehen. *s* Spaltöffnungen, *e* wellig conturierte Epidermiszellen, von denen manche *se* mit Kieselsäure vollends erfüllt sind, und *k* die Kieselkurzzellen. Vergr. 285.

Fig. 9. *Carex silvatica* Aschenbild nach Behandlung mit Salzsäure. *e* Epidermiszellen, *s* Spaltöffnungen, *k* Kegelzellen in der Seitenansicht. $k_1$ Kegelzellen in der Aufsicht. Vergr. 285.

---

[1] Wo nichts anderes bemerkt wird, bezieht sich das Aschenbild stets auf die Blattasche. Vergr. 60.

Fig. 10. *Cephalanthera ensifolia*. Aschenbild. 3 Reihen von Stegmata *d*, außerdem Raphidenbündel *r*. Vergr. 160.

Fig. 11. *Cephalanthera ensifolia*. Aschenbild, nach Behandlung mit Salzsäure. *d* Deckplättchen in der Aufsicht, *d'* Deckplättchen in der Seitenansicht.

Fig. 12. *Musa paradisiaca*. Aschenbild, nach Behandlung mit Salzsäure. *d* Ketten von Deckplättchen, *s* Schraubengefäße. Vergr. 285.

## Taf. III.

Fig. 13. *Pandanus graminifolius*. Aschenbild. *s* Reihen von Kalkoxalat- krystallen der Stegmatoide in Längsreihen. *k'* größere Kalkoxalat- crystalle zwischen den Längsreihen, *r* Raphidenbündel, *k''* kleine Drusen und Sphärite. Vergr. 460.

Fig. 14. *Deutzia scabra*. Blatt-Aschenbild, nach Behandlung mit Salzsäure. *h* verschiedene, sternartige, verkieselte Haare. *e* Epidermisstück, *m* hochgradig verkieselte Mesophyllstücke. Vergr. 40.

Fig. 15. *Atropa belladonna*. Das Aschenbild der Wurzel zeigt massenhaft Kalkoxalat-Krystallsandzellen *ks*. Vergr. 60.

Fig. 16. *Ilex paraguayensis*. Blatt-Aschenbild, nach Behandlung mit Salz- säure. *e* verkieseltes Epidermisstück der Oberseite, *s* verkieseltes Schwammparenchym. Vergr. 285.

Fig. 17. *Punica granatum*. Rinden-Aschenbild. Zahllose Drusen von Kalk- oxalat stehen in Reihen und verleihen der Asche ein streifiges Aussehen. Vergr. 460.

Fig. 18. *Cannabis sativa*. Blattasche in Canadabalsam. *h* schmale Zystolithen- haare, $h_1$ breite Zystolithenhaare, $h_2$ dieselben Haare aber umgeben von den Kalkausfüllungen der benachbarten Epidermiszellen. *k* Kalkoxalatdrusen über dem Gefäßbündel. Vergr. 60.

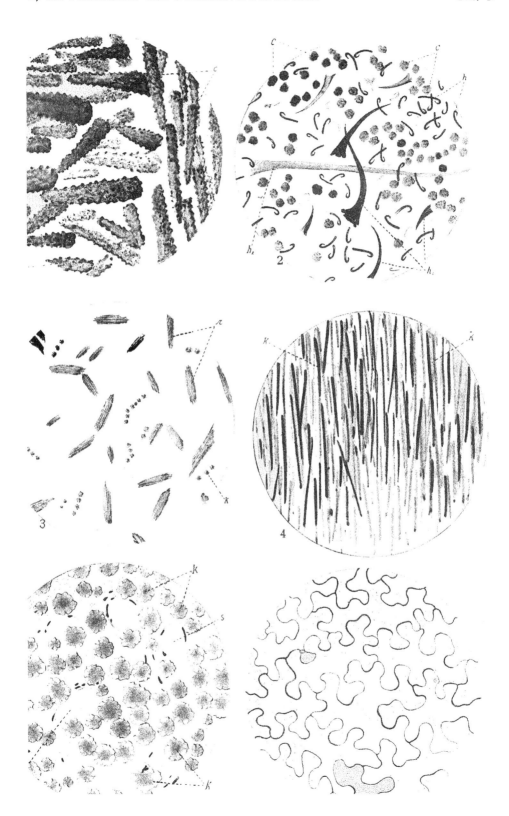

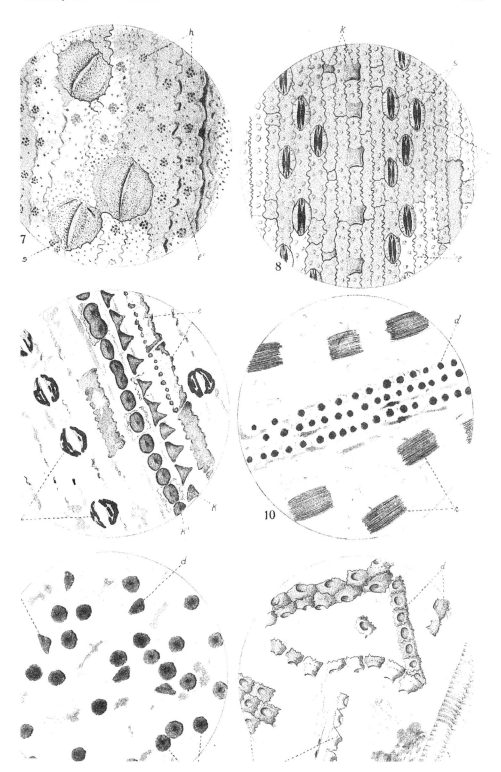

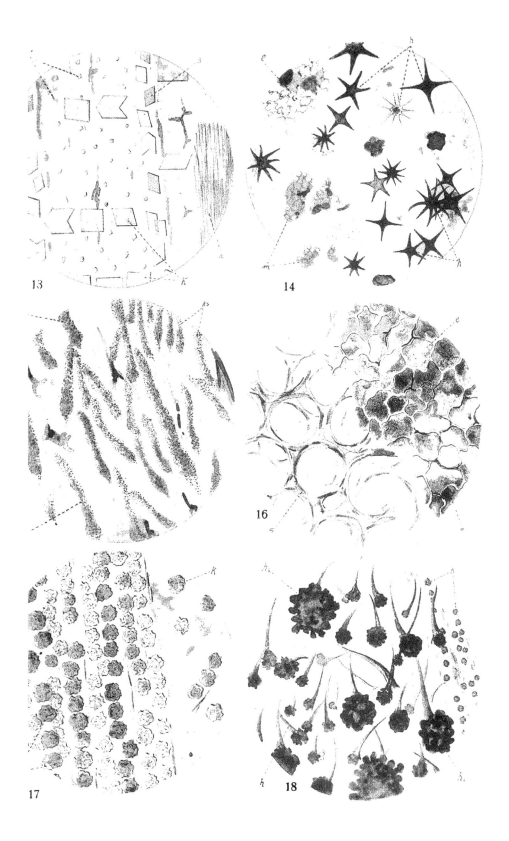

13

14

16

17    18

Akademie der Wissenschaften in Wien
Mathematisch-naturwissenschaftliche Klasse

# Sitzungsberichte

## Abteilung I

Mineralogie, Krystallographie, Botanik, Physiologie der
Pflanzen, Zoologie, Paläontologie, Geologie, Physische
Geographie und Reisen

129. Band. 7. und 8. Heft

# Über den Nachweis und die Verbreitung des Chlors im Pflanzenreiche

Von

pharm. Mag. Josef Jung

Aus dem Pflanzenphysiologischen Institut der Universität in Wien.
(Nr. 138 der zweiten Folge)

(Mit 1 Tafel)

(Vorgelegt in der Sitzung am 8. Juli 1920)

Die weite Verbreitung des Chlors im Pflanzenreiche ist eine wohlbekannte Tatsache. Es gibt einerseits Pflanzen, die mit Vorliebe Chlor in ihren Geweben speichern, andrerseits wieder welche, die diesen Stoff zu meiden scheinen. Bis jetzt liegt eine systematische mikrochemische Untersuchung über sein Vorkommen und seine Verteilung in der Pflanze selbst noch nicht vor, sondern es sind nur vereinzelte Angaben in der Literatur zu finden. Auch die Methoden für seinen mikrochemischen Nachweis in der Pflanze fand ich zuwenig genau angegeben, so daß dadurch meine Aufgabe gegeben ist.

Wie meine Untersuchungen mir gezeigt haben, dürfte das Chlor nur in Form von Chloriden in der Pflanze vorkommen. In anderen anorganischen Verbindungen oder in organischer Bindung scheint es zu fehlen. Bei der Durchsicht der für Chloride in Betracht kommenden Reagentien haben sich nur wenige für ihren mikrochemischen Nachweis brauchbar erwiesen. Speziell Thallosalze und Silbernitrat. Der Nachweis mit ihnen hat folgendes ergeben.

## Nachweis durch Thallosalze.

Mit Lösungen von Thallosalzen erhält man bei Chloriden einen schönen charakteristischen Krystallniederschlag, der kaum mit anderen Krystallen verwechselt werden kann. Die Krystalle gehören dem tesseralen System an, bilden Würfel (10 bis 15 μ groß), Oktaeder, oft kombiniert mit Flächen von Rhombendodekaeder und am meisten Rosetten (bis 70 μ groß). Sie sind durch starke Lichtbrechung ausgezeichnet, so daß sie im auffallenden Lichte weiß, im durchfallenden fast schwarz erscheinen. Nach dem Borodin'schen Verfahren kann man ihre Identität beweisen, indem man die Schnitte mit den Krystallen in eine konzentrierte Lösung von Thallochlorid legt. Bleiben die Krystalle erhalten oder vergrößern sie sich, so bestehen sie aus Thallochlorid, lösen sie sich auf, so gehören sie einer anderen Verbindung an.

In der Literatur, die mir zu Gebote stand, fehlen leider genaue Angaben, in welcher Verdünnung das Reagens zu gebrauchen ist. Durch Versuche, die beste Konzentration des Reagens zu finden, kam ich zu folgenden Resultaten. Verschieden starke Lösungen von Thallosalzen ergaben verschiedene Ergebnisse, sowohl in Bezug auf die Art des Niederschlages, wie auch auf die Reaktionsgeschwindigkeit der chemischen Umsetzung. Verdünnte Lösungen 0·5 bis 1% rufen bei geringem Chlorgehalt entweder keine Reaktion hervor, oder sie tritt erst langsam bei Verdunsten des Tropfens auf dem Objektträger auf. Bei größerem Chlorgehalt treten mehr oder weniger klumpige, unregelmäßige Krystalle auf. Benutzt man stärker konzentrierte Lösungen, so läßt sich wohl die Empfindlichkeit steigern, aber auch nur bis zu einem gewissen Grade, da stark konzentrierte Lösungen von Thalliumacetat einen nicht charakteristischen, feinkörnigen Niederschlag hervorrufen. Eine Lösung von 5% bewährte sich noch am besten. Sie erzeugt schöne, regelmäßige Krystalle, die man sehr leicht identifizieren kann. Durch einen geringen Zusatz von Glyzerin kann man die Krystallbildung mehr lokalisieren. Mein Reagens bestand aus:

Thalloacetat 0·5 $g$, Glyzerin 2 $g$, dest. Wasser 7·5 $g$.

Statt des bisher gebräuchlichen Thallosulfates wende ich lieber das Thalloacetat an, da es erstens in beliebiger Menge in Wasser löslich ist im Gegensatze zu dem nur bis zu $4\%$ löslichen Sulfat, andrerseits um die die Reaktion ungünstig beeinflussende Wirkung von der dabei entstehenden Mineralsäure ($H_2SO_4$) aufzuheben, was ich sonst nur durch Zusatz von Natriumacetat erreichen könnte. Die Reaktion tritt nicht ganz lokalisiert auf und ist ziemlich empfindlich. Ihren größten Wert besitzt sie in den ganz charakteristischen, kaum zu verkennenden rosettenförmigen Krystallen.

## Nachweis durch Silbernitrat.

$AgNO_3$ in Lösung ist auf Chloride in der Makrochemie das am häufigsten gebrauchte Reagens. In der Mikrochemie bevorzugte man jedoch trotz ihrer bedeutenden Minderempfindlichkeit die Thallosalze, da das erstere mit Chlor einen käsigen, amorphen Niederschlag gibt, den man erst in $NH_3$ lösen muß, um beim Verdunsten der Lösung $AgCl$-Krystalle zu bekommen. Diese Prozedur ist auf einem Objektträger recht umständlich, in vielen Fällen schwer anwendbar. Zu denselben, ja noch besseren Resultaten kommt man, wenn man gleich mit einer $NH_3$-haltigen Silbernitratlösung arbeitet. Fügt man einer $AgNO_3$-Lösung $NH_3$ hinzu, so entsteht zuerst ein brauner Niederschlag von $Ag_2O$, welcher sich in überschüssigem $NH_3$ zu der Verbindung $[Ag(NH_3)_2]OH$ auflöst. Außerdem ist in der Lösung noch $[Ag(NH_3)_2]NO_3$ enthalten.

Diese Verbindungen sind sehr labil. Schon an freier Luft, durch Verdunsten von $NH_3$ entsteht wieder $AgNO_3$. Ist Cl vorhanden, so bildet sich $AgCl$ in wunderschönen, regelmäßigen Krystallen. Auch hier wird die Empfindlichkeit nach dem Massenwirkungsgesetz durch höhere Konzentration der Lösung gefördert, aber die Krystalle werden in demselben Maße kleiner und unkenntlicher. Für nachfolgende Untersuchungen benützte ich eine $1\%$ Lösung von $AgNO_3$ in einer $10\%$ $NH_3$-Lösung. Bei sehr geringem Cl-Gehalt ist eine $\frac{1}{2}\%$ $AgNO_3$-Lösung in $10\%$ $NH_3$ vorzuziehen, um größere Krystalle zu bekommen.

Der Vorgang bei Untersuchungen ist folgender. Man legt einen Schnitt in einen Tropfen des Reagens und läßt das NH$_3$ an der Luft möglichst ruhig verdunsten. Allmählich nach 1 bis 2 Minuten, proportional der Verdunstung des NH$_3$, entwickeln sich AgCl-Krystalle an der Oberfläche des Tropfens, die oft eine für den Mikrochemiker selten gesehene Größe annehmen. Sie gehören ins tessarele System, bilden Würfel, Oktaeder, fast immer aber kreuzförmige oder ordensternartige Drusen in großer Mannigfaltigkeit, so daß man bei mancher Reaktion kaum zwei ganz gleiche Krystalle findet. Ihre Größe erreicht oft 100 μ. Während der Beobachtung färben sie sich blau, violett bis schwarz, welche Eigenschaft ich als eine der wichtigsten zu ihrer Identifizierung bezeichne. Unter den Ag-Verbindungen, welche alle mehr oder weniger lichtempfindlich sind, färbt sich nur das Chlorid so intensiv violett bis schwarz, während die anderen unter dem Mikroskop in derselben Zeit höchstens ein Grau annehmen. Zu ihrer ganz genauen Bestimmung sei noch ihre Leichtlöslichkeit in Cyankalium, in unterschwefligsaurem Natron und in einer konzentrierten Lösung von salpetersaurem Quecksilberoxyd angegeben.

Manchmal können reduzierende organische Verbindungen (Gerbstoffe u. dgl. m.) in der Pflanzenzelle die Reaktion störend beeinflussen, indem außer den AgCl-Krystallen ein feinkörniger, schwarzer, strukturloser Niederschlag von metallischem Silber entsteht, aber dieser ist bei einiger Aufmerksamkeit sehr leicht neben AgCl-Krystallen infolge Fehlens jeglicher Krystallform zu unterscheiden. Außerdem hat man in diesem Falle bei etwaigem Zweifel das Thalliumreagens zur Verfügung. Manchmal kommt es vor, daß, wenn Schleim vorhanden ist, sich unregelmäßige Körner abscheiden oder daß noch andere krystallinische Niederschläge entstehen, was der Fall sein kann, wenn Phosphate vorhanden sind, die mit NH$_3$ bei Anwesenheit von Magnesium reagieren, Körner, die zu wenig charakterisiert sind, um als Beweis für die Anwesenheit von Cl dienen zu können. In solchen Fällen läßt man die Schnitte nur einige Minuten in starkem Lichte, am besten in der Sonne liegen und bald differenzieren sich die AgCl-Krystalle von den anderen, indem sie sich infolge der Bestrahlung verfärben.

Außerdem läßt sich auch hier Borodins-Verfahren anwenden, nämlich ihr Verhalten in einer gesättigten AgCl-Lösung in konz. HCl oder NaCl.

Die Empfindlichkeit dieses Reagens ist bedeutend größer als die des ersteren aus Thalliumacetat bereiteten, so daß es mit ihm möglich ist, noch ganz geringe Spuren von Chloriden unzweideutig nachzuweisen. Deshalb verwendete ich es hauptsächlichst bei der Untersuchung der nachfolgenden Pflanzen.

Macallum[1] verwendet das Silbernitrat in Gegenwart von Salpetersäure als Reagens auf Chloride und exponiert den Niederschlag im Lichte. Er bezeichnet diesen Nachweis als äußerst zuverlässig. Es entsteht hierbei ein amorpher Niederschlag, der nur die eine Eigenschaft besitzt, daß er sich im Lichte verfärbt, was mir bei dem Fehlen von charakteristischen Krystallformen als Identitätsbeweis zu wenig dünkt.

### Nachweis durch Thallosulfat mit Platinsulfat.

Kley[2] bemerkt in seiner Mikrochemie, daß man die Empfindlichkeit der Reaktion mit Thallosulfat auf Chlor durch einen geringen Zusatz von Platinsulfat auf das 100fache erhöhen kann. Es entsteht hier ein feinkörniger, krystallischer Niederschlag von Thalliumplatinochlorid. Leider konnte ich trotz aller Mühe, da die Arbeit zur Zeit der Kriegsnot entstanden ist, kein Platinsulfat erlangen und mußte daher auf eine Untersuchung, ob dieses Reagens für die Pflanzenmikrochemie geeignet ist, verzichten.

---

Mit Hilfe dieser Chlorreagentien ging ich daran, das Vorkommen und die Verteilung des Chlors im Pflanzenreiche zu prüfen. Nachfolgende Pflanzen, die untersucht worden sind, sind in systematischer Reihenfolge geordnet. Sie wurden meistens blühend im Freien oder im Glashause gesammelt, im frischen Zustande behandelt und nur Lücken ergänzte ich durch Herbarexemplare, wobei sich die Silbernitratreaktion

---

[1] Macallum A. B., On the Nature of the Silver Reaction in Animal and Vegetable Tissues (Proc. Roy, Soc. 1898, vol. 63, p. 467).

[2] Behrens-Kley, Mikrochemische Analyse, IV. Aufl. Leipzig—Hamburg 1915.

auf das beste bewährte, da ja die Krystalle, wie oben erwähnt, an der Oberfläche des Reagenstropfens erscheinen und auf diese Weise deutlich sichtbar werden.

Aus folgender Tabelle ersieht man, wie weit verbreitet die Chloride auch unter den Binnenpflanzen sind, die oft dem Salzreichtum der Halophyten gar nicht nachstehen. Die Verbreitung läßt die Vermutung beinahe zur Gewißheit erstarken, daß das Chlor, manchmal zwar wegen seines geringen Vorkommens nicht mit Sicherheit nachweisbar, ein allgemeiner Inhaltstoff der Pflanze ist. Auffallend ist es auch, daß es nur wenige Pflanzenfamilien gibt, deren Vertreter alle chloridarm sind, so daß man auch in sonst salzscheuen Familien (Rosaceen) Pflanzen findet, die einen größeren Chlorgehalt besitzen. welche aber meistens wieder der Ruderal- oder Segetalflora angehören. Ferner ist der Chloridgehalt derselben Art nicht immer derselbe. Er scheint sehr von der chemischen Beschaffenheit des Bodens, aber auch von der Jahreszeit, beziehungsweise Vegetationszeit abzuhängen. Ich untersuchte zwei Kleinien derselben Spezies (*Kleinia articulata*), die eine aus meinem Besitze in Mistbeeterde mit Sandzusatz gepflanzt, die andere aus dem Institutsglashause, zu gleicher Zeit und bekam verschieden starke Reaktionen auf Chloride. Meine Pflanze reagierte sehr stark, die andere, anscheinend in Komposterde wachsend, bedeutend schwächer. Blattstiele von *Primula obconica* enthielten im Frühjahr viel Chloride, während sie im November, wo ich die Absicht hatte, die Krystalle zu photographieren, nur einen mittelmäßigen Niederschlag lieferten. Ob hier in der Vegetationsruhe eine Wanderung des Chlors nach anderen Organen (Wurzel etc.) stattfindet, oder ob die Behauptung Diels,[1] die meisten Halophyten besäßen die Fähigkeit mit irgendwelchen Mitteln die Chloride zu zersetzen und sie aus den Geweben zu entfernen, den Tatsachen entspricht, kann ich jetzt nicht behaupten, doch neige ich mehr der Ansicht Beneke's[2] zu, der die Arbeit Diels überprüfte

---

[1] Diels S., Stoffwechsel und Struktur der Halophyten. Jahrb. d. w. B., 1898, Bd. XXXII.

[2] Beneke W., Über die Diels'sche Lehre von der Entchlorung der Halophyten. Jahrb. d. w. B., Bd. XXXVI.

und eine Entchlorung, wie Diels sie für die Halophyten in Anspruch nimmt, in Abrede stellt. Versuche, die diese und auch andere physiologische Fragen betreffen, sind bereits begonnen und darüber wird später berichtet werden.

## Pflanzen in systematischer Reihenfolge geordnet.

| Name | Ganze Pflanze | Wurzel | Stamm Holz | Stamm Rinde | Stengel oben | Stengel unten | Blatt Stiel | Blatt Spreite | Ver- schiedenes |
|---|---|---|---|---|---|---|---|---|---|
| **I. Stamm:** *Myxophyta.* | | | | | | | | | |
| *Trichia chrysosperma* .... | 0[1] | . | . | . | . | . | . | . | |
| **II. Stamm:** *Schizophyta.* | | | | | | | | | |
| 1. Klasse: *Schizophyceae.* | | | | | | | | | |
| *Oscillatoria princeps* ..... | 1 | . | . | . | . | . | . | . | |
| » *limosa* ....... | 1 | . | . | . | . | . | . | . | |
| **III. Stamm:** *Zygophyta.* | | | | | | | | | |
| 3. Klasse: *Conjugatae.* | | | | | | | | | |
| *Spirogyra fallax*........ | 1 | . | . | . | . | . | . | . | |
| » *rivularis* ...... | 1 | . | . | . | . | . | . | . | |
| » (4 andere Spec.). | 1 | . | . | . | . | . | . | . | |
| *Zygnema* (2 Species) ..... | 1 | . | . | . | . | . | . | . | |
| *Mougeotia viridis*........ | 1 | . | . | . | . | . | . | . | |
| **IV. Stamm:** *Euthallophyta.* | | | | | | | | | |
| 1. Klasse: *Chlorophyceae.* | | | | | | | | | |
| *Oedogonium* spec........ | 1 | . | . | . | . | . | . | . | |
| *Vaucheria terrestris* ...... | 1 | . | . | . | . | . | . | . | |
| » (2 Species aus dem Meerwasser) ...... | 1[2] | . | . | . | . | . | . | . | |
| *Udotea desfontainii* ...... | 2 | . | . | . | . | . | . | . | |
| *Cladophora fracta*........ | 2 | . | . | . | . | . | . | . | |
| » spec. (Meerw.). | 1[2] | . | . | . | . | . | . | . | |
| » *utriculosa* .... | 1[2] | . | . | . | . | . | . | . | |
| *Chara fragilis*.......... | 2 | . | . | . | . | . | . | Zellsaft 2 |

[1] Das Nichteintreten der Reaktion bezeichne ich mit 0, sehr schwache oder schwache mit 1, mittelstarke 2, 3, starke 4, sehr starke Reaktion mit 5.

[2] Die Organismen aus Meerwasser wurden natürlich vor der Reaktion in destilliertem Wasser gründlich abgespült.

| Name | Ganze Pflanze | Wurzel | Stamm | | Stengel | | Blatt | | Ver-schiedenes |
|---|---|---|---|---|---|---|---|---|---|
| | | | Holz | Rinde | oben | unten | Stiel | Spreite | |
| **2. Klasse: *Fungi*.** | | | | | | | | | |
| A. *Eumycetes*. | | | | | | | | | |
| *Mucor* spec. | 2 | . | . | . | . | . | . | . | |
| *Aspergillus glaucus* | 0 | . | . | . | . | . | . | . | |
| *Penicillium crustaceum* | 1 | . | . | . | . | . | . | . | |
| *Ascobolus* spec. | 1 | . | . | . | . | . | . | . | |
| *Botrytis* spec. | 1 | . | . | . | . | . | . | . | |
| *Helotium virgultorum* | 0 | . | . | . | . | . | . | . | |
| *Nectria cinnabarina* | 0 | . | . | . | . | . | . | . | |
| *Hypoxylon fuscum* | 0 | . | . | . | . | . | . | . | |
| *Clavaria flava* | 0 | . | . | . | . | . | . | . | |
| *Polyporus adustus* | 0 | . | . | . | . | . | . | . | |
| *Polystictus versicolor* | 1 | . | . | . | . | . | . | . | |
| *Daedalea quercina* | 0 | . | . | . | . | . | . | . | |
| *Boletus scaber* | 2 | . | . | . | . | . | . | . | |
| *Cantharellus cibarius* | 0 | . | . | . | . | . | . | . | |
| *Coprinus* spec. | 2 | . | . | . | . | . | . | . | |
| *Lactaria deliciosa* | 0 | . | . | . | . | . | . | . | Milchsaft 0 |
| *Agaricus campestris* | 2 | . | . | . | . | . | . | . | |
| »        *melleus* | 0 | . | . | . | . | . | . | . | |
| »        *bicolor* | 0 | . | . | . | . | . | . | . | |
| »        *muscarius* | 3 | . | . | . | . | . | . | . | Stiel 4 |
| »        *procerus* | 2 | . | . | . | . | . | . | . | |
| *Sphaerobolus carpobolus* | 0 | . | . | . | . | . | . | . | |
| *Lycoperdon* spec. | 0 | . | . | . | . | . | . | . | |
| »        *bovista* | 0 | . | . | . | . | . | . | . | |
| B. *Lichenes*. | | | | | | | | | |
| *Cladonia rangiferina* | 0 | . | . | . | . | . | . | . | |
| *Sticta pulmonaria* | 0 | . | . | . | . | . | . | . | |
| *Xantoria parietina* | 0 | . | . | . | . | . | . | . | |
| *Cetraria islandica* | 0 | . | . | . | . | . | . | . | |
| *Usnea barbata* | 0 | . | . | . | . | . | . | . | |
| *Evernia* spec. | 1 | . | . | . | . | . | . | . | |
| **VII. Stamm: *Cormophyta*.** | | | | | | | | | |
| 1. Abteilung: *Archegoniatae*. | | | | | | | | | |
| 1. Unterabteilung: *Bryophyta*. | | | | | | | | | |
| 1. Klasse: *Musci*. | | | | | | | | | |
| *Dicranum scoparium* | . | . | . | . | . | . | . | . | Sproß 0 |
| *Leucobryum glaucum* | . | . | . | . | . | . | . | . | »      0 |

| Name | Ganze Pflanze | Wurzel | Holz | Rinde | oben | unten | Stiel | Spreite | Verschiedenes |
|---|---|---|---|---|---|---|---|---|---|
| | | | Stamm | | Stengel | | Blatt | | Ver-schiedenes |
| Funaria hygrometrica .... | · | · | · | · | · | · | · | · | Sproß 0 |
| Bryum argenteum........ | · | · | · | · | · | · | · | · | » 0 |
| » binum.......... | · | · | · | · | · | · | · | · | » 0 |
| » capillare ......... | · | · | · | · | · | · | · | · | » 0 |
| Mnium punctatum ....... | · | · | · | · | · | · | · | · | » 1 |
| » stellare.......... | · | · | · | · | · | · | · | · | » 0 |
| Polytrichum spec......... | · | · | · | · | · | · | · | · | » 0 |
| Fontinalis antipyretica.... | · | · | · | · | · | · | · | · | » 0 |
| Leskea polycarpa ........ | · | · | · | · | · | · | · | · | » 0 |
| Thuidium tamariscinum.. | · | · | · | · | · | · | · | · | » 0 |
| Hygrohypnum palustre ... | · | · | · | · | · | · | · | · | » 0 |
| Hypnum molluscum...... | · | · | · | · | · | · | · | · | » 1 |
| » cupressiforme ... | · | · | · | · | · | · | · | · | » 0 |
| Hylocomium spec....... | · | · | · | · | · | · | · | · | » 0 |
| Brachythecium reflexum... | · | · | · | · | · | · | · | · | » 1 |
| » salebrosum | · | · | · | · | · | · | · | · | » 1 |
| Sphagnum cymbifolium... | · | · | · | · | · | · | · | · | » 0 |
| » squarrosum ... | · | · | · | · | · | · | · | · | » 0 |
| » cuspidatum ... | · | · | · | · | · | · | · | · | » 0 |
| » acutifolium ... | · | · | · | · | · | · | · | · | » 0 |
| » fimbriatum ... | · | · | · | · | · | · | · | · | » 0 |
| **2. Klasse: Hepaticae.** | | | | | | | | | |
| Fegatella conica ......... | · | · | · | · | · | · | · | · | Thallus 1 |
| Marchantia polymorpha... | · | · | · | · | · | · | · | · | » 1 |
| Ricia fluitans ........... | · | · | · | · | · | · | · | · | » 1 |
| **2. Unterabteilung: Pteridophyta.** | | | | | | | | | |
| **1. Klasse: Lycopodiinae.** | | | | | | | | | |
| Lycopodium annotinum... | · | · | · | · | 0 | 0 | · | · | Sporophyll 0 |
| » clavatum .... | · | · | · | · | 0 | 0 | · | · | » 0 |
| Selaginella martensii..... | · | · | · | · | 0 | 0 | · | · | |
| » watsoniana ... | · | · | · | · | 2 | 2 | · | 1 | |
| **3. Klasse: Equisetinae.** | | | | | | | | | |
| Equisetum hiemale....... | · | · | · | · | · | · | · | · | Sproß 2 |
| » arvense ....... | · | · | · | · | · | · | · | · | fertil. Sproß 3 |
| » maximum..... | · | · | · | · | · | · | · | · | » » 3 |
| » limosum ...... | · | · | · | · | · | · | · | · | » » 3 |
| » gracillimum .. | · | · | · | · | · | · | · | · | » » 3 |

| Name | Ganze Pflanze | Untersuchte Organe | | | | | | | |
|---|---|---|---|---|---|---|---|---|---|
| | | Wurzel | Stamm | | Stengel | | Blatt | | Ver-schiedenes |
| | | | Holz | Rinde | oben | unten | Stiel | Spreite | |
| **5. Klasse: *Filicinae*.** | | | | | | | | | |
| *Angiopteris evecta* . . . . . . . | . | . | . | . | . | . | 2 | 2 | |
| *Platycerium alcicorne* . . . . . | . | . | . | . | . | . | . | 0 | |
| *Pteridium aquilinum* . . . . . | . | . | . | . | . | . | . | 1 | |
| *Pteris* spec. . . . . . . . . . . . . | . | . | . | . | . | . | . | 1 | |
| » *cretica* . . . . . . . . . . . . | . | . | . | . | . | . | . | 1 | |
| *Gymnogramme sulphurea* . . | . | . | . | . | . | . | . | 0 | |
| *Adiantum formosum* . . . . . | . | . | . | . | . | . | 0 | 0 | |
| » *mindula* . . . . . . . | . | . | . | . | . | . | . | 0 | |
| » *capillus veneris*. | . | . | . | . | . | . | . | 1 | |
| *Scolopendrium vulgare* . . . . | . | . | . | . | . | . | . | 1 | |
| *Blechnum gracile* . . . . . . . . | . | . | . | . | . | . | . | 0 | |
| *Aspidium falcatum* . . . . . . | . | . | . | . | . | . | 3 | 1 | |
| *Struthiopteris germanica* . . | . | . | . | . | . | . | . | 1 | |
| *Davallia* spec. . . . . . . . . . . | . | . | . | . | . | . | . | 0 | |
| » *fijiensis* . . . . . . . . | . | . | . | . | . | . | . | 1 | Rhizom[1] 3 |
| **2. Abteilung: *Anthophyta*.** | | | | | | | | | |
| **1. Unterabteilung: *Gymno-spermae*.** | | | | | | | | | |
| **4. Klasse: *Ginkgoinae*.** | | | | | | | | | |
| *Ginkgo biloba* . . . . . . . . . . | . | . | . | . | . | . | 1 | 1 | |
| **5. Klasse: *Coniferae*.** | | | | | | | | | |
| *Taxus baccata* . . . . . . . . . . | . | . | 0 | . | . | . | . | 0 | |
| *Sequoia gigantea* . . . . . . . . | . | . | . | . | . | . | . | 1 | |
| *Cryptomeria japonica* . . . . . | . | . | . | . | . | . | . | 0 | |
| *Cupressus sempervirens* . . . | . | . | 0 | . | . | . | . | 0 | |
| » *fastigata* . . . . . . | . | . | 0 | . | . | . | . | 0 | |
| *Thuja occidentalis* . . . . . . . | . | . | 0 | . | . | . | . | 0 | |
| *Juniperus communis* . . . . . | . | . | 0 | . | . | . | . | 0 | Frucht 0 |
| » *virginiana* . . . . . | . | . | . | . | . | . | . | 1 | |
| *Araucaria excelsa* . . . . . . . . | . | . | . | . | . | . | . | 1 | |
| » *brasiliana* . . . . . | . | . | . | . | . | . | . | 2 | junger Sproß 3 |
| *Abies alba* . . . . . . . . . . . . | . | . | 0 | . | . | . | . | 0 | |
| *Tsuga martensiana* . . . . . . | . | . | 1 | . | . | . | . | 1 | |
| *Picea excelsa* . . . . . . . . . . . | . | . | 0 | . | . | . | . | 0 | |
| *Larix decidua* . . . . . . . . . . | . | . | 0 | . | . | . | . | 0 | |
| *Cedrus atlantica* . . . . . . . . | . | . | 0 | . | . | . | . | 0 | |

[1] Bei der Vegetationsspitze.

| Name | Ganze Pflanze | Wurzel | Stamm | | Stengel | | Blatt | | Ver-schiedenes | |
|---|---|---|---|---|---|---|---|---|---|---|
| | | | Holz | Rinde | oben | unten | Stiel | Spreite | | |
| Pinus nigra ............ | . | . | 0 | . | . | . | . | 0 | | |
| » strobus ............ | . | . | 0 | . | . | . | . | 0 | | |
| » pumilio .......... | . | . | 0 | . | . | . | . | 0 | | |
| | | | | | | | | | | |
| 6. Klasse: Gnetinae. | | | | | | | | | | |
| | | | | | | | | | | |
| Ephedra gerardiana...... | . | . | . | . | . | . | . | . | Sproß | 2 |
| » campylopoda .... | . | . | . | . | . | . | . | . | » | 1 |
| » procera......... | . | . | . | . | . | . | . | . | » | 1 |
| | | | | | | | | | | |
| 2. Unterabteilung: Angio-spermae. | | | | | | | | | | |
| 1. Klasse: Dicotyledones. | | | | | | | | | | |
| 1. Unterklasse: Choripetalae. | | | | | | | | | | |
| A. Monochlamydeae. | | | | | | | | | | |
| | | | | | | | | | | |
| Casuarina equisetifolia ... | . | . | . | . | . | . | . | . | Sproß | 2 1 |
| Betula alba............. | . | . | 1 | 1 | . | . | . | 1 | | |
| Carpinus betulus ........ | . | . | 1 | 1 | . | . | 1 | 1 | | |
| Corylus avellana......... | . | . | 1 | 1 | . | . | 1 | 1 | Pollen | 0 |
| Castanea sativa.......... | . | . | 0 | 0 | . | . | 0 | 0 | | |
| Quercus toza............ | . | . | 0 | 0 | . | . | 1 | 1 | | |
| Salix alba.............. | . | . | 0 | . | . | . | 0 | 0 | | |
| » reticulata.......... | . | . | 0 | . | . | . | 0 | 0 | | |
| » retusa ............ | . | . | 0 | . | . | . | 0 | 0 | | |
| Morus nigra............. | . | .· | 0 | . | . | . | 1 | 1 | | |
| Ficus aerocarpa ......... | . | . | . | . | . | . | 2 | 2 | Zweig | 2 |
| Humulus lupulus........ | . | . | . | . | 2 | . | 3 | 1 | | |
| Cannabis sativa ........ | . | . | . | . | 3 | . | 4 | 2 | | |
| Ulmus campestris........ | . | . | 1 | . | . | . | 4 | 1 | | |
| » aculifolia ........ | . | . | 1 | . | . | . | 2 | 1 | | |
| Urtica urens ............ | . | . | . | . | 4 | 4 | 4 | 4 | | |
| » dioica ........... | . | . | . | . | 4 | 4 | 4 | 3 | | |
| » cannabina ........ | . | . | . | . | 3 | 3 | 4 | 3 | | |
| Parietaria officinalis ..... | . | . | . | . | . | . | 3 | 3 | | |
| » cretica ........ | . | . | . | . | 1 | 1 | 1 | 1 | | |
| Viscum album .......... | . | . | . | . | . | . | . | 1 | | |
| Rumex crispus .......... | .· | . | . | . | 2 | 1 2 | 2 | 2 | | |
| » obtusifolius ...... | . | . | . | . | 3 | 3 | 3 | 3 | | |
| » conglomeratus .... | . | . | . | . | 3 | 2 2 | 3 | 3 | | |
| » sanguineus....... | . | . | . | . | 3 | 3 | 2 | 3 | | |

1 Glashauspflanze.
2 Holzig.

| Name | Ganze Pflanze | Untersuchte Organe | | | | | | | Ver-schiedenes |
|---|---|---|---|---|---|---|---|---|---|
| | | Wurzel | Stamm | | Stengel | | Blatt | | |
| | | | Holz | Rinde | oben | unten | Stiel | Spreite | |
| Rumex maritimus[1] ...... | . | . | . | . | 3 | 3 | . | 2 | |
| » acetosa .......... | . | . | . | . | 3 | 3 | 3 | 3 | |
| » acetosella ........ | . | . | . | . | 2 | 2 | 2 | 2 | |
| Rheum spec............ | . | . | . | . | . | . | 1 | 1 | |
| Polygonum aviculare ..... | . | . | . | . | 3 | 3 | 3 | 3 | |
| » lapathifolium . | . | . | . | . | 2 | 2 | . | 2 | |
| » persicaria .... | . | . | . | . | 3 | 3 | 3 | . | |
| » amphibium ... | . | . | . | . | . | . | 3 | 2 | |
| Mühlenbeckia platyclada.. | . | . | . | . | . | . | . | . | Sproß oben 2 |
| » » .. | . | . | . | . | . | . | . | . | » unten 1 |
| Mercurialis annua I...... | . | . | . | . | 3 | . | 3 | 2 | |
| » » II.[2] ... | . | . | . | . | 1 | . | 1 | 1 | |
| Euphorbia coerulescens ... | 2 | . | . | . | . | . | . | . | Epidermis 1 |
| » palustris ..... | . | . | . | . | 4 | 4 | . | 3 | Nerv d.Blatt. 4 |
| » peplus ....... | . | . | . | . | 3 | 2 | . | 2 | Milchsaft 3 |
| » amygdaloides I. | . | . | . | . | 2 | . | . | 1 | » 3 |
| » » II.[3] | . | . | . | . | 2 | . | . | . | » 1 |
| Chenopodium quinosa .... | . | . | . | . | . | 3 | 2 | 2 | |
| » vulvaria ... | . | . | . | . | 4 | . | 4 | 4 | |
| » polyspermum | . | . | . | . | 3 | 3 | 3 | 3 | |
| » album ..... | . | . | . | . | 4 | 4 | 4 | 2 | |
| » opulifolium . | . | . | . | . | 3 | 3 | 3 | 3 | |
| » murale..... | . | . | 2 | . | 4 | 4 | 4 | 4 | |
| » glaucum.... | . | . | . | . | 3 | 3 | 3 | 3 | |
| » bonus henricus | . | . | . | . | 4 | 4 | 4 | 2 | |
| Atriplex canescens ....... | . | . | . | . | . | 3[4] | 2 | . | jung. Sproß 4 |
| » hastatum ....... | . | . | . | . | 3 | . | 3 | 2 | |
| Diotis candidissima ...... | . | . | . | . | 2 | 2 | . | 2 | |
| Beta comatogona ........ | . | . | . | . | . | . | 2 | 1 | |
| » trigina ............. | . | . | . | . | 5[5] | 3[4] | 4 | . | |
| » nana .............. | . | 2 | . | . | . | . | 3 | 2 | |
| Spinacea oleracea ........ | . | . | . | . | . | . | 4 | 2 | |
| Salicornia herbacea ...... | . | . | . | . | 5 | . | . | . | Sproß 5 |
| » fruticosa ...... | . | . | . | . | 4 | 3[4] | . | . | Epidermis 1 |
| Suaeda maritima I........ | . | . | . | . | 5 | 3[4] | . | 5 | |
| » » II.[6]..... | . | . | . | . | 4 | . | . | 4 | |
| » fruticosa ........ | . | 3 | . | . | 4 | . | 4 | . | |
| Salsola lanata.......... | . | . | . | . | 4 | . | . | 5 | |

[1] Herbarpflanze.
[2] Im Spätherbste untersucht.
[3] Andere Pflanze.
[4] Holzig.
[5] Nicht holzig.
[6] Andere Pflanze.

| Name | Ganze Pflanze | Wurzel | Holz | Rinde | oben | unten | Stiel | Spreite | Ver-schiedenes |
|---|---|---|---|---|---|---|---|---|---|
| | | | Stamm | | Stengel | | Blatt | | |
| Salsola cinerea | . | . | . | . | 3 | . | . | 3 | |
| » salsa | . | . | . | . | 3 | . | . | 4 | |
| » soda | . | . | . | . | 3 | 2[1] | . | 5 | |
| » kali | . | . | . | . | 5 | . | . | 5 | |
| Corispermum marschallii | . | . | . | . | 0 | . | . | 0 | |
| » intermedium | . | . | . | . | 1 | . | . | 1 | |
| » nitidum | . | . | . | . | 1 | . | . | 1 | |
| Kochia trichophylla | . | . | . | . | 3 | . | . | 3 | |
| » arenaria | . | . | . | . | 2 | . | . | 2 | |
| » scoparia | . | . | . | . | 3 | . | 4 | 4 | |
| » prostrata | . | . | . | . | 2 | . | . | . | |
| » cinerarea | . | . | . | . | 3 | . | . | 2 | |
| Polycnemum arvense | . | . | . | . | 1 | . | . | 1 | Nüßchen 1 |
| » majus | . | . | . | . | 1 | . | . | 1 | |
| Amarantus hypochondriacus | . | . | . | . | 4 | 1 | 4 | 2 | |
| » albus | . | . | . | . | 2 | . | . | 1 | |
| » retroflexus | . | . | . | . | 4 | . | 3 | 2 | |
| » paniculatus | . | . | . | . | 1 | . | 2 | 2 | |
| Mesembryanthemum bolusii | . | . | . | . | . | . | . | 3 | |
| » linguiforme | . | . | . | . | . | . | . | 1 | |
| Tetragonia expansa | . | . | . | . | 4 | 4 | 4 | 1 | |
| Opuntia cylindrica | 2 | . | . | . | . | . | . | . | |
| Rypsalis megalantha | 1 | . | . | . | . | . | . | . | |
| Mamillaria wildii | 4 | . | . | . | . | . | . | . | |
| Epiphyllum truncatum | 2 | . | . | . | . | . | . | . | Epidermis 1 |
| Phyllocactus crenatus | 3 | . | . | . | . | . | . | . | |
| » hybr. (Ruhm von Hamburg) | 4 | . | . | . | . | . | . | . | |
| Phyllocactus hybr. pfersdorfii | 4 | . | . | . | . | . | . | . | |
| Phyllocactus hybr. hookerii | 2 | . | . | . | . | . | . | . | |
| Echinopsis wilkensii | 2 | . | . | . | . | . | . | . | |
| Herniaria hirsuta | . | . | . | . | 2 | 2 | 2 | 2 | |
| Stellaria media | . | . | . | . | 3 | 3 | 3 | 3 | |
| » holostea | . | . | . | . | 3 | 3 | 3 | 3 | |
| Arenaria serpyllifolia | . | . | . | . | 1 | . | . | 1 | |
| » rubra | . | . | . | . | 2 | . | . | 2 | |
| » marginata | . | . | . | . | 4 | . | . | 2 | |
| Silene inflata | . | . | . | . | 1 | . | . | 2 | |
| » nutans | . | . | . | . | 2 | . | . | 2 | |
| Tunica saxifraga | . | . | . | . | 1 | . | . | 1 | Kelch und Korolle 1 |
| Dianthus barbatus | . | . | . | . | . | 1[2] | . | 1 | |

[1] Mit viel Mark.
[2] Holzig.

| Name | Ganze Pflanze | Wurzel | Holz | Rinde | oben | unten | Stiel | Spreite | Verschiedenes |
|---|---|---|---|---|---|---|---|---|---|
| | | | Stamm | | Stengel | | Blatt | | |
| Dianthus carthusianorum . | | | | | 2 | | | 2 | |
| »    delloides | | | | | | 1 1 | | 2 | |
| Lychnis flos cuculi | | | | | 2 | | | 1 | |
| »    chalcedonica | | | | | 4 | | | 1 | |
| Agrostemma githago | | | | | 2 | | | | Korolle    2 |
| »    » | | | | | | | | | Fruchtknoten und Griffel 1 |
| Saponaria officinalis | | 1 | | | 3 | | 4 | | Fruchtknoten u. Korolle 1 |
| **B. Dialypetaleae.** | | | | | | | | | |
| Magnolia ·hybr. | | | 0 | 0 | | | 0 | 0 | Blüte    0 |
| Aristolochia clematitis | | | | | 1 | | 1 | 1 | |
| Berberis cerasina | | | | | | | 1 | 1 | |
| Paeonia officinalis | | | | | 2 | | 1 | 1 | |
| Caltha palustris | | | | | | | 3 | 2 | |
| Trollius europeus | | | | | 2 | | | 1 | |
| Helleborus viridis | | | | | 1 | | 1 | 1 | |
| »    niger | | | | | | | 2 | 1 | |
| Aquilegia spec. | | | | | 1 | | | 1 | |
| Nigella arvensis | | | | | 2 | 2 | | 1 | |
| Delphinium hybridum | | | | | 3 | | 3 | 3 | |
| »    consolida | | | | | 3 | | | | Korolle    2 |
| »    » | | | | | | | | | Fruchtknot. 1 |
| »    formosum | | | | | | 1 | | 1 | |
| Anemone pulsatilla | | | | | 2 | | | | Kelch und Korolle 1 |
| »    sulphurea | | | | | 3 | | | 2 | Rhizom    2 |
| »    hepatica | | | | | 4 | | | 2 | |
| Thalictrum diplerocarpum. | | | | | 1 | 1 | 1 | 1 | |
| Ranunculus repens | | 1 | | | | | 2 | 1 | Fruchtknot. 1 |
| »    arvensis | | | | | 1 | | | 1 | |
| Adonis vernalis | | | | | | 1 | 2 | 1 | |
| Nuphar luteum | | | | | | | 3 | 1 | |
| Nymphea alba | | | | | | | 2 | | |
| Ceratophyllum demersum .. | | | | | 2 | | | 2 | |
| Papaver somniferum | | | | | | | 2 | 1 | Pollen    0 |
| »    rhoeas | | | | | 3 | | | 2 | |
| »    dubium | 3 | | | | 4 | | | 4 | |
| »    alpinum | | | | | | | 2 | 2 | Korolle    1 |
| »    » | | | | | | | | | Staubgefäß 2 |
| Chelidonium majus | | | | | 0 | 0 | 0 | 0 | Milchsaft 0 |
| Corydalis lutea | | | | | 3 | | | 2 | |
| »    cava | | | | | 2 | | | | |

[1] Holzig.

| Name | Ganze Pflanze | Untersuchte Organe | | | | | | | Ver-schiedenes |
|---|---|---|---|---|---|---|---|---|---|
| | | Wurzel | Stamm | | Stengel | | Blatt | | |
| | | | Holz | Rinde | oben | unten | Stiel | Spreite | |
| Fumaria officinalis | . | . | . | . | 4 | . | . | 3 | |
| Barbaraea vulgaris | . | . | . | . | 2 | 2 | 2 | 2 | |
| Nasturtium silvestre | . | . | . | . | . | . | 1 | 1 | |
| Cardamine pratensis | . | . | . | . | . | . | 4 | 3 | |
| Sisymbrium austriacum .. | . | 1 | . | . | 2 | . | 4 | . | Stengel-mark 2 |
| »   .. | . | . | . | . | . | . | . | . | Schöttchen 1 |
| »   sophia | . | . | . | . | 1 | . | 1 | 1 | |
| Erysimum durum | . | . | . | . | 2 | . | 1 | 1 | |
| Camelina sativa I | . | . | . | . | 2 | . | . | 3 | Schöttchen (grün) 1 |
| »   » II | . | . | . | . | . | . | . | 2 | Blattnerv 3 |
| Alyssum saxatile | . | . | . | . | . | . | 1 | 1 | |
| Thlapsi perfoliatum | . | . | . | . | . | . | 2 | 1 | |
| Capsella bursa pastoris... | . | . | . | . | . | . | 2 | 2 | |
| Lepidium campestre | . | . | . | . | 4 | . | . | 1 | |
| Brassica oleracea f. capitata | . | . | . | . | . | . | 4 | 2 | |
| »   » f. botrytis | . | . | . | . | . | . | 4 | 2 | |
| Sinapis arvensis | . | 2 | . | . | 4 | . | 3 | 3 | Korolle 1 |
| »   » | . | . | . | . | . | . | . | . | Frucht-knoten 2 |
| Raphanus raphanistrum .. | . | . | . | . | . | 2 | . | 3 | |
| »   sativus f. radiola | . | 2 | . | . | . | . | 4 | . | |
| Reseda lutea | . | . | . | . | 1 | 1 | 1 | 1 | |
| Tamarix telandra | . | . | 2 | 2 | . | . | . | 4 | Sproßgrün 4 |
| Drosera rotundifolia | . | . | . | . | . | . | 1 | 1 | |
| Camellia japonica | . | . | . | . | . | . | 0 | 0 | |
| Viola odorata | . | . | . | . | . | . | 2 | 2 | |
| »   canina | . | . | . | . | . | . | 2 | 1 | |
| »   tricolor | . | . | . | . | . | . | 2 | 2 | |
| »   arvensis | . | . | . | . | 2 | . | . | 1 | |
| Begonia spec | . | . | . | . | . | . | 2 | . | |
| Hypericum perforatum ... | . | . | . | . | 1 | . | . | 1 | |
| Hibiscus syriacus | . | . | 2 | 2 | . | . | 3 | 3 | Fruchtknot., Narbe und Staubgefäß 1 |
| »   » | . | . | . | . | . | . | . | . | Kelch 3 |
| Althaea officinalis | . | . | . | . | 3 | . | 3 | 2 | Korolle -1 |
| Malva rotundifolia | . | . | . | . | 3 | . | 3 | 1 | |
| Tilia europea | . | . | 0 | 1 | . | . | 1 | 1 | |
| Geranium pratense | . | . | . | . | 3 | . | 3 | 1 | |
| »   molle | . | . | . | . | . | . | 2 | 1 | |
| »   robertianum .... | . | . | . | . | 2 | . | 2 | 1 | |
| Erodium cicutarium | . | . | . | . | 1 | . | 3 | 1 | |
| Pelargonium zonale | . | . | . | . | . | . | 2 | 1 | |
| Impatiens sultani | . | . | . | . | 3 | 3 | 4 | 3 | |

| Name | Ganze Pflanze | Wurzel | Stamm Holz | Stamm Rinde | Stengel oben | Stengel unten | Blatt Stiel | Blatt Spreite | Ver-schiedenes |
|---|---|---|---|---|---|---|---|---|---|
| Citrus aurantii | . | . | . | . | . | . | . | 1 | |
| Polygala chamaebuxus | . | . | . | . | 1 | . | . | 1 | |
| Acer platanoides | . | . | 0 | . | . | . | . | 1 | |
| Aesculus macrostachya | . | . | 0 | 1 | . | . | . | 1 | |
| Ilex aquifolium | . | . | . | . | . | . | 1 | 1 | |
| Rhamnus frangula | . | . | . | 0 | . | . | . | 1 | |
| Vitis vinifera | . | . | . | . | 1 | . | . | 2 | Ranke 1 |
| Sempervivum tectorum | . | . | . | . | . | . | . | 2 | Epidermis 1 |
| » alpinum | . | . | . | . | . | . | . | 1 | |
| » velutinum | . | . | . | . | . | . | . | 1 | . |
| Sedum purpureum | . | . | . | . | . | . | . | 0 | |
| » aïzoon | . | . | . | . | . | . | . | 1 | |
| » acre | . | . | . | . | . | . | . | 1 | |
| Crassula portulacea | . | . | . | . | . | . | . | 1 | |
| » multicava | . | . | . | . | . | . | . | 1 | |
| » arborescens | . | . | . | . | . | . | . | 1 | |
| » falcata | . | . | . | . | . | . | . | 1 | |
| Cotyledon scheidekerii | . | . | . | . | . | . | . | 3 | |
| Saxifraga aizoides | . | . | . | . | . | . | . | 2 | |
| » rotundifolia | . | . | . | . | . | 1¹ | . | 2 | |
| » sedoides | . | . | . | . | . | . | . | 2 | Blütenstiel 1 |
| » caesia | . | . | . | . | , | . | . | 1 | |
| » aizoon | . | . | . | . | . | . | . | 2 | Korolle und Blütenstiel 1 |
| » umbrosa | . | . | . | . | . | . | 2 | 2 | |
| Tolmiea menziesii | . | . | . | . | . | . | 4 | 1 | |
| Hydrangea opuloides | . | . | 0 | . | . | . | 3 | 2 | |
| Ribes americana | . | . | 0 | . | . | . | 0 | 0 | |
| Kerria japonica | . | . | . | . | . | . | 2 | 2 | Zweig 1 |
| Rubus fructicosus | . | . | . | . | . | . | 2 | 2 | » 1 |
| Fragaria vesca | . | . | . | . | . | . | 3 | 1 | |
| Geum magnificum | . | . | . | . | 3 | . | 3 | 3 | |
| » urbanum | . | . | . | . | 3 | . | . | 2 | |
| Potentilla opaca | . | . | . | . | . | . | . | 1 | Blütenstiel 1 |
| Alchimilla vulgaris | . | . | . | . | 1 | . | . | 1 | |
| Agrimonia eupatoria I | . | . | . | . | 1 | . | 2 | 2 | |
| » II | . | . | . | . | . | . | 3 | 3 | Blütenstiel 3 |
| Ulmaria filipendula | . | . | . | . | 2 | . | . | 2 | |
| Poterium sanguisorba | . | . | . | . | 3 | . | . | 2 | |
| Rosa canina | . | . | 1 | 1 | . | . | . | 1 | |
| Cydonia vulgaris | . | . | 0 | . | . | . | 0 | 0 | |
| Pirus spectabilis | . | . | 0 | 0 | . | . | 0 | 0 | |
| » malus | . | . | 0 | . | . | . | 0 | 0 | |
| Prunus communis | . | . | . | . | . | . | . | . | Same 0 |
| » » nana | . | . | 0 | . | . | . | 0 | | |

¹ Holzig.

| Name | Ganze Pflanze | Wurzel | Stamm | | Stengel | | Blatt | | Ver-schiedenes |
|---|---|---|---|---|---|---|---|---|---|
| | | | Holz | Rinde | oben | unten | Stiel | Spreite | |
| *Prunus avium* .......... | . | . | . | 0 | . | . | . | 0 | Korolle 1 |
| » *cerasifera* ........ | . | . | 1 | . | . | . | 1 | 1 | |
| » *padus* .......... | . | . | 0 | . | . | . | 1 | 0 | |
| *Mimosa pudica* .......... | . | . | . | . | . | . | 2 | 1 | Stämmchen 1 |
| *Cercis canadensis* ........ | . | . | 0 | . | . | . | 0 | 0 | |
| *Astragalus onobrychis* .... | . | . | . | . | 2 | . | 2 | 1 | |
| » *glycyphyllos* ... | . | . | . | . | 2 | 1 | . | 1 | |
| *Robinia pseudacacia* .. .. | . | . | 0 | . | . | . | 1 | 0 | Korolle 1 |
| *Lens esculenta* .......... | . | . | . | . | 1 | . | 2 | 1 | Same 0 |
| *Vitia sativa* ............ | . | . | . | . | 2 | . | . | 1 | Same 0 |
| *Lathyrus megalanthus* .... | . | . | . | . | 2 | 2 | 2 | 2 | |
| » *pratensis* ........ | . | . | . | . | 1 | . | . | 2 | |
| *Orobus vernus* .......... | . | . | . | . | 3 | 2 | . | 2 | |
| *Phaseolus vulgaris* ........ | . | . | . | . | 1 | . | . | 1 | |
| *Trifolium pratense* ........ | . | . | . | . | 1 | . | 1 | 1 | Rhizom 1 |
| » *incarnatum* .... | . | . | . | . | 1 | . | . | 1 | |
| » *arvense* ........ | . | . | . | . | 1 | . | 3 | 1 | |
| » *montanum* ..... | . | . | . | . | 1 | . | 1 | 1 | |
| *Melilotus officinalis* ...... | . | . | . | . | . | $1^1$ | 2 | 2 | |
| » *albus* .......... | . | . | . | . | 1 | 1 | 1 | 1 | |
| *Medicago lupulina*[2] ...... | . | . | . | . | 2 | . | 4 | 3 | |
| » *sativa*[2] ........ | . | . | . | . | 2 | . | 4 | 2 | |
| *Lotus corniculatus* ........ | . | . | . | . | 1 | 1 | . | 1 | |
| *Cytisus nigricans* ........ | . | . | . | . | 1 | . | 1 | 1 | |
| *Coronilla varia* .......... | . | . | . | . | . | 0 | 1 | 1 | |
| *Daphne mecereum* ....... | . | . | 0 | 0 | . | . | 0 | 0 | |
| *Lythrum salicaria* I...... | . | . | . | . | 2 | 2 | 2 | 2 | |
| » » II...... | . | . | . | . | 4 | $2^1$ | . | 3 | |
| » *hyssopifolium* ... | . | . | . | . | 3 | . | . | 3 | |
| *Eugenia ugnii* .......... | . | . | . | . | . | . | 0 | 0 | |
| *Epilobium parviflorum* ... | . | . | . | . | 0 | . | . | 0 | |
| *Oenothera biennis* ........ | . | . | . | . | 1 | . | . | 1 | |
| *Circaea luteliana* ........ | . | . | . | . | 3 | . | . | 1 | |
| *Myriophyllum proserpina-coides* .............. | . | . | . | . | 3 | . | . | 3 | |
| *Hippuris vulgaris* ....... | . | . | . | . | 3 | . | . | . | |
| *Aucuba japonica* .......... | . | . | 0 | . | . | . | . | 1 | |
| *Eryngium campestre* ..... | . | . | . | . | 4 | . | 4 | 4 | |
| » *amethystinum* .. | . | . | . | . | 3 | . | 3 | 1 | |
| *Chaerophyllum temulum* .. | . | . | . | . | 1 | . | 4 | 2 | Blattscheide 2 |
| » *aureum* ... | . | . | . | . | 1 | . | 3 | 1 | |
| *Torilis anthriscus* ........ | . | 1 | . | . | 2 | . | . | 1 | |

[1] Holzig.
[2] Kultiviert.

| Name | Ganze Pflanze | Wurzel | Holz | Rinde | oben | unten | Stiel | Spreite | Verschiedenes |
|---|---|---|---|---|---|---|---|---|---|
| | | | Stamm | | Stengel | | Blatt | | |
| Conium maculatum | . | . | . | . | 1 | . | 2 | . | Frucht 2 |
| Petroselinum sativum | . | 2 | . | . | . | . | 3 | 2 | |
| Foeniculum piperaceum... | . | . | . | . | 3 | . | 4 | 3 | Frucht 1 |
| Apium graveolens | . | 2 | . | . | . | . | 4 | 3 | |
| Daucus carola I | . | 3 | . | . | . | . | 4 | . | |
| » » II | . | . | . | . | . | 1¹ | 4 | 2 | |
| | | | | | | | | | |
| 2. Unterclasse: *Sympetalae.* | | | | | | | | | |
| | | | | | | | | | |
| Monotropa hypopitys | 0 | . | . | . | . | . | . | . | |
| Rhododendron hirsutum .. | . | . | 0 | . | . | . | . | 1 | |
| Azalea spec. | . | . | 1 | . | . | . | . | 1 | |
| Erica carnea | . | . | . | . | 0 | . | . | 1 | |
| » vulgaris | . | . | . | . | 0 | . | 1 | 1 | |
| Primula acaulis | . | . | . | . | . | . | 4 | 4 | Epidermis 1 |
| » | . | . | . | . | . | . | . | . | Spaltöff- nungen 0 |
| » officinalis | . | . | . | . | . | . | 3 | 3 | |
| » denticulata | . | . | . | . | . | . | 4 | 4 | |
| » malacoides | . | . | . | . | . | . | 4 | 4 | |
| » chinensis | . | . | . | . | . | . | 3 | 3 | |
| » obconica | . | . | . | . | . | . | 4 | 2 | Blütenstiel 4 |
| Cyclamen europeum | . | . | . | . | . | . | . | . | |
| Lysimachia vulgaris | . | . | . | . | 2 | . | 3 | 1 | |
| » nummularia.. | . | . | . | . | . | . | 3 | 2 | |
| Convolvulus arvensis | . | . | . | . | 2 | . | 3 | 1 | |
| » sepium | . | . | . | . | 1 | . | 2 | 1 | |
| Cuscuta epilinum | 0 | . | . | . | . | . | . | . | |
| Symphytum officinale | . | 1 | . | . | 2 | . | 3 | 1 | Adern des Blattes 2 |
| » tuberosum | . | . | . | . | 3 | . | . | 2 | Zellsaft 2 |
| Anchusa officinalis I. | . | . | . | . | 2 | . | 3 | 2 | |
| » » II. | . | . | . | . | . | . | 2 | 1 | |
| » italica | . | . | . | . | . | . | 4 | 3 | |
| Myosotis palustris | . | . | . | . | 3 | . | . | 2 | |
| » alpestris | . | . | . | . | 1 | . | . | 1 | |
| Echium vulgare | . | . | . | . | . | 1¹ | . | 1 | |
| Cerinthe minor | . | . | . | . | . | 1 | . | 1 | |
| Atropa belladona | . | . | . | . | 4 | . | 3 | 2 | |
| Solanum tuberosum | . | . | . | . | 2 | . | 2 | 2 | |
| » nigrum | . | . | . | . | 2 | . | 4 | 1 | Blütenteile 1 |
| » lycopersicum | . | . | . | . | 2 | . | . | 4 | |

¹ Holzig.

| Name | Ganze Pflanze | Wurzel | Stamm | | Stengel | | Blatt | | Verschiedenes |
|---|---|---|---|---|---|---|---|---|---|
| | | | Holz | Rinde | oben | unten | Stiel | Spreite | |
| Datura stramonium | . | . | . | . | 2 | . | 4 | 1 | |
| Nicotiana affinis | . | . | . | . | 2 | . | 4 | 1 | |
| Verbascum giganteum | . | . | . | . | . | . | 3 | 1 | |
| » thapsus | . | . | . | . | . | . | 2 | 2 | Korolle 1 |
| » blattaria | . | . | . | . | 1 | . | . | 1 | » 1 |
| » nigrum | . | . | . | . | . | 1¹ | 2 | 2 | |
| » lychnitis | . | . | . | . | 1 | . | . | 2 | |
| Calceolaria rugosa | . | . | . | . | 1 | . | . | 3 | |
| Linaria vulgaris | . | 1 | . | . | 2 | . | 2 | 1 | Pollen 0 |
| » alpina | . | . | . | . | 3 | . | . | 2 | Korolle 2 |
| » cymbalaria | . | . | . | . | 4 | . | . | 1 | |
| Antirrhinum majus | . | . | . | . | 1 | . | . | 1 | |
| Scrophularia nodosa | . | . | . | . | 3 | . | 4 | 4 | |
| Gratiola officinalis | . | . | . | . | 4 | . | . | 1 | |
| Veronica longifolia | . | . | . | . | 1 | . | . | 2 | |
| » triphyllos | . | . | . | . | 1 | . | . | 1 | |
| Digitalis ferruginea | . | . | . | . | . | . | . | 3 | |
| » purpurata | . | . | . | . | 3 | . | . | 1 | |
| Melampyrum nemorosum | . | . | . | ‧ | 1 | . | . | 1 | |
| Lathraea squamaria I. | 1 | . | . | . | . | . | . | . | |
| » » II. | 0 | . | . | . | . | . | . | . | |
| Pinquicula gypsophila | . | . | . | . | . | . | . | 1 | |
| Orobanche caryophyllacea | 1 | . | . | . | . | . | . | . | |
| Tecoma grandiflora | . | . | . | . | . | . | . | 1 | |
| Ajuga reptans | . | . | . | . | . | . | . | 1 | |
| » montana | . | . | . | . | 2 | . | . | 1 | |
| Lavandula spica | . | . | . | . | 1 | . | . | . | |
| Salvia pratensis I. | . | . | . | . | 4 | . | 4 | 4 | Kelch und Korolle 1 |
| » » II. | . | . | . | . | 2 | . | 2 | 2 | |
| Thymus serpyllum | . | . | . | . | 0 | . | . | 0 | |
| Origanum majorana | . | . | . | . | 1 | . | 4 | 4 | |
| Satureja hortensis | . | . | . | . | 3 | 2 | . | 2 | |
| » montana | . | . | . | . | 1 | . | 1 | 1 | |
| Calamintha alpina | . | . | . | . | . | . | 2 | 3 | |
| Glechoma hederacea | . | . | . | . | . | . | 4 | 2 | |
| Marubium peregrinum | . | . | . | . | 1 | 1 | 1 | 1 | |
| Betonica leucoglossa | . | . | . | . | 1 | 1 | 1 | 1 | |
| » officinalis | . | . | . | . | 1 | . | 2 | 2 | |
| Stachys silvatica | . | . | . | . | 2 | . | . | 1 | |
| Galeopsis tetrahit | . | . | . | . | 2 | . | . | 1 | |
| Lamium maculatum | . | . | . | . | 4 | . | 3 | . | Kelch 2 |
| » » | . | . | . | . | . | . | ‧ | . | Korolle 1 |

1 Mit Mark.

| Name | Ganze Pflanze | Untersuchte Organe | | | | | | | Verschiedenes |
|---|---|---|---|---|---|---|---|---|---|
| | | Wurzel | Stamm Holz | Stamm Rinde | Stengel oben | Stengel unten | Blatt Stiel | Blatt Spreite | |
| Plektranthus fructicosus .. | · | · | · | · | 2 | · | 3 | 1 | |
| Plantago major.......... | · | · | · | · | · | · | 3 | 3 | |
| » lanceolata ...... | · | · | · | · | · | · | 4 | · | Blütenstiel 4 |
| » arenaria........ | · | · | · | · | 2 | · | 2 | · | |
| Gentiana acaulis ........ | · | · | · | · | · | · | 1 | 1 | |
| » pumila ........ | · | · | · | · | · | · | · | 0 | Kelch, Korolle, Staubgefäß 0 |
| » verna.......... | · | · | · | · | · | · | · | 0 | Blütenteile 0 |
| Erythraea centaurium .... | · | · | · | · | 2 | · | · | 1 | Korolle 1 |
| Vinca minor.......... | · | · | · | · | 1 | · | 1 | 1 | |
| » major.......... | · | · | · | · | 2 | · | 3 | 3 | |
| Nerium oleander ........ | · | · | · | · | · | · | 2 | 2 | unger Sproß 2 |
| Stapelia hirsuta ........ | 2 | · | · | · | · | · | · | · | |
| » variegata ...... | 2 | · | · | · | · | · | · | · | |
| Forsythia suspensa....... | · | · | 1 | · | · | · | 3 | 1 | |
| Ligustrum vulgare....... | · | · | 0 | 0 | · | · | 0 | 0 | |
| Asperula odorata ........ | · | · | · | · | 3 | · | · | 2 | |
| » arvensis........ | · | · | · | · | 1 1[1] | · | · | 2 | |
| Galium cruciata........ | · | · | · | · | 3 | · | · | 2 | |
| Sambucus nigra ......... | · | · | · | · | · | · | 2 | 1 | |
| » ebulus ........ | · | · | · | · | · | · | 3 | 2 | |
| Valeriana officinalis ..... | · | · | · | · | 3 | · | 2 | 1 | |
| Dipsacus silvester....... | · | · | · | · | 1 | · | 3 | 1 | |
| Knautia arvensis ........ | · | · | · | · | 1 | · | · | 2 | |
| Cucurpita pepo ......... | · | · | · | · | 3 | · | 3 | 2 | |
| Bryonia dioica ......... | · | · | · | · | 2 | · | 1 | 1 | Saft d. Beere 1 |
| Campanula rapunculoïdes. | · | · | · | · | · | 1[2] | 4 | 2 | |
| » rotundifolia .. | · | · | · | · | · | · | 1 | 2 | |
| » barbata...... | · | · | · | · | 4 | · | · | 1 | |
| Lobelia spec.......... | · | · | · | · | 2 | · | · | 2 | |
| Solidago virga aurea..... | · | · | · | · | 2 | · | 2 | · | |
| » flabelliformis .... | · | · | · | · | · | · | 3 | 2 | |
| Buphthalmum salicifolium. | · | · | · | · | 2 | 1 | · | 3 | |
| Aster leucanthemum...... | · | · | · | · | 3 | · | · | 2 | |
| » simplex .......... | · | · | · | · | 2 | · | · | 1 | |
| » ericoides ........ | · | · | · | · | 1 | · | · | 1 | |
| » bicolor.......... | · | · | · | · | 1 | · | · | 1 | |
| » alpinus .......... | · | · | · | · | · | · | 3 | 1 | |
| Erigeron acer.......... | · | · | · | · | 2 | · | · | 1 | |
| » canadensis ..... | · | · | · | · | 1 | · | 1 | 1 | |
| Bellis perennis ......... | · | · | · | · | · | · | 2 | 1 | |
| Gnaphalium silvaticum ... | · | · | · | · | · | · | · | 1 | |

[1] Holzig.
[2] Markhältig.

| Name | Ganze Pflanze | Wurzel | Stamm | | Stengel | | Blatt | | Verschiedenes |
|---|---|---|---|---|---|---|---|---|---|
| | | | Holz | Rinde | oben | unten | Stiel | Spreite | |
| Helianthus annuus | . | . | . | . | . | . | 2 | 2 | |
| Dahlia variabilis | . | . | . | . | 3 | . | 4 | 2 | |
| Galinsoga parviflora | . | . | . | . | 3 | . | . | 3 | |
| Xanthium strumarium | . | . | . | . | 3 | . | 4 | . | |
| Anthemis austriaca | . | . | . | . | 4 | 3 | 3 | . | Strahlen-Scheiben-blüten 1 |
| Achillea millefolium I. | . | . | . | . | 2 | . | . | 2 | |
| »       » II. | 1 | . | . | . | . | . | 1 | . | |
| Matricaria chamomilla | . | . | . | . | 3 | . | . | 2 | |
| Chrysanthemum spec. hybr. | . | . | . | . | 3 | . | 2 | 2 | |
| »       leucanthemum | . | . | . | . | 3 | 1 | . | 3 | |
| »       inodorum | . | 2 | . | . | 2 | . | . | 2 | |
| Artemisia vulgaris[1] | . | . | . | . | 1 | . | . | 1 | |
| »       absinthium | . | . | . | . | . | $2^2$ | 3 | 3 | |
| Senecio wilsoniana | . | . | . | . | . | . | 3 | 3 | |
| »       jacobaea | . | . | . | . | 3 | . | 4 | 2 | |
| Kleinia articulata I. | . | . | . | . | 3 | 3 | 3 | 3 | |
| »       » II. | . | . | . | . | 5 | 5 | 5 | 5 | |
| Echinops sphaerocephalus | . | . | . | . | 1 | . | . | . | |
| Carduus pannonicus | . | . | . | . | 3 | . | 3 | 1 | |
| Cirsium monspessulanum | . | . | . | . | 4 | . | . | 4 | |
| Centaurea cyanus I. | . | . | . | . | 2 | . | . | 1 | |
| »       » II. | . | . | . | . | 3 | . | . | 3 | |
| »       montana | . | . | . | . | 3 | . | . | 2 | |
| »       scabiosa | . | . | . | . | 4 | 3 | 4 | 3 | |
| Carlina acaulis | . | . | . | . | . | . | . | 3 | |
| Lappa officinalis | . | . | . | . | 2 | . | . | 2 | |
| »       tomentosa | . | . | . | . | 3 | . | . | 2 | |
| Lactuca sativa | . | . | . | . | 4 | . | 2 | . | |
| Crepis virens | . | . | . | . | 2 | . | 3 | . | |
| »       biennis | . | . | . | . | . | $1^3$ | 3 | 1 | |
| Cichorium intybus I. | . | . | . | . | $3^2$ | . | 4 | 3 | |
| »       » II. | . | . | . | . | . | $1^2$ | 3 | 1 | |
| Taraxacum officinale | . | . | . | . | . | . | 3 | 3 | |
| Lampsana communis | . | . | . | . | 3 | 2 | 3 | 3 | Milchsaft 1 |
| 2. Klasse: *Monocotyledones*. | | | | | | | | | |
| Alisma plantago | . | . | . | . | . | . | 3 | 2 | Blüten-stengel 3 |
| Butomus umbellatus | . | . | . | . | . | . | 3 | 3 | |

[1] Fruchttragend.
[2] Markhältig.
[3] Holzig.

| Name | Ganze Pflanze | Wurzel | Untersuchte Organe | | | | | | Ver-schiedenes |
| | | | Stamm | | Stengel | | Blatt | | |
| | | | Holz | Rinde | oben | unten | Stiel | Spreite | |
|---|---|---|---|---|---|---|---|---|---|
| Stratiotes aloides | . | . | . | . | . | . | . | 1 | |
| Hydrocharis morsus ranae | . | . | . | . | . | . | 2 | 2 | |
| Elodea canadensis | . | . | . | . | 2 | . | . | 1 | |
| Scheuchzeria palustris | . | 1 | . | . | 1 | . | . | 1 | |
| Potamogeton perfoliatus | . | . | . | . | 3 | . | . | . | |
| Colchicum autumnale | . | . | . | . | . | . | . | 1 | |
| Aloe vulgaris | . | . | . | . | . | . | . | 1 | |
| » coerulescens | . | . | . | . | . | . | . | 2 | |
| Hartwegia comosa | 0 | . | . | . | . | . | . | . | |
| Allium sativum | . | . | . | . | . | . | . | 3 | |
| » cepa | . | . | . | . | . | . | . | 3 | Zwiebel 1 |
| Lilium martagon | . | . | . | . | . | . | . | 2 | |
| Tulipa gesneriana | . | . | . | . | $2^1$ | . | . | 2 | |
| » silvestris | . | . | . | . | . | . | . | 3 | |
| Gagea lutea | . | . | . | . | $1^1$ | . | . | 2 | |
| Urginea maritima | . | . | . | . | . | . | . | 4 | |
| Scilla bifolia | . | . | . | . | $3^1$ | . | . | 2 | Zwiebel 1 |
| Ornithogalum nutans | . | . | . | . | $3^1$ | . | . | 2 | |
| » umbellatum | . | . | . | . | . | . | . | 1 | |
| Muscari racemosum | . | . | . | . | $3^1$ | . | . | 2 | Perigon 2 |
| Asparagus sprengeri | . | . | . | . | 1 | . | . | 2 | |
| Juncus glaucus | . | . | . | . | 2 | . | . | . | |
| Clivia minuata | . | . | . | . | . | . | . | 2 | |
| Leucojum vernum | . | . | . | . | . | . | . | 2 | |
| Iris pseudacorus | . | . | . | . | . | . | . | 4 | |
| » germanica | . | . | . | . | $3^1$ | . | . | 3 | |
| » graminea | . | . | . | . | . | . | . | 3 | Blüten-stengel 3 |
| Cyanotis somaliensis | 1 | . | . | . | . | . | . | . | Epidermis 1 |
| Zebrina pendula | . | . | . | . | 3 | . | . | 2 | |
| Cyperus alternifolius | . | . | . | . | 1 | . | . | 1 | |
| » fuscus | . | . | . | . | 1 | . | . | 2 | |
| Eleocharis palustris | . | . | . | . | 2 | . | . | . | |
| Scirpus maritimus | . | . | . | . | . | 1 | 3 | . | |
| » silvaticus | . | . | . | . | 3 | . | . | 1 | |
| Eriophorum alpinum | . | . | . | . | 1 | . | . | 1 | |
| » vaginatum | . | . | . | . | 1 | . | . | 1 | |
| Carex echinata | . | 0 | . | . | . | . | . | 1 | |
| » digitata | . | . | . | . | 1 | . | . | 1 | |
| » acutiformis | . | . | . | . | . | . | . | 1 | |
| » hirta | . | . | . | . | 2 | . | . | 1 | |
| Zea mays | . | . | . | . | . | 1 | . | 2 | Staubgefäß 1 |
| Andropogon ischaemon | . | . | . | . | 2 | . | . | 1 | |

¹ Blütenstengel.

| Name | Ganze Pflanze | Wurzel | Stamm | | Stengel | | Blatt | | Ver-schiedenes |
|---|---|---|---|---|---|---|---|---|---|
| | | | Holz | Rinde | oben | unten | Stiel | Spreite | |
| *Panicum capillare* ........ | . | . | . | . | 1 | . | . | 1 | |
| *Agrostis alba* ........... | . | . | . | . | 2 | . | . | 2 | |
| » *stolonifera* I..... | . | . | . | . | 2 | . | . | 2 | |
| » » II..... | . | . | . | . | 1 | . | . | 2 | |
| *Alopecurus pratensis* ..... | . | . | . | . | 2 | . | . | 2 | |
| *Phleum pratense* ......... | . | . | . | . | 2 | . | . | . | |
| » *alpinum* ........ | . | . | . | . | 1 | . | . | 1 | |
| » *asperum* ......... | . | . | . | . | 3 | . | . | 2 | |
| *Phragmites communis* .... | . | . | . | . | 4 | . | . | 4 | |
| *Avena sativa* ........... | . | . | . | . | 1 | . | . | 1 | |
| » *flavescens* ......... | . | . | . | . | 3 | . | . | 1 | |
| *Arrhenatherum elatius* .... | . | . | . | . | 1 | . | . | 1 | |
| *Briza media* ........... | . | . | . | . | 2 | . | . | 2 | |
| *Poa nemoralis* .......... | . | . | . | . | 2 | . | . | 1 | |
| » *pratensis* .......... | . | . | . | . | 3 | . | . | 2 | |
| *Glyceria distans* ......... | . | . | . | . | . | . | . | 2 | |
| *Dactylis glomerata* ....... | . | . | . | . | . | 1 | . | 1 | |
| *Festuca elatior* .......... | . | . | . | . | 1 | . | . | 1 | |
| *Bromus erectus* .......... | . | . | . | . | 3 | . | . | 2 | |
| » *inermis* ......... | . | . | . | . | . | 1 | . | 1 | |
| » *tectorum* ........ | . | . | . | . | 1 | . | . | 1 | |
| *Brachypodium pinnatum* .. | . | . | . | . | . | . | . | 2 | |
| *Triticum repens* ......... | . | . | . | . | 2 | . | . | . | |
| *Hordeum murinum* ...... | . | . | . | . | 1 | . | . | 2 | |
| » *jubatum* ........ | . | . | . | . | 1 | . | . | 1 | |
| *Lolium pratense* ......... | . | . | . | . | 3 | . | . | 1 | |
| *Nardus stricta* .......... | . | . | . | . | . | . | . | 2 | |
| *Bambusa stricta* ......... | . | . | . | . | 0 | . | . | 0 | |
| *Cypripedium insigne* ..... | . | . | . | . | . | . | . | 1 | |
| *Orchis albida* .......... | . | . | . | . | 1 | . | . | 0 | Knolle 0 |
| *Coelogyne cristata* ....... | . | . | . | . | . | . | . | 0 | |
| *Cattleya* spec. .......... | . | . | . | . | . | . | . | 0 | |
| *Oncidium splendidum* .... | . | . | . | . | . | . | . | 0 | |
| » *baueri* ........ | . | . | . | . | . | . | . | 0 | |
| *Epidendron* spec. ........ | . | . | . | . | . | . | . | 0 | |
| *Sarcanthus rostratus* ..... | . | . | . | . | . | . | . | 0 | |
| *Acampe papillosa* ........ | . | . | . | . | . | . | . | 0 | |
| *Arum maculatum* ........ | . | . | . | . | . | . | 1 | 1 | |
| *Amorphophallus rivieri* ... | . | . | . | . | . | . | 3 | 2 | |
| *Lemna trisulca* .......... | 1 | . | . | . | . | . | . | . | |
| » *minor* .......... | 1 | . | . | . | . | . | . | . | |

Aus dieser Tabelle ersieht man, daß sich die verschiedenen Familien des Pflanzenreiches bezüglich
des Chloridgehaltes verschieden verhalten. Während
die Vertreter einiger von ihnen teils zur Gänze teils
in großer Anzahl Chloride aufspeichern, kann man
andere wieder geradezu als salzscheu bezeichnen.

Besonders salzliebend sind folgende: Die Equisetaceen, Canabaceen, Ulmaceen, Urticaceen, Euphorbiaceen, Polygonaceen, Chenopodiaceen, Amarantaceen, Aisoaceen, Cruciferen, Tamaricaceen, Malvaceen, Umbelliferen, Primulaceen,
Compositen, Liliaceen und Iridaceen.

Typisch salzscheu hingegen sind: Die Cyanophyceen und Chlorophyceen des Süßwassers, Lichenes, Bryophyten, Lycopodiales, Filicales, Coniteren, Betulaceen, Salicaceen, Crassulariaceen, Rosaceen, Ericaceen und Orchideen.
Wie sich in dieser Hinsicht die Cyanophyceen und Chlorophyceen des Meeres verhalten, kann ich auf Grund meiner
lückenhaften Untersuchungen nicht sagen. Es wird dies das
Studium einer späteren Arbeit sein. Die wenigen Chlorophyceen des Meeres (siehe Tabelle), die ich untersuchte, zeigten
einen auffallend geringen Chlorgehalt.

Was die Verteilung des Chlors innerhalb der Pflanze
betrifft, so zeigen die Untersuchungen folgendes:

Der Chlorgehalt nimmt im allgemeinen von der Wurzel
zur Stammspitze zu. Reich an Chlor sind nur die parenchymatischen zellsaftreichen Gewebe, so daß es nicht unwahrscheinlich ist, daß die Chloride in Zellsaft gelöst sind. Die jungen
Internodien in der Nähe der Sproßspitzen, ferner Blattstiele,
Adern des Blattes, fleischige Wurzeln (*Daucus carota, Apium
graveolens*), Rhizome (*Davallia*) zeichnen sich immer durch
einen größeren Chloridgehalt aus, während das übrige Gewebe
der Pflanze, sei es das chlorophyllhaltige Mesophyll, die Epidermis, Haare oder die Blütenteile, nur gering reagieren. Verholztes Gewebe, Spaltöffnungen, Pollen und Samen enthalten
nur Spuren oder sind frei von Chloriden. Zellsäfte wie Milchsäfte reagieren bei chloridreichen Pflanzen immer stark, bei
chloridfreien dagegen nicht.

Was die Verteilung des Chlors in der Querrichtung des Stammes anbelangt, so lokalisiert sich dieses in dem Rindenparenchym und dem Mark, so lange dieses zellsaftreich ist. Epidermis und Stranggewebe, wenn es verholzt ist, weisen nur Spuren auf.

Schimper[1] bemerkt, daß die Chloride eine Vorliebe für chlorophyllhaltiges Gewebe zeigen. Ich habe zwar seine Pflanzen nicht untersucht, aber meine Ergebnisse stehen insoweit mit seiner Ansicht in Widerspruch, als gerade von den parenchymatischen Geweben das chlorophyllhaltige nur Spuren von Chloriden aufweist, während das chlorophyllfreie immer eine größere Menge als jenes enthält.

## Pflanzen nach Vegetationsformationen geordnet.

### Flora der Wälder.

| Name | Ganze Pflanze | Wurzel | Stamm | | Stengel | | Blatt | | Verschiedenes |
|---|---|---|---|---|---|---|---|---|---|
| | | | Holz | Rinde | oben | unten | Stiel | Spreite | |
| **Pilze, Moose und Farnpflanzen.** | | | | | | | | | |
| Clavaria flava | 0 | . | . | . | . | . | . | · | |
| Boletus scaber | 2 | . | . | . | . | . | . | . | |
| Cantharellus cibarius | 0 | . | . | . | . | . | . | . | |
| Lactaria deliciosa | 0 | . | . | . | . | . | . | . | Milchsaft 0 |
| Agaricus bicolor | 0 | . | . | . | . | . | . | . | |
| » muscarius | 3 | . | . | . | . | . | . | . | Stiel · 4 |
| » procerus | 2 | . | . | . | . | . | . | . | |
| Lycoperdon spec. | 0 | . | . | . | . | . | . | . | |
| Leucobryum glaucum | | . | . | . | . | . | . | . | Sproß 0 |
| Bryum capillare | | . | . | . | . | . | . | . | » 0 |
| Mnium punctatum | | . | . | . | . | . | . | . | » .1 |
| » stellare | | . | . | . | . | . | . | . | » 0 |
| Polytrichum spec. | | . | . | . | . | . | . | . | » 0 |
| Leskea polycarpa | | . | . | . | . | . | . | . | » 0 |

[1] Schimper A. F. W., Zur Frage der Assimilation der Mineralsalze durch die grüne Pflanze. Flora 1890.

| Name | Ganze Pflanze | Wurzel | Holz | Rinde | oben | unten | Stiel | Spreite | Verschiedenes |
|---|---|---|---|---|---|---|---|---|---|
| *Thuidium tamariscinum*.. | . | . | . | . | . | . | . | . | Sproß 0 |
| *Hypnum cupressiforme* ... | . | . | . | . | . | . | . | . | » 0 |
| *Lycopodium annotinum* ... | . | . | . | . | 0 | 0 | . | . | Sporophyll 0 |
| » *clavatum* .... | . | . | . | . | 0 | 0 | . | . | » 0 |
| *Pteridium aquilinum* ..... | . | . | . | . | . | . | . | 1 | |
| **Nadelhölzer.** | | | | | | | | | |
| *Taxus baccata* .......... | . | . | 0 | . | . | . | | 0 | |
| *Cupressus sempervirens*... | . | . | 0 | . | . | . | . | 0 | |
| » *fastigata* ...... | . | . | 0 | . | . | . | . | 0 | |
| *Thuja occidentalis* ....... | . | . | 0 | . | . | . | . | 0 | |
| *Juniperus communis* ..... | . | . | 0 | . | . | . | . | 0 | |
| *Abies alba* ........... | . | . | 0 | . | . | . | . | 0 | |
| *Picea excelsa* .......... | . | . | 0 | . | . | . | . | 0 | |
| *Larix decidua* .......... | . | . | 0 | . | . | . | . | 0 | |
| *Pinus nigra* ........... | . | . | 0 | . | . | . | . | 0 | |
| » *pumilio* .......... | . | . | 0 | . | . | . | . | 0 | |
| **Laubhölzer.** | | | | | | | | | |
| *Betula alba* ........... | . | . | 1 | 1 | . | . | . | 1 | |
| *Carpinus betulus* ........ | . | . | 1 | 1 | . | . | 1 | 1 | |
| *Corylus avellana* ........ | . | . | 1 | 1 | . | . | 1 | 1 | |
| *Castanea sativa* ......... | . | . | 0 | 0 | . | . | 0 | 0 | |
| *Salix alba* ............ | . | . | 0 | . | . | . | 0 | 0 | |
| *Ulmus campestris* ........ | . | . | 1 | . | . | . | 4 | 1 | |
| » *acutifolia* ........ | . | . | 1 | . | . | . | 2 | 1 | |
| *Tilia europea* .......... | . | . | 0 | 1 | . | . | 1 | 1 | |
| *Acer platanoides* ........ | . | . | 0 | . | . | . | . | 1 | |
| *Aesculus macrostachya* .... | . | . | 0 | 1 | . | . | . | 1 | |
| *Ilex aquifolium* ......... | . | . | . | . | . | . | 1 | 1 | |
| *Rhamnus frangula* ....... | . | . | . | 0 | . | . | . | 0 | |
| *Rubus fruticosus* ........ | . | . | . | . | . | . | . | 2 | Zweig 1 |
| *Cydonia vulgaris* ........ | . | . | 0 | . | . | . | 0 | 0 | |
| *Pirus spectabilis* ........ | . | . | 0 | 0 | . | . | 0 | 0 | |
| » *malus* ........... | . | . | 0 | . | . | . | 0 | 0 | |
| *Prunus communis* ....... | . | . | . | . | . | . | . | . | Same 0 |
| » » *nana* .. | . | . | 0 | . | . | . | 0 | 0 | |
| » *avium* .......... | . | . | . | 0 | . | . | . | 0 | Korolle 1 |
| » *cerasifera* ....... | . | . | 1 | . | . | . | 1 | 1 | |
| » *padus* ........... | . | . | 0 | . | . | . | 1 | 0 | |
| *Robinia pseudacacia* ..... | . | . | 0 | . | . | . | 1 | 0 | Korolle 1 |
| *Daphne mecereum* ........ | . | . | 0 | 0 | . | . | 0 | 0 | |

| Name | Ganze Pflanze | Wurzel | Stamm | | Stengel | | Blatt | | Ver-schiedenes |
|---|---|---|---|---|---|---|---|---|---|
| | | | Holz | Rinde | oben | unten | Stiel | Spreite | |

### Kräuter.

| Name | Ganze Pflanze | Wurzel | Holz | Rinde | oben | unten | Stiel | Spreite | Verschiedenes |
|---|---|---|---|---|---|---|---|---|---|
| *Euphorbia amygdaloides* I. | . | . | . | . | 2 | . | . | 1 | Milchsaft 3 |
| » » II. | . | . | . | . | 2 | . | . | . | » 1 |
| *Silene nutans* | . | . | . | . | 2 | . | . | 2 | |
| *Stellaria holostea* | . | . | . | . | 3 | 3 | 3 | 3 | |
| *Helleborus viridis* | . | . | . | . | 1 | . | 1 | 1 | |
| » *niger* | . | . | . | . | . | . | 2 | 1 | |
| *Anemone hepatica* | . | . | . | . | 4 | . | . | 2 | |
| *Corydalis cava* | . | . | . | . | 2 | . | . | . | |
| *Viola odorata* | . | . | . | . | . | . | 2 | 2 | |
| *Hypericum perforatum* | . | . | . | . | 1 | . | . | 1 | |
| *Geranium robertianum* | . | . | . | . | 2 | . | 2 | 1 | |
| *Polygala chamaebuxus* | . | . | . | . | 1 | . | . | 1 | |
| *Fragaria vesca* | . | . | . | . | . | . | 3 | 1 | |
| *Geum urbanum* | . | . | . | . | 3 | . | . | 2 | |
| *Agrimonia eupatoria* I. | . | . | . | . | 1 | . | 2 | 2 | |
| » » II. | . | . | . | . | . | . | 3 | 3 | Blütenstiel 3 |
| *Astragalus glycyphyllos* | . | . | . | . | 2 | 1 | . | 1 | |
| *Orobus vernus* | . | . | . | . | 3 | 2 | . | 2 | |
| *Cytisus nigricans* | . | . | . | . | 1 | . | 1 | 1 | |
| *Circaea lutetiana* | . | . | . | . | 3 | . | . | 1 | |
| *Chaerophyllum temulum* | . | . | . | . | 1 | . | 4 | 2 | |
| » *aureum* | . | . | . | . | 1 | . | 3 | 1 | |
| *Torilis anthriscus* | . | 1 | . | . | 2 | . | . | 1 | |
| *Monotropa hypopitys* | 0 | . | . | . | . | . | . | . | |
| *Primula acaulis* | . | . | . | . | . | . | 4 | 4 | |
| » *officinalis* | . | . | . | . | . | . | 3 | 3 | |
| *Cyclamen europeum* | . | . | . | . | . | . | . | 2 | |
| *Lysimachia nummularia* | . | . | . | . | . | . | 3 | 2 | |
| *Symphytum tuberosum* | . | . | . | . | 3 | . | . | 2 | |
| *Atropa belladona* | . | . | . | . | 4 | . | 3 | 2 | |
| *Melampyrum nemorosum* | . | . | . | . | 1 | . | . | 1 | |
| *Lathraea squamaria* I. | 1 | . | . | . | . | . | . | . | |
| » » II. | 0 | . | . | . | . | . | . | . | |
| *Ajuga reptans* | . | . | . | . | . | . | . | 1 | |
| *Betonica officinalis* | . | . | . | . | 1 | . | 2 | 2 | |
| *Stachys silvatica* | . | . | . | . | 2 | . | . | 1 | |
| *Galeopsis tetrahit* | . | . | . | . | 2 | . | . | 1 | |
| *Lamium maculatum* | . | . | . | . | 4 | . | 3 | . | Kelch 2 |
| » » | . | . | . | . | . | . | . | . | Korolle 1 |
| *Vinca minor* | . | . | . | . | 1 | . | 1 | 1 | |
| *Asperula odorata* | . | . | . | . | 3 | . | . | 2 | |
| *Campanula rapunculoides* | . | . | . | . | . | 1[1] | 4 | 2 | |

[1] Markhältig.

| Name | Ganze Pflanze | Wurzel | Stamm | | Stengel | | Blatt | | Ver-schiedenes |
| | | | Holz | Rinde | oben | unten | Stiel | Spreite | |
|---|---|---|---|---|---|---|---|---|---|
| Solidago virga aurea..... | . | . | . | . | 2 | . | 2 | . | |
| Gnaphalium silvaticum ... | . | . | . | . | . | . | . | 1 | |
| Senecio jacobaea......... | . | . | . | . | 3 | . | 4 | 2 | |
| Lilium martagon ........ | . | . | . | . | . | . | . | 2 | |
| Tulipa silvestris......... | . | . | . | . | . | .· | . | 3 | |
| Gagea lutea ............ | . | . | . | . | 1 | . | . | 2 | |
| Leucojum vernum........ | . | . | . | . | . | . | . | 2 | |
| Scirpus silvaticus........ | . | . | . | . | 3 | . | . | 1 | |
| Carex digitata........... | . | . | . | . | 1 | . | . | 1 | |
| Poa nemoralis........... | . | . | . | . | 2 | . | . | 1 | |
| Arum maculatum........ | . | . | . | . | . | . | 1 | 1 | |

## Segetalflora.

| Name | Ganze Pflanze | Wurzel | Stamm | | Stengel | | Blatt | | Ver-schiedenes |
| | | | Holz | Rinde | oben | unten | Stiel | Spreite | |
|---|---|---|---|---|---|---|---|---|---|
| Equisetum arvense....... | . | . | . | . | . | . | . | . | fertil. Sproß 3 |
| Cannabis sativa ......... | . | . | . | . | 3 | . | 4 | 2 | |
| Urtica urens ............ | . | . | . | . | 4 | 4 | 4 | 4 | |
| Polygonum lapathifolium.. | . | . | . | . | 2 | 2 | . | 2 | |
| Mercurialis annua....... | . | . | . | . | 3 | . | 3 | 2 | |
| Euphorbia peplus........ | . | . | . | . | 3 | 2 | . | 2 | Milchsaft 3 |
| Chenopodium album ...... | . | . | . | . | 4 | 4 | 4 | 2 | |
| »          polyspermum | . | . | . | . | 3 | 3 | 3 | 3 | |
| »          glaucum .... | . | . | . | . | 3 | 3 | 3 | 3 | |
| Kochia scoparia ......... | . | . | . | . | 3 | . | 4 | 4 | |
| Amarantus albus ........ | . | . | . | . | 2 | . | . | 1 | |
| Stellaria media.......... | . | . | . | . | 3 | 3 | 3 | 3 | |
| Agrostemma githago...... | . | . | . | . | 2 | . | . | . | Korolle        2 |
| »          »     ...... | . | . | . | . | . | . | . | . | Fruchtknoten und Griffel 1 |
| Nigella arvensis......... | . | . | . | . | 2 | 2 | . | 1 | |
| Delphinium consolida .... | . | . | . | . | 3 | . | . | . | Korolle        2 |
| »          »     .... | . | . | . | . | . | . | . | . | Fruchtknot. 1 |
| Ranunculus arvensis ..... | . | . | . | . | 1 | . | . | 1 | |

| Name | Ganze Pflanze | Wurzel | Stamm | | Stengel | | Blatt | | Verschiedenes |
|---|---|---|---|---|---|---|---|---|---|
| | | | Holz | Rinde | oben | unten | Stiel | Spreite | |
| Papaver somniferum | . | . | . | . | . | . | 2 | 1 | |
| » rhoeas | . | . | . | . | 3 | . | . | 2 | |
| » dubium | . | 3 | . | . | 4 | . | . | 4 | |
| Fumaria officinalis | . | . | . | . | 4 | . | . | 3 | |
| Capsella bursa pastoris | . | . | . | . | . | . | 2 | 2 | |
| Lepidium campestre | . | . | . | . | 4 | . | . | 1 | |
| Brassica oleracea f. capitata | . | . | . | . | . | . | 4 | 2 | |
| » » f. botrylis | . | . | . | . | . | . | 4 | 2 | |
| Sinapis arvensis | . | 2 | . | . | 4 | . | 3 | 3 | Korolle 1 |
| » » | . | . | . | . | . | . | . | . | Fruchtknot. 2 |
| Raphanus raphanistrum | . | . | . | . | . | 2 | . | 3 | |
| » sativus f. radiola | . | 2 | . | . | . | . | 4 | . | |
| Viola tricolor | . | . | . | . | . | . | 2 | 2 | |
| Malva rotundifolia | . | . | . | . | 3 | . | 3 | 2 | |
| Geranium molle | . | . | . | . | . | . | 2 | 1 | |
| Lens esculenta | . | . | . | . | 1 | . | 2 | 1 | |
| Vicia sativa | . | . | . | . | 2 | . | . | 1 | |
| Phaseolus vulgaris | . | . | . | . | 1 | . | . | 1 | |
| Trifolium arvense | . | . | . | . | 1 | . | 3 | 1 | |
| Medicago lupulina[1] | . | . | . | . | 2 | . | 4 | 3 | |
| » sativa | . | . | . | . | 2 | . | 4 | 2 | |
| Petroselium sativum | . | 2 | . | . | . | . | 3 | 2 | |
| Convolvulus arvensis | . | . | . | . | 2 | . | 3 | 1 | |
| Veronica triphyllos | . | . | . | . | 1 | . | . | 1 | |
| Galeopsis tetrahit | . | . | . | . | 2 | . | . | 1 | |
| Asperula arvensis | . | . | . | . | 1[2] | . | . | 2 | |
| Anthemis austriaca | . | . | . | . | 4 | 3 | 3 | . | Strahlen- u. Scheibenblüten 1 |
| Matricaria chamomilla | . | . | . | . | 3 | . | . | 2 | |
| Chrysanthemum inodorum | . | 2 | . | . | 2 | . | . | 2 | |
| Centaurea cyanus I | . | . | . | . | 2 | . | . | 1 | |
| » » II | . | . | . | . | 3 | . | . | 3 | |
| Lampsana communis | . | . | . | . | 3 | 2 | 3 | 3 | Milchsaft 1 |
| Allium sativum | . | . | . | . | . | . | . | 3 | |
| » cepa | . | . | . | . | . | . | . | 3 | Zwiebel 1 |
| Zea mays | . | . | . | . | 2 | 1 | . | 2 | |
| Avena sativa | . | . | . | . | 1 | . | . | 1 | |
| Bromus erectus | . | . | . | . | 3 | . | . | 2 | |
| » inermis | . | . | . | . | . | 1 | . | 1 | |
| Triticum repens | . | . | . | . | 2 | . | . | . | |
| Hordeum murinum | . | . | . | . | 1 | . | . | 2 | |

1 Kultiviert.
2 Holzig.

## Ruderalflora.

| Name | Ganze Pflanze | Wurzel | Holz | Rinde | oben | unten | Stiel | Spreite | Verschiedenes |
|---|---|---|---|---|---|---|---|---|---|
| | | | Stamm | | Stengel | | Blatt | | |
| Urtica urens | . | . | . | . | 4 | 4 | 4 | 4 | |
| » dioica | . | . | . | . | 4 | 4 | 4 | 3 | |
| Parietaria officinalis | . | . | . | . | . | . | 3 | 3 | |
| Rumex crispus | . | . | . | . | 2 | 1¹ | 2 | 2 | |
| » conglomeratus | . | . | . | . | 3 | 2¹ | 3 | 3 | |
| » sanguineus | . | . | . | . | 3 | 3 | 2 | 3 | |
| Polygonum aviculare | . | . | . | . | 3 | 3 | 3 | 3 | |
| » persicaria | . | . | . | . | 3 | 3 | 3 | . | |
| Chenopodium vulvaria | . | . | . | . | 4 | . | 4 | 4 | |
| » polyspermum | . | . | . | . | 3 | 3 | 3 | 3 | |
| » album | . | . | . | . | 4 | 4 | 4 | 2 | |
| » opulifolium | . | . | . | . | 3 | 3 | 3 | 3 | |
| » murale | . | 2 | . | . | 4 | 4 | 4 | 4 | |
| » glaucum | . | . | . | . | 3 | 3 | 3 | 3 | |
| » bon. henricus | . | . | . | . | 4 | 4 | 4 | 2 | |
| Atriplex hastatum | . | . | . | . | 3 | . | 3 | 2 | |
| Amarantus retroflexus | . | . | . | . | 4 | . | 3 | 2 | |
| Saponaria officinalis | . | 1 | . | . | 3 | . | 4 | . | Fruchtknoten u. Korolle 1 |
| Sisymbrium sophia | . | . | . | . | 1 | . | 1 | 1 | |
| Capsella bursa pastoris | . | . | . | . | . | . | 2 | 2 | |
| Erodium cicutarium | . | . | . | . | 1 | . | 3 | 1 | |
| Agrimonia eupatoria I | . | . | . | . | 1 | . | 2 | 2 | |
| » » II | . | . | . | . | . | . | 3 | 3 | |
| Eryngium campestre | . | . | . | . | 4 | . | 4 | 4 | |
| Daucus carota | . | . | . | . | . | 1¹ | 4 | 2 | |
| Anchusa officinalis I | . | . | . | . | 2 | . | 3 | 2 | |
| » » II | . | . | . | . | . | . | 2 | 1 | |
| Solanum nigrum | . | . | . | . | 2 | . | 4 | 1 | |
| Datura stramonium | . | . | . | . | 2 | . | 4 | 1 | |
| Scrophularia nodosa | . | . | . | . | 3 | . | 4 | 4 | |
| Lamium maculatum | . | . | . | . | 4 | . | 3 | . | Kelch 2 |
| » » | . | . | . | . | . | . | . | . | Korolle 1 |
| Plantago major | . | . | . | . | . | . | 3 | 3 | |
| » lanceolata | . | . | . | . | . | . | 4 | . | Blüten-stengel 4 |
| Galinsoga parviflora | . | . | . | . | 3 | . | . | 3 | |
| Xanthium strumarium | . | . | . | . | 3 | . | 4 | . | |
| Anthemis austriaca | . | . | . | . | 4 | 3 | 3 | . | Strahlen- u. Scheiben-blüten 1 |
| Chrysanthemum inodorum | . | 2 | . | . | 2 | . | . | 2 | |

¹ Holzig.

| Name | Ganze Pflanze | Wurzel | Stamm | | Stengel | | Blatt | | Verschiedenes |
|---|---|---|---|---|---|---|---|---|---|
| | | | Holz | Rinde | oben | unten | Stiel | Spreite | |
| *Senecio jacobaea* | . | . | . | . | 3 | . | 4 | 2 | |
| *Lappa officinalis* | . | . | . | . | 2 | . | . | 2 | |
| »  *tomentosa* | . | . | . | . | 3 | . | . | 2 | |
| *Crepis virens* | . | . | . | . | 2 | . | 3 | . | |
| *Cichorium intubus* I | . | . | . | . | . | 1[1] | 3 | 1 | |
| »      » II | . | . | . | . | 3[1] | . | 4 | 3 | |
| *Taraxacum officinale* | . | . | . | . | . | . | 3 | 3 | |
| *Lampsana communis* | . | . | . | . | 3 | 2 | 3 | 3 | Milchsaft 1 |

[1] Markhältig.

## Flora der Gewässer.

| Name | Ganze Pflanze | Wurzel | Stamm | | Stengel | | Blatt | | Verschiedenes |
|---|---|---|---|---|---|---|---|---|---|
| | | | Holz | Rinde | oben | unten | Stiel | Spreite | |
| **A. Submerse Pflanzen** | | | | | | | | | |
| *Oscillatoria princeps* | 1 | . | . | . | . | . | . | . | |
| »  *limosa* | 1 | . | . | . | . | . | . | . | |
| *Spirogyra fallax* | 1 | . | . | . | . | . | . | . | |
| »  *rivularis* | 1 | . | . | . | . | . | . | . | |
| »  (4 andere Species) | 1 | . | . | . | . | . | . | . | |
| *Zygnema* spec. I | 1 | . | . | . | . | . | . | . | |
| »     » II | 1 | . | . | . | . | . | . | . | |
| *Mougeotia viridis* | 1 | . | . | . | . | . | . | . | |
| *Oedogonium* spec. | 1 | . | . | . | . | . | . | . | |
| *Vaucheria* spec. I.[1] | 1 | . | . | . | . | . | . | . | |
| »     » II.[1] | 1 | . | . | . | . | . | . | . | |
| *Udotea desfontanii* | 2 | . | . | . | . | . | . | . | |
| *Cladophora fracta* | 2 | . | . | . | . | . | . | . | |
| »   spec.[1] | 1 | . | . | . | . | . | . | . | |
| »   *utriculosa*[1] | 1 | . | . | . | . | . | . | . | |
| *Chara fragilis* | 2 | . | . | . | . | . | . | . | Zellsaft 2 |
| *Fontinalis antipyretica* | . | . | . | . | . | . | . | . | Sproß 0 |
| *Ceratophyllum demersum* | . | . | . | . | 2 | . | . | 2 | |
| *Stratiotes aloides* | . | . | . | . | . | . | . | 1 | |
| *Elodea canadensis* | . | . | . | . | 2 | . | . | 1 | |
| *Potamogeton perfoliatus* | . | . | . | . | 3 | . | . | . | |

[1] Aus dem Meerwasser.

| Name | Ganze Pflanze | Untersuchte Organe | | | | | | | Ver-schiedenes |
|---|---|---|---|---|---|---|---|---|---|
| | | Wurzel | Stamm | | Stengel | | Blatt | | |
| | | | Holz | Rinde | oben | unten | Stiel | Spreite | |
| *B.* Pflanzen, teilweise submers oder mit Schwimmblättern. | - | | | | | | | | |
| *Polygonum amphibium* ... | . | . | . | . | . | . | 3 | 2 | |
| *Nuphar luteum* ......... | . | . | . | . | . | . | 3 | 1 | |
| *Nymphea alba* ......... | . | . | . | . | . | . | 2 | . | |
| *Myriophyllum proserpinacoides* ......... | . | . | . | . | 3 | . | . | 3 | |
| *Hippuris vulgaris* ....... | . | . | . | . | 3 | . | . | . | |
| *Hydrocharis morsus ranae.* | . | . | . | . | . | . | 2 | 2 | |
| *Lemna trisulca* ......... | 1 | . | . | . | . | . | . | . | |
| » *minor* ......... | 1 | . | . | . | . | . | . | . | |

## Flora der sonnigen Hügel.

| Name | Ganze Pflanze | Untersuchte Organe | | | | | | | Ver-schiedenes |
|---|---|---|---|---|---|---|---|---|---|
| | | Wurzel | Stamm | | Stengel | | Blatt | | |
| | | | Holz | Rinde | oben | unten | Stiel | Spreite | |
| *Silene nutans* ......... | . | . | . | . | 2 | . | . | 2 | |
| » *inflata* ......... | . | . | . | . | 1 | . | . | 2 | |
| *Tunica saxifraga* ....... | . | . | . | . | 1 | . | . | 1 | |
| *Dianthus carthusianorum* . | . | . | . | . | 2 | . | . | 2 | |
| » *deltoides* ....... | . | . | . | . | . | 1 1 | . | 2 | |
| *Anemone pulsatilla* ...... | . | . | . | . | 2 | . | . | . | Kelch und Korolle 1 |
| *Ranunculus repens* ...... | . | 1 | . | . | . | 2 | 1 | . | |
| *Adonis vernalis* ......... | . | . | . | . | . | 1 | 2 | 1 | |
| *Reseda lutea* ......... | . | . | . | . | 1 | 1 | 1 | 1 | |
| *Sedum purpureum* ....... | . | . | . | . | . | . | . | 1 | Blütenstiel 1 |
| *Potentilla opaca* ......... | . | . | . | . | . | . | . | 1 | |
| *Ulmaria filipendula* ...... | . | . | . | . | 2 | . | . | 2 | |
| *Poterium sanguisorba* .... | . | . | . | . | 3 | . | . | 2 | |
| *Rosa canina* ......... | . | . | 1 | 1 | . | . | . | 1 | |
| *Astragalus onobrychis* .... | . | . | . | . | 2 | . | 2 | 1 | |
| *Coronilla varia* ......... | . | . | . | . | . | 0 | 1 | 1 | |

[1] Holzig.

| Name | Ganze Pflanze | Untersuchte Organe | | | | | | | Ver-schiedenes |
|---|---|---|---|---|---|---|---|---|---|
| | | Wurzel | Stamm | | Stengel | | Blatt | | |
| | | | Holz | Rinde | oben | unten | Stiel | Spreite | |
| Verbascum thapsus | . | . | . | . | . | . | 2 | 2 | |
| » nigrum | . | . | . | . | . | 1¹ | 2 | 2 | |
| » lychnitis | . | . | . | . | 1 | . | . | 2 | |
| Linaria vulgaris | . | 1 | . | . | 2 | . | 2 | 1 | |
| Thymus serpyllum | . | . | . | . | 0 | . | . | 0 | |
| Salvia pratensis I | . | . | . | . | 4 | . | 4 | 4 | |
| » » II | . | . | . | . | 2 | . | 2 | 2 | |
| Knautia arvensis | . | . | . | . | 1 | . | . | 2 | |
| Buphthalmum salicifolium | . | . | . | . | 2 | 1 | . | 3 | |
| Chrysanthemum leucanthemum | . | . | . | . | 3 | 1 | . | 3 | |
| Artemisia vulgaris² | . | . | . | . | 1 | . | . | 1 | |
| » absinthium | . | . | . | . | . | 2¹ | 3 | 3 | |
| Centaurea scabiosa | . | . | . | . | 4 | 3 | 4 | 3 | |
| Carlina acaulis | . | . | . | . | . | . | . | 3 | . |
| Crepis virens | . | . | . | . | 2 | . | 3 | . | |
| Cichorium intybus I | . | . | . | . | 3¹ | . | 4 | 3 | |
| » » II | . | . | . | . | . | 1¹ | 3 | 1 | |
| Andropogon ischaemon | . | . | . | . | 2 | . | . | 1 | |
| Agrostis alba | . | . | . | . | 2 | . | . | 2 | |
| » stolonifera I | . | . | . | . | 2 | . | . | 2 | |
| » » II | . | . | . | . | 1 | . | . | 2 | |
| Phleum pratense | . | . | . | . | 2 | . | . | . | |
| Avena flavescens | . | . | . | . | 3 | . | . | 1 | |

[1] Markhältig.
[2] Fruchttragend.

## Flora der Sandfelder (Binnendünen).

| Name | Ganze Pflanze | Untersuchte Organe | | | | | | | Ver-schiedenes |
|---|---|---|---|---|---|---|---|---|---|
| | | Wurzel | Stamm | | Stengel | | Blatt | | |
| | | | Holz | Rinde | oben | unten | Stiel | Spreite | |
| Corispermum marschallii | . | . | . | . | 0 | . | . | 0 | |
| » nitidum | . | . | . | . | 1 | . | . | 1 | |
| Kochia arenaria | . | . | . | . | 2 | . | . | 2 | |
| » prostrata | . | . | . | . | 2 | . | . | . | |

| Name | Ganze Pflanze | Wurzel | Holz | Rinde | oben | unten | Stiel | Spreite | Verschiedenes |
|---|---|---|---|---|---|---|---|---|---|
| | | | Stamm | | Stengel | | Blatt | | |
| *Herniaria hirsuta* . . . . . . . | . | . | . | . | 2 | 2 | 2 | 2 | |
| *Arenaria serpyllifolia* . . . . . | . | . | . | . | 1 | . | . | 1 | |
| » *rubra* . . . . . . . . . . | . | . | . | . | 2 | . | . | 2 | |
| » *marginata* . . . . . | . | . | . | . | 4 | . | . | 2 | |
| *Polycnemum arvense* . . . . . | . | . | . | . | 1 | . | . | 1 | |
| » *majus* . . . . . . | . | . | . | . | 1 | . | . | 1 | |
| *Oenothera biennis* . . . . . . . | . | . | . | . | 1 | . | . | 1 | |
| *Sedum acre* . . . . . . . . . . | . | . | . | . | . | . | . | 1 | |
| *Marubium peregrinum* . . . . | . | . | . | . | 1 | 1 | 1 | 1 | |
| *Plantago arenaria* . . . . . . . | . | . | . | . | 2 | . | 2 | . | |
| *Erigeron acer* . . . . . . . . . . | . | . | . | . | 2 | . | . | . | |
| » *canadensis* . . . . . . | . | . | . | . | 1 | . | 1 | 1 | |

## Uferflora.

| Name | Ganze Pflanze | Wurzel | Holz | Rinde | oben | unten | Stiel | Spreite | Verschiedenes |
|---|---|---|---|---|---|---|---|---|---|
| | | | Stamm | | Stengel | | Blatt | | |
| *Salix alba* . . . . . . . . . . | . | . | 0 | . | . | . | 0 | 0 | |
| *Rumex crispus* . . . . . . . . . | . | . | . | . | 2 | 1[1] | 2 | 2 | |
| » *obtusifolius* . . . . . . | . | . | . | . | 3 | 3 | 3 | 3 | |
| » *maritimus*[2] . . . . . . | . | . | . | . | 3 | 3 | . | 2 | |
| *Polygonum lapathifolium* . . | . | . | . | . | 2 | 2 | . | 2 | |
| » *amphibium* . . . | . | . | . | . | . | . | 3 | 2 | |
| *Euphorbia palustris* . . . . . . | . | . | . | . | 4 | 4 | . | 3 | Blattnerv 4 |
| *Stellaria media* . . . . . . . . . | . | . | . | . | 3 | 3 | 3 | 3 | |
| *Caltha palustris* . . . . . . . . | . | . | . | . | . | . | 3 | 2 | |
| *Lythrum salicaria* I . . . . . . | . | . | . | . | 2 | 2 | 2 | 2 | |
| » II . . . . . . | . | . | . | . | 4 | 2[1] | . | 3 | |
| » *hyssopifolium* . . . | . | . | . | . | 3 | . | . | 3 | |
| *Epilobium parviflorum* . . . . | . | . | . | . | 0 | . | . | 0 | |
| *Lysimachia vulgaris* . . . . . . | . | . | . | . | 2 | . | 3 | 1 | |
| *Symphytum officinale* . . . . . | . | 1 | . | . | 2 | . | 3 | 1 | Blattadern 2 |
| *Myosotis palustris* . . . . . . . | . | . | . | . | 3 | . | . | 2 | |

[1] Holzig.
[2] Herbarpflanze.

| Name | Ganze Pflanze | Wurzel | Stamm | | Stengel | | Blatt | | Ver-schiedenes |
|---|---|---|---|---|---|---|---|---|---|
| | | | Holz | Rinde | oben | unten | Stiel | Spreite | |
| Gratiola officinalis....... | . | . | . | . | 4 | . | . | 1 | |
| Veronica longifolia....... | . | . | . | . | 1 | . | . | 2 | |
| Valeriana officinalis ..... | . | . | . | . | 3 | . | 2 | 1 | |
| Alisma plantago......... | . | . | . | . | . | . | 3 | 2 | |
| Butomus umbellatus...... | . | . | . | . | . | . | 3 | 3 | |
| Scheuchzeria palustris.... | . | 1 | . | . | 1 | . | . | 1 | |
| Scilla bifolia........... | . | . | . | . | 3 | . | . | 2 | Zwiebel 1 |
| Juncus glaucus.......... | . | . | . | . | 2 | . | . | . | |
| Iris pseudacorus......... | . | . | . | . | . | . | . | 4 | |
| Cyperus alternifolius ..... | . | . | . | . | 1 | . | . | 1 | |
| Eleocharis palustris...... | . | . | . | . | 2 | . | . | . | |
| Scirpus maritimus....... | . | . | . | . | . | 1 | 3 | . | |
| »       silvaticus........ | . | . | . | . | 3 | . | . | 1 | |
| Phragmites communis.... | . | . | . | . | 4 | . | . | 4 | |

## Flora der Wiesen und Wiesenmoore.

| Name | Ganze Pflanze | Wurzel | Stamm | | Stengel | | Blatt | | Ver-schiedenes |
|---|---|---|---|---|---|---|---|---|---|
| | | | Holz | Rinde | oben | unten | Stiel | Spreite | |
| Bryum binum........... | . | . | . | . | . | . | . | . | Sproß 0 |
| Rumex acetosa .......... | . | . | . | . | 3 | 3 | 3 | 3 | |
| »      acetosella ........ | . | . | . | . | 2 | 2 | 2 | 2 | |
| Lychnis flos cuculi....... | . | . | . | . | 2 | . | . | 1 | |
| Caltha palustris ......... | . | . | . | . | . | . | 3 | 2 | |
| Trollius europeus ........ | . | . | . | . | 2 | . | . | 1 | |
| Ranunculus repens....... | 1 | . | . | . | . | . | 2 | 1 | |
| Cardamine pratensis...... | . | . | . | . | . | . | 4 | 3 | |
| Geranium pratense....... | . | . | . | . | 3 | . | 3 | 1 | |
| Alchimilla vulgaris ...... | . | . | . | . | 1 | . | . | 1 | |
| Lathyrus pratensis....... | . | . | . | . | 1 | . | . | 2 | |
| Trifolium pratense....... | . | . | . | . | 1 | . | 1 | 1 | |
| Lotus corniculatus ....... | . | . | . | . | 1 | 1 | . | 1 | |
| Primula acaulis ......... | . | . | . | . | . | . | 4 | 4 | Epidermis 1 |
| »      officinalis........ | . | . | . | . | . | . | 3 | 3 | |

| Name | Ganze Pflanze | Wurzel | Untersuchte Organe | | | | | | Ver-schiedenes |
|---|---|---|---|---|---|---|---|---|---|
| | | | Stamm | | Stengel | | Blatt | | |
| | | | Holz | Rinde | oben | unten | Stiel | Spreite | |
| Lysimachia nummularia.. | . | . | . | . | . | . | 3 | 2 | |
| Convolvulus arvensis | . | . | . | . | 2 | . | 3 | 1 | |
| Symphytum officinale | . | 1 | . | . | 2 | . | 3 | 1 | |
| Gratiola officinalis | . | . | . | . | 4 | . | . | 1 | |
| Orobanche caryophylacea.. | 1 | . | . | . | . | . | . | . | |
| Salvia pratensis I | . | . | . | . | 4 | . | 4 | 4 | |
| » II | . | . | . | . | 2 | . | 2 | 2 | |
| Plantago major | . | . | . | . | . | . | 3 | 3 | |
| » lanceolata | . | . | . | . | . | . | 4 | . | Blütenstiel 4 |
| Gentiana verna | . | . | . | . | . | . | . | 0 | Blütenteile 0 |
| Erythraea centaureum | . | . | . | . | 2 | . | . | 1 | Korolle 1 |
| Valeriana officinalis | . | . | . | . | 3 | . | 2 | 1 | |
| Campanula rotundifolia... | . | . | . | . | . | . | 1 | 2 | |
| » barbata | . | . | . | . | 4 | . | . | 1 | |
| Buphthalmum salicifolium. | . | . | . | . | 2 | 1 | . | 3 | |
| Bellis perennis | . | . | . | . | . | . | 2 | 1 | |
| Achillea millefolium I | . | . | . | . | 2 | . | . | 2 | |
| » » II | 1 | . | . | . | . | . | 1 | . | |
| Chrysanthemum leucanthemum | . | . | . | . | 3 | 1 | . | 3 | |
| Carduus pannonicus | . | . | . | . | 3 | . | 3 | 1 | |
| Centaurea scabiosa | . | . | . | . | 4 | 3 | 4 | 3 | |
| Taraxacum officinale | . | . | . | . | . | . | 3 | 3 | |
| Colchicum autumnale | . | . | . | . | . | . | . | 1 | |
| Muscari racemosum | . | . | . | . | 3 | . | . | 2 | |
| Carex acutiformis | . | . | . | . | . | . | . | 1 | |
| Agrostis stolonifera | . | . | . | . | 2 | . | . | 2 | |
| Alopecurus pratensis | . | . | . | . | 2 | . | . | 2 | |
| Phleum pratense | . | . | . | . | 2 | . | . | . | |
| Briza media | . | . | . | . | 2 | . | . | 2 | |
| Poa pratensis | . | . | . | . | 3 | . | . | 2 | |
| Bromus erectus | . | . | . | . | 3 | . | . | 2 | |
| Lolium pratense | . | . | . | . | 3 | . | . | 1 | |
| Triticum repens | . | . | . | . | 2 | . | . | . | |
| Orchis albida | . | . | . | . | 1 | . | . | 0 | Knolle 0 |

## Felsen- und Gebirgsflora.

| Name | Ganze Pflanze | Wurzel | Holz | Rinde | oben | unten | Stiel | Spreite | Verschiedenes |
|---|---|---|---|---|---|---|---|---|---|
| | | | Stamm | | Stengel | | Blatt | | |
| Celraria islandica | 0 | . | . | . | . | . | . | . | |
| Adiantum capillus veneris | . | . | . | . | . | . | . | 1 | |
| Scolopendrium vulgare | . | . | . | . | . | . | . | 1 | |
| Pinus pumilio | . | . | 0 | . | . | . | . | 0 | |
| Salix rediculata | . | . | 0 | . | . | . | 0 | 0 | |
| » retusa | . | . | 0 | . | . | . | 0 | 0 | |
| Tunica saxifraga | . | . | . | . | 1 | . | . | 1 | Kelch und Korolle 1 |
| Dianthus barbatus | . | . | . | . | . | 1 | . | 1 | |
| Anemone sulphurea | . | . | . | . | 3 | . | . | 2 | |
| Papaver alpinum | . | . | . | . | . | . | 2 | 2 | Korolle 1 |
| » » | . | . | . | . | . | . | . | . | Staubgefäß 2 |
| Sisymbrium austriacum | . | 1 | . | . | 2 | . | 4 | . | Mark 2 |
| Allysum saxatile | . | . | . | . | . | . | 1 | 1 | |
| Sempervivum tectorum | . | . | . | . | . | . | . | 2 | Epidermis 1 |
| » alpinum | . | . | . | . | . | . | . | 2 | |
| Sedum acre | . | . | . | . | . | . | . | 1 | |
| » aizoon | . | . | . | . | . | . | . | 0 | |
| Saxifraga aizoides | . | . | . | . | . | . | . | 3 | |
| » rotundifolia | . | . | . | . | . | 1[1] | . | 2 | |
| » sedoides | . | . | . | . | . | . | . | 2 | Blütenstengel 1 |
| » caesia | . | . | . | . | . | . | . | 1 | |
| » aizoon | . | . | . | . | . | . | . | 2 | Korolle u. Blütenstiel 1 |
| » umbrosa | . | . | . | . | . | . | 2 | 2 | |
| Cyclamen europeum | . | . | . | . | . | . | . | 2 | |
| Myosotis alpestris | . | . | . | . | 1 | . | . | 1 | |
| Linaria alpina | . | . | . | . | 3 | . | . | 2 | Korolle 2 |
| Linaria cymbalaria | . | . | . | . | 4 | . | . | 1 | |
| Çalamintha alpina | . | . | . | . | . | . | 2 | 3 | |
| Satureja montana | . | . | . | . | 1 | . | 1 | 1 | |
| Ajuga montana | . | . | . | . | 2 | . | . | 1 | |
| Gentiana acaulis | . | . | . | . | . | . | 1 | 1 | |
| » pumila | . | . | . | . | . | . | . | 0 | Kelch, Korolle und Staubgefäß 0 |
| » » | . | . | . | . | . | . | . | . | |
| Campanula barbata | . | . | . | . | 4 | . | . | 1 | |
| Aster alpinus | . | . | . | . | . | . | 3 | 1 | |
| Centaurea montana | . | . | . | . | 3 | . | . | 2 | |

[1] Holzig.

## Heideflora.

| Name | Ganze Pflanze | Untersuchte Organe | | | | | | | Verschiedenes |
|---|---|---|---|---|---|---|---|---|---|
| | | Wurzel | Stamm | | Stengel | | Blatt | | |
| | | | Holz | Rinde | oben | unten | Stiel | Spreite | |
| *a)* Auf trockenem Boden. | | | | | | | | | |
| *Celraria islandica* | 0 | . | . | . | . | . | . | . | |
| *Cladonia ranginifera* | 0 | . | . | . | . | . | . | . | |
| *Juniperus communis* | . | . | 0 | . | . | . | . | 0 | |
| *Polygala chamaebuxus* | . | . | . | . | 1 | . | . | 1 | |
| *Azalea* spec. | . | . | 1 | . | . | . | . | 1 | |
| *Erica carnea* | . | . | . | . | 0 | . | . | 1 | |
| » *vulgaris* | . | . | . | . | 0 | . | 1 | 1 | |
| *Thymus serpyllum* | . | . | . | . | 0 | . | . | 0 | |
| *Nardus stricta* | . | . | . | . | . | . | . | 2 | |
| *b)* Auf feuchtem Boden (Heidemoore) | | | | | | | | | |
| *Sphagnum cymbifolium* | . | . | . | . | . | . | . | . | Sproß 0 |
| » *squarrosum* | . | . | . | . | . | . | . | . | » 0 |
| » *cuspidatum* | . | . | . | . | . | . | . | . | » 0 |
| » *acutifolium* | . | . | . | . | . | . | . | . | » 0 |
| » *fimbriatum* | . | . | . | . | . | . | . | . | » 0 |
| *Drosera rotundifolia* | . | . | . | . | . | . | 1 | 1 | |
| *Pinguincula gypsophila* | . | . | . | . | . | . | . | 1 | |
| *Scheuchzeria palustris* | . | 1 | . | . | 1 | . | . | 1 | |
| *Eriophorum alpinum* | . | . | . | . | 1 | . | . | 1 | |
| » *vaginatum* | . | . | . | . | 1 | . | . | 1 | |
| *Carex echinata* | . | 0 | . | . | . | . | . | 1 | |

## Strand- und Salzflora.

| Name | Ganze Pflanze | Untersuchte Organe | | | | | | | Verschiedenes |
|---|---|---|---|---|---|---|---|---|---|
| | | Wurzel | Stamm | | Stengel | | Blatt | | |
| | | | Holz | Rinde | oben | unten | Stiel | Spreite | |
| *Casuarina equisetifolia* | . | . | . | . | . | . | . | . | Sproß 2[1] |
| *Chenopodium glaucum* | . | . | . | . | 3 | 3 | 3 | 3 | |
| *Atriplex hastatum* | . | . | . | . | 3 | . | 3 | 2 | |

[1] Glashauspflanze.

| Name | Ganze Pflanze | Wurzel | Stamm | | Stengel | | Blatt | | Ver-schiedenes |
|---|---|---|---|---|---|---|---|---|---|
| | | | Holz | Rinde | oben | unten | Stiel | Spreite | |
| Salicornia herbacea | . | . | . | . | 5 | . | . | . | Sproß 5 |
| » fruticosa[1] | . | . | . | . | 4 | 3[2] | . | . | Epidermis 1 |
| Suaeda maritima I. | . | . | . | . | 5 | 3[2] | . | 5 | |
| » » II. | . | . | . | . | 4 | . | . | 4 | |
| » fruticosa | . | 3 | . | . | 4 | . | 4 | . | |
| Salsola lanata | . | . | . | . | 4 | . | . | 5 | |
| » cinerea | . | . | . | . | 3 | . | . | 3 | |
| » salsa | . | . | . | . | 3 | . | . | 4 | |
| » soda | . | . | . | . | 5 | 2[3] | . | 5 | |
| » kali | . | . | . | . | 5 | . | . | 5 | |
| Corispermum intermedium. | . | . | . | . | 1 | . | . | 1 | |
| Althaea officinalis | . | . | . | . | 3 | . | 3 | 2 | Korolle 1 |
| Tamarix tetandra | . | . | 2 | 2 | . | . | . | 4 | Sproß (grün) 4 |
| Apium graveolens | . | 2 | . | . | . | . | 4 | 3 | |
| Scirpus maritimus | . | . | . | . | . | 1 | 3 | . | |

[1] Glashauspflanze.
[2] Holzig.
[3] Mit viel Mark.

## Epiphyten.

| Name | Ganze Pflanze | Wurzel | Stamm | | Stengel | | Blatt | | Ver-schiedenes |
|---|---|---|---|---|---|---|---|---|---|
| | | | Holz | Rinde | oben | unten | Stiel | Spreite | |
| Xantoria parietina | 0 | . | . | . | . | . | . | . | |
| Usnea barbata | 0 | . | . | . | . | . | . | . | |
| Platycerium alcicorne | 0 | . | . | . | . | . | . | . | Blattspreite 0 |
| Epiphyllum truncatum[1] | 2 | . | . | . | . | . | . | . | Epidermis 1 |
| Phyllocactus crenatus[1] | 3 | . | . | . | . | . | . | . | |
| » hookeri[1] | 2 | . | . | . | . | . | . | . | |
| Coelogyne cristata | . | . | . | . | . | . | . | . | Blattspreite 0 |
| Cattlaya spec. | . | . | . | . | . | . | . | . | » 0 |
| Oncidium splendidum | . | . | . | . | . | . | . | . | » 0 |
| » baueri | . | . | . | . | . | . | . | . | » 0 |
| Epidendron spec. | . | . | . | . | . | . | . | . | » 0 |
| Sarcanthus rostratus | . | . | . | . | . | . | . | . | » 0 |
| Acampe papillosa | . | . | . | . | . | . | . | . | » 0 |

[1] Glashauspflanzen nicht als Epiphyten gezogen. Ergebnis will ich daher nicht als maßgebend annehmen.

## Parasiten.

| Name | Ganze Pflanze | Wurzel | Holz | Rinde | oben | unten | Stiel | Spreite | Verschiedenes |
|---|---|---|---|---|---|---|---|---|---|
| Aspargillus glaucus | 0 | | | | | | | | |
| Botrytis spec. | 1 | | | | | | | | |
| Nectria cinnaberina | 0 | | | | | | | | |
| Polyporus adustus | 0 | | | | | | | | |
| Cuscuta epilium | 0 | | | | | | | | |
| Lathraea squamaria I. | 1 | | | | | | | | |
| »      »      II. | 0 | | | | | | | | |
| Orobanche caryophyllacea | 1 | | | | | | | | |
| Viscum album | . | | | | | | | | Blattspreite 1 |

## Saprophyten.

| Name | Ganze Pflanze | Wurzel | Holz | Rinde | oben | unten | Stiel | Spreite | Verschiedenes |
|---|---|---|---|---|---|---|---|---|---|
| Trichia chrysosperma | 0 | | | | | | | | |
| Mucor spec. | 2 | | | | | | | | |
| Ascobolus spec. | 1 | | | | | | | | |
| Helotium virgultorum | 0 | | | | | | | | |
| Hypoxylon fuscum | 0 | | | | | | | | |
| Clavaria flava | 0 | | | | | | | | |
| Polystictus versicolor | 1 | | | | | | | | |
| Boletus scaber | 2 | | | | | | | | |
| Cantharellus cibarius | 0 | | | | | | | | |
| Coprinus spec. | 2 | | | | | | | | |
| Lactaria deliciosa | 0 | | | | | | | | |
| Agaricus campestris | 2 | | | | | | | | |
| »      melleus | 0 | | | | | | | | |
| »      bicolor | 0 | | | | | | | | |
| »      muscarius | 3 | | | | | | | | |
| »      procerus | 2 | | | | | | | | |
| Sphaerobolus carpobolus | 0 | | | | | | | | |
| Lycoperdon spec. | 0 | | | | | | | | |
| »      bovista | 0 | | | | | | | | |
| Monotropa hypopitys | 0 | | | | | | | | |

Die verschiedenen Formationen weisen in bezug auf den Chloridreichtum ihrer Vertreter ebenfalls große Unterschiede auf. Gewiß ist, daß in diesem Falle die Bodenbeschaffenheit, sowohl die chemische als auch die mechanische mit allen dazugehörigen Faktoren (Feuchtigkeit etc.), einen großen Einfluß ausübt. Meerespflanzen, Salzpflanzen, die Ruderal- und Segetalflora, die Uferpflanzen und Gewächse, die feuchten Boden lieben, mit Ausnahme der Heidemooreflora, erweisen sich als halophil, während die Moos- und Farnflora der Wälder, die Holzpflanzen mit wenigen Ausnahmen, die Flora der Sandfelder, die submerse Flora der Gewässer, Heideflora, die Epiphyten, Parasiten und Saprophyten das Gegenteil zeigen.

## Zusammenfassung.

1. Die vorliegende Arbeit bezweckt auf Grund bewährter mikrochemischer Reaktionen die Verbreitung des Chlors im Pflanzenreiche und seine Verteilung in der Pflanze selbst zu untersuchen. Die für diesen Nachweis am geeignetsten befundenen Reagenzien sind sorgfältig ausprobiert worden und haben sich am besten in folgender Form bewährt:

*a)* Thalloacetat $0 \cdot 5\,g$, Glycerin $2\,g$, destilliertes Wasser $7 \cdot 5\,g$.

*b)* Silbernitrat $0 \cdot 1\,g$, $10\,\%$ Ammoniak $9 \cdot 9\,g$.

Bei sehr geringem Chlorgehalt ist das Reagens *b)*, um möglichst große und charakteristische Krystalle zu bekommen, in folgender Weise umzuändern:

Silbernitrat $0 \cdot 05\,g$, $10\,\%$ Ammoniak $9 \cdot 95\,g$.

2. Thalloacetat ist in obiger Verdünnung ein sehr brauchbares Reagens. Es bewirkt die Entstehung von sehr charakteristischen Krystallformen, hat aber nur den Nachteil der zu geringen Empfindlichkeit.

3. Weit besser in dieser Hinsicht ist das Silbernitratreagens. Es zeichnet sich durch außerordentliche Empfindlichkeit aus und bewirkt außerdem die Entstehung von großen regelmäßigen Krystallen mit besonderen Eigenschaften.

4. Ausgestattet mit diesen Reagentien wurden die verschiedensten Pflanzen von den niedrigsten Gewächsen bis zu den höchsten, im ganzen 604 Arten, aus 389 Gattungen, beziehungsweise 137 Familien untersucht.

5. Die Untersuchungen zeigen, wie weit verbreitet die Chloride im Pflanzenreiche sind. Gibt es doch nur wenige Pflanzen, bei denen man nicht einmal Spuren derselben nachweisen kann.

6. Der Chloridgehalt bei verschiedenen Familien ist verschieden. Es gibt chlorliebende und chlorfeindliche Familien. Doch können innerhalb einer Familie diesbezüglich auch Verschiedenheiten obwalten.

Besonders chlorliebend sind: die Equisetaceen, Cannabaceen, Ulmaceen, Urticaceen, Euphorbiaceen, Polygonaceen, Chenopodiaceen, Amarantaceen, Aizoaceen, Cruciferen, Tamaricaceen, Malvaceen, Umbelliferen, Primulaceen, Compositen, Liliaceen, Iridaceen.

Chlorfeindlich dagegen: die Cyanophyceen des Süßwassers, die Chlorophyceen des Süßwassers, die Lichenes, Bryophyten, Lycopodiales, Filicales, Coniferen, Betulaceen, Salicaceen, Crassulariaceen, Rosaceen, Ericaceen und Orchideen.

7. Was die Verteilung der Chloride innerhalb der Pflanze betrifft, wäre folgendes zu sagen. In bezug auf die Längsachse der Pflanze läßt sich beinahe immer eine Zunahme des Chlorgehaltes von der Wurzel zur Stammspitze zu feststellen. Die Hauptmenge des Chlors befindet sich in den parenchymatischen zellsaftreichen Geweben, und zwar gelöst im Zellsaft.

Bezüglich der Verteilung der Chloride in der Querrichtung des Stammes wäre zu erwähnen, daß sie die Epidermis und das Stranggewebe meiden, dagegen das Rindenparenchym und das Mark, solange es zellsaftreich ist, bevorzugen. Die jungen Internodien in der Nähe der Sproßspitzen, ferner Blattstiele, Adern des Blattes, fleischige Wurzeln und Rhizome zeigen immer einen größeren Chloridgehalt, während das übrige Gewebe der Pflanze, sei es das chlorophyllhaltige Mesophyll, die Epidermis, Haare und die Blütenteile, gewöhnlich gering reagieren. Verholztes Gewebe, die Schließzellen der Spaltöffnungen, Pollen und Samen zeigen nur Spuren oder sind frei von Chloriden. Zellsäfte und Milchsäfte geben bei chloridreichen Pflanzen eine starke Reaktion, bei chloridfreien dagegen keine.

8. Formationen, die einen mineralstoffreichen oder nahrhaften oder feuchten Boden lieben, zeigen sich zum Unterschiede von solchen, die auf einem nährstoffarmen, trockenen Boden wachsen, chloridreicher. So erweisen sich folgende als halophil: die Meerespflanzen, Uferpflanzen, Salzpflanzen, Ruderalflora, Segetalflora und solche, die feuchten Boden lieben, mit Ausnahme der Heidemoorflora, während die Flora der Sandfelder, die submerse Flora der Gewässer, die Heideflora das Gegenteil zeigen. Bemerkenswert wäre noch das Fehlen oder das Vorkommen der Chloride nur in geringen Spuren bei der Moos- und Farnflora der Wälder, bei den Holzpflanzen mit wenigen Ausnahmen, bei den Epiphyten, Parasiten und Saprophyten.

# Erklärung der Tafel.

1. Thallochloridkrystalle in einem Teile des Blattstielquerschnittes von *Tetragonia expansa*. (Objektiv Zeiß C. Projektionsokular I. Vergr. 120.)
2. Dasselbe wie 1, nur stärcer vergrößert. (Obj. Zeiß D. Proj. Ok. I. Vergr. 200.)
3. Thallochloridkrystalle. (Obj. Zeiß D. Proj. Oc. I. Vergr. 200.)
4. Silberchloridkrystalle. (Obj. Zeiß C. Proj. Ok. I. Vergr. 120.)
5. Silberchloridkrystalle im chlorophyllosen Mesophyll von *Urginea maritima* durch Tageslicht geschwärzt. (Obj. Reichert 7a. Proj. Ok. I. Vergr. 299.)
6. Silberchloridkrystalle. (Obj. Reichert 7a. Proj. Ok. I. Vergr. 299.)

r J., Über den Nachweis und die Verbreitung des Chlors im Pflanzenreiche.

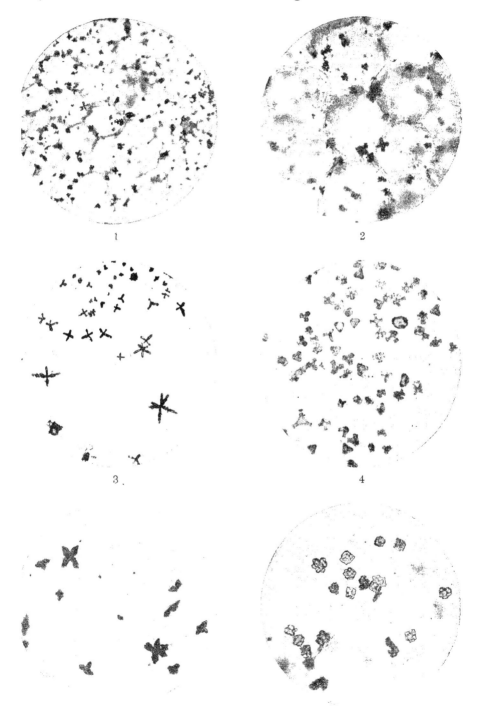

# Studien über das Anthochlor

(I. Mitteilung)

Von

## Dr. Gustav Klein

Assistent am pflanzenphysiologischen Institute der Wiener Universität

Aus dem pflanzenphysiologischen Institute der Wiener Universität
(Nr. 141 der zweiten Folge)

(Mit 1 Tafel)

(Vorgelegt in der Sitzung am 1. Juli 1920)

## I. Einleitung.

So mannigfach die Farbenpracht der Blüten unserem Auge entgegentritt, so vielfältig die Nuancen jeder Farbe sind, so wenige Farbstoffe, beziehungsweise Farbstoffgruppen sind es, deren die Natur sich bedient, um jene Fülle von Farben hervorzurufen, in der die Blütenwelt uns erscheint. Der Großteil der gelben Blütenfarben wird durch die Gruppe der Carotine und Xanthophylle bedingt, die immer an Chromatophoren gebunden auftreten und die Marquart[1] schon 1835 unter dem Namen »Anthoxanthine« zusammenfaßte. Sämtliche Farben von Scharlachrot über Violett bis Lichtblau sind auf die Gruppe der Anthokyane zurückzuführen, die immer im Zellsaft gelöst sind. Daneben gibt es eine dritte Gruppe von Farbstoffen, die ebenfalls im Zellsaft gelöst erscheinen, blaßgelb, zitron- oder dunkelgelb gefärbt sind und von den Botanikern Anthochlor genannt werden.

Seit mehr als 50 Jahren beschäftigten sich nun die Botaniker sehr eifrig mit den Blütenfarbstoffen und studierten eingehendst die Verbreitung und Verteilung der beiden ersten Gruppen im Pflanzenreich.

Auch die chemische Beschaffenheit dieser beiden Farbstoffe wurde vielfach studiert. Die Chemie der Carotinoide ist zum Teil erforscht und dank der mikrochemischen Vorarbeiten von Molisch[2] wurde die Konstitution

---

[1] Marquart L. A., Die Farben der Blüten, Bonn 1835.

[2] Molisch H., Über amorphes und krystallisiertes Anthokyan. Bot. Ztg. 1905, p. 159.

der Anthokyane, deren Erforschung sich zufolge den früheren Untersuchungen
als schwierig erwiesen hatte, in den großartigen Arbeiten von Willstätter[1]
aufgedeckt. Um so verwunderlicher ist es, daß vom Anthochlor nur spärliche
und kurze Notizen vorliegen, die sich überdies noch öfter widersprechen.
Dies mag darauf zurückzuführen sein, daß das Anthochlor nur vereinzelt im
Pflanzenreich vorkommt und man sich überdies daran gewöhnt hatte, die
gelbe Färbung der Blüten in Bausch und Bogen dem Carotin zuzuschreiben.
Es erschien daher als eine dankbare Aufgabe, auch diesen Blütenfarbstoff
eingehend zu untersuchen, seine Verbreitung und Verteilung im Pflanzenreiche festzustellen und sein chemisches Verhalten zu prüfen.

## II. Historisches.

Die erste Angabe über einen im Zellsaft gelösten gelben Farbstoff
finde ich bei Fremy et Cloez.[2] Sie unterscheiden den in Wasser unlöslichen gelben Blütenfarbstoff (Xanthin) von dem in Wasser löslichen (Xanthein),
welchen sie bei den gelben *Dahlia*-Varietäten fanden. Das Xanthein soll in
Wasser, Alkohol und Äther[*3] löslich, aber aus keinem der Lösungsmittel
krystallisierend sein. Alkalien färben stark braun,[*3] Säuren bringen diese
Färbung zum Verschwinden. Metalloxyde geben gelbe bis braune unlösliche Lacke.

Hildebrand[4] erwähnt in seiner Untersuchung, die sich hauptsächlich
mit Carotin und Anthocyan beschäftigt, einen im Zellsaft gelösten gelben
Farbstoff bei den gelben Varietäten von *Dahlia variabilis* und einigen *Acacia*-
Arten.

Rosanoff[5] findet einen gelben Zellsaft bei *Papaver alpinum* und
*nudicaule*.

Prantl[6] widmet dem Farbstoff eine eigene Untersuchung, aus der
ich das Wichtigste erwähne. Er führt einige Pflanzen an, die blaßgelb gefärbt
sind und einen wasserlöslichen gelben Farbstoff im Zellsaft enthalten wie

---

[1] Willstätter R., Untersuchungen über die Anthokyane I.—XVIII.
Lieb. Ann. d. Chem., Bd. 401 (1913), 408 (1915), 412 (1917).

[2] Fremy et Cloëz, Note sur les matières colorantes des fleurs,
Journal de pharmacie et chimie, t. XXV, année 1854, p. 241.

[3] Die mit Sternchen bezeichneten Befunde früherer Arbeiten haben
sich bei den eigenen Untersuchungen als irrig herausgestellt und werden
der Einfachheit halber erst im Verlaufe der Ausführungen an den entsprechenden Stellen richtiggestellt.

[4] Hildebrand F., Anatomische Untersuchungen über die Farben der
Blüten. Jahrb. f. wiss. Bot. 1863, B. 3, p. 64.

[5] Rosanoff, Mem. de la Soc. des Scienc. nat. de Cherbourg, XIII,
p. 211.

[6] Prantl K., Notiz über einen neuen Blütenfarbstoff. Bot. Ztg. 1871,
Jg. 29, p. 425.

*Linaria*-Arten, *Digitalis lutea,* \* 1 *Aconitum*. *Lycoctonum,* \* 1 *Trifolium* *pannonicum,* \* 1 *Cephalaria tartarica, Lotus corniculatus,* *Primula-* und *Acacia*-Arten. »Dieser neue Farbstoff, den ich einstweilen als Anthochlor bezeichnen will, zeigt ganz ähnlich wie das Anthokyan Farbenwechsel je nach der sauren oder alkalischen Reaction der Lösung, nur beschränkt sich derselbe hier auf verschiedene Töne von Gelb. Die Lösungen werden mit Säuren lichtgelb, mit Laugen bräunlichgelb.«

Er betont, daß die Formen mit diesen meist blaßgelben Blüten sämtlich Arten von Gattungen sind, deren übrige Arten Anthokyan besitzen und denen das Anthoxanthin (Carotin) fehlt. 1 * Einen anderen von Anthochlor verschiedenen Farbstoff enthalten nach ihm die gelben *Papaver*-Arten und wieder einen andern die gelben *Dahlia*-Varietäten.

Hansen[2] zitiert die Arbeit von Prantl und bringt an Neuem nur eine kurze Untersuchung des gelben Farbstoffes der Citrusschale. Er findet ihn wasserlöslich und weist mit Alkalien dunkle Gelbfärbung, mit kochender Natronlauge orangerote und mit Schwefelsäure braune Färbung nach. Aus demselben Jahre stammt eine Untersuchung Schimper's[3] über Chlorophyll und Chromoplasten, wo er in einer Tabelle auch die Pflanzen anführt, in deren Blüten er gelben Zellsaft fand. An neuen Befunden wären *Verbascum*, gelbe Rosen, *Calceolaria, Anthirrhinum maius, Astragalus vulpinus* und *Opuntia Ratinesquiana* zu nennen.

Weiss[4] untersucht in einer Notiz die schwefelgelbe Partie an der Basis der Blütenblätter von gelbblühenden *Papaver*-Arten. Bei Einwirkung von Alkohol, Essigsäure und einigen anderen Reagentien wird diese Partie grün, aus dem Zellsaft fällt der Farbstoff in gelbgrünen, wurmartig gekrümmten, ansehnlichen Gebilden heraus, die aus gebogenen Nadeln zusammengesetzt erscheinen.

Am eingehendsten beschäftigen sich mit dem Anthochlor zwei Arbeiten von Courchet[5] und Dennert.[6]

Courchet studiert eingehendst die verschiedenen Formen der Chromoplasten (Chromoleucites) im Pflanzenreich, trifft dabei auch auf einige Formen

---

1 Bei diesen Pflanzen konnte ich Anthochlor nicht finden.

2 Hansen A., Die Farbstoffe der Blüten und Früchte. Verb. d. phys. med. Ges. zu Würzburg, N. F. B. 18, Nr. 7, 1884.

3 Schimper A. F. W., Untersuchungen über die Chlorophyllkörner und die ihnen homologen Gebilde. Jahrb. f. wiss. Bot. 1885, B. 16, p. 132.

4 Weiss A., Über einen eigentümlichen gelösten gelben Farbstoff in der Blüte einiger *Papaver*-Arten. Sitzb. d. Akad. d. Wissensch. in Wien, 1884, Bd. 90, p. 108 und 109.

5 Courchet M., Recherches sur les chromoleucoites. Ann. des scienc. nat. 7, ser. Botanique 1888, T. 7, p. 361 u. 362.

6 Dennert E., Anatomie und Chemie des Blumenblattes. Bot. Zbl. 1889, Bd. 38, p. 430.

mit gelbem Zellsaft, den er chemisch näher prüft. In Betracht ɛamen
*Linaria lutea, Eschscholtzia californica, Mesembryanthemum aureum, Lotus
corniculatus* und die Staubfäden von *Dianella*. Er ist der einzige, dem es
gelang, den Farbstoff zur Krystallisation zu bringen. Er konzentrierte die
äthylalkoholische Lösung und erhielt bei *Linaria* und *Eschscholtzia* Nadeln,
beziehungsweise Sphärokrystalle. Er findet bei *Linaria* blutrote Färbung
mit ɛonzentrierter Schwefelsäure, mit konzentrierter Kalilauge Lösung in
gelber Farbe*, bei *Lotus* mit beiden Reagentien Orange-, bei den Staubfäden von *Dianella* Scharlach-, beziehungsweise Purpurrotfärbung, bei
*Eschscholtzia* nur mit Kalilauge ein dunkleres Gelb. Seine Zusammenfassung
sagt: Im großen und ganzen unterscheiden sich alle diese Substanzen
wesentlich nur dadurch von Chromoleucitenfarbstoffen, daß sie sich mit
ɛonzentrierter Schwefelsäure nicht blau färben.

Dennert, dessen Untersuchung in letzter Linie die enge Verwandtschaft zwischen Chlorophyll und Anthoxanthin einerseits, Anthokyan und
Gerbstoff anderseits dartun will, erwähnt nebenbei auch den im Zellsaft
gelösten gelben Farbstoff, dem er nahe Verwandtschaft zum Anthoɛyan
zuspricht. Er nennt eine Anzahl neuer Arten, die gelben Zellsaft führen,
nämlich *Chrysanthemum*-Arten, *Calliopsis, Coreopsis, Ruta, Muscari comosum,*
gelbe *Althaea* und *Gladiolus psittacinus*, einige Formen, bei denen in derselben Zelle neben Carotin Anthochlor vorkommt, wie Primulaarten und die
fünf erst genannten und einige, bei denen der gelbe Farbstoff aus Chlorophyll hervorgehen soll wie die gelbe Varietät von *Althaea rosea*; dann
Bluten, wo der rote und gelbe Farbstoff ineinander übergehen, so bei
*Dahlia*-Varietäten, *Carthamus tinctorius* und *Calliopsis Drummondi*, woraus
er auf die Identität der beiden schließt. Er prüft mit Kalilauge und findet
bei *Verbascum* die gelbe Farbe unverändert, bei *Antirrhinum** und
*Tropaeolum** (enthält aber nur Carotin) orange, bei *Althaea* und *Dahlia* rot
verfärbt. Da Gerbstoffe ebenfalls mit Kalilauge Gelb- oder Rotfärbung geben,
hält er einen genetischen Zusammenhang des gelben Farbstoffes ebenso wie
des Anthokyans mit den Gerbstoffen für erwiesen.

Dann sind zwei Arbeiten von Tschirch[1] zu nennen, der mit Hilfe
der Speɛtralanalyse die Verwandtschaft der natürlichen gelben Blüten-, Frucht-
und Blattfarbstoffe untereinander und mit beɛannten künstlichen Farbstoffen
zu ermitteln sucht. Dabei berücɛsichtigt er aber nicht den Unterschied
zwischen der an Chromatophoren gebundenen Carotingruppe und dem im
Zellsaft gelösten Anthochlor, auch nicht, daß in vielen der von ihm untersuchten Blüten Carotine, Flavone und Anthochlorfarbstoffe zusammen vor-
ɛommen. Zum Beispiel stellt er als Untergruppe der Xanthocarotine die

---

[1] Tschirch A., Untersuchungen über das Chlorophyll, 1884. —
Tschirch A., Vergleichende spektralanalytische Untersuchungen der natür-
lichen und ɛünstlichen gelben Farbstoffe mit Hilfe des Quarzspektrographen.
Ber. d. D. bot. Ges., Bd. XXII, 1904.

Verbascumgruppe mit zwei Absorptionsbändern und Endabsorption auf, zu der er zählt: *Verbascum* (enthält nur Anthochlor), *Viola tricolor* (enthält Carotin und Violaquercitrin, ein Flavon) und *Tulipa* (Carotin).

Die zur Reinigung der Farbstoffe angewandte Kapillaranalyse dürfte doch nicht genügen, denn es wäre sehr merkwürdig, daß chemisch so verschiedene Stoffe dasselbe Absorptionsspektrum geben, während die einander nahestehenden Carotine ganz verschiedene Spektren liefern, und man sieht sich zur Frage gedrängt, ob da nicht doch Verunreinigungen die Hauptrolle spielen. Tschirch sagt ja selbst, daß Cholesterine etc. schwer zu entfernen waren. Solange die Stoffe nicht rein krystallisiert sind, lassen sich solche Versuche wohl nicht einwandfrei durchführen. Aber auch die Richtigkeit der Absorptionsergebnisse angenommen, ließe sich daraus noch immer kein Schluß auf die chemische Verwandtschaft ziehen, wie ja die erwiesenermaßen ganz verschiedene Zusammensetzung der hier in Betracht kommenden Stoffe zeigt.

Auch Willstätter[1] erwähnt in einer seiner Anthokyanuntersuchungen die »noch nicht chemisch untersuchten, im Zellsafte gelösten gelben Farbstoffe, welche von Botanikern als Anthochlor bezeichnet werden«. Die Farbe der orange- und scharlachroten Dahlien wird durch Mischungen von Pelargonin mit dem eigentümlichen Dahliengelb bedingt. Er trennt die beiden Farbstoffe durch Ausschütteln der wässerigen sauren Farbstofflösung mit Amylalkohol, wobei das Pelargonin (und dies ist für die Anthokyane typisch) in der wässerigen Schicht bleibt, während das Dahliengelb vollständig in den Amylalkohol übergeht. Die gelbe Lösung gibt das Pigment an Soda mit intensiver Orangefarbe ab.

In einer späteren Untersuchung[2] berührt er auch den Farbstoff von *Papaver alpinum* und sagt, daß hier ein im Zellsaft gelöster, rein und intensiv gelber Blütenfarbstoff von Glykosidnatur auftritt, der den Anthokyanen im wesentlichen analog ist; die rein gelbe, wässerige Lösung gibt mit Alkali eine intensivere Gelbfärbung.

## III. Eigene Untersuchungen.

Die eigenen Untersuchungen wurden im Jahre 1916 während einer militärischen Rekonvaleszenz begonnen und im Frühjahr 1919 wieder aufgenommen. Es wurden alle gelben Blüten, die ich erreichen konnte, untersucht und auf ihre Zugehörigkeit zum Carotin oder Anthochlor geprüft. Die Blüten wurden zum Großteil in der näheren und weiteren Umgebung Wiens, aber auch am Isonzo, in Italien, Dalmatien und Montenegro, von

---

[1] Willstätter R. und Mallison H., Über Variationen der Blütenfarben. Lieb. Ann. d. Chemie, 1915, Bd. 408, p. 158 ff.

[2] Willstätter R. und Weil Fr., Mohnfarbstoffe I. Lieb. Ann. d. Chemie, 1917, Bd. 412, p. 139 ff.

fremdländischen Pflanzen im botanischen Garten und im Rotschildgarten in
Wien gesammelt.[1]

Infolge der in jeder Hinsicht beschränten Verhältnisse des letzten
Jahres erhebt die Zusammenstellung einen Anspruch auf Vollständigkeit
und werde ich in einer folgenden Mitteilung Gelegenheit nehmen, Ergänzungen
anzuführen. Es würde zu weit führen, alle untersuchten Arten mit gelben
Blüten (zirca 300) anzuführen, ich beschränce mich nur auf diejenigen,
bei welchen im Zellsaft gelöster gelber Farbstoff gefunden wurde.

**Nachweis des Anthochlors in der Pflanze.**

Wie schon betont wurde, kann die Gelbfärbung einer
Blüte durch Carotin oder Anthochlor bedingt sein. Von einer
Ausnahme soll später noch gesprochen werden. Man könnte
nun glauben, die Gegenwart von Anthochlor oder Carotin
lasse sich schon makroskopisch feststellen und so eine
ungefähre Trennung der Blüten nach diesen beiden Farbstoffen durchführen. Ich konnte mich aber immer wieder
überzeugen, daß man aus der Nuance der Blütenfarbe keinen
Schluß ziehen darf. Prantl führt als Kennzeichen für Anthochlor die blaßgelbe Blütenfarbe an. In der Tat führen viele
blaßgelbe Blüten diesen Farbstoff. Andrerseits haben zahlreiche typisch blaßgelbe Blüten, wie die blaßgelben *Tropaeolum*-
Sorten, die blaßgelben Stiefmütterchen, die lichtgelben Arten
von *Digitalis* (*D. ambigua, nervosa* etc.), von *Aconitum*
(*A. Lycoctonum, Gmelini*), von *Rosa* (*R. Eclanteria* und viele
Gartenhybriden), von *Chrysanthemum*, von *Iris* (*J. ochroleuca,
aurea, gracilis, Mathioli* etc.), von *Gladiolus* und viele
andere überhaupt kein Anthochlor, sondern nur spärliches
Carotin. Bezeichnen wir aber, und das soll vorläufig festgehalten werden,[2] alle im Zellsaft von Blüten gelöst vorkommenden gelben Farbstoffe als Anthochlor, so läßt sich
äußerlich überhaupt kein Anhaltspunkt finden.

Betrachtet man die intensiv gelben, matt glänzenden
Blütenblätter einer *Oenothera* neben denen von *Verbascum
thapsus* oder *macrurum*, so wäre man entschieden geneigt,
ihnen denselben Blütenfarbstoff zuzusprechen, so ähnlich ist

[1] Für die Überlassung des Materials sage ich auch an dieser Stelle
den Leitern dieser Gärten meinen ergebensten Dank.

[2] Molisch H., Microchemie der Pflanze. Verlag Fischer 1913, p. 242.

ihr Äußeres. Und doch enthält *Oenothera* nur Carotin, *Verbascum* hingegen rein Anthochlor.

Die einzig sichere Methode, um nachzuweisen, in welcher Form der gelbe Farbstoff in der Blüte vorkommt, ist ein Querschnitt durch das Blumenblatt, denn nur an diesem kann man feststellen, ob in der einzelnen Zelle gelber Saft oder Chromoplasten vorhanden sind.

Neben dem Querschnitt wurde überdies von allen Blüten in angesäuertem Wasser bei einer Temperatur von 20 bis 50° C. ein Extrakt hergestellt. Die Carotine sind als Kohlenwasserstoffe in Wasser gänzlich unlöslich, die im Zellsaft gelösten gelben Farbstoffe hingegen leicht löslich. Eine Gelbfärbung des Extraktes weist also auf Anthochlor. Die Prüfung des Extraktes war speziell in manchen Fällen notwendig, wo die spärlichen, lichten und fast gar nicht konturierten Chromoplasten schwer festzustellen waren. Bei *Digitalis-* und *Aconitum*-Arten sieht man oft nur einen lichtgelben Schein. Die eventuell noch in Betracht kommenden, wasserlöslichen Flavone sind in neutraler oder saurer Lösung fast farblos und tragen zur Färbung der Blüten überhaupt nicht merklich bei. Nach Willstätter[1] enthalten die tiefgelben Blüten einer Varietät von *Viola tricolor* ein Viertel ihres Trockengewichtes an Violaquercitrin, einem Flavon. Extrahiert man dieses mit heißem Methylalkohol, so sind die Blüten unverändert orangegelb. Nicht die große Menge des Quercitrins, sondern der kleine Gehalt von Carotin bedingt die Farbe.[2]

### Verbreitung im Pflanzenreich.

Die Tabelle I zeigt die Verbreitung des Anthochlors im Pflanzenreich und die Verteilung im Blütenblatt. Aus dieser Zusammenstellung ist ersichtlich, daß das Vorhandensein oder Fehlen des Farbstoffes in den gelben Blüten von der systematischen Stellung und Zugehörigkeit der Pflanze ganz

---

[1] L. c.

[2] Microscopisch kann man sich das Violaquercitrin leicht darstellen, wenn man ein gelbes Blütenblatt in einen Tropfen heißen Methylalkohol legt. Nach einer Stunde liegen am Rande des Deckglases lauter farblose bis lichtgelbe Nadeldrusen.

| Familie | Art | Farbe der Blüte | Das Anthochlor findet | | |
|---|---|---|---|---|---|
| | | | im Blumenblatt | | |
| | | | allein | neben Chromoplasten | neben Anthokyan |
| Polyonaieae | Eriogonum umbellatum | zitrongelb | + | — | — |
| Nyctaginaceae | Mirabilis Jalapa | blaßgelb | — | + | — |
| Aizoaceae | Mesembryanthemum linquiforme | intensiv gelb | + | — | — |
| | Saxifraga scardica | lichtgelb | + | — | — |
| Cactaceae | Opuntia Ratinesquei | lichtgelb | + | — | — |
| | Opuntia Engelmanni | lichtgelb | + | — | — |
| Caryophyllaceae | Dianthus Caryophyllus Gartenhybride | lichtgelb | + | — | — |
| Papaveraceae | Papaver Kerneri | dunkel-zitrongelb | + | — | — |
| | Papaver nutans | intensiv gelb | + | — | — |
| | Papaver aurantiacum | dunkelgelb bis orange-gelb | + | — | — |
| | Glaucium flavum | intensiv gelb | + | — | — |
| | Eschscholtzia californica | intensiv gelb | — | + | — |
| Resedaceae | Reseda lutea und luteola | blaßgelb | + | — | — |
| Malvaceae | Althaea rosea gelbe Varietät | blaß-zitrongelb | + | — | — |

I.

| sich | | Farbe der wässerigen angesäuerten Lösung | Anmerkung |
|---|---|---|---|
| in der | | | |
| oberen | unteren | | |
| Epidermis | | | |
| + | + | gelb | |
| + | — | blaßgelb | In der roten Form vertritt das Anthokyan auch in der Verteilung das Anthochlor |
| + | + | beim Austritt aus der Zelle verblaßt der Farbstoff | Beim Verblühen werden die Blüten orangerot |
| + | + | blaßgelb | |
| + | + | lichtgelb | |
| + | + | blaßgelb | Von derselben Art gibt es eine dunkelrote Varietät, die nur Anthokyan führt |
| + | + | lichtgelb | Alle anderen Formen führen in derselben Verteilung Anthokyan |
| + | + | intensiv gelb | Überall ein schwefelgelber Fleck an der Basis der Blütenblätter, beim Eintrocknen wird die gelbe Blüte dunkelorange; in wässeriger und verdünnt alkoholischer Lösung blaßt der Farbstoff aus |
| + | + | | |
| + | + | orangegelb | |
| + | + | | |
| + | + | intensiv gelb | Im oberen Teil der Platte neben Carotin auch Anthochlor, sonst nur Carotin |
| + | + | blaßgelb | |
| + | — | lichtzitrongelb | In den roten Varietäten vertritt der rote den gelben Farbstoff |

| Familie | Art | Farbe der Blüte | Das Anthochlor findet | | |
| | | | im Blumenblatt | | neben Anthokyan |
| | | | allein | neben Chromoplasten | |
| --- | --- | --- | --- | --- | --- |
| Rutaceen | *Ruta graveolens* | intensiv gelb | — | + | — |
| Mimosaceae | *Acacia rostellifera* | gelb | + | — | — |
| Papilionaceae | *Coronilla cappadociea* | dunkelgelb | + | — | — |
| | *Lotus corniculatus* | orangegelb | — | + | — |
| | *Lathyrus pratensis* | dunkelgelb | + | — | — |
| Primulaceae | *Primula vulgaris* | lichtgelb | + | nur in der Röhre und den Makeln | — |
| | *Primula elatior* | | + | | — |
| | *Primula veris* | dunkelgelb | — | + | manchmal rot angelaufen |
| Scrophulariaceae | *Verbascum thapsus macrurum phlomoides olympicum, lychnitis austriacum nigrum* | tief zitrongelb | + | — | — |
| | *Calceolaria rugosa* var. *aurea* | dottergelb | — | + | — |
| | *Linaria vulgaris* | lichtgelb, Gaumen orangegelb | + | im Gaumen am Grunde der Haare auch Carotin | — |

| sich in der oberen Epidermis | sich in der unteren Epidermis | Farbe der wässerigen angesäuerten Lösung | Anmerkung |
|---|---|---|---|
| + | + | tiefgelb | Neben den beiden Blütenfarbstoffen reichlich Rutin vorhanden; läßt sich mit Methylalkohol leicht krystallisieren · |
| Blumenblätter, Staubfäden und Griffel | | | In jeder Zelle neben einer Anthochlorvakuole eine farblose Vakuole |
| + | + | gelb | |
| + | — | dunkelgelb | Auf der Fahne fünf rote Anthokyanstreifen |
| + in der Fahne | + nur oberseits | | Farbstoff löst sich schnell, Blüte wird farblos |
| + | + | zitrongelb | |
| + | + | | |
| + | + | tiefzitrongelb | Hybriden enthalten statt oder neben Anthochlor Anthokyan; trübrote Färbung |
| + | + | tiefgelb | |
| + | — | lichtgelb orangegelb | Die letzten Blüten im Herbst sind sehr blaßgelb, Gaumen fast nicht dunkler |

| Familie | Art | Farbe der Blüte | Das Anthochlor findet | | |
|---------|-----|-----------------|-------|--|--|
| | | | im Blumenblatt | | |
| | | | allein | neben Chromo-plasten | neben Anthokyan |
| Scrophu-lariaceae | Linaria genistifolia | gleichmäßig zitrongelb | neben Hesperidin | — | — |
| | Anthirr-hinum maius | tief zitrongelb | — | — | + |
| Labiatae | Sideritis montana hyssopifolia scorioides | blaßgelb | + | — | — |
| Dipsacaceae | Cephalaria alpina tartarica pilosa | lichtgelb | + | — | — |
| | Scabiosa ochroleuca | | + | — | — |
| Compositae | Anthemis rigescens | gelb | — | + | — |
| | Chrysan-themum carinatum macrophyllum | | — | + | — |
| | Coreopsis longifolia | orangegelb | — | + | + |
| | Dahlia variabilis | zitrongelb | + | — | + |
| | Centaurea rupestris | tiefgelb | + | — | — |
| | Centaurea alpina, ruthenica | blaß-lichtgelb | + | — | — |
| | Centaurea glastifolia | | — | + | — |
| | Centaurea macrocephala | tiefgelb | — | + | — |

| sich | | Farbe der wässerigen angesäuerten Lösung | Anmerkung |
|---|---|---|---|
| in der | | | |
| oberen | unteren | | |
| Epidermis | | | |
| + | + | zitrongelb | Blüten nach dem Extrahieren tiefgelb; Gewebe erfüllt von Nadelbüscheln, dem von M o l i s c h aufgefundenem *Hesperidin* |
| + | — | | in der gelb-rot gefärbten Blüte vertreten sich die beiden Farbstoffe vollkommen |
| + | + | lichtgelb | |
| + | + | | |
| + | + | | |
| + | — | | |
| + | — | gelb | |
| + | + | zitrongelb | |
| + | + | dunkelzitrongelb | Alle Farbenübergänge von Gelb, Scharlachrot bis Dunkelpurpur |
| + | + | tiefgelb | |
| in einzelnen langgestreckten Zellen und Zellgruppen der Epidermis über den Gefäßbündeln | | lichtgelb | |
| in einigen langgestreckten Zellen über den Gefäßbündeln | | | Die übrigen Zellen der Epidermis führen Carotin |
| Zellstriemen über dem Siebteil | | | Sonst im Gewebe Carotin |

| Familie | Art | Farbe der Blüte | Das Anthochlor findet | | |
|---|---|---|---|---|---|
| | | | im Blumenblatt | | |
| | | | allein | neben Chromo-plasten | neben Anthokyan |
| Compositae | Carthamus tinctorius | tiefgelb bis scharlach-rot | + | — | beim Ver-blühen in einen orangeroten Farbstoff übergehend |
| | Helenium autumnale | dunkelgelb | — | + | — |
| Liliaceae | Muscari comosum | braungrau | — | + | + |
| Iridaceae | Gladiolus primulinus | sattgelb | — | + | — |
| Orchidaceae | Orchis pallens. provincialis, sambucina | blaßgelb | + | — | rote Flecken auf der Lippe |

unabhängig ist, wie dies ja auch von den andern Blüten-farbstoffen gilt. Selbst nahe verwandte Formen verhalten sich verschieden. *Primula vulgaris* und *elatior* führen in den Corollzipfeln nur Anthochlor, *Pr. auricula* und *verticillata* z. B. nur Carotin. Die beiden erstgenannten enthalten aber an den dunkleren Makeln an der Übergangsstelle der flachen Korolle in die Röhre beide Stoffe, in der Röhre nur Carotin. *Primula veris* zeigt einen Übergang, sie führt in allen Epi-dermiszellen beide Farbstoffe. Doch tritt hier beim Altern der Blüte eine Anreicherung an Carotin ein, die sich schon äußerlich in einer dunkleren, mehr orangegelben Färbung zu erkennen gibt. Andrerseits fand ich von *Primula veris* auch lichter gelbe Blüten, die nur Anthochlor führten.

Auch die verschiedenen gelben Gartenhybriden von *Primula* nehmen eine Mittelstellung ein. Sie führen in der Epidermis am Grunde der Zelle licht- bis dunkelgelbe Chromatophoren, in den Papillen Anthochlor. Die

| sich | | Farbe der wässerigen angesäuerten Lösung | Anmerkung |
|---|---|---|---|
| in der | | | |
| oberen | unteren | | |
| Epidermis | | | |
| + | + | lichtgelb bis dunkelorange | In der orangeroten Blute ist gelber und roter Farbstoff vorhanden |
| Zellstriemen tiefer im Gewebe über dem Siebteil | | lichtgelb | Die das Anthochlor enthaltenden Zellreihen ziehen wie Schläuche durch das ganze Blütenblatt |
| + | — | | Die darunter liegende Zellschichte führt Anthocyan und Carotin, die innerste nur Carotin |
| + | + | tiefgelb | |
| + | + | blaßgelb | Am selben Standort blaßgelbe und dunkelrote Formen derselben Art |

lichteren Formen enthalten viel gelben Saft neben wenig lichtgelben Körnchen am Grunde der Zelle, die dunkelgelben weniger Anthochlor, dafür viele dunkelgelbe Chromatophoren am Grunde und auch 1 bis 2 Körnchen an der Spitze der Papille. Bei den lichtgelben Formen findet man häufig auch Zellen, die nur gelben Saft enthalten. Aus dem botanischen Garten stand mir *Primula austriaca* zur Verfügung, die Wettstein durch Kreuzung aus *Pr. acaulis* und *pannonica* gezogen hat. *Pr. acaulis* führt, wie schon mehrmals erwähnt, in der Korolle nur Anthochlor, *pannonica* nur Carotin in Form von dunkelgelben Körnchen, nicht nur in der beiderseitigen Epidermis, sondern auch im Grundgewebe. Alle Kreuzungsformen ähneln der *pannonica* insofern, als sie die Einzelblüten auf einem gemeinsamen Blütenstiel tragen; in der Färbung und Farbstoffverteilung konnte ich drei Typen feststellen.

Eine lichtgelbe Form, etwas dunkler als *acaulis*; in jeder Zelle sind neben viel Anthochlor nur einige kleine lichtgelbe Chromoplasten. Die zweite Form ist dunkler als die erste, enthält neben Anthochlor viele kleine Chromoplasten zu Haufen geballt und führt im Grundgewebe kein Carotin. Eine dritte Pflanze hat noch dunklere Blüten, aber lichter als *pannonica*. Die Blüten zeigen viel Carotin neben wenig Anthochlor, auch in den Papillen und im Grundgewebe.

Dieses Beispiel nur möge die Variation der Farbstoffe bei nahe verwandten Formen demonstrieren.

Bei den Papaveraceen enthalten die gelben Papaverarten Anthochlor, *Chelidonium maius* Carotin, *Eschscholtzia* Carotin und Anthochlor. Selbst bei den Scrophularineen, die in überwiegender Anzahl Anthochlor führen, finden sich wieder Spezies nur mit Carotin, wie *Mimulus luteus* (dottergelb) oder die schon genannten Digitalisarten (lichtzitrongelb) zeigen. Innerhalb der engsten Verwandtschaft freilich ist die Einheitlichkeit und Konstanz im Vorkommen der Blütenfarbstoffe häufig gewahrt, so bei *Verbascum, Papaver, Linaria, Cephalaria, Sideritis* und *Acacia*. Bei diesen Arten enthalten die gelben Blüten nur im Zellsaft gelösten gelben Farbstoff.

### Verteilung in der Pflanze.

Das Anthochlor hat immer seinen Sitz in der Epidermis, beziehungsweise im Epithel der Blütenblätter, entweder in der oberen und unteren oder in einer von beiden, nie aber im darunterliegenden Mesophyll.

Kommt das Anthochlor in Verbindung mit Carotin vor, so trifft man immer das Carotin im Grundgewebe verteilt, in den Oberhautzellen beide Farbstoffe in ein- und derselben Zelle. Meist sind die Chromoplasten am Grunde, der gelöste Farbstoff in der äußeren Hälfte, bei papillösen Zellen in den kegelförmigen Papillen. Sehr schön ist dies zu sehen bei den Primulaceen, bei *Ruta, Lotus* und *Coreopsis*.

### Beziehungen zum Anthokyan.

Am interessantesten sind die Beziehungen zwischen Anthochlor und Anthokyan. Erstens findet man Anthochlor speziell bei Arten, deren andere Varietäten rot gefärbt sind, z. B. bei *Dahlia, Anthirrhinum, Linaria, Althaea* und *Primula*. — Zweitens läßt sich feststellen, daß sich bei den Arten, die rote und gelbe Varietäten aufweisen, die beiden im Zellsaft gelösten Farbstoffe in Lagerung und Verteilung genau ersetzen. Sowie der gelbe tritt auch der rote Farbstoff in vielen Fällen nur in der Epidermis, immer aber bloß in den äußersten Schichten auf.

Drittens lösen die beiden Farbstoffe einander oft in derselben Blüte, ja von Zelle zu Zelle ab. Da diese Fälle als Beispiel für die nahen Beziehungen der beiden Farbstoffe sehr instruktiv sind, seien einige ausführlicher besprochen. — Verschiedene Primulaarten blühen in unseren Gärten sowohl in gelben .wie roten Varietäten. Bei beiden findet man am Querschnitt homogenen, gefärbten Saft in der Epidermis, bei den gelben Anthochlor, bei den roten Anthokyan. So gibt es eine blaue Gartenform von *Primula acaulis.* Die Oberseite ist azurblau, die Unterseite blauviolett. Diese zeigt im Mikroskop von der Fläche betrachtet in jeder Zelle eine andere Farbe, von rosa über violett bis blau alle möglichen Mischfarben.

*Primula rubra* hat violetten Zellsaft. Eine Hybride von *rubra* und *acaulis*[1] ist lichtviolett. Die Blüte enthält beide Farben; unter dem Mikroskop sieht man in der Epidermis manche Zellen und Zellgruppen gelb, andere rosa, in den meisten Zellen ist Gelb und Rot zu den verschiedensten Nuancen gemischt. In der Natur findet man manchmal Blüten von *Primula veris*, die an der Unterseite rot angehaucht sind; hier zeigt sich dasselbe.

Bei *Calliopsis Drummondi* sind die Zungenblüten goldgelb, an der Basis dunkelrot. Der Querschnitt zeigt im Basalteil jeder Epidermiszelle Carotinkörner, in der Papille an den gelben Stellen Anthochlor, an den roten Anthokyan.

Die Blüten von *Anthirrhinum maius* sind in der Naturform dunkelrot mit gelbem Gaumen. Auf der Oberseite sieht man an der Übergangsstelle von Gelb in Rot schon mit bloßem Auge eine Mischungszone, die in trübroter Mischfarbe erscheint. Erst zirka $^{1}/_{2}$ *cm* von der Übergangsstelle entfernt sind die Farben wieder rein gelb, beziehungsweise so rotviolett, wie die ganze Unterseite ist. Der Querschnitt zeigt das Entsprechende: Wir finden nicht gelbe Zellen und angrenzend rote, auch nicht gelbe zwischen den roten mosaikartig verstreut, sondern in derselben Zelle ein Gemisch beider Farbstoffe; erst rein zitrongelbe, dann schmutziggelbe,

---

[1] Alle Formen standen aus dem botanischen Garten zur Verfügung.

orangerote, schmutzigrote, blutrote und dann erst rein rot-
violette Zellen. Dabei ist in der einen Zelle die Basis rötlich,
der Kegel gelb, in der andern der Kegel rot und die Basis
gelb und zwischen mehr roten Zellen liegen noch mosaikartig verstreut mehr lichtere, gelbliche. Es ist also ein
allmähliches Mischen und Ineinanderübergehen der beiden
Farbstoffe, ganz so wie bei den Farbennuancen des Anthokyans bei der blauen *Primula acaulis*.

Es gibt eine weißrote *Dahlia*-Varietät, bei der im Sommer
jede Zungenblüte weiß und von scharlachroten Rändern umsäumt ist. An der Übergangsstelle von Rot in Weiß sieht
man schmale gelbe Zonen, die Unterseite ist immer lichter,
also orange gefärbt. Gegen den Herbst sind die Blüten
orange gerändert; die Oberseite zeigt wie bei *Anthirrhinum*
eine Mischung von Rot und Gelb, die Unterseite ist bloß
gelb. Die letzten Blüten sind schon rein gelb umrandet und
zeigen oben und unten rein gelbe Farbe. Im Sommer über-
wiegt, wie ich später noch durch Ausschüttelung zeigen
werde, der rote Farbstoff, er nimmt im Herbst ab und in
den letzten Blüten ist nur gelber vorhanden.

*Carthamus tinctorius* blüht in rein gelber Farbe. Beim
Verblühen wird der Blütenstand von außen nach innen
allmählich intensiv orange- bis feuerrot und welkt in dieser
Farbe. Der Querschnitt zeigt bei den jungen Blüten in den
längsgestreckten Epidermiszellen zitrongelben, in den alternden
orangeroten Zellsaft. Diese Blüten geben orangeroten Extrakt.
Die Lösung aus den gelben Blüten ist lichtgelb, wird aber
bald dunkelorange. Dasselbe erreicht man, wenn man zu den
gelben Blüten oder dem gelben Extrakt Lauge oder konzentrierte Schwefelsäure zusetzt. Mischungen von Gelb und
Rot sind in den Zellen nicht zu sehen, es scheint also der
gelbe Farbstoff homogen in eine rote Modifikation überzugehen, worauf später noch zurückzukommen ist.

Endlich treffen wir Gattungen, deren einzelne Arten oder
Arten, deren Varietäten in allen Abstufungen von Zitrongelb
über Rot bis Violett gefärbt sind. Ein Beispiel für den ersten
Fall bietet *Papaver*, für den zweiten *Dahlia*. Alle Papaverarten führen, wenn sie überhaupt Farbstoff enthalten, diesen

nur im Zellsaft gelöst. *Papaver Burseri* und *Sendtneri* unserer
Alpen haben überhaupt keinen Farbstoff, sind weiß. *Papaver
Kerneri* (Illyrien) ist zitrongelb, *nudicaule* und *nutans* intensiv
gelb, *aurantiacum* orangegelb, *rhoeas* und *dubium* orange-
bis feuerrot und *somniferum* zeigt alle Nuancen von rot bis
tiefpurpur und lila. Interessant ist, daß alle diese Blüten
beim Eintrocknen bis zur Nuance der nächstgenannten Art
nachdunkeln, eine Erscheinung, die, wie wir bald sehen
werden, auch unter dem Einfluß von Reagentien erreicht
werden kann. Löst man den eingetrockneten Farbstoff in
Wasser, so bleibt die dunkle Nuance in der Lösung erhalten.
Dasselbe bunte Bild zeigen die Dahliavarietäten unserer
Gärten, eine Farbenpalette von Weiß, Zitrongelb, Orange,
Scharlach, Carmoisin bis Dunkelpurpurn und Violett. Überall
ist in der beiderseitigen Epidermis homogener gefärbter
Zellsaft.

Die verschiedenen roten Farbstoffe von *Papaver* und
*Dahlia* wurden von Willstätter und seinen Mitarbeitern
bereits als Anthokyane aus der Gruppe der Cyanine und
Delphinine festgestellt, der Nachweis der chemischen Zugehörigkeit der rein gelben Farben zu den roten steht
noch aus.

## Chemisches Verhalten.

Eine Unterscheidung der verschiedenen gelben Farbstoffe
gibt uns die anatomische Betrachtungsweise nicht. Den
Einblick in das Wesen und die Unterschiede der einzelnen
Farbstoffe bietet erst die chemische Untersuchung. Diese
wurde zuerst rein mikrochemisch auf dem Objektträger,
später in Eprouvettenversuchen durchgeführt. Gerade die
mikrochemische Methodik war hier zur ersten Aufdeckung
der allgemeinen chemischen Eigenschaften und mangels an
reichlicherem Material und Chemikalien das einzig Mögliche.

1. Die Löslichkeitsverhältnisse sind bei allen im
Zellsaft gelösten gelben Farbstoffen die gleichen. Sie decken
sich im allgemeinen mit denen des Anthokyans. Die Farbstoffe
sind löslich in destilliertem Wasser, besser in angesäuertem
Wasser, sehr gut löslich in Säuren und Alkalien, häufig mit

roter Farbe. Sie sind sehr gut löslich in Äthylalkohol und
Essigsäure mit intensiv gelber Farbe, gut löslich in Methyl-
alkohol. In den meisten organischen Lösungsmitteln, wie
Äther, Petroläther, Benzol, Chloroform, Schwefelkohlenstoff,
Azeton und Anilin sind sie vollkommen unlöslich. Äther und
Azeton, die Wasser enthalten, nehmen den Farbstoff an und
färben sich lichtgelb.

2. Auch die gelben Farbstoffe zeigen ähnlich wie das
Anthokyan Farbenumschläge bei Behandlung mit verdünnten Säuren und Alkalien. Nur sind sie hier nicht so
markant und bei den einzelnen Farbstoffen verschieden. Die
Farbstoffe der Dahliagruppe zeigen mit Alkali orangegelbe
bis orangerote Farbe, mit Säure schlagen alle in zitrongelb um,
das Papavergelb ist mit Alkali dunkelgelb, mit Säure zitron,
das Verbascumgelb endlich zeigt kaum einen Unterschied,
es ist mit Lauge tiefgelb, mit Säure wird es lichtgelb mit
grünlichem Stich, erst nach Stunden wird es grünlich bis
braungrün. Dieser letzte Farbenumschlag ist natürlich keine
Indikatorreaktion wie beim Anthokyan.

3. Sehr instruktiv ist das Verhalten des Farbstoffes im
Blütenblatte gegen Säuren und Alkalien, besonders gegen
konzentrierte Schwefelsäure und Kali- oder Natronlauge. In
vielen Fällen tritt intensive Rotfärbung auf, in manchen andern
nicht. Die folgende Tabelle II gibt ein Bild dieser Verhältnisse.

Die Farbenreaktionen wurden an Stücken der frischen
Corolle auf dem Objektträger durchgeführt und mit freiem
Auge sowie unter dem Mikroskop bei 130facher Vergrößerung
geprüft. Die Farbennuance ist beidemal fast die gleiche.

Eine Gruppe gibt mit Alkalien und konzentrierter Schwefelsäure rote Farben. Ihre Hauptvertreter sind *Dahlia, Anthirrhinum, Linaria, Althaea, Acacia* und *Coreopsis*. Diese geben
intensivrote Farben.

Die blaßgelben Blüten, die Prantl's Anthochlor enthalten,
bieten orange Farbennuancen. Zwischen diesen beiden Typen
finden wir in der Gruppe alle Übergänge in der Farben-
intensität. *Mesembryanthemum* und *Gladiolus* zeigen ein abweichendes Verhalten.

Der gelbe Papaverfarbstoff stellt eine von der vorgenannten abweichende, eigene Gruppe vor. Der Farbstoff tritt, mit den Reagentien behandelt, rasch aus und zeigt nur intensiver gelbe bis orange Färbung.

Eine dritte , von beiden verschiedene Form bildet der Verbascumfarbstoff. Er gibt keine Färbung, sondern speziell mit Laugen eine sichere und schöne, gelbe Krystallbildung.

Neben diesen beiden Reagentien geben auch andere Säuren und Basen Färbungen. Salz- und Salpetersäure reagieren ähnlich wie Schwefelsäure, aber nicht so intensiv. Die konzentrierte Salpetersäure rötet, die Färbung verblaßt aber bald und wird schließlich gelblich bis farblos. Natrium- und Kaliumkarbonat, Kalziumhydroxyd, Barytwasser und Ammoniak färben ähnlich wie die Alkalihydroxyde, aber die drei letzten schwächer. Organische Säuren, z. B. Essigsäure, färben nur ganz konzentriert dunkler gelb, sonst lösen sie in gelber Farbe. Eine Tabelle mag dies veranschaulichen. Tabelle III.

Die Konzentration der Reagentien ist für den Ausfall der Färbung durchaus nicht gleichgültig, bei Säuren und Laugen aber verschieden.

Während die Alkalien, speziell die Alkalihydroxyde auch verdünnt noch starke Färbungen geben, tritt diese nur bei konzentrierten Säuren auf. Die folgende Tabelle IV zeigt dies.

Die Proben wurden in Schälchen in die Reagentien eingetragen, um schnelles und gleichmäßiges Eindringen des Reagens zu ermöglichen.

In der Wirkungsweise der Säuren und Alkalien ist ein prinzipieller Unterschied, indem erstere nur in konzentrierter Form Färbungen hervorrufen, während letztere, speziell die starken Laugen, auch bei weitgehender Verdünnung noch gleich intensiv färben.

Alle diese Reaktionen wurden auch mit Farbstofflösungen ausgeführt. Die Färbungen sind ähnlich wie im Blumenblatt, nur infolge Verdünnung des Farbstoffes meist weniger intensiv.

Tabelle II.

| Name der Pflanze | Farbe der Blüte | Färbung durch KOH | Färbung durch H$_2$SO$_4$ | Anmerkung |
|---|---|---|---|---|
| Dahlia variabilis | tiefzitrongelb | kirschrot | blutrot | |
| Antirrhinum maius | licht- bis tiefgelb | kirschrot | blutrot | |
| Linaria vulgaris | Blüte lichtgelb Gaumen orangegelb | orangerot | blutrot | |
| Linaria genistifolia | tiefzitrongelb | dunkelrot | blutrot | Nach dem Extrahieren noch immer tiefgelb, Gewebe voll Hesperidin-krystalle |
| Coreopsis longifolia | dunkelgelb | kirschrot | blutrot | |
| Althaea rosea | lichtgelb | blutrot | orangerot | |
| Acacia rostellifera | tiefgelb | Blütenblätter und Griffel orangerot bis blutrot | weinrot | |
| Coronilla cappadoca | orangegelb | blutrot | orangerot | |
| Lotus corniculatus | orangegelb | orangerot bis blutrot | orange | |
| Eriogonum umbellatum | tiefzitrongelb | blutrot | orange | |
| Sideritis scorioides und hyssopifolia | zitrongelb | orangerot bis blutrot | orange | |
| Primula acaulis und elatior | lichtgelb | orangerot bis blutrot | orange bis orangerot | Farbstoff tritt beim Extrahieren rasch aus |

| | | | | |
|---|---|---|---|---|
| Ruta graveolens | gelb | orangerot | orange | Farbstoff tritt beim Extrahieren in wenigen Minuten aus, die Blütenblätter sind dann farblos |
| Lathyrus pratensis | dunkelgelb | orangerot | orangegelb | |
| Cephalaria alpina, tartarica und pilosa | blaßgelb | orangerot | orangegelb | |
| Centaurea alpina, ruthenica macrocephala etc. | blaßgelb tiefgelb | orangerot | orangegelb | Bei der letztgenannten Art verlaufen nach der Reaktion die Zellstriemen markant rot durch das Präparat |
| Scabiosa ochroleuca | blaßgelb | orangerot | orangegelb | |
| Chrysanthemum carinatum und macrophyllum | verschiedene ...en von Gelb | orangerot | orangegelb | |
| Anthemis rigescens | lichtgelb | orange | orangegelb | |
| Helenium autumnale | dunkelgelb | orangerot | orangerot | Der gefärbte Anthochlorschlauch zieht sich wie ein roter Faden durch das ganze Blütenblatt |
| Gartennelke gelbe Hybride | lichtgelb | orangegelb | orangerot | |
| Carthamus tinctorius | tiefgelb | orangegelb | orangerot | Blüten werden beim Verblühen orangerot bis scharlachrot |
| Calceolaria rugosa var. aurea | dottergelb | orange | orahge | |
| Mirabilis Jalappa | blaß lichtgelb | gelb | dunkelgelb | |
| Mesembryanthemum linguiforme | dunkelgelb | entfärbt | orangegelb | Farbstoff verblaßt beim Austritt aus dem Gewebe, beim Verblühen orange gefärbt |

| Name der Pflanze | Farbe der Blüte | Färbung durch KOH | Färbung durch $H_2SO_4$ | Anmerkung |
|---|---|---|---|---|
| *Gladiolus primulinus* | sattgelb | rotviolett | dottergelb | |
| gelbe Papaverarten | lichtgelb tiefgelb orangegelb | dunkelgelb | dunkler gelb | Dunklerfärbung beim Trocknen |
| alle gelben Verbascumarten | lichtgelb bis tiefgelb | Farbe bleibt. Nach wenigen Minuten zitrongelbe Nadelbüschel und -kugeln | Farbe bleibt. Nach einigen Tagen gelbe Körnchen und Klumpen | |

Tabelle III.

| Name | konz. $H_2SO_4$ | konz. HCl | konz. $HNO_3$ | Eisessig | 40% KOH | konz. $NH_3$ | konz. $Na_2CO_3$ | konz. $Ca(OH)_2$ | konz. $Ba(OH)_2$ |
|---|---|---|---|---|---|---|---|---|---|
| Blumenblatt von *Dahlia* | tiefblutrot | blutrot | orangerot | tiefgelb | kirschrot | blutrot | tiefrot | tiefblutrot | tiefblutrot |
| von *Linaria* | blutrot | ziegelrot | orangerot | tiefgelb | blutrot | ziegelrot | orangerot | orangerot | orangerot |

Tabelle IV.

## Farbenreaktionen bei *Dahlia*-Blumenblatt.

| Reagens | Grad der Verdünnung | | | | | | | | | |
|---|---|---|---|---|---|---|---|---|---|---|
| | konz. | 2:1 | 1:1 | 1:2 | 1:5 | 1:10 | 1:20 | 1:40 | 1:50 | 1:100 |
| $H_2SO_4$ | tiefblutrot | | lichter-rot | an den Rändern leicht rot anlaufend | dunkelgelb | keine Färbung | | | | |
| $HNO_3$ | orangerot | etwas gerötet | Ränder leicht rot anlaufend | dunkelgelb | | | keine Färbung | | | |
| HCl | rot | orangerot | Ränder leicht rot anlaufend | Ränder dunkelgelb | | | keine Färbung | | | |
| KOH | 40% sofort tiefrot | sofort tiefrot | | | blutrot | noch immer sofort blutrot | | | | |
| $NH_3$ | | tief blutrot | | | blutrot | | | licht blutrot | | orangerot |
| Eisessig | orange | dunkelgelb | | | | keine Färbung | | | | |

Die Blüten wurden in mit Salz- oder Schwefelsäure angesäuertem Wasser kalt extrahiert. Der Farbstoff tritt bei den einzelnen Arten verschieden schnell aus. Manche Blüten sind sehr bald vollständig entfärbt, z. B. *Lathyrus, Mesembryanthemum* und auch *Primula*, andere bleiben noch stark gelb, z. B. *Dahlia* und *Verbascum*.

---

Die eingetretene Rotfärbung bleibt dauernd erhalten. Durch Säuren oder Alkalien rot gefärbte Lösungen werden beim Neutralisieren wieder gelb, im Überschuß der Lauge oder Säure, mit der man neutralisiert, schlagen sie abermals in Rot um, eine Erscheinung, die man beliebig oft wiederholen kann.

Aus einer auftretenden Färbung darf man indes nicht ohneweiters auf Anthochlor schließen, ehe man sich durch einen Querschnitt oder eine Extraktion hievon überzeugt hat. Es geben ja auch andere Inhaltsstoffe, . z. B. Gerbstoffe, Glykoside und Eiweißstoffe ähnliche Färbungen. Gerbstoffe geben mit Alkalien gelbe bis rote Töne, die Anthrachinonglykoside mit Alkalien und Schwefelsäure rote Färbungen, Eiweißstoffe bei Gegenwart von Zucker mit Schwefelsäure intensiv rote Farbe (Raspail'sche Reaktion), Eiweißstoffe allein gelbe Töne mit Alkalien. Auch Carotin enthaltende Blumenblätter geben mit Alkali orange Färbung. Hiefür einige Beispiele in Tabelle V.

## Tabelle V.

| Name der Pflanze | Färbung mit $H_2SO_4$ | mit KOH |
|---|---|---|
| *Narcissus* rein weiß | zitrongelb | zitrongelb |
| *Balsamina* rein weiß | zitrongelb | zitrongelb |
| *Dahlia* rein weiß | lichtrot, wohl etwas Anthokyan | dunkelgelb |
| *Tropaeolum* lichtgelb nur Carotin | blau | rötlich |

Chlor bleicht sämtliche gelben Farbstoffe. In Chlorwasser eingetragene Corollstücke sind nach einiger Zeit farblos. Chlorkalklösung entfärbt nicht.

4. Die Anthochlorfarbstoffe sind reduktionsfähig. Doch verhalten sich die einzelnen Farbstoffe verschieden. Auch die Reduktionsmittel wirken nicht gleich. Die folgenden Tabellen geben ein Bild der Verhältnisse. Tabelle VI, VII und VIII.

Durch schweflige Säure werden die Angehörigen der Papaver- und Verbascumgruppe entfärbt. Die Papaverfarbstoffe sehr leicht und schnell, der Verbascumfarbstoff langsamer und schwerer. In der Dahliagruppe entfärbt schweflige Säure nicht. Mit dieser behandelte Blumenblätter und Lösungen bleiben auch nach langer Einwirkung normal gelb. Dasselbe gilt vom gasförmigen Schwefeldioxyd. Nach mehrtägiger Einwirkung werden die Farbstoffe der Dahliagruppe in saurer wie alkalischer Lösung nur lichtgelb. Dagegen fördert die schweflige Säure, wie später noch gezeigt werden soll, das Krystallisieren eines dieser Farbstoffe.

Naszierender Wasserstoff reduziert viel energischer. So tritt bei Behandlung der Farbstoffe mit Zinkstaub und Salz- oder Essigsäure bei *Verbascum* und *Papaver* sofort, bei den anderen Farbstoffen nach längerer Reduktionsdauer Entfärbung ein. In alkalischer Lösung mit Zinkstaub und Kalilauge behandelt, werden die Papaver- und Verbascumfarbstoffe farblos, die orange bis rot gefärbten Vertreter der Dahliagruppe lichtgelb.

Natriumamalgam wirkt in saurem und alkalischem Bade ähnlich.

Bei der Reduktion mit Zinkstaub und Natriumamalgam trat eine merkwürdige Erscheinung zutage. Reduziert man nämlich mäßiger durch längere Zeit (mit verdünnter Salzsäure oder mit Essigsäure), so tritt bei gewissen Farbstoffen, z. B. von *Anthirrhinum, Linaria* und *Primula* nicht Entfärbung, sondern von der Oberfläche der Lösung nach unten intensive Rotfärbung auf, die erhalten bleibt. Reduziert man die rote Lösung weiter, so folgt Entfärbung; nur die oberste Schicht, speziell der an der Oberfläche stehende Schaum bleibt rosenrot. Bei Luftabschluß tritt bleibende vollständige Entfärbung

## Tabelle VI.

| bei | Reduktion mit schwefliger Säure | | | | |
| | in saurer Lösung | | in alkalischer Lösung | | |
| | Farbe | Nieder-schlag | Farbe vorher | Farbe nachher | Nieder-schlag |
|---|---|---|---|---|---|
| *Dahlia* | etwas lichter gelb | gelbbraune Körnchen | blutrot | | |
| *Linaria* | etwas lichter gelb | im Blumen-blatt Krystall-bildung, in Lösung gelbe Stäbchen | orangerot | Farbe etwas lichter | braune Körnchen und Flecken |
| *Primula* | etwas lichter gelb | gelbe Körnchen | orange | | |
| *Verbascum* | sehr lichtgelb | gelbe Kugeln | tiefgelb | lichtergelb | dichter lichtgelber Nieder-schlag |
| *Papaver* | farblos +HCl gelb | — | dunkelgelb | gelb | — |
| *Coreopsis* | lichter gelb | lichtgelber Nieder-schlag | tiefrot | orange Flecken | gelbe Körnchen und Nadeln |
| *Carthamus* | lichtgelb | gelbe Kügelchen | orangegelb | dunkelgelb | Körnchen |

## Tabelle VII.

| bei | Reduktion mit naszierendem Wasserstoff aus Zinkstaub | | | |
| | in saurer Lösung | | in alkoholischer Lösung | |
| | Farbe bei starker Einwirkung | Farbe bei mäßiger Einwirkung | Farbe vor der Einwirkung | Farbe nach der Einwirkung |
|---|---|---|---|---|
| *Dahlia* | farblos | — | blutrot | lichtgelb |
| *Linaria* | farblos | granatrot | orangerot | lichtgelb |
| *Anthirrhinum* | farblos | rosenrot | blutrot | lichtgelb |
| *Primula* | farblos | rosenrot | orangerot | gelb |

| Reduktion mit naszierendem Wasserstoff aus Zinkstaub | | | | |
|---|---|---|---|---|
| | in saurer Lösung | | in alkalischer Lösung | |
| bei | Farbe bei starker Einwirkung | Farbe bei mäßiger Einwirkung | Farbe vor der Einwirkung | Farbe nach der Einwirkung |
| Centaurea | farblos | rosa | orange | farblos |
| Althaea | farblos | — | orangerot | lichtgelb |
| Acacia | farblos | — | orange | — |
| Dianthus | farblos | — | orangegelb | — |
| Carthamus | farblos | — | orangegelb | farblos |
| Coreopsis | farblos | — | tiefrot | gelb |
| Verbascum | farblos | — | tiefgelb | farblos |
| Papaver | farblos | — | dunkelgelb | farblos |

Tabelle VIII.

| Reduktion mit 1% Natriumamalgam | | | |
|---|---|---|---|
| | in saurer Lösung | in alkalischer Lösung | |
| bei | Farbe | Farbe vor der Einwirkung | Farbe nach der Einwirkung |
| Dahlia | farblos | blutrot | farblos |
| Linaria | rotbraun | orangerot | farblos |
| Anthirrhinum | karminrot | blutrot | rotorange |
| Primula | rosenrot | orange | farblos |
| Carthamus | zitrongelb | orangegelb | farblos |
| Centaurea | farblos | — | — |
| Verbascum | lichtgelb | zitrongelb | farblos |
| Papaver | farblos | tiefgelb | farblos |
| Gladiolus | farblos | purpurviolett | lichtgelb |

ein. Setzt man zu der entfärbten, vordem roten Lösung Wasserstoffsuperoxyd, so erscheint die rote Farbe wieder.[1] Die roten Lösungen bleiben mit Mineralsäuren versetzt gleich rot, mit Lauge werden sie intensiv gelb, im Überschuß der Lauge nehmen sie den für den normalen Farbstoff der Dahliengruppe charakteristischen orangen bis blutroten Ton an. Die entfärbten Lösungen werden mit Laugen wieder tiefgelb, mit konzentrierter Schwefelsäure orange bis blutrot.

Die mit konzentrierter Salpetersäure lichtgelb bis farblos gewordenen Farbstoffe nehmen mit Lauge ebenfalls orange bis blutrote Färbung an; selbst *Verbascum* wird orange, welche Färbung ich hier sonst nie erzielen konnte.

5. Zu betonen ist noch, daß der Papaverfarbstoff in wässeriger alkoholischer Lösung verblaßt, bis die Lösung farblos ist. Bei Zusatz von Salzsäure wird die Lösung nach Erhitzen lichtgelb, mit Alkali sofort tiefgelb. Es scheint also der Farbstoff in eine Pseudobase überzugehen, wie dies für die roten Mohnfarbstoffe und alle Anthokyane charakteristisch ist.

Aus *Mesembryanthemum* geht der Farbstoff mit lichtgelber Farbe in den wässerigen Alkohol über, mit verdünnter HCl wird er sofort farblos, mit Alkali wieder gelb.

6. Metalloxyde und deren Salze geben mit den Anthochlorfarbstoffen in saurer und alkalischer Lösung gelbe, orange, braune oder rote Metallniederschläge, die mit verdünnter Salz- oder Schwefelsäure gespalten, das entsprechende Metallsalz und den gelben Farbstoff in Lösung geben. Z. B. zeigen die ziegelroten Bleiniederschläge mit Säure gespalten dichte Massen von Bleisulfat oder -chlorid und den Farbstoff wieder in gelber Lösung. Die folgende Zusammenstellung zeigt die bei einigen Farbstoffen mit den einzelnen Metallsalzen erzielten Niederschläge. Tabelle IX.

---

[1] Auch bei der Reduktion von typischen Flavonkörpern, spez. Quercitrin, Quercetin und Morin, ist es Stein, Hlasiwetz und Pfaundler, Everest und Willstätter gelungen, intensiv rote, anthokyanähnliche Reduktionsprodukte zu erhalten. Siehe Willstätter, Untersuchungen über Anthokyane, III., Lieb. Ann. d. Chem., Bd. 408, Jhrg. 1915, p. 26 bis 28.

Tabelle IX.

| Reagens | erzeugt folgenden Niederschlag bei | | | | | | | | |
|---|---|---|---|---|---|---|---|---|---|
| | Dahlia | Linaria | Anthirrhinum | Coreopsis | Carthamus | Centaurea | Primula | Verbascum | Papaver |
| Bleiacetat Bleinitrat Bleichlorid | ziegelrot | gelbrot | braun | braun | dunkelgelbe Sphärite | orange | gelb | tiefgelb | wenige lichtbraune Flocken |
| Eisenchlorid | dunkelbraun | schwarzbraun | braun | — | — | — | — | braun | wenige lichtbraune Flocken |
| Kupferacetat | dunkelbraun | lichtbraun | braun | — | — | — | — | gelb | wenige gelbe Flocken |
| Zinkchlorid | gelb | gelb | gelb | gelb | gelb | gelb | gelb | lichtgelb | — |
| Wismutchlorid | orange | rotbraun | — | — | — | — | — | braun | dunkelgelb |
| Quecksilberchlorid | gelblich | dunkelbraun | — | — | — | — | — | lichtgelb | — |
| Kalialaun | tiefgelb | tiefgelb | — | — | — | — | — | zitrongelb | gelbbraun, Lösung farblos |
| Kaliumchromat | dunkelorange | braunrot | — | — | — | — | — | dunkelgelb | orange |
| Gelbes Blutlaugensalz | dunkelgelb, gelatinös | | — | — | — | — | — | trübgelb gelatinös | gelb gelatinös |

G. Klein.

7. Dementsprechend bilden die Farbstoffe auch auf
gebeizter Faser Metallsalzniederschläge. Sie färben aber schwach,
der Farbstoff läßt sich relativ leicht ausziehen. Die Tabelle X
zeigt die beizenziehende Kraft der einzelnen Farbstoffe. Am
besten färben *Dahlia* und *Verbascum*.

Tabelle X.

| bei | Baumwolle färbt an | | | |
|---|---|---|---|---|
| | ohne Beize in saurem Bade | mit Alaun gebeizt in saurem Bade | mit Tannin gebeizt in saurem Bade | ohne Beize in alkalischem Bade |
| *Dahlia* | zitrongelb | tiefgelb | tieforange | orangerot |
| *Linaria* | lichtgelb | intensivgelb | tiefgelb | orangegelb |
| *Primula* | lichtgelb | lichtgelb | lichtgelb | orange |
| *Carthamus* | zitrongelb | zitrongelb | tief zitrongelb | tiefgelb |
| *Coreopsis* | zitrongelb | zitrongelb | braunorange | orangebraun |
| *Lathyrus* | sehr lichtgelb | sehr lichtgelb | lichtbraun | schwach orange |
| *Verbascum* | tiefgelb | tiefgelb | tiefgelb | tiefgelb |
| *Papaver* | schwach gelb | schwach gelb | gelb | gelb |

8. Willstätter hat bei seinen Anthokyanuntersuchungen
eine Reaktion verwendet, die bei allen untersuchten Farbstoffen dieser Gruppe gleichmäßig verläuft und als eine
Erscheinung der Glykosidspaltung zu erklären ist.

Die angesäuerte Farbstofflösung gibt nämlich beim Durchschütteln mit
Amylalkohol an diesen nichts ab, er bleibt farblos. Wird aber die stark
saure Lösung $1/4$ bis $1/2$ Stunde gekocht, so wird das Glykosid gespalten
und der gespaltene Farbstoff, d. h. die' zuckerfreie Komponente, das
Aglykon, läßt sich nun gänzlich mit Amylalkohol ausziehen. Das Glykosid
ist also in Amylalkohol unlöslich, der zuckerfreie Farbstoff sehr gut löslich,
er geht in diesen über und gibt aus ihm durch Ausschütteln mit Wasser
oder Natriumazetat nicht das mindeste ab. Mit wasseriger Sodalösung
geschüttelt, geht der Farbstoff mit blauer Farbe vollständig in die wässerige

Schicht über. Aus diesem Verhalten zog Willstätter den Schluß auf die einheitliche Glykosidnatur aller Anthokyane, eine Annahme, die durch die nachfolgenden Untersuchungen bestätigt wurde.

Diese einfache Probe wurde auf die beschriebenen gelben Farbstoffe angewendet und gab folgendes in Tabelle XI zusammengestelltes Resultat: Die gelben Mohnfarbstoffe verhalten sich genau so wie die roten und zeigen hiedurch ihre nahe Verwandtschaft zu den Anthokyanen. Der Farbstoff gibt in mit Schwefelsäure angesäuerter Lösung an Amylalkohol nichts ab, nach viertelstündigem Kochen geht er beim Ausschütteln vollständig in den Amylalkohol über. An Soda gibt der Amylalkohol den Farbstoff mit dunkelgelber Farbe ab. Ebenso verhält sich eine Reihe von Farbstoffen aus der Dahliagruppe, die andern Angehörigen dieser Gruppe, darunter *Dahlia*, ebenso wie der Verbascumfarbstoff zeigen das entgegengesetzte Verhalten. Sie gehen aus wässeriger, angesäuerter Schicht vollständig in den Amylalkohol über und lassen sich aus diesem nicht auswaschen. Nach Hydrolyse gehen sie ebenso in den Amylalkohol über. Auch gegen Sodalösung ist das Verhalten einheitlich. Vor der Hydrolyse gehen diejenigen, welche sich mit Amylalkohol ausschütteln ließen, nach der Hydrolyse alle in die Sodalösung über. Das Verhalten der intakten Farbstoffe gegen Amylalkohol ist also verschieden, nach der Hydrolyse und gegen Soda einheitlich.

Daraus kann man wohl schließen, daß man es überall mit Glykosiden zu tun hat.

Der direkte Beweis für die Glykosidnatur läßt sich freilich nur mit reiner, krystallisierter Substanz durchführen, die ich in der erforderlichen Menge noch nicht zur Verfügung hatte. Denn wenn auch die Farbstofflösungen nach dem Kochen mit Säure sowohl nach der Fehling'schen wie nach der Osazonmethode viel mehr Zucker aufwiesen wie vor dem Kochen, so könnte man diesen Befund ebenso mit der Spaltung von anderen in der Blüte enthaltenen Glykosiden erklären.

Schließlich sei noch betont, daß der zuckerfreie Farbstoff so wie beim Anthokyan in konzentrierter Säure unlöslich,

Tabelle XI.

| Name der Pflanze | intakter Farbstoff in saurer Lösung ausgeschüttelt | | | | Farbstoff mit 20% $H_2SO_4$ 5 Minuten gekocht, ausgeschüttelt | | | | Anmerkung |
| | saure Lösung gegen Amylalkohol | | Amylalkohol gegen Sodalösung | | saure Lösung gegen Amylalkohol | | Amylalkohol gegen Sodalösung | | |
| | Amyl-alkohol | Wasser | Amyl-alkohol | Sodalösung | Amyl-alkohol | Wasser | Amyl-alkohol | Sodalösung | |
| --- | --- | --- | --- | --- | --- | --- | --- | --- | --- |
| gelbe Papaverarten | farblos | gelb | farblos | dunkelgelb | gelbe Körnchenmasse | farblos | farblos | dunkelgelb | |
| Verbascum-arten | grünlich | farblos | farblos | bräunlich-gelb | gelb | farblos | farblos | gelb | |
| Dahlia, gelb | tiefgelb | farblos | farblos | tiefrot | gelbe Flocken | farblos | farblos | orangegelb | |
| Linaria vulgaris | gelb | farblos | farblos | orangegelb | rotbraune Flocken | farblos | farblos | rotbraun | |
| Antirrhinum maius | gelb | farblos | farblos | tiefrot-rotbraun | schwarz-braune Flocken | farblos | farblos | rotbraun | |
| Coreopsis tennifolia | gelb | farblos | farblos | blutrot | braune Flocken | farblos | farblos | orange | |
| Acacia rostellifera | gelb | farblos | farblos | orange | gelb | farblos | farblos | dunkelgelb | |

| | | | | | | | | |
|---|---|---|---|---|---|---|---|---|
| *Gladiolus primulinus* | gelb | farblos | farblos | violett | gelb | farblos | farblos | dunkelgelb |
| *Carthamus tinctorius* | gelb | farblos | farblos | dunkelgelb | gelb | farblos | farblos | dunkelgelb |
| *Eriogonum* | zitrongelb | farblos | farblos | dunkelgelb | gelb | farblos | farblos | dunkelgelb |
| *Dianthus* | gelb | farblos | farblos | tiefgelb | gelbes Gerinnsel | farblos | farblos | tiefgelb |
| *Reseda lutea* | gelb | farblos | farblos | gelb | gelbbraun | farblos | tarblos | orangegelb |
| *Lotus corniculatus* | dunkelgelb | rosa | farblos | orange | gelb | farblos | farblos | orange |
| *Primula acaulis und elatior* | farblos | gelb | farblos | orange | gelb | farblos | farblos | orange |
| *Centaurea-arten* | farblos | gelb | farblos | orange | gelb | farblos | farblos | orange |
| *Lathyrus pratensis* | farblos | dunkelgelb | farblos | orangerot | gelb | farblos | farblos | orangerot |
| *Calceolaria* | farblos | tiefgelb | farblos | orange | gelb | farblos | farblos | orange |
| *Mirabilis* | farblos | gelb | farblos | ora·ge· | gelb | farblos | farblos | gelb |

in verdünnter schwer löslich ist und infolgedessen nach der Hydrolyse in Form von Körnchen oder Flocken in der Säure erscheint; beim Ausschütteln löst er sich meist nicht ganz, sondern sammelt sich in Form von Flocken an der Grenze der beiden Schichten an.

Die orange und scharlachrot gefärbten Dahliensorten enthalten, wie schon erwähnt, ein Anthokyan, Pelargonin und Anthochlor, das Dahliengelb. Behandelt man den angesäuerten Extrakt dieser Blüten mit Amylalkohol, so ist die saure Lösung rot, die Amylalkoholschichte intensiv gelb. Auf diesem Wege hat Willstätter die beiden Farbstoffe voneinander getrennt.

Die bei der Reduktion rot gefärbten Farbstoffe zeigen dasselbe Verhalten gegen Amylalkohol wie die intakten gelben. So gibt das rot gefärbte Anthochlor von *Anthirrhinum* an Amylalkohol nicht das Mindeste ab, nach der Hydrolyse geht es vollkommen in die Amylalkoholschicht über. Aus dieser geht es mit gelber Farbe in wässerige Sodalösung.

Auch mit Phenol läßt sich Anthochlor aus wässeriger, saurer Lösung ausschütteln, wie folgt:

Tabelle XII.

| Name | *Dahlia* | *Linaria* | *Verbascum* | *Papaver* |
|---|---|---|---|---|
| Phenol | tiefgelb | braun | tiefgelb | dunkelgelb |
| wässerige Schicht | farblos | farblos | farblos | farblos |

**Krystallisation.**

1. Im Blumenblatt.

Vom Anfang an war mein Bestreben darauf gerichtet, die gelben Farbstoffe in krystallisierter Form zu erhalten, wie es Molisch in so schöner und einfacher Weise beim Anthokyan gezeigt hatte. Doch gelang es nur in wenigen Fällen auf diese Art Krystallbildung zu erzielen, wohl aber erhielt ich Krystallisation im Blumenblatt auf verschiedene andere Weise.

Nach Molisch legt man ein rotes Blumenblatt von Rosa, Pelargonium und anderen in verdünnte Salzsäure, Essigsäure oder auch destilliertes Wasser und erhält nach einiger Zeit im Blumenblatt und außerhalb, speziell am Rande des Deckglases, rote Nadeln und Nadelbüschel von Anthokyan.

*Papaver.* Behandelt man die schwefelgelbe Partie am Grunde der Corollblätter von *Papaver Kerneri* und *aurantiacum* mit Alkohol, Essigsäure oder angesäuertem Wasser, so krystallisiert der Farbstoff sofort aus; in vielen Zellen findet man gelbliche oder gelbgrüne wurstförmige Gebilde und gekrümmte, spirillenförmige Stäbchen von Krystallnatur, die aber bald in Körnchen zerfallen und sich mit lichtgelber Farbe lösen. Sie geben mit Lauge und Schwefelsäure orangerote Färbung, die beim Neutralisieren wieder in Gelb zurückkehrt. Der Farbstoff dieser schwefelgelben Partie, die beim Trocknen, beziehungsweise beim Absterben tiefgrün wird, ist also verschieden von dem des Corollblattes.

*Dahlia.* Legt man ein Stück eines Corollblattes der gelben Georgine in konzentrierte Zuckerlösung, so tritt in kurzer Zeit Plasmolyse ein, in jeder Zelle findet man eine dunkelgelbe Kugel. Wäscht man nun die Blattstücke rasch in Wasser ab, zieht einigemale durch Alkohol, überträgt wieder in die Zuckerlösung auf einen Objektträger und läßt die Präparate einige Stunden unter einer Glocke liegen, so sieht man in manchen mächtige, gelbe Nadelsphärite das Gewebe erfüllen. Fig. 1. Sie geben mit Schwefelsäure und Kalilauge die typischen roten Farben.

*Linaria.* Die Blüten zeigen nach längerer Einwirkung von Essigsäure derbe gelbe Spieße, meist zu Bündeln vereinigt, im Gewebe.

Auch mit konzentrierter Zuckerlösung erhält man speziell im Sporn, der den Farbstoff am konzentriertesten enthält, Krystalle. Legt man nämlich etwas angetrocknete Blütensporne in Zuckerlösung, so findet man in wenigen Minuten in jeder Zelle schöne Krystalle des rhombischen Systems oder lange, breite Nadeln; waren die Blumenblätter stärker eingetrocknet, so bildet sich nur Krystallsand.

Die meisten Zellen sind angefüllt von kleinen gelben Nädelchen und Stäbchen.

Dieselben Krystalle erhält man beim Einlegen in wenig Amylalkohol, schweflige Säure, Schwefeldioxyd oder Natriumbisulfitlösung. Fig. 2.

Diese Krystalle werden mit konzentrierter Schwefelsäure unter Lösung blutrot, mit $50\%$ Kalilauge färben sie sich kirschrot bis purpurn und lösen sich schließlich mit violetter bis tiefblauer Farbe, eine sehr auffallende Erscheinung, die ich sonst nie beobachten konnte.

*Verbascum.* Sehr leichte, sichere und schöne Krystallbildung zeigt der Verbascumfarbstoff sowohl im Blumenblatt wie außerhalb beim Zusatz von Alkalien. Versetzt man ein Blumenblatt von *Verbascum* mit wässeriger oder alkoholischer Alkalilauge, so fällt bei einer Laugenkonzentration über $20\%$ sofort, bei niedrigerem Gehalt nach einiger Zeit der gesamte Farbstoff krystallisiert aus; in den Zellen in Nädelchen, Nadelbüscheln und ganzen Sträuchern von zitrongelber Farbe, außerhalb des Präparates in Kugeln, die aus lauter gekrümmten, schmalen, rhombischen Blättchen bestehen und am Rande des Deckglases in mächtigen, bärlappähnlichen Sträuchern bis zu 2 *mm* Größe, aus lauter gelben Nädelchen gebildet. Fig. 3, 4 und 5. Ähnliche Bildungen, nur langsamer, erhält man mit allen anderen Alkalien.

Der Verbascumfarbstoff zeigt aber auch sonst Neigung zur Krystallisation und ein von den andern gelben Farbstoffen abweichendes Verhalten. Besonders auffallend ist die Wirkung von Essigsäure, die olivgrüne Färbung und Bildung von grünen Krystallen bedingt.

Tabelle XIII.

| $40\%$ KOH | Eisessig | Konz. HCl | Konz. $H_2SO_4$ | Konz. $HNO_3$ |
|---|---|---|---|---|
| intensiv gelbe Nadeln und Nadelbüschel | homogene Grünfärbung nach einiger Zeit olivgrüne Nadeln und Nadelbüschel | braungrüne Nadeln und Büschel | dunkelgelbe bis braune gekrümmte Nadelbüschel | sehr lichtgelbe, meist farblose Nadelbüschel aus kurzen, compacten Nadeln |

Nimmt man die Säuren in einer Verdünnung von 1 : 3, so ist die Färbung bei Salzsäure gelbgrün, bei Schwefelsäure gelbbraun und bei Salpetersäure lichtgelb. Mit Lauge werden diese mit Säuren entstandenen Bildungen wieder tiefgelb.

Überträgt man andrerseits die in Lauge eingelegten Blütenblätter in die Säuren, so erhält man ähnliche Resultate wie mit frischen. Es verwandeln sich die gelben Nadelgebilde in Eisessig in grüne, in Salzsäure in gekrümmte gelbbraune, in Schwefelsäure in dunkelgelbe bis braune, in Salpetersäure in lichtgelbe bis farblose gebogene Nadeln und Nadelbüschel.

In organischen Lösungsmitteln, in welchen die Farbstoffe unlöslich sind, erhält man ebenfalls Krystallisationen, wenn man die Blumenblätter länger in diese einlegt.

Tabelle XIV.

| Lösungsmittel | *Dahlia* | *Linaria* | *Verbascum* | *Papaver* |
|---|---|---|---|---|
| Petroläther | im Präparate und auf der Oberfläche gelbe, seidenglänzende Nadelbüschel | rhombische Prismen, Krystallsand und Klumpen | gelbe Klumpen mit radialer Streifung | gelbe Nadeln und sehr viele gelbe Klumpen |
| Äther | ähnlich wie bei Petroläther | | | |
| Amylalkohol | große gelbe Nadeln quer durch die Zelle und gelbe Klumpen | gelbe typische Nadeln und Klumpen | gelbe Sphärokrystalle in Gruppen im Gewebe | |

2. Im Extrakte.

Auch mit Farbstoffextrakten in verschiedenen Lösungsmitteln, also außerhalb des Gewebes, wurde im kleinen Maßstabe Krystallbildung versucht und mehrfach erzielt.

*Dahlia.* Der wässerige angesäuerte Extrakt läßt, im Vakuum bei Zimmertemperatur in Krystallisierschalen eingedampft, nach längerer Zeit lauter feine, kurze, beiderseits zugespitzte, lichtgelbe Nädelchen ausfallen.

Mit 3 % Salzsäure zu gleichen Teilen versetzt, zeigt der Extrakt bei derselben Behandlung große, dichte Nadelkugeln, die durch die dichte Lagerung dunkelorange erscheinen. In zehnprozentiger salzsaurer Lösung erhält man kleine Sphärite, bei noch höherer Konzentration in der Hauptmenge nur mehr Körnchen- und Stäbchenaggregate neben typischen Einzelnadeln. Konzentrierte Salzsäure gibt nur eine orange bis rostrot gefärbte Masse, aus Körnchen und Stäbchen zusammengesintert. Alle diese Bildungen lösen sich in konzentrierter Salz- und Schwefelsäure mit orangeroter, in Kalilauge mit blutroter Farbe.

Der Eisessigextrakt zeigt, über Schwefelsäure im Vakuum eingedampft, blutrote Lösung und rostroten Niederschlag; dieser besteht aus orangeroten Kugeln und Schollen, die sich durch die radialen Risse als Sphärokrystalle zu erkennen geben. Kalilauge löst blutrot.

Bei Äthylalkohol, in dem sich Anthochlor am reichlichsten löst, tritt im konzentrierten Extrakt relativ leicht Krystallisation ein. Legt man eine Anzahl Einzelblüten in wenig 96 prozentigen Alkohol, so daß die Lösung unvollständig bleibt, so hat der Alkohol bald eine goldgelbe Farbe erreicht, die Blätter sind noch gelb. In dem Falle tritt nach einiger Zeit Trübung ein, die immer mehr zunimmt und aus lauter reinen, lichtgelben Nädelchen besteht. Fig. 6.

Aus der konzentrierten Lösung fällt etwas Farbstoff aus, dadurch kann sich neuer lösen usw.

Dieselben Nadeln erhält man beim langsamen und vorsichtigen Verdunsten des Alkohols.

Beim schnellen Eindampfen bildet sich nur ein amorpher Rückstand. Immer wird beim Eindunsten die Lösung dunkelgelb, dann orange bis rot, erst bei dieser Konzentration tritt Krystallisation ein. Die alkoholische Lösung gibt auch beim Versetzen mit konzentrierter Salzsäure oder methylalkoholischer Salzsäure bald Nadeln und Körnchenmassen.

Leichter und schneller erreicht man Krystallbildung beim Versetzen der alkoholischen Lösung mit chemisch indifferenten organischen Lösungsmitteln, die den Farbstoff unverändert fällen. So fällt absoluter Alkohol typische gelbe Nädelchen und orange Tropfen, die allmählich in feste Kugeln übergehen; aus diesen entwickeln sich schließlich Sphärokrystalle und schöne Nadelbüschel. Fig. 8. Sie werden mit Lauge blutrot. Aceton gibt Nadeln und mächtige orange Kugeln, die sich in Sphärokrystalle umwandeln. Fig. 7. Äther fällt durchaus reine Nadeln, die mit Lauge dunkel- bis orangegelb werden. In all den genannten Fällen zerfließen die Nadeln, auf den Objektträger gebracht, sehr rasch, unterm Deckglas nicht. Die Nadeln sind in Wasser unlöslich, in Alkohol leicht löslich, in Alkalien löslich mit dunkel- bis orangegelber Farbe, in konzentrierten anorganischen Säuren unlöslich.

Auch die Amylalkoholausschüttelung gibt bei vorsichtigem Eindunsten neben orange gefärbten Kugeln nur einen körneligen Rückstand, mit alkoholischer zweiprozentiger Salzsäure aber neben Körnchen auch viele große orangerote Sphärokrystalle, die sich aus Alkohol umkrystallisieren lassen.

*Linaria.* Der Farbstoff von *Linaria* ist ziemlich empfindlich. Extrahiert man den Farbstoff mit 5 bis 10% Salz- oder Schwefelsäure oder mit 50% Essigsäure in der Kälte, so gibt der Helm eine lichtgelbe, der Gaumen orangegelbe Lösung; die Farbe bleibt dauernd. Bei 60° aber schon erhält man braune bis schwarzbraune Lösung, aus der nach einiger Zeit ein schwarzer Niederschlag ausfällt, der in wenigen Tagen fast vollständig ist.

Mit konzentrierten Mineralsäuren oder bei starkem Erhitzen beziehungsweise Kochen der verdünnten Lösung erreicht man dasselbe in einer Viertelstunde. Der fast schwarze Niederschlag zeigt sich aus lauter dunkelgelben Körnchen und Stäbchen zusammengesetzt. Er ist in kaltem und heißem Wasser unlöslich, in angesäuertem Wasser fast unlöslich, in Alkohol mit tiefgelber, in Essigsäure mit dunkelgelber, in Salzsäure mit zitrongelber und in Alkalien, z. B. Kalilauge oder Ammoniak mit orangeroter Farbe leicht löslich.

Die alkalische Lösung wird mit Säuren wieder lichtgelb.

Von den übrigen Farbstoffen zeigt nur das Verbascumgelb Ähnliches. Die andern Blüten, z. B. das nahverwandte
*Antirrhinum maius* geben bei 60° reingelbe Lösungen. Der
wässerige oder alkoholische Extrakt gibt beim langsamen
Eindunsten eine gelbe Masse aus Körnchen bestehend. Diese
geben mit Kalilauge orangerote Färbung. Kalte salz- oder
essigsaure Lösung gibt mit Äther gelbe Körnchenaggregate.
Der Amylalkoholauszug zeigt im Vakuum eingedampft,
schwarzgrüne Lösung und ebensolchen Niederschlag.

Der lichtgelbe Farbstoff von Helm und Sporn und der
orangegelbe des Gaumens sind voneinander verschieden. Nicht
die Konzentration des Farbstoffes bedingt die mehr minder
intensive Färbung; denn die lichtgelben Partien der Blüte
geben immer lichtgelben Extrakt, die orangegelben auch bei
starker Verdünnung orangegelben. Die Farbenreaktionen sind
bei beiden gleich intensiv. Im Sporn ist tiefzitrongelber Farbstoff in sehr konzentrierter Form; er krystallisiert, wie schon
gezeigt, unter den verschiedensten Bedingungen sehr leicht
und gibt tiefrote Farbenreaktionen.

*Verbascum.* Der Farbstoff von *Verbascum* gibt, wie
schon geschildert, wie im Blumenblatt, so auch im Extrakt
leicht Krystallisation beim Versetzen mit Alkalien. Wässerige
und alkoholische Lösungen geben mit 40 bis 100% Kalilauge herrliche tiefgelbe Nadelkugeln, -büschel und -sträucher.
Schüttelt man eine Lösung mit Amylalkohol aus und unter-
schichtet diesen Auszug mit Lauge, so bilden sich an der
Grenzzone, sowie der Farbstoff in die alkalische Schicht
übergeht, dieselben Nadeln und Bäumchen in sehr reiner
Form.

Auch mit Ammoniak erhält man nach längerem Stehen
Krystallbildung, und zwar meist regelmäßige tetraederähnliche
Formen oder sechsseitige Plättchen. Fig. 12.

Lösungen mit Essig- oder Salzsäure versetzt, werden
bald oliv- bis dunkelgrün, nach einiger Zeit fallen grüne
Körnchen und Tropfen, die sich in lichtgrüne Sphärokrystalle
und Büschel verwandeln. Diese grünen Krystalle geben mit

Alkalien wieder tiefgelbe Lösung. Mit Säuren kann man also hier nie bleibend gelbe Lösungen erhalten.

Die gelben Krystalle des Verbascumfarbstoffes sind leicht löslich in Alkohol, schwerer löslich in Wasser, unlöslich in den anorganischen Säuren.

*Papaver.* Das Papavergelb gibt in angesäuerter, wässeriger Lösung beim Eindampfen gelbe Körnchenaggregate und dunkelgelbe Kugelsphärite, aus denen lichtgelbe Nadeln herauswachsen. Der alkoholische Auszug gibt lauter goldgelbe Nadelbüschel und Drusen. Diese Bildungen werden mit KOH dunkelgelb bis orange gelöst. Mit $10^0/_0$ Salzsäure fallen nach einiger Zeit kleine gelbe Nadelkugeln.

Endlich geben auch die Metallsalze relativ leicht neben den schon besprochenen amorphen Metallniederschlägen Krystallbildungen des reinen Farbstoffes. Diese zeigen nämlich mit Alkalien und Schwefelsäure die für den intakten Farbstoff charakteristischen Rotfärbungen, während die Metallverbindung damit nur dunkelgelbe bis orange Färbung gibt. Um Wiederholungen zu vermeiden, seien alle mit anorganischen Säuren, Basen, mit Metallsalzen etc. erzielten Krystallisationen in kurzer tabellarischer Übersicht gegeben. Tabelle XV. Die Metallsalzniederschläge sind in Wasser unlöslich, in Alkohol unlöslich, in Säuren mit gelber bis roter Farbe sofort löslich, ebenso in Alkalien mit den charakteristischen Farben.

### Schwefelsäureprodukt.

Schließlich sei noch eine interessante Erscheinung betont, die ich freilich bis jetzt nur bei *Dahlia* konstatieren konnte. Versetzt man eine Eisessiglösung des Dahlienfarbstoffes mit dem gleichen Volumen konzentrierter Schwefelsäure, so bilden sich vorerst gelbe Nadelkugeln, die nach einigen Tagen schmutzigrot und schließlich granatrot werden. Fig. 9. Sie gleichen im Aussehen vollkommen den Anthokyankrystallen. Mit Lauge lösen sie sich in tiefpurpurner bis dunkelvioletter Farbe. Versetzt man mit Wasser, so werden die roten Krystalle wieder rein gelb. Diese zeigen mit Schwefelsäure Lösung in roter, mit Kalilauge in purpurvioletter Farbe. Die gelben Nadelbüschel bleiben in der mit Wasser verdünnten Lösung

Tabelle XV.

| Reagens | Nach 24 Stunden eingetretene Krystallbildung bei mit 96% Alkohol extrahiertem Anthochlor von | | | | Anmerkung |
|---|---|---|---|---|---|
| | *Dahlia variabilis* | *Linaria vulgaris* | *Verbascum thapsus* | *Papaver Kerneri* | |
| Konz. Schwefelsäure | L. tiefblutrot, gelbe Nadeln und weiche Tropfen+KOH blutrot. Später bilden sich granatrote Nadelkugeln+KOH purpur (Fig. 9) | L. blutrot, schwarze Körnchen und Stäbchenbüschel | L. braunrot, braunschwarze Kugelsphärite und Körnchenaggregate | L. orangerot, dunkelgelbe Körnchen, Stäbchen und einzelne Kugelsphärite | |
| Konz. Salpetersäure | L. erst orangerot, dann tiefgelb, gelbe Nadeln und große orange Kugelsphärite +KOH orangerot | L. orangegelb, lauter große orangegelbe Kugelsphärite (Fig.11) +KOH orangerot | L. gelb, dann farblos +KOH tiefgelb, kleine gelbe Kügelchen | L. farblos + KOH tiefgelb | |
| Halbkonz. Salzsäure | orangerote L., lauter gelbe Nadeln und große Nadelkugeln, sehr rein +KOH kirschrot | rotbraune L., gelbe Kugel- und Stäbchenaggregate | gelbgrüne L., grünliche Kugeln und Nadelbüschel | tiefgelbe L. | |
| Chlorwasser | lichtgelbe L., sehr viele gelbe Nadeln und Körnchen | lichtgelbe L., tiefgelbe Kugeln und Ballen | sehr lichtgelbe L., gelbe Nadelaggregate | farblose L. | |

| | | | | |
|---|---|---|---|---|
| Bromwasser | tiefgelbe L., tiefgelbe Nadeln, Kugeln und Tropfen + KOH blutrot | tiefgelbe L., gelbe Kugeln und Körnchenaggregate | farblose L., + KOH gelb | farblose L., lichtgelbe Körnchen |
| 4% Borsäure | tiefgelbe L., gelbe Nadeln und dunkelgelbe Kugeln +KOH purpurrot | lichtgelbe L., gelbe Kugeln und Nadelbüschel | lichtgelbe L., lichtgelbe Körnchen | tiefgelbe L. |
| 50% Kalilauge oder Soda | dunkelrote L. | blutrote L. | typische gelbe Nadelbüschel und Krystallbäumchen | dunkelgelbe L., gelbe Schollen und Kugeln |
| Kalkwasser | blutrote L., die gelbe Kugeln und Körnchen | orangerote L., gelbe Körnchen und Nadeln | lichtgelbe L., viele und gelbe Kugeln | tiefgelbe L. |
| Barytwasser | blutrote L., die Kugeln und feine kurze Nadelbüschel +KOH orange | orangerote L., gelbe Kugeln und Tropfen | lichtgelbe L., gelbe Dendrite | gelbe L., gelbe Körnchen und Stäbchenaggregate |
| wässerige 3% Eisenchloridlösung | dunkelbraunes ..., gelbe Nadeln und Kugelsphäre +KOH blutrot | schwarzbrauner N., gelbe Kügelchen und Stäbchen | gelbbraune L., festweiche gelbe Massen, gelbe Nadelbüschel und Drusen | lichtbraune L. und wenig Flocken |

Abkürzungen: L. = Lösung, N. = Niederschlag.

| Reagens | Nach 24 Stunden eingetretene Krystallbildung bei mit 96% Alkohol extrahiertem Anthochlor von | | | | Anmerkung |
| --- | --- | --- | --- | --- | --- |
| | Dahlia variabilis | Linaria vulgaris | Verbascum thapsus | Papaver Kerneri | |
| wässerige 3% kupferacetatlösung | dunkelbraune L. und Gerinnsel, gelbe Tropfen und Nadelkugeln | braune L. und Gerinnsel, feine gelbe Nadelkugeln und Schollen zu vieh beisammen | dunkelgelbe L., gelbe Klumpen, Sphärite und Drusen | dunkelgelbe L. und wenige Flocken | |
| gesättigte wässerige Bleiacetatlösung, neutral und sauer | ziegelrotes Gerinnsel, viele gelbe Nadeln und dunkelgelbe Kugelsphärite | gelb ; Gerinnsel, gelbe Kugeln (Fig. 10) und Stäbchen | gelbe L. und Massen, schöne gelbe Drusen | dunkelgelbe L. und wenige Flocken | |
| 10% wässerige Zinkchloridlösung | gelbe L., große harte Massen, sehr reine Nadeln und Kugeln | gelbe L., gelbe Körnchen | lichtgelbe L., gelbe Kugelsphärite | gelbe L. | |
| 10% wässerige Silbernitratlösung bei saurer Lösung | gelbe L., gelbe Körnchen und Schollen | gelbbraune Körnchen | gelbe Körnchen und schwarzbraune Körchen | farblose L., gelbbraune Körnchenmassen | in ammoniakalischer Lösung grauschwarzer N. L. farblos. |
| 5% wässerige gelbe Blutlaugensalzlösung | dunkelgelbe L., flockig gelatinös, gelbe Nadeln und kugeln | gelbe L., stark gelatinös, gelbe Kugeln und Sphärite | gelbe L., gelatinös, gelbe Sphäritkrystalle | gelbe L., gelatinös, kleine gelbe Körnch | |
| konz. wässerige Schwefelkalium-lösung | gelbe L., viele gelbe Nadeln und orangegelbe Kugeln auch im Blumenblatt | dunkelbraune L. und dunkelgelbe Körnchen + KOH rot | tiefgelbe L., gelbe Kugeln und lange haarfeine Nadeln | farblose L., gelbe Körnchenaggregate | |

unverändert erhalten. Die Lösung ist immer vollständig farblos. Auch mit dem Farbstoff in wässeriger Lösung erhält man bei Zusatz von Schwefelsäure nach wochenlangem Stehen trübrote Nadelbüschel.

## IV. Überblick.

Überblicken wir die Resultate der bisherigen Untersuchung, so ist festzustellen:

1. Daß die als Anthochlor bezeichneten gelben Blütenfarbstoffe in bezug auf Verteilung und Verbreitung in der Zelle und im Gewebe der Blüten sowie in den Löslichkeitsverhältnissen mit den Anthokyanen übereinstimmen.

Die Amylalkoholprobe weist bei allen auf Glykosidnatur hin. Aus ihrem Verhalten gegen Säuren läßt sich schließen, daß Oxoniumbasen vorliegen und daß hier wie bei den Anthokyanen beim Lösen in verdünnten Säuren Oxoniumsalzbildung eintritt.

Auch die Reduktionsfähigkeit und die Bildung von Metalloxydniederschlägen, die bei den einzelnen Farbstoffen mehr oder weniger stark auftreten, sind für alle charakteristisch und zeigen wieder Analogie zu den Anthokyanen.

Sie geben ebenso wie die Anthokyane Farbenumschläge mit Säuren und Alkalien, nur sind diese hier nicht so auffällig und bei den einzelnen Farbstoffen verschieden intensiv. Endlich sind auch hier die intakten Farbstoffe in Säuren leicht, die zuckerfreien schwer löslich.

2. Wohl unterschieden sind sie aber von den Anthokyanen durch ihre Resistenz auch gegen konzentrierte Alkalien, ihr charakteristisches Verhalten Alkalien und Säuren gegenüber und die Bildung eines krystallisierenden Säureadditionsproduktes mit konzentrierter Schwefelsäure, das mit Wasser wieder zerlegt wird (*Dahlia*). Dies sind aber Eigenschaften der eigentlichen Flavonfarbstoffe.[1] Daß sich aber diese gelben ebenso wie die roten Blütenfarbstoffe von den

---

[1] R u p e, H., Die Chemie der natürlichen Farbstoffe, 1900, Verlag von Fr. Vieweg.

Flavonen, beziehungsweise deren Derivaten ableiten, kann auch jetzt schon, ohne makrochemische Analyse behauptet werden.

Die Flavone (z. B. Quercitin, Rutin, Chrysin, Morin, Luteolin etc.) sind mehr minder löslich in Wasser, löslich in Alkohol, sehr leicht löslich in Alkalien mit intensiv gelber, orangeroter oder roter Farbe, meist unlöslich in Äther. Sie geben mit Metalloxyden orange, rote oder braune bis schwarze wasserunlösliche Metallsalze und ziehen infolgedessen gut auf Beizen; sie werden ja heute noch technisch als Farbstoffe verwendet. Sie lassen sich leicht reduzieren und geben öfter mit Natriumamalgam in angesäuerter, alkoholischer Lösung rote Produkte. Diese roten Körper können wieder in das Ausgangsprodukt zurückverwandelt werden. Sie reduzieren leicht Silbernitrat- und Fehling'sche Lösung, oft schon in der Kälte. Auch geben sie mit Phloroglucin und mit Anilinnitrat in salpetrigsaurer Lösung rote Niederschläge. Fast alle diese Eigenschaften wurden auch bei den Anthochlorfarbstoffen festgestellt.

Gerade hier kann aber nur die Analyse weiterführen, die mikrochemische Methodik zeigt nur die mehr äußerlich auffälligen Eigenschaften auf.

3. Haben nun die Anthochlorfarbstoffe die wichtigsten Eigenschaften gemeinsam, so zeigen sie nach ihrem feineren chemischen Verhalten charakteristische Unterschiede, die sie in drei Gruppen unterscheiden lassen.

*a)* Das Papavergelb zeigt in der Art zu krystallisieren, in der leichten Reduktionsfähigkeit, in der Bildung von Pseudobasen, in der Amylalkoholprobe etc. vollständige Analogie mit den roten Papaverfarbstoffen. In der Gattung *Papaver* finden wir denn auch alle Blütenfarben von Gelb bis Dunkelviolett einander vertreten.

*b)* Die zweite Gruppe, die ich nach dem bestuntersuchten und auffälligsten Farbstoff der *Dahlia* vorläufig die Dahliagruppe nennen will, zeigt als charakteristische Eigenschaft mehr minder intensive Rotfärbungen mit Alkalien und konzentrierten Mineralsäuren.

Dieselbe Erscheinung finden wir bei einer Reihe von Glykosiden, den Anthrachinonglykosiden und deren Derivaten. Nicht für die Glykoside als solche ist die Reaktion typisch, sondern für das Aglykon. Hierher gehören die Glykoside von *Rhamnus* (Emodin und Chrysophansäure), von *Aloe* (Aloin), *Rubia* (Krappfarbstoffe), *Morinda* etc. Sie sind in unverändertem Zustand gelb und krystallisieren in gelben Nadeln. In ihren sonstigen Eigenschaften stimmen sie mit den Anthochlorfarbstoffen nicht überein; sie sind in Äther, Benzol, Chloroform löslich, in Wasser nicht, sublimieren leicht etc.; wohl aber zeigen sie so wie die Farbstoffe der Dahliagruppe die typischen Färbungen, Reduktionsvermögen etc. Man wird nicht irre gehen, wenn man die chinoide Bindung als die gemeinsame Ursache für das gleiche Verhalten sonst verschiedener Stoffe annimmt.

Alle Farbstoffe dieser Gruppe geben intensiv gefärbte Verbindungen mit Metallsalzen. Gegen Amylalkohol zeigen sie kein einheitliches Verhalten; die einen lassen sich ausschütteln, die andern in Analogie zu den Anthokyanen nicht. Die hydrolysierten Farbstoffe aber verhalten sich alle gleich. Alle lassen sich zu farblosen Verbindungen reduzieren, in manchen Fällen tritt ein rotes beständiges Zwischenprodukt auf, das wieder in den gelben Farbstoff zurückgeführt werden kann.

Mit der Tatsache der Einreihung in diese Gruppe soll nicht gesagt sein, daß die hierher gestellten Farbstoffe auch wirklich zusammengehören. Bei genauerer Prüfung werden sich gewiß Unterschiede, bei manchen auch andere Zusammenhänge ergeben. Lediglich auf Grund der gemeinsamen Eigenschaften, besonders mit Säuren und Alkalien und da mir keine spezifischen Unterschiede vorliegen, seien sie vorläufig zusammengestellt.

Nun kennen wir bereits einen Farbstoff, das Helichrysin aus *Helichrysum bracteatum*, *arenarium* und einigen anderen Pflanzen, das sich in seinen Eigenschaften mit denen der Dahliagruppe fast deckt. Nach Rosoll,[1] dem wir die Kenntnis

---

[1] Rosoll A., Beiträge zur Histochemie der Pflanze. Sitzber. d. Akad. d. Wiss., Bd. 89, Jhrg. 1884, p. 138.

dieses Stoffes verdanken, ist es in Wasser, Alkohol, organischen
Säuren und Äther löslich, in Benzol etc. unlöslich, wird durch
Mineralsäuren und Alkalien purpurrot, von Metalloxyden mit
roter Farbe gefällt, von schwefliger Säure und Natriumamalgam in alkalischer Lösung stark reduziert; im getrockneten
Blütenköpfchen sitzt der Farbstoff in der Membran, im jungen,
lebenden im Zellinhalt, seiner Meinung nach im Protoplasma,
und geht erst beim Absterben der Zelle in die Membran über.
Rosoll hält diesen Farbstoff für eine chinonartige Verbindung.
Mir stand nur ein junges Köpfchen von *Helichrysum
arenarium* zur Verfügung, ich fand aber die Farbstoffverteilung
so wie bei den anderen Anthochlorfarbstoffen; speziell *Erio-
gonum* zeigt den Farbstoff ebenfalls im Zellsaft, solange die
Pflanze lebt, dann in der Membran. Eine genauere Untersuchung dieser und ähnlicher Membranfarbstoffe wird folgen.
Jedenfalls ist das Helichrysin dem Anthochlor sehr nahestehend, wenn nicht mit ihm identisch.

c) Der Farbstoff von *Verbascum* endlich weist ein abweichendes Verhalten auf. Die leichte Krystallisierbarkeit mit
Alkalien, die Fähigkeit mit Säuren grüne Verbindungen zu
geben und das Ausbleiben der roten Farben mit konzentrierten
Säuren und Alkalien charakterisieren den Farbstoff und
weisen auf Unterschiede gegenüber den beiden anderen
Gruppen hin. Es scheint, daß nicht die Unlöslichkeit des
Farbstoffes in Säuren und Alkalien Ursache der Krystallbildung sind, sondern daß schwerlösliche Alkalisalze, beziehungsweise Säureverbindungen des Farbstoffes entstehen.

## Anhang.

Der gelbe und der rote Farbstoff von *Carthamus tinctorius*
wurde hier als zusammengehörig, respektive ineinander übergehend betrachtet, wofür ja auch die hier angeführten Tatsachen sprechen. In der chemisch - technischen Literatur[1]

1 Salvetat, Ann. chim. phys. (3), 25, 337, nach Rupe.
  Schlieper A, Über das rote und gelbe Pigment des Saflors. Ann. d.
Chem. u. Pharm., Bd. 57, Jhrg. 1846, p. 357.
  Malin G., Über das Carthamin, ebendort, Bd. 136, Jhrg. 1865, p. 115.

werden ·sie aber immer als zwei verschiedene Farbstoffe beschrieben.

Der gelbe Farbstoff ist das Safflorgelb, er ist in Wasser leicht löslich; der rote heißt Carthamin' und ist in· Wasser schwer löslich. Nur der rote wird in der Färberei verwendet. Diese beiden Farbstoffe sind wenig untersucht und noch nicht krystallisiert erhalten worden. Nach Salvetat finden sich in der Blüte zirka $28\%$ gelber, in kaltem Wasser löslicher· Farbstoff, $5\%$ gelber,· nur in alkalischem Wasser löslicher und $0\cdot5\%$ roter· in Alkohol und Alkalien löslicher Farbstoff. Für die Untersuchungen wurde wie bei der technischen Verwertung das Safflorgelb durch längeres Waschen mit Wasser entfernt, das Carthamin mit Sodalösung gelöst und auf Baumwolle niedergeschlagen, nachdem es durch Essigsäure in Freiheit gesetzt war. Dem Stoff wurde das Carthamin wieder mit Sodalösung entzogen, mit Säuren gefällt, in Alkohol gelöst und eingedampft.

Man erhält so dunkelrote, grünschillernde Krusten. Dieses Carthamin ist in Wasser und Äther schwer löslich, in Alkohol leicht. Durch Kochen der alkoholischen Lösung entsteht eine gelbe Verbindung, ebenso beim Erhitzen oder längerem Stehen mit Alkalien. Die Safflorgelblösung läßt aber nach meinen Erfahrungen einen gelbroten, in Wasser unlöslichen Niederschlag fallen. Dies alles zusammen mit dem bereits früher Angeführten bestärkt mich in der Meinung, daß man es hier mit ein und demselben Farbstoff in zwei verschiedenen chemischen Formen zu tun hat. Möglicherweise ist der rote eine durch die Alkalität beim Absterben der Blüte bedingte hydroxylreichere Modifikation des gelben Farbstoffes.

Hierzu sei noch bemerkt, daß auch bei *Mesembryanthemum* der gelbe Farbstoff der Blüte beim Eintrocknen derselben in eine rote, wasserunlösliche Modifikation übergeht.

Endlich möchte ich noch erwähnen, daß ein anscheinend in die Gruppe der Anthochlore gehöriger Farbstoff bereits makrochemisch durch Perkin untersucht wurde.[1]

---

[1] Perkin A. G., Journ. Chem. Soc. 1899, *75*, p. 161, 825.

Perkin A. G., Die Farbstoffe der Baumwollblüten. Journ. Chem. Soc. 1909, *95*, p. 2181.

Dieser Forscher findet in den gelben Blüten von
*Gossypium herbaceum*, der Baumwolle, ein in Wasser leicht
lösliches Glykosid, wahrscheinlich ein Kaliumsalz, das er
Gossypetin nennt. Es ist ein Flavonkörper, gibt gelbe Nadeln,
die sich in Alkali mit orangeroter Farbe lösen, zeigt mit
Bleiazetat einen roten Niederschlag, gibt in der Alkalischmelze
Protokatechusäure und hat nach der letzten Analyse die
Formel $C_{15}H_{10}O_8$.

Daneben findet Perkin noch einen zweiten Flavonkörper
Quercimeritrin, das bei der Spaltung Dextrose und Quercetin
liefert.

Auch in *Hibiscus sabdariffa* findet Perkin[2] Gossypetin
neben zwei anderen Flavonen, Quercetin und gelbem
Hibiscetin.

Die Beziehungen speziell des Gossypetins zu den Flavonen
einerseits, den Anthokyanen andrerseits liegen klar zutag.

Der Farbstoff steht den zur Dahliagruppe gestellten
Anthochloren bestimmt sehr nahe.

---

Soweit führt die Mikrochemie. Sie zeigt die Krystalli-
sationsmöglichkeiten, findet wichtige Reaktionen, die für den
Stoff charakteristisch sind und deckt Zusammenhänge und
Unterschiede mit anderen bekannten Stoffen auf. Die Analyse,
die Ermittlung der Konstitution, des feinen chemischen Aufbaues bleibt der makrochemischen Untersuchung überlassen.
Unter Verwertung des hier schon Gefundenen und in viel-
facher Anlehnung an die mustergültigen Anthokyanstudien
Willstätters wird sie nicht mehr schwer fallen.

Ich hoffe im kommenden Herbst bereits die wichtigsten
Vertreter der geschilderten Farbstoffe bearbeiten zu können.

Schließlich ist es mir eine angenehme Pflicht, meinem
hochverehrten Lehrer, Herrn Hofrat Molisch, für das Interesse,
das er ständig der Arbeit entgegenbrachte, wärmstens zu danken.

Herrn Demonstrator Josef Kisser danke ich herzlichst
für die freundliche Anfertigung der Zeichnungen.

---

2 Perkin A. G., Die Farbstoffe der Blüten von *Hibiscus sabdariffa*
und *Thespasia lampas*. Journ. Chem. Soc. 1909, *95*, p. 1855.

## Zusammenfassung.

Neben den Carotinen und Anthokyanen findet sich bisweilen auch ein im Zellsaft gelöster gelber Farbstoff in Blüten vor, das Anthochlor.

1. Dieser Farbstoff wurde auf seine Verbreitung im Pflanzenreich und Verteilung im Gewebe der Blütenblätter hin untersucht. Von zirka 300 untersuchten Arten mit gelben Blüten führen 60 Anthochlor, die übrigen meist Carotin.

2. Es wurde sein gelegentliches Zusammenvorkommen mit Carotin, Flavon und Anthokyan geprüft und seine nahen Beziehungen zum Anthokyan bei nahe verwandten Pflanzen und in ein- und derselben Blüte anatomisch festgestellt.

Seine chemischen Eigenschaften wurden mikrochemisch untersucht.

3. Danach ist das Anthochlor nicht ein einziger Farbstoff, sondern stellt wie die anderen Blütenfarbstoffe eine Gruppe von verschiedenen, einander nahestehenden Farbstoffen vor.

Seine Löslichkeitsverhältnisse decken sich im allgemeinen mit denen des Anthokyans.

Wie dieses zeigt auch das Anthochlor Farbenumschlag mit Säuren und Alkalien, nur häufig nicht so intensiv und bei den einzelnen Farbstoffgruppen verschieden.

4. Die Glykosidnatur der Anthochlorfarbstoffe wurde wahrscheinlich gemacht.

5. Besonders charakteristisch ist das Verhalten gegen konzentrierte Mineralsäuren, speziell Schwefelsäure, und gegen Alkalien, auch in verdünnter Form, sowohl im Blumenblatt wie in der Lösung.

Danach kann man drei Gruppen deutlich voneinander unterscheiden.

Eine große Gruppe gibt mit den genannten Reagenzien rote Farbentöne, was auf eine chinoide Bindung im Molekül schließen läßt.

Mit konzentrierter Schwefelsäure wurde ein rotes, in Wasser zersetzliches Krystallisationsprodukt erhalten (*Dahlia*).

Eine zweite Gruppe zeigt dunkelgelbe bis orangegelbe Farbe (*Papaver*).

Die dritte gibt mit Säuren grüne bis braune, mit Alkalien tiefgelbe Krystallisationsprodukte (*Verbascum*).

6. Die Anthochlore lassen sich zu farblosen, beziehungsweise roten Körpern reduzieren (Flavone).

Sie geben mit Metallsalzen gelbe bis rote Metallniederschläge und färben gebeizte Faser schwach an.

Sie sind höchstwahrscheinlich Flavonabkömmlinge mit nahen Beziehungen zum Anthokyan, dem der gelbe Papaverfarbstoff am nächsten steht.

7. Endlich wurden Vertreter der einzelnen Gruppen auf mehrfache, verschiedene Art und Weise zur Krystallisation gebracht und die hiebei auftretenden Erscheinungen näher studiert, so daß eine Reindarstellung für die makrochemische Analyse möglich gemacht erscheint.

# Figurenerklärung

Fig. 1. *Dahlia variabilis* (gelb), Stück eines Blumenblattes. Anthochlorkrystalle nach Behandlung mit konzentrierter Zuckerlösung-Alkohol. Vergr. 460.

Fig. 2. *Linaria vulgaris*, Sporn. Anthochlorkrystalle nach Behandlung mit Amylalkohol. Vergr. 285.

Fig. 3. *Verbascum thapsus*, Blumenblatt, Anthochlorkrystalle nach Behandlung mit 40% Kalilauge. Vergr. 285.

Fig. 4. *Verbascum thapsus*, ebenso behandelt, ein Anthochlorkrystallaggregat außerhalb des Blattes unterm Deckglas. Vergr. 460.

Fig. 5. *Verbascum thapsus*, dendritische Krystallbildungen nach Behandlung mit 40% Kalilauge am Deckglasrande anschießend. Vergr. 285.

Fig. 6. *Dahlia variabilis* (gelb), Einzelnadeln von Anthochlor aus äthylalkoholischer Lösung. Vergr. 460.

Fig. 7. *Dahlia*, Sphärokrystalle von Anthochlor durch Einengen der wässerigen Lösung mit Aceton. Vergr. 285.

Fig. 8. *Dahlia*, Nadelbüschel von Anthochlor durch Einengen der alkoholischen Lösung. Vergr. 285.

Fig. 9. *Dahlia*, rote Nadeldrusen aus essigsaurer Lösung durch konzentrierte Schwefelsäure. Vergr. 40.

Fig. 10. *Linaria vulgaris*, Anthochlor, Nadelsphärite durch Bleiacetat gefällt. Vergr. 285.

Fig. 11. *Linaria vulgaris*, Anthochlor, Sphärokrystalle nach Behandlung mit Salpetersäure. Vergr. 460.

Fig. 12. *Verbascum thapsus*, Anthochlor, Krystalle aus alkoholischer Lösung mit konzentriertem Ammoniak gefällt. Vergr. 460.

ien über das Anthochlor.

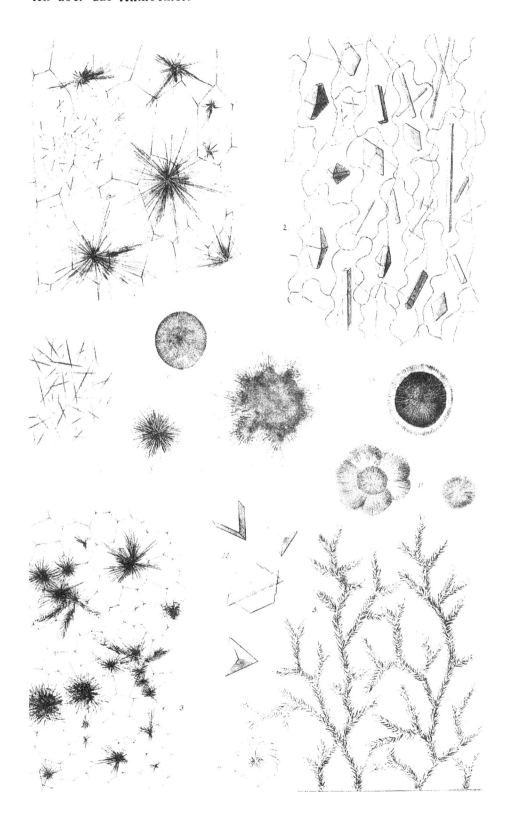

Akademie der Wissenschaften in Wien
Mathematisch-naturwissenschaftliche Klasse

# Sitzungsberichte

## Abteilung I

Mineralogie, Krystallographie, Botanik, Physiologie der
Pflanzen, Zoologie, Paläontologie, Geologie, Physische
Geographie und Reisen

129. Band. 9. Heft

# Neue Untersuchungen
# über die Farbenveränderungen
# von Mineralien durch Strahlungen

Von

## C. Doelter
k. M. Akad. Wiss.

(Mit 6 Textfiguren)

(Vorgelegt in der Sitzung am 1. Juli 1920)

Ich habe in früheren Veröffentlichungen[1] über die Farbenveränderungen von Mineralien durch Radium-, Kathoden- und
ultraviolette Strahlen berichtet.

Es hatte sich schon damals ergeben, daß nicht alle be-
strahlten, einer und derselben Mineralart angehörigen Individuen
sich gleichmäßig verändern, wenn auch in vielen Fällen ein
solches gleichmäßiges Verhalten konstatiert worden war.

Ich habe mir nun die Aufgabe gestellt, die Mineralien
vieler verschiedener Fundorte und auch verschiedene Exemplare eines und desselben Fundortes näher zu untersuchen.

Eine zweite Aufgabe war es, die verschiedenen Stadien
im Verfärbungsprozeß näher kennen zu lernen und dann auch
die Geschwindigkeit desselben festzustellen.

Was die erste Aufgabe anbelangt, so wurde durch die
Untersuchungen der Luminiszenz, verursacht durch ultraviolette und Kathodenstrahlen, nachgewiesen, daß Mineralien

---

[1] Diese Sitzungsber., *117*. 1282 (1908). — Ferner. Das Radium und
die Farben. Dresden 1910.

von verschiedenen Fundorten sich nicht immer gleich verhalten, obwohl bei Kathodenstrahlungen häufig auch Exemplare verschiedenen Fundortes sich gleich in bezug auf
Luminiszenz verhielten. Siehe darüber die Arbeiten Engelhart's[1] und A. Pocchetino's[2] sowie von C. Baskerville
und G. Kunz.[3]

Wenn aber Mineralien von verschiedener Provenienz sich
ungleichmäßig verhalten, so zeigt dies, daß die Ursache der
Luminiszenz in Beimengungen liegt, was wir übrigens aus
den Arbeiten von P. Lenard und anderer geschlossen haben.
Reine Stoffe leuchten nicht und nur durch Zugabe gewisser
Beimengungen konnte Phosphoreszenz erreicht werden.

Ähnliches dürfte bei den Verfärbungen der Fall sein. Nur
solche Mineralien verfärben sich, welche Pigmente enthalten.
Allerdings können auch sogenannte reine Präparate kleine
Änderungen zeigen: hier ist aber zu berücksichtigen, daß
ganz reine Stoffe überhaupt nicht existieren. Da aber die
Farbenänderungen und die Färbung überhaupt durch Pigment-
beimengungen minimalster Mengen verursacht sind, welche oft
chemisch nicht nachweisbar sind, so kann man annehmen,
daß auch die angeblich chemisch reinen Stoffe solche kleinste
Beimengungen enthalten können. Dies wird durch die Wahr-
nehmung bestätigt, daß bei größerer Reinheit die Farbenänderungen auch schwächer werden.

Ich habe dies bereits in früheren Mitteilungen bei Chlornatrium, Zirkonerde, Tonerde nachgewiesen. An und für sich
geben sie kein Verfärbungsresultat und das, was färbt, ist
ein Pigment, über dessen Verteilung im Körper wir allerdings
nicht im klaren sind. Es läßt sich aber behaupten, daß ein
ähnlicher Fall vorliegen dürfte wie bei Salzen, denen man
kleinste Mengen von organischen Farbstoffen zumengt, wie
dies beispielsweise P. Gaubert bei Färbung von Bleinitrat
durch Methylenblau annimmt. Es dürfte sich um Adsorp-
tionen handeln.

---

[1] F. Engelhart, Inaug.-Dissert. Jena.

[2] A. Pocchetino, Z. Kryst., 51, 113 (1913).

[3] C. Baskerville und G. Kunz, Amer. Journ., 18, 25 (1904 05).

Eine wichtige Frage ist die, ob die Färbung farbloser Mineralien, also das betreffende Pigment, durch Einwirkung der Strahlen erst entsteht (z. B. könnte man an Zerstäubung kolloider Metalle denken) oder ob bereits im unbestrahlten Krystall das Pigment existierte. Beide Möglichkeiten sind nicht abzuweisen. Da jedoch farblose reine Stoffe nur eine ganz geringe oder gar keine Färbung geben, so ist die zweite Annahme doch die wahrscheinlichere. Demnach ist der färbende Bestandteil, das Pigment, als ursprünglicher, also bei der Entstehung des Minerals gleichzeitig gebildeter Bestandteil anzunehmen.

Was die zweite Aufgabe anbelangt, so war sie durch fortlaufende Beobachtung durchzuführen. Es resultiert daraus eine skalenartige Reihenfolge der Verfärbungsgeschwindigkeiten bei einzelnen Mineralien, welche aber, wie es sich nunmehr erweist, nicht mehr wie früher auf die Mineralien in ihrer Gesamtheit, sondern auf die Mineralien verschiedener Fundorte sich bezieht. Man kann also nicht sagen, daß etwa Steinsalz sich langsamer verfärbt als Flußspat, sondern dies gilt nur für Steinsalz und Flußspat gewisser Fundorte, da es z. B. Flußspate gibt, welche sich gar nicht verfärben. Wenn auch die meisten Flußspate sich rascher verfärben als Quarze und die Unterschiede in der Geschwindigkeit sogar sehr große sind, so gibt es doch wieder Flußspate, welche sich überhaupt nicht verfärben, diese also in einer solchen Skala hinter manchem Quarz rangieren. Ebenso gibt es, wie unten gezeigt werden soll, Saphire, welche sich rasch verfärben, aber auch solche, welche gar keine Farbenveränderungen wahrnehmen lassen. Es muß also die von mir 1910 angegebene Skala in dieser Richtung modifiziert werden.

Eine weitere Art der Untersuchung ergab sich aus dem Vergleiche von Krystallen, Spaltungsstücken und körnigen Varietäten. Denn a priori ist auch die Möglichkeit vorhanden, daß sich ein Krystall mit einer anderen Geschwindigkeit verfärbt als ein krystallines Aggregat desselben Stoffes.

Ferner besteht auch die Möglichkeit, daß die Durchdringbarkeit eines Krystalls in verschiedenen Richtungen verschieden

sein kann, daß also die Färbungsgeschwindigkeit in verschiedenen Richtungen verschieden sein könnte.

.Es sollen auch in dieser Hinsicht Versuche unternommen
werden. Diese Untersuchungen sind noch nicht abgeschlossen
und sollen ihre Ergebnisse später zur Veröffentlichung gelangen.

Zur Untersuchung wurden nur einige wenige Mineralarten verwendet, und zwar solche, bei welchen eine markante
Verfärbung schon bekannt ist. Es wurden nun die verschiedenen Fundorte dieser Mineralarten untereinander verglichen und ebenso verschiedene Varietäten (namentlich um
einen etwaigen Unterschied zwischen Krystallen und krystal-
linen Varietäten herauszufinden). Ein weiterer Vergleich war
in der Richtung der Verfärbungsgeschwindigkeit verschiedener
Mineralarten unternommen, wobei also verschiedene Mineralarten gleichzeitig bestrahlt wurden.

Zur Untersuchung gelangten:

.Flußspat, Steinsalz, Quarz, Baryt, Apatit, Topas
und Saphir. Von diesen wurden verschiedene Fundorte
untersucht. Zum Vergleiche wurden auch Cölestin, Kunzit
und Phenakit herbeigezogen, um die Verfärbungsgeschwindigkeit zu studieren.

## Flußspat.

Von diesem Mineral wurden viele Fundorte geprüft.

## Versuchsreihe mit Flußspaten.

| Fundort | Farbe vor der Bestrahlung | Nach 3 Tagen | Nach 6 Tagen | Farbe nach Bestrahlung mit ultravioletten Strahlen 5 Stunden | Wiederbestrahlung mit Radiumstrahlen weitere 3 Tage | Nr. |
|---|---|---|---|---|---|---|
| 1a. | farblos | $20q$—$21p$ | $21p$ | — | $20s$ | 1 |
| Nertschinsk. Chlorophan .. | — | $23b$—$c$ | $24b$ | — | — | 3 |
| Amelia Co. Chlorophan... | gelbgrau $12r$ | $34q$ | $34r$ | — | — | 4 |
| Annaberg | li btgrünlich grüner Stich | $21p$ | $21p$ und $15p^1$ | — | $21c$ und $15p$ | 5 |
| Derbyshire | farblos | $16u$ | $16u$ | — | — | 6 |
| Rumiga | farblos | farblos | $31s$ | — | $31s$ | 7 |
| Cornwall | grau $16i$ | $16k$ | — | — | | 8 |
| Gersdorf | gelb $7u$ | $6k$ | $6k$ | $10r$ | — | 9 |
| Derbyshire | — | $19f$—$22c$ | $23h$ | — | $19q$ | 10 |
| Cornwall | farblos | $18l$ | $23c$ | $21l$ | $19c$ | $10b$ |
| | | $18m$ | $18m$ | farblos | $21c$ | $11a$ |
| Gotthard | rosa $26n$ | $24i$ | $23c$ | — | — | $11b$ |
| Ebenau (Appenzell) | $16r$ | $21 o 3g$ | — | — | — | 12 |
| ^ | — | $16u$ | $16l$ | — | $17k$ | 13 |
| ^ | — | $36u$ | $18d$ | — | — | 14 |
| Cumberland | — | $20o$ | $21d$ | $21f$ | $21f$ | 15 |
| Zinnwald | bläulich $23p$ | $20o$ | $21m$ | $21l$—$m$ | $21l$—$m$ | 16 |
| Göschen | rosa $26p$ | $24m$ | $23m$ | — | — | 17 |

Die Farbenbestimmung erfolgte wie früher durch die Radde'sche Farbenskala.

C. Doelter,

| Fundort | Farbe vor der Bestrahlung | Nach 3 Tagen | Nach 6 Tagen | Farbe nach Bestrahlung mit ultra-violetten Strahlen 5 Stunden | Wieder-bestrahlung mit Radium-strahlen weitere 3 Tage | Nr. |
|---|---|---|---|---|---|---|
| Sarntal (Tirol)............ | farblos | 40p | 40p | — | — | 19 |
| Wülsendorf (umgeschmol-zen)............ | " | 21p | — | — | — | 21 |
| Rabenstein (Tirol)........ | " | 23k | 20s | — | — | 2 |
| » | — | — | — | 23u—o | 20s | 24 |
| Laurion ................ | veil 22o | 22c | 22c | — | — | 25 |
| Bases Alpes ............ | farblos, Stich ins Grün-liche | 15q—38u | 16m | — | — | 26 |
| Amelia Co. Chlorophan... | 30f—32f | 30d—30c | — | — | — | 27 |
| Künstlicher Flußspat (um-geschmolzen) ......... | farblos | 21p | — | — | — | 28 |
| Rotleberode ............ | farblos | — | 20k | — | — | 29 |
| Marienberg ............. | — | — | 21h | — | — | 110 |
| Derbyshire II ........... | fast farblos, gelber Stich | — | 19d | — | — | 111 |
| Stollberg ............... | farblos | — | 16u | — | — | 112 |
| Hakenbach ............. | blauer Stich | — | 23m | — | — | 113 |
| Mauerberg ............. | farblos | — | 18c—19d [1] | — | — | 114 |
| Tavitstock.............. | » | — | 39q—r | — | — | 115 |

1 An verschiedenen Stellen ungleich.

Vergleich zwischen Quarzen, Topasen, Hyazinth, Steinsalzen, Apatiten und Kunzit.

I. Quarz, Topas, Saphir, Hyazinth, Steinsalz, Flußspat, Kunzit.

| Fundort | Ursprüngliche Farbe | Bestrahlungsdauer mit Radiumstrahlen | | | | | | | Nr. |
|---|---|---|---|---|---|---|---|---|---|
| | | 1/2 St. | +1 St. | +5 St. | +18 St. | +48 St. | +8 Tage | +8 Tage | |
| Amethyst Schweiz | farblos | — | — | 39t | 41y | 41r | 22c | 22h | 31 |
| » » | 22k–l | — | — | — | — | — | 22g | 22f | 32 |
| Rauchquarz St. Gotthard | entfärbt | — | — | — | 34h | 38h | 41t | 40r | 34 |
| » » | 39k | — | — | — | 30q | 2n | 34h | 40h | 35 |
| Topas Brasil. | 22s | — | 22r | — | 6o | 2n | 2n | 2l | 36 |
| » » | 5r | — | 37s | 37r | 35r | 6m | 5l | 5l | 37 |
| » » | farblos | — | — | — | — | 6m | 6m | 6m | 38 |
| Saphir Ceylon | 20g | — | — | — | 6l | — | — | — | 39 |
| » » | 20s | — | — | 35q 2 | 6l | 6k | 6k | 5c | 40 |
| Hyazinth Ceylon | 29f | — | — | — | — | 28e | 28d | — | 41 |
| » » | 32r | — | — | — | 33n | 3k | 2k | 29h | 41a |
| Steinsalz Staßfurt | 19k | — | — | — | 40g 1 | 3e | 3d | 3d | 42 |
| » » | farblos | 40u | 40s | 35r | 35q | 6p | 6n | 5l | 43 |
| » Kalusz. | » | 22l–n | 22s | 22s | 22s | 40n | 40n | 40n | 44 |
| Flußspat Wölsendorf | entfarbt | — | — | — | 39q | 39p | 39p | 39a | 47a |
| » » | 22g | 40u | 40s | 35r | 35q | 22c | 22d | 22d | 46 |
| » Cumberland | farblos | — | 20q 3 | 19o 4 | 19g 5 | 19f 6 | 19f | 19f | 47 |
| Kunzit S. Diego | 22r–23k | — | — | 22s | 16n | 15n | 15n–m | 15m | 48 |
| Bergkrystall Marmaros | farblos | — | — | — | — | — | — | 41n | 49 |

1 Hauptfarbe 40g mit blauen Rändern, bei 3e das blaue Band fast ganz verschwunden. 2 Nach 5 Stunden war 1/1 der Stufe verfärbt (vom Radiumpräparat aus gerechnet). Nach 3 Tagen vollständige Verfärbung. 3 Einwirkung nur an einem einzigen Punkt von Stecknadelgröße, welcher dem Präparat am nächsten gelegen, bemerkbar. 4 Nach 5 Stunden 1/3 der Stufe verfärbt. 5 Die halbe Stufe verfärbt. 6 Die ganze Stufe verfärbt.

## Vergleich von Quarzen und Baryten.

| Fundort | Beschaffenheit | Ursprüngliche Farbe | Dauer der Bestrahlung | | | Nr. |
|---|---|---|---|---|---|---|
| | | | 1 Tag | 4 Tage | 10 Tage | |
| **Quarze** | | | | | | |
| Mies tal | Krystall | farblos | — | 42r | 33f· | 51 |
| Schemnitz | — | blaßlila 42s | 42r | 42u | 42r | 52 |
| » | — | farblos | unverändert | unverändert | unverändert | 53 |
| Zinnwald | — | farblos, mit milchweißer Randschale | 31u | 31t | 31u | 54 |
| Little Fals N. Y. | Krystall | farblos | 34s unverändert | 34o | 33c | 55 |
| Brasilien | Krystallsplitter | » | | 42t | 32p—q unverändert | 56 |
| Marmaros II | Krystall | » | » | 34o | 33c | 57 |
| Elba | » | » | » | 42t unverändert | 32p—q unverändert | 58 |
| Island | Chalzedon | 40t | 40s | 40s | 40r | 59 |
| Pisek | Krystall | wasserhell | 31u | 41p | 34u | 60 |
| **Baryte** | | | | | | |
| Przibram | Krystall | farblos | 39o | 18t | 18f | 61 |
| Teplitz | Radiobaryt | 5s, am Rande Streifen von 6p | siehe Zeichnung Fig. 2 | | | 62 |
| Felsöbanya | Krystallstock (Täfelchen) | weißlich, trüb durchscheinend | 39o | 39u | 39u | 63 |
| Cumberland | Krystalltafel | farblos | 40t | 41p | 41u | 65 |

Großer Baryt von Przibram, farblos, an manchen Stellen etwas grau, wird nach 8 Tagen graublau mit dunklen violetten Streifen, abgebildet in Fig. 6 (p. 428). Der dem Präparat näherliegende Teil war mehr violettblau.

## Vergleich von Steinsalzen und Apatiten (Cölestin).

| | Fundort | Ursprüngliche Farbe | Bestrahlungsdauer | | | | | | Nr. |
|---|---|---|---|---|---|---|---|---|---|
| | | | 1/2 Stunde | + 1 Stunde | + 5 Stunden | + 18 Stunden | + 3 Tage | + 3 Tage | |
| Steinsalz | Staßfurt ..... | farblos | $4_u$ | $4_t$ | $4_r$ | $6_q$ | $6_p$ | $6_p$ | 66 |
| | Friedrichshall . | » | — | $4_v$[1] | $4_v$ | $4_t$[2] | $5_t$ | $5_r$ | 67 |
| | Totes Meer ... | » | — | $4_{t-u}$ | $4_u$ | $5_{q-r}$ | $6_q$ | — | 68 |
| | Wieliczka...... | » | $4_u$ | $4_t$ | $6_q$ | $6_q$ | $6_q$ | — | 69 |
| | ...... | milchweiß | $4_u$[2] | $4_s$? | $6_q$ | $6_q$ | $6_q$ | — | 70 |
| | Aussee....... | farblos | — | $4_{t-u}$ | $6_r$ | $6_q$ | $6_p$ | — | 71 |
| | Ischl.......... | » | $4_u$ | $4_t$ | $6_o$ | $6_o$ | — | — | 72 |
| Apatit | Ashio Mine ... | weiß | — | — | $39_s$ | $39_r$ | $39_r$ | $39_r$ | 73 |
| | Auburn ....... | » | — | — | — | $9_s$ | $11_{q-r}$ | $11_{q-r}$ | 74 |
| | » ....... | violett | — | — | $22_s$[4] | $10_q$ | $11_r$ | $11_r$ | 75 |
| | Schlaggenwald | » | — | — | $39_o$ | $39_o$ | $39_o$ | $39_{u-o}$ | 76 |
| | Knappenwand . | » | — | — | $37_r$ | $35_{o-n}$ | $33_h$ | $32_g - 33_g$ | 77 |
| | Bamle....... | » | — | — | — | — | — | — | |
| | Cölestin, Girgenti[1]. | » | — | — | $39_o$ | $18_q$ | $18_u$ | $18_u$ | 78 |

1 Eher unter $v$.  2 Nur am Rand.  3 Am Rand dunkler.  4 Teilweise farblos.

## Vergleich von Topas, Steinsalz, Baryt (Anhydrit), Quarz, Apatit.

| Mineral | Fundort | Ursprüngliche Farbe | Bestrahlungsdauer 1 Tag | + 3 Tage | | Nr. |
|---|---|---|---|---|---|---|
| Topas........ | Rio belmonte, Brasilien | farblos | 49 | 49 | Am Rande, welcher dem Präparat am nächsten, wie 6l | 79 |
| » | Schneckenstein | » | 5o—5k | 5l—m bis 5k | | 80 |
| » | Rio fonto | entfärbt | — | 3l | | 93 |
| Steinsalz...... | Wieliczka | farblos | — | 6l—m bis 6o | | 82 |
| » | Faserig von ebenda | » | 6r | 6p | | 84 |
| Baryt.......... | Cumberland | » | — | 42i | | 83 |
| » | Rabenstein | weiß | 39q | 20q—r | | 85 |
| Anhydrit, körnig... | Wieliczka | farblos | — | — | Nach 3 Wochen unverändert | 86 |
| Quarz.......... | Kormy | » | — | — | » 3 » | 88 |
| » | Krystall, Maderanertal | » | — | — | » » » | 89 |
| Beryll.......... | Pisek, gelb | entfärbt | — | — | » 2 » | 92 |
| Flußspat, körnig... | Stollberg | farblos | 40u | 40i—k | » 2 » | 87 |
| Apatit......... | Bamle | grau | — | — | » 2 » | 90 |
| » | Pisek | entfärbt | — | — | » | 91 |

## Vergleichende Versuche mit Cölestin, Citrin, Topas, Apatit und Sylvin.

| Mineral | Fundort | Ursprünglich | Nach 6 Tagen | Nr. |
|---|---|---|---|---|
| Cölestin .... | Girgenti | weiß | $17^k$ | 103 |
| » ¹.... | | | $17^p$ | 104 |
| Citrin ²..... | Pisek | goldgelb | $22^r - 23^r$ | 105 |
| Topas...... | Hampshire | farblos | $2.^f$ | 106 |
| » ...... | Debreczin? | entfärbt | $2^r$ | 107 |
| Apatit...... | Rotenkopf, Zillertal | farblos | $33^f$ | 108 |
| » ...... | Flöitental | | $33^i$ | 109 |
| Sylvin...... | Kalusz | | $21^p$ | 110 |

¹ Vom Präparat entferntester Teil.
² Entfärbt.

## Vergleichende Versuche mit Flußspat, Baryt, Apatit.

| Mineral | Fundort | Ursprünglich | Nach 6 Tagen | Nr. |
|---|---|---|---|---|
| Flußspat.... | Marienberg | farblos | $18^c - 19^c$ ¹ | |
| " .... | Tavigstock | | $39^{q-r}$ | |
| Baryt ...... | Przibram | farblos, an manchen Stellen etwas grau¹ | $20^l$ | |
| Apatit...... | Auburn | entfärbt, ursprünglich violett | $39^{m-n}$ | |

¹ An verschiedenen Stellen verschieden.

## Resultate der Versuche.

Aus dem Vergleiche der einzelnen Flußspate von verschiedenen Fundorten geht hervor, daß diese sich bei sonst
gleichen Bedingungen sehr verschieden verhalten. Einzelne
Flußspate verfärben sich (bei Anwendung von $1^1/_2\,g$ Radiumchlorid) überraschend schnell, so namentlich die Vorkommen
von Cornwall und Derbyshire. Auch solche von Cumberland
waren zum Teil schnell intensiv gefärbt. Ein Flußspat von
Derbyshire war nach einer Stunde intensiv gefärbt. Es gibt
aber auch einzelne Vorkommen, welche, wie die Tabelle
p. 403—404 zeigt, sich nur schwach in derselben Zeit färben
und sogar nach längerer Bestrahlung nur schwach gefärbt sind.

Leider sind die Fundortsbezeichnungen in den Sammlungen und bei Händlern sehr vage, so daß man nicht genau
sagen kann, woher die betreffenden Exemplare stammen.

Sehr rasch und intensiv färben sich auch die Chlorophane
von Amelia Cy und von Nertschinsk, dann Flußspat von
Rotleberode und Marienberg, jener von Gerstorff.

Schwach färbt sich Rabensteiner Flußspat; jener vom
Sarntal verfärbt sich fast gar nicht oder nur spurenweise.
Wenig verfärbt sich der Rosaflußspat vom Gotthard. Er wird
mehr bräunlichrot, ebenso Flußspat von Tavitstock.

Die Quarze verfärben sich im allgemeinen langsamer.
Manche nehmen aber nach langer Bestrahlung eine intensiv
braune Farbe an wie ein Rutilquarz von Brasilien. Entfärbter
Amethyst nimmt allmählich wieder seine ursprüngliche Farbe
an. Natürlich gefärbte Amethyste werden etwas mehr viol-
braun. Manche Quarze wurden nicht gefärbt, wie der von
Marmaros und einzelne vom Maderanertal, während andere
von dort braun werden. Ebenso verhalten sich verschiedene
brasilianische Quarze sehr verschieden, manche verfärben
sich stark, andere bleiben hellbraun.

Jedenfalls sind die Quarze viel widerstandsfähiger als die
Flußspate.

Steinsalz verfärbt sich im allgemeinen rasch und nur
ganz wenige Vorkommen färben sich nur schwach, z. B. das

von Friedrichshall. Die Intensität ist aber bei gleicher Bestrahlungsdauer verschieden.

Saphire auch von demselben (allerdings meistens sehr allgemein gehaltenen) Fundorte verhalten sich sehr verschieden. Einzelne Ceyloner werden rasch gelb, andere verhalten sich ganz widerstandsfähig. Der Saphir von der Iserwiese bleibt unverändert dunkelblau.

Auch Topase verhalten sich ungleich; am schnellsten scheint sich der Schneckensteiner zu verfärben. Die brasilianischen zeigen große Unterschiede. Sehr intensiv verfärbt sich der von Hampshire, während der Nertschinsker sich weniger verfärbt.

Apatite verfärben sich nicht alle; so war einer von Bamle unverändert und auch ein Piseker. Dagegen verfärbten sich stark jener von der Knappenwand und jener vom Floitental und Rotenkopf. Sehr merkwürdig war das Verhalten jener von Auburn. Sie verfärben sich nach Entfärbung durch Hitze, jedoch nicht intensiv; dabei wurde ein Exemplar wieder violett, ein anderes gelb und ein anderes mehr grün.

## Vergleich der einzelnen Mineralarten in bezug auf Verfärbungsgeschwindigkeit und Farbenintensität.

Ein Vergleich ist, wie aus dem früher Mitgeteilten ersichtlich, nur so möglich, daß man bei jeder Mineralart einzelne Exemplare von bestimmten Fundorten vergleicht und dann bei jeder Mineralart wieder die einzelnen Exemplare von verschiedenen Fundorten untereinander vergleicht. Die Vergleiche können sich also nicht auf die Mineralarten im allgemeinen, sondern nur auf solche von gewissen Fundorten beziehen.

Die Vergleiche können sich auf die Geschwindigkeit der ersten Verfärbung beziehen oder aber auch auf die Intensität der Verfärbung nach einer für alle Mineralien gleichen Art der Bestrahlung während einer bestimmten Zeit, welche lang genug sein muß, um überhaupt eine genügende Veränderung zu ermöglichen, denn die Geschwindigkeit der Farbenveränderung ist ja eine sehr verschiedene.

## Versuche, die Geschwindigkeit des Farbenumschlages, beziehungsweise eine beginnende Veränderung betreffend.

Am besten ließ sich dies durch Beobachtung der ersten leisesten Veränderung bei farblosen Krystallen bewerkstelligen. Es wurden zwar auch, wie aus den oben angegebenen Versuchsresultaten hervorgeht, die erste Farbenveränderung, beziehungsweise die Zeit gemessen, in welcher eine solche eintritt, jedoch läßt sich am besten die Zeit vergleichen, innerhalb welcher die erste Farbe bei farblosen Krystallen eintritt.

Es wurden zu diesem Zwecke größere Platten von Krystallen hergestellt, die alle dieselbe Dicke hatten, nämlich 5 *mm*. Dies war notwendig, um einen exakten Vergleich zu ermöglichen.

Es wäre auch wünschenswert gewesen, allen Platten gleiche Fläche zu geben; dies war aber leider nicht genau durchführbar, da manche Mineralarten nicht in so großen Krystallen vorkommen, daß sie in den nötigen Dimensionen zu beschaffen gewesen wären. Die Platten hatten ungefähr die Dimension 25 × 10 bis 12 *mm*, wovon jedoch der Saphir, welcher in solchen Platten nicht verschaffbar war, eine Ausnahme machte. Dieser hatte nur die Dimensionen 5 × 10 *mm*.

Es wurden folgende Mineralarten untersucht: Saphir, Topas, Quarz, Steinsalz, Flußspat, Baryt, Kunzit. Von den beiden erstgenannten wurden zwei Platten verschiedener Dicke untersucht, beide von Ouro preto, Brasilien. Von Quarz ebenfalls zwei, der eine von Little Falls, der andere vom Maderanertal. Alle diese Mineralien waren farblos oder nahezu farblos mit Ausnahme des Kunzits, welcher seine natürliche Rosafarbe besaß, jedoch durch Erhitzen auf zirka 500° farblos gemacht wurde.

Es wurden dann von einer halben Stunde zu einer halben Stunde Beobachtungen gemacht, dann in größeren Intervallen, wobei es sich ergab, daß nach höchstens zirka 24 Stunden alle Platten eine leise Färbung bereits erreicht hätten.

Diese Platten wurden dann noch durch 3 Tage exponiert, wobei es sich ergab, daß alle intensiv, aber in sehr verschiedenem Maße gefärbt waren.

Die einzelnen Daten sind in nachstehender Tabelle verzeichnet.

Als Resultat dieser Versuchsreihe ergibt sich, daß in
bezug auf die Verfärbungsgeschwindigkeit das Steinsalz von
Wieliczka die größte besitzt, denn schon nach einer halben
Stunde wurde bei diesem eine Spur von Färbung entdeckt.
Nach $2^3/_4$ Stunden zeigen kleinste Veränderungen:

Quarz von Little Falls, Fluorit von Cumberland, Topas
von Ouro preto.

Diese drei Mineralien zeigten gleichzeitig die erste Farbe.
Hierauf folgt Baryt von Cumberland.

Quarz vom Maderanertal und Saphir von Ceylon zeigten
erst nach 9 Stunden die erste Veränderung, ebenso ein zweiter
brasilianischer Topas erst nach 19 Stunden, während Kunzit
erst nach 34 Stunden sich verändert.

Es ergibt sich daher dafür die Reihenfolge:

Steinsalz (Wieliczka);
Quarz (Little Falls), Fluorit (Cumberland), Topas (Brasilien);
Topas I (Brasilien);
Baryt (Cumberland);
Saphir (Ceylon);
Quarz (Maderanertal);
Topas II (Brasilien);
Kunzit.

Die Beobachtungen zeigen aber auch, daß, wenn man
die Intensität der Farbe bestimmt, die Reihenfolge anders
verläuft.

Nach 9 Stunden ist Saphir am meisten gefärbt, dann folgen
Steinsalz (Wieliczka), Fluorit und die dünne Topasplatte. Erst
dann kommen Baryt und schließlich Quarz von Little Falls.

Nach 34, beziehungsweise 37 Stunden verhält sich die
Sache wieder anders. An der Spitze steht dann Fluorit, es
folgt Saphir, dann kommen Wieliczka-Steinsalz, Baryt, Kunzit,
Topas dünne Platte, während die dicke Platte sogar nach
Steinsalz kommt. Die letzten Mineralien sind die Quarze von
Little Falls und schließlich der vom Maderanertal, welcher
noch immer keine deutliche Farbe zeigt.

| Mineralart | Fundort | | | | | | | | | |
|---|---|---|---|---|---|---|---|---|---|---|
| Quarz...... | Made-ranertal | — | — | — | — | — | — | viol schimmernd | | |
| » ...... | Little Falls | — | — | — | — | {bräunlich schimmernd} | 41*u* | 41*u* | 41*u* | — |
| Saphir...... | Ceylon | — | — | — | — | — | — | — | 4*r* | — |
| Steinsalz ... | Wieliczka | {Schimmer} | {an den Kanten gelblich} | gelblich | | 35*u* | 35*l* | 35*l* | 35*l* | — |
| Fluorit ..... | Cumber-land | — | — | — | — | blau schimmernd | | 19*l* | — |
| Baryt ...... | » | — | — | — | — | — | {Schimmer} | 23*t-u* | 23*t-u* | — |
| Topas 1 .... | Ouro preto | — | — | — | — | {Schimmer} | {Schimmer} | 39*l* | 39*l* | — |
| Kunzit ..... | S. Diego | — | — | — | — | — | — | — | — |
| Topas...... | Brasilien | — | — | — | — | — | — | — | — |

1 Diese Topasplatte hatte eine Dicke von nur 3 mm.

| in Stunden | | | | | | | | | | | Nr. |
|---|---|---|---|---|---|---|---|---|---|---|---|
| 24 | 28 | 34 | 37 | 42 | 52 | 57 | 60 | 75 | 180 | 195 | |
| unverändert | | | | — | $41^u$ | $41^u$ | — | $41^u$ | — | $33^p$ | 7 |
| $41^u$ | $41^u$ | $41^u$ | — | — | $41^u$ | $41^t$ | — | $41^t$ | — | $33^u$ | 6 |
| $5^q$ | $6^q$ | $6^p$ | — | — | $6^o$ | $6^{o-n}$ | — | $6^n$ | — | $5^m$ | 2 |
| $6^t$ | $6^s$ | $5^{r-s}$ | — | — | $6^{r-q}$ | $6^q$ | — | $6^{q-p}$ | — | $6^{m-n}$ | 5 |
| $19^q$ | $19^o$ | $19^o$ | — | — | $19^m$ | $19^{m-l}$ | — | $19^k$ | — | $19^f$ | 1 |
| $23^{l-u}$ | $23^{l-u}$ | $23^t$ | — | — | $23^t$ | $23^t$ | — | — | — | $22^s-23^s$ | 9 |
| $36^{l-u}$ | $36^{l-u}$ | $36^t$ | — | — | $35^t$ | $35^t$ | — | $4^r$ | — | $33^u$ | 3 |
| — | — | grün-lich | $17^t$ | $17^s$ | — | — | $16^{r-q}$ | — | $16^{n-m}$ | — | 4 |
| — | — | — | $3^s$ | $3^s$ | — | — | $4^r$ | — | $33^{q-r}$ | — | 8 |

Nach 57, beziehungsweise 60 Stunden ist wieder Fluorit der erste, hierauf Saphir, Steinsalz, Topas (dicke . Platte), Kunzit. An diese reihen sich an: Baryt, Topas (dünne Platte), Quarz von Little Falls, schließlich Quarz vom Maderanertal.

Nehmen wir die letzte Beobachtung, so ist 1. wieder Fluorit an der Spitze, dann kommen gleichmäßig gefärbt: 2. Kunzit, Saphir, Steinsalz. Hierauf folgen: 3. Quarz von Little Falls und Topas (dünne Platte). Schließlich haben wir: 4. Quarz vom Maderanertal, dann noch 5. schwächer gefärbt: Topas (dicke Platte) und 6. als letzten: Baryt.

Berücksichtigt man, daß die dünne Platte jedenfalls eine stärkere Färbung zeigen würde, wenn sie 5 $mm$ dick wäre, so muß man zu dem Schlusse gelangen, daß dann vielleicht gleich nach Steinsalz dieser Topas folgen würde.

Kunzit, zuerst der letzte, rückt vor und bei langer Beobachtung dürfte er vielleicht der erste sein.

## Graphische Darstellung.

Es wurde der Versuch gemacht, die vorhin erwähnten Daten bezüglich der Geschwindigkeit der Verfärbung graphisch darzustellen. Es ist jedoch, da die Verfärbung in zwei Richtungen fortschreitet, dies nicht möglich, da dazu drei Achsen notwendig wären. Es wurde, um die Resultate auf einer Ebene darzustellen, daher nur die Intensität berücksichtigt nach den Daten der Radde'schen Farbenskala, bei welcher $a$ den dunkelsten Ton, $u$ den schwächsten der betreffenden Farbe gibt. Diese Intensitäten wurden auf der Abszisse, die Zeit dagegen auf der Ordinate aufgetragen.

Der Topas von Brasilien wurde nur in der 5 $mm$ dicken Platte berücksichtigt, die Daten bezüglich der dünneren Platte von 3 $mm$ dagegen weggelassen.

Daraus ergibt sich ein ungefähres Bild aber nur in bezug auf Intensität, so daß dieses in einer Richtung ein ungünstiges ist, wie z. B. sich bei Kunzit zeigt, da nur das Dunklerwerden und nicht der Umschlag in Grün dargestellt ist.

Der Ostwald'sche Atlas, welcher ja viel rationeller ist, konnte nicht angewendet werden, da ich mir wegen seines

hohen Preises diesen nicht anschaffen konnte und derselbe
in Wien nur in ganz wenig Exemplaren vorhanden ist, die
auf längere Zeit nicht ausgeliehen werden.

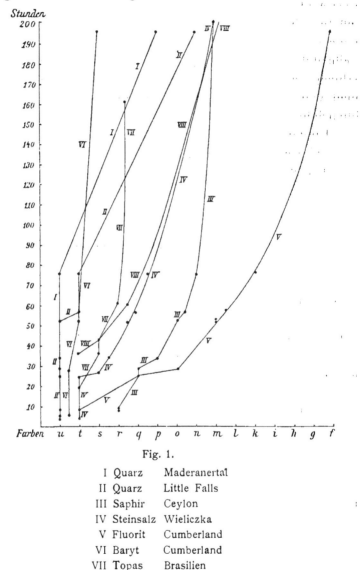

Fig. 1.

I Quarz    Maderanertal
II Quarz    Little Falls
III Saphir    Ceylon
IV Steinsalz Wieliczka
V Fluorit    Cumberland
VI Baryt    Cumberland
VII Topas    Brasilien
VIII Kunzit    S. Diego

Es hätte hier auch der Farbenumschlag zur Darstellung
gelangen können, was nach der Radde'schen Skala nicht
möglich ist.

## Vergleich der Intensität der Verfärbungen.

Ein solcher Vergleich ist leider nur bei gleichmäßiger
Bestrahlungsdauer approximativ möglich, dadurch, daß man
mit der Farbentabelle die Farben vergleicht. Solche Vergleiche
habe ich bereits vor Jahren angestellt [1] und veröffentlicht. Die
Reihenfolge, welche ich damals durch gleichzeitige Bestrahlung
erhielt, welche Bestrahlung durch Wochen andauerte, so daß
man von Endfarben sprechen konnte, ergab sechs Farben-
intensitätsstufen:

Kunzit;

Steinsalz, Saphir, Flußspat;

Topas, Hyazinth;

Rauchquarz, Rosenquarz, Citrin;

Aquamarin, Hiddenit;

Diamant.

Bei dem letztgenannten Mineral war die Verfärbung eine
ganz geringfügige.

Das angewandte Präparat enthielt $^1/_2\,g$ Radiumchlorid.
Dauer 30 Tage.

Bei den jetzigen Untersuchungen war der Versuch nur
9 Tage fortgesetzt worden, so daß man trotz der Stärke des
Präparates ($1^1/_2\,g$) vielleicht noch nicht von Endfarben sprechen
kann. Nun haben wir aber gesehen, daß der Gang der Verfärbung bei den einzelnen Mineralien sehr verschieden ist, so
daß die Reihenfolge nach wenigen Stunden bei längerer Bestrahlung umgekehrt wird. So wird Baryt, welcher anfangs
eines der am schnellsten veränderten Mineralien war, schließlich das letzte, während der Quarz vom Maderanertal, welcher
anfangs das am langsamsten verfärbte Mineral ist, vor den
Baryt und Topas tritt. Ebenso verfärbt sich Kunzit anfangs
sehr langsam, färbt sich aber dann plötzlich sehr stark. Es
ist daher wahrscheinlich, daß Kunzit, welcher bei dem seiner-
zeitigen Versuch das erste war, vielleicht auch diesesmal den
ersten Platz einnehmen könnte, wenn noch durch einige
Wochen weiter bestrahlt worden wäre. Darüber müssen weitere
Versuche entscheiden.

---

[1] Das Radium und die Farben. Dresden 1910.

Allerdings ist es auch nicht unmöglich, daß verschiedene Exemplare von Kunzit sich verschieden verhalten. Auch wurde bei früheren Versuchen nicht geglühter entfärbter Kunzit angewandt wie bei den jetzigen Versuchen.

Daß bei Flußspat die Provenienz, also der Fundort, maßgebend ist, wie auch bei Quarz, Baryt und Topas, sahen wir bereits, so daß eine aufzustellende Reihenfolge ja überhaupt nicht allgemein gedacht werden kann, sondern nur für bestimmte Fundorte.

Die Reihenfolge ist nach den neuen Versuchen:

1. Fluorit (Cumberland),
2. Kunzit und Steinsalz von Wieliczka,
3. Saphir (Ceylon),
4. Quarz (Little Falls),
5. Quarz (Maderanertal),
6. Topas (Brasilien),
7. Baryt (Cumberland).

## Vergleich von krystallinen Aggregaten und Krystallen.

Es war auch von Wichtigkeit, diesen Vergleich durchzuführen. Das Material war allerdings kein großes, da ich keinen körnigen Topas hatte. Bei den Mineralien Baryt und Steinsalz war kein Unterschied wahrnehmbar. Körniger Quarz verfärbte sich nicht, wie das ja für manche Quarzkrystalle zutrifft.

## Versuche mit Pulvern.

Wenn die Ansicht richtig ist, daß die Verfärbung auf einem beigemengten Pigment beruht, so müssen Pulver chemisch reiner Stoffe von der Zusammensetzung der betreffenden Mineralien keine Färbung zeigen. Nun ist allerdings zu erwägen, daß es sehr schwer ist, chemisch ganz reine Stoffe zu erhalten und daß die im Handel als »purissima« bezeichneten Reagenzien immer noch winzigste Mengen von Beimengungen enthalten können. Man kann daher weder im Handel ganz reine Substanzen erwerben, noch sich selbst solche ganz reine Substanzen herstellen. Denn wir wissen, daß es nur Spuren der betreffenden Pigmente sind, welche Färbungen erzeugen können.

Daher ist a priori zu erwarten, daß auch die sogenannten reinen Substanzen eine schwache Färbung aufweisen könnten. Jedoch ist immer die Wahrscheinlichkeit vorhanden, daß bei sehr geringer Verunreinigung die Färbung eine zum mindesten sehr schwache sein wird.

Die ausgeführten Versuche zeigen nun, daß die betreffenden Pulver tatsächlich entweder keine Verfärbung zeigen oder aber eine sehr schwache.

Es wurden behandelt: Chlornatrium, Bariumsulfat, Fluorcalcium, Tonerde, Zirkonerde. Diese wurden mit den Pulvern der Mineralien: Steinsalz, Baryt, Flußspat, Korund und Zirkon verglichen. Wie zu erwarten war, zeigen auch die Mineralpulver eine etwas schwächere Farbe als die Mineralien in Krystallen.

Der Unterschied jedoch dieser Mineralpulver und der analogen chemisch reinen Stoffe ist ein prägnanter.

Flußspat. Flußspat zeigt auch in Pulverform eine entsprechende Farbe, die, wie gesagt, etwas schwächer ist als die der Krystalle. Angewandt wurde Flußspat von Cumberland Er zeigt die Farbe 19$^p$.

Reines Fluorcalcium war nach 14 Tagen Bestrahlung farblos geblieben.

Chlornatrium. Möglichst reines Chlornatrium zeigte nach 8 Tagen eine ganz schwache Färbung 5$^u$ bis 5$^v$. Dagegen war Steinsalz von Wieliczka in derselben Zeit (bei gleichzeitiger Bestrahlung) 4$^s$ geworden, also bedeutend stärker. Nach 14 Tagen war Chlornatrium 4$^t$ geworden, also schwächer als Steinsalz nach 8 Tagen.

Bariumsulfat. Baryt wird ungefähr 19$^p$. Reines Bariumsulfat verblieb unter denselben Umständen vollkommen farblos. (Bestrahlungsdauer 14 Tage).

Über den Vergleich von Tonerde habe ich bereits früher berichtet.[1] Es zeigte sich, daß Tonerde nicht gefärbt wird.

Zirkonerde nahm, wie ich 1915 berichtete, eine so geringe Färbung an, daß sie mit der Radde'schen Farbenskala nicht bestimmbar war.

---

[1] Diese Sitzungsberichte, 124, I, 411 (1915).

Diese Beispiele dürften genügen, um zu zeigen, daß die betreffenden chemischen .Stoffe entweder im Vergleiche zu den Mineralien viel schwächer Farbe zeigten, wie bei Steinsalz und Zirkonerde, oder aber überhaupt keine Färbung durch Radiumstrahlen erleiden, wie dies bei Aluminiumsesquioxyd, Bariumsulfat, Fluorcalcium etc. der Fall ist.

Aus diesen Versuchen geht daher übereinstimmend mit den Versuchen an Krystallen hervor, daß die Färbung nicht den Stoff des Krystalls, sondern das Pigment betrifft. Damit stimmt auch überein, daß manche Vorkommen, wie früher nachgewiesen, sich nicht verfärben, wie Quarz, Korund, Zirkon, Flußspat u. a. mehr.

## Geschwindigkeit der Entfärbung der durch Radiumstrahlen gefärbten Mineralien bei darauffolgender Bestrahlung durch ultraviolette Strahlen.

Es ist bekannt, daß manche Mineralien durch ultraviolette Strahlen jene Färbung wieder verlieren, welche sie bei der Bestrahlung durch Radium erhalten hatten.

Manche Stoffe, welche durch Hitze entfärbt wurden, können auch durch ultraviolette Strahlen wieder ihre Farbe zurückerhalten, doch ist dies kein häufiger Fall. Ich habe dies namentlich bei Saphir und Chrysoberyll beobachtet. Diese Mineralien nehmen aber nicht ihre frühere Färbung wieder an, sondern bekommen eine andere Farbe oder wenigstens eine andere Intensität der Farbe; so wird Saphir nur bläulich, Hyazinth nimmt seine frühere Farbe wieder an.

Die übrigen Mineralien nehmen aber nach Entfärbung durch ultraviolette Strahlen keine Farbe an.

Farblose Mineralien, welche durch Radiumbestrahlung gefärbt wurden, verlieren jedoch ihre Farbe wieder durch Bestrahlung mit ultravioletten Strahlen.

In der nachstehenden Tabelle sind die untersuchten Mineralien in dieser Hinsicht zusammengestellt.

# I. Versuchsreihe.

## Flußspat.

| Fundort | Durch Radium-strahlen erhaltene Farbe | Bestrahlung mit ultravioletten Strahlen | |
|---|---|---|---|
| | | 1 Stunde | 5 Stunden |
| Cumberland .............. | $21^d$ | $21^f$ | $21^{f\cdot}$ |
| Zinnwald .............. | $20^i$ | $21^m$ | $21^{m-r}$ |
| Gerstorf ............... | $6^r$ | $6^n$ | $6^n$ |
| | $20^g$ | $22^m$ | $23^n$ |
| Cornwll.............. | $18^m$ | farblos | — |
| Derbyshire .............. | $18^c$ | $23^c$ | $21^c$ |
| Rosenquarz von Bodenmais .. | $41^o$ | unverändert | $23^q$ |

Die Tabellen zeigen, daß es sich bei der Entfärbung um
den umgekehrten Verlauf wie bei der Bestrahlung mit dem
Radiumpräparat handelt. Bei dieser verlauft die Verfärbung
erst sehr langsam, indem eine Reihe von Stunden vergingen,
oft sogar Tage, bis eine Farbe auftrat, dann aber steigt die
Intensität der Farbe ziemlich rasch, in manchen Fällen, wie
bei Kunzit und Flußspat, sehr schnell.

Das entgegengesetzte zeigt sich bei der Bestrahlung mit
ultravioletten Strahlen. Die Farbe verblaßt anfangs sehr rasch,
im weiteren Verlaufe der Bestrahlung wird die Veränderung
immer geringer und schließlich zeigt die Farbe eine gewisse
Stabilität. Es ist allerdings nicht ausgeschlossen, daß bei sehr
langer, durch viele Wochen fortgesetzter Bestrahlung die Mineralien wieder, wie es bereits bei mehreren nach 48 Stunden
der Fall ist, ganz farblos werden könnten. Aber es ist für
einige, wie für Flußspat von Wölsendorf und den grünen
Flußspat, nicht wahrscheinlich, weil diese Mineralien jene
Farbe annehmen, wie sie in der Natur vorkommt. Da ja auch
in der Natur ultraviolette Strahlen, wenn auch nur schwach,
wirken, so dürften derartige Färbungen nicht vorkommen,
wenn ultraviolette Strahlen die Eigenschaften hätten, die betreffenden Mineralien wieder zu farblosen umzuwandeln.

## II. Versuchsreihe.

| Mineral | Fundort | Farbe[1] | Dauer der Bestrahlung | | | | | | | | Nr. |
|---|---|---|---|---|---|---|---|---|---|---|---|
| | | | 20 Min. | 55 Min. | 4 St. | 8 St. | 14 St. | 22 St. | 35 St. | 43 St. | |
| Flußspat | — | 16 l | 16 u | 17 o—n | 17 o—n | 16 p | 16 r | 37 r | 37 r—q | 37 q | 27 |
| Quarz | — | 40 r | 40 s | — | 22 t | 40 q—22 s | 40 s—22 t | 40 t | 40 u | — | |
| Flußspat | Wölsendorf | 22 d | 22 l | 22 m | 22 n—o | 220—p | 220—p | 22 p | 22 p—q | 22 q | 46 |
| Topas | Brasilien | 6 p | 34 r | 34 r | 33 s—34 s | 40 s | 40 t—u | 40 u | 40 u—v | fast farblos | 79 |
| „ | „ | 6 u | 35 r | 34 s | 34 t | 34 t | 40 t—u | 40 u | 40 u—v | | 37 |
| Apatit | Auburn | 11 u | 21 t | 21 t | 21 u | 40 u—21 u | 21 u | 21 u | farblos | — | 75 |
| Steinsalz | Wieliczka | 5 r | 5 s | 5 t | 5 t | 5 t—u | 5 t—u | 6 u | 6 u—v | 6 u—v | 67 |
| „ | Aussee | 6 p | 6 r | 5 s | 5 s | 5 s | 5 s | 6 t | 6 u | 6 u | 61 |

[1] Nach der Radiumbestrahlung.

Ich halte es daher für wahrscheinlich, daß auch bei fortgesetzter Bestrahlung die beiden genannten Mineralien nicht
ganz farblos werden.

Sehr merkwürdig ist es, daß der Apatit von Auburn eine
andere Färbung annimmt, als er sie ursprünglich hatte; er
wird schließlich farblos. Bei den übrigen, welche ursprünglich
farblos waren und durch Radium erst farbig wurden, wird
die ursprüngliche Farblosigkeit wieder hergestellt.

Die Wirkung der ultravioletten Strahlen äußert sich aber
nicht nur darin, daß die Intensität der Farbe sich abschwächt,
es kann sich, wie dies in mehreren Fällen beobachtet wird,
auch eine andere Farbe zeigen, und zwar scheinen die grauen
Farben besonders wiederzukehren. Es zeigt sich dies bei dem
grünlichen Flußspat, bei Topas und Apatit, während bei dem
Wölsendorfer Flußspat, bei Steinsalz nur die Intensität der
Farbe sich abschwächt.

Was die Schnelligkeit der Verfärbung anbelangt, so treten
schon nach 55 Minuten starke Veränderungen auf, dann verlangsamt sich die Farbenänderung und schließlich bildet sich
eine stabile schwache Verfärbung von geringer Intensität
heraus, bei manchen tritt nahezu Farblosigkeit auf. Diese
würden wahrscheinlich bei lange fortgesetzter Bestrahlung
ganz farblos.

## Einwirkung von Tageslicht.

Durch Radiumstrahlen gefärbte Mineralien verblassen auch
zum Teil bei Tageslicht. Die Veränderung erfolgt jedoch ganz
langsam, ist aber nach längerer Zeit oft deutlich. Es betrifft
dies aber nicht alle früher geschilderten Mineralien. So zeigten
dunkelbraun gefärbte Quarze und blau gefärbte Flußspate keine
Veränderung.

In folgenden Fällen war das Verblassen besonders bemerkbar:[1]

Von den früher p. 423 mit ultravioletten Strahlen behandelten Exemplaren wurden grüner Flußspat, violetter (von

---

[1] Eine direkte Einwirkung von Sonnenstrahlen war vermieden worden.

Wölsendorf) und die beiden Steinsalze durch 14 Tage dem Tageslicht ausgesetzt. Der violette Flußspat verblaßte wenig. Steinsalz von Wieliczka Nr. 67 war ganz farblos geworden, während der von Friedrichshall noch etwas gelblich war, sich also kaum mehr verändert hatte.

Ferner wurden einige mit Radium bestrahlte Mineralien ebenfalls zuerst 8 Tage bei Tageslicht belassen. Das körnige Steinsalz, p. 21, war ganz farblos geworden, dagegen ein anderes Nr. 79 von Wieliczka noch gelblich $5^n$. Nr. 44 (Kalusz) war entfärbt worden. Quarz von Brasilien Nr. 56 war wenig blässer geworden. Die Farbe veränderte sich von $41^r$ zu $34^r$.

Flußspat von Annaberg ($21^p$) war blässer violett, ein bläulicher war verblaßt, ein grünlicher auch etwas.

Rosenquarz war nur wenig verändert. Er war $41^o$. Demnach findet ein allerdings nur schwaches Verblassen statt.

Nach 14 Tagen waren die Steinsalze bis auf Nr. 67 von Friedrichshall farblos geworden. Dieses war noch etwas gelblich, $6^r$, allerdings der letzte noch bestimmbare Farbenton.

Flußspat von Appenzell, Ebenau, welcher ursprünglich die Farbe $36^u$ hatte, also blaß grüngrau, war schließlich wieder ähnlich geworden, nämlich $36^s$. Ein anderer Flußspat, Nr. 5, von Wölsendorf, war schließlich $22^r$ geworden.

Quarz Nr. 56 von Brasilien, welcher oben genannt wurde, war $34^s$. Ein Flußspat von Zinnwald war von $20^i$ zu $16^r$ geworden.

Ganz merkwürdig ist das Verhalten des Sylvins. Er wird mit Radiumstrahlen schön violblau, entfärbt sich aber binnen $3'$ gänzlich bei Tageslicht.

## Beziehung zur Luminiszenz.

Bei dieser wissen wir heute genau, daß sie durch die Beimengungen verursacht ist. Ich verweise auf die Arbeiten von P. Lenard und anderer. Speziell das Zinksulfid ist in dieser Hinsicht in den letzten Jahren genau studiert worden, namentlich auch wegen der praktischen Verwendung. Reines Zinksulfid leuchtet nicht, aber ganz verschiedene Beimengungen rufen sie hervor. Dabei ist die Wirkung derselben eine andere, je nachdem man mit ultravioletten, Röntgen-, Kathodenstrahlen

oder Radiumstrahlen arbeitet. In manchen Fällen kann aber
die Wirkung .der letztgenannten Strahlen auch die gleiche sein.

Was die Mineralien anbelangt, so zeigen die Arbeiten
von Engelhardt, daß mit Mineralien von verschiedenen Fundorten bei Anwendung ultravioletter Strahlen die Luminiszenz-
farbe verschieden ist. Ähnliches beobachtet man auch mit
Radiumstrahlen und Röntgenstrahlen. So verhalten sich verschiedene Scheelite ($CaWO_4$) verschieden und auch verschieden
vom reinen Wolframat.

Für die Luminiszenz durch Kathodenstrahlen fand A. Po-
chettino bei Mineralien verschiedener Fundorte teilweise
gleiches Verhalten, teilweise aber auch verschiedenes. Dies
ist also analog wie bei der Verfärbung von Mineralien verschiedener Fundorte, wie sie im vorhergehenden geschildert
wurde.

Luminiszenz braucht nicht mit der Verfärbung parallel
zu gehen. So gibt es stark luminiszierende Mineralien, welche
sich nicht verfärben oder nur wenig, z. B. Scheelit, Zink-
blende, Diamant, Wollastonit. Dann gibt es wieder Mineralien,
wie Steinsalz, Topas, welche sich stark verfärben, ohne Lumi-
niszenzerscheinungen zu zeigen. Endlich gibt es eine Reihe
von Mineralien, welche mit Radium- oder Röntgenstrahlen
sich stark verfärben und gleichzeitig stark luminiszieren. Dazu
gehört der Apatit und Kunzit.

Kunzit, welcher stark luminisziert mit Radiumstrahlen,
verfärbt sich auch stark mit Radiumstrahlen, aber merkwürdigerweise nicht mit Röntgenstrahlen. Ein Mineral, welches
sehr stark mit beiden Strahlenarten luminisziert, ist der Willemit
(oder besser der manganhaltige Troostit). Weder Willemit noch
Troostit verfärben sich.

. .Aus dieser Verschiedenheit muß man schließen, daß die
Beimengungen, welche die Luminiszenz hervorrufen, nicht
dieselben sein müssen wie jene, welche Verfärbung hervorbringen.. Es ist aber dabei. nicht ausgeschlossen, daß in
manchen Fällen auch die Ursache beider Erscheinungen derselben Beimengung zuzuschreiben .ist. Dies halte .ich bei
Apatit für. wahrscheinlich.

Wir kommen jetzt zu der Frage, wo liegt die letzte
Ursache der Farbenveränderungen? Wenn wir auch annehmen,
daß diese im Pigment vor sich geht, so sind doch noch zwei
Möglichkeiten vorhanden. Entweder sind es Vorgänge im Atom
der verfärbenden Substanz, also des färbenden Pigmentes, oder
es sind Unterschiede in dem Dispersitätsgrade des Pigmentes.

Die Veränderungen werden aber nicht allein durch Radiumstrahlen, beziehungsweise durch Röntgen- und Kathodenstrahlen, sondern auch durch ultraviolette Strahlen sowie
auch durch die Wärme hervorgebracht. Dabei ist die vielfach
entgegengesetzte Wirkung der Wärmeeinwirkung und der
genannten Strahlungen zu berücksichtigen; ferner die entgegengesetzte Wirkung ultravioletter Strahlen.

## Ursachen der Verfärbung.

Die wichtigste Frage ist die, welches die Natur der
Färbungen ist, d. h. wie die Farbe entsteht. Vor allem muß
entschieden werden, ob der Sitz der Verfärbungen im Mineral
selbst liegt oder ob das der Mineralsubstanz an und für sich
fremde, also als Beimengung gedachte Pigment sich in der
Farbe ändert.

Was nun diese Frage anbelangt, so könnte man schon
a priori behaupten, daß, da wir ja die betreffenden Mineralien
als allochromatische bezeichnen, damit die Annahme verbunden
ist, daß die Farbe und also auch die Farbenänderung im
Pigment liegt. Es ist aber auch behauptet worden, daß das
Pigment aus der Substanz des Minerals entstehen kann. So
wurde von R. Strutt die Ansicht geäußert, daß der Hyazinth
seine Farbe den Strahlen seiner radioaktiven Substanz verdankt. Daß Färbungen auf diese Art entstehen können, wissen
wir aus dem Vorkommen der pleochroitischen Höfe (Halos). Die
betreffenden Mineralien müßten aber radioaktiv sein oder fein
verteilte Einschlüsse von solcher Substanz enthalten. Bei manchen Stoffen, wie Steinsalz, Quarz, ist dies aber sehr unwahrscheinlich.

Die Entscheidung kann aber getroffen werden, wenn man
nachweisen kann, daß die Färbungen bei verschiedenen Exemplaren verschieden ausfallen und sogar bei einem und dem-

.selben Individuum (Krystall) verschieden ausfallen. Dies ist
aber, wie meine jetzigen Untersuchungen zeigen, wirklich der

Fig. 2.                              Fig. 3.

Radiobaryt von Teplitz.        . Flußspat von Ebenau.

Fall. Erstens verhalten sich Krystalle von verschiedenen Fundorten verschieden, zweitens sind Krystalle sogar von dem-

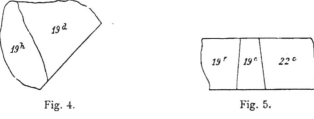

Fig. 4.                              Fig. 5.

Flußspat von Cornwall.        Flußspat von Derbyshire.

selben Fundorte manchmal verschieden und drittens zeigen
sich an einem und demselben Krystall mitunter verschiedene
Farben.

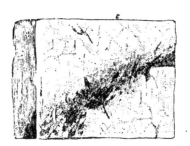

Fig. 6.

Baryt von Cumberland.

Besonders letzteres ist auffallend. Als Beispiele führe ich
an: Baryt von Cumberland, Flußspat (vgl. Fig. 2—6) und
Quarz vom Maderanertal.

Ich gebe hier die Abbildung eines großen Barytkrystalls
(Fig. 6) von dort, bei welchem im Innern eine stark bläulich-
graue Farbe sich zeigt, während der übrige Teil nur ganz
wenig gefärbt ist. Dies kann nur durch Einschlüsse verursacht
sein. Ein zweiter Baryt von dort, ein tafelartiger Krystall, zeigt
zwei sehr verschiedene Farben.

Auch bei Flußspat und bei Saphir konnte eine verschiedene Farbe nach der Beleuchtung mit Radiumstrahlen
beobachtet werden. Früher habe ich bereits eine Quarzplatte
abgebildet, welche regelmäßig verteilte Färbungen aufwies;
dies konnte als durch Zwillingskrystalle verursacht gedeutet
werden.

Im allgemeinen ist der Fall, daß dunkle Flecken entstehen, in einem Krystall nicht gar selten. Allerdings könnte
man sagen, daß der Krystall auch Risse und Sprünge zeigt,
auf welchen die Färbung sich deutlicher zeigt. Aber gerade
die oben angeführten Beispiele, welche oft eine sehr scharfe
Grenzlinie zwischen farbigem Teil und ungefärbtem zeigen,
weisen darauf hin, daß es sich um eine ungleiche Verteilung
des Farbstoffes handelt.

Es liegen nun zwei Möglichkeiten vor, daher zwei Hypothesen aufgestellt werden können. Nach der einen würde es
sich um eine Einwirkung der Strahlen (auch der Wärme-
strahlen) auf das Pigment oder auf das Atom (beziehungsweise Molekül) des betreffenden Stoffes handeln oder aber es
sind einfach verschiedene Größen des kolloiden Pigmentes in
Betracht zu ziehen. Wir haben nun gesehen, daß aus den
früher entwickelten Gründen wohl die Wirkung nicht im
Atom liegt, sondern im Pigment. Denn sonst müßten Pulver
ebenso gefärbt sein wie Krystalle und diese müßten gleichmäßig gefärbt sein.

Immerhin wäre es noch denkbar, daß im Atom des Pigmentes Ionisationen oder andere Vorgänge, welche als Elek-
tronenaustritt charakterisiert wurden, vor sich gehen. Die
zweite Annahme, welche sich auf die verschiedenen Farben
kolloider Lösungen stützt, nach welcher die Farbe mit dem
Dispersitätsgrad wechselt, wird durch die Arbeiten der Physiker,

wie Mie, Ehrenhaft und seine Schüler gestützt (siehe darüber
meinen Aufsatz in den »Naturwissenschaften«, 1920).

Ich halte diese Annahme für die hier behandelten Stoffe
für wahrscheinlicher, da sie mit den Beobachtungen gut im
Einklange steht. Demnach werden durch Strahlungen und
durch Wärme die Teilchengröße verändert, wodurch sich
Farbenveränderungen erklären ließen.

Immerhin ist jedoch auch die andere Annahme nicht
ausgeschlossen. Es scheint, daß ein Krystall durch radio-
aktive Einschlüsse gefärbt werden kann, wobei vielleicht jene
Hypothese Gültigkeit haben könnte.

Vorläufig läßt sich eine Entscheidung nicht treffen. Ich
glaube jedoch, daß mit den Beobachtungen die Hypothese,
wonach es sich um verschiedene Teilchengröße handelt, besser
die Erscheinungen erklären kann.

Daß es sich um kolloide Pigmente handelt, halte ich für
erwiesen, da ja idiochromatische Stoffe und namentlich krystallisierte keine dauernden Veränderungen erleiden. So geht
aus den Beobachtungen auch hervor, daß isomorph bei-
gemengte Pigmente sich schwer dauernd verändern.

Der Akademie der Wissenschaften spreche ich für die
gewährte Subvention meinen Dank aus.

Herrn Prof. Dr. St. Meyer, welcher mir liebenswürdig die
Benutzung der Radiumpräparate gestattete, sowie Herrn Prof.
Dr. V. Hess spreche ich hier ebenfalls meinen Dank aus.

Dem Herrn Direktor Koechlin und Herrn Dr. Michel
danke ich für Beschaffung des Materials, endlich auch besonders Herrn Privatdozenten Dr. H. Leitmeier für seine
mühsame, fortdauernde Mithilfe bei den Beobachtungen.

# Beiträge zur Kenntnis der palaeozoischen Blattarien

Von

**Anton Handlirsch**

k. M. Akad. Wiss.

(Mit 8 Textfiguren)

(Vorgelegt in der Sitzung am 8. Juli 1920)

Meine Absicht, eine vollständige Revision dieser fossilen Insektengruppe zu liefern, ist leider in absehbarer Zeit nicht durchführbar. Darum möchte ich zunächst außer einer, wie ich glaube, verbesserten systematischen Einteilung nur die seit 1906 neu dazugekommenen Formen und einige kritische Bemerkungen der Öffentlichkeit übergeben, denn ich bin der Ansicht, daß auch durch diesen bescheidenen Beitrag das Bild, welches wir uns von dieser für das Ende des Palaeozoikums so charakteristischen Gruppe machen können, an Schärfe gewinnen dürfte.

Auf den ersten Blick mag es wohl wertlos erscheinen, den Hunderten bereits bekannter Formen weitere anzufügen, die sich anscheinend ja doch nur durch unwesentliche Details unterscheiden. Blickt man aber etwas tiefer, so zeigt sich, daß diese Massen von wenig verschiedenen, vielfach am gleichen Orte vorkommenden Formen, die einer Einteilung in höhere Kategorien so große Schwierigkeiten entgegensetzen, doch deszendenztheoretisch von hervorragendem Interesse sein können.

Blattarien treten zuerst im mittleren Oberkarbon auf und nehmen im oberen Oberkarbon enormen Aufschwung. Zu-

nächst »splittern« sie in unglaublicher Weise: Gleichviel ob
Vorder- oder Hinterflügel, ob Thorax oder Larve, keine zwei
Exemplare sind einander gleich. Versucht man es, sie in
Reihen zu bringen, so erscheinen die Extreme sehr verschieden, aber alles ist durch Übergänge verbunden und
nirgends scheinen scharfe Grenzen zwischen den Einheiten
zu bestehen. Dies gilt besonders für jenen größten Teil, den
ich als *Archimylacridae*, als die Stammgruppe bezeichnete,
und hier wieder in höchstem Grade in der Gruppe *Phyloblatta*. Aber schon im obersten Oberkarbon und dann im Perm
sehen wir eine etwas schärfere Scheidung der Gruppen eintreten. Während die Archimylacriden und Mylacriden noch
kaum voneinander abzugrenzen sind, bieten schon die Spilo-
blattiniden, dann die Dictyomylacriden, Pseudomylacriden,
Neorthroblattiniden, Neomylacriden, Poroblattiniden, Mesoblattiniden etc. viel geringere Schwierigkeiten.

Wenn wir uns nun noch vor Augen halten, daß das,
was wir besitzen, nur einen verschwindend kleinen Bruchteil
dessen vorstellt, was in jenen fernen Perioden tatsächlich
existierte, so werden wir wohl den Eindruck gewinnen von
einer ganz unglaublichen Formenproduktion, in welche zunächst noch keine Selektion eingegriffen hatte. Gegen den
Schluß des Palaeozoikums verändert sich aber dieses Bild
mehr und mehr, bis zuletzt die permische Eiszeit derart mit
der Masse aufräumt, daß nur wenige nun scharf geschiedene
Typen das Mesozoikum erleben. Von ihnen leitet sich das
in scharfe systematische Kategorien geschiedene Volk der
kainozoischen Blattarien ab.

Leider bleibt uns vorläufig nicht viel mehr zu tun übrig
als eine möglichst weitgehende analytische Bearbeitung des
Materiales, selbst auf die Gefahr hin, Individuen zu beschreiben.
Erst wenn durch diese Vorarbeit ein möglichst reiches Materiale
deskriptiv festgelegt sein wird, mag mit Erfolg die Synthese
einsetzen. Was wir in letzterer Richtung schon jetzt tun
können, wird immer den Eindruck des $+$ $-$ Willkürlichen
machen und soll nur dazu dienen, einigermaßen eine
Orientierung in der Masse zu ermöglichen, um das Materiale
auch für stratigraphische Zwecke verwendbar zu machen.

Im ursprünglichsten Blattarienflügel stecken offenbar allerlei Potenzen, welche die orthogenetisch in bestimmte Richtungen fortschreitende Entwicklung der einzelnen Teile gewährleisten. Fast jeder solche Prozeß läßt sich in verschiedenen Reihen verfolgen, so daß die einzelnen höheren Typen offenbar heterophyletisch zustandegekommen sind. Ich erwähne hier nur die wichtigsten Fälle:

1. Das ursprünglich lange bandförmige Costalfeld verkürzt sich unter Beibehaltung seiner Form und der kammartigen Anordnung der Äste der Subcosta ($Sc$). Oder das Costalfeld wird durch Schrägstellung der Subcosta $+ -$ dreieckig; dabei lagern sich die Äste der Subcosta allmählich so um, daß sie schließlich strahlenartig aus einem Punkte entspringen (Typus »*Mylacris*«). Andrerseits führt eine immer weitere Verkürzung der Subcosta und Einschränkung der Zahl ihrer Äste schließlich zum Typus »*Poroblattina*«. Endlich kommt es auch zum Schwund aller Äste, durch Umwandlung des ganzen Costalfeldes in einen länglichen aderlosen Wulst: Typus »*Mesoblattina*«.

2. Der Radius ist ursprünglich geschieden in den eigentlichen Radius ($R$), der einige kurze Ästchen schief zum freien Vorderrande sendet, und in den verschieden verzweigten Sektor radii ($Rs$). Zwischen diesem Urzustande, den ich der Kürze wegen $R$ I bezeichne, und dem abgeleiteten Typus, bei dem der $R$ eine einheitliche Ader bildet, deren zahlreiche gleichwertige Äste schief nach vorne und außen auslaufen ($R$ II), gibt es viele Übergänge.

3. Die Medialis ($M$) ist ursprünglich aus zwei Hauptästen gebildet (von denen der hintere vielleicht etwas stärker verzweigt war) $M$ I; daraus entwickeln· sich heterophyletisch zwei vorgeschrittene Typen: $M$ II, bei dem aus dem Hauptstamme mehrere Äste schief nach hinten auslaufen, und $M$ III, bei dem sie nach vorne auslaufen.

4. Der Cubitus ($Cu$) ist normal ziemlich gleich groß mit dem $R$ oder der $M$ und sendet eine Reihe von Ästen schief zum Hinterrande. Manchmal gibt es auch (? sekundär) einen isolierten nach vorne abzweigenden Ast und andere

Spezialisierungen; heterophyletisch erfolgt häufig + — weitgehende Einengung des Cubitus.

5. Das Analfeld enthält ursprünglich mäßig viele gleichmäßig in den Hinterrand herabgebogene Äste der Analis (*A*) Spezialisierungen in verschiedener Richtung.

6. Das Zwischengeäder besteht ursprünglich aus mäßig dichten Queradern, die in den breiteren Feldern netzartig anastomosieren. Spezialisierung durch Vermehrung dieser Queradern oder durch Verdrängung derselben durch + — feine und dichte lederartige Runzelung, oder Beschränkung dieser letzteren auf den Saum der Adern. Alle Übergänge.

7. Ursprüngliche Form des Vorderflügels ziemlich oval, mäßig breit. Spezialisierung durch oft enorme Verbreiterung oder durch Verlängerung, Krümmung etc.; alles heterophyletisch.

Die Hinterflügel folgen in mancher Beziehung den Vorderflügeln, nur behalten sie immer den ursprünglichen Radius (*R* I) bei. Der Prothorax, ursprünglich mäßig breit und von mehr birnförmigem Umriß, wird in den verschiedensten Reihen sehr verbreitert.

Ein Ovipositor kommt bei echten Blattarien nicht vor. Die Larven haben alle gut entwickelte vielgliedrige Cerci und die ursprünglichen Formen sind schlank mit schief abstehenden Flügelscheiden.

---

Seit dem Erscheinen meines Handbuches (1906 bis 1908) sind viele palaeozoische Blattarien beschrieben worden, aber die meisten wurden von den Autoren in unrichtige Genera eingereiht. In der folgenden Übersicht werden diese neueren Arten und Gattungen, sowie die hier zuerst aufgestellten meinen heutigen Ansichten gemäß eingereiht. Aus naheliegenden Gründen wähle ich die denkbar knappste Form der Darstellung.

## Systematische Übersicht.

Familie *Archimylacridae* Handl. Zur Erleichterung der Übersicht habe ich die Genera in Gruppen zusammengefaßt, die entweder später als Genera oder als Unterfamilien betrachtet werden können.

1. Gruppe: **Palaeoblatta**. *R* I. Zwischengeäder ursprünglich, *M* I, II oder fast III.

Genus **Palaeoblatta** Handl. *paucinervis* Sc. (M. Oberc.)

Genus **Aphthoroblattina** Handl., *fascigera* Sc., *Johnsoni* Woodw. (Fig. 1), *carbonis* Handl. (M. Oberc.).

Genus **Parelthoblatta** Handl., *belgica* Handl. *Pruvosti* m. (= *Archimylacris belgica* Pruvost [nec. Handl.], 1912, t. 9,. f. 4). Eine etwas vorgeschrittene Form in Bezug auf *R*. u. *M.* (M. Oberc.).

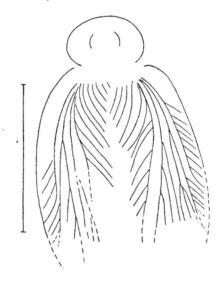

Fig. 1.

*Aphthoroblattina Johnsoni*, 1·5 mal vergr. Skizze nach der Type im Brit. Museum (Original).

Genus **Polyetoblatta** Handl. *calopteryx* Handl. (M. Oberc.).

Genus **Kinklidoptera** Handl. *lubnensis* Kušta, *vicina* Handl. (meine Abbildung ist um 180° zu drehen).

2. Gruppe: **Archimylacris**. *R* fast I, *M* III. Queradern oft fast Runzeln (M. Oberc.).

Genus **Archimylacris** Sc., *acadica* Sc., *venusta* Lesqu., *Desaillyi* Leriche, *reticulata* Meun. (von Meun. als *Syscio-phelia*! beschrieben; scheint der vorhergehenden Art ähnlich), *Pruvosti* m. (= *Archimyl. Simoni* Pruvost 1912, t. 10, f. 2)

*Simoniana* m. (= *Archim. Simoni* Pruvost 1912, t. 10, f. 3),
*gallica* m. (= *Archim. Simoni* Pruvost t. 10, f. 4; der von
Pruvost als Typus der Art *Simoni* bezeichnete Flügel
gehört wohl zu *Phyloblatta*).

3. Gruppe: **Amorphoblatta.** Costalfeld stark vergrößert.
*R* II, *M* II. Queradern.

Genus **Amorphoblatta** Handl., *Brongniarti* Handl.
(M. Oberc.).

Genus **Dictyoblatta** Handl., *Dresdensis* Gein. (U. Perm).

4. Gruppe: **Kinklidoblatta.** *R* I, *M* II. Genetzt.

Genus **Kinklidoblatta** Handl., *Lesquereuxi* Sc. (M. Oberc.).
Genus **Gondwanoblatta** Handl., *reticulata* Handl.
(Gondwana).

5. Gruppe: **Actinoblatta.** *R* II, eingeengt, *M* I. Queradern
(M. Oberc.).

Genus **Actinoblatta** Pruvost, *Bucheti* Pruv. 1912,
t. 9, f. 3.

6. Gruppe: **Dromoblatta.** Schmale Form. *R* II, *M* I—II
(Perm).

Genus **Dromoblatta** Handl., *sopita* Sc.

7. Gruppe: **Adeloblatta.** *R* II, *M* II (Oberc.).

Genus **Adeloblatta** Handl., *columbiana* Sc., *Sellardsi*
Handl.,? *Gorhami* Sc.

8. Gruppe: **Mesitoblatta.** Subc. verkürzt, zum Typus
*Mylacris* neigend. *R* II, *M* I—II (M. Oberc.).

Genus **Mesitoblatta** Handl., *Brongniarti* Handl.
Genus **Sooblatta** Handl., *lanceolata* Sterzel.
Genus **Sooblattella** n. g., Vorderflügel nur wenig mehr
wie doppelt so lang als breit, fast elliptisch, *Sc* etwas vor
der Mitte des Vorderrandes endend, mit 4 einfachen Ästen.
Costalfeld breit, *R* fast gerade zur Mitte des Spitzenrandes
ziehend; 1. Ast einfach, 2. fünf, 3. vier, 4. zwei Zweige
bildend. *M* II, mit 4 einfachen Ästen, die zum Hinterrande
ziehen, *Cu* daher verkürzt, nicht geschwungen, mit 6 meist
einfachen Ästen. *A* 2/5 der Flügellänge, etwa 5 einfache

oder gegabelte Äste. Grob lederartig genetzt. *Britannica* n. sp.
Vorderflügel 15 *mm.* Im Mus. prakt. Geol. London, Nr. 25413,
aus Clydach Merthyr Colliery, Glamorgan. (Mittl. Oberc.).
(Fig. 2.)

Genus **Apophthegma** Handl., *Sterzeli* Handl., *anale*
Handl., *saxonicum* Handl. (Geol. Ges. Wien 1909).

9. Gruppe: **Anthracoblattina**. Schulter schwach. $R$ II, $M$ II.  .
*Cu* lang, $A$ kurz, lederartig (M. u. O. Oberc.).

Genus **Anthracoblattina** Sc., *spectabilis* Goldenb. (der
Gegendruck ist meine *Auxanoblatta saxonia*), *didyma* Rost,
*gigantea* Brongn.

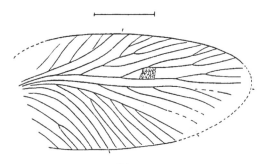

Fig. 2.

*Sooblattella britannica* n. sp. 4 mal vergr. (Original).

10. Gruppe: **Elaphroblatta** Handl., $R$ fast noch I, $M$ III.
Beine lang, Pronot. klein (M. Oberc.).

Genus **Elaphroblatta** Handl., *ensifera* Brongn., *Douvillei*
Meun. (Bull. Soc. G. Fr. [4] VII, 287, t. 9, f. 2, 1907 —
als *Sysciophlebia*! beschrieben). (Fig. 3.)

11. Gruppe: **Plagioblatta**. $R$ II, auffallend schräg gegen
das distale Ende des Hinterrandes. $M$ I, schon in den
Hinterrand mündend. Queradern. Thorax breit (M. Oberc.).

Genus **Plagioblatta** Handl., *parallela* Sc., *Campbelli*
Handl.

12. Gruppe: **Hesperoblatta**. Breit. $R$ fast I (1. Hauptast
reicher verzweigt) $M$ III, eingeengt, *Cu* eigenartig (M. Oberc.).

Genus **Hesperoblatta** Handl., *abbreviata* Handl.

13. Gruppe: **Archoblattina**. Riesenform. Pronotum lang, trapezförmig. *R* zwei Hauptäste, deren Zweige nach hinten auslaufen. *M*? I, reduziert (M. Oberc.).

Genus **Archoblattina** Sell. *Beecheri* Sell., ? *Scudderi* Handl. (Hinterflügel).

14. Gruppe: **Gyroblatta**. Sehr groß, nierenförmig, Queradern. *R* wenige lange Äste. *M* III, groß, *Cu* eingeschränkt, *A* kurz (O. Oberc.).

Genus **Gyroblatta** Handl., *Clarki* Sc., ? *scapularis* Sc.

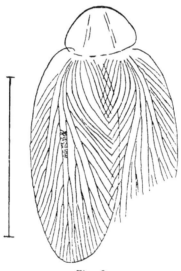

Fig. 3.

*Elaphroblatta Douvillei* Meun. 1·3mal vergr. Nach dem Photogr. (Original).

15. Gruppe: **Dysmenes**. Sehr groß, nierenförmig. *R* II, *M* III, *Cu* normal, *A* kurz. ?Keine Queradern. (O. Oberc.).

Genus **Dysmenes** Handl., *illustris* Sc.

16. Gruppe: **Phoberoblatta**. Sehr groß, lang elliptisch, lederartig. *R* II, *M* III, *Cu* normal, *A* kurz (M. Oberc.).

Genus **Phoberoblatta** Handl., *grandis* Handl.

17. Gruppe: **Eumorphoblatta**. Groß. ∿ *Phoberoblatta*. Queradern (M. Oberc.).

Genus **Eumorphoblatta** Handl., *heros* Sc., *Boulei* Agnus.

? Genus **Apotypoma** Handl., *longa* Handl., *Arndti* Kušta, *platyptera* Handl.

Genus **Boltonia** m., *sulcata* B o l t o n (*Gerablattina* [*Aphthoroblattina*] *sulcata* B olton 1911, t. 8, f. 1—3). Analfeld besonders lang!

18. Gruppe: **Flabellites.** ᨉ *Eumorphoblatta* aber meist sehr breit. Queradern. *R* II, manchmal fast I, *M* III (M. Oberc.).

Genus **Sterzelia** H a n d l., *Steinmanni* S t e r z e l.

Genus **Platyblatta** H a n d l., *Steinbachensis* K l i v e r, *bohemica* F r i t s c h, *propria* K l i v e r.

Genus **Gongyloblatta** H a n d l., *Fritschi* H a n d l.

Genus **Flabellites** F r i t s c h, *latus* F r i t s c h.

19. Gruppe: **Pruvostia.** Schulter stark. Costalfeld mehr dreieckig. *R* II, *M* III, Lederrunzeln (M. Oberc.).

Genus **Pruvostia** m. *Villeti* P r u v o s t, *Lafittei* P r u v., *Godoni* P r u v. (von P r u v o s t 1912, p. 354, t. 11, f. 3, als *Necymylacris* beschrieben).

20. Gruppe: **Stephanoblatta.** Durch auffallende Asymmetrie bemerkenswert. Die beiden Flügel so verschieden, daß ich sie, einzeln gefunden, in verschiedene Genera stellen würde. Schulter nicht stark. *R* II, *M* III oder I, *Cu* normal oder mit isoliertem Vorderast. Lederartig quergerunzelt. Thorax scheibenförmig groß (M. Oberc.).

Genus **Stephanoblatta** H a n d l., *Gaudryi* A g n u s, *Fayoli* L e r i c h e, *discifera* n. sp. aus Commentry, Original im Brit. Mus. Schausammlung (J. 7282). Subcosta mit etwa 10 Ästen, *R* mit 4 bis 5, *M* links 2 gleichwertige, rechts 3 gegabelte Äste, nach vorne abzweigend, *Cu* links mit in 3 Zweige gespaltenem, nahe der Basis entspringenden Vorderaste und 7 Zweigen normal aus dem Stamme. Pronotum nur wenig breiter als lang. Erhalten 41 *mm*, total zirka 46 *mm*. (Fig. 4.)

21. Gruppe: **Phyloblatta.** Subc. normal, selten etwas verkürzt. *R* II, *M* III, selten noch fast I, *Cu* normal. Lederartig, oft + — deutlich querrunzelig.

Genus **Etoblattina** S c. *M* sehr eingeengt, fast noch I, gröber lederartig genetzt; *primaeva* G o l d. (M. Oberc.).

Genus **Anacoloblatta** m. *Jacobsi* M e u n. (Fig. 5). (*Dictyomylacris Jacobsi* M e u n. 1907). Pronotum fast rhombisch, etwa um ein Drittel breiter als lang, *Sc* verkürzt mit nur 4 bis 5 Ästen, *R* II, groß, *M* III, eingeschränkt, mit wenigen Ästen, *Cu* normal. Beine auffallend kurz! Flügel zirka 36 *mm*, Commentry.

Genus **Schizoblatta** Handl., *alutacea* Handl. *M* fast noch I (O. Oberc.).

Genus **Phauloblatta** Handl., *clathrata* Heer, *porrecta* Gein. *M* fast! I (U. Perm).

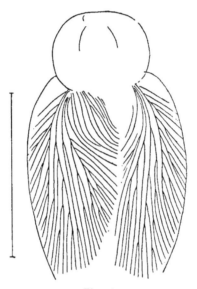

Fig. 4.

*Stephanoblatta discifera* n. sp. 1·2 mal vergr. (Original).

Genus **Aissoblatta** Handl., *rossica* Handl., *Orenburgensis* Handl., *M* I oder III (U. Perm).

Genus **Phyloblatta** Handl. Diese enorm formenreiche Gattung reicht von M. Oberc. bis ins Perm und ist in Nordamerika und Europa verbreitet. *R* II, *M* III, *Cu* normal, alle drei fast gleich groß. Lederartig oder dichte Querrunzeln. Ich rechne hierher:

Aus dem mittleren Oberc. Amerikas: *Hilliana* Sc., *diversipennis* Handl. 1911.

Aus den Stephanien: *Gallica* Handl., *Agnusi* Handl., *Brongniarti* Handl., *stephanensis* Handl., *alutacea* Handl., *reniformis* Handl., ? *Henneni* Meunier (1914, Bull. Soc.

Ent. Fr. 389, t. 5, f. 2), *anonyma* m. (= *Gerablattina* sp. Brongn., t. 46, f. 7 = *Blattoidea* sp. Handl., t. 30, f. 35).

Aus dem Westphalien von Frankreich: *Morini* Pruvost (Ann. S. Geol. N. XLI, 345, t. 10, f. 7, 1912), *Cuvelettei* Pruvost (ibid. 343, t. 10, f. 6), *Simoni* Pruvost (= *Archimylacris Simoni* Pruv., l. c. 338, t. 10, f. 1. — nec Fig. 2—4), *fontanensis* Meunier.

Fig. 5.

*Anacoloblatta* n. g. *Jacobsi* Meun. 1·6 mal vergr. Unterseite nach dem Photogr. (Original).

Aus dem ? Ob. Oberc. von Nordamerika; Rhode Isl: *Latebricola* Sc. (*Blattoidea latebricola* Handl., t. 30, f. 21).

Aus dem Oberen Oberc. von Deutschland: *Wemmetsweilerensis* Gold. (Typus der Gattung *Hermatoblattina* Sc., die sich als unhaltbar erwies. Die Abbildung f. 15, t. 19 der Foss. Ins. ist um 180° zu drehen), *carbonaria* Germ., *flabellata* Germ., *anaglyptica* Germ., *regularis* Handl., *saxonica* m. (*Phyloblatta* sp. Handl., p. 228, t. 23, f. 44),

*ignota* Handl.;[1] *confusa, eximia, perplexa, germana* m.
(*Phyloblatta* sp. Handl., 226, t. 23, f. 38), *similis, Martiusana, generosa, regia, obsoleta, assimilis, monstruosa, amabilis,
lenta, levis* Handl., *Wettiniana* m. (*incerta* Schlechtend. i. l.
= *Phyloblatta* sp. Handl. 223, t. 23, f. 21), *Fritschiana* Handl.,
*lapidea* m. (*Phyloblatta* sp. Handl. 222, t. 23, f. 18), *Frechi,
blanda, Handlirschiana* (Schlecht. i. l.), *striolata, solida,
corrugata, curta, angustata, Hauptiana, lepida, soluta, perfecta,
wettinensis, rugulosa, honesta, difficilis, efferata, grata, plana,
ardua, mollis, amoena, secunda, Fritschi, splendens, venosa,
Scheibeana* alle von Handl., *leptophlebica* Gold., *russoma*
Gold., *Geinitzi* Gold., *Giebeliana* Schlechtend. (Nova acta
1913, 46, t. 6, f. 1 = *anaglyptica* pp. Giebel, Z. g. Nat.
417, 1867), *fera* Schl. Handl. (= *anaglyptica* pp. Giebel),
*Schröteri* Giebel (Typus der Gattung!), *ramosa* Gieb.,
*Löbejüna* m. (*incerta* Schl. i. l. = *Phylobl.* sp. Handl. 227,
t. 23, f. 41), *nana, mutila, exasperata, misera, manca,
Credneriana, incerta, Credneri, tristis, Schröteriana, exilis,
imbecilla, Hochecornei, modica, elegans, irregularis, intermedia, Saueriana* alle Handl., *Dölauana* m. (= *berlichiana*
Schl. i. l. = *Phylobl.* sp. Handl. 226, t. 23, f. 36), *Berlichiana,
venusta, callosa, Wittekindiana* alle Handl.

Aus dem Ob. Oberc. von Kansas und Ohio: *Occidentalis*
Sc., *separanda* m. (= *Etobl. Scudderi* Sellards. Un. G. Surv.
Kans. IX, 507, t. 71, f. 6, t. 78, f. 2, 1908. — Die anderen
erwähnten Exemplare nicht zu deuten), *Scudderi* Sell. *(Etobl.
Scudderi,* Sell., l. c., t. 71, f. 3, t. 78, f. 1), *fulvana* m.
*(Etobl. fulva,* Sell., l. c. 512, t. 70, f. 9, t. 81, f. 6), *fulvella* m.
*(Etobl. fulva,* Sell., l. c., t. 70, f. 6, f. 81, f. 3), *fulva* Sell.
*(Etobl. fulva,* Sell. l. c., t. 70, f. 4, t. 79, f. 3), *Lawrenceana* m.
*(Etobl. occidentalis,* Sell., l. c., 512, t. 70, f. 1, nec. Sc.!),
*Kansasia* m. (*Etobl. occidentalis* Sell., l. c., t. 70, f. 2, t. 78,
f. 3, nec. Sc.!), *brevicubitalis* Sell. (l. c., 511, t. 80, f. 2. —
Die nicht abgebildeten Exemplare gehören wohl auch zu
verschiedenen Arten), *Savagei* Sell. (l. c., 510, t. 71, f. 4,
t. 82, f. 1. — Fig. 4 ist, nach der Photographie zu schließen,

---

[1] Die von Schlechtendal i. l. benannten Arten werden hier der
Kürze wegen nur mit Handl. bezeichnet.

in Bezug auf *Cu* wohl unrichtig), *magna* m. (*Etobl. obscura*
Sell., l. c., 509, t. 83, f. 1, 2), *lugubris* m. (*Etobl. obscura* Sell.,
l. c., 509, t. 81, f. 2), *fusca* m. (*Etobl. obscura* Sell., l. c., t. 79,
f. 1, 2), *obscura* Sell. (l. c., 509, t. 81, f. 4), *Jeffersoniana*
Sc. (= *Blattoidea Jeffersoniana* Handl. 294, t. 30, f. 25),
*stipata* Sc. (= *Blattoidea stipata* Handl. 293, t. 30, f. 20).

Aus dem unteren Perm Deutschlands: *Ornatissima*
Deichm. (= *Deichmülleria ornatissima* Handl. 353, t. 35,
f. 5. — Die Gattung *Deichmülleria* möchte ich nicht mehr
aufrecht halten, trotz der queraderähnlichen Struktur), *dyadica*
Gein. (= *Blattina* cf. *anthracophila* Gein. N. Jahrb. 694,
t. 3, f. 2, 1873, *Blattina* [*Etoblattina*] *flabellata* var. *dyadica*
Gein. Verb. L. Car. Ak. XLI, 437, t. 39, f. 7, 1880. — Die
beiden Figuren stellen sicher dasselbe Objekt dar). *Deich-
mülleriana* m. (*Etoblattina? carbonaria* var., Deichmüller,
Sb. Ges. Isis 1882, 38, t. 1, f. 2, 3), *Stelzneri* Deichm.
(= *Etobl. flabellata* var. *Stelzneri*, Deichm., Sb. Ges. Isis
1882, 34, t. 1, f. 1, 1a bis d), *Deichmülleri* Gein. (= *Blattina*
[*Etoblattina*] *Carbonaria* var. *Deichmülleri*, Geinitz, Verb.
L. Car. XLI, 439, t. 39, f. 9, 1880), *gracilis* Gold. (wäre der
Typus der Gattung *Petroblattina* Sc., die jedoch auf einer
gänzlich falschen Zeichnung — auf einem Irrtume — beruht),
*Fritschii* Heer, *Manebachensis* Goldenb.

Aus dem unteren Perm Böhmens: *Purkynei* n. sp. (Fig. 6).
Kounovaer Schacht in Kottiken bei Pilsen. Ein 36 *mm* langes
Fragment eines etwa 57 *mm* langen linken Vorderflügels mit
stark gebogenem Vorderrande. Adern scharf ausgeprägt, auffallend dick. Skulptur nicht zu sehen. *Sc* etwa drei Fünftel
der Länge, schwach geschwungen, schief zum Vorderrande
ziehend, so daß das Costalfeld ähnlich *Apophthegma* etc. fast
spitz dreieckig erscheint. Es enthält einen einfachen Endast
und vier gegabelte, proximal noch vier feinere Äste. Rad.
mit drei schiefen Ästen; der erste nahe der Basis entspringende bildet vier Zweige. *M* III, mit ihren wenigen
Ästen den Spitzenrand einnehmend. *Cu* schwach geschwungen
mit etwa 6 bis 7 einfachen oder gegabelten? Ästen. Wird
vielleicht einmal als eigenes Genus abgetrennt werden. Als
zweites fossiles Insekt aus dem Perm Böhmens und wegen
der bedeutenden Größe gewiß bemerkenswert.

Aus dem unteren Perm von Nordamerika: *Communis* Sc., *macroptera* Handl., *macilenta* Sc., *mucronata* Sc., *mediana* Sc., *ovata* Sc., *deducta* Sc., *abdicata* Sc., *uniformis* Sc., *funeraria* Sc., *lata* Sc., *angusta* Sc., *residua* Sc., *cassvilleana* Handl., *regularis* Handl., *abbreviata* Handl., *mactata* Sc., *expugnata* Sc., *obatra* Sc., *elatior* Handl., *dichotoma* Handl., *fracta* Handl., *arcuata* Handl., *mortua* Handl., *exsecuta* Sc., *gratiosa* Sc., *vulgata* Handl., *virginiana* Handl., *immolata* Sc., *debilis* Handl., *accubita* Sc., *expulsata* Sc., *macerata* Sc., *imperfecta* Sc., *secreta* Sc., *concinna* Sc., *Scudderiana* Handl., *praedulcis* Sc., *Rogi* Sc., *dimidiata* Handl., *rebaptizata* Handl., *pecta* Sell. (*Etobl. pecta* Sell., Un. G. Surv. Kans. IX, 514, t. 73, f. 2, 1908), *curtula* m. (*Etobl. curta*

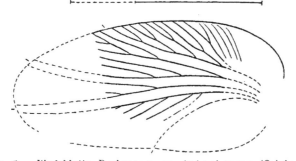

Fig. 6. *Phyloblatta Purkynei* n. sp. 1·4mal vergr. (Original).

Sell., l. c., 513, t. 73, f. 4), *Wellingtoniana* m. (*Etobl. curta* Sell., l. c., t. 73, f. 1. — Der Name *curta* ist präokkupiert), ?*permiana* Sell. (*Etobl. permiana* Sell., l. c., 512. — Wohl mehrere Arten aber ohne Abbildung nicht zu trennen), ? *Meieri* Sc. (*Petrablattina Meieri* Sc. = *Archimylacridae Meieri* Handl. 384, t. 37, f. 6).

Genus **Kafar** n. g. Thorax breit nierenförmig, im Vergleiche zu den Flügeln klein. Costalfeld lang bandförmig mit zahlreichen Subcostalästen. *R* mit zwei fast gleichwertigen Ästen, *M* III, mit etwa vier parallelen gerade zum Spitzenrand laufenden auffallenden Ästen. *Cu* eingeengt mit 4 bis 5 wenig verzweigten Ästen nur den mittleren Teil des Hinterrandes erfüllend. Analfeld ziemlich kurz. Skulptur lederartig. *Gallus* n. sp., etwa 55 *mm* lang. Ein Exemplar aus Commentry in der Schausammlung des Brit. Mus. (J. 7276). (Fig. 7.)

Genus **Olethroblatta** Handl., *americana* Handl., *intermedia* Gold.

Genus **Syncoptoblatta** Handl., *thoracica* Handl.

Genus **Miaroblatta** Handl., *elata* Handl.

Genus **Asemoblatta** Handl., *pennsylvanica* Handl., *Danielsi* Handl., *mazona* Sc., *Brongniartiana* Handl., *anthracophila* Germ., *gemella* Handl.

*Glamorgana* n. sp. (Fig. 8). Der 14 *mm* lange Endteil eines Vorderflügels von etwa 20 *mm* Länge. Costalfeld am Ende schräg abgestutzt. $R$ in zwei Hauptäste geteilt, von denen der

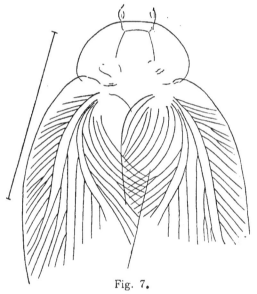

Fig. 7.

*Kafar gallus* n. sp. 1·5mal vergr. (Original).

1. in sechs, der 2. in fünf Zweige zerfällt, die alle noch in den Vorderrand münden. $M$ mit fünf-nach Typus III auslaufenden Ästen, die in zwölf Zweige zerfallen, welche den Spitzenrand einnehmen, $Cu$ geschwungen, lang mit mindestens neun zum Teil verzweigten Ästen. Lederartig. Ein Exemplar im Museum für prakt. Geol. in London: »Geol. Surv. Coal Meas. Clydach Merthyr Colliery, Glamorgan. Nr. 25412.«

*?Humenryi* Pruvost (Ann. Soc. Geol. Nord. XLI, 342, t. 10, f. 5, 1912) ist auffallend kurz und erinnert in der Gestalt an *Cardioblatta* etc.

Genus **Atimoblatta** Handl., *curvipennis* Handl., *reni-formis* Handl.

Genus **Xenoblatta** Handl., *fraterna* Sc., *mendica* Handl.

Genus **Metaxys** Handl., *fossa* Sc.

Genus **Metaxyblatta** Handl., *hadroptera* Handl. (wäre vielleicht besser mit *Phyloblatta* zu vereinigen?).

Genus **Discoblatta** Handl., *Scholfieldi* Sc.

Genus **Liparoblatta** Handl., *ovata* Sc., *radiata* Sc. (gleichfalls kaum scharf von *Phyloblatta* zu trennen).

Genus **Bradyblatta** Handl., *sagittaria* Sc.

Genus **Amblyblatta** Handl., *lata* Sc.

Genus **Compsoblatta** Handl., *Mangoldti* Handl.

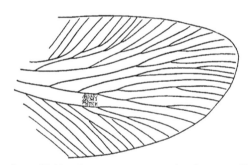

Fig. 8. *Asemoblatta glamorgana* n. sp. +mal vergr. (Original).

22. Gruppe: **Cardioblatta**. Ein sehr verkürzter Phylo-blattentypus. *Sc* normal, *R* II, *M* III, *Cu* kurz. Runzelige Queradern. (Ob. Oberc.)

Genus **Cardioblatta** Handl., *Fritschi* Handl.

23. Gruppe: **Sphaleroblattina**. Sehr klein, kurz lanzett-förmig. *Sc* kurz, *R* II, *M* I, *Cu* kurz. Lederartig. (Ob. Oberc.)

Genus **Sphaleroblattina** Handl. *ingens* Handl.

24.? Gruppe: **Oxynoblatta**. Nahe verwandt mit *Phylo-blatta*, mehr breit lanzettförmig, *Sc* normal, *R* II, *M* III, *Cu* normal. (M. Oberc.)

Genus **Oxynoblatta** Handl., *alutacea* Handl., ?*trian-gularis* Sc., ?*americana* Sc.

25.? Gruppe: **Metachorus**. *Sc* kurz, *R* II, groß, *M* III, klein, *Cu* normal. Sehr breit und kurz. Quer-lederrunzelig. (M. Oberc.)

Genus **Metachorus** H a n d l., *testudo* S c., *striolatus* Handl.

26. Gruppe: **Procoptoblatta.** Stark spezialisiert in der Richtung zu Mesoblattiniden. Stellenweise mit Schaltadern. *Sc* verkürzt, *R* II, *M* III, mit sehr langen parallelen Ästen. *Cu* geschwungen. (U. Perm.)
Genus **Procoptoblatta** H a n d l., *Schusteri* H a n d l. (Geogn. Jahresh. XX, 235. Fig., 1908).

27. Gruppe: **Amoeboblatta.** Eigenartig spezialisiert, schmal und lang. *Sc* lang, *R* II, mit horizontalen Ästen, *M* gegabelt, sehr reduziert, *Cu* normal. Querrunzeln. (U. Perm.)
Genus **Amoeboblatta** H a n d l., *permanenta* S c.

28. Gruppe: **Sellardsula.** Subcosta stark verkürzt, nicht halb so lang als der Flügel. Lanzettförmig. *R* II, *M* III, *Cu* normal. (O. Oberc.)
Genus **Sellardsula** m. *cordata* m. (= *Etoblattina obscura* S e l l., Un. G. S. Kans. IX, 509, t. 70, f. 5, 1908), ? *radialis* S e l l. (= *Promylacris radialis* S e l l., l. c., 506, t. 80, f. 8, t. 81, f. 5).

29. Gruppe: **Distatoblatta.** Subcosta normal, *R* II, *M* III, *Cu* sehr groß, scheinbar aus dem geschwungenen Hauptstamme außer den normalen hinteren Ästen einige nach vorne und horizontal zum Spitzenrand laufende aussendend. (U. Perm.)
Genus **Distatoblatta** H a n d l., *persistens* S c.

30. Gruppe: **Exochoblatta.** Klein, breit lanzettförmig. *Sc* kürzer, *R* II, *M* III, eigenartig zur Mitte des Hinterrandes herablaufend und seine Äste parallel mit dem Hinterrande zum Spitzenrande sendend. *Cu* stark reduziert. (U. Perm.)
Genus **Exochoblatta** H a n d l., *hastata* S c.

31. Gruppe: **Acosmoblatta.** Subcosta normal, *R* II, sehr reduziert, fast nur zwei Äste. *M* I, groß, *Cu* normal. (U. Perm.)
Genus **Acosmoblatta** H a n d l., *permacra* S c., *Eakiniana* S c.

32. Gruppe: **Drepanoblattina.** *R* II, groß, *M* II, *Cu* auf 3 bis 4 Zweige reduziert; klein und schmal, nierenförmig gebogen, lederartig. (Ob. Oberc.)
Genus **Drepanoblattina** H a n d l., *plicata* H a n d l.

33. Gruppe: **Penetoblatta**. Subcosta lang, ihre Äste sehr lang und schief. *R* II, groß, *M* II, groß, *Cu* stark eingeschränkt. Breit und klein. (U. Perm.)

Genus **Penetoblatta** Handl., *virginiensis* Sc., *rotundata* Sc.

34. Gruppe: **Apempherus**. Subcosta normal, *R* II, *M* geschwungen mit einem Hauptstamme, der nach vorne und hinten Äste aussendet. *Cu* eingeschränkt. (U. Perm.)

Genus **Apempherus** Handl., *complexinervis* Sc., *fossus* Sc.

35. Gruppe: **Symphyoblatta**. Subcosta normal. *R* II *M* III, beide an der Basis ein Stück weit verschmolzen. *Cu* +— eingeengt. Querrunzeln. (U. Perm.)

Genus **Symphyoblatta** Handl., *debilis* Sc.

Genus **Pareinoblatta** Handl. (+ *Puknoblattina* Sell. 1908) *expuncta* Sc., *compacta* Sell. (= *Puknoblattina compacta* Sell., l. c., 525, t. 73, f. 5), *Sellardsi* Handl. (= *Puknoblattina compacta* Sell., l. c. t. 73, f. 6), *curvata* Sell. (= *Puknoblattina curvata* Sell., l. c. 526, t. 73, f. 3).

36. Gruppe: **Scudderula**. Auffallend schmal und lang. *R* II, *M* III, *Sc* und *Cu* normal, *A* schmal, mit nur 3 oder 4 Adern. (U. Perm.)

Genus **Scudderula** m. *arcta* Sc. (= *Etoblattina arcta* Sc. = *Blattoidea arcta* Handl. 383, t. 37, f. 1).

Gruppe zweifelhaft:

? Genus **Limmatoblatta** Handl., *permensis* Handl.

? Genus **Anomoblatta** Handl., *Rückerti* Gold.

? Genus **Stygetoblatta** Handl., *latipennis* Handl.

? Genus **Necymylacris** Sc., *lacoana* Sc.

Genus:? *Ingberti* m. (= *Blattoidea* sp. Handl. 295, t. 30, f. 31), (Vorderflügel), *camerata* Kliver (Vorderflügel), *Winteriana* Gold. (Hinterflügel), *incerta* Kliver (Hinterflügel), *steinbachensis* Kliver (? Vorderflügel), *Tischbeini* Gold. (Vorderflügel), *scaberata* Gold. (Vorderflügel), *Pelzi* Handl. (Hinterflügel), *ligniperda* Kušta (Vorderflügel), *bituminosa* Kušta

(Vorderflügel), *bohemiae* m. (= *Gerablattina?* Fritsch = *Archimylacridae* sp. Handl., t. 24, f. 28) (Vorderflügel), *nürschanensis* m. (= »ganzes Insekt ohne Kopf«, Fritsch 1895) *Boltoniana* m. (= *Phyloblatta?* sp. Bolton 1912, t. 33, f. 3—5) ein Stück aus der Radialgegend eines Vorderflügels aus Kent; *britannica* m. (= *Phyloblatta?* sp. Bolton, l. c. .321, t. 33, f. 8, 9): Die Rekonstruktion Bolton's dürfte falsch sein; das Costalfeld scheint viel schmäler zu sein (Vorderflügel). *Kirkbyi* Woodw. (Vorderflügel), *mantidioides* Gold. (Vorderflügel), *inversa* m. (= *Archimylacris* sp. Bolton 1911, t. 10, f. 3) ist jedenfalls ein Stück aus der Mitte eines großen Hinterflügels, aber verkehrt dargestellt; die Queradern sind deutlich. *Celtica* m. (= *Archimylacris* sp. Bolton, l. c., t. 7, f. 2) ein großes Pronotum und ein Stück des Hinterflügels; *obovata* Bolton (= *Archimylacris* [*Schizoblatta*] *obovata* Bolt., l. c., t. 7, f. 4, 5, 6): Nicht wie Bolton meint ein Vorderflügel, sondern ein Hinterflügel; was er als *Sc* deutet, halte ich für den *R. Jacobsi* Meun. (= *Paromylacris Jacobsi* Meun., C. R. Vol. 154, 1912, p. 1194), *Thevenini* Meun. (= *Paromylacris Thevenini* Meun., C. R. Vol. 154, p. 1194), *Boulei* Meun. (= *Paromylacris Boulei* Meun., ibid., p. 1194), *semidiscus* m. (= *Necymylacris?* sp. Brongn. 1893, t. 46, f. 23 = *Archimylacridae* sp. Handl. 238, t. 24, f. 35, 36), *volans* m. (= *Etoblattina* sp. Brongn., t. 47, f. 6, 7 = *Blattoidea* sp. Handl., t. 30, f. 44, 45) (Hinterflügel); *fracta* m. (= *Etoblattina* sp. Brongniart, t. 47, f. 8, Handl., t. 30, f. 46), (Hinterflügel); *Pruvostiana* m. (*Blattoide indeterminé*, Pruvost, Ann. Soc. G. N. 1912, t. 12, f. 6) ist verkehrt orientiert, um 180° zu drehen; *magna* m. (*Insecte indeterminé*, Pruvost, l. c., t. 9, f. 2): Vermutlich ein Stück eines sehr großen ?Vorderflügels einer Archimylacride mit schönen Queradern. *Lensiana* m. (*Archimylacride indet.* Pruvost, l. c., t. 12, f. 3), (Vorderflügel); *ovalis* m. (*Archimylacride indet.* Pruvost, l. c., t. 12, f. 4), Vorderflügel mit sehr breitem Costalfeld, sicher nach dem Original zu zeichnen; *oligoneura* m. (*Blatt. indet.* Pruvost, l. c., t. 12, f. 2), (Hinterflügel); sp. Pruvost (l. c., 363), (ein unbeschriebenes Fragment); sp. Pruvost (l. c., 363, t. 12, f. 8): Nur ein Stück eines

Analfeldes; *rugulosa* m. (*Archimylacride indet.* Pruvost, 1. c.,
t. 12, f. 5). Basalteil eines Vorderflügels mit auffallend scharfen
Runzeln. *Elongata* m. (*Blattoidea indet.* Pruvost, 1. c., t. 12,
f. 7), (Hinterflügel); *Lievina* m. (*Blattoidea indet.* Pruvost, 1. c.,
t. 12, f. 1), (Hinterflügel); *reticulata* m. (*Blattoidea* sp. Handl.,
t. 30, f. 36), (Hinterflügel); *sepulta* Sc. (ist falsch gezeichnet
und ohne Original nicht zu deuten); *exilis* Sc. (Vorderflügel);
sp. Sc. (Handl., t. 30, f. 22); *Packardi* Clark (Hinterflügel);
*areolata* m. (*Blattoidea* sp. Handl., t. 30, f. 42) (Hinterflügel); *latissima* Sell. (*Mylacris latissima* Sell., Un. G. S.
Kans. IX, 505, t. 71, f. 5, t. 82, f. 2): Die Fig. 5 ist sicher
falsch, ebenso die Deutung als *Mylacride. Coriacea* Sell.
(*Etoblattina? coriacea* Sell., ibid., t. 77, f. 9). Diese neue
Abbildung macht die alte Art nicht klarer. *Recta* Sell.
(*Archimylacris recta* Sell., ibid., 514). Sellards vergleicht
diese leider nicht abgebildete Form mit parallela — also
*Plagioblatta* m.; die Beschreibung stimmt damit aber nicht
überein; es ist sicher keine »*Archimylacris*« in meinem Sinne.
*Laurencea* m. (= *Etoblattina* sp. Sell., 1. c., 530, t. 80, f. 4),
(Hinterflügel); *aliena* (Schl.) Handl. (Vorderflügel); *propinqua*
(Schl.) Handl. (Vorderflügel); *notabilis* (Schl.) Handl. (Vorder-
flügel); *paupercula* (Schl.) Handl. (Vorderflügel); *mirabilis*
(Schl.) Handl. (Vorderflügel); *bella* (Schl.) Handl. (Vorder-
flügel); *pulchra* (Schl.) Handl. (Hinterflügel); *eta* m. (= *ala*
η Schlecht. i. l. = *Blattoidea* sp. Handl. 298, t. 30, f. 53),
(Hinterflügel); *rugosa* (Schl.) Handl. (= *Blattoidea rugosa*
Handl. 298, t. 30, f. 54), (Hinterflügel); *Luedeckei* (Schl.)
Handl. (*Blattoidea Luedeckei* Handl. 299, t. 31, f. 5), (Hinterflügel); *mi* m. (*ala* μ Schlecht. i. l., *Blattoidea* sp. Handl.
299, t. 31, f. 6), (Hinterflügel); *indeterminata* (Schl.) Handl.
(*Blattoidea indet.* Handl. 295, t. 30, f. 34), (? Vorderflügel);
sp. Handl., t. 24, f. 41, (Vorderflügel), zu unvollkommen.
*Remigii* Dohrn (Vorderflügel); *venosa* Gold., (Vorderflügel);
*robusta* Kliver (Vorderflügel); *Scudderi* Gold. (*Blattoidea
Scudderi* Handl. 300, t. 31, f. 13), (Hinterflügel): Zur *M*
möchte ich nur die beiden großen in je drei Zweige geteilten,
vor dem *Cu* liegenden Adern rechnen, alles andere zum *R*;
*labachensis* Gold. (Vorderflügel); *multinervis* m. (*Blattoidea* sp.

Handl., t. 31, f. 1), (Hinterflügel); *ampla* Handl. (*Blattoidea ampla*, Handl., 385, t. 37, f. 12), (? Vorderflügel); *Rollei* Deichm. (*Blattoidea Rollei*, Handl. 384, t. 37, f. 7), (Vorderflügel); *Geinitziana* m. (= *Blattina* [*Anthracoblattina*] cf. *spectabilis*, Geinitz, Verb. L. Car. Ak. XLI, 437, t. 39, f. 6), (Vorderflügel); *coriacea* m. (*Blattoidea* sp. Handl., t. 37, f. 10) ist vielleicht verkehrt dargestellt; *neuropteroides* Göpp. (*Blattoidea neuropteroides* Handl., t. 36, f. 52), (Hinterflügel); *inculta* Sc. (= *Blattoidea inculta* Handl., 383, t. 37, f. 4), (Vorderflügel); *eversa* Sc. (Vorderflügel); *virginica* m. (= *Blattoidea* sp. Handl., t. 37, f. 9), (Hinterflügel); *cassvillana* m. (= *Blattoidea* sp. Handl., t. 37, f. 8), (Hinterflügel); *aequa* Sc. (= *Petrablattina aequa* Sc. Handl., t. 36, f. 16), (Vorderflügel): Ich habe diese Art früher als Typus der Gattung *Petrablattina* betrachtet, doch ist richtiger *sepulta* Sc. dieser Typus. *Acompacta* m. (*Puknoblattina compacta* Sell., l. c., IX, 525, t. 74, f. 4), (Vorderflügel).

Von den zahlreichen bekannt gewordenen Jugendformen rechne ich folgende zu den Archimylacriden: *Insignis* Gold.; *exilis* Woodw. (Handl., t. 17, f. 16); *Woodwardi* m. (= *exilis* Woodw. pp. Handl., t. 17, f. 17); *Carri* Schuch.; *mazonana* m. (= *mazona* Sell. 1904, pp. = *Blattoidea* sp. Handl., t. 18, f. 40); *larvalis* m. (= *mazona* Sell. 1904, pp. = *mazona* Handl., t. 18, f. 39); *paidium* m. (= *mazona* Sell. 1904, pp. = sp. Handl., t. 18, f. 38); *exuvia* m. (= *Blattoidea* sp. Handl., 174, t. 17, f. 20); *Germari* Giebel; *curvipennis* m. (= *Blattoidea* sp. Handl., 174, t. 17, f. 24); *relicta* Handl. (= *Blattoidea relicta* Handl., t. 17, f. 23); *Berlichiana* m. (= *Leptoblattina Berlichiana* Schlecht. i. l. = *Blattoidea* sp. Handl., t. 17, f. 22); *delicula* Handl. (= *Leptoblattina delicula* Schl. i. l., *Blattoidea delic.* Handl., t. 17, f. 21); *adolescens* m. (= *Blattoidea* sp. Handl. 175, t. 18, f. 4); *bella* Handl. (= *Blattoidea bella* Handl., t. 18, f. 15); *pleurigera* m. (= *Blattoidea* sp. Handl. 178, t. 18, f. 25); *juvenis* Sell. (= *Blattoidea juvenis* Handl., t. 18, f. 41—45).

Familie **Spiloblattinidae** Handl. Gleicht in der Anlage des Geäders völlig den Archimylacriden, nur sind die Zwischen-

räume zwischen den Hauptstämmen des Geäders breiter und
die runzeligen Queradern aut einen schmalen Raum längs
der Adern beschränkt, so daß in den breiteren Zwischen-
räumen Fenster bleiben, die offenbar transparent waren.
Dieselben Eigenschaften finden wir bei den Hinterflügeln
(? ob bei allen). Die Gruppe fehlt in den älteren Stufen, tritt
erst im obersten Carbon auf und reicht in das Perm hinein.
Im Mesozoikum ist sie verschwunden.

Genus **Sysciophlebia** Handl., Subcosta normal, $R$ II, $M$ III.

*Lawrenceana* m. (= *Spiloblattina maledicta* Sell., l. c.,
IX, 519, t. 76, f. 27, t. 77, f. 8); *Sellardsi* m. (= *maledicta*
Sell., l. c., t. 76, f. 26, t. 77, f. 6); *arcuata* Sell. (= *Gerablattina arcuata* Sell., l, c., t. 70, f. 3); *acutipennis* Handl.;
*obtusa* Handl.; *nana* Handl.; *rotundata* Handl.; *adumbrata*
Handl.; *picta* Handl.; *Schucherti* Handl.; *Whitei* Handl.;
*apicalis* Sc.; *marginata* Sc.; *fasciata* Sc., *hastata* Sc.;
*funesta* Sc.; *variegata* Sc.; *ramosa* Sc.; *affinis* Handl.;
*benedicta* Sc.; *maledicta* Sc.; *hybrida* Handl.; *Scudderi*
Handl.; *ignota* Handl.; *lenis* Handl.; *stulta* Handl.; *elegan-
tissima* Handl.; *modesta* Handl.; *tenera* Handl.; *signata*
Handl.; *nobilis* Handl.; *agilis* Handl.; *deperdita* Handl.;
*angustipennis* Handl.; *elongata* Handl.; *euglyptica* Germ.;
*Laspeyresiana* Handl.; *Schlechtendali* m. (= *Weissiana*
Schlecht. i. l. = sp. Handl. 244, t. 25, f. 28, 29); *oligoneura*
Handl.; *saxonica* m. (= *carbonaria* Schlecht. i. l. = sp.
Handl. 243, t. 25, f. 24); *Martiusana* Handl.; *producta*
Sc. (= *Blattina euglyptica* pp. Gold. = *Gerablattina producta*
Sc. = *Sysciophlebia* sp. Handl. 241, t. 25, f. 10 = *Syscio-
phlebia producta* Schlecht., Nov. Acta 1913, 80, t. 2, f. 20);
*Huysseni* Handl.; *Weissiana* Gold.; *pygmaea* Meun.; *invisa*
Sc.; *recidiva* Sc.; *patiens* Sc.; *occulta* Sc.; *diversipennis* Sc.;
*Cassvici* Sc.; *fenestrata* Handl.; *guttata* Sc., *triassica* Sc.;
*Frankei* Handl.; *Ilfeldensis* Handl.; *elongata* Sc.; *Weissi-
gensis* Geinitz.

Genus **Dicladoblatta** Handl. Ähnlich *Sysciophlebia*, $R$ II,
$M$ I. *Willsiana* Sc.; *tennis* Sc.; ? *limbata* Handl.; *subtilis*
Handl.; *defossa* Sc.; ? *marginata* Sc.

Genus **Syscioblatta** Handl. $R$ mit stärker verzweigten 1. Ast — fast: $R$ I, $M$ III.

*Lineata* Sell. (= *Spiloblattina lin.* Sell., l. c. 522, t. 81, f. 1); *gracilenta* Sc.; *Hustoni* Sc.; *obscura* Handl.; *exsensa* Sc.; *misera* Handl.; *Steubenvilleana* Handl.; *minor* Handl.; *anomala* Handl.; *Dohrni* Sc.

Genus **Ametroblatta** Handl. Etwas zweifelhaft. $R$ II; $M$, einfache Ader, dafür der Vorderast des $Cu$ so wie sonst die $M$ beschaffen. Muß neu untersucht werden; *strigosa* Sc.; ? *longinqua* Sc.

Genus **Atactoblatta** Handl. Subcosta verkürzt, $R$ II, $M$ II; *anomala* Handl.

Genus **Doryblatta** Handl. Subcosta länger, $R$ fast I, $M$ II; *longipennis* Handl.

Genus **Spiloblattina** Sc. $R$ II, $M$ I—II. *Gardineri* Sc.; *perforata* Handl.

Genus **Arrhythmoblatta** Handl. Costalfeld schmal zugespitzt, $R$ II, $M$ III. *Detecta* Sc., *Scudderiana* Handl.

*Spiloblattinidae incertae sedis: abdomen* m. (= *maledicta* pp. Sell. = sp. Handl., t. 27, f. 6), Hinterleib; *alata* m. (= *maledicta* pp. Sell. = sp. Handl., t. 27, f. 5), Hinterflügel; *laxa* Sell. (l. c., 523 ut *Spiloblattina*) vermutlich ein Gemisch; *curvata* Sell. (l. c., 522, t. 80, f. 3); *Schlechtendaluna* m. (= *Blattoidea* sp. Handl. 299, t. 31, f. 4), Hinterflügel; *humeralis* m. (= *Spiloblattina* sp. Handl. 258, t. 27, f. 12), Vorderflügel; *Zinkeniana* Handl.; *pictipennis* m. (= sp. Handl., t. 27, f. 9, 10), Vorder- und Hinterflügel; *postica* m. (= sp. Handl., t. 27, f. 8), Hinterflügel; *grandis* m. (= sp. Handl., t. 27, f. 7), Hinterflügel; ? *Wagneri* Kliver (= *Blattoidea Wagneri* Handl., t. 30, f. 49), Hinterflügel; ? *aperta* Sc. (= *Blattoidea aperta* Handl., t. 37, f. 3), Vorderflügel; *balteata* Sc., Vorderflügel; *triassica* Sc., Vorderflügel; ? *Gardinerana* Handl., Hinterflügel; *Mahri* Gold.

Familie *Mylacridae* Scudder. Das Geäder im ganzen archimylacriden-ähnlich, nur laufen die Subcostaläste statt kammartig nacheinander aus dem Stamme, einzeln oder in Büscheln aus der unteren Ecke des + — dreieckigen Costalfeldes schief zum Vorderrande. Durch Übergänge mit den Archimylacriden verbunden. Mittlere und untere Stufen des oberen Obercarbon, später fehlend.

Genus **Hemimylacris** H a n d l. Costalfeld noch nicht typisch. *R* II, *M* fast I oder III, *Cu* ziemlich klein. Analfeld schlank. *Clintoniana* S c.; *ramificata* H a n d l.

Genus **Discomylacris** n. g. Sehr breit oval. Äste der *Sc.* in Büscheln nahe der Basis entspringend. *R* II, groß, fast die vordere Hälfte des Flügels einnehmend, schwach geschwungen, mit fünf teilweise verzweigten Ästen. Analfeld lang, mehr als halb so lang als der Flügel, seine erste Ader verzweigt. *M* III, mit drei verzweigten Ästen. *Cu* mäßig groß mit vier teilweise verzweigten Ästen. *Obtusa* B o l t o n (*Hemimylacris obtusa* Bolt., Qu. J. G. S. L. LXVII, 154, t. 10, f. 4, 5, 1911), M. Oberc. Wales.

Genus **Soomylacris** H a n d l. *R* mit zwei fast gleichwertigen Ästen, *M* I, *Cu* eingeschränkt, *A₁* verzweigt. *Deanensis* S c., *gallica* m. (= *Orthomylacris* sp. P r u v o s t, l. c., 357, t. 11, f. 5, 5*a*, 1912) aus Liévin in Frankreich; scheint *Deanensis* sehr ähnlich.

Genus **Orthomylacris** H a n d l. Die Hauptgattung der Gruppe. Costalfeld typisch. *R* II, *M* III, *Cu* mäßig groß. *A₁* verzweigt. *Analis* H a n d l.; *rugulosa* H a n d l.; *truncatula* H a n d l.; *elongata* H a n d l.; *Mansfieldi* S c.; *lusifuga* S c.; *Heeri* S c.; *alutacea* H a n d l.; *Pluteus* S c.; *antiqua* S c.; *pennsylvaniae* m. (= *pennsylvanica* H a n d l., 1906); *contorta* H a n d l. (Am. Journ. Sc. XXXI, 369, f. 52, 1911); *Gurleyi* S c. (= *Mylacridae gurleyi* H a n d l., t. 29, f. 1); *rigida* S c. (= *Mylacridae rigida* H a n d l., t. 28, f. 31); *pennsylvanica* S c. (= *Mylacridae pennsylvanica* H a n d l., t. 28, f. 28, 29); ?*pauperata* S c. (= *Mylacridae pauperata* H a n d l., t. 28, f. 22); *pittstoniana* S c. (= *Mylacridae pittstoniana* H a n d l., t. 28, f. 27).

Genus **Actinomylacris** H a n d l. Costalfeld kurz, *R* II, die vordere Hälfte des Flügels einnehmend. *M* II, *Cu* eingeschränkt. *A₁* einfach. *Carbonum* S c.; *vicina* H a n d l.

Genus **Exochomylacris** H a n d l. Mehr oval. Costalfeld groß und lang. *R* II, *M* II, *Cu* normal. *A* einfach (vielleicht zu *Orthomylacris*). *Virginiana* H a n d l.

Genus **Anomomylacris** Handl. Costalfeld lang, der ganze Flügel gestreckt, $R$ II, $M$ II, klein, $Cu$ groß, sein zweiter Ast reich verzweigt. $A_1$ verzweigt: *Cubitalis* Handl.

Genus **Stenomylacris** Handl. Viele und feine Adern, gestreckt. Costalfeld kurz. $R$ II, $M$ II, groß, $Cu$ klein, $A$? einfach: *Elegans* Handl.; *lanceolata* Bolton (*Orthomylacris lanceolata* Bolt., l. c., 167, t. 10, f. 1, 2, 1911); ? *Montagnei* Pruvost (*Stenomylacris Mont.* Pruv., l. c., 358, t. 11, f. 6, 1912).

Genus **Phthinomylacris** Handl. Schulter sehr stark. Kurz. Costalfeld groß, $R$ II, groß, $M$ II, klein, $Cu$ klein, $A$ einfach: *Cordiformis* Handl.; *medialis* Handl.

Genus **Chalepomylacris** Handl. Costalfeld klein, $R$ groß, zwei Hauptäste mit je etwa acht Zweigen, $M$ II, $Cu$ klein, $A$ einfach: *Pulchra* Handl.

Genus **Brachymylacris** Handl. Sehr kurz und breit. $R$ II, $M$ I oder II, $Cu$ klein, $A$ einfach: *Elongata* Handl.; *cordata* Handl.; *rotundata* Handl.; *mixta* Handl.; ? *Pruvosti* m. (= *Soomylacris* sp. Pruvost, l. c., 355, t. 11, f. 4, 1912). Wie bei der vorhergehenden Art, $R$ in zwei große Äste geteilt und $M$ fast I.

Genus **Sphenomylacris** Handl. Eigentümlich geformt. $R$ II, $M$ nur zwei Gabeläste, $Cu$ klein, $A$ durch schräge nicht gebogene Falte begrenzt: *Singularis* Handl.

Genus **Platymylacris** Handl. Eigenartig geformt. $Sc$ lang, sichelartig geschwungen, $R$ II, nur drei lange gegabelte Äste, $M$ II, mit wenigen langen Ästen, $Cu$ normal, $A$ sehr kurz, Sutur gebogen: *Paucinervis* Handl.

Genus **Goniomylacris** Handl. Schulter sehr eckig vorgezogen. Costalfeld vermutlich kürzer als ich annahm; es schließt nur die in vier Zweige geteilte Ader ein, und die folgende wäre dann der 1. Ast des relativ ursprünglichen $R$, $M$ I, $Cu$ normal, $A$ schlank: *Pauper* Handl.

Genus **Mylacris** Sc. Subcosta lang, typisch verzweigt. $R$ II, $M$ III, $Cu$ normal, $A$ schlank, die 1. Ader meist gespalten: *Anthracophila* Sc.; *elongata* Sc.; *similis* Handl.; *dubia* Handl. ($M$ im Hinterflügel noch II, im Vorderflügel III);

*? Sellardsi* Handl.; *? pseudocarbonum* Handl. (= *Mylacridae pseudocarbonum* Handl., t. 28, f. 23); *ampla* Sc.

? Genus **Aphelomylacris** Handl. ? = *Mylacris*. Weniger Adern, namentlich *M* reduziert, *Cu* groß, *A* einfach, Costalfeld kurz, *R* II; *Modesta* Handl.

Genus **Lithomylacris** Sc. Besonders schlank, *Sc* lang, *R* II, groß, *M* III, *Cu* normal, *A* schmal und schlank, nur wenige Adern; *Angusta* Sc.

Genus **Amblymylacris** Handl. Kurz oval, stumpf abgerundet. *Sc* kurz, *R* II, *M* reduziert ? III, *Cu* normal; *Clintoniana* Sc., *Harei* Sc.

Genus **Promylacris** Sc. Subcosta eigenartig. *R* II, *M* III, *A* groß: *Ovalis* Sc.

Genus **Paromylacris** Sc. Besonders breit gebaut. Fl. am Ende breit abgerundet. *Sc* groß, *R* II, *M* ? I, II oder III, *A* mäßig groß: *Rotunda* Sc., *? priscovolans* Sc. (= *Mylacridae priscovolans* Handl., t. 28, f. 21) mit sehr stark verzweigter 1. Analis.

Genus **Etomylacris** n. g. Herzförmig. *Sc* kurz, *R* II, groß; *M* III, klein; *A* kurz, 1. Ader verzweigt. *Burri* Bolt. (= *Soomylacris* [*Etoblatt.*] *Burri* Bolt., l. c. 318, t. 33, f. 1, 2, 1912).

Genus **Simplicius** n. g. Wenige Adern, *Sc* groß, typisch; *R* II, nur vier gleiche einfache Äste parallel zur Spitze sendend; *M* einfache Gabel; *Cu* mit zirka drei Ästen; *A* schlank; *Simplex* Sc. (= *Lithomylacris simplex* Sc. = *Mylacridae simplex* Handl., t. 28, f. 26).

*Mylacridae incertae sedis*: *Ampla* Sc.; *amplipennis* m. (= *Promylacris rigida* Sell. Pop. sc. monthly 1906, 248, f. 4), Hinterflügel; *ovalis* Sc. (= *Blattoidea ovalis* Handl., t. 30, f. 37), Hinterflügel.

*Larvae Mylacridarum*: *Lawrenceana* m. (= *Blattoidea* sp. Handl., t. 18, f. 46); *Schucherti* Handl. (= *Blattoidea Schucherti* Handl., t. 18, f. 32); *Sellardsi* Handl. (= *Blattoidea Sellardsi* Handl., t. 18, f. 33); *Melanderi* Handl. (= *Blattoidea Melanderi* Handl., t. 18, f. 34); *Schuchertiana* Handl. (= *Blattoidea Schuchertiana* Handl., t. 18, f. 35, 36);

*Sellardsiana* Handl. (= *Blattoidea Sellardsiana* Handl.,
t. 18, f. 37); *diplodiscus* Pack. (= *Blattoidea diplodiscus*
Handl., t. 18, f. 27—30); *Peachi* Woodw. (= *Blattoidea
Peachi* Handl., t. 18, f. 26); *anceps* Sell. (= *Blattoidea
anceps* Handl., t. 18, f. 24).

Familie **Pseudomylacridae** Handl. Sehr klein, Costalfeld
typisch wie bei Mylacriden. *R* zwei Hauptäste, *M* I oder III.
*Cu* sehr klein. *A* mit gebogener Sutur. Einzelne Queradern.
Ob. Oberc.

Genus **Pseudomylacris** (Schl. i. l.) Handl. *Wettinense*
(Schl.) Handl.

Familie **Neorthroblattinidae** Handl. Kleine Formen. *Sc*
kurz aber kammartig. *R* II, *M* I oder fast II. *Cu* klein, $A_1$ verzweigt, die Äste gegen die Sutur gerichtet. Einzelne Queradern. Ob. Oberc. und Perm.

Genus **Mylacridium** (Schl. i. l.) Handl. *Germari* (Schl.)
Handl.; *Handlirschi* (Schl.) Handl.; *Fritschi* (Schl.) Handl.;
*Schröteri* (Schl.) Handl.; *Berlichi* (Schl.) Handl.; *longulum*
(Schl.) Handl.; *Goldenbergi* (Schl.) Handl.; *jucundum* (Schl.)
Handl.; *superbum* (Schl.) Handl.; *planum* (Schl.) Handl.;
*Brongniarti* (Schl.) Handl.; *pulcrum* (Schl.) Handl.;
*Berlichianum* (Schl.) Handl.; *incertum* (Schl.) Handl.;
*depressum* (Schl.) Handl.; *gracile* (Schl.) Handl.; ?*diversum*
(Schl.) Handl. (= *Blattoidea diversa* Handl., t. 30, f. 29);
?*nanum* m. (= *Blattoidea* sp. Handl., t. 30, f. 30).

Genus **Neorthroblattina** Sc., *albolineata* Sc.

Familie **Dictyomylacridae** Handl. Größere Formen. *Sc*
neigt zur Mylacrisform. *R* II, *M* II, *Cu* etwas eingeengt.
*A* mit gebogener Sutur, in die einige Adern münden. Queradern. Mittl. und ob. Oberc.

Genus **Dictyomylacris** Brongn., *insignis* Br.; *Poiraulti*
Br.; *multinervis* (Sell.) Handl.

Familie **Neomylacridae** Handl. Subcosta mylacridenähnlich.
*R* II, *M* klein ? noch I. *Cu* normal, *A*: einige Adern münden
in die gebogene Sutur.

Genus **Neomylacris** Handl. *Major* Handl.; *pulla* Handl. *?paucinervis* Handl.

Familie **Pteridomylacridae** Handl. Ganz aberrant. *Sc* mylacridenähnlich. *R* II, *M* einfache Gabel, *Cu* wenig Äste; *A* sehr lang, bis zum Spitzenrande reichend, mit fast gerader Sutur und einfachen Adern. Ob. Oberc.

Genus **Pteridomylacris** Handl., *paradoxa* Handl.

Familie **Idiomylacridae** Handl. *Sc* fast wie bei *Mylacridae*. *R* II (gleichwertige Äste); *M* 1, *Cu* normal, klein, *A* mit Bogensutur und eigenartigen Adern. Ob. Oberc.

Genus **Idiomylacris** Handl., *gracilis* Handl.

Familie **Poroblattinidae** Handl. Klein. *Sc* kammartig aber sehr kurz, *R* II, groß, *M* I bis III, *Cu* reduziert, mit Schaltsektoren, *A* normal, Adern in den Hinterrand. Ob. Oberc. und Perm.

Genus **Poroblattina** Sc.: *Brachyptera* Handl.; *lata* Handl.; *richmondiana* Handl.; *tenera* (Schl.) Handl.; *incerta* (Schl.) Handl.; *debilis* .(Schl.) Handl.; *subtilis* (Schl.) Handl.; *undosa* (Schl.) Handl.; *inversa* (Schl.) Handl.; *rastrata* m. (= *Poroblattina* sp. Handl., t. 29, f. 39); *varia* (Schl.) Handl.; *obscura* (Schl.) Handl.; *longula* (Schl.) Handl.; *Germari* Gleb. (= *virgula* [Schl.] Handl., t. 29, f. 43, 44); *ambigua* (Schl.) Handl.; *ornata* (Schl.) Handl.; *striolata* (Schl.) Handl.; *?modesta* (Schl.) Handl.; *?nervosa* (Schl.) Handl.; *arcuata* Sc.; *Lakesii* Sc.

Genus **Autoblattina** (Schl.) Handl.: *Amoena* (Schl.) Handl.; *elegans* (Schl.) Handl.; *gracilis* (Schl.) Handl.; *Schlechtendali* m. (= sp. [Schl.] Handl., t. 30, f. 10); *difficilis* (Schl.) Handl.; *jucunda* (Schl.) Handl.; *?inversa* (Schl.) Handl. (= *Blattoidea inversa* Handl., t. 30, f. 26); *?fallax* (Schl.) Handl. (= *Blattoidea fallax* Handl., t. 30, f. 27).

?Genus **Systoloblatta** Handl., *Ohioensis* Sc.

Familie **Mesoblattinidae** Handl. *Sc* ohne Adern, einen + — kurzen Wulst bildend. *R* II, *M* II, *Cu* + — reduziert; *A* zum Teil in die Sutur mündend. Spezialisiert.

Genus **Acmaeoblatta** Handl., *lanceolata* Handl.

Genus **Dichronoblatta** Handl., *minima* Sc.

Genus **Nearoblatta** Handl.: *Parvula* Gold.; *exarata* (Schl.) Handl.; *pygmaea* (Schl.) Handl.; *rotundata* Sc.; *Lakesii* Sc.

Genus **Epheboblatta** Handl., *attenuata* Sc.

Genus **Scutinoblattina** Sc., *Brongniarti* Sc.

Familie **Diechoblattinidae** Handl. *M* verschwunden, ? ob mit *R* oder *Cu* verschmolzen. *R* II, *Sc* reduziert. Analadern in die Sutur mündend. Perm.

Genus **Nepioblatta** Handl., *intermedia* Sc.

Genus **Brephoblatta** Handl., *recta* Sc.

Familie **Proteremidae** Handl. Perm. Ein eigenartig spezialisierter Hinterflügel.

Genus **Proterema** Handl., *rarinervis* Göpp.

## Blattariae incertae sedis:

*A.* **Vorderflügel**: *Convexa* Bolton (*Hemimylacris convexa* Bolt., 1. c. 156, t. 7, f. 3, 1911); *Kustae* m. (= *Blattoidea* sp. Handl., t. 30, f. 23); sp. plur. Grand Eury (weder beschrieben noch abgebildet); sp. Andrä (nicht beschrieben); *bretonensis* Sc. (= ? *Mylacridae bretonensis* Handl., t. 28, f. 25); *Kliveri* m. (= *Blattoidea* sp. Handl, t. 31, f. 15); *agilis* (Schl.) Handl.; *confusa* (Schl.) Handl.; *tenuis* Sell. (*Haenoblattina tenuis* Sell., 1. c. 524, t. 71, f. 1): Muß als Typus der Gattung *Haenoblattina* Sell. gelten; *rarinervis* Sell. (*Haenoblattina rarinervis* Sell., 1. c. 525, t. 71, f. 2) gehört in ein anderes Genus als *tenuis*; *Schucherti* Sell. (*Schizoblattina · Schucherti* Sell., 1. c. 518, t. 70, f. 7); *minor* Sell. (*Schizoblattina minor* Sell., 1. c. 518); *Richmondiana* Sc.; *carbonina* Handl. (= *Mylacridae carbonina* Handl., t. 28, f. 24); *lebachensis* Gold.; *constricta* (Schl.) Handl.; *Canavarii* m. (= *Blattinariae* Canavari 1892), *Goldenbergi* Mahr. (= *Gerablattina Goldenbergi* auct.) müßte als Typus einer Gattung *Gerablattina* gelten; *perita* Sc.; *exigua* Sc.; *coloradensis* m. (= *Blattoidea* sp. Handl., t. 36,

f. 58); *schematica* m. (= *gen. et.* sp. nov., Sellards, Pop. Sc. monthly 1906, 245, f. 2).

*B.* **Hinterflügel:** sp. Scudder (Handl., t. 31, f. 14) Fragment; *venusta* (Schl.) Handl.; *separata* (Schl.) Handl.; *Schlechtendalella* m. (= *Blattoidea* sp. Handl., t. 31, f. 2); *excellens* (Schl.) Handl.; *reticulosa* m. (= *Blattoidea* sp. Handl., t. 31, f. 7); *simillima* m. (= *Blattoidea* sp., t. 31, f. 8); *singularis* (Schl.) Handl.; *dictyoneura* (Schl.) Handl.; *propria* (Schl.) Handl.; *saxigena* m. (= *Blattoidea* sp. Handl., t. 31, f. 12); *postica* m. (= *Blattoidea* sp. Handl., t. 30, f. 38); *altera* m. (= *Blattoidea* sp. Handl., t. 30, f. 39); *euptera* m. (= *Blattoidea* sp. Handl., t. 30, f. 43); *normalis* m. (= *Etoblattina* sp. Sell., l. c. 529, t. 76, f. 5, t. 77, f. 3); *cognata* m. (= *Etoblattina* sp. Sell., l. c. 530); *oligoneuria* m. (= *Blattoidea* sp. Handl., t. 37, f. 11); *multifida* m. (= *Blattoidea* sp. Handl., t. 37, f. 13); *Reisi* m. (*Blattoidea* sp. Reis, Geogn. Jahresh. XXV, 251, t. 3, f. 6, t. 4, f. 6, 1912) ein verkehrt orientierter Hinterflügel ohne Vorderrand; *debilis* m. (*Puknoblattina* sp. Sell., l. c. 533, t. 74, f. 58); *parva* m. (*Puknoblattina compacta?* Sell., l. c. 532); *dyadica* m. (*Etoblattina* sp. Sell., l. c. 532 et Pop. Sc. Monthly 1906, f. 5); *instructiva* m. (*Etoblattina?* sp. Sell., l. c. 532, t. 74, f. 3); *latipennis* m. (*Etoblattina* sp. Sell., l. c. 531, t. 74, f. 1); *Banneria* (*Etoblattina* sp. Sell., l. c. 531, t. 74, f. 7); *Wellingtonia* m. (*Etoblattina* sp. Sell., l. c. 531, t. 74, f. 9).

*C.* **Unkenntliche Flügelfragmente:** sp. (Schl.) Handl. (t. 31, f. 16); sp. (Schl.) Handl. (t. 31, f. 17); sp. (Schl.) Handl. 384 (Koproliten).

*D.* **Pronota:** *triangularis* m. (*Blattoidea* sp. Handl., t. 31, f. 19); *semicircularis* m. (= *Blattoidea* sp. Handl., t. 31, f. 20); *discifera* m. (= *Blattoidea* sp. Handl.; t. 31, f. 21); *circularis* m. (*Blattoidea* sp. Handl., t. 31, f. 22); *trapezoidea* m. (*Blattoidea* sp. Handl., t. 31, f. 23); *striolata* m. (*Blattoidea* sp. Handl., t. 31, f. 24); *laticollis* m. (*Blattoidea* sp. Handl., t. 31, f. 25); *longicollis* m. (*Blattoidea* sp., t. 31, f. 26); *elongata* m. (*Blattoidea* sp. Handl., t. 31, f. 27); *interjecta* m. (*Blattoidea* sp. Handl., t. 31, f. 28); *discula* m.

(*Blattoidea* sp. Handl., t. 31, f. 29); *sculpticollis* m. (*Blattoidea* sp. Handl., t. 31, f. 30); *transversalis* m. (*Blattoidea* sp. Handl., t. 31, f. 31); *ovalis* m. (*Blattoidea* sp. Handl., t. 31, f. 18).

E. **Körper:** *Corpus* m. (*Blattoidea* sp. Handl. 301); *lobata* Handl.

F. **Larven und Teile von solchen:** *Limulus* m. (= Sell. Pop. Sc. mouthly 1906, 249, f. 7); *minuta* (Schl.) Handl.; sp. (Schl.) Handl. (t. 18, f. 6); *acuminata* (Schl.) Handl.; *perbrevis* (Schl.) Handl.; *minima* (Schl.) Handl.; sp. (Schl.) Handl. (t. 18, f. 16); sp. (Schl.) Handl. (t. 18, f. 12); sp. (Schl.) Handl. (t. 18, f. 11); ? sp. (Schl.) Handl. (t. 18, f. 9) ist vielleicht keine Blattarie!; sp. (Schl.) Handl. (t. 17, f. 25); sp. (Schl.) Handl. (t. 18, f. 2); sp. (Schl.) Handl. (t. 18, f. 3); sp. (Schl.) Handl. (t. 18, f. 5); sp. (Schl.) Handl. (t. 18, f. 7); sp. (Schl.) Handl. (t. 18, f. 8); sp. (Schl.) Handl. (t. 18, f. 1); sp. (Schl.) Handl. (t. 18, f. 23); sp. (Schl.) Handl. (t. 18, f. 22); sp. (Schl.) Handl. (t. 18, f. 21); sp. (Schl.) Handl. (t. 18, f. 20); sp. (Schl.) Handl. (t. 18, f. 19); sp. (Schl.) Handl. (t. 18, f. 18).

G. **Eierkapseln:** *Ootheca* m. (= *Blattoidea* sp. Handl., t. 18, f. 49); *ovifera* m. (? *Blattoidea* sp. Handl., t. 18, f. 48); *fertilis* m. (*Blattoidea* sp. Handl., t. 18, f. 47).

———————

# Planktoncopepoden aus der nördlichen Adria [1]

Von

Dr. Fritz Früchtl

Assistenten am Zoologischen Institut der Universität Innsbruck

(Mit 6 Textfiguren)

(Vorgelegt in der Sitzung am 1. Juli 1920)

Das Material für die vorliegende Untersuchung wurde vom Forschungsdampfer »Rudolf Virchow« der Deutschen zoologischen Station in Rovigno auf einer Sommerfahrt im Jahre 1911 längs der Ostküste der nördlichen Adria in 23 Fangstationen gesammelt und mir im darauffolgenden Winter von meinem hochverehrten Lehrer, Herrn Prof. Dr. Ad. Steuer, zur Bearbeitung übergeben. Die mikroskopischen Untersuchungen konnten noch kurz vor Beginn des Weltkrieges zu Ende geführt werden. Die Veröffentlichung der

---

[1] Die vorliegende Arbeit ist der 17. Teil der Ergebnisse der Virchow-Planktonfahrten (siehe diese Sitzungsberichte, Bd. CXIX, 1910 [Steuer, Adriatische Planktoncopepoden], Bd. CXX, 1911; B. Schröder, Adriatisches Phytoplankton; Stiasny, Radiolarien aus der Adria; Steuer, Adriatische Planktonamphipoden; Steuer, Adriatische Pteropoden; Steuer, Adriatische Stomatopoden und deren Larven; Stiasny, Über adriatische *Tornaria*- und *Actinotrocha*-Larven; Stiasny, Planktonische Foraminiferen aus der Adria; Ol. Schröder, Eine neue marine Suetorie (*Tokophrya steueri* nov. spec.) aus der Adria], Bd. CXXI, 1912 [Schweiger, Adriatische Cladoceren und Planktonostracoden; Sigl, Adriatische Thaliaceenfauna; Neppi, Adriatische Hydromedusen; Kalkschmid, Adriatische Heteropoden; Übel, Adriatische Appendicularien], Bd. CXXII, 1913 [Laackmann, Adriatische Tintinnodeen]), Bd. CXXVI, 1917 [Moser, Die Siphonophoren der Adria und ihre Beziehungen zu denen des Weltmeeres]).

Arbeit erlitt aber durch meine Einberufung zum Frontdienst
sowie durch eine dreijährige russische Kriegsgefangenschaft
eine Verzögerung von mehr als fünf Jahren.

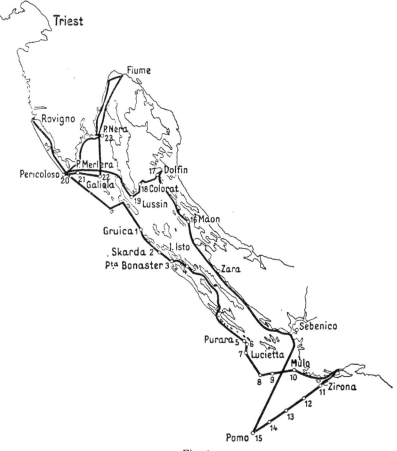

Fig. 1.

Reiseweg des »Rudolf Virchow«, 25. Juli bis 5. August 1911.
1 bis 23 Fangstationen.

Da der zur Verfügung stehende Raum es leider nicht
gestattet, die Arbeit als ein in sich geschlossenes Ganze in
diesen Sitzungsberichten in Druck zu bringen, mußte ich mich
darauf beschränken hier nur den systematischen »Speziellen
Teil« derselben der Öffentlichkeit zu übergeben. Die allgemeinen Ergebnisse der Untersuchung sollen an anderer
Stelle nachfolgen.

Es sei mir auch an dieser Stelle gestattet, meinem boch-
verehrten Lehrer und Chef, Herrn Prof. Dr. Ad. Steuer, für
die vielfachen Anregungen und die Liebenswürdigkeit, mit
welcher er mir seine reichhaltige Privatbibliothek jederzeit zur
Verfügung stellte, meinen tiefsten Dank auszusprechen. Zu
großem Dank verpflichtet bin ich ferner meinem hochverehrten
Lehrer, Herrn Geheimrat Prof. Dr. K. Heider (Berlin), welcher
mir vor dem Kriege durch sechs Semester hindurch einen
Arbeitsplatz im hiesigen Institut gütigst überließ und dem
Fortgang meiner Arbeit reges Interesse entgegenbrachte.

Für Bestimmungen, Materialsendungen und die Über-
prüfung einzelner Befunde spreche ich Frau Maria Dahl
(Berlin-Steglitz), meinem hochverehrten Lehrer, Herrn Prof.
Dr. V. Brehm (Eger), sowie den Herren G. P. Farran (Dublin),
Dr. R. Grandori (Padua) und Dr. Br. Schröder (Breslau)
meinen besten Dank aus.

## Spezieller Teil.

### Verzeichnis der vom Stationsdampfer „Rudolf Virchow" in den Sommermonaten des Jahres 1911 gesammelten Planktoncopepoden.

(Die für die Adria neuen Arten werden fett gedruckt.)

### A. GYMNOPLEA.

#### I. Tribus AMPHASCANDRIA.

#### 1. Fam. CALANIDAE.

#### Genus Calanus Leach, 1816.

#### Calanus helgolandicus (Claus).

Größe: ♀ 2·52 bis 3·22 *mm*, ♂ 2·6 bis 2·8 *mm*. Nördliche Adria.

G. O. Sars (1903) unterscheidet eine nördliche polare
Form C. *finmarchicus* (Größe: ♀ 4 bis 5 *mm*, ♂ 3·60 *mm*)
von einer südlichen C. *helgolandicus* (♀ bis 3 *mm*; ♂ 2·80 *mm*).
Wolfenden (1904) hält die unterscheidenden Merkmale (Größe,
Kopfform der Weibchen, fünfter Fuß der Männchen) als »too
inconstant to admit such a separation into specific forms«

und betont gleich Mrázek, welchem aber nur Weibchen vorlagen, die große Variabilität dieser Form.

Esterly (1905) beschreibt ♀ und ♂ von C. *finmarchicus*, wobei jedoch die auf p. 125, Fig. 1 (*c*) gegebene Skizze des fünften Fußes des ♂ mit C. *helgolandicus* übereinstimmt. Als Länge gibt er für beide Geschlechter 2·6 bis 3·1 *mm* an, was darauf hinweist, daß ihm dieselbe Form vorgelegen hat, welche Steuer (1910) und neuerdings auch ich in der Adria vorfanden. Es ist nun sehr bemerkenswert, daß Steuer in seiner Arbeit neben *helgolandicus* (Claus) auch *finmarchicus* (Gunner) aufführt, von der letztgenannten Art jedoch nur erwachsene ♀ bei Selve und Ragusa fand, während er sich genötigt sah, die erbeuteten ♂ der zweiten Spezies *helgolandicus* (Claus) zuzuteilen.

Meine Bemühung, ein ♂ von *finmarchicus* zu entdecken, blieb, trotzdem ich über 20 Fänge, welche Triester Winterplankton vom Jahre 1902/03 enthielten, noch obendrein durchsuchte, ebenfalls ergebnislos.

Bei sämtlichen ♂ (zirka 50 Exemplaren) war das Längenverhältnis zwischen Exopodit und Endopodit des fünften Fußes vollkommen konstant und entsprach genau der von Sars (1903) auf Pl. IIII gegebenen Abbildung.

Auch nach Giesbrecht's (1892) Zeichnung vom fünften Fußpaar des ♂ von *finmarchicus* (Taf. 8, Fig. 31) zu schließen, scheint im Mittelmeer in der Tat bisher nur das Männchen von C. *helgolandicus* (Claus) aufgefunden worden zu sein. Während ich bei Bestimmung der Männchen niemals über deren Artzugehörigkeit in Zweifel geraten konnte, ergaben sich solche bei der Untersuchung der Weibchen.

So fanden sich im vierten Fang (bei Punta Bonaster) neben typischen Weibchen von C. *helgolandicus* (Claus) auch einzelne Exemplare, welche sich von C. *finmarchicus* (Gunner) nur durch ihre geringere Körpergröße (bis 3·2 *mm* anstatt 4 bis 5 *mm*) unterschieden, in der Form des Kopfes dagegen Übergänge zwischen C. *helgolandicus* (Claus) und C. *finmarchicus* (Gunner) aufwiesen. Wenn ich dessenungeachtet die erbeuteten Weibchen zu C. *helgolandicus* (Claus) stelle und ferner die Ansicht ausspreche, daß alle von verschiedenen

Autoren bisher aus der Adria gemeldeten *Calanus finmarchicus*-Weibchen der anderen Art *C. helgolandicus* zugeteilt werden müssen, so stütze ich mich bei dieser Behauptung auf folgende drei Tatsachen:

1. Alle bis heute aus dem Mittelmeer bekannt gewordenen Männchen gebören zu *C. helgolandicus* (Claus).

2. Es ist bis jetzt nicht gelungen, am fünften Fußpaar dieser Männchen Schwankungen im Längenverhältnis zwischen Exopodit und Endopodit festzustellen.

3. Die Körpergröße der Männchen und Weibchen stimmt mit der von *C. helgolandicus* (Claus) überein.

Die Zahl der Zähnchen am Innenrand von $B_1$ des fünften Fußes variiert bei den Weibchen zwischen 27 bis 34.

Fundorte: Gruica, Skarda-Isto, Punta Bonaster, Punta Velibog, Purara, westlich und südlich von Lucietta, Klippe Mulo, Pomo, Dolfin, Punta Colorat, Lussin, Pericolosa, südlich von Kap Merlera, südlich Galliola, östlich von Punta nera.

Bisher bekannt: Quarnero, Selve, Lucietta (Steuer, 1910).

Zahlenverhältnis der Geschlechter:

| Fang: | 1 | 2 | 3 | 4 | 5 | 6 | 7 | 8 | 10 | 12 | 13 | 14 | 15 |
|-------|---|---|---|-----|----|---|----|----|----|----|----|----|----|
| ♀: | 4 | 2 | 23 | juv. | 39 | 6 | 28 | 67 | 53 | 3 | 2 | 4 | — |
| ♂: | 1 | 1 | 3 | juv. | 1 | — | 3 | 6 | 6 | — | — | — | — |

## Calanus minor (Claus).

Größe: ♀ 1·77 bis 1·92 *mm*, ♂ 1·76 *mm*, Pomobecken. (♀ 1·8 bis 2 *mm*, ♂ 1·7 bis 1·8 *mm*), Golf von Neapel.

*C. minor* ist im Pomobecken neben *Euchaeta hebes* Giesbrecht die individuenreichste Spezies. Bei der Mehrzahl der Männchen waren die Furkaläste parallel zueinander gestellt; bei einigen ausgewachsenen ♂ zeigten sie mehr oder minder starke Divergenz.

Fundorte: Gruica, Skarda-Isto, Lucietta, Klippe Mulo, Pomobecken, Maon-Dolfin, Pericolosa, südlich von Kap Merlera, Golf von Triest (im Winterplankton 1902/03, Fang 54).

Bisher bekannt: Lucietta, Ragusa (Steuer, 1910), Porto Lignano, Malamocco, Viesti, Brindisi, Otranto (Grandori, 1910).

Zahlenverhältnis der Geschlechter:

| Fang: | 1 | 2 | 3 | 4 | 5 | 6 | 7 | 8 | 10 | 12 | 13 | 14 | 15 |
|---|---|---|---|---|---|---|---|---|---|---|---|---|---|
| ♀ : | 6 | 8 | — | — | — | — | — | 3 | 3 | 4 | 12 | 157 | 31 |
| ♂ : | 7 | — | — | — | — | — | — | — | — | — | 1 | 58 | 6 |

### Calanus tenuicornis Dana.

Größe: ♀ 2·07 bis 2·25 *mm*, ♂ 1·87 *mm*, Lucietta. (♀ 1·9 bis 2·5 *mm*, ♂ 1·85 bis 1·95 *mm*), Neapel.

Fundorte: Gruica, Skarda-Isto, Punta Bonaster, Punta. Velibog, Klippe Purara, westlich und südlich von Lucietta, Klippe Mulo, Pomobecken, Punta Colorat, Kap Merlera, Punta nera.

Während meines Aufenthaltes an der Zoologischen Station in Triest (September 1912) konnte ich in einem nach starker Bora gemachten Planktonfang die Art auch für den Golf nachweisen.

Bisher bekannt: Selve, Lucietta, Ragusa (Steuer, 1910). Malamocco, Brindisi, Otranto (Grandori, 1910).

Zahlenverhältnis der Geschlechter:

| Fang: | 1 | 2 | 3 | 4 | 5 | 6 | 7 | 8 | 10 | 12 | 13 | 14 | 15 |
|---|---|---|---|---|---|---|---|---|---|---|---|---|---|
| ♀ · | 2 | 6 | 4 | 3 | 7 | juv. | 6 | 57 | 17 | 11 | 2 | 10 | 13 |
| ♂ : | — | — | 2 | — | 1 | — | 2 | 6 | 3 | — | — | 1 | 2 |

### Calanus gracilis Dana.

Drei Weibchen wurden beobachtet.

Größe: ♀ 3·23, 3·38, 3·46 *mm* (lateral gemessen), Pomobecken. (♀ 3 bis 3·25 *mm*), Neapel.

Fundorte: Südlich von Lucietta, vor Pomo.

Bisher bekannt: Ragusa (Steuer, 1910).

### 2. Fam. EUCALANIDAE.

#### Genus Eucalanus Dana, 1852.

#### Eucalanus attenuatus Dana.

Größe: ♀ 4·84 *mm*, Pomo. (♀ 4·2 bis 4·85 *mm*), Neapel. Nur ein Weibchen wurde von dieser Art erbeutet.

Fundort: Vor Pomo (Fang 15).

Bisher bekannt: Lucietta, Ragusa (Steuer, 1910).

## *Eucalanus elongatus* Dana.

Größe: ♀ 5·81 bis 5·96 *mm*, Pomo. (♀ 5·9 bis 7·1 *mm*), Neapel.

Von den beiden von Steuer in der Adria (Lucietta, Ragusa) gefundenen Spezies *attenuatus* (Dana) und *monachus* Giesbrecht ist *elongatus* leicht durch sein viergliedriges Abdomen zu unterscheiden. Sieben geschlechtsreife Weibchen und ein juveniles Männchen lagen vor. Bei sechs Weibchen befand sich der größere Furkalast mit der längeren Furkalborste auf der linken Körperseite. Nur bei dem größten Weibchen (5·96 *mm*) war der rechte Furkalast der größere und mit der längeren Borste versehen.

(Schon Giesbrecht [1892] hat an Exemplaren aus dem Neapler Golfe die gleiche Beobachtung gemacht und sagt bei der Besprechung des Genus p. 136: »Furka asymmetrisch, der linke Zweig [bei *elongatus* zuweilen der rechte] stärker entwickelt als der rechte.«)

Fundorte: Südlich von Lucietta, vor Pomo (Fang 15). Der größte Copepode der nördlichen Adria.

## Genus Mecynocera J. C. Thompson, 1888.

### Mecynocera clausi J. C. Thompson.

Größe: ♀ 1·062 bis 1·12 *mm*, vor Pomo. (♀ 0·92 bis 1 *mm*), Neapel.

Ein ausgesprochener Hochseeplanktont. Die ersten Antennen sind über doppelt so lang als der Rumpf, reich beborstet und bilden für den ohnehin schlanken Körper vortreffliche Balanceorgane.

Fundorte: Klippe Mulo, südlich von Zirona, Weg nach Pomo, vor Pomo.

Bisher bekannt: Lucietta (Steuer, 1910), Porto Lignano (Grandori, 1910), Gruž (31./3. 1893, L. Car), Pelagosa (Steuer, 1912).

Steuer (1910) hat die Arbeit von L. Car (1901) nicht berücksichtigt und daher die Form als für die Adria neu bezeichnet.

Zahlenverhältnis der Geschlechter:

| Fang: | 1 | 2 | 3 | 4 | 5 | 6 | 7 | 8 | 10 | 12 | 13 | 14 | 15 |
|---|---|---|---|---|---|---|---|---|---|---|---|---|---|
| ♀: | — | — | — | — | — | — | — | — | 4 | 2 | 1 | ·4 | 7 |
| ♂: | — | — | — | — | — | — | — | — | — | — | — | 1 | — |

## 3. Fam. PARACALANIDAE.

### Genus Paracalanus Boeck, 1864.

### Paracalanus parvus (Claus).

*P. parvus* ist in mäßiger Individuenzahl über die nördliche Adria verbreitet und in fast jedem Oberflächenfang
anzutreffen. Die Länge der gemessenen Tiere schwankt bei
den Weibchen zwischen 0·77 bis 0·81 *mm* und bei den
Männchen zwischen 0·81 bis 0·91 *mm*. Sie sind demnach
kleiner als die von G. O. Sars im Christiania-Fjord und an
der Südküste Norwegens gefundenen Exemplare, welche eine
Größe bis zu 1 *mm* erreichen können.

Wolfenden (1904) unterscheidet auf Grund der sich
beim eingehenden Vergleiche zwischen Giesbrecht's *P. parvus* aus dem Mittelmeere mit dem von Sars abgebildeten
*parvus* aus Norwegen ergebenden Differenzen eine nördliche
und südliche Form des *P. parvus*. Er faßt sie aber nicht als
verschiedene Arten auf, sondern läßt sie nur als »Varietäten«
gelten, was aus der hier wörtlich angeführten Stelle (p. 129)
hervorgeht: »They are not distinct species, but undoubted
varieties, and the northern form, though extending as far
south as lat. 51° (Valentia), does not probably reach the Medi-
terranean, from which point southwards the southern variety
extends«.

Pesta (Copepoden aus dem Golf von Persien, 1912)
führt in dieser Arbeit *P. aculeatus* auf und bildet auf p. 7,
Fig. 4, das fünfte Fußpaar des Männchens dieser Form ab.
Da mir bei meinen Untersuchungen wiederholt unreife Männchen von *P. parvus* (Claus) untergekommen waren, deren
fünfter Fuß mit Pesta's Skizze übereinstimmte, sah ich in
der auf p. 6 angeführten Arbeit von Cleve (Plankton from
the Indian Ocean and the Malay Archipelago, p. 47, T. 6,

Fig. 1—10) nach und fand meine Vermutung, daß das ver-
meintliche *aculeatus* ♂ eine Jugendform des *parvus* ♂ sei,
bestätigt.

Cleve sagt bei der Beschreibung des *P. aculeatus* ♂
wörtlich: »Abdomen 4 jointed; longitudinal proportion of the
joints 1 : 1 : 1 : 2. Analsegment as long as broad.«

Das viergliedrige Abdomen und das auffallend lange
Analsegment ließen auf den ersten Blick das unreife *parvus* ♂
erkennen. Auch das in Fig. 8 dargestellte fünfte Fußpaar wies
auf den »Jüngling« hin.

Ich möchte an dieser Stelle noch bemerken, daß schon
Claus (Neue Beiträge zur Kenntnis der Copepoden, 1880)
auf T. III, Fig. 3, das viergliedrige Abdomen mit dem linken
viergliedrigen fünften Fuß des jungen (vor der letzten Häutung
stehenden) Männchens von *P. parvus* und in Fig. 2 das fünf-
gliedrige Abdomen des reifen ♂ abgebildet hat. Nach ihm hat
Canu (Les Copépodes du Boulonnais, 1892) nochmals auf
Taf. I in Fig. 1 das reife, mit einem fünfgliedrigen Abdomen
ausgestattete Männchen von *parvus* abgebildet und ihm in
Fig. 2 das »Mâle jeune, à l'avant-dernier stade« mit dem noch
aus vier Segmenten bestehenden Abdomen an die Seite gestellt. In Fig. 5 sind außerdem die letzten Thorax- und
Abdominalsegmente des jungen ♂ von der Ventralseite zu
sehen sowie sein rechts zwei- und links viergliedriges fünftes
Beinpaar.

Im Zoologischen Anzeiger (XXXIX. Bd., Nr. 3) beschreibt
Grandori ein n. gen. et n. sp. *Piezocalanus lagunaris* ♂·
das sich von *P. parvus* vor allem durch das sechsgliedrige
fünfte linke Bein und einen zweigliedrigen Exopodit der
hinteren Antenne auszeichnen soll (siehe p. 100, Fig. 7).

Nun ist der Exopodit von $A_2$ bei

*Paracalanus parvus* ♂ sechsgliedrig (Giesbrecht, 1892,
T. 9, Fig. 23);

*Calanus gracilis* ♂ siebengliedrig (T. 7, Fig. 3);

*Calanus finmarchicus* ♂ siebengliedrig;

*Calocalanus styliremis* ♂ siebengliedrig;

*Clausocalanus arcuicornis* ♂ siebengliedrig (T. 10, Fig. 13);

*Eucalanus attenuatus* ♂ achtgliedrig (T. 11, Fig. 18);

demnach bei keiner Calanide we niger als sechsgliedrig, weshalb ich Zweifel hege, daß Grandori eine geschlechtsreife Form vorlag.

Fundorte: Gruica, Skarda-Isto, Punta Bonaster, Punta Velibog, Klippe Purara, Lucietta, südlich von Zuri, Klippe Mulo, südlich von Zirona, Pomo (juv.), Maon-Dolfin, Punta Colorat, Pericolosa, Kap Merlera, Klippe Galliola, Punta nera.

Bisher bekannt: Aus mehreren Lokalitäten der nördlichen Adria (Claus, 1881; Car, 1883, 1884, 1888, 1893, 1898 bis 1899, 1902; Graeffe, 1900; Steuer, 1910, 1912; Grandori, 1910, 1912; Leder, 1917).

Zahlenverhältnis der Geschlechter:

| Fang: | 1 | 2 | 3 | 4 | 5 | 6 | 7 | 8 | 10 | 12 | 13 | 14 | 15 |
|---|---|---|---|---|---|---|---|---|---|---|---|---|---|
| ♀ : | 7 | 16 | 62 | 41 | 21 | 4 | 8 | 13 | 9 | 3 | juv. | juv. | — |
| ♂ : | 10 | 7 | 28 | 19 | 2 | — | 2 | 3 | 4 | 1 | juv. | — | 1 |

## Genus **Calocalanus** Giesbr., 1888.

Die Vertreter dieses Genus zählt Giesbrecht zu den eigentümlichen Spezies des warmen Gebietes. Pearson (1905) bezeichnet daher ihr Auftreten in den irischen Gewässern als Seltenheit.

## Calocalanus pavo (Dana).

Größe: ♀ 1·193 mm, südlich von Zirona. (♀ 0·88 bis 1·2 mm), Neapel.

Ein sehr gut erhaltenes Weibchen wurde beobachtet. Das Abdomen ist zweigliedrig; die Furkaläste, welche gespreizt getragen werden, bilden mit der Körperlängsachse einen nahezu rechten Winkel und sind so lang als der übrige Teil des Abdomens. Der fünfte Fuß und Basipodit des vierten Fußes sind gleichgroß. Ri 3 des dritten und vierten Fußes trägt nur eine Gruppe von Stacheln. Die Si der Furka ist an beiden Ästen wohlerhalten, während die Se an ihrer Basis abgebrochen sind. Das Endglied der gut erhaltenen rechten ersten Antenne ist fünfmal so lang als das vorletzte Glied derselben.

Fundort: Südlich von Zirona.

Bisher bekannt: Triest (Graeffe, 1902), Ragusa (Steuer, 1910).

### *Calocalanus styliremis* Giesbrecht.

Größe: ♀ 0·59 bis 0·66 *mm*, Punta Bonaster. (♀ 0·6 bis 0·72 *mm*), Neapel.

C. *styliremis* ist ziemlich gleichmäßig, wenn auch in geringer Individuenzahl, in der nördlichen Adria verbreitet. Er zählt zu den kleinsten Copepoden der Adria und dürfte von früheren Untersuchern möglicherweise übersehen worden sein. Graeffe (1902) hat seine Verwandten C. *pavo* und *plumulosus* nur während der Wintermonate als seltene Gäste im Triester Golf angetroffen.

Das erste Weibchen dieser Art entdeckte ich in einem Glase mit lebendem Plankton, das am 2. Dezember 1911 im Triester Hafen gefischt und dem hiesigen Institut für den zoologischen Kurs übersandt worden war.

Als für die Diagnose wichtige Merkmale sind zu nennen: 1. das dreigliedrige Abdomen; 2. das Endglied der ersten Antenne, welches doppelt so lang als das vorletzte Glied ist, und 3. das dritte Glied des Innenastes des dritten und vierten Fußes, welches je zwei Gruppen von Stacheln trägt.

Fundorte: Triest (1911), Klippe Gruica, Skarda-Isto, Punta Bonaster, Punta Velibog, östlich von Purara, westlich und südlich von Lucietta, Klippe Mulo, Pomobecken, Punta Colorat, Punta nera.

Zahlenverhältnis der Geschlechter:

| Fang: | 1 | 2 | 3 | 4 | 5 | 6 | 7 | 8 | 10 | 12 | 13 | 14 | 15 |
|---|---|---|---|---|---|---|---|---|---|---|---|---|---|
| ♀: | 1 | 1 | 3 | 3 | — | 1 | 1 | 2 | 1 | — | — | 1 | 1 |
| ♂: | — | — | — | — | — | — | — | — | — | — | — | — | 1 |

### 4. Fam. **PSEUDOCALANIDAE.**

### Genus **Clausocalanus** Giesbrecht, 1888.

Zahlenverhältnis der Individuen beider Spezies:

| Fang: | 1 | 2 | 3 | 4 | 5 | 6 | 7 | 8 | 10 | 12 | 13 | 14 | 15 |
|---|---|---|---|---|---|---|---|---|---|---|---|---|---|
| C. *arcuicornis*: | 27 | 175 | 147 | 52 | 67 | 6 | 77 | 111 | 102 | 174 | 63 | 43 | 12 |
| C. *furcatus*: | — | 7 | 12 | 8 | 2 | — | 3 | — | — | — | — | 1 | 2 |

## Clausocalanus arcuicornis (Dana).

Größe: ♀ 0·85 bis 1·51 *mm*, ♂ 1 bis 1·17 *mm*, Punta Bonaster. (♀ 1·15 bis 1·6 *mm*, ♂ 1·12 bis 1·2 *mm*), Neapel.

C. *arcuicornis* ist in beträchtlicher Individuenzahl im untersuchten Gebiete verbreitet. Das reichliche Material gab mir Gelegenheit zu eingehenden genauen Messungen, deren Resultate ich an anderer Stelle zu veröffentlichen gedenke.

Fundorte: Gruica, Skarda-Isto, Punta Bonaster, Punta Velibog, Klippe Purara, Lucietta, Klippe Mulo, südlich von Zirona, Pomobecken, Maon-Dolfin, Punta Colorat, Lussin, Pericolosa, südlich von Kap Merlera, südlich von Galliola, Punta nera.

Bisher bekannt: Triest (Claus, 1863, 1866, 1881; Car, 1884, 1901; Graeffe, 1900), Quarnero, Cigale auf Lussin, Corrente bei Lussin, Selve, Lucietta, Ragusa (Steuer, 1910), Porto Lignano, Malamocco, Ancona-Viesti, Viesti, Brindisi, Otranto (Grandori, 1910), Pelagosa (Steuer, 1912), Comisa auf Lissa (Steuer, 1912).

Zahlenverhältnis der Geschlechter:

| Fang: | 1 | 2 | 3 | 4 | 5 | 6 | 7 | 8 | 10 | 12 | 13 | 14 | 15 |
|---|---|---|---|---|---|---|---|---|---|---|---|---|---|
| ♀ : | 24 | 158 | 136 | 48 | 61 | 5 | 64 | 104 | 94 | 165 | 58 | 43 | 12 |
| ♂ : | 3 | 17 | 11 | 4 | 6 | 1 | 13 | 7 | 8 | 9 | 5 | — | — |

## Clausocalanus furcatus (G. Brady).

Größe: ♀ 1·063 bis 1·17 *mm*, ♂ 0·86 *mm*, Punta Bonaster. (♀ 1·1 bis 1·2 *mm*, ♂ 0·83 *mm*), Neapel.

Fundorte: Skarda-Isto, Punta Bonaster, Punta Velibog, Klippe Purara, westlich von Lucietta, Pomobecken, Kanal von Lussin, Pericolosa, Kap Merlera, südlich von Galliola, Punta nera.

Bisher bekannt: Barbariga, Quarnero, Corrente bei Lussin, Selve, Lucietta, Ragusa (Steuer, 1910), Comisa auf Lissa (Steuer, 1912).

Zahlenverhältnis der Geschlechter:

| Fang: | 1 | 2 | 3 | 4 | 5 | 6 | 7 | 8 | 10 | 12 | 13 | 14 | 15 |
|---|---|---|---|---|---|---|---|---|---|---|---|---|---|
| ♀ : | — | 3 | 9 | 8 | 2 | — | 3 | — | — | — | — | 1 | 2 |
| ♂ : | — | 4 | 3 | — | — | — | — | — | — | — | — | — | — |

Genus **Ctenocalanus** Giesbrecht, 1888.

**Ctenocalanus vanus** Giesbrecht.

Größe: ♀ 1·04 bis 1·26 *mm*, ♂ 1·242 bis 1·260 *mm*,
P. Bonaster. (♀ 1·1 *mm* Giesbr., ♂ 1·25 *mm* Wolfenden,
1904).

Das reichliche Material gab mir Gelegenheit, das rudi-
mentäre fünfte Bein des Weibchens bei seiner Rückbildung

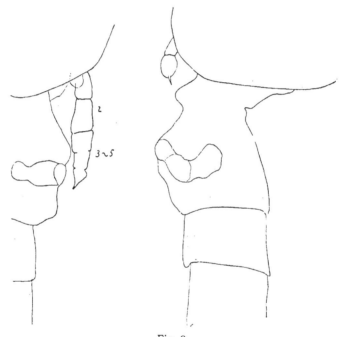

Fig. 2.

*Ctenocalanus vanus* Giesbrecht. Reduktion des fünften Fußes der
Weibchen. Station Skarda-Isto.

zu verfolgen. Nur ganz vereinzelt fand ich Exemplare (Skarda-
Isto, Fang 2), bei denen der linke fünfte Fuß aus vier Gliedern
bestand, welche aber keine deutlichen Segmentgrenzen erkennen ließen. Bei der überwiegenden Mehrzahl der Weibchen
(über 90 %) war der linke fünfte Fuß auf einen kurzen zweigliedrigen Stummel reduziert (Fig. 2).

Steuer (1910) hat die Arbeit von L. Car (1901) nicht
berücksichtigt und daher diese Art als für die Adria neu
aufgeführt.

Fundorte: In allen Fängen des »Rudolf Virchow«.
Auch im Winterplankton des Triester Golfes (2. Dezember
1911) fand ich zahlreiche Individuen.

Bisher bekannt: Gruž, Korčula (L. Car, 1893); Selve,
Ragusa, Lucietta (Steuer, 1910); Malamocco, Viesti, Brindisi,
Otranto (Grandori, 1910); Pelagosa (Steuer, 1912).

Zahlenverhältnis der Geschlechter:

| Fang: | 1 | 2 | 3 | 4 | 5 | 6 | 7 | 8 | 10 | 12 | 13 | 14 | 15 |
|---|---|---|---|---|---|---|---|---|---|---|---|---|---|
| ♀: | 76 | 334 | 394 | 103 | 35 | 10 | 58 | 49 | 66 | 18 | 4 | 29 | 14 |
| ♂: | 12 | 68 | 68 | 52 | 10 | 1 | 16 | 5 | 8 | 1 | — | 2 | 4 |

## Genus Pseudocalanus Boeck, 1864.

### Pseudocalanus elongatus (Boeck).

Größe: ♀ 0·84 bis 1·05 *mm*, ♂ 0·774 *mm*, Punta
Bonaster. (♀ 1·2 bis 1·6 *mm*, ♂ 1·25 bis 1·36 *mm*). Nach
van Breemen.

*P. elongatus* ist nach Pearson (1906), Farran (1902—1908)
und Jörgensen (1909—1910) eine der gemeinsten Spezies
des nordatlantischen Ozeans und sowohl an der Oberfläche in Küstennähe als auch in Tiefen von 3000 *m* (1700
fathoms) häufig anzutreffen. Th. Scott (1902) fand ihn im
Firth of Clyde in großer Zahl vom Jänner bis Ende März,
in den Sommermonaten dagegen nur in beschränkter Zahl.
Nach meinem Dafürhalten dürfte auch im Quarnerolo die
Zahl der Individuen in den Wintermonaten steigen.

Wie Boeck (1872) und Mrázek (1902) konnte auch
ich an einem Weibchen aus Punta Bonaster noch ein zweigliedriges Rudiment des fünften Fußpaares beobachten.

Fundorte: Gruica, Skarda-Isto, Punta Bonaster, Punta
Velibog, Maon-Dolfin, Punta Colorat, Kanal von Lussin, Pericolosa.

Bisher bekannt: Selve, Sebenico (S. Vito) (Steuer,
1910); Malamocco (Grandori, 1912); Canal di Leme bei
Rovigno (Steuer, 1910).

Zahlenverhältnis der Geschlechter:

| Fang: | 1 | 2 | 3 | 4 | 5 | 6 | 7 | 8 | 10 | 12 | 13 | 14 | 15 |
|---|---|---|---|---|---|---|---|---|---|---|---|---|---|
| ♀: | 6 | 10 | 16 | 14 | — | — | — | — | — | — | — | — | — |

## 5. Fam. AETIDIIDAE.

### Genus Aetidius Brady, 1883.

Zahlenverhältnis der Spezies:

| Fang: | 1 | 2 | 3 | 4 | 5 | 6 | 7 | 8 | 10 | 12 | 13 | 14 | 15 |
|---|---|---|---|---|---|---|---|---|---|---|---|---|---|
| *A. armatus*: | — | — | — | — | — | — | 2 | 6 | 2 | 1 | 1 | — | — |
| *A. giesbrechti*: | — | — | — | — | — | — | — | 3 | 1 | — | — | — | — |

### Aetidius armatus (Boeck).

Größe: ♀ 1·64 bis 1·76 *mm*, südlich von Lucietta. (♀ 1·7 bis 1·8 *mm*). Nach Wolfenden (1911).

Fundorte: Westlich und südlich von Lucietta, Klippe Mulo. Weg nach Pomo.

Bisher bekannt: Lucietta, Ragusa (Steuer, 1910).

Zahlenverhältnis der Geschlechter:

| Fang: | 1 | 2 | 3 | 4 | 5 | 6 | 7 | 8 | 10 | 12 | 13 | 14 | 15 |
|---|---|---|---|---|---|---|---|---|---|---|---|---|---|
| ♀: | — | — | — | — | — | — | 2 | 6 | 1 | 1 | 1 | — | — |
| ♂: | — | — | — | — | — | — | — | — | 1 juv. | — | — | — | — |

### Aetidius giesbrechti Cleve.

Syn. *Aet. mediterraneus* (Steuer, 1910); Syn. *Aet. armatus* Brady, Giesbrecht, 1892, p. 213.

Größe: ♀ 1·72 bis 1·73 *mm*, südlich von Lucietta. (♀ 1·55 bis 1·9 *mm*), Neapel.

Vier Weibchen wurden erbeutet. Das eine bei der Klippe Mulo (Fang 10) gefischte ♀ entbehrte auffallenderweise der knopfartigen Chitinverdickungen am basalen Teil des Rostrums, welche neben dem dorsalen Stirnkiel für *Ae. giesbrechti* charakteristisch sind. Das spärliche Material erlaubte es nicht, den systematischen Wert dieses Merkmals eingehend zu prüfen. Erwähnt soll an dieser Stelle nur noch werden, daß A. Scott (The Copepoda of the Siboga Expedition, Part. I, 1909, Plate V, fig. 1—12) ein *Aetidius bradyi* n. sp. beschreibt, welches sich von *Ae. giesbrechti* durch die geringere Länge der flügelartig erweiterten Fortsätze des letzten Thoraxsegmentes (dieselben reichen bloß bis zur Mitte des zweiten Abdominalsegmentes)

und durch das Fehlen der erwähnten Chitinknöpfe am Rostrum
.auszeichnet, während die Stirn mit einem dorsalen Kiel versehen ist. Diese Form nimmt zweifellos eine Mittelstellung
zwischen *armatus* und *giesbrechti* ein.

Von Interesse wäre es daher, festzustellen, ob bei beiden
verwandten Spezies das Längenverhältnis der Thorakalflügel
nicht doch vielleicht variiert und desgleichen die Chitinknöpfe
am Rostrum von geringerem systematischen Wert sind, als
man bisher annahm.

Fundorte: Südlich von Lucietta, Klippe Mulo.

Bisher bekannt: Ragusa (Steuer, 1910).

## 6. Fam. EUCHAETIDAE.

### Genus Euchaeta Philippi, 1843.

#### Euchaeta hebes Giesbrecht.

Größe: ♀ 2·64 bis 3·35 *mm*; ♂ 2·74 bis 3·15 *mm*,
Pomobecken. (♀ 2·85 bis 2·95 *mm*, ♂ 2·75 *mm*), Neapel.

*E. hebes* scheint im Pomobecken unter den günstigsten
Existenzbedingungen zu leben. Sie übertrifft dort die anderen
Spezies an Individuenzahl beträchtlich und verleiht den Fängen
(7. bis 15.) ein charakteristisches rötlichgelbes Aussehen.

Über 50% der erbeuteten Individuen waren von der
marinen Suctorie *Tokophrya steueri* O. Schröder besiedelt.

Eizahl: 8 bis 11.

Fundorte: Triest (19. Jänner 1903), Skarda-Isto, Punta
Bonaster, Klippe Purara, westlich und südlich von Lucietta,
Klippe Mulo, südlich von Zirona, Pomobecken, Maon-Dolfin,
südlich von Kap Merlera, südlich von Galliola (juv.).

Bisher bekannt: Lucietta, Ragusa (Steuer, 1910); Malamocco, Ancona-Viesti, Viesti, Brindisi, Otranto (Grandori,
1910); Triest (24. Jänner 1914, Leder, 1917).

Zahlenverhältnis der Geschlechter:

| Fang: | 1 | 2 | 3 | 4 | 5 | 6 | 7 | 8 | 10 | 12 | 13 | 14 | 15 |
|---|---|---|---|---|---|---|---|---|---|---|---|---|---|
| ♀: | — | 2 | 3 | — | 25 | 1 | 17 | 112 | 103 | 181 | 142 | 214 | 20 |
| ♂: | — | 1 | — | — | 12 | — | 3 | 34 | 19 | 64 | 30 | 51 | 8 |

## 7. Fam. SCOLECITHRICIDAE.

### Genus Scolecithrix Brady, 1883.

Zahlenverhältnis der Spezies:

| Fang: | 1 | 2 | 3 | 4 | 5 | 6 | 7 | 8 | 10 | 12 | 13 | 14 | 15 |
|---|---|---|---|---|---|---|---|---|---|---|---|---|---|
| S. bradyi: | — | — | — | — | — | — | — | 7 | — | 2 | — | — | — |
| S. dentata: | — | — | — | — | — | — | 1 | — | — | 1 | — | — | — |
| S. tenuiserrata: | — | — | — | — | — | — | — | — | — | 1 | — | — | — |

### Scolecithrix bradyi Giesbrecht.

Größe: ♀ 1·33 bis 1·35 *mm*, südlich von Lucietta. (♀ 1·1 bis 1·3 *mm*), Neapel.

Fundorte: Südlich von Lucietta, Weg nach Pomo (130 *m* Tiefe).

Bisher bekannt: Ragusa (Steuer, 1910).

### Scolecithrix dentata Giesbrecht.

Größe: ♀ 1·53 bis 1·54 *mm*, Lucietta und Weg nach Pomo. (♀ 1·3 bis 1·45 *mm*), Neapel.

Fundorte: Westlich von Lucietta (180 *m* Tiefe), Weg nach Pomo (130 *m*).

Bisher bekannt: Ragusa (Steuer, 1910); Otranto (Grandori, 1910).

### *Scolecithrix tenuiserrata* Giesbrecht.

Größe: ♀ 1·19 *mm*, Pomobecken. (♀ 1·15 *mm*), Neapel.

Im 12. Fang fand sich neben *Sc. bradyi* und *Sc. dentata* auch ein weibliches Exemplar von *Sc. tenuiserrata*. Die Größe des Tieres betrug (lateral gemessen) 1·19 *mm*, stimmte also mit Giesbrecht's Form überein. Die vorderen Antennen, welche das Hinterende des Vorderkörpers etwas überragten, waren 21gliedrig; von ihren mittleren Gliedern waren das 8. bis 10. und 12. bis 13. miteinander verschmolzen und von nahezu gleicher Länge. Das fünfte Fußpaar war auch bei meinem Weibchen rudimentär und entsprach genau der von Giesbrecht auf Taf. XIII, Fig. 39, gegebenen Abbildung.

Fundort: Weg nach Pomo (130 *m* Tiefe).

## II. Tribus ISOCERANDRIA.

## 1. Fam. DIAIXIDAE.

### Genus Diaixis G. O. Sars, 1902.

#### Diaixis pygmaea (T. Scott).

Größe: ♀ 0·79 bis 0·86 *mm*, ♂ 0·75 *mm*, Skarda-Isto.
(♀ 0·95 *mm*, ♂ bei Scott und van Breemen keine Größenangabe).

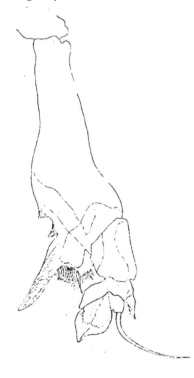

Fig. 3.

*Diaixis pygmaea* (T. Scott),
Männchen aus Skarda-Isto.
Endglieder des linken fünften Fußes.

T. Scott (1899) hat unter
dem Namen *Scolecithrix pygmaea* eine neue Spezies beschrieben, welche er im Firth
of Clyde als eine »moderately
rare form« vorgefunden hatte.
Die ♂ hat er nicht gemessen,
dafür aber auf Taf. X das fünf-
gliedrige Abdomen (Fig. 9) und
den fünften Fuß abgebildet
(Fig. 7).

Da mir genug ♂ zur Ver-
fügung standen, habe ich auf
Herrn Prof. Steuer's Vorschlag
die Endglieder des linken fünften
Beines des ♂ bei stärkerer Vergrößerung (Ok. 4, Obj. 7, Tub. 0)
genau gezeichnet (Fig. 3).

Das fünfte Fußpaar der ♂
hat nach meinen Messungen
eine Länge von 0·34 *mm*, ist
also fast halb so lang als das
ganze Tier. Das letzte Thoraxsegment ist bei den ♂ klein
und abgerundet, während es
bei den ♀ in einen spitzen, ventralwärts eingebogenen Zipfel
ausläuft.

Das Abdomen eines bei Gruica (Fang 1) gefischten ♀ war von einer Diatomacee *Synedra investicus* W. Sm.[1] besiedelt.

Fundorte: Gruica, Skarda-Isto, Punta Bonaster, Punta Velibog, südlich von Zirona (1 ♀), Punta Colorat (1 ♀), Kanal von Lussin (2 ♀), Pericolosa (juv.), Kap Merlera (2 juv.), südlich von Galliola (3 ♀), Punta nera (1 ♀).

Bisher bekannt: Sebenico (S. Vito), Selve (Steuer, 1910).

Zahlenverhältnis der Geschlechter:

| Fang: | 1 | 2 | 3 | 4 | 5 | 6 | 7 | 8 | 10 | 12 | 13 | 14 | 15 |
|---|---|---|---|---|---|---|---|---|---|---|---|---|---|
| ♀: | 87 | 91 | 66 | 62 | — | — | — | — | — | — | — | — | — |
| ♂: | 17 | 14 | 16 | 8 | — | — | — | — | — | — | — | — | — |

## III. Tribus HETERARTHRANDRIA.

### 1. Fam. CENTROPAGIDAE.

### Genus Centropages Kröyer, 1848.

### Centropages typicus Kröyer.

Größe: ♀ 1·44 bis 1·62 *mm*, ♂ 1·48 bis 1·62 *mm*, Punta Bonaster. (♀ 1·6 bis 2 *mm*, ♂ 1·42 bis 1·85 *mm*), von Devon (Giesbrecht, 1892).

Die Jugendformen, welche von dieser weitverbreiteten Art in fast jedem Fange angetroffen wurden, ähnelten im Bau des weiblichen fünften Fußes so sehr dem C. *typicus* var. *aucklandicus* Krämer, daß ich mich dazu entschließen kann, ihn als ein vor der letzten Häutung stehendes ♀ von C. *typicus* zu betrachten.

Fundorte: In allen Fängen des »Rudolf Virchow« (ausgenommen Fang 13).

Bisher bekannt: Triest (Car, 1884; Graeffe, 1902); Korčula, Lošinj (1893, Car), Žrnovnica kod Senja (Car, 1898); Vodice, Zlarin, Rieka (Car, 1902); Barbariga, Quarnero, Cigale auf Lussin, Selve, Zara, Lucietta, Ragusa (Steuer, 1910);

---

[1] Die Bestimmung dieser Bacillariacee verdanke ich der Liebenswürdigkeit des Herrn Dr. Bruno Schröder (Breslau).

Porto Lignano, Malamocco, Ancona-Viesti, Viesti, Brindisi (Grandori, 1910); Triest (Leder, 1917); Pelagosa (Steuer, 1912).

Zahlenverhältnis der Geschlechter:

| Fang: | 1 | 2 | 3 | 4 | 5 | 6 | 7 | 8 | 10 | 12 | 13 | 14 | 15 |
|---|---|---|---|---|---|---|---|---|---|---|---|---|---|
| ♀: | 15 | 93 | 131 | 104 | 12 | 21 | 36 | 11 | 226 | — | — | 5 | — |
| ♂: | 8 | 46 | 72 | 53 | 3 | 6 | 25 | 6 | 152 | 3 | — | 1 | 1 |

## Centropages kröyeri Giesbrecht.

Größe: ♀ 1·1 *mm*, Punta Colorat. (♀ 1·25 bis 1·35 *mm*, ♂ 1·2 *mm*), Neapel.

Sechs Weibchen wurden beobachtet.

Fundorte: Maon-Dolfin, Punta Colorat, Pericolosa, südlich von Galliola.

Bisher bekannt: Triest (Car, 1884, als *C. hamatus* aufgeführt; es ist mehr als wahrscheinlich, daß ihm *C. kröyeri* vorgelegen hat, Graeffe, 1900); Sebenico, Brindisi (Steuer, 1910); Malamocco, Val Figheri (Grandori, 1912); Canal di Leme (Steuer, 1910).

## Centropages violaceus (Claus).

Größe: ♀ 2·01 *mm*, Pomobecken. (♀ 1·76 bis 1·92 *mm*), Neapel).

Nur ein geschlechtsreifes ♀ wurde auf dem Wege nach Pomo (Fang 14) erbeutet. Es mag auffallen, daß mein Exemplar über die Giesbrecht'schen Größenwerte hinausgeht. Abgesehen davon, daß gerade *violaceus* am stärksten zu variieren scheint, hat schon Giesbrecht an *C. typicus* die gleiche Beobachtung gemacht. Er fand von *C. typicus*, für welchen er 1·6 *mm* als Regel anführt, bei Devon auch Exemplare, welche bis zu 2 *mm* lang waren.

Fundort: Pomobecken (Station 14).

Bisher bekannt: Triest (Graeffe, 1900, auf offenem Meere beobachtet).

## Genus Isias Boeck, 1864.

### Isias clavipes Boeck.

Größe: ♀ 1·22 bis 1·25 *mm*, ♂ 1·24 *mm*, Klippe Gruica.
(♀ 1·25 bis 1·3 *mm*, ♂ 1·25 *mm*), Neapel.

Eine echte Küstenform, welche in der nördlichen Adria die gleiche Verbreitung besitzt wie die Borealtypen: *Diaixis pygm.*, *Temora longic.*, *Pseudocalanus elong.*

Fundorte: Gruica, Skarda-Isto, Punta Bonaster, Punta Velibog.

Bisher bekannt: Lussin (Corrente), Selve (Steuer, 1910, fand nur Weibchen); Canal di Leme bei Rovigno (Steuer, 1910).

Zahlenverhältnis der Geschlechter:

| Fang: | 1 | 2 | 3 | 4 | 5 | 6 | 7 | 8 | 10 | 12 | 13 | 14 | 15 |
|---|---|---|---|---|---|---|---|---|---|---|---|---|---|
| ♀: | 5 | 2 | 2 | — | — | — | — | — | — | — | — | — | — |
| ♂: | 4 | — | 1 | 2 | — | — | — | — | — | — | — | — | — |

### 2. Fam. TEMORIDAE.

### Genus Temora W. Baird, 1850.

Zahlenverhältnis der Spezies:

| Fang: | 1 | 2 | 3 | 4 | 5 | 6 | 7 | 8 | 10 | 12 | 13 | 14 | 15 |
|---|---|---|---|---|---|---|---|---|---|---|---|---|---|
| *stylifera*: | — | 7 | 17 | 12 | 1 | 16 | 3 | 3 | 12 | 7 | 1 | 26 | 10 |
| *longic.*: | 9 | — | 2 | 138 | — | — | — | — | — | — | — | — | — |

### Temora stylifera (Dana).

Größe: ♀ 1·35 bis 1·46 *mm*, ♂ 1·42 *mm*, Punta Velibog.
(♀ 1·45 bis 1·7 *mm*, ♂ 1·4 bis 1·55 *mm*), Neapel.

Von *T. longicornis* auf den ersten Blick durch das in zwei spitze Flügel ausgezogene letzte Thoraxsegment zu unterscheiden. Aus der nahezu gleichförmigen Verbreitung und konstanten Zahl der Individuen möchte ich den Schluß ziehen, daß *stylifera*, obzwar sie auch in der Küstenregion zu existieren vermag, doch eher als ozeanische denn neritische Art aufzufassen ist. Schwärme wurden keine beobachtet.

Fundorte: Skarda-Isto, Punta Bonaster, Punta Velibog,
Klippe Purara, westlich und südlich von Lucietta, Klippe Mulo,
südlich von Zirona, Pomobecken, Maon-Dolīn, Punta Colorat,
Kanal von Lussin, Pericolosa, Kap Merlera, südlich von Galliola,
Punta nera.

Bisher bekannt: Aus vielen Lokalitäten der nördlichen
Adria von Triest bis Otranto (Claus, 1863, 1866, 1881; Car,
1883, 1888, 1893, 1898, 1902; Graeffe, 1900; Steuer, 1910;
Grandori, 1910; Leder, 1917).

Zahlenverhältnis der Geschlechter:

| Fang: | 1 | 2 | 3 | 4 | 5 | 6 | 7 | 8 | 10 | 12 | 13 | 14 | 15 |
|---|---|---|---|---|---|---|---|---|---|---|---|---|---|
| ♀: | — | 4 | 7 | 6 | 1 | 11 | 3 | 3 | 6 | 2 | — | 17 | 7 |
| ♂: | — | 3 | 10 | 6 | — | 5 | — | — | 6 | 5 | 1 | 9 | 3 |

### Temora longicornis (Müller).

Größe: ♀ 0·97 bis 1·1 *mm*, ♂ 1·13 *mm*, Punta Velibog.
(♀ 1 bis 1·5 *mm*, ♂ 1 bis 1·35 *mm*) nach van Breemen.

*T. longicornis* ist eine typische neritische Art. Im nordatlantischen Ozean zählt sie nach Canu, Farran, Pearson
und Sars zu den gemeinsten Spezies des Küstengebietes,
zeigt jedoch eine ausgeprägte Neigung zur Schwarmbildung,
so daß selbst benachbarte Fänge in quantitativer Hinsicht
erheblich voneinander abweichen.

So zeigt auch ein Vergleich der ersten vier Fänge aus
der nördlichen Adria deutlich, wie *T. longicornis*, welche im
ersten, zweiten und dritten Fang nur in spärlichen Exemplaren anzutreffen ist, plötzlich im vierten Fang neben *Centro-
pages typicus* und *Ctenocalanus vanus* zur vorherrschenden
Art wird. In ihrer Verbreitung schließt sie sich enge an
*Diaixis pygmaea* und *Pseudocalanus elongatus* an.

Fundorte: Gruica, Punta Bonaster, Punta Velibog, Maon-
Dolfin, Punta Colorat, Kanal von Lussin, Pericolosa, Punta nera.

Bisher bekannt: Triest (Car, 1883; Graeffe, 1900);
Novigrad (Car, 1899); Canal di Leme (1905), Selve, Sebenico
(S. Vito) (Steuer, 1910).

Zahlenverhältnis der Geschlechter:

| Fang: | 1 | 2 | 3 | 4 | 5 | 6 | 7 | 8 | 10 | 12 | 13 | 14 | 15 |
|---|---|---|---|---|---|---|---|---|---|---|---|---|---|
| ♀ : | 5 | — | — | 120 | — | — | — | — | — | — | — | — | — |
| ♂ : | 4 | — | 2 | 18 | — | — | — | — | — | — | — | — | — |

### 3. Fam. HETERORHABDIDAE.

#### Genus Haloptilus Giesbrecht, 1898.

#### Haloptilus longicornis (Claus).

Syn. *Hemicalanus longicornis*, Giesbrecht, 1892, p. 384.

Größe: ♀ 2·34 *mm*, Pomobecken. (♀ 2·1 bis 2·5 *mm*; ♂ 1·18 *mm*), Neapel.

Zwei Weibchen wurden erbeutet.

Fundort: Vor Pomo (130 *m* Tiefe).

Bisher bekannt: Lucietta, Ragusa (Steuer, 1910); Otranto (Grandori, 1910).

### 4. Fam. CANDACIIDAE.

#### Genus Candacia Dana, 1846.

#### Candacia armata Boeck.

Syn. C. *pectinata*, Giesbrecht und Schmeil, 1898, p. 128.

Größe: ♀ 2·14 bis 2·39 *mm*, ♂ 1·8 *mm*, Punta Velibog. ♀ 1·95 bis 2·4 *mm*, ♂ 1·7 bis 2·12 *mm*), Neapel. (♀ 1·95 bis 2·7 *mm*, ♂ 1·7 bis 2·7 *mm*) nach van Breemen.

Fundorte: Gruica, Skarda-Isto, Punta Bonaster, Punta Velibog, Klippe Purara, westlich und südlich von Lucietta, Klippe Mulo, Weg nach Pomo (130 und 142 *m* Tiefe), Maon-Dolfin, Punta Colorat, Kanal von Lussin, Pericolosa, Kap Merlera, Klippe Galliola, Punta nera (juv.).

Bisher bekannt: Selve, Ragusa (Steuer, 1910); Malamocco (Grandori, 1910); Triest (Leder, 1917).

Zahlenverhältnis der Geschlechter:

| Fang: | 1 | 2 | 3 | 4 | 5 | 6 | 7 | 8 | 10 | 12 | 13 | 14 | 15 |
|---|---|---|---|---|---|---|---|---|---|---|---|---|---|
| ♀ : | 3 | 3 | 4 | ·8 | 1 | — | 1 | 1 | juv. | 1 | — | — | — |
| ♂ : | 2 | 6 | 7 | 6 | — | — | — | — | — | — | — | 1 | — |

## 5. Fam. **PONTELLIDAE.**

### Genus **Labidocera** Lubbock, 1853.

**Labidocera wollastoni** (Lubbock).

Größe: ♀ 2·21 *mm* (Thorax 1·62, Abdomen 0·59 *mm*),
Triest; ♂ 2·32 *mm* (Thorax 1·8, Abdomen 0·52 *mm*), Triest.
(♀ 2·2 bis 2·3 *mm*, ♂ 2·2 bis 2·3 *mm*), Neapel.

Bei Durchsicht der Winterfänge aus dem Triester Golfe
vom Jahre 1902/03 stieß ich im Fang Nr. 20 (21. Mai 1902)
auf je ein geschlechtsreifes Weibchen und Männchen von
*L. wollastoni.* Beide Exemplare stimmten genau mit der in
Giesbrecht's Monographie, p. 747, gegebenen Diagnose und
Abbildung überein (Taf. 23, Fig. 37).

Es ist auffallend, daß diese Form bisher in den vom
»Rudolf Virchow« in den Jahren 1907 und 1909 gesammelten
Planktonproben nicht beobachtet wurde. Ihre nächste Verwandte, *L. brunescens* Cerniawsky, wurde von Grandori
(1910) bei Lignano und Otranto gefunden.

Fundorte: Triest (21. Mai 1902), Maon-Dolfin.

Bisher bekannt: Senj (= Zengg im Canale della Morlacca) (Car, 16. Juli 1898); Triest (14. Februar 1914, Leder,
1917).

### Genus **Pontella** Dana, 1846.

Da nur Nauplien und Copepoditen zur Beobachtung
kamen, war es mir nicht möglich zu entscheiden, ob es sich
um *P. lobiancoi* (Canu) oder *P. mediterranea* (Claus) handle.
Steuer hat in der Corrente von Lussinpiccolo beide Spezies
im selben Fang vorgefunden.

Fundorte: Skardo-Isto, Punta Bonaster, Punta Velibog,
Weg nach Pomo, Punta Colorat, Pericolosa, Kap Merlera,
südlich der Klippe Galliola, Punta nera.

Bisher bekannt: Triest (Graeffe, 1900); Corrente bei
Lussin (Cigale auf Lussin, Zara nur Nauplien); Selve, Lucietta
(Steuer, 1910); Malamocco (Grandori, 1910).

### 6. Fam. ACARTIIDAE.

### Genus Acartia Dana, 1846.

#### Acartia clausi Giesbrecht.

Größe: ♀ 1·08 *mm*, ♂ 1·04 bis 1·06 *mm*, Punta Velibog.
(♀ 1·17 bis 1·22 *mm*, ♂ 1 bis 1·07 *mm*), Neapel.

Eine im Küstengebiet häufige Art. In den südlicheren Fängen, welche schon stark mit Hochseewasser vermischt sind, nimmt sie beständig an Zahl ab und fehlt im eigentlichen Pomobecken.

Das fünfte Fußpaar der Weibchen variiert merklich in bezug auf Länge und Form; bald erscheint es gedrungen, bald wieder lang und schwach säbelförmig gekrümmt.

Bezüglich der Männchen möchte ich an dieser Stelle darauf hinweisen, daß sie sich im Bau des fünften Fußpaares von den Neapler Tieren insofern unterscheiden, als sowohl die höckerartige Erhebung am Innenrand von Re 2 des rechten Fußes wie auch der Innenrand des hakenförmigen Re 3 desselben mit je einer Borste versehen sind, während sie bei Giesbrecht's ♂ an den genannten Gliedern fehlt (T. 30, Fig. 36).

Bei Durchsicht der mir zu Gebote stehenden Literatur sah ich, daß gerade vom fünften Fußpaar des ♂ bei den einzelnen Autoren abweichende Bilder wiedergegeben wurden und halte es daher für nicht unangebracht, im folgenden eine kleine Zusammenstellung davon zu geben (Fig. 4).

Da es ausgeschlossen ist, daß ein so ausgezeichneter Beobachter wie Giesbrecht die schon bei schwacher Vergrößerung gut erkennbaren Borsten an Re 2 und Re 3 übersehen hat, glaube ich mit Recht behaupten zu können, daß die vorliegenden ♂ der nördlichen, von G. O. Sars abgebildeten *A. clausi* näher stehen als der von Giesbrecht aus Neapel beschriebenen Form.

Fundorte: Gruica, Skarda-Isto, Punta Bonaster, Punta Velibog, Klippe Purara, südlich von Lucietta, Klippe Mulo, Weg nach Pomo (sehr spärlich), Maon-Dolfin, Punta Colorat, Kanal von Lussin, Pericolosa, Kap Merlera, südlich von Galliola, Punta nera.

Bisher bekannt: Längs der Ost- und Westküste der Adria aus vielen Lokalitäten (Car, Graeffe, Steuer, Grandori, Leder).

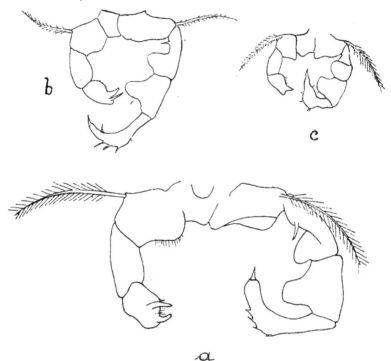

Fig. 4.

*Acartia clausi* Giesbrecht. Fünfter Fuß des Männchens.
*a* nach Giesbrecht, *b* nach G. O. Sars, *c* nach Th. Scott.

Zahlenverhältnis der Geschlechter:

| Fang: | 1 | 2 | 3 | 4 | 5 | 6 | 7 | 8 | 10 | 12 | 13 | 14 | 15 |
|---|---|---|---|---|---|---|---|---|---|---|---|---|---|
| ♀ : | 18 | 68 | 73 | 91 | 2 | juv. | — | 1 | 5 | 1 | 2 | — | — |
| ♂ : | 6 | 15 | 6 | 10 | — | juv. | — | — | — | — | — | — | — |

## *B.* PODOPLEA.

### I. Tribus AMPHARTHRANDRIA.

#### 1. Fam. **OITHONIDAE.**

##### Genus **Oithona** Baird, 1843.

Der genauen zahlenmäßigen Durcharbeitung dieses zweifellos in reger Artbildung begriffenen Genus stellten sich in

Anbetracht der übergroßen Zahl der Individuen und zeit-
raubenden Untersuchungsmethoden große Hindernisse in den
Weg. Um das Erscheinen der vorliegenden Arbeit nicht auf
unbestimmte Zeit hinausschieben zu müssen, habe ich die
Fänge nur auf die schon sicher bestimmten Spezies durch-
gesehen und mir das umfangreiche Oithona-Material für eine
spätere spezielle Bearbeitung vorbehalten.

### Oithona plumifera Baird.

Größe: ♀ 1·38 bis 1·48 mm, ♂ 0·79 bis 0·82 mm,
Gruica. (♀ 1 bis 1·5 mm, ♂ 0·75 mm), Neapel. (♀ 1 bis
1·6 mm); nach G. P. Farran (1908).

Die Weibchen sind in der nördlichen Adria, insbesonders
im Küstengebiet, in großer Zahl anzutreffen. Sie variieren,
wie ich an anderer Stelle zeigen werde, beträchtlich und sind
mit der von Farran (1908) aufgestellten O. atlantica durch
Zwischenformen der verschiedensten Art verbunden. Männchen
wurden nur wenige beobachtet.

Eizahl: Acht bis neun.

Fundorte: In allen Fängen des »Rudolf Virchow«,
im Pomobecken spärlich, meist Jugendformen.

Bisher bekannt: Aus zahlreichen Stationen der nördlichen Adria (Car, Graeffe, Steuer, Grandori, Leder).

### Oithona plumifera var. atlantica (G. P. Farran).

Größe: ♀ 1·13 bis 1·28 mm, Punta Bonaster. (♀ 1·00
bis 1·16 mm) nach G. P. Farran (1908).

Unterscheidet sich von O. plumifera durch die geringere
Körpergröße, das stärker ventralwärts gebogene Rostrum, die
relative Länge der ersten Antennen (dieselben reichen bis
an das Ende des vierten Abdominalsegmentes), die überaus
schwache Befiederung der Außenrandborsten der Schwimm-
füße.

Eizahl: Fünf bis neun.

Nach oberflächlicher Schätzung scheint sie hinter der
typischen O. plumifera Baird in der Individuenzahl kaum
zurückzubleiben; besonders reich an Individuen sind die
Fänge aus dem Quarnero und Quarnerolo.

·Fundorte: Gruica, Skarda-Isto, Punta Bonaster, Punta
Velibog, Klippe Purara, östlich von Purara, westlich und
südlich von Lucietta, Klippe Mulo, südlich von Zirona, Weg
nach Pomo (Fang 12, 13, 14, 15, überall spärlich), Punta
Colorat, Kanal von Lussin, Pericolosa, südlich von Kap Merlera, Punta nera.

### Oithona setigera Dana.

(Syn. *Oithona setigera* var. *pelagica* G. P. Farran, 1908.)

Größe: ♀ 1·44 bis 1·54 *mm*, im Quarnero. (♀ 1·5 bis
1·6 *mm*) nach Giesbrecht, (♀ 1·36 bis 1·52 *mm*) nach
G. P. Farran (1908), (♀ 1·6 bis 1·9 *mm*) nach G. P. Farran
(1913).

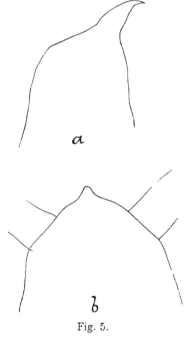

Fig. 5.

*Oithona setigera* var. *pelagica*
G. P. Farran, aus Skarda-Isto.
Weibchen. *a* Kopf lateral,
*b* Kopf dorsal.

Die Außenrandborste an
B 2 des zweiten Fußes ist
bei allen untersuchten Weibchen zart befiedert, lang und
dünn und verjüngt sich allmählich gegen das Ende zu.
G. P. Farran (1913) konnte
an Tieren von Christmas
Island Variationen in der
Endverdickung der Se beobachten und auf die inter-
essante Tatsache hinweisen:
»That, in the N. E. Atlantic,
*O. setigera*, whether the cause
be racial or environmental,
is not found with thickened
setae, while in tropical regions
these setae are almost always
present.«

Die vorliegenden Weib-
chen weichen von der typischen *O. setigera* Dana auch
in der Form des Rostrums

ab, dessen Spitze bei ihnen ventralwärts eingebogen ist
(Fig. 5).

Männchen wurden nicht beobachtet.

Fundorte: Gruica, Skarda-Isto, Punta Bonaster, Punta Velibog, Klippe Purara, westlich und südlich von Lucietta, Klippe Mulo, Weg nach Pomo (2 ♀), Maon-Dolfin, Kanal von Lussin, Pericolosa.

Bisher bekannt: Lucietta, Ragusa (Steuer, 1910).

### Oithona similis Claus.

Größe: ♀ 0·69 bis 0·76 *mm*, ♂ 0·58 bis 0·60 *mm*, Punta Bonaster. (♀ 0·73 bis 0·8 *mm*, ♂ 0·59 bis 0·61 *mm*), Neapel.

Fundorte: Gruica, Skarda-Isto, Punta Bonaster, Punta Velibog, Klippe Purara, östlich von Purara, westlich und südlich von Lucietta, Klippe Mulo, südlich von Zirona, Pomobecken, Maon-Dolfin, Punta Colorat, Kanal von Lussin, Pericolosa, Kap Merlera, südlich von Galliola, Punta nera.

Mehr als die Hälfte aller aufgefundenen Männchen (22) gehörten zu *O. similis*.

Bisher bekannt: Aus zahlreichen Stationen der nördlichen Adria (Car, Graeffe, Steuer, Grandori, Leder).

### Oithona nana Giesbrecht.

Größe: ♀ 0·48 *mm*, ♂ 0·5 bis 0·54 *mm*, Kap Merlera. (♂ 0·48 bis 0·5 *mm*, ♀ 0·5 bis 0·53 *mm*), Neapel.

Der kleinste Copepode der »Virchow«-Fahrt.

Fundorte: Gruica, Skarda-Isto, Punta Bonaster, Punta Velibog, östlich von Purara, südlich von Lucietta, Klippe Mulo, Pomobecken, Punta Colorat, Kap Merlera, südlich der Klippe Galliola, Punta nera.

Bisher bekannt: Aus mehreren Stationen der nördlichen Adria (Car, Steuer, Grandori, Leder).

### 2. Fam. CYCLOPIDAE.

Genus Cyclops Müller, 1776 (ex parte).

#### *Cyclops bicuspidatus* Claus var.?

Von der Gattung *Cyclops* wurde nur ein Weibchen mit zerquetschtem Thorax im Fange vor Punta Bonaster erbeutet.

Es besitzt ein rudimentäres, zweigliedriges, fünftes Fußpaar,
dessen Endsegment zwei Anhänge trägt. Die drei letzten
Segmente der elfgliedrigen ersten Antennen sind ohne hyaline
Membranen und ohne Dornenreihen. Das Tier gehört demnach zweifellos in die *bicuspidatus*-Gruppe. Das schwach
gefüllte Receptaculum seminis des in Formol konservierten
Tieres schien leider noch nicht die zur einwandfreien Bestimmung nötigen charakteristischen Umrisse zu besitzen.
Dessenungeachtet möchte ich, im Hinblick auf den interessanten neuen Fundort dieses *Cyclops* nicht unterlassen,
wenigstens auf die Form hier aufmerksam zu machen und
gebe in der folgenden Figur das Genitalsegment mit dem
Receptaculum seminis und die elfgliedrige rechte erste Antenne
des einzigen (leider recht dürftigen) weiblichen Exemplars
wieder (Fig. 6).

### 3. Fam. PORCELLIDIIDAE.

#### Genus Porcellidium Claus, 1860.

#### Porcellidium fimbriatum Claus.

Ein noch nicht zur Geschlechtsreife gelangtes Weibchen
wurde beobachtet. G. O. Sars bemerkt zu dieser Form: »It
lives as a rule on the fronds of Laminariae, to which it
applies its flattened body so closely, that it is only with
great difficulty that it can be loosened from its hold, when
alive«.

Fundort: Punta Velibog.
Bisher bekannt: Obrovac, Pag (Valle delle Saline),
Novigrad (Car, 21. Juli 1899); Triest (Graeffe, 1900, nicht
planktonisch); Krka, Vodice (Car, 1902).

### 4. Fam. DIOSACCIDAE.

#### Genus Diosaccus Boeck, 1872.

#### Diosaccus tenuicornis (Claus).

Nur ein Weibchen wurde erbeutet.
Fundort: Südlich von Galliola.

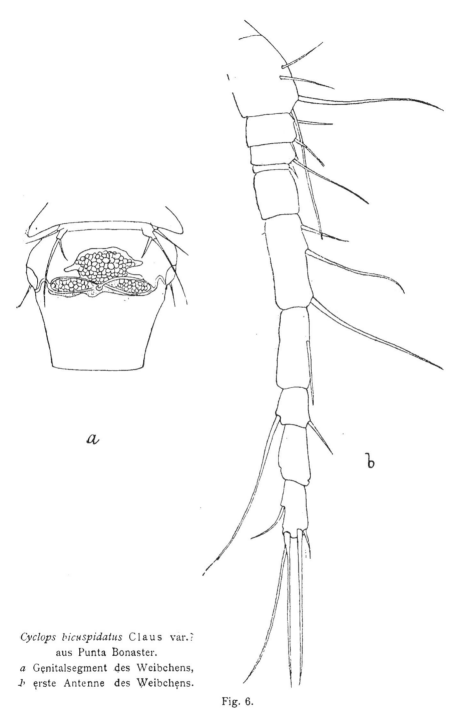

*a*

*b*

*Cyclops bicuspidatus* Claus var.?
aus Punta Bonaster.
*a* Genitalsegment des Weibchens,
*b* erste Antenne des Weibchens.

Fig. 6.

Bisher bekannt: Triest (Car, 1888; Graeffe, 1900);
Barbariga (Steuer, 1910); Val Figheri (Laguna Veneta) (Grandori, 1912).

### 5. Fam. TACHIDIIDAE.

Genus **Euterpina** Norman, 1903.

Syn. *Euterpe* Claus und Giesbrecht.

**Euterpina acutifrons** (Dana).

Größe: ♀ 0·56 bis 0·64 *mm*, ♂ 0·52 *mm*, Punta Veli-
bog. (♀ 0·53 bis 0·73 *mm*, ♂ 0·5 bis 0·56 *mm*), Neapel.
Fundorte· .Punta Velibog, Klippe Mulo, Maon-Dolfin,.
Punta Colorat, südlich von Kap Merlera.
Bisher bekannt: Triest (Car, 1883; Graeffe, 1900;.
Leder, 1917); Korčula, Kotor, Lošinj (Car, 1893); Senj
(= Zengg im Canale della Morlacca) (Car, 1898); Pag (Valle
delle Saline) und (Valle di Pago) (Car, 1899); Tiesno (Stretto),.
Vodice, Zlarin, Rieka (Car, 1902); Barbariga, Quarnero, Cigale
auf Lussin, Selve, Zara, Sebenico (S. Vito, Lukš, Prokljan,.
Krka, Scardona), Lucietta (Steuer, 1910); Rovigno (Steuer,.
21. Juli 1911).

### 6. Fam. CLYTEMNESTRIDAE.

Genus **Clytemnestra** Dana, 1852.

**Clytemnestra rostrata** (G. Brady).

Größe: ♀ 1 *mm*, Merlera. (♀ 1 *mm*, ♂ 0·87 *mm*), Neapel.
Fundort: Kap Merlera, Triest (2. Dezember 1911).
Bisher bekannt: Triest (Car, 1888; Graeffe, 1900);.
Rovigno (Car, 1890); Lucietta (Steuer, 1910).

### 7. Fam. ASTEROCHERIDAE.

Genus **Dermatomyzon** Claus, 1889.

**Dermatomyzon nigripes** (Brady & Robertson).

Größe: ♂ 0·994 *mm*, Punta Velibog, (♀ 0·9 bis 1·5 *mm*,
♂ 0·7 bis 0·8 *mm*) nach Giesbr., (♀ 1·35 *mm*, ♂ 0·9 bis
1 *mm*) nach Canu.

Ein einziges ♂ lag vor. Das Tier fiel im Fang bei Punta Velibog sofort durch seine braune Färbung auf, welche nur an den Segmentgrenzen von hellgelben Streifen unterbrochen war. Giesbrecht hat an seinen 3 ♂ ebenfalls braunes Chitin sowohl am Hinterrand von Th 1 als auch am Abdomen, den beiden Antennen und Schwimmfüßen beobachtet, während Canu (p. 261) berichtet: »La coloration est blanche dans les deux sexes, sans traces de cette teinte brunâtre signalée par Brady dans *Cycl. nigripes*.« Das Abdomen des ♂ besteht aus fünf Segmenten. Der vorspringende Hinterrand der Genitalklappen trägt eine kräftige kurze Fiederborste und daneben eine kleine Zacke. Die vorderen Antennen sind bei meinem ♂ 17gliedrig und mit sieben langen Ästhetasken versehen (vgl. Giesbrecht, 1899, T. 5, Fig. 10). Wie Giesbrecht gezeigt hat, kann beim ♂ durch Verschmelzung der Glieder Aa 2—6 und 7—8 eine nur 13gliedrige Antenne zustande kommen, an welcher dann aber auffallenderweise nicht sieben, sondern nur ein sehr langer und dicker Ästhetask vorhanden ist.

Als echter Halbparasit hat *D. nigripes* einen gedrungenen flaschenförmigen Sipho. Der Mandibelpalpus ist eingliedrig und mit einer sehr langen und einer kurzen Borste ausgerüstet.

Über den Wirt dieses Semiparasiten findet sich in der Literatur keine Angabe.

Fundort: Punta Velibog.

Bisher bekannt: Triest (Claus, 1889, fand nur ein mit zwei Spermatophoren behaftetes Weibchen).

## II. Tribus ISOKERANDRIA.

### 1. Fam. ONCAEIDAE.

### Genus Oncaea Philippi, 1843.

Die von G. P. Farran (1906) auf p. 95 für die ♀ des Genus gegebene Bestimmungstabelle ermöglichte eine rasche und sichere Erkennung der einzelnen Spezies.

Zahlenverhältnis der Spezies:

| Fang: | 1 | 2 | 3 | 4 | 5 | 6 | 7 | 8 | 10 | 12 | 13 | 14 | 15 |
|---|---|---|---|---|---|---|---|---|---|---|---|---|---|
| O. mediterr.: | 5 | 2 | 7 | 5 | — | — | 2 | 2 | 4 | 4 | 3 | 4 | 1 |
| O. media: | — | — | 1 | — | — | — | 2 | 1 | — | 2 | — | — | — |
| O. venusta: | — | — | — | — | — | — | — | — | — | — | 1 | — | — |
| O. subtilis: | — | — | 1 | 2 | — | — | — | 1 | — | — | — | — | — |

## Oncaea mediterranea Claus.

Größe: ♀ 1·16 bis 1·34 *mm*, ♂ 0·93 *mm*, Weg nach Pomo, [Fang 12]. (♀ 1 bis 1·3 *mm*, ♂ 0·9 bis 0·95 *mm*), Neapel.

Fundorte: Gruica, Skarda-Isto, Punta Bonaster, Punta Velibog, westlich und südlich von Lucietta, Klippe Mulo, Pomobecken, Maon-Dolfin, Punta Colorat, südwestlich von Pericolosa, Kap Merlera, südlich der Klippe Galliola, Punta nera.

Bisher bekannt: Gruž, Korčula, Kotor (Car, 1883); Triest (Car, 1884; Graeffe, 1900; Leder, 1917); Žrnovnica kraj Senja (u moru) (Car, 1898); Vodice, Rieka (Car, 1902); Quarnero, Selve, Lucietta, Ragusa (Steuer, 1910); Malamocco (Grandori, 1910); Pelagosa (Steuer, 1912).

Zahlenverhältnis der Geschlechter:

| Fang: | 1 | 2 | 3 | 4 | 5 | 6 | 7 | 8 | 10 | 12 | 13 | 14 | 15 |
|---|---|---|---|---|---|---|---|---|---|---|---|---|---|
| ♀: | 4 | 2 | 6 | 5 | — | — | 2 | 2 | 4 | 3 | 2 | 4 | 1 |
| ♂: | 1 | — | 1 | — | — | — | — | — | — | 1 | 1 | — | — |

## Oncaea media Giesbrecht.

Größe: ♀ 0·59 *mm*, ♂ 0·52 *mm*, Weg nach Pomo, [Fang 12]. (♀ 0·55 bis 0·82 *mm*, ♂ 0·6 bis 0·63 *mm*), Neapel.

Fundorte: Punta Bonaster, westlich und südlich von Lucietta, Weg nach Pomo, südlich der Klippe Galliola.

Bisher bekannt: Barbariga, Quarnero, Cigale auf Lussin, Selve, Zara, Sebenico (S. Vito), Lucietta (Steuer, 1910); Pelagosa, Blaue Grotte von Busi, Comisa auf Lissa (Steuer, 1912).

Zahlenverhältnis der Geschlechter:

| Fang: | 1 | 2 | 3 | 4 | 5 | 6 | 7 | 8 | 10 | 12 | 13 | 14 | 15 |
|---|---|---|---|---|---|---|---|---|---|---|---|---|---|
| ♀: | — | — | — | — | — | — | 2 | — | — | 1 | — | — | — |
| ♂: | — | — | — | — | — | — | — | — | — | — | — | — | — |

## Oncaea subtilis Giesbrecht.

Größe: ♀.0·52 *mm*, Punta Velibog. (♀ 0·48 bis 0·5 *mm*, ♂ unbekannt) nach Giesbrecht.

Fundorte: Punta Bonaster, Punta Velibog, südlich von Lucietta, Punta Colorat, südwestlich von Pericolosa, Kap Merlera.

Bisher bekannt: Selve (Steuer, 1910).

## Oncaea venusta Philippi.

Größe: ♀ 1·12 *mm*, Weg nach Pomo. (♀ 1·1 bis 1·27 *mm*, ♂ 0·8 bis 0·95 *mm*) nach Giesbrecht.

Bei dem einzigen vor Pomo erbeuteten Weibchen waren das Chitin des Rumpfes und der Gliedmaßen sowie auch die letzten Abdominalsegmente exklusive Furka intensiv violett gefärbt. Das Analsegment war etwa doppelt so breit als lang. Die breiteste Stelle des Rumpfes lag weit vor der hinteren Grenze des Kopfes.

Fundort: Weg nach Pomo (Fang 13).

Bisher bekannt: Porto Lignano, Malamocco (Grandori, 1910).

## 2. Fam. SAPPHIRINIDAE.

Genus **Sapphirina** J. V. Thompson, 1829.

Zahlenverhältnis der Spezies:

| Fang: | 1 | 2 | 3 | 4 | 5 | 6 | 7 | 8 | 10 | 12 | 13 | 14 | 15 |
|---|---|---|---|---|---|---|---|---|---|---|---|---|---|
| *nigromac.*: | 10 | 41 | 12 | 4 | — | — | — | 2 | — | 1 | — | 4 | — |
| *maculosa*: | — | 3 | juv. | 3 | — | — | — | — | — | — | — | — | — |
| *ovatolanc.*: | — | — | — | — | — | — | — | — | — | 9 | — | — | — |
| *gemma*: | — | — | — | — | — | — | — | — | 2 | 12 | 6 | 3 | 3 |
| *auronitens*: | — | — | — | — | — | — | — | — | — | — | — | — | 2 |

## Sapphirina nigromaculata Claus.

Größe: ♀ 1·8 bis 2·05 *mm*, ♂ 1·97 bis 2·05 *mm*, Skarda-Isto. (♀ 1·9 bis 2 *mm*, ♂ 2·05 bis 2·45 *mm*), Neapel.

Die gemeinste *Sapphirina* der nördlichen Adria.

Fundorte: Gruica, Skarda-Isto, Punta Bonaster, Punta Velibog, südlich von Lucietta, Weg nach Pomo, Maon-Dolfin, Punta Colorat, südwestlich von Pericolosa, Kap Merlera, südlich der Klippe Galliola, Punta nera.

Bisher bekannt: Aus zahlreichen Lokalitäten der nördlichen Adria (Steuer, 1895, 1907, 1910; Grandori, 1910).

Zahlenverhältnis der Geschlechter:

| Fang: | 1 | 2 | 3 | 4 | 5 | 6 | 7 | 8 | 10 | 12 | 13 | 14 | 15 |
|---|---|---|---|---|---|---|---|---|---|---|---|---|---|
| ♀ : | 10 | 35 | 12 | 4 | — | — | — | 2 | — | 1 | — | 4 | — |
| ♂ : | — | 6 | — | — | — | — | — | — | — | — | — | — | — |

### Sapphirina maculosa Giesbrecht.

Größe: ♀ 2, 2·08, 2·1 *mm*, ♂ 2·37 *mm*, Punta Velibog. (♀ —, ♂ 2·2 *mm*), Neapel.

Vier Weibchen und drei Männchen lagen vor. Das erste Weibchen dieser Art wurde von Steuer (1895) in der südlichen Adria entdeckt und beschrieben.

Fundorte: Skarda-Isto, Punta Bonaster, Punta Velibog, südlich von Zirona.

Bisher bekannt: Aus mehreren Lokalitäten der südlichen Adria (Steuer, 1895, 1907); Selve, Ragusa (Steuer, 1910).

### Sapphirina ovatolanceolata Dana.

Größe: ♀ 3·06 *mm*, ♂ 3·52 *mm*, Weg nach Pomo. (♀ 2·4 bis 2·85 *mm*, ♂ 3·5 bis 3·8 *mm*), Neapel.

Fundort: Weg nach Pomo (Fang 12).

Bisher bekannt: Aus einzelnen Lokalitäten der südlichen Adria (Steuer, 1895, 1907); Porto Lignano, Viesti, Brindisi, Otranto (Grandori, 1910).

### Sapphirina gemma Dana.

Größe: ♀ 2·13 bis 2·65 *mm*, ♂ 3 *mm* bis 3·52 *mm*, Pomobecken. (♀ 1·9 bis 3·1 *mm*, ♂ 2·15 bis 3·1 *mm*), Neapel.

Ist mit der vorhergehenden Art sehr nahe verwandt und findet sich wie diese vorwiegend in den an *Salpa democratica-mucronata* reichen Fängen aus dem Pomobecken.

Fundorte: Südlich von Zuri, Klippe Mulo, südlich von Zirona, Weg nach Pomo, vor Pomo, Punta Colorat.

Bisher bekannt: Triest (Graeffe, 1900, nur im Spätherbst und Winter beobachtet); Quarnero und südliche Adria (Steuer, 1895, 1907).

Zahlenverhältnis der Geschlechter:

| Fang: | 1 | 2 | 3 | 4 | 5 | 6 | 7 | 8 | 10 | 12 | 13 | 14 | 15 |
|---|---|---|---|---|---|---|---|---|---|---|---|---|---|
| ♀ : | — | — | — | — | — | — | — | — | 2 | 10 | 6 | 3 | 2 |
| ♂ : | — | — | — | — | — | — | — | — | — | 2 | — | — | 1 |

### Sapphirina auronitens Claus.

Größe: ♀ 2·12 *mm*, ♂ 1·96 *mm*, Pomo. (♀ 1·8 bis 2·1 *mm*, ♂ 1·85 bis 2·2 *mm*), Neapel.

Ein Weibchen und ein Männchen wurden erbeutet.

Fundort: Vor Pomo (Fang 15).

Bisher bekannt: Adria-Tiefsee-Expedition (V. »Pola«-Expedition 1894) [Station Nr. 21: 10. Juni, 42° 33′ nördl. Breite, 16° 35′ östl. Länge; Station Nr. 36: 17. Juni, 42° 33′ 5″ nördl. Breite, 16° 28′ östl. Länge; Station Nr. 96: 10. Juli, 38° 48′ 25″ nördl. Breite, 18° 58′ 5″ östl. Länge; Station Nr. 104: 11· Juli, 38° 10′ 7″ nördl. Breite, 18° 57′ 20″ östl. Länge; Station Nr. 129: 18. Juli, 40° 36′ nördl. Breite, 18° 31′ östl. Länge] (Steuer, 1895).

### Genus Copilia Dana, 1849.

### Copilia mediterranea (Claus).

Syn. *Cop. denticulata* Claus, 1863.

Größe: ♀ 3·6 *mm*, 2·47 *mm*, 4·1 *mm*, nördliche Adria. (♀ 4 *mm*, ♂ 3 *mm*) nach Claus »freilebende Copepoden«.

Fundorte: Weg nach Pomo (Fang 12), südlich von Kap Merlera, südlich der Klippe Galliola (juv.), Punta nera (juv. 2, 45 *mm*).

Bisher bekannt: Triest (Car, 1888; Steuer, 1907), Rovigno, Canal della Morlacca, Gravosa (Steuer, 1907); Selve, Lucietta, Ragusa (Steuer, 1910); Malamocco, Brindisi (Grandori, 1910).

## 3. Fam. **CORYCAEIDAE**.

### Genus **Córycaeus** Dana, 1845.

Zahlenverhältnis der Spezies:

| Fang: | 1 | 2 | 3 | 4 | 5 | 6 | 7 | 8 | 10 | 12 | 13 | 14 | 15 |
|---|---|---|---|---|---|---|---|---|---|---|---|---|---|
| *rostratus*: | 1 | — | — | 2 | — | — | — | — | — | — | — | — | — |
| *curtus*: | — | — | — | — | — | — | — | — | — | — | 1 | — | — |
| *anglicus*: | — | — | — | — | — | — | — | — | — | 1 | — | — | — |
| *brehmi*: | 5 | 6 | 28 | 31 | — | 3 | — | 3 | 6 | — | — | — | — |
| *ovalis*: | — | 2 | 10 | 6 | — | 1 | — | — | — | 1 | — | 2 | — |
| *catus*: | — | 3 | 1 | 12 | — | — | — | 1 | — | — | — | 1 | 2 |
| *typicus*: | — | 3 | 1 | 3 | — | — | — | 2 | — | 1 | — | — | 2 |
| *clausi*: | — | — | — | — | — | — | 1 | — | — | — | — | 1 | 1 |

Die Vertreter dieses Genus wurden nach der jüngst erschienenen umfangreichen Monographie von M. Dahl (1912) bestimmt.

### Subgenus *Corycella* G. P. Farran.

#### Corycaeus (Corycella) rostratus Claus.

Größe: ♀ 0·72 *mm*, Punta Velibog. (♀ 0·72 *mm*, ♂ 0·73 *mm*) nach Dahl.
Drei Weibchen wurden erbeutet.
Fundorte: Gruica, Punta Velibog.
Bisher bekannt: Korcula (Car, 1893); Senj, Žrnovnica (Car, 1898); Zlarin (Car, 1902); Quarnero, Cigale auf Lussin, Selve, Zara (Steuer, 1910).

#### Corycaeus (Corycella) curtus G. P. Farran.

Größe: ♂ 0·65 *mm*, Punta Colorat. (♀ 0·72 *mm*, ♂ 0·64 *mm*) nach Dahl.
Der vorhergehenden Spezies sehr nahe verwandt.
Fundorte: Weg nach Pomo (Fang 13), Punta Colorat, Kap Merlera.
Bisher bekannt: Brindisi (Steuer, 1910).
Steuer (Planktoncopepoden aus dem Hafen von Brindisi) hat an dem einzigen erbeuteten ♀ (welches er als *C. rostratus*

aufführt) gefunden, daß es »nicht ganz mit der von Giesbrecht gegebenen Diagnose übereinstimmte. Die Furka war
etwas länger, das ist fast dreimal so lang als breit und mehr
als ein Drittel so lang wie das übrige Abdomen«.

Subgenus Ditrichocorycaeus M. Dahl.

**Corycaeus (Ditrichocorycaeus) brehmi** Steuer.

Größe: ♀ 1·044 *mm*, ♂ 0·828 *mm*, Punta Bonaster.
(♀ 0·95 bis 1·1 *mm*, ♂ 0·84 *mm*) nach Dahl.

Eine echte Küstenform, welche vor allem im Quarnero
häufig angetroffen wird. Das Längenverhältnis von Analsegment und Furka variiert bei den Weibchen merklich, eine
Tatsache, die schon M. Dahl (nach brieflicher Mitteilung an
Herrn Prof. Dr. Steuer) beobachtet hat. Von dem nahe verwandten *C. anglicus* Lubbock unterscheiden sich die ♀ in
erster Linie dadurch, daß der distale Rand von B 2 der
Hinterantenne zwei spitze Zähne trägt, während das ♂ an
der genannten Stelle einen größeren und einen kleineren
(zweispitzigen) Zahn besitzt.

Fundorte: Triest (2. Dezember 1911), Gruica, Skarda-
Isto, Punta Bonaster, Punta Velibog, östlich von Purara, süd-
lich von Lucietta, Klippe Mulo, Maon-Dolfin, Punta Colorat,
Kanal von Lussin, südlich von Zirona, südwestlich von Peri-
colosa, südlich von Kap Merlera, südlich der Klippe Galliola,
Punta nera.

Bisher bekannt: Triest (Brehm, 1906; Leder, 1917);
Barbariga, Quarnero, Cigale auf Lussin, Corrente bei Lussin,
Selve, Zara, Sebenico (S. Vito), Lucietta, Ragusa (Steuer,
1910).

Zahlenverhältnis der Geschlechter:

| Fang: | 1 | 2 | 3 | 4 | 5 | 6 | 7 | 8 | 10 | 12 | 13 | 14 | 15 |
|-------|---|---|----|----|---|---|---|---|----|----|----|----|----|
| ♀: | 4 | 5 | 13 | 19 | — | 3 | — | 2 | 6 | — | — | — | — |
| ♂: | 1 | 1 | 15 | 12 | — | — | — | 1 | — | — | — | — | — |

*Corycaeus (Ditrichocorycaeus) anglicus* Lubbock.

Größe: ♂ 0·9 *mm*, Pomobecken. (♀ 1·147 *mm*, ♂ 0·87
bis 0·95 *mm*) nach Dahl.

Ein einziges, aber vorzüglich konserviertes Männchen fand sich auf dem Wege von Zirona nach Pomo ($G:A:F = 32:10:18$).

Es ist sehr bemerkenswert und speziell für die Deutung der nahe verwandten vorstehenden Spezies von großem Interesse, daß C. *anglicus*, welchen M. Dahl als die typische Form der Westküste Europas bezeichnet, nun auch für die nördliche Adria nachgewiesen werden konnte. Es wird Aufgabe künftiger Untersucher sein, an größerem Material (etwa dem von der »Najade« gefischten) die Variationsbreite beider Spezies zahlenmäßig festzustellen und nach Zwischenformen Umschau zu halten.

Fundort: Weg nach Pomo (Fang 12).

Car (1901) führt C. *anglicus* für Triest an. Ich halte es für mehr als wahrscheinlich, daß ihm der etwas kleinere C. *brehmi* untergekommen ist.

## Subgenus *Onychocorycaeus* M. Dahl.

### Corycaeus (Onychocorycaeus) ovalis Claus.

Syn. C. *obtusus* ♀ Giesbrecht, 1892.

Größe: ♀ 1 *mm*, $G:A:F = 70:25:23$, Punta Velibog. (♀ 1·01 *mm*, ♂ 0·88 *mm*) nach M. Dahl ($G:A:F:36:12:12$), (♀ 0·9 bis 1 *mm*) nach Giesbrecht.

M. Dahl (1912) hat auf die Übereinstimmung von Giesbrecht's C. *obtusus* mit C. *ovalis* Claus ♀ hingewiesen. Da Claus das Vorhandensein oder Fehlen eines medianen Hakens am Genitalsegment des ♂ nicht ausdrücklich erwähnt, glaubt sie auf das letztere schließen zu dürfen und identifiziert das einzige bei Neapel gefundene ♂ mit dieser Form, wobei sie p. 99 erwähnt: »Vergleicht man jedoch die vorzüglichen Abbildungen Giesbrecht's von seinem C. *obtusus* mit denen meines C. *ovalis*, so erkennt man die Übereinstimmung der Formen sofort. Nur den medianen Haken des Männchens habe ich bei dieser Art nicht gesehen, wohl aber bei C. *latus*, der Form des Atlantischen Ozeans und C. *catus*, einer Form des Indo-Pazifischen Ozeans.«

Nach meinen Untersuchungen ist *C. ovalis* Claus als eine der gemeinsten Spezies von *Corycaeus* zu betrachten. Da sie gleichzeitig in der Adria der einzige Vertreter des Subgenus *Onychocorycaeus* M. Dahl ist, muß es auffallen, daß nicht ein *C. ovalis* ♂ vorgefunden wurde, sondern daß sämtliche Männchen (28 Exemplare) der nächstverwandten Spezies *C. catus* F. Dahl zugeteilt werden mußten.

Fundorte: Skarda-Isto, Punta Bonaster, Punta Velibog, östlich der Klippe Purara, Weg nach Pomo (Fang 12 und 14), Kanal von Lussin, Pericolosa (mit Eiern), [Kap Merlera, südlich der Klippe Galliola, Punta nera.

Bisher bekannt: Korčula (Car, 1893); Tiesno (Stretto), Zlarin (Car, 1902); Corrente bei Lussin (Steuer, 1910).

**Corycaeus (Onychocorycaeus) catus F. Dahl.**

Syn. *C. obtusus* ♂ Giesbrecht, 1892, p. 673.

Größe: ♂ 0·81 *mm*, $G : A : F = 50 : 17 : 20$, Punta Velibog [1]. (♀ 0·95 *mm*, ♂ 0·8 *mm*) nach Dahl, (—, ♂ 0·9 *mm*) nach Giesbrecht.

Giesbrecht's Männchen von *C. obtusus* hat mit dem ♂ von *C. catus* F. Dahl den Besitz eines medianen Hakens am Genitalsegment gemein und wird daher von M. Dahl für »teilweise identisch mit *C. catus* F. Dahl« angesehen.

Giesbrecht's Weibchen von *C. obtusus* dagegen wurde von Dahl zutreffenderweise mit *C. ovalis* Claus identifiziert. Diesem Weibchen aber ordnete Dahl im Anschluß an Claus ein Männchen zu, welches sich von den Männchen des *C. latus* Dana und *C. catus* F. Dahl schon durch das Fehlen des medianen Hakens am Genitalsegment unterschied.

Da nun im Laufe meiner Untersuchung wiederholt Männchen von *C. catus* F. Dahl mit medianem Haken am Genitalsegment zur Beobachtung kamen und diese ganz auf-

---

[1] Das Längenverhältnis zwischen Analsegment und Furka war merklichen Schwankungen unterworfen. So ergaben sich bei den Männchen aus dem gleichen Fange (Punta Velibog) beispielsweise die folgenden Werte:

$G : A : F = 65 : 25 : 30; \quad G : A : F = 65 : 24 . 31; \quad G : A : F = 65 : 26 : 33$

fallenderweise in ihrer Verbreitung sich enge an die Weibchen
der vorgenannten Art anschließen, sei hier die Vermutung
ausgesprochen, daß es sich bei ihnen um die richtigen
Männchen der vorstehenden Art handeln dürfte. Auch der
Umstand, daß Steuer (1910) in seinen Fängen nur Männchen
mit medianem Haken beobachtet hat, spricht für die hohe
Wahrscheinlichkeit der Zusammengehörigkeit beider Geschlechter.

Die Entscheidung dieser Frage bleibt künftigen Untersuchungen vorbehalten.

Fundorte: Skarda-Isto, Punta Bonaster, Punta Velibog,
südlich von Lucietta, Weg nach Pomo (Fang 14 und 15),
Pericolosa, Kap Merlera, Punta nera.

Bisher bekannt: Korčula, Lošinj (Car, 1893); Žrnovnica (Car, 1898) ♂?; Triest (Graeffe, 1900); Quarnero,
Selve, Zara, S. Vito (Sebenico), Lukš (Sebenico), Lucietta,
Brindisi (Steuer, 1910); Malamocco (Grandori, 1910). In
allen Arbeiten als *C. obtusus* Dana ♂ angeführt.


### Subgenus *Agetus* Kröyer.

### Corycaeus (Agetus) typicus Kröyer.

Syn. *C. elongatus* ♂ Giesbrecht, 1892, p. 674.

Größe: ♀ 1·66 bis 1·7 *mm*, ♂ 1·44 *mm*, Pomobecken.
(♀ 1·62 bis 1·65 *mm*, ♂ 1·42 *mm*) nach Dahl.

M. Dahl glaubt sich berechtigt, das ♀ des Giesbrecht-
schen *C. elongatus* mit *C. limbatus* Brady identifizieren zu
dürfen. Nun bestehen aber zwischen ihren Exemplaren von
*C. limbatus* (♀ 1·35 *mm*) und *C. elongatus* (♀ 1·45 bis
1·65 *mm*) Differenzen in der Körpergröße, welche sie durch
die Annahme zu beseitigen sucht, daß »Giesbrecht entweder
ein anormal großes Stück dieser Art vor sich hatte oder daß
ihm in der Größenangabe ein Irrtum unterlaufen sei«.

Ich kann Dahl's Ansicht nicht teilen, sondern muß vielmehr auf Grund des mir vorliegenden Materials für die Richtigkeit der Giesbrecht'schen Größenangaben eintreten, denn ein

Weibchen aus dem Pomobecken (Fang 12) erreichte z. B. die Größe von 1·7 *mm*.

Fundorte: Skarda-Isto, Punta Bonaster, Punta Velibog, südlich von Lucietta, Weg nach Pomo (Fang 12 und 15), Pericolosa, südlich der Klippe Galliola.

Bisher bekannt: Quarnero, Lucietta, Ragusa (Steuer, 1910).

Subgenus Corycaeus Dana.

Corycaeus (Corycaeus) clausi F. Dahl.

Syn. C. ovalis Giesbrecht, 1892, p. 659 ff.

Größe: ♀ 1·638 *mm*, Pomobecken. (♀ 1·566 *mm*, ♂ 1·35 *mm*) nach Dahl.

Drei Weibchen wurden beobachtet.

Fundorte: Westlich von Lucietta, Weg nach Pomo (Fang 14 und 15).

Bisher bekannt: Tiesno (Stretto), Zlarin (Car, 1902); Corrente bei Lussin (Steuer, 1910).

# Literatur.

Brehm V., Ein neuer *Corycaeus* aus dem Adriatischen Meere. In: Archiv f. Hydrobiol. u. Planktonkunde, Bd. 1, 1906.

Breemen van, Copepoden. In: Nordisches Plankton. 7. Lfg., Bd. 8, 1908.

Boeck A., Nye Slaegter og Arter af Saltvandscopepoder. In: Vid. Selsk. Forhandl. Christiania, 1872.

Byrnes E. F., The fresh Water Cyclops of Long Island. In: Cold Spring Harbor Monographs. VII, Brooklyn Institute of Arts and Sciences. Brooklyn, 1909.

Canu E., Les Copépodes du Boulonnais, Morphologie, Embryologie, Taxonomie. In: Travaux du Laboratoire de Zoologie Maritime de Wimereux-Ambleteuse (Pas de Calais). Bd. 6, Lille, 1892.

Car L., Ein Beitrag zur Copepoden-Fauna des Adriatischen Meeres. In: Arch. f. Naturg., 50. Jahrg., 1884.

— Resultate einer naturwissenschaftlichen Studienreise. In: Glasnika hrv. naravoslovnog Društva (Societas Historico-Naturalis Croatica). Bd. 12, Agram, 1900.

— Prilog za Faunu Crustaceja. In: Glasnika hrv. naravoslovnog Društva. Bd. 12, Agram, 1901.

— Planktonproben aus dem Adriatischen Meere und einigen süßen und brackischen Gewässern Dalmatiens. In: Zool. Anzeiger, Bd. 25, 1902.

Claus C., Die freilebenden Copepoden. Mit besonderer Berücksichtigung der Fauna Deutschlands, der Nordsee und des Mittelmeeres. Leipzig (Wilh. Engelmann), 1863.

— Neue Beiträge zur Kenntnis der Copepoden unter besonderer Berücksichtigung der Triester Fauna. In: Arb. aus d. zoolog. Instituten zu Wien, Bd. 3, 1880.

— Über neue oder wenig bekannte halbparasitische Copepoden, insbesondere der Lichomolgiden und Ascomyzontiden-Gruppe. In: Arb. aus d. zoolog. Instituten zu Wien, Bd. 8, 1889.

Cleve P. T., Plankton from Indian Ocean and the Malay Archipelago. In: Kongl. Svenska Vetenskaps-Akademiens Handlingar. Bd. 35, Stockholm, 1901.

Dahl M., Die Corycaeinen. Mit Berücksichtigung aller bekannten Arten. (Monographie.) In: Ergebnisse der Plankton-Expedition der Humboldt-Stiftung. Bd. 2, G. f 1. Kiel u. Leipzig, 1912.

Esterly C. O., The pelagic Copepoda of the San Diego Region. In: University of California Publications Zoology. Vol. 2, N. 4, pp. 113—233. Berkeley, 1905.

Farran G. P., Second Report on the Copepoda of the Irish Atlantic Slope. In: Fisheries, Ireland. Scientific Invest. (1906), 1908.

Farran G. P., Copepoda. In: Extrait du Bulletin Trimestriel, 1902—1908.
— Note on the Copepod genus *Oithona*. In: Ann. Mag. Hist., Bd. 2, eight series, p. 498, London, 1908.
— On Copepoda of the Family *Corycaeidae*. In: Proceedings of the zoolog. Society of London, 1911.
— On Copepoda of the Genera *Oithona* and *Paroithona*. In: Proc. of the zoolog. Soc. of London, 1913.

Giesbrecht W., Systematik und Faunistik der pelagischen Copepoden des Golfes von Neapel. In: Fauna und Flora des Golfes von Neapel, 19. Monographie, 1892.
— und Schmeil O., Copepoda, I. Gymnoplea. In: Das Tierreich, 6. Lfg., Crustacea, 1898.
— Die Asterocheriden des Golfes von Neapel und der angrenzenden Meeres-Abschnitte. In: Fauna und Flora des Golfes von Neapel, 25. Monographie, 1899.

Graeffe Ed., Übersicht der Fauna des Golfes von Triest. In: Arbeiten aus den zoologischen Instituten zu Wien, Bd. 13, 1900.

Grandori R., Sul materiale planktonico, raccolto nella 2ª crociera oceanografica. In: Bollettino del Comitato Talassografico. Num. 6, Roma, 1910.
— I Copepodi. In: Ricerche sul Plancton della Laguna Veneta. Padova, 1912.
— Due nuove specie di Copepodi. In: Zoolog. Anz., XXXIX, Bd. N. 3, 1912.

Jörgensen E., Bericht über die von der schwedischen Hydrographisch-Biologischen Kommission in den schwedischen Gewässern in den Jahren 1909—1910 eingesammelten Planktonproben.

Leder H., Einige Beobachtungen über das Winterplankton im Triester Golf (1914). In: Intern. Revue d. ges. Hydrobiol. u. Hydrographie, Bd. VIII, Heft 1, 1917.

Marsh C. D., A Revision of the North american Species of Cyclops. In: Transact. of the Wisc. Acad. of Sc., Bd. 16, Part II, 1910.

Mrázek Al., Arktische Copepoden. In: Fauna Arctica. Bd. 2, Lfg. 3, 1902.

Pearson J., A List of the marine Copepoda of Ireland. Part II, Pelagic Spezies. In: Fisheries, Ireland, Sc. Invest. 1905 (1906).

Pesta O., Copepoden (I. Artenliste 1890). In: Denkschriften d. math.-naturw. Kl. der Kais. Akad. d. Wiss. Wien, Bd. 84, 1909.
— Copepoden des östlichen Mittelmeeres (II. und III. Artenliste), 1891 und 1892). In: Denkschriften der math.-naturw. Kl. d. Kais. Akad. d. Wiss. Wien, Bd. 87, 1911.
— Copepoden aus dem Golf von Persien. In: Ann. d. k. k. Naturhist. Hofmuseums, 26. Bd., Wien, 1912.

508                              F. Früchtl,

Rosendorn Il., Die Gattung *Oithona*. In: Wissensch. Ergebnisse der Deut-
    schen Tiefsee-Expedition auf dem Dampfer »Valdivia« 1898—1899.
    23. Bd., Jena 1917.

Sars G. O., An Account of the Crustacea of Norway; Copepoda. Bd. 4—6,
    Bergen, 1901—1913.

Schmeil O., I. *Cyclopidae*. In: Deutschlands freilebende Süßwasser-Cope-
    poden. Bibliotheca Zoologica. Cassel, 1892.

Schröder, Br., Über Planktonepibionten. In: Biol. Zentralbl., Bd. XXXIV,
    Nr. 5, Leipzig 1914.

—   Ol., Eine neue marine Suctorie (*Tokophrya steueri* nov. spec.) aus
    der Adria. In: Sitzungsber. der Kais. Akad. d. Wissensch. in Wien,
    math.-naturw. Kl., Bd. CXX, Abt. I, 1911.

Scott Th., Report on Entomostraca from the Gulf of Guinea. In: Transact.
    of the Linnean Society of London. Bd. 6, Part I, London, 1894. (1893.)

—   Notes on Recent Gatherings of Microcrustacea from the Clyde and
    the Moray Firth. 7. In: 17. Ann. Rep. F. B. Scotl., p. 248—271, 1899.

—   Copepoda. In: Extrait du Bulletin Trimestriel 1902—1908. Deuxième
    Partie, p. 105—149.

—   A., The Copepoda of the Siboga Expedition. Part I. Freeswimming,
    littoral and semi-parasitic Copepoda. In: Siboga Exp. Leiden Monogr.
    29 a, 1909.

Sigl A., Die Thaliaceen und Pyrosomen des Mittelmeeres und der Adria.
    In: Denkschr. d. math.-naturw. Kl. der Kais. Akad. d. Wiss. Wien,
    Bd. LXXXVIII, 1912.

Steuer Ad., Sapphirinen des Mittelmeeres und der Adria. In: Denkschr.
    d. math.-naturw. Kl. d. Kais. Akad. d. Wiss. Wien, 62. Bd., 1895.

—   Beobachtungen über das Plankton des Triester Golfes im Jahre 1901.
    In: Zoolog. Anz., XXV. Bd., p. 369, 1902.

—   Quantitative Planktonstudien im Golf von Triest. In: Zoolog. Anz.,
    XXV. Bd., p. 372, 1902.

—   Beobachtungen über das Plankton des Triester Golfes im Jahre 1902.
    In: Zoolog. Anz., XXVII. Bd., p. 145, 1903.

—   Die Sapphirinen und Copilien der Adria. In: Bollettino della Società
    adriatica di scienze naturali in Trieste. 24. Bd., 1907.

—   Planktoncopepoden aus dem Hafen von Brindisi. In: Sitzungsber. d.
    Kais. Akad. d. Wiss. in Wien, CXIX. Bd., 1910.

—   Adriatische Planktoncopepoden. In: Sitzungsber. d. Kais. Akad. d.
    Wiss. in Wien, CXIX. Bd., 1910.

—   Planktonkunde. Verlag B. G. Teubner, Leipzig u. Berlin, 1910.

—   Einige Ergebnisse der 7. Terminfahrt S. M. Schiff »Najade« im Sommer
    1912 in der Adria. In: Intern. Revue der ges. Hydrob. und Hydro-
    graphie. Bd. 5, Heft 5/6, Leipzig, 1913.

Steuer Ad., Ziele und Wege biologischer Mittelmeerforschung. In: Verhandlg. d. Gesellsch. deutscher Naturforscher u. Ärzte, Leipzig, 1913.

— Phaoplanktonische Copepoden aus der südlichen Adria. In: Verhandlungen der k. k. zoolog.-botanischen Gesellschaft. Wien, 1912, p. 64—69.

Wolfenden R. N., Notes on the Copepoda of the North Atlantic Sea and the Faröe Channel. In: Journal of the Marine Biological Association. Num. 1, April 1904.

— Die marinen Copepoden der deutschen Südpolar-Expedition 1901 bis 1903. 2. Die Pelagischen Copepoden der Westwinddrift und des südlichen Eismeeres. In: Deutsche Südpolar-Expedition, 12. Bd., 1911, Berlin.

Akademie der Wissenschaften in Wien
Mathematisch-naturwissenschaftliche Klasse

# Sitzungsberichte

## Abteilung I

Mineralogie, Krystallographie, Botanik, Physiologie der
Pflanzen, Zoologie, Paläontologie, Geologie, Physische
Geographie und Reisen

129. Band. 10. Heft

# Neue Ceratitoidea aus den Hallstätter Kalken des Salzkammergutes

Von

Dr. C. Diener

w. M. Akad.

(Mit 1 Tafel)

(Vorgelegt in der Sitzung am 14. Oktober 1920)

In einem vorangehenden Hefte dieses Bandes der Sitzungsberichte habe ich eine Beschreibung der trachyostraken Ammoniten mit kurzer Wohnkammer — Ceratitoidea — aus der
karnisch-norischen Mischfauna des Feuerkogels bei Aussee
veröffentlicht. Es bleibt mir nunmehr noch eine kleine Zahl
neuer oder wenig bekannter Ceratitoidea zu beschreiben
übrig, die aus anderen Niveaux der Hallstätter Kalke und
von anderen Lokalitäten des Salzkammergutes stammen.

Mit dieser Arbeit erscheinen die Beiträge zur Kenntnis
der Cephalopoden der Hallstätter Kalke des Salzkammergutes,
die sich auf das Material aus den Sammlungen Heinrich's
und Kittl's gründen, zum Abschluß gebracht.

Gen. *Ceratites* de Haan.

Subgen. Epiceratites Diener.

### Epiceratites Venantii nov. sp.

Taf. I, Fig. 4.

In der Einleitung zu Pars 8 des »Animalium fossilium
Catalogus« (Cephalopoda triadica) habe ich im Jahre 1915 für
die obertriadischen Zwergformen von *Ceratites* die subgene-
rische Bezeichnung *Epiceratites* in Vorschlag gebracht. Zu

dieser Gruppe gehört auch die vorliegende neue Art, die sich allerdings in ihren Dimensionen bereits dem größten Vertreter des Subgenus, *E. viator* v. Mojsisovics (Cephalopoden der Hallstätter Kalke, Abhandl. Geol. Reichsanstalt, VI/2, 1893, p. 410, Taf. XLII, Fig. 2) nähert und auch in der Skulptur mit demselben bedeutende Ähnlichkeit aufweist.

Die hochmündigen, einander weit umfassenden Umgänge schließen einen engen Nabel ein, der von einer niedrigen Nabelwand begrenzt wird. Ein steil gerundeter Nabelrand vermittelt den Übergang in die sehr flach gewölbten Seitenteile, die durch eine deutlich ausgeprägte, stumpf gerundete Marginalkante von dem abgestutzten Externteil geschieden werden.

Die Skulptur besteht, wie bei *Epiceratites viator*, aus schwachen Sichelrippen, die vom Umbilikalrand bis zur Marginalkante ziehen, aber nicht auf den Externteil übertreten. Dazu kommen schwache Andeutungen von Knoten, am häufigsten an der Marginalkante, ausnahmsweise auch in der Umbilikalregion. Die Oberfläche der Schale ist mit feinen Zuwachsstreifen bedeckt, die dem Verlauf der Rippen folgen. Auf den Flanken treten Rippenspaltungen nicht auf. Nur an einer Stelle sieht man zwei Rippen aus einem gemeinsamen Umbilikalknoten entspringen.

Dimensionen:

Durchmesser .............. 30 *mm*
Höhe der Schlußwindung..... 16
Dicke    »         »    ...  9
Nabelweite ................  5

Loben: Nicht bekannt.

Vorkommen, Zahl der untersuchten Exemplare: Feuerkogel, Julische Hallstätter Kalke 1, coll. Heinrich.

## Subgen. Halilucites Diener.

### Halilucites sp. ind. aff. rustico Hauer.

In meiner Arbeit über die Cephalopodenfauna der Schiechlinghöhe bei Hallstatt (Beiträge zur Paläontol. und Geol. Österreich-Ungarns etc., XIII, 1900, p. 10) habe ich zum erstenmal auf eine Vertretung jener merkwürdigen bosnischen Ceratitengruppe in den Nordalpen hingewiesen, die von mir später (diese Sitzungsber., 114. Bd., 1905) in dem Subgenus *Halilucites* zusammengefaßt worden ist. Damals lagen mir nur zwei stark beschädigte Gehäuse vor, die sich am nächsten an *H. obliquus* Hauer anzuschließen schienen.

Aus den Trinodosuskalken der gleichen Lokalität besitzt die Sammlung Dr. Heinrich's ein leider ebenfalls schwer beschädigtes Windungsbruchstück, das an einer Stelle noch den unverletzten hohen Mittelkiel, im übrigen eine gröbere Skulptur als *H. obliquus* zeigt, so daß eine Identifizierung mit *H. rusticus* v. Hauer (Beiträge zur Kenntnis der Cephalopoden aus der Trias von Bosnien. II. Nautileen und Ammoniten mit ceratitischen Loben aus dem Muschelkalk von Haliluci; Denkschr. Akad. Wiss. Wien, mathem.-naturw. Klasse, LXIII., 1896, p. 259, Taf. IX, Fig. 1 — 4) in Frage kommen dürfte.

Gen. *Beyrichites* Waagen.

**Beyrichites nov. sp. ind. aff. Bittneri Arth.**

Die durch das Auftreten von zarten Lateralknoten gekennzeichnete Gruppe des *Beyrichites splendens* Arth., *B. Bittneri* Arth. und *B. Gangadhara* Diener findet auch in der Hallstätter Fazies eine Vertretung. Aus dem Trinodosuskalk der Schiechlinghöhe liegt mir ein leider mangelhaft erhaltenes Wohnkammerfragment eines großen *Beyrichites* vor, der sich an *B. Bittneri* v. Arthaber (Cephalopodenfauna der Reiflinger Kalke, Beiträge zur Paläontologie und Geol. Österreich-Ungarns etc., X, 1896, p. 230, Taf. XXVI, Fig. 11) anschließt. Der Externteil ist, wie bei der Spezies aus den Reiflinger Kalken, gegen die Flanken deutlich abgesetzt, doch sind die letzteren stärker gewölbt. Auch ist der Querschnitt breiter als bei *B. Bittneri* oder *B. splendens* v. Arthaber (l. c., p. 229, Taf. XXVII, Fig. 1).

Mit Rücksicht auf die schweren Beschädigungen der Schalenoberfläche ist es nicht möglich festzustellen, in welchem Wachstumsstadium die zarten Lateralknoten zuerst erscheinen, die neben den falcoid geschwungenen Anwachsstreifen das einzige Skulpturelement unserer Art bilden. Die Lateralknoten treten spärlicher und in größeren Entfernungen voneinander auf als bei den beiden genannten Arten aus dem Reiflinger Kalk.

Dimensionen:

Durchmesser .............. 82 *mm*
Höhe der Schlußwindung .... 42
Dicke  »        »    . 26
Nabelweite ............... 12

Loben: Nicht bekannt.

Vorkommen, Zahl der untersuchten Exemplare: Schiechlinghöhe, *Trinodosus*-Zone 1, coll. Heinrich.

## Gen. *Judicarites* Mojs.

### Judicarites arietiformis v. Mojsisovics.

1882, *Balatonites arietiformis* v. Mojsisovics, Cephalopoden der mediterranen Triasprovinz. Abhandlungen Geol. Reichsanstalt, X, p. 85, Taf. XXXVIII, Fig. 1, 2.

Das Genus *Judicarites* ist von E. v. Mojsisovics im Jahre 1896 für die bis dahin nur aus den Prezzokalken von Südtirol bekannte Gruppe der *Balatonites arietiformes* errichtet worden. Im Jahre 1902 hat K. v. Fritsch (Beitrag zur Kenntnis der Tierwelt der deutschen Trias. Sonderabdruck aus Abhandl. Naturforsch. Ges. Halle, XXIV, p. 63, 64) zwei Arten aus dem deutschen Muschelkalk, *Arniotites Schmerbitzii* und *Arniotites Stautei*, beschrieben, die ebenfalls dem Genus *Judicarites* — nicht der kanadischen Gattung *Arniotites* Whiteaves — zuzurechnen sind. Außerdem kennt man *Judicarites* durch die Arbeiten Martelli's aus der mittleren Trias von Montenegro. Nunmehr hat sich dieses seltene Genus auch in der nordalpinen Hallstätter Fazies in zwei Arten gefunden.

Aus der coll. Heinrich liegt mir ein sicher bestimmbares Exemplar des *Judicarites arietiformis* vor, das das kleinere der beiden von E. v. Mojsisovics abgebildeten Stücke in seinen Dimensionen ein wenig übertrifft. Es stammt, ebenso wie ein zweites, minder gut erhaltenes Stück, dessen Bestimmung daher eine gewisse Unsicherheit anhaftet, aus den Trinodosuskalken der Schiechlinghöhe bei Hallstatt.

## Judicarites Trophini nov. sp.

Taf. I, Fig. 1.

Diese neue Art gehört in die nächste Verwandtschaft des *Judicarites Meneghinii* v. Mojsisovics (Cephalopoden der Mediterr. Triasprovinz; Abhandl. Geol. Reichsanstalt, X, 1882, p. 86, Taf. LXXXI, Fig. 6) aus dem judikarischen Prezzokalk. Sie stimmt mit der genannten Spezies in dem Besitz eines gekerbten, mit Hohlkehlen eingesäumten Externkiels und falcoid geschwungener Flankenrippen überein, die meist am Nabelrande paarweise in schwachen Knoten entspringen. Verschiedenheiten, die eine Trennung der beiden Spezies begründen, liegen in den Involutionsverhältnissen — bei gleicher Nabelweite ist die Windungshöhe bei *J. Trophini* erheblich größer — und in der relativ dichteren Berippung der Hallstätter Art. Auch ragt bei der letzteren der Kiel beträchtlich stärker über die Marginalkanten empor. Er ist mit zahlreichen, sehr feinen Kerben versehen, die jedoch erst bei der Anwendung der Lupe als solche deutlich hervortreten.

Dimensionen:

Durchmesser.............. 39 *mm*
Höhe der Schlußwindung..... 17
Dicke  »        »    ... . 10
Nabelweite ............... 12

Loben: Nicht bekannt. Mindestens der halbe letzte Umgang des abgebildeten Stückes gehört der Wohnkammer an.

Vorkommen, Zahl der untersuchten Exemplare: Schiechlinghöhe, *Trinodosus*-Zone 1, coll. Heinrich.

## Gen. *Buchites* v. Mojsisovics.

E. v. Mojsisovics hat in seiner Systematik der Hallstätter *Ammonea trachyostraca* das Genus *Ceratites* in eine Anzahl von Gruppen oder Untergattungen zerlegt, unter denen einige, wie *Buchites* und *Phormedites*, von ihm als Stammformen gewisser Gruppen oder Untergattungen von *Arpadites (Clionites, Daphnites)* angesehen werden. Mit einer solchen Auffassung steht die obige Systematik in einem inneren Wider-

spruch. Eine natürliche Systematik müßte *Buchites* mit *Clionites*, *Phormedites* mit *Daphnites* unmittelbar verknüpfen,
während die phylogenetisch zusammengehörigen Gruppen aus-
einandergerissen werden, wenn man sie als Subgenera bei
verschiedenen Hauptgattungen *(Ceratites — Arpadites)* unter-
bringt. Ich habe daher, um diese Klippe zu vermeiden, in
meiner Übersicht der Cephalopoda triadica im »Animalium
fossilium Catalogus« (Junk, Berlin 1915) die Erhebung aller
dieser Subgenera zu selbständigen Gattungen befürwortet und
halte auch hier an dieser Auffassung fest.

### Buchites Helladii nov. sp.
Taf. 1, Fig. 2.

Das abgebildete Windungsbruchstück, in dessen Nabel-
region noch ein Teil des vorletzten Umganges der Beobachtung zugänglich ist, steht dem *Buchites Aldrovandii* v. Mojsisovics (Cephal. der Hallstätter Kalke; Abhandl. Geol. Reichsanstalt, VI/2, 1893, p. 411, Taf. CXXIII, Fig. 11) sehr nahe.
Der Hauptunterschied liegt in den abweichenden Querschnitts-
verhältnissen, da die neue Art erheblich schlanker ist. Das
Verhältnis der Höhe zur Dicke der Schlußwindung beträgt
bei ihr 18·5 zu 10 *mm* (gegenüber 17 : 13 *mm* bei *B. Aldrovandii*). Auch ist sie stärker eingerollt, da einem Durchmesser
von 45 *mm* eine Nabelweite von 14 *mm* entspricht — gegenüber 53 : 24 *mm* bei *B. Aldrovandii*.

Die Berippung ist bei Übereinstimmung im Skulptur-
charakter schwächer als bei *B. Aldrovandii*, aber an der
stumpf gerundeten Marginalkante verstärkt, so daß der Verlauf
dieser Kante durch eine Perlknotung markiert erscheint.

Dimensionen:

Durchmesser .............. 45 *mm*
Höhe der Schlußwindung..... 18·5
Dicke    »         »      .... 10
Nabelweite .............. 14

Loben: Genau die Hälfte des abgebildeten Fragments
entfällt auf die Wohnkammer. Die Anordnung der Suturele-
mente scheint mit jener bei *B. Aldrovandii* übereinzustimmen.

Der kurze zweite Laterallobus fällt mit dem Nabelrand zusammen. Zwischen dem letzteren und der Naht steht noch ein kleiner zweiter Lateralsattel.

Vorkommen, Zahl der untersuchten Exemplare: Feuerkogel, julische Hallstätter Kalke 1, coll. Kittl.

### Buchites Heriberti nov. sp.

Taf. 1, Fig. 3.

Das abgebildete kleine Gehäuse dürfte wahrscheinlich bereits die Wohnkammer besitzen. Es besteht aus zahlreichen, sehr langsam anwachsenden, hochmündigen Windungen von fast rechteckigem Querschnitt. Doch geht die flach gerundete Externseite ohne Intervention einer Marginalkante in die miteinander parallelen Flanken über.

Von den bisher bekannten Arten scheint *Buchites Emersoni* Diener (Fauna of the Tropites limest. of Byans, Palaeontol. Ind., ser. XV. Himal. Foss. Vol. V, No 1, 1906, p. 25, Pl. V, fig. 8) aus dem Tropitenkalk von Byans der unserigen am nächsten zu stehen. Doch ist die Skulptur der letzteren erheblich zarter und besteht zumeist aus einfachen Rippen, die auf den Seitenteilen fast ganz verschwinden und nur im Bereiche des Nabels und auf dem Externteil hervortreten. In der Mittellinie des Externteiles ist keine Unterbrechung der Skulptur vorhanden.

Die außerordentlich zarte Ornamentierung gestattet eine leichte Unterscheidung unserer neuen Art von allen bisher beschriebenen Buchiten aus der Obertrias der Alpen und Siziliens.

Dimensionen:

Durchmesser................ 26 *mm*
Höhe der Schlußwindung..... 8
Dicke »        »      .. . 5
Nabelweite ................ 11

Loben: Nicht bekannt.

Vorkommen, Zahl der untersuchten Exemplare: Feuerkogel, julische Hallstätter Kalke 1, coll. Heinrich.

Gen. **Thisbites** v. Mojsisovics.

## Subgen. Parathisbites v. Mojs.

### Parathisbites nov. sp. ind. aff. **scaphitiformis** v. Hauer.

Taf. 1, Fig. 5.

Eine neue, dem *Parathisbites scaphitiformis* v. Hauer
(Beiträge zur Kenntnis der Cephalopodenfauna der Hallstätter
Schichten; Denkschr. Akad. Wiss. Wien, mathem.-naturw. Kl.,
IX., 1855, p. 149, Taf. II, Fig. 4—6) sehr nahestehende Form
unterscheidet sich von diesem durch niedrigere Windungen
und einen weiteren Nabel. Die Sichelrippen setzen in der
Gestalt von Zuwachsstreifen über den breiten Mediankiel hin-
weg wie bei *P. Hyrtli* v. Mojsisovics (Cephal. der Hallstätter
Kalke; Abhandl. der Geol. Reichsanstalt, VI/2, 1893, p. 445,
Taf. CXXXI, Fig. 13). Die Flankenskulptur stimmt mit jener
des *P. scaphitiformis* überein.

Loben: Übereinstimmend mit jenen des *P. scaphitiformis*.

Vorkommen, Zahl der untersuchten Exemplare: Sommeraukogel, norische Stufe 2, coll. Heinrich.

## Gen. *Drepanites* v. Mojsisovics.

### Drepanites Domitii nov. sp.

Taf. 1, Fig. 6.

Das abgebildete Exemplar ist trotz seiner geringen Größe
als ausgewachsen anzusehen, da es nicht nur die Wohnkammer besitzt, sondern auch die mit Knötchenkanten versehenen scharfen Externkanten zeigt. Diese Externkanten sind
nicht, wie bei *D. Hyatti*, nur an der Außenseite gekerbt, sondern die Kerben schneiden in die Externkanten selbst ein, die
durch eine tiefe, an der Basis winkelige — nicht gerundete —
Hohlkehle geschieden werden.

Obwohl das abgebildete Stück die Seitenteile nur auf
einer Seite erhalten zeigt, gestattet es doch eine befriedigende
Rekonstruktion der Involutions-· und Querschnittsverhältnisse.

Unsere Art ist entschieden den schmalen, hochmündigen Formen zuzuzählen und schließt sich in dieser Richtung an *D. fissistriatus* an.

In der Skulptur erinnert sie einigermaßen an *Drepanites aster* v. Hauer (Beiträge zur Kenntnis der Cephalopodenfauna der Hallstätter Kalke: Denkschr. Akad. Wiss. Wien, mathem.-naturw. Kl., IX, 1855, p. 160, Taf. V, Fig. 18—20). Vom Nabel strahlen wulstige Faltrippen aus, die in der oberen Seitenhälfte eine sichelförmige Krümmung annehmen, aber zugleich eine sehr erhebliche Abschwächung erfahren. Die meisten Faltrippen gabeln sich schon in der unteren Hälfte der Seitenteile.

Dimensionen:

Durchmesser .............. 14 *mm*
Höhe der Schlußwindung..... 9
Dicke    »         »     .. 4
Nabelweite ............... 1

Loben: Nicht bekannt.

Vorkommen, Zahl der untersuchten Exemplare: Sommeraukogel, norische Stufe 1, coll. Heinrich.

### Drepanites (?) nov. sp. ind.

Taf. 1, Fig. 7.

Eine interessante Form, die eine Zwischenstellung zwischen *Drepanites* v. Mojs., *Daphnites* v. Mojs. und *Dionites* v. Mojs. einzunehmen scheint, liegt mir leider nur in einem für eine zufriedenstellende Diagnose nicht ausreichenden Wohnkammerbruchstück vor.

Die wohlerhaltene Externseite zeigt eine tief ausgehöhlte Medianrinne, die von scharfen Externkanten eingefaßt wird. Diese Kanten sind mit zarten, voneinander ziemlich weit abstehenden Knötchen besetzt. Jedes dieser Knötchen bildet das Ende einer zarten, falcoid geschwungenen Rippe, die vom Nabelrand über die flachen Seitenteile hinwegzieht. Zwischen den Seitenteilen und den Externkanten schaltet sich noch eine stumpf gerundete Marginalkante ein. Die schmale Zone zwischen Extern- und Marginalkante wird von drei Knotenspiralen

eingenommen. Die Knoten stehen an der Kreuzungsstelle mit
den Rippen und sind stark in die Länge gezogen, wie bei
*Dionites Caesar* v. Mojs. Auch auf den Flanken sind vier
Reihen sehr zarter Knoten erkennbar, die aber im Gegensatz
zu jenen auf dem Externteil eine kreisförmige oder quer verlängerte Basis besitzen.

Beachtenswert ist die große äußere Ähnlichkeit unserer
Art mit *Protrachyceras* v. Mojs. Allerdings stellt sich einer
Vereinigung mit *Protrachyceras* — abgesehen von dem stratigraphischen Niveau — die Stellung der kleinen Perlknoten
auf einer scharfen Externkante entgegen. Man könnte sich
hingegen sehr wohl vorstellen, daß aus einem typischen
*Daphnites* eine Form mit Perlknoten (vgl. *Daphnites Tristani*
v. Mojs.) hervorgeht, bei der später die scharfen Externkanten
von *Drepanites* und endlich eine an *Dionites* erinnernde Spiralskulptur auftreten, so daß die vorliegende Art eine Vereinigung
aller dieser Merkmale aufweist. Die Ähnlichkeit mit *Protrachyceras* wäre in diesem Falle in das Gebiet der Konvergenzerscheinungen zu verweisen.

Vorkommen, Zahl der untersuchten Exemplare: Sommeraukogel, norische Stufe 1, coll. Heinrich.

## Gen. *Daphnites* v. Mojsisovics.

### Daphnites Flaviani nov. sp.

Taf. 1, Fig. 8.

Die neue Art ist ein typischer Vertreter des Genus
*Daphnites*, bei dem die Rippen an der tiefen Medianfurche
des Externteils ohne Knotenbildung enden. Sie schließt sich
nahe an *D. Ungeri* v. Mojs. (Cephal. der Hallstätter Kalke; Abhandl. Geol. Reichsanstalt, VI/2, 1893, p. 485, Taf. CXLII,
Fig. 4, 5) und *D. Berchtae* v. Mojs. (l. c., p. 486, Taf. CXLII,
Fig. 3) an. Von beiden unterscheidet sie sich durch den
engeren Nabel und die weniger dichte Berippung, die erst in
einem späteren Wachstumsstadium als bei den beiden genannten Arten auftritt. Die falcoid geschwungenen Rippen
sind nicht gebündelt. Neben einfachen und gegabelten Rippen

kommen auch einzelne auf die Marginalzone beschränkte Schaltrippen vor.

Dimensionen:

Durchmesser .............. 17 *mm*
Höhe der Schlußwindung..... 9
Dicke » » ... 6
Nabelweite ................ 2

Loben: Nicht bekannt.

Vorkommen, Zahl der untersuchten Exemplare: Sommerau-kogel, norische Stufe 2, coll. Heinrich.

### Gen. *Clionites* v. Mojsisovics.

### Clionites angulosus v. Mojsisovics, var.

1893. *Clionites angulosus* v. Mojs., Cephal. der Hallstätter Kalke; Abhandl. Geol. Reichsanstalt, VI/2, p. 465, Taf. CXXIII, Fig. 10.

In der coll. Heinrich befindet sich ein Exemplar dieser Spezies aus den julischen Hallstätter Kalken des Feuerkogels, das sich von dem Arttypus dadurch unterscheidet, daß einzelne der an der glatten Medianzone des Externteils mit Knoten endenden Rippen einander direkt gegenüberstehen, während bei dem Typus vom Raschberg alle Rippen auf den beiden Schalenhälften miteinander alternieren. Ein weiterer Unterschied liegt in der gelegentlichen Einschiebung von Schaltrippen zwischen den Hauptrippen in der Marginalzone der Seitenteile. Auf dem halben letzten Umgang des mir vorliegenden Stückes kommen fünf solche Schaltrippen auf 13 Hauptrippen. Beide Unterschiede können wohl nur den Wert von Varietätsmerkmalen beanspruchen.

### Clionites Nicetae nov. sp.

Taf. I, Fig. 14.

Eine Anzahl winziger Gehäuse aus dem norischen Hallstätter Kalk des Taubensteins im Gosautal weist auf eine Zwergform hin, die einen sehr einfachen Typus des Genus *Clionites* darstellt und vielleicht als ein Vorläufer des *Clionites Ares* v. Mojs. angesehen werden könnte.

Die langsam anwachsenden, einander nur über dem Externteil umfassenden Umgänge sind erheblich dicker als hoch. Den
abgeflachten Flanken steht ein breit gewölbter Externteil
gegenüber.

Zahlreiche radial verlaufende Rippen ziehen über die
Seitenteile und den Externteil und brechen vor der schmalen,
glatten Medianzone mit Knoten ab. Einzelne Rippen gabeln
sich in der Mitte der Flanken, doch bleibt die Mehrzahl derselben ungespalten. Außer der externen Knotenspirale ist keine
Andeutung weiterer Knotenspiralen vorhanden, ebensowenig
treten Spuren einer Längsskulptur hervor.

Dimensionen:

Durchmesser............. 11·5 *mm*
Höhe der Schlußwindung... 3·5
Dicke »        »     .. 5
Nabelweite ............. 5

Loben: Nicht bekannt.

Vorkommen, Zahl der untersuchten Exemplare: Tauben-
stein, norische Stufe 5, coll. Kitti (1901).

Gen. *Cyrtopleurites* v. Mojs.

**Cyrtopleurites** sp. ind. aff. **bicrenati** Hauer
et **Saussurei** v. Mojs.

Taf. I, Fig. 13.

In meiner Abhandlung über die Ceratitoidea der karnisch-
norischen Mischfauna des Feuerkogels ist auf die Übereinstimmung einer Zwergform des Genus *Cyrtopleurites* mit einem
inneren Kern aus dem norischen Marmor des Sommeraukogels
hingewiesen worden, der sowohl zu C. *bicrenatus* Hauer als
zu C. *Saussurei* v. Mojs. sehr nahe Beziehungen zeigt. Ich
trage hier die Abbildung dieses Stückes nach und verweise
im übrigen auf die an der zitierten Stelle gegebene Beschreibung.

## Cyrtopleurites Partheniae nov. sp.

Taf. I, Fig. 12.

Diese Art ist in der Sammlung Kittl's nur durch ein einziges, aber tadellos und nahezu vollständig, mit einem Teile seines Peristoms erhaltenes Exemplar vertreten. Sie steht dem *C. Herodoti* v. Mojs. (l. c., p. 518, Taf. CLVIII, Fig. 10) aus den Ellipticus-Schichten des Feuerkogels sehr nahe.

Wie bei *C. Herodoti* fehlen Umbilikalknoten, während Lateral- und Marginalknoten wohlentwickelt sind. Die Rippenskulptur tritt am kräftigsten auf dem Externteil zwischen Marginalknoten und Externohren hervor. Die Unterschiede gegenüber *C. Herodoti* sind die folgenden.

Bei gleichem Gehäusedurchmesser ist *C. Partheniae* erheblich schlanker — Windungsquerschnitt 17 : 11 gegenüber 17 : 14 bei *C. Herodoti*. Die Skulptur ist zarter, die Berippung dichter. Insbesondere ist die Zahl der eingeschalteten Rippen und damit auch der Marginalknoten größer — 21 gegenüber 15 auf der ersten Hälfte des letzten Umganges. Endlich verlaufen die Rippen bei unserer Art zwischen den Lateral- und Marginalknoten stärker sigmoid geschwungen als bei *C. Herodoti*, bei dem sie — wenigstens am Beginn der Schlußwindung — eine fast gerade Richtung einhalten, ähnlich wie bei *C. Vestaliae* Diener, der aber wohl individualisierte Umbilikalknoten besitzt.

An dem vorliegenden Exemplar ist das Peristom auf der linken Schalenhälfte von der Naht bis zur Mitte des Raumes zwischen den Lateral- und Marginalknoten erhalten. Es beschreibt auf dieser Strecke eine flache Kurve, deren Konvexität nach außen gekehrt ist.

Dimensionen:

Durchmesser............... 31 *mm*
Höhe der Schlußwindung..... 17
Dicke   »         »      .... 11
Nabelweite ................ 4

Loben: Nicht bekannt.

Vorkommen, Zahl der untersuchten Exemplare: Millibrunnkogel am Vorder-Sandling, Linse mit *Thisbites Agricolae* (tuvalisch) 1, coll. Kittl.

### Subgen. Hauerites v. Mojsisovics.

#### Hauerites rarestriatus v. Hauer, var.

1849. *Ammonites rarestriatus* v. Hauer. Neue Cephal. aus den Marmor-
   schichten von Hallstatt und Aussee; Haidinger's Naturwiss. Abhandl.
   III., p. 11, Taf. V, Fig. 10; Taf. VI, Fig. 4, 5.
1893. *Cyrtopleurites (Hauerites) rarestriatus* v. Mojsisovics; Cephal. der
   Hallstätter Kalke. Abhandl. Geol. Reichsanstalt, VI/2, p. 529, Taf. CL,
   Fig. 5.

Ein dem Originalstück v. Hauer's an Größe ein wenig
nachstehendes Exemplar, das ich im Jahre 1916 für das
Paläontologische Institut der Universität in Wien aus den Aufsammlungen Faber's im roten Marmor des Sommeraukogels
erworben habe und ein Windungsfragment aus der coll. Heinrich von dem gleichen Fundort zeigen die Spirallinie, an der
die Rippen den sigmoiden Schwung annehmen, in zarte Knötchen aufgelöst. Der Wert eines Speziesmerkmals ist dieser
geringfügigen Abweichung vom Arttypus wohl nicht beizu-
messen.

### Gen. *Distichites* v. Mojsisovics.

#### Distichites cf. megacanthus v. Mojsisovics.

In Kittl's Aufsammlungen aus dem Hallstätter Kalk des
Taubensteins im Gosautal befindet sich ein gut erhaltenes
Exemplar eines *Distichites*, der in seiner Größe und Skulptur
mit dem von E. v. Mojsisovics (Cephal. der Hallstätter Kalke,
l. c., p. 598, Taf. CXLVI, Fig. 4) abgebildeten Original des
*D. megacanthus* aus dem roten Marmor des Sommeraukogels
übereinstimmt und sich von demselben nur durch den engeren
Nabel unterscheidet. Das Verhältnis des Durchmessers zur
Nabelweite beträgt bei unserem Stück 147 : 40 gegenüber
137 : 45 bei dem Originalexemplar vom Sommeraukogel.

Andere mit *D. megacanthus* nächstverwandte Formen, wie
*D. nov. sp. ind. ex aff. megacanthi* Diener (Fauna Tropites
limest. of Byans, Pal. ind. ser. XV. Himal. Foss. Vol. V. No 1,
1906, p. 98, Pl. I, fig. 3) und *D. megacanthus timorensis* Welter
(Obertriad. Ammon. etc. v. Timor, l. c., 1914, p. 161, Taf. XXXVI,
Fig. 3, 5, 11) sind von der Stammform durch noch größere
Nabelweite unterschieden.

## Gen. *Clydonites* v. Hauer.

### Clydonites Goethei v. Mojsisovics var.

1893. *Clydonites Goethei* v. Mojsisovics, Cephal. der Hallstätter Kalke; Abhandl. Geol. Reichsanstalt, VI/2, p. 721, Taf. XCI, Fig. 4, 5.

In den Aufsammlungen Kittl's aus den julischen Hallstätter Kalken des Feuerkogels (Ellipticus-Schichten) ist der echte *Clydonites Goethei* durch einige Exemplare vertreten, von denen eines sehr bedeutende Dimensionen erreicht. Es ist mit einem Durchmesser von 62 *mm* das größte bisher bekannte Stück des Genus *Clydonites*.

Neben dem Arttypus kommt an der gleichen Lokalität (coll. Heinrich) eine Varietät vor, die sich durch die gelegentliche Verstärkung einzelner Rippen in der Umbilikalregion kennzeichnet.

### Clydonites nov. sp. ind.

Aus der Gruppe der *C. laevicostati* liegt mir ein mit clydonitischen Loben versehenes Windungsbruchstück vor, das aus dem roten Marmor des Sommeraukogels (coll. Heinrich) stammt. Ich weise hier auf dieses für eine Artdiagnose unzureichende Fragment hin, weil es von stratigraphischem Interesse ist. Es beweist das Hinaufgehen der Gruppe in norische Bildungen, während die bisher bekannten Vertreter der *Cl. laevicostati* (*C. Goethei* v. Mojs., *C. Hecuba* v. Mojs.) auf die karnische Stufe beschränkt sind.

## Gen. *Trachyceras* Laube.

### Trachyceras Schroetteri v. Mojsisovics.

1893. *Trachyceras Schroetteri* v. Mojsisovics, Cephal. der Hallstätter Kalke; Abhandl. Geol. Reichsanstalt, VI/2, p. 663, Taf. CLXXXVII, Fig. 3.

E. v. Mojsisovics kannte diese Art nur aus den Aonoides-Schichten des Raschberges bei Goisern. Sie hat sich auch in Dr. Heinrich's Sammlung aus den julischen Hallstätter Kalken des Feuerkogels gefunden.

## Trachyceras cf. felix v. Mojsisovics.

1893. *Trachyceras felix* v. Mojsisovics, 1. c., p. 651, Taf. CLXXV, Fig. 2.

Dieser, durch ihre Hochmündigkeit und den Wechsel in der Stärke der Dornenspiralen gekennzeichneten Spezies aus den Aonoides-Schichten des Raschberges schließt sich ein Exemplar in Kitti's Aufsammlungen aus den julischen Hallstätter Kalken des Feuerkogels sehr nahe an. Es weicht nur durch die geringere Zahl der Dornenspiralen von dem Original-typus ab.

## Trachyceras austriacum v. Mojsisovics.

1893. *Trachyceras austriacum* v. Mojsisovics, 1. c., p. 677, Taf. CLXXXII, Fig. 8; Taf. CLXXXIII, Fig. 3, 5—9; Taf. CLXXXIV, Fig. 1—3, Taf. CLXXXV, Fig. 1.
Eine vollständige Synonymenliste bei Diener, Cephal. triadica, Foss. Catalogus, Pars 8, Junk, 1915, p. 283.

In der Sammlung Dr. Heinrich's befindet sich ein Exemplar dieser Spezies, das in seinen Dimensionen dem von E. v. Mojsisovics in Fig. 1 auf Taf. CLXXXIV abgebildeten Originalstück des Arttypus vom Feuerkogel nahezu gleichkommt. Es stammt aus den julischen Hallstätter Kalken des Vorder-Sandling bei Goisern.

## Trachyceras cf. triadicum v. Mojsisovics.

Ein für die sichere Bestimmung hinreichend gut erhaltenes Exemplar schließt sich an *T. triadicum* v. Mojsisovics (1. c., p. 682, Taf. CLXXXV, Fig. 2—5; Taf. CLXXXVI, Fig. 1—3) so nahe an, daß ich eine spezifische Trennung nicht vornehmen möchte. Die Nabelweite ist etwas größer — 20 *mm* bei einer Windungshöhe von 32 *mm* —, die Zahl der Dornenspiralen ein wenig kleiner — 11 auf der einen, 13 auf der anderen Windungshälfte —, während typische Exemplare des *T. triadicum* bei gleicher Windungshöhe 13 bis 14 Dornenspiralen aufweisen. Doch sind beide Unterscheidungsmerkmale von so geringem spezifischem Werte, daß ich sie unberücksichtigt gelassen hätte, wenn nicht die Provenienz des Stückes zu einer besonderen Vorsicht bei der Bestimmung mahnen würde. Das Stück ist nämlich von Dr. Heinrich in den Sub-bullatus-Schichten des Feuerkogels gesammelt worden, mithin in einem Niveau, aus dem bisher, wenigstens in der alpinen Trias, Trachyceraten nicht bekannt waren.

### Trachyceras cf. Fortunae v. Mojsisovics.

Ein dem *T. Fortunae* v. Mojsisovics (l. c., p. 652, Taf. CLXXV, Fig. 5) sehr nahestehendes Exemplar hat sich in der coll. Kittl aus den julischen Hallstätter Kalken des Feuerkogels gefunden. Rippenteilungen treten an diesem Stück seltener auf als an dem Originalexemplar aus den Schichten mit *Trach. austriacum* vom Raschberg.

### Subgen. Protrachyceras v. Mojs.

### Protrachyceras Zenobii nov. sp.
Taf. I, Fig. 9.

Diese neue Art gehört der Gruppe der *P. furcosa* v. Mojs. an und in die nächste Verwandtschaft des *Protrachyceras Thous* v. Dittmar (Zur Fauna der Hallstätter Kalke, Benecke's Geogn. Pal. Beitr. I., 1866, p. 385, Taf. XVIII, Fig. 11—13). Selbst wenn man die letztere Art noch weiter fassen wollte als E. v. Mojsisovics (l. c., p. 629, Taf. CLXVIII, Fig. 3—11), der ihr eine ziemlich bedeutende Variabilität zugesteht, würde es sich doch empfehlen, an der Selbständigkeit unserer neuen Spezies schon mit Rücksicht auf deren Niveauverschiedenheit festzuhalten.

*P. Zenobii* zeigt die gleichen Involutionsverhältnisse und den gleichen Querschnitt wie *P. Thous*. Eine Externfurche gelangt nur infolge des Aufragens der Externknoten über das mittlere Niveau des Externteils zur Ausbildung. Die Grund-elemente der Oberflächenskulptur bilden, wie bei *P. Thous*, die breiten, auf den Flanken schwach gekrümmten, in der Marginal-region nach vorwärts gebogenen Faltrippen, während die Knotenspiralen noch mehr als bei der erstgenannten Spezies

an Bedeutung zurücktreten. Schon die schräge — nicht spiral —
verlängerten Externknoten überhöben die Rippenkämme nur
unerheblich. Von den bei *P. Thous* kräftig entwickelten Um-
bilikal- und Marginalknoten sind bei unserer Art auf der
Schlußwindung nur noch schwache Andeutungen vorhanden.
Auf den innerhalb der Nabelöffnung sichtbaren inneren Umgängen treten außer der umbilikalen noch drei schwache
laterale Knotenreihen hervor, die jedoch bereits auf dem
ersten Quadranten der Schlußwindung erlöschen.

Diese frühzeitige bis zur Obliterierung auf dem letzten
Umgang sich steigernde Abschwächung aller Knotenspiralen
mit Ausnahme der Externknoten unterscheidet unsere neue Art
von *P. Thous* in ausreichender Weise, um deren spezifische
Selbständigkeit zu rechtfertigen.

Dimensionen:

Durchmesser.................................. 55 *mm*
Höhe der Schlußwindung über der Naht.......... 26
   »      »        »          » dem Externteil der
   vorhergehenden Windung................... 20
Dicke der Schlußwindung ..................... 18
Nabelweite .................................. 15

Loben: Übereinstimmend mit jenen des *P. Thous.* Zweiter
Lateralsattel sehr klein. Erster Auxillarsattel mit der Nabelkante zusammenfallend.

Vorkommen, Zahl der untersuchten Exemplare: Feuerkogel, Subbullatus-Schichten 1, coll. Heinrich.

### Subgen. Anolcites v. Mojsisovics.

#### Anolcites teltschenensis v. Hauer, var. nov.

1860. *Ammonites teltschenensis* v. Hauer. Nachtr. zur Kenntnis der Cephal.-
    Fauna der Hallstätter Schichten; diese Sitzungsber., XLI. Bd., p. 138,
    Taf. III, Fig. 11, 12.
1893. *Anolcites teltschenensis* v. Mojsisovics. Cephal. der Hallstätter Kalke;
    Abhandl. Geol. Reichsanstalt, VI/2, p. 695, Taf. CLXVII, Fig. 23, 24.

Das vorliegende Stück, das in seinen Dimensionen mit
dem kleineren der beiden Originalexemplare v. Hauer's übereinstimmt, unterscheidet sich von dem Arttypus in ähnlicher

Weise wie *P. Zenobii* von *P. Thous* durch das Zurücktreten der Knotenspiralen in der Oberflächenskulptur. Selbst auf den innersten Umgängen sind nur schwache Andeutungen von Umbilikal- und Lateralknoten vorhanden. Auf der Schlußwindung ist die Zone der Marginaldornen durch eine Anschwellung der Rippen ersetzt.

Da das Stück aus dem gleichen stratigraphischen Niveau wie die beiden Originalexemplare v. Hauer's stammt, lege ich diesen geringfügigen Unterschieden nur die Bedeutung von Varietätsmerkmalen bei.

Vorkommen, Zahl der untersuchten Exemplare: Feuerkogel, julische Hallstätter Kalke 1, coll. Heinrich.

## Gen. *Sirenites* v. Mojsisovics.

### Sirenites Elvirae nov. sp.

Taf. I, Fig. 10.

Diese neue Art fällt in die nächste Verwandtschaft des *S. Dromas* v. Dittmar (Zur Fauna d. Hallst. Kalke, l. c., 1866, p. 374, Taf. XVII, Fig. 3—5). Da das abgebildete Stück trotz seiner geringen Dimensionen bereits eine Wohnkammer besitzt, die den inneren Windungen gegenüber durch Veränderungen der Skulptur charakterisiert ist, so dürfte es sich hier um ein erwachsenes Exemplar einer Zwergform handeln.

In den Involutionsverhältnissen, in der Weite des Nabels, in der Entwicklung der gegen die Flanken leicht abgesetzten Zopfkiele und im Charakter der Berippung besteht Übereinstimmung mit *S. Dromas*. Spaltungen oder Einschaltungen von Rippen treten ebenso selten auf wie an den drei Exemplaren, die E. v. Mojsisovics (l. c., Taf. CLXIV, Fig. 4, 5, 6) von dieser Spezies abbildet. Ein Unterschied liegt allerdings in der größeren Breite der Interkostalfurchen, die jene der Rippen übertrifft. Auch macht sich keine Anschwellung der Rippen in der unteren Seitenhälfte bemerkbar.

. Wesentliche Unterscheidungsmerkmale von spezifischer Bedeutung gegenüber *S. Dromas* liegen in der Spiralskulptur. Diese besteht bei unserer Art nicht aus spiralförmig verlängerten Knoten, . sondern aus echten Dornen von kreisförmiger Basis, die in einer wesentlich geringeren Zahl als bei *S. Dromas* auftreten. Auf den inneren Umgängen und noch am Beginn der Schlußwindung zählt man vier Dornenspiralen, eine umbilikale, zwei laterale und eine marginale, während die Zahl der Dornenspiralen bei *S. Dromas* sich bis auf 11 steigern kann. Auf der Wohnkammer schwächen sich die Dornen ab, so daß unweit der Mündung, die an unserem Exemplar dem ursprünglichen Peristom nahe liegen dürfte, nur mehr die oberen Lateraldornen und die Marginaldornen angedeutet erscheinen.

Dimensionen:

Durchmesser . . . . . . . . . . . . . . . . . . . . . . . . . . . . . 27 *mm*
Höhe der Schlußwindung über der Naht . . . . . . . .   9
Höhe der Schlußwindung über dem Externteil der
    vorhergehenden Windung . . . . . . . . . . . . . . . .   8·5
Dicke der Schlußwindung . . . . . . . . . . . . . . . . . . .   6·5
Nabelweite . . . . . . . . . . . . . . . . . . . . . . . . . . . . . 10·5

Loben: Nicht bekannt.

Vorkommen, Zahl der untersuchten Exemplare: Feuerkogel, julische Hallstätter Kalke 1, coll. Kittl.

## Sirenites Euphemiae nov. sp.

### Taf. I, Fig. 11.

Auch diese neue Art aus der Verwandtschaft des *S. striatofalcatus* v. Hauer (Neue Ceph. aus d. roten Marmor v. Aussee, Haidinger's Nat. Abh., I, 1847, p. 273, Taf. IX, Fig. 7—9) ist nur durch kleine Exemplare vertreten, die bereits mit der Wohnkammer versehen sind.

Die einander bloß über dem Externteil umfassenden Umgänge wachsen langsamer an als bei *S. striatofalcatus* und sind verhältnismäßig niedriger. In der Involution steht demzufolge unsere Art dem *S. Dromas* Dittm. näher. Dagegen stimmt sie mit *S. striatofalcatus* in der Beschränkung der Flankenskulptur auf Faltrippen und in der Abwesenheit einer ausgesprochenen Knotenbildung überein. Nur am Umbilikalrand zeigen sich einzelne Rippen knotenartig angeschwollen. Auch Andeutungen einer Längsstreifung fehlen durchaus.

Die Berippung der inneren Windungen stimmt mit jener bei *S. striatofalcatus* nach den Darstellungen von E. v. Mojsi-sovics (l. c., p. 741, Taf. CLXIV, Fig. 1—3) überein. Auf der Schlußwindung jedoch nehmen die Faltrippen an Zahl ab und erreichen dafür eine ungewöhnliche Breite, so daß sie am Externrande nicht, wie bei *S. striatofalcatus*, in zwei, sondern in eine größere Zahl — drei bis fünf — Zopfrippen zerfallen. Diese breiten Faltrippen gehen aus der Verschmelzung von zwei ursprünglich einfachen, am Nabelrand zusammen-laufenden Rippen hervor. Rippenteilungen in der oberen Flankenhälfte sind an unseren Stücken nirgends zu beob-achten. Wohl aber treten gelegentlich, wenn auch selten, Schaltrippen in der Marginalregion auf.

Dimensionen:

| | | |
|---|---:|---|
| Durchmesser | 27 | *mm* |
| Höhe der Schlußwindung über der Naht | 9 | |
| Höhe der Schlußwindung über dem Externteil der vorhergehenden Windung | 7 | |
| Dicke der Schlußwindung | 5·5 | |
| Nabelweite | 11 | |

Loben: Nicht bekannt.

Vorkommen, Zahl der untersuchten Exemplare: Feuer-kogel, julische Hallstätter Kalke 1, coll. Kittl; 1, coll. Heinrich.

Subgen. Diplosirenites v. Mojs.

**Diplosirenites Starhembergi v. Mojsisovics var.**

1893 *Sirenites (Diplosirenites) Starhembergi* v. Mojsisovics, Ceph. Hallst. Kalke, Abhandl. Geol. Reichsanst., VI/2, p. 759, Taf. CLXIII, Fig. 6.

Zu dieser Art, die E. v. Mojsisovics nur in einem einzigen Exemplar aus den Aonoides-Schichten des Rasch-berges vorlag, rechne ich ein kleineres Stück von 60 *mm* Durchmesser, das trotz schwerer Beschädigungen doch die für *D. Starhembergi* charakteristischen Merkmale in der Ex-tern- und Flankenskulptur deutlich erkennen läßt. Gut ent-wickelt sind insbesondere die Doppeldornen auf den einzelnen Flankenrippen, die sich teils als spiral gestreckte Dornen, teils — und zwar die am Hinterrande der Rippen stehenden — als einfache Dörnchen darstellen. Die Dornenspiralen sind von ungleicher Stärke. Fünf sind kräftiger, fünf weitere nur sehr schwach ausgebildet, ohne indessen regelmäßig mit- einander abzuwechseln.

Ich betrachte diese Abweichungen vom Arttypus nur als Varietätsmerkmale.

Vorkommen, Zahl der untersuchten Exemplare: Feuer- kogel, julische Hallstätter Kalke 1, coll. Heinrich.

### Subgen. Anasirenites v. Mojsisovics.

### Anasirenites Ekkehardi v. Mojsisovics.

1893 *Sirenites (Anasirenites) Ekkehardi* v. Mojsisovics, Ceph. Hallst. Kalke, Abhandl. Geol. Reichsanst., VI/2, p. 773, Taf. CLIX, Fig. 5, 6.

Ein tadellos erhaltenes Exemplar dieser schönen, leicht kenntlichen Art, die E. v. Mojsisovics nur aus den Sub- bullatus-Schichten des Vorder-Sandling kannte, hat sich in Kittl's Aufsammlungen aus dem gleichen Niveau am Feuer- kogel gefunden.

## Zusammenfassung.

Die Untersuchung der Ceratitoidea in den Sammlungen von Kittl und Heinrich hat uns, wenn wir von der karnisch- norischen Mischfauna des Feuerkogels absehen, mit 11 neuen Arten bekannt gemacht, die die Einführung einer besonderen spezifischen Bezeichnung rechtfertigen. Zu ihnen kommen noch sechs weitere Arten, die unbenannt geblieben sind. Sie verteilen sich auf die Gattungen, beziehungsweise Unter- gattungen: *Epiceratites, Buchites, Parathisbites, Halilucites, Beyrichites, Judicarites, Cyrtopleurites, Drepanites, Daphnites, Distichites, Clionites, Clydonites, Protrachyceras* und *Sirenites.*

Aus den anisischen Hallstätter Kalken der Schiechling- höhe bei Hallstatt stammen drei neue Formen:

*Ceratites (Halilucites)* sp. ind. aff. *rustico* Hau.
*Beyrichites* nov. sp. ind. aff. *Bittneri* Arth.
*Judicarites Trophini.*

Von Interesse ist der Nachweis des Genus *Judicarites* in nordalpinen Kalken der Hallstätter Fazies. Es ist an dieser Lokalität auch durch eine bezeichnende Art des Prezzokalkes, *J. arietiformis* Mojs., vertreten.

Die julischen Hallstätter Kalke des Feuerkogels haben fünf neue Arten geliefert:

> *Epiceratites Venantii*
> *Buchites Helladii*
> » *Heriberti*
> *Sirenites Elvirae*
> » *Euphemiae.*

Die an erster Stelle genannte Art erinnert an *E. viator* Mojs. aus dem gleichen Niveau. *Buchites Helladii* steht dem *B. Aldrovandii* Mojs. sehr nahe. *B. Heriberti* unterscheidet sich von anderen Buchiten der alpinen Trias durch seine zarte Ornamentierung. Die beiden Sireniten gehören der Gruppe der *S. striatofalcati* an und finden ihren Anschluß sowohl an *S. striatofalcatus* Hau. als an *S. Dromas* Dittm.

In den tuvalischen Hallstätter Kalken des Feuerkogels (Subbullatus-Schichten) hat sich nur eine neue Spezies gefunden, die dem Subgenus *Protrachyceras* angehört, *P. Zenobii* aus der Verwandtschaft des *P. Thous* Dittm. Mit ihm zusammen kommt auch ein echtes *Trachyceras* vor, das vielleicht mit *T. triadicum* Mojs. direkt identifiziert werden könnte. Während in den oberkarnischen Bildungen Nordamerikas und Ostindiens das Zusammenvorkommen von *Trachyceras* mit *Tropites* seit lange bekannt war, erscheint es nunmehr auch in der alpinen Trias sichergestellt. Herrn Dr. A. Heinrich gebührt das Verdienst dieser Entdeckung, auf die er im Jahre 1916 (Mitteil. Geol. Ges. Wien, VIII, 1915, p. 245) zuerst hingewiesen hat.

Sonst ist mir aus der tuvalischen Unterstufe nur noch eine neue Spezies des Genus *Cyrtopleurites*, *C. Partheniae*, ein sehr naher Verwandter des *C. Herodoti* Mojs., aus den Schichten mit *Thisbites Agricolae* am Millibrunnkogel (Vordersandling) bekannt geworden.

Dürftig ist die Vertretung neuer Arten in der norischen Stufe. Aus dem grauen Marmor des Taubensteins im Gosautal liegt mir neben einem großen *Distichites*, der vielleicht mit *D. megacanthus* Mojs. identisch ist, eine Zwergform des Genus *Clionites*, *C. Nicetae*, vor. Der rote Marmor des Sommeraukogels hat fünf neue Arten geliefert, von denen jedoch nur zwei,

*Drepanites Domitii*
*Daphnites Flaviani*,

mit besonderen Speziesnamen belegt werden konnten. Von den drei übrigen ist *Clydonites nov. sp. ind.* von stratigraphischem Interesse, weil die Gattung *Clydonites* bisher nur aus karnischen Schichten bekannt war. Die zweite ist ein *Parathisbites* aus der nächsten Verwandtschaft des *P. scaphitiformis* Hau., die dritte ein durch seine ungewöhnlich reiche, an *Trachyceras* erinnernde Verzierung der Schale auffallender Vertreter des Genus *Drepanites*.

# Tafelerklärung.

Fig. 1 *a, b*    *Judicarites Trophini* Dien.
           Schiechlinghöhe, Trinodosus-Zone, coll. Heinrich.

» 2 *a, b*    *Buchites Helladii* Dien.
           Feuerkogel, julische Unterstufe, coll. Kittl.

» 3 *a, b*    *Buchites Heriberti* Dien.
           Feuerkogel, julische Unterstufe, coll. Heinrich.

» 4 *a, b*    *Epiceratites Venantii* Dien.
           Feuerkogel, julische Unterstufe, coll. Heinrich.

» 5    *Parathisbites* nov. sp. ind. aff. *scaphitiformis* Hau.
           Sommeraukogel, norisch, coll. Heinrich.

» 6 *a, b*    *Drepanites Domitii* Dien.
           Sommeraukogel, norisch, coll. Heinrich.

» 7 *a, b*    *Drepanites* (an *Dionites?*) sp. ind.
           *b* Externseite 2 mal vergrößert.
           Sommeraukogel, norisch, coll. Heinrich.

» 8 *a, b*    *Daphnites Flaviani* Dien.
           Sommeraukogel, norisch, coll. Heinrich.

» 9 *a, b*    *Protrachyceras Zenobii* Dien.
           Feuerkogel, Subbullatus-Schichten, coll. Heinrich.

» 10    *Sirenites Elvirae* Dien.
           Feuerkogel, julische Unterstufe, coll. Kittl.

» 11 *a, b*    *Sirenites Euphemiae* Dien.
           Feuerkogel, julische Unterstufe, coll. Kittl.

» 12 *a, b*    *Cyrtopleurites Partheniae* Dien.
           Vordersandling, Schicht mit *Thisbites Agricolae*, coll. Kittl.

» 13    *Cyrtopleurites* sp. ind. aff. *bicrenato* Hau. et *Saussurei* Mojs.
           Sommeraukogel, norisch, coll. Diener.

» 14 *a, b, c*    *Clionites Nicetae* Dien.
           *b, c* 2 mal vergrößert.
           Taubenstein, norisch, coll. Kittl.

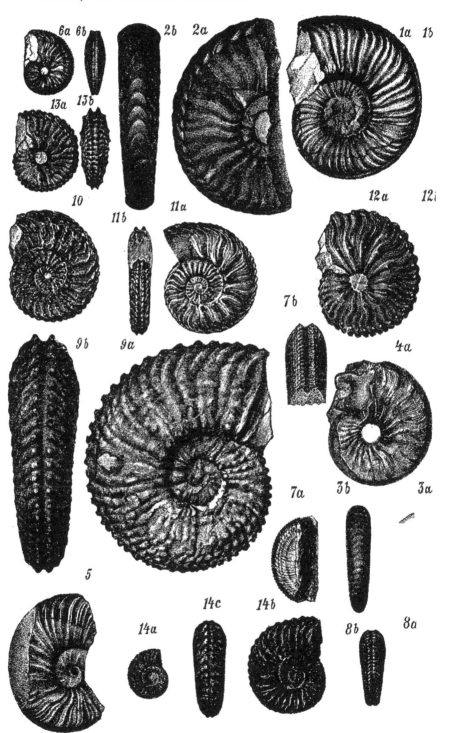

Druck Hohlweg & Blatz, Wi

# Zur Oberflächengestaltung der Umgebung Leobens

Von

Dr. Walter Schmidt in Leoben

(Vorgelegt in der Sitzung am 7. Oktober 1920)

Bei der von mir unternommenen geologischen Aufnahme der weiteren Umgebung Leobens ergaben sich auch eine Reihe morphologischer Erkenntnisse, die im folgenden gebracht werden sollen.

Zur Darstellung sollen insbesondere einzelne Züge der Gneismasse im S der Mur kommen, die als Gleinalmmasse bekannt ist. Gemäß der allmählichen Ausdehnung des Aufnahmsgebietes werden aber mehr anhangsweise auch die Oberflächenformen der Gebiete nördlich der Mur, Himbergeck-Kletschachzug sowie der Sekkauer Alpen Beachtung finden.

Da diese Untersuchungen nur Nebenfrucht einer anderen Untersuchung sind, können sie auf Abgeschlossenheit keinen Anspruch machen. Ihre Ergebnisse werden einer weiteren Vertiefung und Ausdehnung über benachbarte Gebiete bedürfen.

Betrachtet man die Berge im S des Murtales vom Tale aus, so erhält man einen einförmigen und düsteren Eindruck. Neben- und übereinander bauen sich Kämme auf, bedeckt von dunklem Fichtenwalde, in ewiger Wiederholung, so daß es schwer wird, einzelne Formen aus dem Gewirre hervorzuheben. Den Grund der Einförmigkeit merkt man besonders beim Zeichnen. Ganz dicht ist das Gewirre der Gräben, die die Flanken der Berge zerschneiden, dazwischen scharfe Kämme, eckig verlaufend. Ihre Seiten sind dachartig glatt und fallen alle unter demselben Neigungswinkel ab.

Es ist diese Landschaft eine der schönsten Verwirklichungen des Idealfalles, den Davis in der »Erklärenden Beschreibung der Landformen« für einen reifen Zyklus der Landformen gegeben hat.

Dies gilt für den Bereich des Gneises. Am N-hang des Muglzuges bilden karbone Phyllite die Abhänge. Wir sehen dort, wo diese zusammenhängende Massen bilden, z. B. am Massenberg und Windischberg im S von Leoben, daß der Zyklus schon zu gerundeten Rückenformen fortgeschritten ist, aus denen Kalkeinlagerungen als Klippen hervorragen, wie z. B. Kuhberg bei Niklasdorf, Pampichlerwarte. Bildet aber der Kalk mächtige Massen, wie der Galgenberg im W von Leoben, so trägt auch er die reifen Formen wie der Gneis.

In dieses wirre Bild kommt sofort Ordnung, wenn wir auf eine Höhe emporsteigen, z. B. auf den Mießriegel (Schmollhuben) zirka 1200 m. In die Tiefe gesunken ist das Gewirre von Gräben und Kämmen, wir sehen vor uns die ernsten ruhigen Formen des Hauptkammes von der Hochalm zur Gleichalm mit den vorgelagerten Gipfeln des Rotündl und Oxenkogels. Die Kuppen sind sanft gerundet, das Entwässerungsnetz ist weit, der Jungzyklus, der außen die scharfe Zerschneidung schuf, hat noch nicht bis hieher zurückgegriffen, es sind Formen einer früheren Zeit aus dem »Altzyklus«, der es bis zu einem »Unterjochten Bergland« gebracht hat.

Von diesen Bergen gehen nach NW Kämme aus gegen die Mur; diese hauptsächlich sind es, die man vom Murtal zu sehen bekommt, die an ihren Flanken die Spuren des Jungzyklus tragen. Auffällig an ihnen ist aber ihr annähernd söhliger Verlauf, auch ihre Höhen stimmen annähernd überein; gleich vom Anfang an gewinnt man den Eindruck, daß sie aus einer und derselben Verebnung herausgeschnitten sind, und zwar durch den Jungzyklus. Bestätigt wird diese Vorstellung, wenn man sieht, wie auf einzelnen noch Reste der Verebnung verschont sind, wie gerade am Mießriegel, noch schöner im Bereich S von Kraubat am Lichtensteinberg, wo die junge Zerschneidung eigenartig schwach ist.

Die Grenze der Verebnung gegen das Bergland ist durchaus scharf, wenn auch hier zum Teil später zu beschreibende Erscheinungen mitspielen. Schön zu sehen, z. B. am plötzlichen Anstieg der Mugi von der Hollmaier- (Gstattmar)alm.

Wir werden uns also folgendes Bild aus der Zeit vor dem Einsetzen des Jungzyklus vorstellen: Ein unterjochtes Bergland von 500 bis 800 *m* Höhe grenzt an eine breite Ebene, die wir uns vielleicht als breite Talau einer früheren Mur vorstellen können.

Diese Erscheinungen sind schon lange bekannt, wurden schon von C. Österreich in »Ein alpines Längstal zur Tertiärzeit« Jb. GRA. 1899 ausgesprochen, dann von Aigner »Geomorph. Studien über die Alpen der Grazer Bucht«. Jb. GRA. 1916.

Sie erstreckt sich nicht bloß auf unser Gebiet; dieser hohe Boden begleitet die Mur auf ihrem Durchbruch, die Lavant und andere Täler des Gebirges.

Vorhin wurde gesagt, daß der Jungzyklus hauptsächlich die Gebiete der Verebnung neu zerschnitten hat. Aber auch in das Gebiet des Berglandes hat er schon zurückgegriffen. Doch muß er hier noch immer in der Grabentiefe arbeiten, die massigen Bergklötze konnte er noch nicht bezwingen. Nur die am weitesten vorn liegende Mugl trägt an ihrer Westseite bis hinauf die scharfen Schnitte junger Tätigkeit, wodurch ihre Form gegen die der anderen Berge, auch gegen ihren östlichen Nachbar, den Roßkogl durch Schneidigkeit absticht. Auch Rotündl und Oxenkogl tragen an ihren Westseiten junge Formen weit hinauf.

In den Tälern reicht dagegen der Jungzyklus ziemlich weit hinein, doch gibt es auch hier innerste Winkel, in der er noch nicht hineingegriffen hat, dort gehören auch die Talformen dem Altzyklus an.

Eine solche Stelle, die allerdings besonderer Entstehung ist, ist der oberste Groß Gößgraben, ein breites Wiesental, in welchem der Bach sich schlängelt, von beiden Seiten sinken, die runden Flanken 300 bis 400 *m* hoher Hügel herab.

Eine andere schöne alte Landschaft ist das oberste Weiderlingtal am Rotündl. Von dieser flachen Kuppe senken

sich sanfte Riedel in den Talkessel herunter, die Gräben sind
von Schutt zugekrochen, unter dem der Bach verschwunden
ist und aus dem er erst tief unten austritt, ein Bild wie im
Wienerwald, nur auf 1200 *m* Höhe mit Fichten statt der
Buchen und Aplit und Hornblendegneis statt des Flysches
Einige 100 *m* talab und der Bach springt schon über die
ersten Gefällsbrüche, die Flanken werden dachsteil und
Felsnasen stehen aus ihnen heraus.

Soweit ließe sich also das Landschaftsbild einfach erklären. Forscht man aber weiter in seinen Zügen, so sieht
man noch anderes in ihnen: große Furchen, die es durch-
schneiden, in denen sich Talstücke und Pässe aneinander-
reihen, und diesen Erscheinungen soll die weitere Untersuchung gewidmet sein.

Ihr Verlauf ist annähernd geradlinig OW. Bei einer
Betrachtung des Gebietes von N treten sie daher stark zurück,
fallen aber außerordentlich auf bei einem Standpunkt im W,
z. B. in der Knittelfelder Gegend.

Es sind im Wesentlichen zwei solcher Furchen, — Tiefenlinien — vorhanden.

Die Nördliche will ich Trasattellinie nennen.

Verfolgen wir ihren Verlauf vom Trasattel, dem Paß
zwischen der Hochalm und dem Roßkogel (1314 *m*), so liegt
auf ihr der oberste Klein-Gößgraben. Allerdings weicht dieser
beim Punkt 1118 der Spezialkarte von ihr in einer Schlucht
etwas nach S ab, während die Linie als Sattel im N zu
verfolgen ist. Auch weiterhin im W sieht man Reste des
alten Bodens der Senke als gerundete Schultern am N-Hang
des Tales.

Beim Gehöft Hartinger verläßt das Tal die Linie, diese
zieht über den Sattel Preßler (etwa 980 *m*, nur 50 *m* über
der Sohle des Klein-Gößgrabens) in das weite Becken des
Groß-Gößgrabens beim Moderer.

Von hier aus scheint sich die Linie zu spalten, der
südliche Ast über die tiefe Scharte beim Partlehner (914),
die nördliche beim Lehberger (1000 *m*), in die Weite des
Schladnitzgrabens zu ziehen, der am N-Hang wieder beim

Satner und Egger alte Ebenheiten mit später zu beschreibenden Bodeneigentümlichkeiten zeigt.

Jenseits des Schladnitzgrabens umschließen beide Linien den Schinninger (990 *m*). Die südliche Linie läuft über den Sattel zwischen Hochegger und Votschberger (936) in den durch seine Geradlinigkeit und weite auffallenden Lohitzgraben. Eine weitere Fortsetzung konnte nicht mehr gefunden werden.

Der andere Zweig zieht über den Sattel beim Hullmayr in den Tertiärstreifen der Einöd und zum Dorfe Lainsach. Es wäre verlockend, die weitere Fortsetzung im Tertiär vom Mayr im Kreith zu suchen, dem Sattel, der östlich von St. Stefan eine Krystallininsel im Murtal mit der südlichen Talseite verbindet, die Linie weiter zu verfolgen in das Tertiär von Leising, das von Kraubatar als Senke nördlich der Gulsen verläuft. Man käme damit gerade an die N-Grenze des Sekkau-Ingering-Tertiärs. Doch harren letztere Vermutungen noch der Bestätigung.

Verfolgen wir ebenso die Linie nach O: Vom Trasattel nach O sehen wir in den obersten, von W nach O laufenden Teil des Utschgrabens, dem ebenso in der Linie verlaufend, vom Eisenpaß (1195) der Schiffgraben entgegenkommt. Der Utschgraben bricht nach N durch. Er wie der Schiffgraben zeigen bis oben hin die Formen des Jungzyklus. Doch sprechen eine Reihe von Schultern auf den Seitenkämmen von einem alten Boden in 1100 bis 1200 *m* Höhe, der dann seitlich abgezapft wurde.

In der weiteren Verfolgung der Linie sehen wir vom Eisenpaß in die Zlatten. Oben eine Talweite mit alten Formen. Diesen Talboden kann man von oben her noch weit auswärts verfolgen, der Jungzyklus hat aber in ihn eine eng mäandrierende Schlucht geschnitten, die bis zum Brunnsteiner reicht. Die weitere Fortsetzung der Linie ist man versucht über den Sattel südlich des Kirchdorfer Berges zu legen.

Dies ist die eine der beiden Tiefenlinien. Eine zweite liegt südlich davon, verläuft annähernd gleich, bildet aber einen weiten nach N offenen Bogen, ihr südlichster Punkt liegt am Pöllersattel, der Senke zwischen Pöllerkogel und

Rotündl, die mit 1278 auch den höchsten Punkt der Linie bildet. Ich will sie **Pöllerlinie** nennen.

Ihr gehören an:

Vom Pöllersattel nach O der oberste Teil des Groß-Gößgrabens der Sattel des Almwirts (Hochalmwirt 1178).

Blickt man von hier nach Osten, so sieht man in die S-Abhänge der Hochalm hinein. Sie werden durch den Gamsgraben und den Laufnitzgraben mit ihren Seitengräben zur Mur entwässert.

In allen Kämmen, die vom Hauptkamm nach S herunterziehen, trifft man dort, wo die Linie sie schneidet, einen Sattel, in den Gräben eine Erweiterung.

Auf jeden Sattel hat ein Bauer seinen Hof hingestellt, mit Wiesen und Feldern ringsum, so daß die Linie der Karte 1 : 200.000 als Aneinanderreihung brauner Flecken im Grün des Waldes sehr schön zu sehen ist. Weiterhin gehört der Trafösgraben unserer Senke an.

Blicken wir vom Pöllersattel nach W. Vor uns liegt in der Linie der oberste Schladnitzgraben, geradlinig, ziemlich breit. Dort wo er nach NW umbiegt, leitet uns ein 1181 *m* hoher Sattel zwischen Oxenkogel und Erdegg (1455 und 1569 *m*) hinüber in einen Seitengraben des Lainsachtales, der an seinem N-Hang wieder in Schultern einen alten Talboden anzeigt. Auf diesen liegen die Höfe Galler (1039), Dürnbacher (983), Sattler (941 *m*). Ein allerdings nicht sehr ausgesprochener Sattel (zirka 1000 *m*) führt hinüber in das breite Becken von Lobming mit seinem hügeligen Tonboden.

Im Weiterstreichen der Linie finden wir den auffallenden Illsattel (947), der in die Weite des Tanzmeistergrabens bringt. Weiterhin kommen wir in den gerade in der Linie liegenden Preggraben mit seinem Tertiär, der so eigentümlich der Mur entgegenfließt.

Über den Sattel des Stellerkreuzes kommen wir dann ins Murtal.

Schaut man aber von einem Höhenpunkt, z. B. vom Pöllersattel die Linie entlang, so fügen sich viel weiter draußen noch immer Formen dem Gesetze ein, man sieht gerade im Profil den Südrand des Sekkauer Tertiärs und sieht gerade hinein in den so eigenartig geraden Spalt des untersten Gaalgrabens. Und hier kann man die Spur der Linie wieder genau verfolgen. Der Gaalgraben läuft nicht gerade auf der Linie, sondern etwas nördlich davon. Alle Rücken aber, die vom Fohnsdorferberg nach N herabziehen, haben an derselben Stelle den Sattel, die Gräben Weitungen und Ablenkungen. Sehr schön ist dies vom Bauer Herker südlich von Gaal zu sehen, mit einem eindrucksvollen Überblick nach O bis zum Pöllersattel.

Wir haben beide Linien nach O bis zur Mur verfolgt. Jenseits derselben treffen wir nun nicht die unmittelbare Fortsetzung, aber doch ähnliche Verhältnisse.

Zwischen Rennfeld und Hochlantsch zieht die Breitenau weit vom O herein. Eine Reihe von Gräben streicht vom Rennfeld zu ihr herunter mit Kämmen zwischen sich. Und geradeso wie S der Hochalm zieht eine Tiefenlinie über sie hinweg, Sättel in den Kämmen, Weitungen in den Gräben bildend, bis zum Eyweggsattel. Ich will sie Eywegglinie nennen. In ihr liegt der Gabraungraben, der nördlich Pernegg in die Mur mündet, weiterhin geben die Höfe Ecker (835), Löffler (826), Obersattler (919), Steinbichler, Rauter (942), Rieger (961) den Zug der Linie.

Die Eywegglinie liegt ziemlich in der Fortsetzung der Trasattellinie, ist aber etwas mehr gegen N verschwenkt. Über ihr Verhalten zur Pöllerlinie wird noch zu sprechen sein.

Dies ist der Befund, die nächste Frage ist nach der Erklärung der Entstehung der Formen.

Der geradlinige Verlauf läßt allein Sprünge als mögliche Erklärung zu, die Annahme ehemaliger Flußtäler ließe sich mit dieser Gestalt nicht vereinen. Es ist aber nicht etwa möglich die jetzige Tiefenlage als Folge der Verwerfung hinzustellen. Meist erheben sich zu beiden Seiten der Linie die Berge mit ziemlicher Steilheit, so daß man unglaublich lang bandförmig schmale Grabenbrüche annehmen müßte.

Die jetzige Form der Linie als Tiefe ist nur eine Folge der Zertrümmerung des Gesteins durch die Verwerfer, das dann leicht ausgeräumt wurde. Der aufnehmende Geologe wird hier zur Verzweiflung gebracht. Im ganzen Bereich der

Linien ist es unmöglich ein frisches, schleifbares Gesteins-
stück zu schlagen, alles ist vermorscht, rostig zersetzt,
während sonst das Gestein durchwegs gutartig ist.

Das übrige Gebiet hat einen mageren Boden, der wohl
Fichtenwälder trägt, dessen Weidegrund aber besonders im
Amphibolgneis recht mager und dürr ist. Um so über-
raschender ist es, wenn man in diesem Bereiche Inseln
findet von einem sehr tiefgründigen roten oder rotbraunen
Tonboden, der üppige Wiesen trägt. Und diese Inseln liegen
nur auf den Linien, fast ein jeder der eigenartigen Sättel
bildet einen solchen Punkt.

Der oben gegebene Zusammenhang zwischen den Linien
und der Besiedlung beruht nicht bloß auf der einladenden
Lage, sondern noch mehr auf dem Vorzug des Bodens.

Schöne Beispiele dieses Rotbodens bildet der Moderer-
kessel im Groß-Göß, die Lobming, die Sättel S der Hochalm.

Dort wo das Gestein eisenreich ist, konnte sich dieses
bei der Bodenbildung anreichern. So besonders im Gebiete
des Kraubater Peridotits. Die roten Tone des Tanzmeister
und Preggrabens mit den Bohnerzen, die früher abgebaut
wurden, auf die auch in neuester Zeit geschürft wurde,
gehören dem Bereich der Pöllerlinie an.

Derzeit entstehen hier durch Verwitterung keine Rotböden, das Eisen wird als Hydroxyd gelöst. Es muß zur
Zeit der Bildung ein wesentlich anderes Klima geherrscht
haben, ein Klima der Lateritbildung, zum mindesten ein
subtropisches.

Viele der Talstücke und Sättel der Linien tragen
die Form des Altzyklus: Verwerfung und Bodenbildung spielten sich also vor dem Altzyklus ab.

Haben wir so die Anlage der Linien als eine alte erkannt, so ist es anregend zu untersuchen, wie sich Alt- und
Jungzyklus mit diesen vorgezeichneten Furchen abgefunden
haben. Ganz reizende Einzelheiten finden sich hier, von
denen nur einige gebracht werden sollen.

Beim Kartenstudium kam ich zur Ansicht — es war
dies, bevor ich eine Vorstellung von den Tiefenlinien hatte
— daß der oberste Groß-Gößgraben ehemals dem Gamsgraben

angehört habe, — er hat ganz die entsprechende Richtung — und daß dieses Stück dann vom Gößgraben angezapft wurde.

Im Gelände sieht man nun folgendes: Es ist wohl möglich, daß eine derartige Anzapfung stattgefunden hat, doch kann diese nur zu einer Zeit geringer Erosion stattgefunden haben, es fehlt die Tieferlegung des abgeleiteten Stückes, der Bach liegt nur 40 *m* unter dem Almwirtsattel, das Gefälle ist ober und unter der Anzapfungsstelle ausgeglichen. Die Formen gehören dem Altzyklus an.

Man erwartet nun jenseits des Almwirtsattels das verödete, enthauptete Flußtal zu finden und ist sehr erstaunt, hart am Sattel nach O den außerordentlich steilen Abfall in den Sammeltrichter des Gamsgrabens zu finden, 270 *m* Gefälle auf 1 *km*. Es ist der Jungzyklus, der hier so weit zurückgeschnitten hat. Nur etwa 150 *m* muß der Gamsgraben noch zurückschneiden, den niederen Rücken des Almwirt· wegräumen, und er enthauptet den Groß-Gößgraben.

Blickt man aber links, so sieht man in die Schultern und Sättel der Pöllerlinie.

Wenn der Groß-Gößgraben also etwas angezapft hat, so war es die Talung der Pöllerlinie in der Zeit des Altzyklus, im Jungzyklus ist der Gamsgraben gerade daran, der vom Gefälle begünstigten Ostseite ihr Recht zurückzugewinnen.

Ganz ähnliche, nur kleinere Verhältnisse findet man im obersten Strickbachgraben, dem östlichen Seitengraben des Laufnitzbaches.

Sein Beginn ist eine nicht weite Wiesenmulde voll Rotboden auf der Pöllerlinie. Auffällig ist, daß der Bach in die Wiesen einige Meter tief eingeschnitten ist, die ursprüngliche Oberfläche als Terrassen zurücklassend. Doch sind die Einschnitte recht weit.

Der Bach läuft zwischen hohen Bergen nach S hinaus in einem verhältnismäßig engen, doch schon ausgeweiteten Tale. Nach O aber haben wir einen weiten, ganz flachen Sattel gegen das Traföstal, der nur etwa 10 *m* ober dem Strickbache liegt. Die Terrassen in der Mulde weisen auffällig gegen den Sattel hin. Also wieder ein Bild, das auf Anzapfung eines ursprünglich dem Traföstale angehörigen Talstückes durch den Strickbach schließen läßt.

Gehen wir nun über den Sattel, so finden wir statt des verödeten Talstückes einen außerordentlich steilen Hang zur Trafösschlucht. Wieder stehen wir vor der Rückanzapfung des Strickbachkessels durch den Jungzyklus des Trafösbaches. Im N der Schlucht finden wir aber die alte Senke mit Äckern, Bauernhöfen, Rotboden, der Grabenweg vermeidet die Schlucht, geht über die Senke. Diese ists, die ehemals der Strickbach anzapfte.

Es sei hier eine Abschweifung gestattet.

Die Formen des Strickbachkessels mit seinen Rotbodenterrassen gehören dem Altzyklus an, sehen trotzdem ganz frisch aus. Das ist ein Eindruck, den man im ganzen Bereich des Altzyklus hat, in ihm hat sich seit langer Zeit nichts mehr geändert, in der ganzen Zeit, in welcher der Jungzyklus seine Gräber schuf, dann in der Eiszeit mit ihren erhöhten Niederschlägen und dem Herabrücken aller Grenzen. Nicht einmal ein nennenswerter Schuttabwurf hat stattgefunden, sonst müßten die Täler des Altzyklus bei ihrem geringen Gefälle viel stärker zugeschüttet sein. Der Altzyklus ist versteinert. Es ist dies eine Ansicht, die ich mehr gefühlsmäßig gewonnen habe, die· ich aber für höchst wichtig zur Beurteilung der Ursachen eines neuen Zyklus halte. Es heißt dies nämlich: die bedeutende Erhöhung der Niederschläge in der Eiszeit hatte für die Oberflächengestaltung eine verschwindend geringe Wirkung gegenüber einer Verlegung der Erosionsbasis, wie dies vor Beginn des Jungzyklus geschah.

Kehren wir zur Talgeschichte zurück.

Ähnlich wie der Strickbach sich einen Anteil an der Tiefenlinie erobert hat, steht jetzt ein Seitengraben des Gamsgrabens, jener zwischen Sattlerkogel und Kreuzkogelkamm (Jockelbauer) unmittelbar davor, in diese zurückzugreifen. Der Sattel dazwischen ist nur noch 100 m hoch.

Ich habe in beiden früheren Fällen davon gesprochen, daß die Tiefenlinie im Altzyklus angezapft wurde, ohne es recht beweisen zu können; es können vielfach auch epigenetische Erscheinungen mitgespielt haben. Insbesondere möchte ich dies für die Breitenau ins Auge fassen. Hier geht das jetzige Tal gleichlaufend mit der Eywegglinie, zwischen beiden eine Reihe höherer Berge, und alle Seitengräben schneiden durch Tiefenlinie und Bergreihe durch, zum Teil ohne von ersterer abgelenkt zu werden. Die Ablenkung und Zusammenfassung der Seitengräben im Schlaggraben kann als nachträgliche Enthauptung konsequenter Bäche durch einen in der Linie liegenden subsequenten gut gedeutet werden. Es wäre hier leicht anzunehmen, daß die Anlage des Talnetzes in einer Zeit erfolgte, in der die Tiefenlinie ganz angefüllt war, sei es mit Rotboden, sei es mit anderem Tertiär, das aber dann ganz ausgeräumt wurde. Dies wäre dann ein Fall von Epigenesis.

Gerade bei der Anlage des Breitenauer Grabens spielt aber vielleicht noch etwas anderes mit. Wir haben die Pöller Linie nicht über die Mur nach O verfolgt, während wir die Trasattellinie in die Eywegglinie verlängert haben. Es wäre recht gut möglich, daß das so eigenartig neben einer Tiefenlinie gelegene Breitenauertal selbst durch eine Tiefenlinie vorgezeichnet war, die Fortsetzung der Pöller Linie.

Es wäre von Bedeutung zu wissen, in welchem Sinne die ersten Bewegungen an den Linien stattgefunden haben. Aber sowohl geologische als morphologische Kennzeichen fehlen vorläufig dafür.

Dagegen lassen sich an diesen Linien jüngere Bewegungen feststellen, und mit diesen in den Jungzyklus fallenden Bewegungen wollen wir uns im folgenden beschäftigen.

Im Eingang wurde die auffällige Ebenheit der Kämme in den dem Murtal zunächst liegenden Teilen geschildert und daraus auf eine Verebnung, einen alten Murtalboden geschlossen. Doch fallen bald einige Unstimmigkeiten auf.

Der Mießriegelkamm, der eine schöne Ebenheit darstellt, ist um 200 *m* höher als die anderen. Im Kamm zwischen Groß-Göß und Schladnitz steht die Hochratten um 100 *m* heraus, im nächsten Kamm der Schinninger um 90 *m*. Sämtliche dieser Punkte liegen knapp im N der Trasattellinie.

Es deuten diese Unstimmigkeiten der Höhenlage darauf hin, daß an der Linie nach der Einebnung noch Verstellungen in der Senkrechten stattgefunden haben. Diese Beweisführung läßt sich nur im Bereich der Verebnung führen. Um allgemeine Untersuchungen durchführen zu können, müssen wir noch andere Erscheinungen heranziehen, wir gewinnen solche aus der Talform.

Der unterste Teil des Gößgrabens bei und ober Kaltenbrunn zeigt gegenüber anderen Gräben des Jungzyklus merkwürdig unreife Formen. Sein Gerölle ist unausgeglichen, sein Querschnitt oft klammartig, seine Flanken steiler als sonst, überall stehen Felsen heraus. Diese Übersteile des Hanges setzt sich an der N-Seite des Klein-Gößgrabens bis zu Trasattel hin fort.

Gegen innen zu folgt sowohl im Groß- wie im Klein-Gößgraben eine Strecke auffallender Weite, wo nicht nur der alte Rotboden nicht ausgeräumt ist, sondern der Bach auch jetzt noch anschottert. Die Grenze zwischen beiden Gebieten ist die Trasattellinie, nördlich von ihr ist der Jungzyklus besonders jung, südlich von ihr gebremst. Dieselbe Erscheinung in der Schladnitz. Vorne die Talenge, die allerdings nicht so unreif ist, wie die Gößgrabenschlucht, hinten die schöne Talweite.

Bei Lainsach soll die Linie die Mur kreuzen. Und hier ergeht es der Mur gerade so wie früher beiden Bächen. Sobald sie in den N-Flügel der Linie übertritt, muß sie sich durch Felsen einen Weg bahnen, in recht jungen Formen, während auf dem S-Flügel ihre Kraft gehemmt war, so daß sie das weite Becken Kraubat—St. Michael anschottern mußte.

Im O setzt die Mur im Brucker Durchbruch nochmals über die Trasattellinie, und auch hier sehen wir dieselbe Erscheinung.

Südlich vom Übelstein beginnt eine Talstrecke, die besonders jugendlichen Eindruck macht. In mächtigen eingesenkten Schlingen hat die Mur sich in den alten Talboden eingefressen. Die Talau ist schmächtig, dachartig sind die Hänge, die Seitengräben schwach entwickelt. Sobald aber

die Mur bei Zlatten auf die S-Seite der Trasattellinie übertritt, weitet sich das Tal.

Wir haben einen einheitlichen Befund. In der N-Scholle
der Trasattellinie ist die Erosion jugendlich belebt, in der
S-Scholie gehemmt. Es muß also die N-Scholle jung gehoben
sein. Es stimmt dies auch dem Grade nach mit dem Befund
aus der Verstellung der Verebnungsfläche überein.

Dehnen wir diese Untersuchungsweise auch auf die
Pöllerlinie aus, so werden wir ähnliche Ergebnisse erhalten,
doch nicht so einheitliche wie bei der Trasattellinie. Es
wechselt hier die Stärke der Verstellung des N-Flügels sehr
rasch. Es hat den Anschein, als wäre dieser durch etwa
SO—NW streichende Sprünge in Teilschollen zerlegt, die sich
in junger Zeit selbständig verschoben hätten. Solche Sprünge
möchte ich auch annehmen, um den eigenartigen SO—NW-
Lauf der Gräben zu erklären, die der Mur entgegenkommen,
deren Richtung so eigenartig mit der der N-seitigen Zuflüsse der
Mur übereinstimmt, wie Liesing, Erzbach und andere. Diesen
Zusammenhang hat schon Österreich in der Arbeit »Ein
alpines Längstal zur Tertiärzeit«, Jb. GRA. 1899, für Lamming
und Murdurchbruch bei Bruck ausgesprochen.

An den östlichen die Pöllerlinie kreuzenden Gräben sah
ich kein Anzeichen junger Bewegung, auch der Groß-Gößgraben zeigt nördlich und südlich der Pöllerlinie die gleichen
Altformen. Um so auffallender ist der nächste Graben, der
Schladnitzgraben. Das oberste Stück, im Zuge der Pöllerlinie
zeigt die alten ausgeglichenen Erosionsformen. Dort wo der
Bach aber beim Reiner (962) die Linie nach NW verläßt,
beginnt eine Klammstrecke, die an Unreife die Gößgrabenschlucht noch weit übersteigt, ganz eng, mit Felswänden im
untersten Teile, unausgeglichenem Gefälle, das auf 1 *km* 75 *m*
beträgt. Ganz ähnlich ist auch der östlich einmündende
Mühlbach. Es wäre also auch hier die N-Scholle gegenüber
der südlichen gehoben.

Dieselbe Erscheinung im Lainsachgraben. S der Linie
mäßig weit, ist sein Durchbruch durch den N-Flügel der
Linie eng, allerdings nicht derartig jugendlich wie beim
Schladnitzgraben.

Einen großen Gegensatz dazu bildet die Lobming. Ihr
weites Becken auf der Pöllerlinie wurde schon besprochen.
Dieses öffnet sich gegen NNW in einem weiten geradlinigen
Tale nach St. Stephan hinaus, das eigentlich einen alten
Eindruck macht. Es gehört aber doch dem Jungzyklus an,
da es in die Verebnung eingeschnitten ist. Es hat wohl eine
kleine Hebung der N-Scholle stattgefunden, der Bach ist
unterhalb Martinrein etwa 10 *m* in einem alten, schotter-
bedeckten Talboden eingeschnitten, eine steilwandige, doch
schon verbreitete Schlucht. Der große Betrag der Hebung
der N-Scholle im O ist also vollständig geschwunden.

Um so auffallender ist es, daß der nächste, der Tanz-
meistergraben, wieder auf das auffälligste den Unterschied
zwischen Weitung im S und Durchbruch im N der Pöllerlinie zeigt. Es ist dies das schönste Beispiel einer Klamm
im ganzen Gebiete, die auch landschaftlich wegen der
Eigenart des Peridotits und seiner Flora einzig dasteht. Es
müßte hier eine kleine Scholle, die des Niesenberges und
etwas im W dazu, gehoben worden sein. Es spricht sich
dies auch in der Höhenlage aus, da dieser Berg die Verebnung um etwa 100 *m* überragt.

Der unvermittelte Übergang von dem Gebiete wo
Hebung fehlt, in der Lobming, zum so stark gehobenen
Niesenberg legt es nahe, hier einen Querbruch anzunehmen,
der mit der Richtung des Lobmingtales vielleicht auch dessen
auffällige Form bedingt.

Aber auch gegen Westen muß die Niesenbergscholle
scharf absetzen, denn es folgt die Scholle des Lichtenstein-
berges und Windberges bei Kraubat, die, wie schon erwähnt,
die Verebnung noch am unberührtesten erhalten hat, etwa
auf 870 *m*. Zwischen den Gräben sind noch weite Stücke
der Verebnungsfläche unberührt, so daß es vielleicht nahe-
liegt, für diese Scholle sogar eine Senkung anzusetzen. Doch
schon westlich des Wintergrabens hebt sich das Land wieder.

Pöllersberg (1000 *m*) und Guisen (930 *m*) gehören einer
gehobenen Scholle an, die von der Mur durchschnitten ist.
Und gerade so wie die gehobene N-Scholle der Trasattellinie den Durchbruch bei St. Michael erzeugte, verursachte

die Hebung dieser Scholle den Durchbruch von Kraubat und davor das Schotterfeld von Knittelfeld-Judenburg.

Weiterhin im Verlaufe der Pöllerlinie, im Becken von Sekkau lassen sich keine Anzeichen über junge Bewegungen beobachten; insbesondere sah ich keine im Ingeringdurchbruch. Allerdings ist dieser durch den Schotterrückstau aus dem Murtal her stark verschüttet.

Bis jetzt wurde in der Untersuchung nichts über den Zusammenhang zwischen diesen Linien und dem geologischen Aufbau gesagt. Es sind eben die Untersuchungen hierüber noch nicht weit genug gediehen. Es sei nur soviel, einer ausführlichen Darstellung vorausgreifend, gesagt. Die Trasattellinie fällt mit einer bedeutungsvollen tektonischen Grenze zusammen, an ihr stößt eine südliche Gneismasse, die Gleinalmmasse, aus Amphibol und Aplitgneisen bestehend, unter Zwischenlagerung von verschiedenen Glimmerschiefern an eine nördliche Masse, die aus von Graniten injizierten Gneisen bestehende Sekkauer-Muglmasse an. Ob die saigere Stellung der Glimmerschiefer an der Trasattellinie die Folge der jungen Bewegungen ist oder schon früher bestand, kann ich derzeit nicht sagen.

Für die Pöllerlinie konnte ich eine tektonische Vorzeichnung nicht finden.

Soviel über die Oberflächenform in meinem engeren Aufnahmsgebiete.

Es ist naheliegend, die Untersuchungen noch weiter auszudehnen. Insbesondere möchte ich darauf hinweisen, daß die Linie Margarethen Rachau, Gleintal, Gleinalmwirt Übelbachtal wieder ein derartig geradliniger OW-Zug ist, der einer Untersuchung bedürfte.

Wenden wir nun unseren Blick kurz auf die N-Seite des Murtales. Dieses macht zwischen Bruck und Oberaich nicht mehr den Eindruck gehobener Blöcke, die oben Ebenheiten tragen, dann stark zerschnitten wurden, sondern den eines Pultes, das in mäßiger Neigung vom Kamm des Himbergecks, Gschwandt, Penggen nach S einfällt. Dieselbe Neigung hat auch das kohlenführende Tertiär von Seegraben und seine Überlagerung, das kalkalpine Konglomerat. Es ist

wieder eine Verebnungsfläche, die aber nach S gekippt
worden ist. Wir kennen den Verwerfer, der diese schräggestellte Scholle im S begrenzt, es ist der Seegrabenbruch.
Die Fläche ist durch Gräben zerschnitten, doch macht
diese Zerschneidung einen anderen Eindruck als jene des
südlichen Berglandes. Folgebäche rinnen dem Gefälle nach
herunter in weiten Abständen, in breiten Riedeln noch die
ursprüngliche Form zwischen sich lassend. Man hat auch nicht
mehr den Eindruck, in einem ganz jungen Zyklus zu stehen,
die Täler sind weit offener. Es hat hier wohl die Neubelebung
des Jungzyklus durch die jüngsten Bewegungen gefehlt,
vielleicht spielt auch hier das andere Gestein, Phyllit mit.[1]

----

1 Es sei hier darauf hingewiesen, daß wir im S-Hang der Sekkauer Alpen
eine ganz ähnliche schräggestellte Scholle haben, wie in der Scholle des
Himbergecks, diesmal aber im Gneis.

Der ganze Hang von der Sekkauer Hochalm zum Zinken und auf der
anderen Seite der Ingering der S-Hang des Ringkogels ist ein derartiges Pult,
eine Verebnung aus dem Altzyklus. Allerdings scheint vom Pabstriegel bis zur
Sautratten im N des Sekkauer Beckens eine sich in der Oberfläche aus-
sprechende Störung nach Art unserer Tiefenlinie das Pult zu unterbrechen;
diese Verhältnisse bedürfen noch einer Untersuchung. Wieder ist diese
Fläche von weitgestellten Folgebächen nicht tief zerschnitten, die zwischen
sich wurstartige Riedel lassen. Wie in diese Formen sich schüchtern die
ersten Formen der Eiszeit hineinlegen, während auf der N-Seite schon ein
Riesenkar das andere berührt, verleiht der Gegend besonderen Reiz.

Das Eigenartige ist nun, daß an den Zinken nach NW sich drei Berge
anschließen, die gänzlich anders aussehen. Es sind dies die dem Ingering-
gebiet angehörigen Mauerangerkogel. Brandstätterhöhe, Hochreichart.

Bis hinauf zum Gipfel tragen sie die Formen des reifen Jungzyklus
wie nur irgend ein Berg bei Göß oder Schladnitz, scharfe Grate, wie mit
dem Schnitzer geschnittene Flanken. Es ist meines Wissens der einzige
Punkt in den Alpen, wo man Berge von 2400 m Höhe sieht, rein in der
Tracht eines reifen Zyklus normaler Erosion. Eiszeitliche Spuren sind nur
ganz zart in den Gräben angedeutet. Doch gleich NW des Reichart, im
Hirschkadl und der Höll beginnen auch in der Ingering die schönen Kare
und damit die Zackenkämme.

Diese Insel eines jungen Zyklus stellt eine schwere Frage. Man ist
zunächst geneigt, sie mit dem Durchbruch der Ingering und der dadurch
verstärkten Erosion zusammenzuhängen. Doch warum zeigt die W-Seite
des Ingeringstales in den reichlichen von der Eiserosion verschonten Formen
nur die Züge des Altzyklus, ebenso der in die Ingering mündende Gaalgraben? Es ist dies eine Frage, die noch der Entscheidung harrt.

Westlich einer Linie Knappenriedel N von Leoben-2, Dorf im Laintal und nördlich einer Linie Knappenriedel-Ortner sehen wir wieder eine andere Scholle, der ich auch das Gebiet des Traidersberges zurechnen möchte. Es fehlt hier die Schrägstellung; besonders im Osten des Donawitzertales sehen wir eine ganz ausgezeichnete Verebnungsfläche im Gebiete der Tollinggräben und der Friesingwand auf etwa 900 *m*, die wieder sehr reich und sehr jugendlich zertalt ist.

Gehen wir nun über die Pultscholle des Himbergecks nach N, so kommen wir wieder an eine Linie, die schon wohlbekannt ist, es ist die Trofaiachlinie. Gleichlaufend mit den früheren zeigt sie in der Oberflächengestaltung bis in die Einzelheiten gleiche Erscheinungen, die Tiefenlinie bestehend aus Talstücken von verschiedenen Wasserläufen benutzt, dazwischen tiefe Sättel, dieselbe Bodenbeschaffenheit, das Eingreifen in die Gestaltung der Tertiärbecken.

Diese Linie hat für die Tektonik der Alpen eine bedeutende Rolle gespielt. Von Vetters (Verh. GRA. 1911) wurde sie als Spur einer OW-Verschiebung gedeutet, während Heritsch (Verb. GRA. 1911) und Kober darauf hinwiesen, daß dieselben Erscheinungen in der Gesteinsverteilung auch durch eine senkrechte Erhebung des N-Flügels erzeugt worden sein könne.

Ich möchte mich hier auf die Seite der letzteren Ansicht stellen.

Die Trofaiachlinie gehört organisch in die besprochene Schar von Brüchen. Für die anderen derselben haben wir keine Anzeichen einer streichenden Verschiebung erhalten. Deshalb würde auch hier eine Steilverschiebung besser in das Bild passen.

So haben wir ein geschlossenes Bild: Die Mur-Mürzlinie ist zwischen Knittelfeld und Kapfenberg, wo auch das Tal einen so seltsam uneinheitlichen Verlauf nimmt, zerschlagen in ein Bündel von Sprüngen mit OW-Verlauf, deren zwischenliegende Schollen sich bis in jüngste Zeit gegeneinander verschoben haben. Der Blick wendet sich von hier nach N und wir sehen vor uns die S-Abstürze der N-Kalkalpen. Betrachten wir die Berge im Profil, z. B. vom Reiting aus,

so sehen wir die alte Landoberfläche, die ihre Stöcke oben
begrenzt, entweder mit einem Sprung um 300 bis 500 *m* absinken, wie am Hochschwab-Trenchtling, oder in Staffeln,
wie am Eisenerzer Reichenstein-Zölz, oder als schräggestellte
Platte absinken, wie der Reiting selbst; überall erkennen wir
aber das Wirken junger Verstellung.

Die Zeitbestimmung für den Bewegungsvorgang bekommen wir aus dem Alter der verworfenen Landfläche.

Über diese Frage ist schon viel veröffentlicht worden.
Siehe Literaturangabe in Winkler: »Über jungtertiäre Se-
dimentation und Tektonik am Ostende der Zentralalpen«,
Mitt. Geol. Ges., Wien, 1914, p. 290.

Winkler hält mit Götzinger die Formen der hoch-
alpinen Verebnungen für eine Gestaltung der Zeit der Augen-
steinbildung, also aus einer Zeit geringer Erosionstätigkeit
der Alpen, die er wohl mit Recht der Zeit des Braunkohlentertiärs gleichstellt.

Ich möchte dem aber gegenüber halten, daß die Formen
der Kalkalpen»verebnung« vielleicht doch einem späteren
Zyklus angehören.

In dem Teile, den ich besonders kenne, den Eisenerzer
Alpen, fallen die Verebnungen zwar gegenüber den Abstürzen
auf, betrachtet man sie aber für sich, so bekommt man doch
den Eindruck ziemlich bedeutender Mittelgebirgsformen. Die
Landflächen des Reiting, des Wildfeldstockes, stehen eigentlich hinter Formen, wie die des Rotündl, Hochalm nicht
zurück, in den Böden des Trenchtlings haben wir ein Tal-
gebiet von nicht geringem Höhenunterschied. Schon von
Götzinger wurden die alten Oberflächenformen als Hügel-
landschaft beschrieben (Mitt. d. Geogr. Ges., Wien, 1913).
Mir erscheinen nun die Höhenunterschiede dieser Hügelland-
schaft zu groß, um für die Zeit der Augensteine zu passen.
Die Formen stimmen dagegen mit den Formen unseres Altzyklus sehr gut überein.

Ein anderer Grund für diese Ansicht liegt im Miozän-
konglomerat der Kohlenbecken.

Wir sehen, wie nach der ruhigen Sedimentation der
Kohlen und ihrer Tone eine plötzliche Verstärkung der Erosion

mit Umkehr der Entwässerungsrichtung folgt. Riesige Mengen von kalkalpinen Geröllen werden in allen Senken abgelagert. Diese Konglomerate fügen sich im Seegraben dem Altzyklus derartig ein, daß ich nicht anstehe, sie der Zeit nach dem Altzyklus zuzuordnen. Sie liegen auf einer Fläche des Altzyklus und werden oben wieder von einer solchen begrenzt.

Diese Geröllmengen müssen aber auch einer ergiebigen Ausräumung und damit Formänderung in den Kalkalpen entsprechen.

Auf der Suche nach Augensteinen auf den Trenchtlingboden fand ich nicht diese, wohl aber wohlgerundete faustgroße Gerölle von Werfener Schiefer. Auch dies stimmt mit meiner Ansicht, daß die Kalkalpenhochflächen hier einer ziemlich starken Erosion ausgesetzt waren. Solche Rollstücke dürften weit häufiger sein, Kalkrollstücke werden sich aber auf den Kalkflächen der Beobachtung leicht entziehen, dürften teilweise auch der Verkarstung zum Opfer gefallen sein.

Aus diesen Gründen möchte ich die Formen der Kalkhochalpen dem Altzyklus zuschreiben, die Augensteine wären dann nur Reste aus einem früheren Zyklus. Der Übergang von diesem zum Altzyklus dürfte durch das Aufleben der Kalkalpenbrüche gegeben sein, ähnlich wie wir auch im Gneisgebiet die Brüche schon vor dem Altzyklus bestehend fanden.

Nach Ausbildung der Geländeformen haben wir dann weitere Bewegung an den Bruchlinien bis zu den bedeutenden Höhen, die jetzt die S-Wände der Kalkalpen schufen, es ist dieselbe Bewegung, die das Seegrabenkonglomerat schiefstellte und wohl auch im S den Jungzyklus einleitete.

Auch in den Kalkalpen müssen diese Bewegungen bis in jüngste Zeit angedauert haben. In den Trenchtlingböden finden wir langhinziehende Bruchstufen von bis 8 *m* Höhe die durch Dolinen, Schneelöcher hindurchsetzen.

Wir haben wohl für unsere Linien eine Entstehung vor dem Altzyklus festgestellt, haben aber noch nicht untersucht, wie weit diese Entstehung zurückreicht. Ich möchte fast annehmen, daß sie in den ersten Anfängen den Beginn der Zeit unseres Braunkohlentertiärs einleiteten und hiebei die

Beckenbildner waren. Denn diese schließen sich in der Anlage dem Bruchplane an und zeigen immerhin solche Unterschiede in dem Schichtaufbau, daß man sie sich zum Teil schon von Anfang als getrennte Becken vorstellen muß.

In die Zeit der Braunkohlenbildung möchte ich auch die Ausbildung der Rotböden verlegen und stütze mich hiebei insbesondere auf die roten Tone des Braunkohlentertiärs von Trofaiach, die denen unserer Linien stark ähneln, wenn sie vielleicht auch verlagert sind. Folgner Verh. Gr. A. 1913 H 18. Diese werden dort von kalkalpinem Konglomerat überlagert, was wieder mit unserer Erkenntnis stimmt, daß die Rotböden älter als der Altzyklus sind.

Zusammenfassend hätten wir also folgende Zeitfolge:

1. Zeit der Augensteine: Geringe Höhenunterschiede, Entwässerung nach N. Beckenbildung durch Brüche. Kohlenbildung. Rotbodenbildung.

2. Zeit des Altzyklus: Starke Verstellung an den Brüchen, Ausbildung des Murlaufes, Entwicklung eines normalen Zyklus bis zu unterjochten Formen mit großer Schuttlieferung von N ins Murtal.

3. Zeit des Jungzyklus: Weitere starke Verstellungen mit Ausbildung des Kalkalpensüdrandes. Neubelebung der Erosion. Fortdauer der Verstellungen bis in jüngste Zeit.

Es ist dies eine Zeitfolge, die mit der von den anderen genannten Werken aufgestellten bis auf die hervorgehobenen Unterschiede gut übereinstimmt.

# Zur Biologie und Mikrochemie einiger *Pirola*-Arten

Von

## Paula Fürth

Aus dem Pflanzenphysiologischen Institut der Universität in Wien
(Nr. 142 der zweiten Folge)

(Mit 1 Tafel und 3 Textfiguren)

(Vorgelegt in der Sitzung am 4. November 1920)

### Inhaltsübersicht:

# Einleitung.

Im folgenden wird, im Anschluß an eine mir von meinem verehrten Lehrer, Hofrat Prof. Dr. H. Molisch, gegebene Anregung, die bisher noch nicht bekannte Keimungsgeschichte der Pirolaceen zu studieren, ein kleiner Beitrag zur Biologie dieser interessanten Pflanzengruppe geliefert. Außerdem gebe ich auch einige Beobachtungen anatomischer und chemischer Natur wieder. Bevor ich jedoch zu meinem eigentlichen Thema übergebe, spreche ich Herrn Hofrat Molisch sowie den Herren Prof. O. Richter und Dr. G. Klein für ihre weitestgehende Unterstützung meiner Arbeit den wärmsten Dank aus.

## I. Die Fortpflanzung einiger *Pirola*-Arten.

### *A.* Literatur.

Irmisch (1855) gibt an, daß er die Keimung der Pirolaceen nicht kenne, doch liefert er eine genaue Beschreibung der vegetativen Fortpflanzung von *P. secunda* und *P. uniflora.* Er betont als erster den auffallenden Unterschied in den unterirdischen Organen der letztgenannten Art und denen aller übrigen Pirolaceen und stellt *P. secunda* und *P. uniflora* einander gegenüber. Bei der ersteren, die er als Vertreter der Gruppe: *P. secunda, chlorantha, minor, media* und *rotundifolia,* die sich diesbezüglich alle gleich verhalten. wählt, wird die vegetative Fortpflanzung durch weithin im Boden kriechende unterirdische Achsen besorgt. Bei *P. uniflora* dagegen fand er regelmäßig an den Wurzeln, die er an ihrem anatomischen Bau als solche erkannte, Adventivknospen, durch die allein die vegetative Fortpflanzung erfolgt, da diese Art keine Rhizome besitzt. Er fand auch einige Pflänzchen von *P. secunda,* deren Stamm direkt in eine Hauptwurzel überging, die sich also nicht aus einem Rhizom entwickelt hatten, und betrachtete sie als Keimpflänzchen; sie hatten alle schon mehrere Blätter entwickelt und es gelang ihm nicht, jüngere Stadien aufzufinden. Er nahm an, daß sich bei der Keimung von *P. secunda* aus dem Samen zuerst ein Stämmchen bildet; für die Keimung von *P. uniflora* fehlten ihm alle Anhaltspunkte.

1889 schreibt Drude in seiner Monographie der Pirolaceen, es sei wahrscheinlich, daß sich die jüngeren Keimpflänzchen ohne $CO_2$-Assimilation, nur mit »Wurzelzersetzungstätigkeit« ernähren und bedauert, daß es bisher noch nicht gelungen sei, die Samen zur Keimung zu bringen oder einwandfreie jüngere Keimungsstadien in der Natur aufzufinden. Bezüglich der Wurzeladventivknospen von *P. uniflora* verweist er auf Irmisch.

Von Velenovsky erschien im Jahre 1892 eine mir nicht zur Verfügung stehende Arbeit »Über die Biologie und Morphologie der Gattung

*Monesis*«, deren Ergebnisse jedoch in seiner späteren, im Jahre 1905 erschienenen Abhandlung »Über die Keimpflanzen der Pirolaceen« mitgeteilt
werden. Sie beziehen sich vor allem auf die unterirdischen Organe der
*P. uniflora (Monesis)*, denen er, da sie morphologisch nicht einer Wurzel,
anatomisch nicht einem Rhizom gleichzusetzen sind, den neuen Namen »Prokaulom« gab. Auch hat er nach seiner Meinung solche Prokaulome frei in
der Erde lebend, ohne Zusammenhang mit oberirdischen Pflanzenteilen, gefunden. In der zweiten Arbeit spricht er zunächst von seinen Keimungs-
versuchen, die er u. a. auch im Walde, an den natürlichen Standorten der
Mutterpflanze, vornahm und die nie zu einem Resultat führten. Ferner
beschreibt er Keimpflanzen von *P. secunda*, deren er ein einziges Mal
mehrere an ein und demselben Orte fand. Sie besaßen schon sämtlich mehrere
voll entwickelte Blätter, zum Teil sogar schon in zwei Stockwerken übereinander, so daß er annehmen mußte, sie seien ein- bis zweijährig; jüngere
Stadien oder überhaupt noch mehr Keimpflänzchen aufzufinden, gelang ihm
nicht, obwohl er während zweier Monate unzählige Standorte danach ab-
suchte. Er beschreibt Pflänzchen von *P. secunda*, die sich aus abgerissenen
Wurzeln endogen entwickelt haben und die sich von Keimpflanzen durch
ihre bedeutende Größe und Üppigkeit und durch die Dicke und dunkle Farbe
der Wurzel, aus der sie entspringen, unterscheiden. Übrigens hat auch schon
Irmisch solche aus Adventivknospen an abgerissenen Wurzeln hervorgegangene Pflanzen gefunden und beschrieben. Was zu der Annahme führen
könnte, daß es sich bei den von Velenovsky gefundenen Keimpflänzchen
nicht wirklich um solche, sondern nur um aus Wurzeladventivknospen hervorgegangene Pflanzen handle, ist die Tatsache, daß der oberirdische Stamm nie
direkt in die Wurzel übergeht, sondern an der Übergangsstelle stets eine
Anschwellung vorhanden ist und es manchmal so aussieht, als ob der Stamm
seitlich aus der Wurzel hervorgebrochen wäre. Jedoch ist in solchen Fällen
das obere Ende der Wurzel immer unverletzt, wodurch der Verdacht, daß
es sich um aus abgerissenen Wurzeln hervorgegangene Pflänzchen handle,
hinfällig wird. Gerade auf diese Art des Hervorbrechens des Stammes aus
der Wurzel stützt Velenovsky seine Hypothese über den Verlauf der
Keimung, denn obwohl seine diesbezüglichen Annahmen ja recht einleuchtend
sind, kann man sie doch nur als Hypothese bezeichnen, da er, ebensowenig
wie jemand anderer vor oder nach ihm, jemals ein jüngeres Keimungsstadium
beobachtet hat und es kann nicht genug hervorgehoben werden, daß die
ersten drei der seiner Arbeit beigegebenen Abbildungen jugendlicher Keimungsstadien nicht nach der Natur gezeichnet, sondern reine Schemen
seiner Hypothese sind.

Danach verläuft die Keimung von *P. secunda* folgendermaßen: zuerst
entwickelt sich aus dem Samen ein unterirdischer, bleicher, zylindrischer
Körper, der nach unten zu eine Wurzelhaube ausbildet und ein Prokaulom
vorstellt. Hat dieses eine gewisse Länge erreicht, so bricht aus seinem oberen
Ende endogen eine Knospe hervor, die sich zu einer Pflanze entwickelt,
die dann später, oberhalb der Insertionsstelle des Stammes, aus diesem

entspringende, gewöhnliche Rhizome entsendet. Etwas anders stellt er die Keimungsgeschichte von **P.** *uniflora* dar; nur allein auf der Tatsache fußend, daß er einmal ein Prokaulom ohne Zusammenhang mit einer Pflanze fand, schreibt er folgendes

»Aus dem Samen der *Monesis* keimt ein ähnlicher ungegliederter Körper, welcher sich aber bipolar nicht entwickelt, sondern sich nach allen Richtungen hin unregelmäßig verzweigt und fadenförmig verlängert. So entsteht ein Geflecht von fadendünnen Ausläufern, welche als selbständiger Organismus in der Humuserde saprophytisch vegetieren. Ein solches Fadengeflecht habe ich wirklich beobachtet und schon im Jahre 1892 abgebildet. Es ist ein wurzelartiges Prokaulom, welches von dem (hypothetischen! F.) der **P.** *secunda* dadurch abweicht, daß es lange lebt, sich fortwährend verzweigt und die Aufgabe der vegetativen Vermehrung der Pflanze übernimmt, dieselbe Aufgabe. welche bei der **P.** *secunda* die weitkriechenden Rhizome versehen.«

Danach teilt er die Entwicklung einer **P.** *uniflora* in zwei Generationen ein, eine unterirdische ungeschlechtliche und eine oberirdische geschlechtliche und zieht Parallelen mit dem Generationswechsel der Muscineen, indem er das Prokaulom mit einem Protonema vergleicht. Sollte das nicht zu weit gegangen sein, wenn man bedenkt, daß all das auf der Beobachtung eines einzigen freilebenden Prokauloms basiert, das vielleicht doch nur durch Abreißen von einer oberirdischen Pflanze entstanden ist?

Auch Goebel erwähnt in seiner Organographie das Wurzelsystem von *P. uniflora*. Doch ist es mir nicht bekannt, ob er sich dabei auf die Angaben Velenovsky's stützt oder eigene Beobachtungen mitteilt. In dem Abschnitt »Freilebende Wurzeln« schreibt er:

»Auch finden sich Wurzelsysteme, die offenbar jüngere Stadien darstellen und noch keine Sprosse entwickelt haben. Es ist die Keimung leider noch unbekannt. Wahrscheinlich aber geht aus dem ungegliederten Embryo des keimenden Samens nicht wie sonst ein beblätterter und bewurzelter Sproß, sondern unter Verkümmerung des letzteren nur ein saprophytisch lebendes Wurzelsystem hervor, an dem dann später endogene Sprosse entstehen.«

Kinzel gibt in seiner Arbeit über Lichtkeimung an, es scheine ihm nach dem Verlauf seiner Versuche unwahrscheinlich, daß die *Pirola*-Arten ohne Pilzwirkung keimten. In seinem Buch »Frost und Licht als beeinflussende Kräfte bei der Samenkeimung« sagt er, daß sich Samen von *P. uniflora* und **P.** *secunda* während eines vier Jahre dauernden Keimungsversuches im Dunkeln unverändert erhalten hätten.

»Die sehr kleinen Samen dieser Familie waren trotz mannigfaltiger Versuche auf keine Weise zum Keimen zu bringen und da so ziemlich alle Möglichkeiten in der Behandlung berücksichtigt wurden, muß man wohl annehmen, daß sie, wie die Samen der Orchidaceen, nur in Symbiose mit den dazugehörigen Wurzelpilzen sich zu entwickeln vermögen.«

## B. Eigene Beobachtungen.

### 1. Eigene Beobachtungen in der Natur.

In den Wäldern in der Umgebung von Payerbach (Niederösterreich) kommen *P. secunda* und *P. chlorantha* massenhaft vor, nicht ganz so häufig *P. minor*. Ich wählte zum
Suchen nach Keimlingen Stellen aus, wo die Pflanzen dicht
standen und möglichst viele vertrocknete Fruchtstände vom
vorigen Jahr zu sehen waren. Denn an solchen Stellen, wo
oft im Bereich weniger Quadratdezimeter viele Fruchtstände
stehen, müssen im vorhergehenden Herbst viele Tausende
von Samen ausgestreut worden sein. Ich nahm meine Nachforschungen in der Zeit von Ende April bis Anfang Juni vor,
denn ich dachte, daß die Keimung um diese Zeit schon eingetreten sein müsse und ich die jüngsten Stadien finden
werde. Aber obwohl ich oft und an den verschiedensten
Standorten stundenlang Nachgrabungen vornahm und den
Boden auf weite Strecken hin mit der Lupe durchforschte,
fand ich nie etwas anderes als vollkommen unversehrte Samen,
die ganz unverändert, so wie sie im Herbst ausgestreut worden
waren, im Boden lagen. Auch die mikroskopische Untersuchung zeigte keine Veränderung gegenüber trocken in einer
Schachtel aufbewahrten Samen.

Da diese Nachforschungen zu keinem Ziele führten, versuchte ich, wenigstens die von Irmisch und Velenovsky
beschriebenen älteren Keimpflänzchen zu finden. Zu diesem
Zwecke grub ich möglichst vereinzelt stehende kleine Exemplare aus, die eben erst aus der Erde herauskamen und bei
denen kaum anzunehmen war, daß sie durch Rhizome mit
anderen in Verbindung ständen. Ein einziges Mal fand ich
ein Pflänzchen von *P. chlorantha*, das mit den aus der
Literatur bekannten Keimpflänzchen übereinstimmte, in allen
anderen Fällen entsprang die Pflanze stets aus einem
Rhizom, das oft zu meterweit entfernten älteren Pflanzen
hinleitete oder an einem Ende abgestorben war. Meist war
es reich verzweigt und jeder Ast endete entweder mit einer
älteren Pflanze oder mit einer Knospe, die schon bereit war,
über den Boden hervorzutreten. Man sieht stets ganze Kolo-

nien gleich alter Pflanzen, was daher kommt, daß viele Rhizom-
verzweigungen zu gleicher Zeit angelegt werden und dann
auch wieder zu gleicher Zeit ihre in eine Knospe ausgehenden
Enden über den Boden erheben. Die Entwicklung des Rhizoms
ist besonders bei *P. secunda* eine sehr üppige; Kolonien von
nur drei oder vier Pflanzen sind verhältnismäßig selten. Einmal zählte ich in einer großen Kolonie weit über 100 Pflanzen,
die alle miteinander in Verbindung standen, und ich glaube,
daß man bei sorgfältigen Nachgrabungen finden wird, daß so
große Kolonien gar nicht selten sind und daß viel mehr
Pflanzen durch gemeinsame Rhizome verbunden sind, als es
bei oberflächlicher Betrachtung den Anschein hat. Die Rhizome
reichen auch zur Anlage von weit entfernten Kolonien vollständig aus, so daß die Verbreitung durch Samen als über-
flüssig erscheinen könnte.

Die Untersuchungen über *P. uniflora* nahm ich im
Semmeringgebiet vor. Bei meinen wiederholten Nachgrabungen
daselbst fand ich weder freilebende Prokaulome, wie Velenovsky eines gefunden haben will, noch sonstige Keimungsstadien. Die Pflanzen stehen immer in Kolonien beisammen
und sind durch dünne Wurzelfäden miteinander verbunden,
die beim Ausgraben sehr leicht abreißen.

Dagegen scheint mir die folgende Beobachtung von
größter Bedeutung zu sein: ich kultivierte in Blumentöpfen
je einige Pflanzen von *P. uniflora* und *P. chlorantha*, die
ich zur Blütezeit an ihrem Standort mit einem größeren Erd-
bailen ausgegraben hatte und die dann später im Topf Früchte
trugen und ihre Samen ausstreuten. Ende Oktober durchsuchte
ich die Erde eines dieser Töpfe von *P. uniflora*, um zu sehen,
was aus den Samen geworden sei. Dabei fand ich ein bleiches,
walzenförmiges Gebilde (Fig. 1) von ungefähr 15 *mm* Länge
und einem größten Durchmesser von 3 *mm*. Aus dem einen
dickeren Ende brach eine winzige Knospe hervor, am entgegengesetzten viel dünneren Ende waren die Kanten so
scharf, daß es fast wie abgehackt erschien; es war jedoch
unverletzt. Dieses Gebilde war der Länge nach mit sechs
langen, dünnen, ziemlich reichlich verzweigten Wurzeln besetzt. Die mikroskopische Untersuchung zeigte, daß der ganze

walzenförmige Körper den Bau einer Wurzel besaß; er setzte
sich zusammen aus einem dünnen, regelmäßig triarch gebauten
Zentralzylinder, einem sehr breiten, mit großen Stärkekörnern
zum Zerplatzen vollgepfropften Rindenparenchym und einer
Epidermis von normaler Breite. Diese hatte keine Wurzelhaare und war von demselben braun gefärbten, mit Schnallenbildungen versehenen Pilz in derselben Weise, wie ich es in
dem Kapitel über die Mykorrhiza für die Wurzeln von *P. uniflora* beschreibe, umhüllt. Ein Eindringen der Hyphen in das
Innere der Zellen habe ich nicht beobachtet. Es wechselten,
ebenso wie bei den Wurzeln von *P. uniflora*, längere mit
weniger häufigen kürzeren Epidermiszellen ab. Auffallend war
nur, daß die Stärkekörner des Rindenparenchyms ganz un-
vergleichlich größer waren als die normaler Wurzeln.

Die Wurzeln dieses merkwürdigen Körpers waren sehr
reichlich mit Haaren besetzt und besaßen eine spärliche Pilz-
umhüllung. Sie enthielten Stärkekörner von derselben Größe
und vom selben Aussehen wie normale *Pirola*-Wurzeln.
Besondere Verschiedenheiten gegenüber normalen Wurzeln
von *P. uniflora* habe ich nicht konstatiert. Nach meinen
Beobachtungen bin ich zu der Überzeugung gelangt, daß ich
es hier wirklich mit einer jungen *Pirola*-Pflanze zu tun hatte.
Die beste Erklärung für die Entwicklung eines verhältnismäßig so großen und so reich mit Reservestoffen versehenen
Körpers aus dem mikroskopisch kleinen Samen ist die Annahme einer saprophytischen Lebensweise unter Mitwirkung
des Pilzes, ähnlich wie sie Noël und Burgeff für Orchideen-
keimlinge beschrieben haben. Ich kann nicht sagen, wie sich
dieses Gebilde weiterentwickelt; am wenigsten Schwierigkeiten begegnet die Annahme, daß, nach Entwicklung ober-
irdischer Assimilationsorgane, der ganze Körper, nachdem ihm
sämtliche Reservestoffe entzogen wurden, ähnlich wie ver-
brauchte Kotyledonen, unter Einschrumpfen zugrunde geht.
Die Auffindung dieses merkwürdigen Gebildes steht mit
der Theorie Velenovsky's, daß sich bei der Keimung von
*P. uniflora* zuerst ein dünnes, fadenförmiges Prokaulom ent-
wickle, in Widerspruch. Dagegen stimmt sie auffallend gut
mit seinem hypothetischen Prokaulom von *P. secunda* überein

und hätte ich diesen unterirdischen Körper in einem Topf
dieser *Pirola*-Art gefunden, er wäre die schönste Bestätigung
der Velenovsky'schen Hypothese gewesen. So aber, als Prokaulom von *P. uniflora*, verlangt er nach einer anderen
Erklärung, die in befriedigender Weise erst nach Auffindung
älterer Keimungsstadien wird gegeben werden können.

Ich glaube meine Untersuchungen mit genügender Ge-
wissenhaftigkeit vorgenommen zu haben, um sagen zu können,
daß Keimpflanzen der von mir untersuchten *Pirola*-
Arten zu den allergrößten Seltenheiten gehören und
daß die genannten Pflanzen mit der vegetativen
Fortpflanzung durch Rhizome, respektive Adventivknospen an den Wurzeln ihr reichliches Auslangen
finden könnten und nicht auf die Verbreitung durch
Samen angewiesen zu sein brauchten.

Als Beweis dafür möchte ich noch erwähnen, daß ich
einmal im August im Salzkammergut einen sehr schattigen
Wald betrat, dessen Boden mit *P. minor* reich bewachsen
war. Doch sah ich keine einzige Pflanze, die diesjährige
Blütenstände, vorjährige Fruchtstände oder Blütenknospen für
das nächste Jahr aufgewiesen hätte. (Bei den Pirolaceen sind
nämlich im Spätsommer gewöhnlich die Frucht-, respektive
Blütenstände von drei Vegetationsperioden zugleich sichtbar.)
In diesem Falle hatte ich also den Beweis, daß von allen
Pflanzen des Waldes keine oder doch nur eine verschwindend
geringe Anzahl, die ich übersehen haben kann, im Vorjahr
geblüht hatte, keine in diesem Jahr und daß im nächsten
Jahr keine blühen würde. Es wurden also nach meiner Beobachtung an der bezeichneten Stelle bereits durch mindestens
zwei Jahre keine Samen ausgebildet und doch war alles
übersät mit jungen Pflanzen. Ob auch in den vorhergehenden
Jahren keine Samen zur Entwicklung gekommen waren, weiß
ich nicht, doch ist anzunehmen, daß die überaus geringe hier
herrschende Lichtintensität auch früher schon der Ausbildung
der Blüten ungünstig war. Es kann sich also eine ganze
Decke von Pirolaceen ohne Mithilfe der Samen nur
durch vegetative Rhizomknospen dauernd in größter
Üppigkeit erhalten.

Es erscheint mir auch als sehr wahrscheinlich, daß in den vielen anderen Fällen, in denen Samen ausgebildet werden, nur ein kleiner Bruchteil davon keimungsfähig ist, sei es, daß die Keimfähigkeit im Laufe der Zeit rückgebildet wurde, sei es, daß sie nie in größerem Ausmaß vorhanden war. Ich möchte annehmen, daß sich unter der ungeheuren Menge der in einer Kapsel herangereiften Samen kaum je ein zur Weiterentwicklung befähigter findet. Dazu veranlaßt mich die Tatsache, daß an den beiden Stellen, wo ich den auf p. 563 erwähnten Keimling von *P. chlorantha* und den im vorhergehenden beschriebenen von *P. uniflora* entdeckte, bestimmt eine Anzahl Samen derselben *Pirola*-Arten sich unter den gleichen äußeren Bedingungen befanden; warum war also von dieser großen Menge nur je ein einziger Same zur Weiterentwicklung gelangt? Das ließe sich am besten durch Annahme einer besonderen natürlichen Anlage, sei es anatomischer oder chemischer Natur, erklären, die zur Auslösung der Keimung vorhanden sein müßte und die der Mehrzahl der Samen fehlen könnte. Außerdem scheinen selbst die keimungsfähigen Samen noch besonderer äußerer Bedingungen zu bedürfen, die sich nicht überall verwirklicht finden: Vorhandensein eines bestimmten Pilzes, vielleicht noch kombiniert mit besonders extremen Beleuchtungs-, Feuchtigkeits- und anderen Verhältnissen.

Fassen wir all dies zusammen, so kann es nicht weiter wundernehmen, daß die Auffindung von *Pirola*-Keimlingen mit sehr großen Schwierigkeiten verbunden ist und selbst bei angestrengtestem Suchen nur in Ausnahmsfällen gelingt.

## 2. Keimungsversuche.

Die Keimungsversuche wurden vorgenommen teils mit Samenmaterial von *P. minor*, das ich von Haage und Schmidt aus Erfurt bezog, teils mit Samen von *P. uniflora* und *P. chlorantha*, die ich selbst gesammelt hatte. Es wurden immer zwei parallele Serien von Versuchen, eine im Dunkeln und eine im Licht, aufgestellt. Ausgesät wurde auf Filtrierpapier, Heideerde, Moorerde, Torf, humusreiche Walderde vom Standort der betreffenden *Pirola*-Art und endlich streute ich auch Samen in Pilzkulturen, die von einer *Pirola*-Wurzel gewonnen worden waren. Die Versuche wurden zu den verschiedensten Jahreszeiten bei verschiedenen Temperaturen vorgenommen. Sie blieben sämtlich erfolglos. Die Samen waren entweder noch nach mehreren (bis zu neun) Monaten unversehrt und unverändert erhalten oder sie waren der Fäulnis anheimgefallen und nicht mehr auffindbar.

## II. Anatomie des Samens.

Die Samen der *Pirola*-Arten gehören zu den kleinsten, die wir überhaupt kennen und werden nur von denen einiger Orchidaceen an geringem Gewicht und geringer Größe übertroffen. Die verhältnismäßig großen kapselartigen Früchte enthalten Unmengen des staubförmigen Samens; doch geht mit der massenhaften Produktion ein häufiges Verkümmern des einzelnen Samens Hand in Hand.

Ein beträchtlicher Teil der Samen bleibt auf einer unvollkommenen Entwicklungsstufe stehen oder erleidet anderweitige Mißbildungen und Verkümmerungen, so daß sich die Unfähigkeit zur Keimung, die meiner Meinung nach dem Gros der Samen zukommt (siehe p. 567) bei manchen auch schon rein äußerlich dokumentiert.

Der normale Samen (Fig. 2) besteht aus der Testa, dem sehr ölreichen Endosperm und dem darin eingebetteten ungegliederten Embryo. Die Testa setzt sich aus großen, langgestreckten Zellen, die sehr schöne, regelmäßige Netzverdickungen aufweisen, zusammen und umhüllt in Form eines weiten Mantels den rundlichen Endospermkörper. Nach oben und unten hin ist sie in einen langen Fortsatz ausgezogen, der als Flugorgan dient, da durch ihn das spezifische Gewicht des Samens wesentlich herabgesetzt und seine Oberfläche vergrößert wird. In der Querrichtung liegt die Testa dem Endospermkörper dichter an. Ihre Zellen sind in seiner Nähe mit je einem spitzen, über die Länge der ganzen Zelle sich erstreckenden Vorsprung versehen. Dadurch entsteht bei Samenquerschnitten (Fig. 4) ein sternförmiges Bild; die Spitzen des Sternes werden durch die vorspringenden Längsrippen gebildet,

·die Einbuchtungen entstehen dadurch, daß die Zelle in der Mitte zwischen zwei solchen Vorsprüngen in sich zusammengefallen ist und sich dem Endospermkörper ganz dicht anlegt.

Bei Untersuchung des ganzen unversehrten Samens ist ·es schwer, einen Einblick in die Gliederung des Endospermkörpers zu erhalten, da die darüberliegende Testa die Beobachtung erschwert. Bessere Bilder erhält man nach Aufhellung mit KOH, doch ließen sie auch dann noch zu wünschen übrig. Am besten eigneten sich zur Untersuchung Samen, deren Testa durch einen eine halbe Stunde währenden Aufenthalt in Chromschwefelsäure, eventuell unterstützt durch schwaches Erwärmen, aufgelöst worden war, so daß der Endospermkörper vollkommen frei lag. Dieser wurde nach Auflösung der Testa sofort in Wasser übertragen, um ein weiteres Einwirken der Chromschwefelsäure unmöglich zu machen. Es wurden auch Mikrotomschnitte nach folgender Methodik angefertigt: die trockenen Samen wurden in Paraffin eingebettet, geschnitten, mit Gentianaviolett gefärbt und in Kanadabalsam eingeschlossen. Diese Methode hatte gegenüber der Behandlung mit Chromschwefelsäure den Vorteil, daß die Kerne als leuchtend blau gefärbte Körper sichtbar wurden.

In der älteren Literatur wird der ganze Endospermkörper für den Embryo gehalten und man meinte, einen endospermlosen Samen vor sich zu haben. Doch in der neueren Literatur ist meistens schon vom Endospermkörper die Rede, aber es fehlt jede Angabe, welcher Teil desselben als Embryo zu betrachten sei. Nach meinen Beobachtungen besteht der Endo-·spermkörper (Fig. 3) aus einem einfachen Mantel etwas abgerundeter, unregelmäßig prismatischer Zellen, die meist in der Längsrichtung des ganzen Körpers etwas gestreckt sind. Die mit Gentianaviolett gefärbten Mikrotomschnitte wiesen ziemlich große runde Kerne auf. Am oberen und am unteren Ende sieht man eine dunkle Masse dem Endosperm außen anliegen (Fig. 2). Es dürfte das je eine abgestorbene und zusammengefallene Zelle sein, wie sie auch Koch regelmäßig dem Endosperm von *Monotropa* anhaften sah. Das Innere des Endospermkörpers ist erfüllt mit kleinen, dünnwandigeren Zellen, die gegen den äußeren Mantel hin scharf abgegrenzt sind, dagegen miteinander einen einheitlichen runden Körper bilden, den man wohl als Embryo ansprechen muß. Auch die Zellen dieses Körpers enthalten große Kerne, die bei Färbung mit Gentianaviolett deutlich sichtbar werden. Das Endosperm ist vollgepfropft mit fettem Öl, das bei eventuellen Verletzungen in Form von größeren und kleineren stark lichtbrechenden Kugeln massenhaft herausquillt.

Untersucht wurden Samen von *P. minor, secunda, chlorantha* und *uniflora*, die einander alle sehr ähnlich sind. *P. uniflora* unterscheidet sich von den anderen untersuchten Arten dadurch, daß der Samen im ganzen länger und schmäler gebaut und heller gefärbt ist. *P. secunda* und *P. chlorantha* weisen eine feinere Netzstruktur der Testa auf, die nicht so in die Augen fallend ist wie die von *P. minor* und *P. uniflora*. Im übrigen stimmen alle von mir untersuchten Arten in den wesentlichen Merkmalen miteinander überein.

## III. Die Mykorrhiza.

### A. Literatur.

Irmisch spricht schon im Jahre 1855 von den verhältnismäßig großen, dünnwandigen Epidermiszellen der *Pirola*-Wurzeln, die ebenso wie die Wurzeln mancher Orchideen eine zusammengeballte dunkle Masse enthalten, über deren Entstehung und Zusammensetzung er sich aber nicht weiter äußert. Auch beobachtete er, daß die Wurzeln von *P. secunda* häufig mit einem schwärzlichen Pilz umsponnen sind, ahnte aber nicht den Zusammenhang zwischen diesem und den zusammengeballten dunklen Massen im Innern der Epidermiszellen. Auch maß er diesen Beobachtungen weiter keine Bedeutung bei.

Später, 1887, erwähnt Frank eine Bemerkung Kerner's aus dem Jahre 1886: »Die Wurzelhaare der Pirolaceen werden durch einen Pilzmantel ersetzt.« Dem pflichtet er aber nicht bei, sondern stellt das Vorhandensein einer Mykorrhiza bei den Pirolaceen überhaupt in Abrede. In derselben Arbeit liefert er eine Beschreibung der Ericaceenmykorrhiza, die mit der von mir bei *Pirola* beobachteten große Ähnlichkeit hat.

In der späteren Literatur ist die Pirolaceenmykorrhiza schon allgemein bekannt. 1899 erschien eine Arbeit von Kramař, die eine genaue Beschreibung der Mykorrhiza von *P. rotundifolia* darstellt. Er vergleicht sie mit der von *P. minor*, die er als eine koralloide bezeichnet. Dieser Behauptung muß ich aber widersprechen, da ich die Wurzeln von *P. minor* immer der ganzen Länge nach verpilzt fand und nicht nur an den von ihm als dunkler gefärbt abgebildeten Spitzen. Die dunklere Färbung der Wurzelspitzen konnte ich hie und da beobachten, doch bildet sie gewiß kein konstantes Merkmal und scheint mit der Mykorrhiza nichts zu tun zu haben. Auch sind die Nebenwurzeln nur selten so kurz, daß man die Form der Mykorrhiza als koralloid bezeichnen könnte. Die Mykorrhiza von *P. rotundifolia* konnte ich leider mangels des nötigen Materials nicht untersuchen, doch glaube ich, daß auch hier die Beobachtung Kramař's, daß die keulenförmig verdickten Wurzelenden die alleinigen Träger der Mykorrhiza seien, auf einem Irrtum beruht; ich fand nämlich auch hie und da bei *P. secunda*, häufiger und stärker ausgebildet bei *P. chlorantha*, keulig angeschwollene Wurzelenden. Sie erwiesen sich als besonders stark vom Pilz befallen und hatten daher besonders stark vergrößerte Epidermis- und oft auch vergrößerte Rindenparenchymzellen. Sie stellten meist schon im Absterben begriffene Teile einer Wurzel dar, die aber stets, wenn auch viel schwächer, doch auch in ihrem ganzen übrigen Verlauf verpilzt war. Es liegt daher nahe, dasselbe auch für die Wurzeln von *P. rotundifolia* anzunehmen, besonders da sich der Irrtum Kramař's so erklären ließe, daß seine Untersuchungen, vielleicht ebenso wie die von Frank, zu einer ungünstigen Jahreszeit vorgenommen wurden (im Frühjahr oder Frühsommer), wo die Mykorrhiza manchmal noch wenig entwickelt ist und bei flüchtiger Beobachtung nur an den verdickten Stellen durch ihre besondere Üppigkeit auffällt. Auch Irmisch fand schon hie und da die Wurzeln von *P. secunda* und in höherem Grade die von *P. rotundifolia* keulig verdickt. *P. chlorantha* hat er nicht untersucht. Kramař stellt ferner die Behauptung auf, daß es bei *P. minor* keine hypertrophierten Epidermis-

zellen gibt; ich muß dagegen sagen, daß eine Hypertrophie-
wohl vorhanden, aber nicht so auffallend wie bei den anderen
Arten ist. Gegenüber der ungeheuren Breite der Zellen, wie
sie Kramař für *P. rotundifolia* abgebildet hat, ist die Hypertrophie von *P. minor* allerdings eine verschwindende. Nach
den Abbildungen von Kramař ist die Breite der Epidermiszellen bei *P. rotundifolia* schon im nicht infizierten Stadium
eine viel größere als bei den von mir untersuchten Arten.
Verbreitern sich also diese Zellen infolge der Infektion um
dasselbe Vielfache ihrer ursprünglichen Ausdehnung, wie z. B.
die viel schmäleren von *P. uniflora*, so resultiert daraus für
*P. rotundifolia* eine ganz bedeutend größere Breite. Die Details
seiner Beschreibung der Mykorrhiza von *P. rotundifolia* kann
ich nicht beurteilen, da mir, wie gesagt, das nötige Vergleichs-
material fehlte. Im großen ganzen zeigt sich manche Ähnlichkeit mit der der anderen Arten.

Stahl gibt in seiner Arbeit aus dem Jahre 1900 an, daß
er zur Blütezeit die Wurzeln der Pirolaceen unverpilzt fand,
im Herbst dagegen eine reichliche Entwicklung der Mykorrhiza beobachten konnte. Im übrigen verweist er auf die
Arbeit von Kramař.

## B. Eigene Beobachtungen.

Das Untersuchungsmaterial stammte größtenteils aus
Payerbach, zum Teil aber auch aus dem Semmeringgebiet,
vom Leithagebirge, aus der Umgebung von Wiener-Neustadt
und aus Neulengbach (Niederösterreich). Die an den verschiedenen Orten gesammelten Pflanzen wiesen keinerlei auffallende Unterschiede auf.

Als Untersuchungsmethode eignete sich am besten die
folgende:

Die Wurzeln wurden in Kaiser'scher Mischung (10 Teile
Sublimat, 3 Teile Eisessig, 100 Teile Wasser) fixiert, nach
24 Stunden in 50 % Alkohol übertragen, der zwecks gründ-
licher Auswaschung mehrmals gewechselt wurde. Wurden die
Wurzeln nicht sofort untersucht, so verblieben sie einstweilen
im Alkohol. Längs- und Querschnitte durch dieselben wurden
mit einer 1 %-Lösung von Methylenblau in 50 % Alkohol

gefärbt, mit Alkohol ausgewaschen, durch Übertragen in immer höherprozentige Alkohole bis zum absoluten entwässert in Xylol übertragen und endlich in Kanadabalsam eingeschlossen. Mikrotomschnitte ergaben kaum bessere Bilder als mit der Hand verfertigte, weshalb ich die bequemere Methode der Handschnitte beibehielt.

Die Mykorrhiza der *Pirola*-Arten ist eine endotrophe. Sie ist für die von mir untersuchten Arten, das sind: *P. uniflora, chlorantha, secunda* und *minor*, obligatorisch, denn es gelang mir nie, ganze pilzfreie Wurzeln, geschweige denn solche Pflanzen aufzufinden. Die meisten Wurzeln waren bei der Untersuchung schon ganz vom Pilz durchsetzt; nur bei *P. uniflora* konnte ich ausnahmsweise auch die ersten Stadien der Infektion beobachten.

Vor dem Eintreten des Pilzes zeigt die Wurzel von **P.** *uniflora* ein ganz normales Aussehen. Die Epidermiszellen haben kaum eine größere Breite als die Zellen der darunterliegenden Rindenparenchymschichte. Ihre Länge ist sehr verschieden: langgestreckte Zellen wechseln mit weniger zahlreichen ebenso langen als breiten ab. Alle weisen kleine, scharf umgrenzte Kerne auf. Wurzelhaare sind an den meisten Wurzeln gar nicht, an einigen wenigen sehr reichlich vorhanden. Solchen Wurzeln nähern sich die braunen, mit Schnallen versehenen Hyphen und legen sich an ihre Oberfläche an (Fig. 5). Sie folgen den Konturen der Epidermiszellen, indem sie sich in die Spalte, die je zwei aneinandergrenzende Zellwände bilden, hineinlegen. So überziehen sie nach und nach die ganze Oberfläche der Wurzel mit einem weitmaschigen, braunen Netz. Dann beginnen die Hyphen an vielen Stellen zugleich ins Innere der Wurzel vorzudringen. Das geschieht entweder interzellulär oder zwar im Inneren der Zelle, aber ganz dicht an die Wand angepreßt. Ist einmal dieses Stadium der Verpilzung eingetreten, so reagiert die Wurzel darauf mit einem stärken Dickenwachstum der Epidermiszellen (Fig. 6), das im weiteren noch zunimmt. Wie ich durch Messungen konstatiert habe, wird zum Schluß die vier- bis fünffache Breite der noch nicht infizierten Zelle erreicht. Auch der Kern vergrößert sich sehr stark und der Nucleolus wird als dunkler gefärbter Körper deutlich sichtbar. In diesem Stadium ist von Wurzelhaaren nichts mehr zu sehen. Ist der Pilz nun an der an das Rindenparenchym grenzenden Zellwand angekommen, so legt er sich ihr an und beginnt parallele Schichten von Hyphen an ihr abzusetzen. Diese sind farblos, viel dünner als die außerhalb der Zelle befindlichen, stärker septiert, zeigen keinerlei Inhaltskörper und haben stark lichtbrechende Wände. Die einzelnen Schichten sind dicht aneinandergepreßt und die hie und da davon abzweigenden Hyphen bilden die Angriffsfläche für neue Schichten. Nach und nach wird die ganze Zelle, immer von der dem Rinden-

parenchym zugekehrten Seite der Zelle aus fortschreitend, mit Hyphen erfüllt
(Fig. 7), durch die der Kern nur mehr als undifferenzierte, dunkle Masse
durchschimmert. Nun beginnt auch schon der Zerfall der Hyphen, sie werden
undeutlich, ballen sich zu Knäueln zusammen und bilden endlich einen braun
gefärbten toten Inhaltskörper der Zelle, deren Kern auch nicht mehr auffindbar
ist und die überhaupt keinen lebenden Inhalt mehr besitzt (Fig. 8); sie ist
abgestorben und wird manchmal mit der Zeit abgestoßen.

Das ist der Verlauf der Verpilzung, wie er sich im
wesentlichen auch bei den anderen von mir untersuchten
Arten abspielt. Ein wichtiger Unterschied zwischen *P. uniflora* und den anderen Arten ist der, daß ich an den
anderen Arten niemals Wurzelhaare beobachten konnte,
während sie an den noch nicht oder schwach infizierten
Wurzeln von *P. uniflora* in einzelnen Fällen reichlich vorhanden waren. Ich möchte diesen Umstand ausdrücklich
hervorheben, da ich in der Literatur die Ansicht allgemein
vertreten fand, daß die Pirolaceen, ebenso wie die Ericaceen, durchwegs frei von Wurzelhaaren seien. Man
kann allerdings auch bei *P. uniflora* nur im Frühjahr, und
auch dann nur selten, Wurzelhaare beobachten, da sie nach
der Infektion sofort bis auf den letzten Rest verschwinden
und auch bei nicht infizierten Wurzeln selten sind. Wahrscheinlich bringen die im Sommer und Herbst neu gebildeten
Wurzeln, die von dem zu dieser Jahreszeit im ganzen Wurzelsystem üppig wuchernden Pilz sofort bei ihrer Entstehung bis
in die jüngsten Gewebe an der Spitze infiziert werden, niemals mehr Haare hervor. Andrerseits mögen die im Frühjahr
sich entwickelnden Wurzeln, die längere Zeit steril im Boden
leben und erst nach und nach vom Pilz befallen werden, zur
Entwicklung der Haare genügend Zeit haben und sie vielleicht
zur Wasseraufnahme notwendiger brauchen als die mit Mykor-
rbiza versehenen Wurzeln. Denn die Pilzhyphen bilden eine
ausgiebige Kommunikation zwischen der Wurzel und dem
sie umgebenden Erdreich und es neigen ja auch manche
Forscher (Stahl) der Ansicht zu, daß die Mykorrhiza gewisser
Pflanzen bei der Aufnahme des Wassers und der Nährsalze
die fehlenden Wurzelhaare ersetze. Ohne aber auf diese
Hypothesen näher einzugehen, will ich nur die Tatsache

konstatieren, daß ich an Wurzeln von *P. uniflora* nie Wurzelhaare und Mykorrhiza zugleich beobachtet habe; daß
sich die beiden also gegenseitig auszuschließen scheinen,
was wohl für die eben geäußerte Anschauung spricht.

Die Wurzeln von *P. chlorantha* sind, wie ich schon
früher hervorhob, öfters an ihren Enden keulig angeschwollen.
Das rührt von einer besonders starken Hypertrophie her, an
der oft auch das Rindenparenchym teilhat. Hie und da konnte
ich solche Anschwellungen, aber in geringerem Grade, auch
an *P. secunda* beobachten. Bei beiden Arten waren sie meist
dunkler gefärbt als die übrigen Teile der Wurzel, waren sehr
brüchig und meist schon im Absterben begriffen.

Normalerweise ist die Mykorrhiza auf die Epidermiszellen beschränkt, doch kommt es manchmal, in besonders
stark infizierten Wurzeln, vor, daß einzelne Hyphen in die
darunterliegende Rindenparenchymschicht vordringen. In diesem
Falle reagieren die Rindenzellen genau so wie die Epidermiszellen beim Eintritt der Infektion; sie werden hypertrophiert
und auch ihre Kerne vergrößern sich. Doch bewegen sich
Verpilzung und Hypertrophie stets in viel bescheideneren
Grenzen als in der Epidermis, wie man denn überhaupt die
Infektion subepidermaler Zellschichten nicht als regelmäßiges
Merkmal, sondern nur als Ausnahmsfall betrachten muß.

Bei den Mykorrhizen mancher anderer Pflanzen pflegen
sich die Sporen des Pilzes regelmäßig in den von ihm be-
fallenen Wurzelzellen abzulagern. Bei *Pirola* war ein solches
regelmäßiges Auftreten von Sporen nicht zu konstatieren, nur
hie und da ließen sich Sporen verschiedener Pilze an der
Oberfläche der Wurzel und in den Epidermiszellen beobachten, doch war es niemals mit Bestimmtheit zu sagen, ob
die Sporen wirklich dem Mykorrhizapilz angehörten. Einmal
traten solche einer *Fusarium*-Art an der Oberfläche der Epidermiszellen massenhaft und hie und da auch in ihrem
Innern auf, ein anderes Mal waren es große runde Sporen,
die zu viert eine Zelle erfüllten, und wieder ein anderes Mal
sah ich in mehreren Zellen dichte Haufen von kleinen gelben
Sporen. Es ist mir ganz unmöglich, irgend etwas darüber
auszusagen, ob eine dieser drei Sporenarten mit dem Mykor-

rhizapilz etwas zu tun hat oder ob es sich dabei nur um
zufällige Parasiten handelt.

Am stärksten entwickelt pflegt die Mykorrhiza bei *P. chlor--
antha* und *P. uniflora* zu sein, doch ist sie auch bei *P. secunda*
und *P. minor* nicht viel schwächer, nur daß bei den beiden
letzteren die Hypertrophie der Epidermiszellen nicht so bedeutend zu sein pflegt. Ich hatte nie Gelegenheit, ganz sterile
Wurzeln von *P. minor* zu untersuchen (vielleicht weil es
solche gar nicht gibt), kann daher nicht zahlenmäßig feststellen, um das wievielfache der ursprünglichen Breite die
Epidermiszellen zunehmen, doch dürfte die Zunahme wohl
nicht die bei *P. uniflora* beobachtete (das Vier- bis Fünffache
der ursprünglichen Breite) erreichen.

Es fiel mir auf, daß sich Schnitte durch frische, stark
verpilzte Wurzeln irgendeiner *Pirola*-Art nach mehrstündigem,
oft auch erst mehrtägigem Verweilen in Glyzerin manchmal
schön himmelblau bis blaugrün färbten. Und zwar trat diese
Färbung nur in der ersten subepidermalen Schicht und manchmal in der Endodermis auf und auch da nicht immer in allen
Zellen derselben. Der ganze Zellinhalt war mit dem blauen
Farbstoff durchtränkt, die Kerne speicherten ihn besonders
stark. Ich meinte zuerst, daß ich es hier mit einer Gerbstoffreaktion, hervorgerufen durch die Berührung mit dem Rasier-
messer, zu tun hätte. Das stellte sich aber bald als irrtümlich
heraus, da auch ganze, ungeschnittene Wurzeln, die nicht mit
dem Messer in Berührung gekommen waren, nach dem Einlegen in Glyzerin schöne Blaufärbungen zeigten. Auch ergab
eine Prüfung mit $FeSO_4$, daß wohl Gerbstoff in den Wurzeln
enthalten ist, aber in den besagten Zellpartien nicht in stärkerem
Ausmaß als in den anderen Geweben, so daß also kein Grund
zur ausschließlichen Färbung dieser Zellen vorlag. Nun prüfte
ich auf das Vorhandensein von Oxydasen, die die Färbung
hätten hervorrufen können. Ich wandte die Guajak-Wasserstoff-
superoxydmethode und die Probe mit Wurster's Tetrapapier
an, doch erfolgte keine Reaktion. Die chemische Zusammensetzung dieses Chromogens ist mir also nicht bekannt, doch
ist es jedenfalls in die Reihe der von Molisch als Pseudo-
indican bezeichneten Farbstoffe zu stellen. Die Färbung

steht gewiß in ursächlichem Zusammenhang mit der Mykorrhiza, denn ich konnte sie nur an solchen Wurzeln beobachten, deren Epidermiszellen reich·· lich Hyphen enthielten, und stets war sie am stärksten in der an die Epidermis grenzenden Zellschichte, viel schwächer in der Endodermis.

## IV. Versuche über die Kultur des Mykorrhizapilzes.

Behufs Reinkultur des Mykorrhizapilzes wusch ich *Pirola*-Wurzeln in fließendem Wasser möglichst gut ab, zerschnitt sie dann mit einem abgeflammten Messer in wenige Millimeter lange Stücke, die ich mit einer ausgeglühten Nadel auf den Nährboden übertrug. Als solchen benutzte ich 1·5 % Agar, das mit Dekokt von *Pirola*-Pflanzen, Torf oder Pflaumen versetzt worden war. Alle Kulturen wurden in Parallelserien im Licht und im Dunkel vorgenommen. Es zeigte sich, daß bei Kultur auf den genannten Nährböden nach zwei bis drei Tagen aus den Schnittflächen der Wurzeln ganze Büschel eines dünnen, farblosen, wenig charakteristischen Pilzes hervorkamen. An den folgenden Tagen wurden die Büschel immer dichter, es sah aus, als ob jede Schnittfläche in einen dicken Pinsel überginge. Auch von den nicht angeschnittenen Partien der Wurzeln gingen einzelne Hyphenstränge aus, doch erreichten sie hier niemals solche Üppigkeit wie an den Schnittflächen. Nach seinem Aussehen konnte ich den Pilz nicht mit Bestimmtheit als den Mykorrhizapilz agnoszieren, doch scheint mir die Tatsache für seine Identität zu sprechen, daß er so reichlich aus den angeschnittenen Zellen herauswuchs, die ja sicher den Mykorrhizapilz enthielten. Leider gelang es mir nie, tadellose Reinkulturen zu erhalten, da sich besonders in den Dunkelkulturen immer Bakterien und Schimmelpilze, die den Wurzeln anhafteten, breitmachten. Auch erreichten die Kulturen nie große Üppigkeit, da sie regelmäßig nach acht bis zehn Tagen das Wachstum einstellten und zugrunde gingen. Durch Überimpfen konnten sie gerettet werden, doch trat auch auf dem neuen Nährboden immer wieder nach acht bis zehn Tagen ein Stillstand im Wachstum ein. Im

allgemeinen gediehen die Lichtkulturen besser, da sie weniger
durch Bakterien geschädigt wurden. Um die den Wurzeln
stets anhaftenden Bakterien zu töten, machte ich den Versuch, die Wurzeln˙vor dem Zerschneiden einige Sekunden
lang, in Alkohol zu tauchen. Ich hoffte, daß dieser den im
Innern der Zellen befindlichen Pilz nicht schädigen werde,
doch erhielt ich, selbst nach nur einmaligem, eine Sekunde
währendem Aufenthalt in Alkohol, niemals ein Austreiben der
Hyphen. Ich machte auch Versuche mit mineralischen Nährböden, in denen ich zum Teil Asparagin als Stickstoff- und
Kohlenstoffquelle gab, zum Teil Ammoniumsalze und Kartoffel-
stärke als solche verwendete. Doch erfolgte auf diesen Böden
niemals ein Wachstum des Pilzes.

Mehrere Male, zu verschiedenen Jahreszeiten, streute ich
in besonders üppige, möglichst bakterienfreie Licht- und Dunkelkulturen Samen verschiedener *Pirola*-Arten, um durch die Einwirkung des Pilzes Keimung hervorzurufen. Doch hatte ich
damit niemals Erfolg, vielleicht zum Teil deshalb, weil der
Pilz schon nach wenigen Tagen abstirbt und diese Zeit nicht
zum Hervorrufen der Keimung ausreicht. Die Samen wiesen
nach vier Monate langem Liegen in den Kulturen auch bei
mikroskopischer Untersuchung keinerlei Veränderung auf.

## V. Diverse Beobachtungen.

### A. Der Bau der Blattepidermis von *Pirola chlorantha*.

An Querschnitten durch frische Blätter von *P. chlorantha*
sieht man, daß die Epidermiszellen sowohl der Ober- als auch
der Unterseite Chlorophyll in sehr merkwürdiger Anordnung
enthalten (Fig. 9); die einzelnen kleinen rundlichen Körner
liegen alle in einer Linie, die parallel zur Fläche des Blattes
schnurgerade durch die Mitte der Zellen geht. Es sieht aus,
als ziehe sich ein Faden, auf dem die Chlorophyllkörner auf-
gereiht sind, durch sämtliche Epidermiszellen. An Flächenschnitten, die mindestens die Dicke der halben Epidermiszelle umfassen, sieht man an der Chlorophyllanordnung nichts
Besonderes: Die einzelnen Körner sind ziemlich regelmäßig über die ganze Fläche verstreut, wobei die

Blattunterseite mehr und größere Körner enthält als die Oberseite. Schneidet man aber die Zellen jenseits der das Chlorophyll bergenden Plasmaplatte durch, so ist das gesamte Chlorophyll plötzlich verschwunden, da es genau in einer Ebene ungefähr in halber Höhe der Epidermiszellen liegt. Nur die Schließzellen der Spaltöffnungen, die an der Blattunterseite zahlreich vorhanden sind, ragen über diese Ebene hinaus und daher sieht man. dieselben in solchen zu hoch geführten Schnitten als die einzigen plasma- und chlorophyllhaltigen Zellen des ganzen Bildes.

Ich untersuchte, ob sich die Lage der Chlorophyllkörner unter dem Einfluß des Lichtes ändere. Nach Einwirkung von intensivem Sonnenlicht während ein bis vier Stunden zeigte sich keinerlei Veränderung, ebensowenig nach mehrstündigem bis sechstägigem Verweilen im Finstern. Stets behielten die Chlorophyllkörner ihre charakteristische Stellung in einer Ebene bei und auch an Flächenschnitten konnte ich keinerlei Umlagerung konstatieren, die Körner waren in jedem Fall ziemlich gleichmäßig über die ganze Fläche verstreut.

Es fragt sich nun, ob der Protoplasmagehalt dieser Zellen nur aus einer Platte besteht, die in halber Höhe derselben parallel zur Fläche des Blattes liegt und in die die Chlorophyllkörner eingebettet sind, oder ob außerdem, wie bei allen bisher bekannten Zellarten, ein plasmatischer Wandbelag vorhanden ist, der, nicht ohne weiteres sichtbar, erst durch mikrotechnische Behelfe deutlich gemacht werden müßte. Um diese Frage zu beantworten, wandte ich zuerst Färbemethoden an: ich fixierte das zu untersuchende Material in $1\%$ Essigsäure und färbte dann mit Gentianaviolett. Dadurch zeigte sich mir die auch ohne Färbung sichtbare Plasmaplatte, die in halber Höhe sämtliche Epidermiszellen durchzieht, sowie der in der Mitte derselben liegende Kern, aber keine Spur eines Wandbelages. Denselben Erfolg hatte die Färbung mit Safranin.

Um mir mittels Plasmolyse Klarheit über die Verteilung des Plasmas zu verschaffen, benutzte ich $10\%$ $KNO_3$. Brachte ich Blattquerschnitte in diese Lösung, so konnte ich niemals, bei keiner einzigen Epidermiszelle, selbst nicht nach mehrstündiger Einwirkung, irgendeine als Plasmolyse zu deutende Veränderung beobachten. Während diejenigen Zellen des Mesophylls, die durch den Schnitt unverletzt geblieben waren, nach einigen Minuten typische Plasmolyse zeigten, blieben die Epidermiszellen stets unverändert und obwohl ich den Versuch öfters wiederholte, auch mit konzentrierteren Lösungen (bis zu 30 %), sah ich niemals wandständiges Protoplasma sich loslösen. Ob solches wandständiges Plasma aber auch wirklich fehlt, das zu entscheiden wage ich nicht, da ein solcher Fall meines Wissens im Pflanzenreich nicht bekannt ist.

Bei Anwendung des genannten Plasmolytikums auf Flächenschnitte zeigte sich nach kurzer Zeit ein stark lichtbrechender Körper, der zuerst die ganze Plasmaplatte bedeckt, dann aber meistens um den Kern herum einen kreisrunden Hof freiläßt und sich langsam, wie in Plasmolyse, von der Zellwand loslöst. In den meisten Zellen bildet sich dann noch eine vom Kern ausgehende Durchbrechung dieser Masse, die entweder so weit geht, daß sie in zwei voneinander ganz getrennte Teile zerfällt oder nur eine halbmondförmige Lagerung derselben um den Kern zur Folge hat. Bei diesen Vorgängen lösen sich gewöhnlich kleinere Partikelchen von der Hauptmasse los und erfüllen in Form von stark lichtbrechenden Kügelchen den Raum zwischen den großen, ebenfalls abgerundeten Massen und der Zellwand. Die Plasmaplatte aber mit den eingestreuten Chlorophyllkörnern bleibt unverändert und kann selbst unter Zuhilfenahme von 30 % $KNO_3$ nicht zum Loslösen von der Wand gebracht werden.

Der eben beschriebene Vorgang zeigt viel Ähnlichkeit mit der von Hugo de Vries beschriebenen Bildung von Gerbstoffvakuolen in plasmolysierenden Spirogyrazellen. Der Unterschied besteht aber darin, daß de Vries außer der Vakuolenbildung immer noch Plasmolyse beobachtete. Mit Vakuolen scheinen wir es auch hier zu tun zu haben, doch enthalten sie keinen Gerbstoff. Ich führte die Prüfung nach den Angaben von de Vries aus: Die Schnitte werden in eine 10 prozentige $KNO_3$-Lösung gelegt, die etwas $FeCl_2$ enthält; es erfolgte auch nach 24 stündigem Verweilen in der

Lösung keine Schwärzung, respektive Bläuung und von dem lichtbrechenden Körper war nach dieser Zeit nichts mehr zu sehen. Wenn man frische Schnitte in einprozentige Antipyrinlösung legt, entsteht nach einigen Stunden in den Zellen ein sehr feinkörniger Niederschlag, der sich in Brown'scher Molekularbewegung befindet, nach O. Loew ein Beweis für das Vorhandensein eines im Zellsaft gelösten Proteinstoffes.

Die übrigen *Pirola*-Arten enthalten auch Chlorophyll in der Epidermis der Blätter, und zwar stets mehr an der Unter- als an der Oberseite, doch ist es niemals in dieser charakteristischen Weise angeordnet. Bei Einwirkung von 10 % $KNO_3$ findet immer Plasmolyse und Vakuolenbildung statt.

### B. Über die Verbreitung von Phloroglucotannoiden bei den *Pirola*-Arten.

Macht man einen Schnitt durch das Rhizom einer *Pirola*-Art, so färbt sich dieser sofort schwarz, es ist durch die Berührung mit dem Messer eine Gerbstoffreaktion eingetreten. Eine noch intensivere Schwärzung erhält man bei Behandlung mit $FeSO_4$. Prüft man mit dem Joachimowitz'schen Reagens, das ist eine Lösung von *p*-Dimethylaminobenzaldehyd in Schwefelsäure, auf Phloroglucotannoide, so erhält man eine schöne Rotfärbung. Ganz besonders reichlich ist diese Phloroglucin-Gerbstoffverbindung in den äußersten Zellschichten des Rhizoms vorhanden, weniger reichlich in allen anderen Partien desselben. Auch die Blattflächen, Blatt- und Blütenstiele von *P. secunda, minor* und *chlorantha* enthalten diese Verbindung, hauptsächlich in den Gefäßbündeln. In sehr geringem Maße ist sie auch in denen von *P. uniflora* vorhanden. Auch die Wurzeln sämtlicher untersuchter *Pirola*-Arten enthalten Phloroglucotannoide, am stärksten färben sich die abgestorbenen, braunen Hyphenmassen im Innern der Epidermiszellen. Alle Gewebe, welche mit diesem Reagens eine Rotfärbung geben, schwärzen sich bei Behandlung mit $FeSO_4$ mehr oder minder intensiv. Bei Behandlung mit HCl färben sich die verholzten Partien rot, sie geben infolge des Vorhandenseins von Phloroglucin und vielleicht verwandter Körper die Wiesner'sche Holzstoffreaktion.

## C. Über einen schön krystallisierenden Inhaltskörper der *Pirola uniflora*.

Bringt man einen eben angefertigten Schnitt durch ein frisches Blatt von *P. uniflora* in destilliertes Wasser, so scheiden sich fast momentan aus dem Gewebe einzelne Krystalle ab. Innerhalb weniger Minuten ist alles übersät mit gelblich bis schwarz gefärbten spießförmigen Krystallen. Im Gewebe des Blattes liegen sie kreuz und quer übereinander und am Rande desselben bilden sie einen ganzen Kranz von abstehenden Nadeln. Meistens sind sie zu rutenförmigen Büscheln vereinigt, doch treten sie oft auch einzeln auf; auch verzweigte Spieße sind häufig (Textfig. 1).

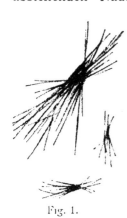

Fig. 1.

Es zeigte sich, daß die Entstehung dieser Krystalle nicht an die Einwirkung des Wassers gebunden ist, sondern daß sie durch das Eintreten des Todes bedingt ist und das Wasser dabei nur insofern eine Rolle spielt, als die Krystalle darin verhältnismäßig wenig löslich sind und es sich daher sehr gut als Untersuchungsmedium eignet. Denn auch durch Äther oder Chloroformdämpfe abgetötete Pflanzenteile, die nicht mit Wasser in Berührung gekommen waren, wiesen reichliches Vorhandensein von Krystallen auf. Ihre Entstehung erklärt sich so, daß nach Eintritt des Todes Stoffe, die bis dahin räumlich voneinander getrennt waren, aufeinandertreffen und aus ihrer Vereinigung ein unlöslicher Körper resultiert.

Nicht nur die Blätter, sondern auch alle anderen oberirdischen Organe von *P. uniflora* enthalten einen unter denselben Bedingungen auskrystallisierenden Körper; jedoch unterscheiden sich die Krystalle, die aus den verschiedenen Teilen der Blüte (Blütenblatt, sterile Teile des Fruchtknotens und der Staubgefäße) gewonnen werden können, von denen der Blätter und Stiele dadurch, daß sie stets dunkler gefärbt und kürzer und breiter geformt sind; man kann diese Krystalle ·

wohl kaum mehr als spießförmig bezeichnen (Textfig. 2). In
ihren chemischen Eigenschaften stimmen sie mit denen der
Blätter überein. Ein Unterschied besteht darin, daß in Präparaten aus grünen Teilen der Pflanze in Wasser nach
mehreren Tagen die Krystalle auf immer spurlos verschwinden,
während Krystalle aus Blütenteilen unter denselben Bedingungen wohl auch zuerst verschwinden, nach kurzer Zeit

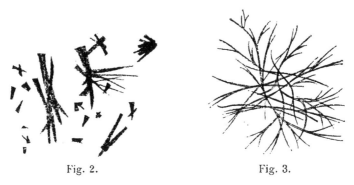

Fig. 2.						Fig. 3.

jedoch als grünliche, spießförmige, zu großen kugeligen Aggre-
gaten vereinigte Krystalle wieder ausgefällt werden und in
dieser Form unverändert bleiben. Die Löslichkeitsverhältnisse
dieser neuen Krystalle stimmen mit denen der ursprünglichen
überein. Ursache dieser zweiten Ausfällung dürfte wohl die
von der der grünen Teile verschiedene chemische Zusammensetzung der Blüte sein, welche irgendein fällend wirkendes
Agens zu enthalten scheint, das den Blättern fehlt.

Eine Methode, um den unbekannten Körper in reiner
Form zu erhalten, fand ich in der Sublimation; ein einziges
Blatt von *P. uniflora* liefert einen überaus dichten gold-
glänzenden Beschlag von großen, federförmigen, reich verzweigten Krystallen (Textfig. 3). Dieselben stimmen in ihren
Löslichkeitsverhältnissen genau mit denen der aus Schnitten
ausfallenden überein, woraus auf ihre Identität mit denselben
geschlossen werden kann. Sublimationskrystalle aus Blütenteilen zeigen in jeder Hinsicht genaue Übereinstimmung mit
solchen aus Blättern. Aus Herbarmaterial, das ein Alter von
70 Jahren besaß, konnten noch ganz unveränderte Krystalle
gewonnen werden. Außer den gewöhnlichen stark verzweigten
und gekrümmten Spießen traten aber in solchen aus Herbar-

material gewonnenen Sublimationspräparaten noch zweierlei Krystalle auf: 1. farblose bis hellgelbe rhombische Blättchen, zum Teil mit einspringenden Winkeln, die durch Verwachsung mehrerer Krystalle entstehen; 2. leuchtend grün gefärbte, flache, rhombische Prismen, die meist kettenartig aneinandergehängt sind. Die drei Arten von Krystallen entstehen bei der Sublimation in derselben Reihenfolge, in der ich sie hier beschrieben habe, stimmen in ihren Löslichkeitsverhältnissen miteinander überein und da auch Übergänge von einer Form in die andere häufig sind, kann man wohl mit Recht annehmen, daß wir es hier mit ein und demselben Körper zu tun haben, der unter verschiedenen Bedingungen verschieden krystallisiert.

Alle im vorhergehenden beschriebenen und abgebildeten Krystalle sind also verschiedene Formen derselben chemischen Substanz, deren Identifizierung oder Einreihung in eine bestimmte Gruppe mir bisher nicht gelungen ist. Zur Charakterisierung derselben seien im folgenden einige Löslichkeitsverhältnisse erwähnt.

Die aus Schnitten ausgefällten oder durch Sublimation gewonnenen Krystalle sind löslich in:

Methylalkohol: sehr gut;
Äthylalkohol: » »
Amylalkohol: » »
Äthyläther: » »
Petroläther: » »
Benzin:
Xylol: » »
Glyzerin: sehr wenig;
Essigsäure: sehr gut;
Pikrinsäure: wenig;
$H_2SO_4$: sehr gut, mit brauner Farbe, wahrscheinlich infolge geringer Verunreinigungen;
HCl: wenig;
$HNO_3$: sehr gut;
KOH: wenig;
$NH_3$: »

Die anderen *Pirola*-Arten enthalten diesen Körper nicht.

## Zusammenfassung.

I. Die untersuchten *Pirola*-Arten pflanzen sich in der Regel nur auf vegetativem Wege fort; Keimlinge sind sehr selten. Gefunden wurde ein solcher von *P. chlorantha,* der mit den aus der Literatur bekannten genau übereinstimmt, und einer von *P. uniflora,* der ein unterirdisches, walzenförmiges Gebilde vom anatomischen Bau einer Wurzel darstellt, das sich wahrscheinlich durch Pilzsymbiose ernährt und dessen weitere Entwicklung unklar ist. Keimungsversuche verliefen resultatlos.

II. Die genaue anatomische Untersuchung des Samens zeigte den ungegliederten Embryo, umhüllt von einer einfachen Lage derber Zellen, dem Endosperm, und die Testa.

III. Die Mykorrhiza ist endotroph und obligatorisch. Die Verpilzung erstreckt sich über die ganze Länge der Wurzel, ist aber auf die Epidermiszellen beschränkt. Die Infektion hat eine Hypertrophie derselben zur Folge. Die hypertrophierten Zellen werden allmählich ganz vom Pilz erfüllt, der den lebenden Zellinhalt zum Absterben bringt und dann selbst unter Klumpenbildung zugrunde geht. Wurzelhaare treten nur an nicht infizierten Wurzeln von *P. uniflora* auf.

IV. Bei den Kulturversuchen des Mykorrhizapilzes trat schon nach ein bis zwei Tagen an den Schnittflächen der Wurzeln ein Pilz in Büschelform auf. Wegen der Menge der den Wurzeln anhaftenden Bakterien konnte nicht zur absoluten Reinkultur und zur Identifizierung des Pilzes geschritten werden.

V. Die Epidermiszellen des Blattes von *P. chlorantha* enthalten in halber Höhe eine chlorophyllhaltige Plasmaplatte, die parallel zur Fläche des Blattes liegt. Plasmolyse konnte an diesen Zellen nicht hervorgerufen werden, sondern nur Bildung von Vakuolen. Ein plasmatischer Wandbelag war nicht nachweisbar.

Phloroglucotannoide sind bei den *Pirola*-Arten reichlich vorhanden. Die oberirdischen Organe von *P. uniflora* enthalten eine organische Verbindung, die beim Absterben in Wasser oder Ätherdampf massenhaft abgeschieden wird und die durch Sublimation in Krystallen leicht gewonnen werden kann. Ihre chemische Natur ist noch nicht bekannt.

# Literaturverzeichnis.

Burgeff H., Die Wurzelpilze der Orchideen. (Fischer, Jena 1909.)

Drude O., Pirolaceae. (Engler-Prantl, IV, 1, 1889.)

Frank B., Über neue Mykorrhiza-Formen. (Ber. d. d. bot. Ges., 1887.)

Goebel K., Organographie der Pflanzen. (Fischer, Jena 1913.)

Irmisch Th., Pyrola uniflora und secunda. (Flora, 1855.)

Joachimowitz M., Ein neues Reagens auf Phloroglucin etc. (Biochem. Zeitschr., 82. Bd.)

Kinzel W., Lichtkeimung. (Ber. d. d. bot. Ges., 1909.)

— Frost und Licht als beeinflussende Kräfte bei der Samenkeimung.

Koch L., Die Entwicklung des Samens von Monotropa Hypopitys L. (Jabrb. f. wiss. Bot., 1882.)

Kramař U., Studie über die Mykorrhiza von Pirola rotundifolia. (Bull. int. de l'acad. de Bohème, 1899.)

Loew O., Die chemische Energie der lebenden Zelle. (Wolff, München 1899.)

Molisch H., Mikrochemie der Pflanze. (Fischer, Jena 1913.)

— Indigo. (In Wiesner's »Rohstoffe des Pflanzenreiches«.)

Stahl E., Der Sinn der Mykorrhizen-Bildung. (Jahrb. f. wiss. Bot., 1900.)

Velenovsky Jos., Die Keimpflanzen der Pirolaceen. (Bull. int. de l'acad. des sciences de Bohème, 1905.)

de Vries H., Plasmolytische Studien über die Wand der Vakuolen. (Jahrb. für Bot., 1885.)

# Figurenerklärung.

1. Keimling (Prokaulom) von *P. uniflora*. Nat. Gr.
   $k$ = Knospe.
2. Samen von **P.** *minor*. Vergr. 180.
   $t$ = Testa, $e$ = Endospermkörper mit Embryo, $a$ = abgestorbene Zellen.
3. Längsschnitt durch den Samen von **P.** *minor*. Vergr. 240.
   $t$ = Testa, $e$ = Endosperm, *emb* = Embryo.
   Die beiden Enden der Testa waren zurückgekrümmt, fallen daher nicht in den optischen Schnitt.
4. Querschnitt durch den Samen von **P.** *minor*. Vergr. 250.
   $w$ = Zellwand der Testa, $l$ = Lumen der Testazellen, $e$ = Endosperm.
   *emb* = Embryo.
5. Epidermis einer Wurzel von *P. uniflora* im Moment der Infektion. Vergr. 250.
   $k$ = Kerne, $h$ = Wurzelhaare, $p$ = Pilzhyphen.
6. Dieselbe schon hypertrophiert. Vergr. 250.
   $e$ = Epidermis, $r$ = Rindenparenchym, $k$ = Kerne, $p$ = Pilzhyphen.
7. Dieselbe in einem weiteren Stadium der Verpilzung. Vergr. 250.
   $k$ = Kern.
8. Querschnitte durch eine Wurzel von **P.** *uniflora*. Vergr. 250.
   $z$ = Zentralzylinder, $r$ = Rindenparenchym, $e$ = Epidermiszellen mit abgestorbenen Pilzmassen.
9. Querschnitt durch die Blattepidermis von **P.** *chlorantha*. Vergr. 250.
   $p$ = Plasmaplatte mit Chlorophyllkörnern.

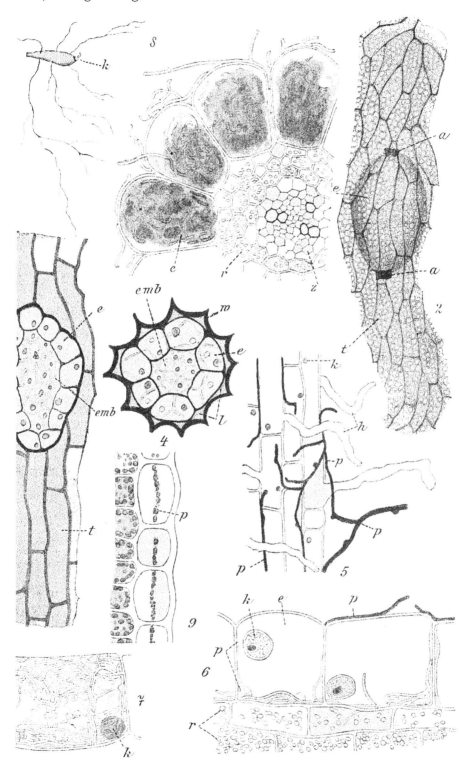

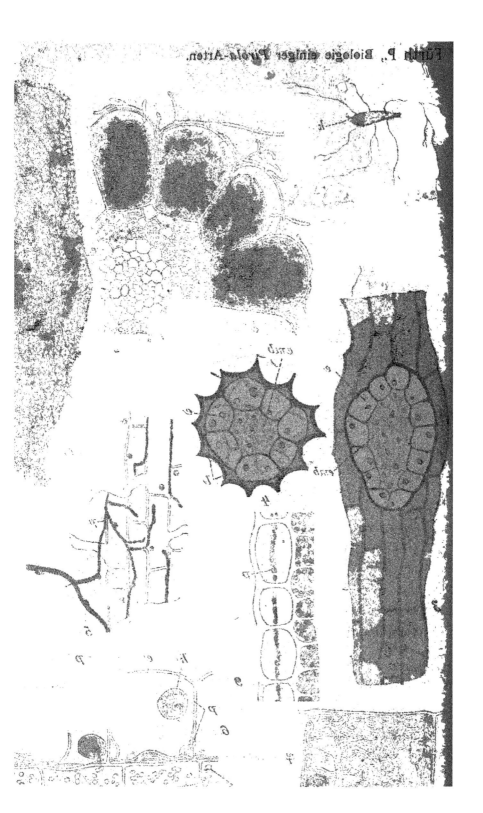

# Die *Ceratitoidea* der karnisch-norischen Mischfauna des Feuerkogels bei Aussee

Von

## C. Diener
w. M. Akad.

(Mit 3 Tafeln und 3 Textfiguren)

(Vorgelegt in der Sitzung am 1. Juli 1920)

Im Jahre 1909 hat Dr. A. Heinrich[1] zuerst auf eine neue Cephalopodenfauna aus den Hallstätter Kalken des Feuerkogels bei Aussee aufmerksam gemacht, die den Charakter einer Übergangsfauna der karnischen zur norischen Stufe trägt. Das reiche palaeontologische Material an Nautiloideen, leiostraken Ammonoideen und trachyostraken Ammoniten mit langer Wohnkammer (*Tropitoidea*), das zum größten Teil von ihm selbst aus den Schichten mit dieser Übergangsfauna zustande gebracht worden war, ist von mir im 97. Bande der Denkschriften dieser Akademie beschrieben worden. Während in diesem Material die Formen mit Beziehungen zur karnischen Stufe überwiegen, zeigen die *Ceratitoidea* ein auffallendes Vorherrschen norischer Elemente. Sie beanspruchen aus diesem Grunde ein besonderes Interesse.

Die vorliegende Arbeit umfaßt die Beschreibung der sämtlichen *Ceratitoidea* aus den Hallstätter Kalken des Feuerkogels mit der karnisch-norischen Mischfauna. Das prächtig erhaltene Material stammt wieder zum größten Teil aus den eigenen Aufsammlungen Dr. Heinrich's, dem an dieser Stelle für die Überlassung nochmals mein Dank ausgesprochen sein

---

[1] Verbandl. Geol. Reichsanst. 1909, p. 337.

mag, aber auch aus den Sammlungen des Palaeontologischen Universitätsinstitutes (coll. Arthaber) und des Naturhistorischen Staatsmuseums (Coll. Kittl), endlich von meinem eigenen Besuch der fossilführenden Lokalität am Nordabhang des Feuerkogels, den ich im August 1919 mit Unterstützung der Akademie der Wissenschaften unternommen habe.·

## Fam. *Ceratitidae* v. Buch.

### Genus Steinmannites v. Mojsisovics.

#### Steinmannites Sosthenis n. sp.

Taf. II, Fig. 7.

Aus der Bank mit der karnisch-norischen Mischfauna am Nordgehänge des Feuerkogels sind im Jahre 1907 durch den Sammler Rastl durch Sprengung einige Blöcke gewonnen worden, die eine förmliche Breccie aus den Gehäusen kleiner Ammoniten darstellen.

Das häufige Vorkommen von Cyrtopleuriten aus der nächsten Verwandtschaft des *C. bicrenatus* Hau. veranlaßte Kittl zu der Annahme eines norischen Alters dieser Bildungen. Mit verschiedenen Spezies des Genus *Cyrtopleurites* vergesellschaftet fanden sich innere Kerne und Zwergformen der Gattungen *Arcestes*, *Placites*, *Polycyclus*, *Ectolcites*, *Drepanites* und *Steinmannites*.

Ob die winzigen Gehäuse, die der nachfolgenden Beschreibung zugrunde liegen, einer Zwergform angehören oder innere Kerne einer Spezies von normaler Größe sind, läßt sich nicht feststellen. Dagegen kann es keinem Zweifel unterliegen, daß wir es hier mit einer neuen Art des auf die norische Stufe beschränkten Genus *Steinmannites* zu tun haben.

·Die langsam anwachsenden Umgänge sind ebenso ·hoch ·als dick und umfassen einander nur auf dem breiten; gewölbten ·Externteil,· so daß ein ·weiter Nabel offen bleibt. Die in den Externteil eingesenkte Medianfurche ist von zwei hohen, tief ·eingekerbten, in Perlknoten aufgelösten Kielen begleitet, die ·von der Flankenskulptur nicht erreicht werden.

Die Lateralskulptur besteht aus radialen Rippen von
verschiedener Stärke. In der Regel schalten sich zwischen
zwei Hauptrippen drei schwächere Rippen ein, die bald unge-
spalten sind, bald in der Seitenmitte sich gabeln. Auch die
Hauptrippen zeigen manchmal ihrer ganzen Länge nach eine
Teilung, als ob sie aus einer Verschmelzung von zwei
ursprünglich getrennten Nachbarrippen hervorgegangen wären.
Auf den Hauptrippen sitzen in der Marginalzone kräftige
Knoten auf. Sie sind viel stärker entwickelt als die knotigen
Anschwellungen der Rippen bei *St. thisbitiformis* v. Mojsisovics (Cephal. d. Hallst. Kaike, Abhandl. Geol. Reichsanst.
VI/2, 1893, p. 484, Taf. CXLII, Fig. 7, 8) und *St. Renevieri*
v. Mojsisovics (l. c., p. 484, Taf. CXLII, Fig. 10), mit denen
unsere Art eine, allerdings nur entfernte Ähnlichkeit aufweist.

Eine größere äußere Ähnlichkeit scheint, wenigstens auf
den ersten Blick, zwischen unserer Spezies und einzelnen
Zwergformen des Genus *Sandlingites* Mojs. zu bestehen.
Die durch eine Medianfurche getrennten Reihen perlförmiger
Externknoten und die kräftigen Marginaldornen sind auch
gewissen Entwicklungsstadien von *Sandlingites* eigentümlich.
Gleichwohl kann unsere Spezies nicht zu dem letzteren
Genus gestellt werden. Verfolgt man die drei ontogenetischen
Stadien, die *Sandlingites Oribasus* v. Dittmar (Zur Fauna
d. Hallst. Kalke, Geogn. Pal. Beitr. v. Benecke etc., I., 1866,
p. 384, Taf. XVIII, Fig. 8—10), die am besten bekannte
Art des Genus, durchläuft, an der Hand der Abbildungen von
E. v. Mojsisovics (l. c., Taf. CLXVII, Fig. 5—7), so sieht
man, daß weder das tirolitische Jugendstadium noch das
gerontische Stadium mit der von Rippen überbrückten Median-
senke bei unserer Art ein Analogon findet. Die letztere behält
vielmehr die aus Perlknoten bestehenden Externkiele in allen
Wachstumsstadien bei. Auch erreicht die Flankenskulptur bei
*St. Sosthenis* die Kielknoten nicht, während beide bei
*Sandlingites* in einem innigen Zusammenhang stehen. Bei
der ersteren Art sind die Externknoten viel zahlreicher als
die Rippen, bei den Sandlingiten ist die Zahl beider Skulptur-
elemente gleich.

Andeutungen einer Längsskulptur konnte ich bei unserer Spezies nicht beobachten.

Dimensionen:

Durchmesser ........................10 *mm*,
Höhe der Schlußwindung.............. 3·5 *mm*,
Dicke der Schlußwindung............. 3·5 *mm*,
Nabelweite ........................ 4 *mm*.

Loben. — Nicht bekannt.

Vorkommen. Zahl der untersuchten Exemplare. — Feuerkogel, karnisch-norische Mischfauna 7, coll. Heinrich, 6 coll. Kittl.

### Genus Clionites v. Mojsisovics.

#### Clionites quinquespinatus n. sp.

Taf. II, Fig. 2, Taf. III, Fig. 2.

Konvergenzerscheinungen, die durch das Auftreten lateraler Knotenspiralen veranlaßt werden, gestalten in manchen Fällen die Entscheidung schwierig, ob eine Form zu *Clionites* Mojs. oder zu *Trachyceras* Lbe. in weiterem Sinne zu stellen sei. So kann *Clionites evolutus* Kittl (Triasbildungen d. nordöstl. Dobrudscha, Denkschr. Akad. Wiss. Wien, LXXXI, 1908, p. 493, Taf. I, Fig. 17 18) fast mit gleichem Recht zu *Clionites* wie zu *Protrachyceras* gestellt werden. *Clionites promontis* Kittl (l. c., p. 492, Taf. I, Fig. 15) möchte ich lieber an *Anolcites* als an *Clionites* anschließen. Auch die hier zu beschreibende neue Art kann Ansprüche auf eine Vereinigung mit *Clionites* ebensowohl wie mit *Protrachyceras* geltend machen. *Protrachyceras Thous* v. Dittmar (Zur Fauna d. Hallst. Kalke, Geogn. Palaeontol. Beitr. v. Benecke, I, 1866, p. 385, Taf. XVII, Fig. 11—13) z. B. könnte sehr wohl zu einem näheren Vergleich herangezogen werden.

Wenn ich unsere Art gleichwohl zu *Clionites* stelle, so sind mir drei Gründe für diese Entscheidung maßgebend. Einmal stehen die Externknoten nicht frei entlang der Medianfurche, sondern sind deutlichen Kielen aufgesetzt, wie sie für *Arpadites* und dessen Verwandte bezeichnend sind, zu denen wohl auch *Clionites* gezählt werden darf. Ferner nimmt die laterale Knotenskulptur im Alter ab, während die mit den Externknoten gezierten Kiele persistieren. Endlich spricht die ceratitische Beschaffenheit. der Suturlinie mit ganzrandigen Sattelköpfen gegen die Zugehörigkeit zu einem *Protrachyceras* aus Bildungen vom Alter der julischen Unterstufe.

Das ziemlich weit genabelte Gehäuse besteht aus einander wenig umfassenden Windungen, die jedoch ein rascheres Anwachsen als bei der überwiegenden Mehrzahl der Clioniten zeigen. Die Umgänge sind erheblich höher als breit und auf den Flanken, insbesondere bei den erwachsenen Exemplaren abgeflacht.

Die Skulptur besteht aus kräftigen, falcoid geschwungenen Lateralrippen, die sich häufig unterhalb der Seitenmitte gabeln. Sie sind bei jugendlichen Exemplaren (Taf. II) mit zarten Dornen besetzt, die in vier Spiralreihen angeordnet erscheinen. Die fünfte Dornenreihe ist jene der Externdornen, die auf wohl entwickelten Längskielen aufsitzen, zwischen denen eine tiefe Hohlkehle eingesenkt ist. Mit zunehmendem Alter nehmen die Dornen auf den Seitenteilen ab und verschwinden endlich vollständig. Die tadellos erhaltene, unmittelbar vor der Mündung stehende Hauptrippe des auf Taf. III abgebildeten großen Wohnkammerexemplares ist bis zur Marginalregion glatt und zeigt nur noch die Spuren eines marginalen Knötchens. Auch die Externknoten schwächen sich ab, ohne indessen zu verschwinden, während die beiden Kiele persistieren.

Die einzelnen mir vorliegenden Exemplare zeigen individuelle Abweichungen in bezug auf die Stärke der Dornenspiralen, die manchmal schon bei Jugendformen nur sehr schwach entwickelt sind. Bei dem auf Taf. II abgebildeten Individuum treten sie stärker als bei irgend einem anderen hervor.

In ihrer Lateralskulptur erinnert unsere Art an das himamalayische Genus *Pleuraspidites* D i e n., das jedoch glatte Externkiele wie *Arpadites* oder *Dittmarites* besitzt.

Dimensionen.                          I (Taf. III)   II (Taf. II)

| | | |
|---|---|---|
| Durchmesser | 48 *mm* | 33 *mm* |
| Höhe der Schlußwindung | 21 *mm* | 16 *mm* |
| Dicke der Schlußwindung | 14 *mm* | 11 *mm* |
| Nabelweite | 12 *mm* | 7 *mm*. |

Loben. —

Suturen ceratitisch, mit an den Seitenwänden schwach gekerbten Sätteln, deren Köpfe ganzrandig sind. Externlobus einspitzig, mit sehr breitem, niedrigem Mediansattel. Der erste Hilfslobus fällt mit der Nabelkante zusammen. Externlobus und erster Laterallobus stehen ebenso wie die ihnen entsprechenden Sättel auf gleicher Höhe.

Vorkommen. Zahl der untersuchten Exemplare. — Feuerkogel, karnisch-norische Mischfauna, 7, coll. Heinrich, 2, coll. Kittl.

### Genus Drepanites v. Mojsisovics.

#### Drepanites Hyatti v. Mojsisovics.

1893 *Drepanites Hyatti* v. Mojsisovics, Cephal. d. Hallst. Kalke, Abhandl. Geol. Reichsanst. VI'2, p. 495, Taf. CLI, Fig. 5—10.
1906 *D. Hyatti* v. Arthaber. Alpine Trias, Lethaea mes. I/3, Taf. XLVI, Fig. 1, 2.

Außer zahlreichen inneren Kernen und Jugendexemplaren liegt mir ein vorzüglich erhaltenes Stück dieser Spezies vor, das bei einem Durchmesser von 45 *mm* die normale Größe ausgewachsener Exemplare aufweist. Es stimmt in allen Merkmalen mit dem Arttypus überein. Der Außenrand der Externseite zeigt die charakteristische Knötchenkerbung.

Vorkommen. Zahl der untersuchten Exemplare. — Feuerkogel, karnisch-norische Mischfauna, 5, coll. Heinrich, 12, coll. Kittl.

#### Drepanites' fissistriatus v. Mojsisovics.

1893 *Drepanites fissistriatus* v. Mojsisovics, Cephal. d. Hallst. Kalke, Abhandl. Geol. Reichsanst. VI/2, p. 496, Taf. CLI, Fig. 2—4.
1904 *D. fissistriatus* Gemmellaro, Cefal. Trias super. reg. occid. Sicilia, p. 52, Tav. XII, fig. 12, 13.

In der Ammonitenbreccie aus den Bänken mit der karnisch-norischen Mischfauna ist diese Art die häufigste. Die

Bestimmung der Mehrzahl der mir vorliegenden Exemplare, unter denen das größte einen Durchmesser von 28 *mm* aufweist, unterliegt keinen Schwierigkeiten. Alle von E. v. Mojsisovics angegebenen Unterscheidungsmerkmale gegenüber *D. Hyatti* — größere Hochmündigkeit, frühzeitige Herausbildung scharfer Externkanten, feinere Skulptur — treffen auch für sie zu. Bei einzelnen Stücken stellt sich indessen eine Kombination der schmäleren, mit frühzeitigen Externkanten versehenen Umgänge mit einer kräftigen, sonst für *D. Hyatti* bezeichnenden Lateralskulptur ein. Zu diesen Übergangsformen scheint auch das von Gemmellaro abgebildete sizilische Stück zu gehören, das E. v. Mojsisovics selbst trotz der wohl ausgebildeten Halbmonde auf der oberen Hälfte der Flanken zu *D. fissistriatus* gestellt hat.

Vorkommen. Zahl der untersuchten Exemplare. — Feuerkogel, karnisch-norische Mischfauna 20, coll. Heinrich, 15, coll. Kittl.

## Drepanites Saturnini n. sp.

Taf. II, Fig. 4.

Von den beiden vorgenannten Arten unterscheidet sich diese neue Spezies durch die Abänderung der für *Drepanites* bezeichnenden Externskulptur auf der vorderen Hälfte der Wohnkammer. Die in den beiden ersten Quadranten der Schlußwindung noch wohl individualisierten und mit Kerbknötchen versehenen Externkanten erlöschen allmählich, die tiefe Medianfurche macht einer Aufwölbung des Externteils Platz, so daß an der Mündung die Externseite gleichmäßig gewölbt und die Marginalregion des Gehäuses stumpf gerundet erscheint.

Bei einem Durchmesser von 30 *mm* zeigt das abgebildete Stück die Querschnittsverhältnisse und die Lateralskulptur des *Drepanites fissistriatus* Mojs. Am Ende der Schlußwindung stellt sich die für *D. Hyatti* Mojs. charakteristische Ornamentierung — kräftige, weit abstehende Halbmonde in der oberen Hälfte der Seitenteile — ein.

Dimensionen.

Durchmesser .................................44 *mm*
Höhe der Schlußwindung über der Naht ...........26 *mm*
Höhe der Schlußwindung über d. Externteil d. vorher-
    gehenden Windung.........................15 *mm*
Dicke der Schlußwindung .......................11 *mm*
Nabelweite .................................. 2 *mm*.

    Loben. — Nicht bekannt.

    Vorkommen. Zahl der untersuchten Exemplare. —
Feuerkogel, karnisch-norische Mischfauna, 1, coll. Heinrich.

Fam. *Heraclitidae* Mojs.

Genus Heraclites v. Mojs.

**Heraclites Gorgonii n. sp.**
Taf. II, Fig. 1.

    Diese Art, die mir in einem vorzüglich erhaltenen, mit
dem größten Teil seiner Wohnkammer versehenen Exemplar
vorliegt, schließt sich an *H. Bellonii* v. Mojsisovics (Ceph.
Hallst. Kalke, Abhandl. Geol. Reichsanst. VI/2, 1893, p. 507,
Taf. CXXXIX, Fig. 10) aus dem norischen Marmor des
Someraukogels sehr nahe an. In den Involutionsverhältnissen
sowohl als in den Grundzügen der Skulptur herrscht Übereinstimmung. Die eine spezifische Unterscheidung begrün-
denden Merkmale sind nur von untergeordneter Bedeutung.
Sie betreffen Details in der Ornamentierung der Flanken und
des Externteils.

    Die Berippung ist bei unserer neuen Art dichter als bei
*H. Bellonii.* Auch sind die Flankenrippen mit zahlreicheren
Knoten besetzt. Allerdings entspricht auch hier die am stärksten und regelmäßigsten ausgebildete Knotenreihe der Marginalkante. Die dicht gedrängt stehenden kleinen Externknoten
sind durch zarte, die Medianfurche überbrückende Rippen
miteinander verbunden.

    Dimensionen.

        Durchmesser ..............37 *mm*
        Höhe der Schlußwindung ...17·5 *mm*
        Dicke der Schlußwindung ...18 *mm*
        Nabelweite .............. 9 *mm*.

oben. — Nicht bekannt.

Vorkommen. Zahl der untersuchten Exemplare. — Feuerkogel, karnisch-norische Mischfauna, 1, coll. Kittl.

## Genus Cyrtopleurites Mojs.

### Cyrtopleurites Strabonis v. Mojsisovics.

1893 *Cyrtopleurites Strabonis* v. Mojs., Cephal. Hallst. Kalke, Abhandl. Geol. Reichsanst. VI/2, p. 526, Taf. CLX, Fig. 3.

E. v. Mojsisovics hat diese schöne Art für ein Wohnkammerexemplar von 45 *mm* Durchmesser aus den *Ellipticus*-Schichten des Feuerkogels aufgestellt. Mir liegt ein kleineres Exemplar (Durchmesser 35 *mm*) aus der karnisch-norischen Mischfauna der gleichen Lokalität vor, das in allen seinen Merkmalen mit dem Original aus der julischen Unterstufe übereinstimmt. Die bewimperten Externohren sind im ersten Viertel der Schlußwindung noch deutlich individualisiert. Erst in der vorderen Hälfte der Schlußwindung verschwindet die Kerbung der hohen, durch eine spitz zulaufende Furche getrennten Externkiele und gehen selbst die Aus- und Einbiegungen der ursprünglichen Externohren vollständig verloren.

In der ersten Hälfte der Schlußwindung sind auf den lateralen und marginalen Spirallinien noch zarte Knoten erkennbar. Zwischen beiden Spirallinien sind die nach rückwärts gerichteten Halbmonde der Sichelfalten wohl entwickelt. Im Scheitelpunkte der Halbmonde stellt sich eine akzessorische Spirallinie ein. Auch auf dem Originalstück ist eine solche sichtbar, bleibt aber auf eine der beiden Seitenhälften beschränkt.

Vorkommen. Zahl der untersuchten Exemplare. — Feuerkogel, karnisch-norische Mischfauna, 1, coll. Kittl.

### Cyrtopleurites sp. ind. aff. bicrenato v. Hauer.

Taf. I, Fig. 4, Taf. III, Fig. 6, 7.

In der karnisch-norischen Mischfauna des Feuerkogels treten kleine Cyrtopleuriten in großer Zahl auf. Sie sind, wie

mir Herr Dr. Heinrich mitteilt, von dem Sammler Rastl
im Jahre 1908 aus einem einzigen Block gewonnen worden
und sowohl in den Sammlungen Kitti's wie Heinrich's
vertreten. Ihre Bestimmung gestaltet sich aus dem Grunde
schwierig, weil keines der mir vorliegenden Exemplare in
seinen Dimensionen über einen Durchmesser von 25 *mm*
hinausgeht, E. v. Mojsisovics aber Exemplare von so
kleinen Dimensionen nur von einer einzigen Art, *Cyrtopleurites
Saussurei* Mojs. (Cephal. Hallst. Kalke, Abhandl. Geol.
Reichsanst. VI/2, 1893, p. 521, Taf. CLVIII, Fig. 5, 6) gekannt
hat, wobei er noch obendrein die Zugehörigkeit des in Fig. 6
abgebildeten Kerns zu dieser Art als »zwar wahrscheinlich,
doch nicht sicher« bezeichnet. Auch die Frage, ob wir es
am Feuerkogel mit einer Brut einer größeren Art oder mit
echten Zwergformen zu tun haben, bleibt ungeklärt, da mir
kein einziges Stück mit einem erhaltenen Mundrand bekannt
geworden ist.

Kittl hat die meisten der von Rastl erworbenen Cyrtopleuriten an *C. bicrenatus* v. Hauer (Cephal. d. Salzkammergutes, 1846, p. 29, Taf. IX, Fig. 6—8) angeschlossen und
die Schichten, in denen sie vorkommen, auf den Etiketten
in der Sammlung der Palaeontologischen Abteilung des Naturhistorischen Hofmuseums geradezu als »*Bicrenatus*-Zone«
bezeichnet. Sie galten ihm als ein ausreichender Beweis für
eine Vertretung der norischen Stufe auf dem Nordabhang des
Feuerkogels gegen das Schnittlingmoos und die Ausseer
Teltschen Alpe.

Eine sichere Identifizierung der Cyrtopleuriten vom Feuerkogel mit *C. bicrenatus* läßt sich nicht durchführen. Selbst
das kleinste der von E. v. Mojsisovics (l. c., p. 520,
Taf. CLVIII, Fig. 3, Taf. CLIX, Fig. 8, 9, Taf. CLX, Fig. 1, 2)
abgebildeten Exemplare — es ist das die in Fig. 2 auf
Taf. CLX abgebildete Varietät vom Leisling — zeigt das
Gehäuse erst von einer Windungshöhe von 14 *mm* an, die
an keinem der von Rastl am Feuerkogel gesammelten
Exemplare erreicht wird. Vergleicht man das größte, leider
unvollständige Exemplar Kittl's, das ich in Fig. 7 zur Abbildung gebracht habe, so fällt als ein Unterschied gegenüber

dem Typus des *C. bicrenatus* nur die geringere Breite der Rippen im Verhältnis zu jener der Interkostalräume auf. Aber selbst diese geringfügigen Unterschiede treten zurück, wenn man nicht F. v. Hauer's Original, sondern die von E. v. Mojsisovics auf Taf. CLX abgebildete Varietät mit unserem Stück vergleicht. Die Nabelknoten sind an demselben noch deutlich ausgebildet. Sie halten auch bei dem Typus des *C. bicrenatus* bis zu einer Windungshöhe von 22 *mm* an.

In bezug auf die Dichte der Berippung herrscht übrigens keine volle Gleichförmigkeit. Die meisten der mir vorliegenden Exemplare sind dichter berippt als das in Fig. 7 abgebildete Stück. Das in Fig. 6 illustrierte Exemplar kann als Durchschnittstypus gelten. An den inneren Umgängen (Fig. 4) tritt der sigmoide Schwung der Rippen in dem Raum zwischen der marginalen und lateralen Knotenreihe in der Regel zurück. Schon an so kleinen Individuen ist die Bewimperung der Externohren deutlich erkennbar.

Die dichtere Berippung und die Anwesenheit wohl entwickelter Umbilikalknoten schließen eine Identifizierung unserer Stücke mit dem karnischen *C. Herodoti* v. Mojsisovics (l. c., p. 518, Taf. CLVIII, Fig. 10) aus. Daß dieselben dem *C. bicrenatus* näher stehen als irgendeiner der karnischen Spezies des Genus *Cyrtopleurites*, kann wohl nicht bezweifelt werden. Wäre *C. bicrenatus* nicht zu selten, als daß man sich zur Opferung eines Exemplares durch Präparation der inneren Kerne entschließen dürfte, so könnte vielleicht sogar der Nachweis einer Identität beider Spezies gelingen. Vorläufig möchte ich lieber von einer Identifizierung absehen und die Spezies vom Feuerkogel als *Cyrtopleurites* sp. ind. aff. *bicrenato* Hau. registrieren.

Fast mit dem gleichen Rechte wie *C. bicrenatus* kommt für einen näheren Vergleich mit unserer Art auch *C. Saussurei* v. Mojs. (l. c., p. 521, Taf. CLVIII, Fig. 5) in Frage. Die Merkmale, mit denen E. v. Mojsisovics die Trennung des *C. bicrenatus* und *C. Saussurei* begründet — stärkere Flankenskulptur, Persistenz der bloß dreiteilig gekerbten Externohren, stärker aufgeblähte Umgänge, weiterer Nabel — beziehen sich auf erwachsene Exemplare, deren Durchmesser 90 *mm* beträgt. Da das kleine, in Fig. 6 abgebildete Exemplar nicht mit Sicherheit als ein· innerer Kern von C. *Saussurei* angesprochen werden kann, so muß von ihm bei einer Identifizierung unserer Stücke vom Feuerkogel mit C. *Saussurei* abgesehen werden.

Die Ähnlichkeit dieses von E. v. Mojsisovics abgebildeten inneren Kerns mit einzelnen unserer Exemplare, z. B. mit dem auf Taf. III, Fig. 6, abgebildeten Typus, springt in die Augen. Diese Ähnlichkeit steigert sich bis·zur vollständigen Übereinstimmung an einem unserer Kerne aus dem norischen Hallstätter Marmor des Sommeraukogels, den ich im Jahre 1917 von dem Sammler Faber in Hallstatt erworben· habe und der später zur Abbildung gebracht werden soll. Ich vermag zwischen diesem Kern und dem dichter berippten Durchschnittstypus der Art vom Feuerkogel keine Speziesunterschiede zu entdecken.

Obwohl sich nicht entscheiden läßt, welcher Art von *Cyrtopleurites* der hier erwähnte Kern vom Sommeraukogel angehört, erscheint mir seine völlige Übereinstimmung mit den Stücken vom Feuerkogel doch in stratigraphischer Hinsicht bedeutungsvoll. Man wird die letzteren jedenfalls zu den selteneren norischen, nicht zu den karnischen Elementen der Mischfauna am Nordabhang des Feuerkogels zu zählen haben.

| Dimensionen. | I (Fig. 6) | II (Fig. 4) |
|---|---|---|
| Durchmesser | 24 *mm* | 14 *mm* |
| Höhe der Schlußwindung | 13 *mm* | 7·5 *mm* |
| Dicke der Schlußwindung | 8 *mm* | 6·5 *mm* |
| Nabelweite | 2·5 *mm* | 2·5 *mm*. |

Loben. — Im Detail nicht bekannt.

Vorkommen. Zahl der untersuchten Exemplare. — Feuerkogel, karnisch-norische Mischfauna, 24, coll. Kittl, 9, coll. Heinrich.

### Cyrtopleurites Vestaliae n. sp.
Taf. III' Fig. 5.

Viel seltener als jene Formen, die sich an *Cyrtopleurites bicrenatus* Hau. zunächst anschließen, sind in der karnisch-

norischen Mischfauna des Feuerkogels solche, die durch ihre
steife Berippung und kräftige Beknotung auffallen. Die Exemplare, die diese, von der vorigen ohne Zweifel verschiedene
Form vertreten, sind noch kleiner, da bei keinem derselben
die Länge des Durchmessers über 17 *mm* hinausgeht. Eine
Identität dieser Stücke mit einer der von E. v. Mojsisovics
beschriebenen Arten kommt nicht in Frage. Es handelt sich
zweifellos um eine neue Spezies, von der es allerdings zunächst unsicher bleibt, ob sie eine Zwergform oder eine
Form von normalen Dimensionen war, deren erwachsene
Individuen wir noch nicht kennen.

Die Skulptur der ziemlich gedrungenen Gehäuse wird
von gerade verlaufenden Rippen gebildet, die relativ weit
voneinander abstehen und sich gelegentlich in den Lateralknoten gabeln. Es sind schwache Umbilikalknoten, mittelstarke Lateralknoten und noch kräftigere, spiral verlängerte
Marginalknoten vorhanden. Die wohl individualisierten Externohren zeigen eine deutliche Bewimperung. Das auffälligste
Skulpturmerkmal ist jedoch der gerade Verlauf der Rippen,
denen jede Andeutung einer sigmoiden Beugung fehlt, so
daß ein ähnlicher Eindruck der Ornamentierung wie bei
vielen Ceratiten der *trinodosus*-Gruppe entsteht.

Dimensionen.

Durchmesser........................17 *mm*
Höhe der Schlußwindung.............. 9 *mm*
Dicke der Schlußwindung ............. 8 *mm*
Nabelweite ... ....................... 2·5 *mm*.

Loben. – Nicht bekannt.

Vorkommen. Zahl der untersuchten Exemplare. —
Feuerkogel, karnisch-norische Mischfauna 5, coll. Kittl.

### Cyrtopleurites Hersiliae n. sp.

Taf. II, Fig. 6, Taf. III, Fig. 4.

ı Diese Art, die ebenfalls nur durch kleine Exemplare
vertreten erscheint — das größte (Fig. 4) erreicht eine
Windungshöhe von 17 *mm* — ist durch eine zarte, sehr

dichte Rippenskulptur und durch den Verlust der Lateral-
und Marginalknoten in vorgeschrittenen Wachstumsstadien
charakterisiert.

Umbilikalknoten fehlen selbst bei ganz jugendlichen
Individuen, die hingegen deutliche, wenn auch schwach entwickelte Lateral- und Marginalknoten zeigen. Die ersteren
fallen stets mit der Teilungsstelle der Flankenrippen zusammen
und liegen ein wenig unterhalb der Seitenmitte. Beide Gruppen
von Knoten obliterieren ziemlich gleichzeitig, aber an den
einzelnen Individuen in sehr verschiedenen Wachstumsstadien,.
so an dem in Fig. 6 abgebildeten Stück erst in der Nähe
der Mündung bei einer Windungshöhe von 13 *mm*, an dem
in Fig. 4 abgebildeten Exemplar bei einer Windungshöhe
von 8 *mm*, an einem dritten aus der coll. Heinrich gar
schon bei einer solchen von 6 *mm*. Dagegen persistieren die
gekerbten Externohren und fließen selbst bei dem größten
Exemplar (Fig. 4) nicht an ihrer Basis zusammen. Häufig
verhalten sich die beiden Schalenhälften insofern ungleich,
als die Knoten auf der einen früher verlöschen als auf der
anderen.

Für einen näheren Vergleich mit unserer Spezies kommen
unter den alpinen Arten C. *socius* v. Mojs. (l. c., p. 522,
Taf. CLVIII, Fig. 7—9) und C. *Hutteri* v. Mojs. (l. c.,
p. 523, Taf. CXCVII, Fig. 5), ferner der indische C. *Freshfieldi*
Diener (Fauna of the Tropites limestone of Byans, Pal. Ind.
ser. XV, Himal. Foss. Vol. V, No. 1, 1906, p. 59, Pl. VIII,
fig. 9—12) in Betracht.

Der Vergleich mit C. *socius* wird durch die sehr ungleiche Größe der zur Beobachtung verfügbaren Exemplare
erschwert. Dennoch kann festgestellt werden, daß die Skulptur
bei unserer Art noch dichter und zarter ist, und daß die
Externohren bei C. *socius* bereits in sehr frühen Wachstumsstadien in gekerbte Externkiele umgewandelt erscheinen,
während sie bei C. *Hersiliae* persistieren. In dem letzteren
Merkmal stimmt unsere Art mit C. *Hutteri* überein, bei dem
ebenfalls Lateral- und Marginalknoten frühzeitig verschwinden,
doch besitzt die norische Art nicht nur eine gröbere Skulptur,

sondern es erfolgen auch die Rippenteilungen tiefer, in größerer Nähe des Nabelrandes.

Wesentlich engere Beziehungen bestehen zwischen C. *Hersiliae* und C. *Frehsfieldi* aus dem Tropitenkalk von Byans. Typische Exemplare der indischen Spezies besitzen allerdings außer den Lateral- und Marginalknoten auch Umbilikalknoten, doch kommen neben ihnen auch Individuen vor, deren Schalen schon in sehr frühen Wachstumsstadien — wie bei C. *Hersiliae* — knotenlos sind. Sie zeigen eine mit der Ornamentierung der letzteren Art durchaus übereinstimmende, nur ein wenig gröbere Rippenskulptur. Exemplare, wie das auf Pl. VIII, Fig. 9, abgebildete, stehen einzelnen Stücken unserer alpinen Art jedenfalls sehr nahe, wenn auch einer direkten Identifizierung die zartere und dichtere Berippung der letzteren entgegensteht.

Dimensionen.

Durchmesser ........................25 *mm*
Höhe der Schlußwindung ..............13 *mm*
Dicke der Schlußwindung ............. 8 *mm*
Nabelweite .......................... 2·5 *mm*.

Loben. — Nicht bekannt.

Vorkommen. Zahl der untersuchten Exemplare. — Feuerkogel, karnisch-norische Mischfauna, 3, coll. Heinrich, 8, coll. Kittl.

### Cyrtopleurites Euphrasiae n. sp.

Taf. II, Fig. 5, Taf. III, Fig. 3.

Auch bei den durchwegs kleinen Vertretern dieser Art erhebt sich die Frage, ob sie als ausgewachsene Individuen einer Zwergform oder als innere Kerne einer Form von normalen Dimensionen anzusehen seien. Ich möchte mich eher für eine Entscheidung der Frage in dem ersteren Sinne aussprechen. Auf alle Fälle gehören unsere Stücke einer neuen noch unbeschriebenen Spezies des Genus *Cyrtopleurites* an, die wahrscheinlich in sehr nahen Beziehungen zu dem norischen C. *Thinnfeldi* v. Mojs. steht.

Die schlanken, hochmündigen Gehäuse besitzen einen
sehr schmalen Externteil, dessen Medianfurche erst unter der
Lupe als solche erkennbar wird. Die scharfen Kiele zeigen
entweder eine feine, gleichmäßige Kerbung oder noch eine
Gliederung durch schwache Ein- und Ausbiegungen, die den
bewimperten Externohren entsprechen. Der erstere Fall ist
der häufigere. Den Externohren entsprechen in der Marginalregion breite Anschwellungen, die durch schmale mit den
Rändern der Ohren korrespondierende Furchen getrennt
werden. Im übrigen ist die Schalenoberfläche vollkommen
glatt.

Das in Fig. 3 abgebildete Gehäuse stellt den durch den
Mangel jeder Oberflächenskulptur und gleichmäßige Kerbung
der Externkiele gekennzeichneten Typus der Art dar.

In Fig. 5 habe ich jenes Stück zur Abbildung gebracht,
bei dem die Individualisierung der Externohren und deren
Trennung durch Marginalfurchen am deutlichsten ausgeprägt
ist. Zwischen diesen Extremen und dem Arttypus finden sich
Übergänge, die die Zusammenfassung aller hier besprochenen
Stücke in einer Art rechtfertigen.

Die Beziehungen unserer Art zu C. *Thinnfeldi* v. Mojs.
(l. c., p. 526, Taf. CLVII, Fig. 9) sind so enge, daß die Frage
entsteht, ob wir es hier nicht mit der Jugendform der genannten Spezies aus dem norischen Marmor des Sommeraukogels zu tun haben. Diese Frage glaube ich aus den folgenden Gründen verneinen zu dürfen.

Das einzige bisher bekannte Exemplar des C. *Thinnfeldi*
ist ein großes, mit seiner Wohnkammer versehenes Individuum
von 105 *mm* Durchmesser, das nur auf einer Seite erhalten
ist. Die Windungshöhe am Beginn des letzten Umganges
beträgt 28 *mm*. An dieser Stelle ist eine deutliche, leicht
geknotete Spirallinie entwickelt, so daß man auf eine kräftige
Marginalskulptur der inneren Kerne schließen darf. Auch die
Anwesenheit von schwachen, sigmoidalen Rippen auf der
Schlußwindung berechtigt zu der gleichen Schlußfolgerung.
Es ist daher im hohen Grade unwahrscheinlich, daß die
inneren Kerne des C. *Thinnfeldi* bei einer Windungshöhe
von 7 *mm* glatt gewesen sein sollen, um so unwahrscheinlicher,

als wir aus dem roten Marmor des Sommeraukogels innere
Kerne verschiedener Cyrtopleuriten kennen — z. B. C. *cf.*
*Saussurei* Mojs. (l. c., Taf. CLVIII, Fig. 6), C. *sp. ind.* Mojs.
(l. c., Taf. CLVIII, Fig. 2) oder den in dieser Abhandlung auf
Taf. II, Fig. 6, abgebildeten inneren Kern — die bei gleicher
Windungshöhe wie · C. *Euphrasiae* schon eine sehr kräftige
Skulptur besitzen. Es ist also kaum gerechtfertigt, für
C. *Thinnfeldi* glatte innere Kerne von der Oberflächen-
beschaffenheit des C. *Euphrasiae* anzunehmen.

Auch ist C. *Euphrasiae* selbst für eine so schlanke Form
wie C. *Thinnfeldi* als innerer Kern noch immer zu hoch-
mündig. Das Verhältnis von Höhe und Dicke im Querschn tt
ist bei der ersteren Art wie $3 \cdot 5 : 1$, bei dem Originalexemplar
der letzteren wie $3 \cdot 7 : 1$. Eine so geringe Höhenzunahme
widerspricht den sonstigen Erfahrungen über die Wachstums-
verhältnisse trachyostraker Ammoniten.

Endlich ist noch auf die Verschiedenheit in den Dimensionen des Nabels hinzuweisen. Zwischen dem Wohnkammerexemplar des C. *Thinnfeldi* und dem winzigen C. *Euphrasiae*
besteht in der Nabelweite nur ein Unterschied von $0 \cdot 5$ *mm*.

Alle diese Gründe sprechen gegen die Annahme, daß
. C. *Euphrasiae* als Jugendform des C. *Thinnfeldi* anzusehen
sei und rechtfertigen die Einführung eines besonderen Spezies-
namens für unsere glattschaligen Cyrtopleuriten aus der
karnisch-norischen Mischfauna des Feuerkogels.

Dimensionen.

Durchmesser....................... $11 \cdot 5$ *mm*
Höhe der Schlußwindung............. 7 *mm*
Dicke der Schlußwindung ............ 2 *mm*
Nabelweite ...................... $1 \cdot 5$ *mm*.

Das größte Exemplar aus der coll. Kitti besitzt einen
Durchmesser von 16 *mm*.

Loben. — Nicht bekannt.

Vorkommen, Zahl der untersuchten Exemplare. —
Feuerkogel, karnisch-norische Mischfauna, 3, coll. Heinrich,
10, coll. Kittl.

## Subgenus Acanthinites v. Mojs.

### Acanthinites Calypso v. Mojs.

Taf. II, Fig. 8.

1893 *Acanthinites Calypso* v. Mojsisovics Ceph. Hallst. Kalke,
Abhandl. Geol. Reichsanst. VI/2, p. 532, Taf. CLVII, Fig. 2—4.

Das abgebildete Windungsfragment gehört unzweifelhaft
dieser Zwergform aus den *Bicrenatus*-Schichten des Vorder-
Sandling an. Es stimmt vollständig mit dem von E. v.
Mojsisovics in Fig. 4 illustrierten Typus der Art überein.
Die Externkiele tragen zwei Spiralreihen von Knötchen. Am
Beginn der Windung trennen sich noch die bewimperten
Externohren, die später zusammenfließen.

Die Windungshöhe beträgt am Ende unseres wohl bereits
Teile der Wohnkammer umfassenden Fragmentes 12 *mm*,
entsprechend einer Dicke von 6 *mm*, die Nabelweite 3 *mm*.

Vorkommen. Zahl der untersuchten Exemplare. —
Feuerkogel, karnisch-norische Mischfauna 1, coll. Heinrich.

### Acanthinites Silverii n. sp.

Taf. II, Fig. 3.

Die vorliegende neue Art gehört in die nächste Verwandtschaft des *A. Calypso*. Sie erreicht etwas größere
Dimensionen und unterscheidet sich von ihm vor allem durch
gröbere Berippung und durch die Persistenz der bewimperten
Externohren, die erst bei einer Windungshöhe von 16 *mm*
zusammenfließen. Die Externkiele tragen, wie bei *A. Calypso*,
zwei Spiralreihen feiner Knötchen. Die lateralen Doppeldornen
sind, entsprechend der gröberen Berippung, kräftiger als bei
der letzteren Art und in 12 bis 14 Spirallinien angeordnet.

Die gröbere Berippung ist ein gutes Unterscheidungs-
merkmal unserer neuen Spezies gegenüber sämtlichen bisher
bekannten alpinen Arten des Subgenus *Acanthinites* (*A. excelsus*
Mojs., *A. excelsior* Mojs., *A. Calypso* Mojs.). Dagegen stimmt
unsere Art in der Beschaffenheit der Skulptur mit dem
indischen *A. Hogarti* Diener (Pal. Ind. ser. XV, Himal. Foss.
Vol. V, No. 1, Fauna Tropites limest. of Byans, 1906, p. 70,

Pl. IX, fig. 1, 3) überein. Von dem letzteren unterscheidet sich *A. Silverii* durch den weiteren Nabel und einen abweichenden Querschnitt, weil der indischen Art die für *A. Calypso* und *A. Silverii* charakteristische Einbuchtung zwischen den Externkielen und der Marginalregion fehlt, an der die Flankenrippen bei den beiden alpinen Arten sich schwächen. Auch ist die Zahl der lateralen Dornenspiralen bei *A. Hogarti* viel größer (über 25).

Dimensionen.

Durchmesser........................37 *mm*
Höhe der Sclußwindung über der Naht...19 *mm*
Höhe der Schlußwindung über dem Externteil der vorhergehenden Windung .....13 *mm*
Dicke der Schlußwindung ............. 8·5 *mm*
Nabelweite ........................ 6 *mm*.

Loben. — Nicht bekannt.

Vorkommen. Zahl der untersuchten Exemplare. — Feuerkogel, karnisch-norische Mischfauna 2, coll. Heinrich.

### Acanthinites Eusebii n. sp.

Taf. I, Fig. 3.

Noch eine zweite neue Art des Subgenus *Acanthinites* tritt in der karnisch-norischen Mischfauna des Feuerkogels in Gesellschaft des *A. Calypso* und *A. Silverii* auf. Sie ist nur durch sehr kleine Exemplare repräsentiert, deren größtes einen Durchmesser von kaum 17 *mm* erreicht.

Das auffallendste Merkmal dieser Art ist die gedrungene Gestalt und der von den übrigen alpinen Acanthiniten abweichende Querschnitt. Von dem breiten, flach gewölbten Externteil ziehen die Flanken parallel bis zum Nabelrand, so daß man auf den ersten Blick glauben könnte, den innersten Kern eines Cladisciten vor sich zu haben. Über diesen breiten Externteil laufen drei rinnenförmige Vertiefungen, eine Medianfurche, die von den beiden Externkielen eingefaßt wird, und zwei äußere, die zwischen je einem Externkiel und einer scharfen kielähnlich hervortretenden Marginalkante liegen. Jeder Externkiel trägt zwei Reihen von Knötchen, die durch eine glatte Mittelzone getrennt sind. Auf den Flanken zählt man acht Knotenspiralen. Die Knötchen treten stärker hervor als die außerordentlich zarten, fadenförmigen Rippen, auf denen sie stehen.

Die ganze Ornamentierung ist so fein, daß ihre Details erst unter der Lupe erkennbar werden.

Dimensionen.

Durchmesser........................13 mm
Höhe der Schlußwindung über der Naht.. 7 mm
Höhe der Schlußwindung über dem Extern-
   teil der vorhergehenden Windung...... 5 mm
Dicke der Schlußwindung.............. 6 mm
Nabelweite ......................... 0·5 mm.

Loben. — Nicht bekannt.

Vorkommen. Zahl der untersuchten Exemplare. — Feuerkogel, karnisch-norische Mischfauna, 3, coll. Kittl.

## Genus Tibetites v. Mojs.

### Tibetites Bibianae n. sp.

Taf. I, Fig. 2, Taf. III, Fig. 8.

Das einzige, bereits mit einem großen Teil seiner Wohnkammer versehene Exemplar, für das diese Art hier errichtet wird, ist ein typischer Vertreter der bisher nur aus dem himamalayischen Faunengebiet bekannten Gattung *Tibetites*. Sie teilt mit *Tibetites* jene Merkmale, auf die E. v. Mojsisovics die Trennung dieses Genus von *Cyrtopleurites* begründet hat, nämlich den Mangel einer Kerbung der Externohren und eine ceratitische, durch Einschiebung eines kleinen Adventivelements zwischen Externlobus und Externsattel ausgezeichnete Suturlinie.

Von allen indischen Vertretern des Genus *Tibetites* unterscheidet sich unsere Spezies durch den weiten, offenen Nabel. Die innerhalb desselben sichtbaren Umgänge tragen radial gerichtete, kräftige, voneinander weit abstehende Rippen. Die Skulptur der Schlußwindung steht jener bei *T. Ryalli* v. Mojsisovics (Obertriad. Ceph.-Faunen d. Himalaya, Denkschr.

Akad. Wiss. Wien, LXIII., 1896, p. 637, Taf. XV, Fig. 3, 4) nahe,
doch sind im Vergleich zu den wohl ausgebildeten Marginalknoten die Lateralknoten weniger stark entwickelt. Da die
beiden Reihen der Externohren bis zur Mündung im gleichen
Abstand bleiben, erscheint ein Zusammenlaufen derselben,
wie bei *Paratibetites* selbst im gerontischen Stadium vollkommen ausgeschlossen. Die Berippung ist auf der Schlußwindung nur mehr schwach ausgeprägt. Sie scheint sich auf
der Wohnkammer vollständig zu verlieren.

Dimensionen.

Durchmesser.........................68 *mm*
Höhe der Schlußwindung über der Naht ...31 *mm*
Höhe der Schlußwindung über dem Extern-
teil der vorhergehenden Windung .......24 *mm*
Dicke der Schlußwindung ...............20 *mm*
Nabelweite ...........................15 *mm*.

Loben. — Es ist mir nur gelungen, den äußeren Teil
der Suturlinie bis zum 2. Laterallobus sichtbar zu machen,
der sich bereits in solcher Nähe des Nabelrandes befindet,
daß wahrscheinlich nur noch ein Auxiliarlobus außerhalb der
Naht stehen dürfte.

Suturen ähnlich jenen des *Anatibetites Kelvini* v. Mojsisovics (l. c., p. 639, Taf. XIV, Fig. 9), doch sind die Haupt-
elemente auf Kosten der stark reduzierten Hilfsloben erheblich
vergrößert. Der kleine adventive Einschnitt zwischen dem
Externsattel und dem Adventivsattel ist zweispitzig, der
Externlobus sehr schmal und durch einen niedrigen Medianhöcker geteilt.

Vorkommen. Zahl der untersuchten Exemplare. —
Feuerkogel, karnisch - norische Mischfauna 1, eigene Aufsammlung (1919).

Bemerkungen über das Vorkommen von *Tibetites*
und *Anatibetites* Mojs. in der mediterranen Trias. —
E. v. Mojsisovics hielt *Cyrtopleurites* und *Tibetites* für
zwei vikariierende Gattungen, von denen er die erste auf die
alpine, die zweite auf die indische Triasprovinz beschränkt

glaubte. Nachdem ich bereits im Jahre 1906 das Auftreten
eines echten *Cyrtopleurites* (C. *Freshfieldi*) im Tropitenkalk
von Byans nachgewiesen hatte, tritt nunmehr auch *Tibetites*
in die Reihe der dem himamalayischen und mediterranen
Faunenreich gemeinsamen Gattungen. Immerhin verdient die
außerordentliche Seltenheit des erstgenannten Genus in Indien,
des zweiten in Europa Beachtung.

Auch *Anatibetites* glaube ich zu den in beiden Faunen-
reichen beheimateten Formengruppen rechnen zu dürfen.
*Palicites Mojsisovicsi* Gemmellaro (Cef. Trias sup. reg. occ.
d. Sicilia, 1904, p. 56, Taf. XIV, fig. 15—18) aus dem horn-
steinführenden Kalk von Palazzo Adriano in der Provinz
Palermo dürfte wohl diesem Subgenus angehören.

Ich habe im Jahre 1911 Gelegenheit gehabt, das Originalstück im Geologischen Museum der Universität Palermo zu
untersuchen und finde darüber in meinen Notizen die folgenden Bemerkungen: »*Palicites* Gemm. kann von *Anatibetites*
nicht getrennt werden. Die größere Nabelweite und die kleinen
von Gemmellaro hervorgehobenen Unterschiede in der
Berippung können nur einen spezifischen Wert beanspruchen.
In der keineswegs tadellos erhaltenen Suturlinie sind Ansätze
zur Bildung eines Adventivelements in der äußeren Flanke
des Externsattels deutlich erkennbar.«

## Genus Pterotoceras Welter.

An die beiden Gattungen *Cyrtopleurites* Mojs. und
*Tibetites* Mojs. schließt sich in der karnisch-norischen Mischfauna des Feuerkogels eine neue Formengruppe an, die durch
eine eigentümliche Variationstendenz ausgezeichnet ist. Sie
teilt mit *Tibetites* den Mangel einer Kerbung oder Bewimperung
der Externohren und die ceratitische Suturlinie. Sie darf
daher mit gleichem Recht den Rang einer Gattung beanspruchen. Ein Vertreter dieser Gattung ist bereits im Jahre
1915 von Welter (Die Ammoniten und Nautiliden der ladinischen und anisischen Trias von Timor, Palaeont. v. Timor,
5. Lfg. p. 83) als *Pterotoceras Arthaberi* beschrieben worden.

Während bei *Cyrtopleurites* s. s. die Variationstendenz auf ein Zurücktreten der Knoten gegenüber den lateralen Rippen und auf eine Verschmelzung der ursprünglichen Externohren zu fein gekerbten Kanten gerichtet ist, greift bei *Pterotoceras* die entgegengesetzte Richtung in der Ausbildung der Skulptur Platz. Die Knoten nehmen in vorgeschrittenen Wachstumsstadien an Stärke zu, während die Rippen erlöschen. Die Externohren individualisieren sich im höheren Alter immer mehr und erreichen am Ende der Wohnkammer erwachsener Individuen das Maximum ihrer Entwicklung. Auch ist *Pterotoceras* im Gegensatz zu den enggenabelten Cyrtopleuriten und Tibetiten — nur der sehr ungenügend bekannte *Cyrtopl. Agrippinae* Mojs. scheint in dieser Hinsicht eine Ausnahme zu machen — mit einem weiten Nabel versehen.

Die Suturen stehen wie bei *Tibetites*, noch auf dem ceratitischen Stadium der Entwicklung. Doch schiebt sich bei ihnen kein Adventivelement zwischen den Externlobus und den eigentlichen Externsattel ein.

*Pterotoceras* und *Tibetites* dürften in engen verwandtschaftlichen Beziehungen stehen, doch können beide Gattungen keinesfalls direkt aufeinander zurückgeführt werden. Beide sind als im ostindischen Faunengebiet entstandene Typen anzusehen und auf eine gemeinsame weitgenabelte Stammform mit einfach ceratitischen Loben zurückzuführen. *Pterotoceras* ist jedenfalls die ältere Gattung, da sie nach Welter bereits in den ladinischen Bildungen von Bihati auf Timor auftritt, in Europa dagegen erst an der Grenze der karnischen und norischen Stufe erscheint.

### Pterotoceras Clarissae nov. sp.

Taf. I, Fig. 1, Taf. II, Fig. 9, Textfig. 1, 2.

Das auf Taf. I illustrierte Exemplar repräsentiert ein erwachsenes, bereits mit dem größten Teil seiner Wohnkammer versehenes Individuum, das auf Taf. II dargestellte Stück einen inneren Kern dieser Art, der durch Präparation aus einem größeren Exemplar gewonnen worden ist. Wir

sind daher über die Entwicklung dieser bestbekannten Art
des Genus in befriedigender Weise unterrichtet.

Die hochmündigen Umgänge umfassen einander nur
wenig, so daß ein weiter Nabel offen bleibt.

Der innere Kern zeigt bei einem Durchmesser von
23 *mm* die Skulptur eines *Cyrtopleurites* aus der Verwandtschaft des *C. bicrenatus* Hau. In den schmalen Externteil ist
eine tiefe, nach unten kantig begrenzte Hohlkehle eingesenkt,
die von den wohl individualisierten Externohren flankiert
wird. Doch weisen diese im Gegensatz zu den Externohren
von *Cyrtopleurites* keine Bewimperung
oder Kerbung auf. Am Nabelrande stehen
Knoten, von denen radial verlaufende
Rippen ausstrahlen, die innerhalb des
ganzen Nabels sichtbar bleiben. Sie
werden von zwei lateralen Knotenspiralen gekreuzt. An der oberen Spirale
der Lateralknoten nehmen die Rippen
einen sigmoiden Schwung an. Auch tritt
an ihnen gelegentlich eine Gabelung
ein. Außerdem tritt noch eine marginale
Knotenreihe hervor, ohne jedoch eine
scharfe Grenze zwischen dem Externteil
und den Flanken zu kennzeichnen.

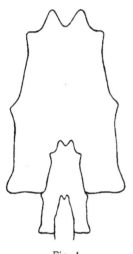

Fig. 1.

In vorgeschritteneren Wachstumsstadien verlieren sich zuerst die unteren
Lateralknoten. Auch die oberen Lateralknoten schwächen
sich ab, persistieren aber bei unserem großen Exemplar bis
zur Mündung. Dagegen nehmen Umbilikal- und Marginalknoten
an Stärke zu, während die Rippen breiter und flacher werden
und endlich ganz verlöschen. Die mehr als die Hälfte des
letzten Umganges umfassende Wohnkammer entbehrt an dem
auf Taf. I abgebildeten Stück einer Berippung nahezu vollständig, obwohl die Schalenoberfläche noch die der Richtung
der Rippen folgenden Anwachsstreifen deutlich zeigt. Für die
Skulptur maßgebend sind nur die umbilikale und marginale
Knotenspirale und die mächtig entwickelten Externohren,
die in der Richtung gegen das Peristom immer mehr an

Höhe zunehmen und zugleich weiter auseinandertreten. In den Jochen zwischen den einzelnen Ohren ist die Medianfurche nur sehr wenig in den Externteil eingesenkt.

| Dimensionen. | I. | II. |
|---|---|---|
| Durchmesser | 104 *mm* | 23 *mm* |
| Höhe der Schlußwindung über der Naht. | 44 *mm* | 10 *mm* |
| Höhe der Schlußwindung über dem Externteil der vorhergehenden Windung .. | 36 *mm* | ? |
| Dicke der Schlußwindung | 29 *mm* | 7 *mm* |
| Nabelweite | 26 *mm* | 6·5 *mm*. |

Loben. — Ceratitisch, doch ziehen sich schwache Kerben vom Grunde der Loben bis zur halben Höhe der Sättel hinauf. Nur die drei Hauptsättel stehen außerhalb des Nabelrandes, der den ersten Auxiliarsattel halbiert. Aus dem breiten Externlobus ragt ein hoher Medianhöcker auf.

Fig. 2.

Vorkommen. Zahl der untersuchten Exemplare. — Feuerkogel, karnisch-norische Mischfauna, 3 coll. Heinrich, 1, coll. Kittl 1, Sammlung des Palaeontologischen Universitätsinstitutes.

## Pterotoceras Helminae nov. sp.

Taf. III, Fig. 1, Textfig. 3.

Diese Art unterscheidet sich von *Pt. Clarissae* durch die Reduktion der Skulptur auf der Schlußwindung, die weder Lateral- noch Marginalknoten, sondern außer den ungekerbten Externohren nur noch sehr kräftige Umbilikalknoten aufweist. Die Entwicklung der Rippenskulptur unterlegt erheblichen Schwankungen. Das abgebildete Exemplar zeigt selbst noch am Ende des letzten Umganges, von dem genau die Hälfte der Wohnkammer zufällt. Flankenrippen, die wenigstens in der Umgebung der Nabelknoten deutlich ausgeprägt sind. An anderen Stücken fehlen die Rippen auf der Schlußwindung vollständig, so daß die Schalenoberfläche nur die zarten, sigmoid geschwungenen Anwachsstreifen zeigt.

Die kräftig berippten inneren Windungen gleichen, soweit sie innerhalb des Nabels sichtbar sind, jenen des *Pt. Clarissae*.

Die meisten der zu dieser Art gehörigen Exemplare sind noch schlanker und hochmündiger als der Typus der vorigen Spezies.

Dimensionen.

Durchmesser ................................. 81 *mm*
Höhe der Schlußwindung über der Naht........... 33 *mm*
Höhe der Schlußwindung über dem Externteil der
    vorhergehenden Windung................. 27 *mm*
Dicke der Schlußwindung ..................... 20 *mm*
Nabelweite ................................. 24 *mm*

Loben. — Sehr ähnlich jenen des *Pt. Clarissae*. Sattelköpfe ganzrandig, Loben im Grunde kräftig gezähnt. Der

erste Auxiliarsattel wird durch den Nabelrand geteilt.

Fig. 3.

Vorkommen. Zahl der untersuchten Exemplare. — Feuerkogel, karnisch-norische Mischfauna 4, Sammlung des Palaeontologischen Universitätsinstitutes, 1, coll. Heinrich, 1, coll. Kittl.

Familie **Orthopleuritidae** Mojs.

Genus Polycyclus Mojs.

**Polycyclus Henseli** Oppel.

1865 *Ammonites Henseli* Oppel, Über jurass. Cephal. etc. Palaeontol· Mitteil. aus d. Mus. d. Bayr. Staates I., p. 132, Taf. XLI, Fig. 3.
    1893 *Polycyclus Henseli* v. Mojsisovics, Ceph. Hallst. Kalke, Abhandl. Geol. Reichsanst. VI/2, p. 536, Taf. CXXXII, Fig. 7—23.
    Vollständige Synonymenliste siehe bei C. Diener, Cephalopoda triadica, Fossilium Catalogus, Pars 8, Junk, 1915, p. 226.

Diese sonst in den Subbullatus-Schichten des Vorder-Sandling häufige Art ist auch in der Ammonitenbreccie aus den Bänken mit der karnisch-norischen Mischfauna am Feuerkogel durch eine große Zahl von Exemplaren (12, coll. Heinrich 10, coll. Kittl) vertreten. Die meisten sind von kleinen Dimensionen und gehören der var. *directa* an, die durch ein sehr langsames Höhenwachstum ausgezeichnet ist.

## Fam. *Distichitidae* Mojs.
## Genus Ectolcites Mojs.
### Ectolcites Sidoniae v. Mojsisovics.
Taf. I, Fig. 15, 16, 17.

Diese neue Spezies des artenarmen Genus *Ectolcites* ist als eine Zwergform anzusprechen. Die zahlreichen mir vorliegenden Exemplare müssen trotz ihrer Kleinheit als ausgewachsene Individuen, nicht als innere Kerne einer größeren Art angesehen werden, da sie bereits eine deutliche Externfurche besitzen, die den inneren Windungen der von E. v. Mojsisovics beschriebenen Arten noch fehlt und da auf ihrer Wohnkammer Änderungen der Skulptur sich einstellen, wie sie sonst nur bei erwachsenen Individuen aufzutreten pflegen.

Die inneren Umgänge zeigen eine sehr große Ähnlichkeit mit jenen des *E. Hochstetteri* v. Mojsisovics (l. c., p. 615, Taf. CXXXVI, Fig. 16) aus dem roten Marmor des Sommeraukogels. Die abgeflachten Flanken sind mit radial verlaufenden Rippen bedeckt, die am Außenrande eine leichte Vorwärtskrümmung aufweisen und mit Externknoten versehen sind. Die Entwicklung der letzteren unterliegt einer starken Variabilität. Bei manchen Exemplaren treten sie so kräftig hervor, daß sie geradezu den Charakter von Dornen annehmen, bei anderen sind sie nur schwach ausgebildet und erlöschen schon in frühen Wachstumsstadien.

Auf der Schlußwindung erwachsener Exemplare verschwinden die Externknoten, während sich die Rippen in der Marginalzone stärker nach vorwärts biegen. In der Nähe des Peristoms werden die einzelnen Rippen schmäler und drängen sich dichter zusammen, so daß man auf dem letzten Quadranten der Wohnkammer doppelt so viele Rippen als auf dem vorhergehenden zählt.

Schon auf den inneren Windungen zeigt der flach gewölbte Externteil bei einer Höhe von 2·5 *mm* eine schwache mediane Einsenkung, an die von den Externknoten der Marginalkante faltenförmige Rippenstreifen derart heranziehen, daß sie einen weit nach vorwärts gerichteten Externlappen beschreiben. Auf der Schlußwindung erwachsener Exemplare erscheint die vertiefte Medianfurche von kielartigen Rändern begleitet. Über diese setzen die externen Rippen mit ihren nach vorwärts gerichteten Lappen hinweg.

Dimensionen.

Durchmesser.............................20 *mm*
Höhe der Schlußwindung................. 6 *mm*
Dicke der Schlußwindung ............... 6 *mm*
Nabelweite ........................... 8·5 *mm*.

Loben. — Im Detail nicht bekannt.

Vorkommen. Zahl der untersuchten Exemplare. — Feuerkogel, karnisch-norische Mischfauna, 30, coll. Heinrich, 15, coll. Kittl.

## Zusammenfassung.

Die Untersuchung der *Ceratitoidea* in den Sammlungen von Kittl, Heinrich, v. Arthaber und des Verfassers aus der karnisch-norischen Mischfauna des Feuerkogels hat uns mit 13 (beziehungsweise 14) neuen und 6 (beziehungsweise 5) bereits beschriebenen Arten bekannt gemacht.

Die 13 neuen Arten, die die Einführung einer besonderen spezifischen Bezeichnung rechtfertigen, sind folgende:

1. *Steinmannites Sosthenis,*
2. *Clionites quinquespinatus,*
3. *Drepanites Saturnini,*
4. *Heraclites Gorgonii,*
5. *Cyrtopleurites Vestaliae,*
6. *Cyrtopleurites Hersiliae,*
7. *Cyrtopleurites Euphrasiae,*
8. *Acanthinites Silverii,*
9. *Acanthinites Eusebii,*
10. *Tibetites Bibianae,*
11. *Pterotoceras Clarissae,*
12. *Pterotoceras Helminae*
13. *Ectolcites Sidoniae.*

Dazu kommen die bereits von älteren Autoren beschriebenen und benannten Spezies:

*Drepanites Hyatti* Mojs.

*Drepanites fissistriatus* Mojs.

*Cyrtopleurites Strabonis* Mojs.

*Cyrtopleurites* sp. ind. aff.‚ *bicrenato* (an ct. *bicrenatus* Hau.?).

*Acanthinites Calypso* Mojs.

*Polycyclus Henseli* Opp.

Auffallend ist in dieser Fauna in erster Linie der starke Einschlag norischer Elemente, die durch die Gattungen *Steinmannites, Heraclites, Drepanites, Acanthinites* und *Ectolcites* repräsentiert werden. Ihnen dürften auch die meisten Cyrtopleuriten zugezählt werden, unter denen eine Art möglicherweise mit *C. bicrenatus* Hau. identisch ist. Allerdings gehört die einzige, mit einer bereits früher beschriebenen identischen Spezies dieses Genus, *C. Strabonis*, der karnischen Stufe an, desgleichen *Polycyclus Henseli*. Ihre Anwesenheit schwächt die sonst überwiegende Vorherrschaft der norischen Typen ein wenig ab.

Ein weiteres auffallendes Merkmal dieser Fauna sind die ungewöhnlich zahlreichen Zwergformen. Zu ihnen zählen:

*Steinmannites Sosthenis,*

*Cyrtopleurites* sp. ind. aff. *bicrenato* Hau.,

*Cyrtopleurites Vestaliae,*

*Cyrtopleurites Hersiliae,*

*Cyrtopleurites Euphrasiae,*

*Acanthinites Eusebii,*

*Ectolcites Sidoniae.*

Zu den bezeichnendsten Typen gehört das Genus *Pterotoceras* mit zwei Arten. Auch *Tibetites* hat sich zum erstenmal in Europa in dieser Fauna gefunden.

# Tafelerklärung.

### Tafel I.

Fig. 1 *a, b.*   *Pterotoceras Clarissae* Dien. Sammlung des Palaeontol. Univers.-
Instituts, Wien.

Fig. 2 *a, b.*   *Tibetites Bibianae* Dien., coll. Diener.

Fig. 3 *a, b, c.* *Acanthinites Eusebii* Dien. *a, b* natürl. Größe, *c* 2✕vergrößert,
coll. Kittl.

Fig. 4 *a, b.*   *Cyrtopleurites* sp. ind. aff. *bicrenato* Hau., coll. Kittl.

### Tafel II.

Fig. 1 *a, b, c.* *Heraclites Gorgonii* Dien., coll. Kittl.

Fig. 2 *a, b.*   *Clionites quinquespinatus* Heinr., coll. Kittl.

Fig. 3 *a, b.*   *Acanthinites Silverii* Dien., coll. Heinrich.

Fig. 4 *a, b, c.* *Drepanites Saturnini* Dien., coll. Heinrich.

Fig. 5 *a, b, c, d.* *Cyrtopleurites Euphrasiae* Dien., *a* natürl. Größe, die übrigen
2✕vergrößert, coll. Heinrich.

Fig. 6 *a, b, c.* *Cyrtopleurites Hersiliae* Dien., coll. Heinrich.

Fig. 7 *a, b, c.* *Steinmannites Sosthenis* Dien., *a* natürl. Größe, die übrigen
2✕vergrößert, coll. Heinrich.

Fig. 8 *a, b.*   *Acanthinites Calypso* Mojs., coll. Heinrich.

Fig. 9 *a, b.*   *Pterotoceras Clarissae* Dien. Innerer Kern eines großen Exemplars, coll. Heinrich.

### Tafel III.

Fig. 1 *a, b.*   *Pterotoceras Helminae* Dien. Sammlung d. Palaeontol. Univers.-
Institutes Wien.

Fig. 2 *a, b.*   *Clionites quinquespinatus* Dien., coll. Heinrich.

Fig. 3 *a, b, c, d.* *Cyrtopleurites Euphrasiae* Dien. *a* natürl. Größe, die übrigen
2✕vergrößert, coll. Heinrich.

Fig. 4.   *Cyrtopleurites Hersiliae* Dien., coll. Kittl.

Fig. 5 *a, b.*   *Cyrtopleurites Vestaliae* Dien., coll. Kittl.

Fig. 6 *a, b, c.* *Cyrtopleurites* sp. ind. aff. *bicrenato* Hau., coll. Heinrich.

Fig. 7.   *Cyrtopleurites* sp. ind. aff. *bicrenato* Hau., coll. Kittl.

Fig. 8.   *Tibetites Bibianae* Dien. Suturlinie des auf Taf. I, Fig. 2,
abgebildeten Exemplars.

Fig. 9 *a, b.*
Fig. 10.   } *Ectolcites Sidoniae* Dien., coll. Heinrich.
Fig. 11 *a, b.*

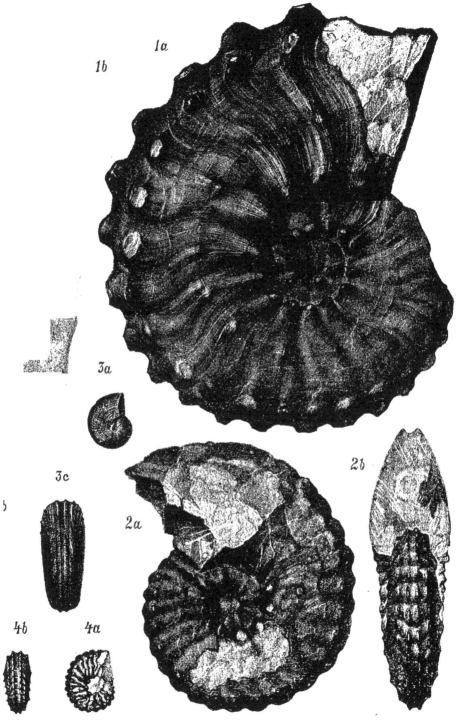

1a
1b
3a
3c
2b
2a
4b
4a

. Reitschläger del.

Druck Hohlweg & Blatz. Wien.

itzungsberichte d. Akad. d. Wiss., math.-naturw. Klasse, Bd. CXXIX, Abt. 1..1920

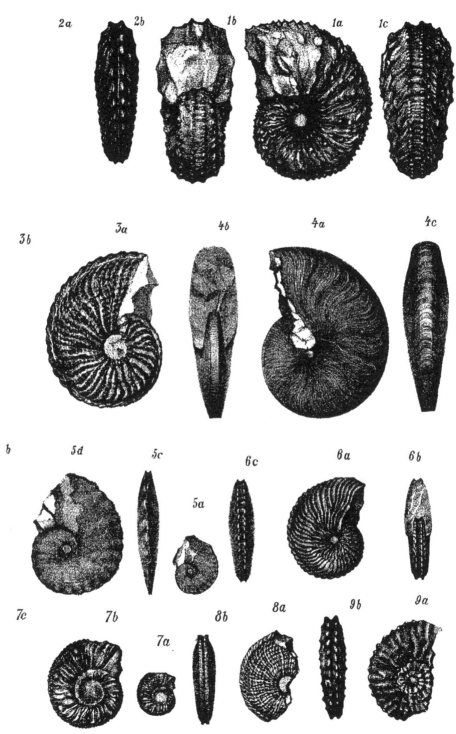

. Reitschläger del.      Druck Hohlweg & Blatz, Wien.

10

Akademie der Wissenschaften in Wien
Mathematisch-naturwissenschaftliche Klasse

# Sitzungsberichte

## Abteilung I

Mineralogie, Krystallographie, Botanik, Physiologie der Pflanzen, Zoologie, Paläontologie, Geologie, Physische Geographie und Reisen

### 129. Band. 1. und 2. Heft

(Mit 13 Textfiguren)

Wien, 1920
Österreichische Staatsdruckerei

In Kommission bei Alfred Hölder
Universitätsbuchhändler
Buchhändler der Akademie der Wissenschaften

# Inhalt

des 1. und 2. Heftes des 129. Bandes, Abteilung I der
Sitzungsberichte der mathematisch-naturwissenschaftlichen
Klasse:

Die Sitzungsberichte der mathem.-naturw. Klasse erscheinen vom Jahre 1888 (Band XCVII) an in folgenden vier gesonderten Abteilungen, welche auch einzeln bezogen werden können:

Abteilung I. Enthält die Abhandlungen aus dem Gebiete der Mineralogie, Krystallographie, Botanik, Physiologie der Pflanzen, Zoologie, Paläontologie, Geologie, Physischen Geographie und Reisen.

Abteilung II a. Die Abhandlungen aus dem Gebiete der Mathematik, Astronomie, Physik, Meteorologie und Mechanik.

Abteilung II b. Die Abhandlungen aus dem Gebiete der Chemie.

Abteilung III. Die Abhandlungen aus dem Gebiete der Anatomie und Physiologie des Menschen und der Tiere sowie aus jenem der theoretischen Medizin.

Von jenen in den Sitzungsberichten enthaltenen Abhandlungen, zu deren Titel im Inhaltsverzeichnisse ein Preis beigesetzt ist, kommen Separatabdrücke in den Buchhandel und können durch die akademische Buchhandlung Alfred Hölder, Universitätsbuchhändler (Wien, I., Rotenturmstraße 25), zu dem angegebenen Preise bezogen werden.

Die dem Gebiete der Chemie und verwandter Teile anderer Wissenschaften angehörigen Abhandlungen werden auch in besonderen Heften unter dem Titel: »Monatshefte für Chemie und verwandte Teile anderer Wissenschaften« herausgegeben. Der Pränumerationspreis für einen Jahrgang dieser Monatshefte beträgt 16 K.

Der akademische Anzeiger, welcher nur Originalauszüge oder, wo diese fehlen, die Titel der vorgelegten Abhandlungen enthält, wird wie bisher acht Tage nach jeder Sitzung ausgegeben. Der Preis des Jahrganges ist 6 K.

Die mathematisch-naturwissenschaftliche Klasse hat in ihrer Sitzung
vom 11. März 1915 folgendes beschlossen:

**Bestimmungen, betreffend die Veröffentlichung der in die Schriften der
mathematisch - naturwissenschaftlichen Klasse der Akademie aufzunehmenden Abhandlungen an anderer Stelle (Auszug aus der Geschäftsordnung nebst Zusatzbestimmungen).**

§ 43. Bereits an anderen Orten veröffentlichte Beobachtungen und Untersuchungen können in die Druckschriften der Akademie nicht aufgenommen
werden.

Zusatz. Vorträge in wissenschaftlichen Versammlungen werden nicht
als Vorveröffentlichungen angesehen, wenn darüber nur kurze Inhaltsangaben
gedruckt werden, welche zwar die Ergebnisse der Untersuchung mitteilen,
aber entweder kein Belegmaterial oder anderes Belegmaterial als jenes enthalten, welches in der der Akademie vorgelegten Abhandlung enthalten ist.
Unter den gleichen Voraussetzungen gelten auch vorläufige Mitteilungen in
anderen Zeitschriften nicht als Vorveröffentlichungen. Die Verfasser haben bei
Einreichung einer Abhandlung von etwaigen derartigen Vorveröffentlichungen
Mitteilung zu machen und sie beizulegen, falls sie bereits im Besitz von
Sonderabdrücken oder Bürstenabzügen sind.

§ 51. Abhandlungen, für welche der Verfasser kein Honorar beansprucht,
bleiben, auch wenn sie in die periodischen Druckschriften der Akademie aufgenommen sind, sein Eigentum und können von demselben auch anderwärts
veröffentlicht werden.

Zusatz. Mit Rücksicht auf die Bestimmung des § 43 ist die Einreichung einer von der mathematisch-naturwissenschaftlichen Klasse für ihre
periodischen Veröffentlichungen angenommenen Arbeit bei anderen Zeitschriften
erst dann zulässig, wenn der Verfasser die Sonderabdrücke seiner Arbeit von
der Akademie erhalten hat.

Anzeigernotizen sollen erst nach dem Erscheinen im Anzeiger bei
anderen Zeitschriften eingereicht werden.

Bei der Veröffentlichung an anderer Stelle ist dann anzugeben, daß die
Abhandlung aus den Schriften der Akademie stammt.

Die Einreichung einer Abhandlung bei einer anderen Zeitschrift, welche
denselben Inhalt in wesentlich geänderter und gekürzter Form mitteilt,
ist unter der Bedingung, daß der Inhalt im Anzeiger der Akademie mitgeteilt
wurde und daß die Abhandlung als »Auszug aus einer der Akademie der
Wissenschaften in Wien vorgelegten Abhandlung« bezeichnet wird, zulässig,
sobald der Verfasser die Verständigung erhalten hat, daß seine Arbeit von
der Akademie angenommen wurde. Von solchen ungekürzten oder gekürzten
Veröffentlichungen an anderer Stelle hat der Verfasser ein Belegexemplar
der mathematisch-naturwissenschaftlichen Klasse der Akademie einzusenden.

Für die Veröffentlichung einer von der Klasse angenommenen Abhandlung an anderer Stelle gelten jedoch folgende Einschränkungen:

1. Arbeiten, die in die Monatshefte für Chemie aufgenommen werden,
dürfen in anderen chemischen Zeitschriften deutscher Sprache nicht (auch
nicht auszugsweise) veröffentlicht werden;

2. Arbeiten, welche von der Akademie subventioniert wurden, dürfen
nur mit Erlaubnis der Klasse anderweitig veröffentlicht werden;

3. Abhandlungen, für welche von der Akademie ein Honorar bezahlt
wird, dürfen in anderen Zeitschriften nur in wesentlich veränderter und
gekürzter Form veröffentlicht werden, außer wenn die mathematisch-naturwissenschaftliche Klasse zum unveränderten Abdruck ihre Einwilligung gibt. -

Akademie der Wissenschaften in Wien
Mathematisch-naturwissenschaftliche Klasse

# Sitzungsberichte

## Abteilung I

Mineralogie, Krystallographie, Botanik, Physiologie der Pflanzen,
Zoologie, Paläontologie, Geologie, Physische Geographie und
Reisen

129. Band. 3. und 4. Heft

(Mit 1 Tafel und 3 Textfiguren)

Wien, 1920
Österreichische Staatsdruckerei

In Kommission bei Alfred Hölder
Universitätsbuchhändler
Buchhändler der Akademie der Wissenschaften

# Inhalt

des 3. und 4. Heftes des 129. Bandes, Abteilung I der
Sitzungsberichte der mathematisch-naturwissenschaftlichen
Klasse:

Die Sitzungsberichte der mathem.-naturw. Klasse erscheinen vom Jahre 1888 (Band XCVII) an in folgenden **vier** gesonderten **Abteilungen**, welche auch einzeln bezogen werden können:

Abteilung I. Enthält die Abhandlungen aus dem Gebiete der Mineralogie, Krystallographie, Botanik, Physiologie der Pflanzen, Zoologie, Paläontologie, Geologie, Physischen Geographie und Reisen.

Abteilung II a. Die Abhandlungen aus dem Gebiete der Mathematik, Astronomie, Physik, Meteorologie und Mechanik.

Abteilung II b. Die Abhandlungen aus dem Gebiete der Chemie.

Abteilung III. Die Abhandlungen aus dem Gebiete der Anatomie und Physiologie des Menschen und der Tiere sowie aus jenem der theoretischen Medizin.

Von jenen in den Sitzungsberichten enthaltenen Abhandlungen, zu deren Titel im Inhaltsverzeichnisse ein Preis beigesetzt ist, kommen Separatabdrücke in den Buchhandel und können durch die akademische Buchhandlung Alfred Hölder, Universitätsbuchhändler (Wien, I., Rotenturmstraße 25), zu dem angegebenen Preise bezogen werden.

Die dem Gebiete der Chemie und verwandter Teile anderer Wissenschaften angehörigen Abhandlungen werden auch in besonderen Heften unter dem Titel: »Monatshefte für Chemie und verwandte Teile anderer Wissenschaften« herausgegeben. Der Pränumerationspreis für einen Jahrgang dieser Monatshefte beträgt 16 K.

Der akademische Anzeiger, welcher nur Originalauszüge oder, wo diese fehlen, die Titel der vorgelegten Abhandlungen enthält, wird wie bisher acht Tage nach jeder Sitzung ausgegeben. Der Preis des Jahrganges ist 6 K.

Die mathematisch-naturwissenschaftliche Klasse hat in ihrer Sitzung vom 11. März 1915 folgendes beschlossen:

Bestimmungen, betreffend die Veröffentlichung der in die Schriften der mathematisch - naturwissenschaftlichen Klasse der Akademie aufzunehmenden Abhandlungen an anderer Stelle (Auszug aus der Geschäftsordnung nebst Zusatzbestimmungen).

§ 43. Bereits an anderen Orten veröffentlichte Beobachtungen und Untersuchungen können in die Druckschriften der Akademie nicht aufgenommen werden.

Zusatz. Vorträge in wissenschaftlichen Versammlungen werden nicht als Vorveröffentlichungen angesehen, wenn darüber nur kurze Inhaltsangaben gedruckt werden, welche zwar die Ergebnisse der Untersuchung mitteilen, aber entweder kein Belegmaterial oder anderes Belegmaterial als jenes enthalten, welches in der der Akademie vorgelegten Abhandlung enthalten ist. Unter den gleichen Voraussetzungen gelten auch vorläufige Mitteilungen in anderen Zeitschriften nicht als Vorveröffentlichungen. Die Verfasser haben bei Einreichung einer Abhandlung von etwaigen derartigen Vorveröffentlichungen Mitteilung zu machen und sie beizulegen, falls sie bereits im Besitz von Sonderabdrücken oder Bürstenabzügen sind.

§ 51. Abhandlungen, für welche der Verfasser kein Honorar beansprucht, bleiben, auch wenn sie in die periodischen Druckschriften der Akademie aufgenommen sind, sein Eigentum und können von demselben auch anderwärts veröffentlicht werden.

Zusatz. Mit Rücksicht auf die Bestimmung des § 43 ist die Einreichung einer von der mathematisch-naturwissenschaftlichen Klasse für ihre periodischen Veröffentlichungen angenommenen Arbeit bei anderen Zeitschriften erst dann zulässig, wenn der Verfasser die Sonderabdrücke seiner Arbeit von der Akademie erhalten hat.

Anzeigernotizen sollen erst nach dem Erscheinen im Anzeiger bei anderen Zeitschriften eingereicht werden.

Bei der Veröffentlichung an anderer Stelle ist dann anzugeben, daß die Abhandlung aus den Schriften der Akademie stammt.

Die Einreichung einer Abhandlung bei einer anderen Zeitschrift, welche denselben Inhalt in wesentlich geänderter und gekürzter Form mitteilt, ist unter der Bedingung, daß der Inhalt im Anzeiger der Akademie mitgeteilt wurde und daß die Abhandlung als »Auszug aus einer der Akademie der Wissenschaften in Wien vorgelegten Abhandlung« bezeichnet wird, zulässig, sobald der Verfasser die Verständigung erhalten hat, daß seine Arbeit von der Akademie angenommen wurde. Von solchen ungekürzten oder gekürzten Veröffentlichungen an anderer Stelle hat der Verfasser ein Belegexemplar der mathematisch-naturwissenschaftlichen Klasse der Akademie einzusenden.

Für die Veröffentlichung einer von der Klasse angenommenen Abbandlung an anderer Stelle gelten jedoch folgende Einschränkungen:

1. Arbeiten, die in die Monatshefte für Chemie aufgenommen werden, dürfen in anderen chemischen Zeitschriften deutscher Sprache nicht (auch nicht auszugsweise) veröffentlicht werden;

2. Arbeiten, welche von der Akademie subventioniert wurden, dürfen nur mit Erlaubnis der Klasse anderweitig veröffentlicht werden;

3. Abhandlungen, für welche von der Akademie ein Honorar bezahlt wird, dürfen in anderen Zeitschriften nur in wesentlich veränderter und gekürzter Form veröffentlicht werden, außer wenn die mathematisch-naturwissenschaftliche Klasse zum unveränderten Abdruck ihre Einwilligung gibt.

Akademie der Wissenschaften in Wien
Mathematisch-naturwissenschaftliche Klasse

# Sitzungsberichte

## Abteilung I

Mineralogie, Krystallographie, Botanik, Physiologie der Pflanzen, Zoologie, Paläontologie, Geologie, Physische Geographie und Reisen

129. Band. 5. und 6. Heft

(Mit 4 Tafeln und 10 Textfiguren)

Wien, 1920
Österreichische Staatsdruckerei

In Kommission bei Alfred Hölder
Universitätsbuchhändler
Buchhändler der Akademie der Wissenschaften

# Inhalt

Die Sitzungsberichte der mathem.-naturw. Klasse erscheinen vom Jahre 1888 (Band XCVII) an in folgenden **vier** gesonderten **Abteilungen**, welche auch einzeln bezogen werden können:

Abteilung I. Enthält die Abhandlungen aus dem Gebiete der Mineralogie, Krystallographie, Botanik, Physiologie der Pflanzen, Zoologie, Paläontologie, Geologie, Physischen Geographie und Reisen.

Abteilung II a. Die Abhandlungen aus dem Gebiete der Mathematik, Astronomie, Physik, Meteorologie und Mechanik.

Abteilung II b. Die Abhandlungen aus dem Gebiete der Chemie. ·

Abteilung III. Die Abhandlungen aus dem Gebiete der Anatomie und Physiologie des Menschen und der Tiere sowie aus jenem der theoretischen Medizin.

Von jenen in den Sitzungsberichten enthaltenen Abhandlungen, zu deren Titel im Inhaltsverzeichnisse ein Preis beigesetzt ist, kommen Separatabdrücke in den Buchhandel und können durch die akademische Buchhandlung Alfred Hölder, Universitätsbuchhändler (Wien, I., Rotenturmstraße 25), zu dem angegebenen Preise bezogen werden.

Die dem Gebiete der Chemie und verwandter Teile anderer Wissenschaften angehörigen Abhandlungen werden auch in besonderen Heften unter dem Titel: »Monatshefte für Chemie und verwandte Teile anderer Wissenschaften« herausgegeben. Der Pränumerationspreis für einen Jahrgang dieser Monatshefte beträgt 16 K.

Der akademische Anzeiger, welcher nur Originalauszüge oder, wo diese fehlen, die Titel der vorgelegten Abhandlungen enthält, wird wie bisher acht Tage nach jeder Sitzung ausgegeben. Der Preis des Jahrganges ist 6 K.

Die **mathematisch-naturwissenschaftliche Klasse** hat in ihrer Sitzung vom 11. März 1915 folgendes beschlossen:

**Bestimmungen, betreffend die Veröffentlichung der in die Schriften der mathematisch - naturwissenschaftlichen Klasse der Akademie aufzunehmenden Abhandlungen an anderer Stelle (Auszug aus der Geschäftsordnung nebst Zusatzbestimmungen).**

§ 43. Bereits an anderen Orten veröffentlichte Beobachtungen und Untersuchungen können in die Druckschriften der Akademie nicht aufgenommen werden.

Zusatz. Vorträge in wissenschaftlichen Versammlungen werden nicht als Vorveröffentlichungen angesehen, wenn, darüber nur kurze Inhaltsangaben gedruckt werden, welche zwar die Ergebnisse der Untersuchung mitteilen, aber entweder kein Belegmaterial oder anderes Belegmaterial als jenes enthalten, welches in der der Akademie vorgelegten Abhandlung enthalten ist. Unter den gleichen Voraussetzungen gelten auch vorläufige Mitteilungen in anderen Zeitschriften nicht als Vorveröffentlichungen. Die Verfasser haben bei Einreichung einer Abhandlung von etwaigen derartigen Vorveröffentlichungen Mitteilung zu machen und sie beizulegen, falls sie bereits im Besitz von Sonderabdrücken oder Bürstenabzügen sind.

§ 51. Abhandlungen, für welche der Verfasser kein Honorar beansprucht, bleiben, auch wenn sie in die periodischen Druckschriften der Akademie aufgenommen sind, sein Eigentum und können von demselben auch anderwärts veröffentlicht werden.

Zusatz. Mit Rücksicht auf die Bestimmung des § 43 ist die Einreichung einer von der mathematisch-naturwissenschaftlichen Klasse für ihre periodischen Veröffentlichungen angenommenen Arbeit bei anderen Zeitschriften erst dann zulässig, wenn der Verfasser die Sonderabdrücke seiner Arbeit von der Akademie erhalten hat.

Anzeigernotizen sollen erst nach dem Erscheinen im Anzeiger bei anderen Zeitschriften eingereicht werden.

Bei der Veröffentlichung an anderer Stelle ist dann anzugeben, daß die Abhandlung aus den Schriften der Akademie stammt.

Die Einreichung einer Abhandlung bei einer anderen Zeitschrift, welche denselben Inhalt in wesentlich geänderter und gekürzter Form mitteilt, ist unter der Bedingung, daß der Inhalt im Anzeiger der Akademie mitgeteilt wurde und daß die Abhandlung als »Auszug aus einer der Akademie der Wissenschaften in Wien vorgelegten Abhandlung« bezeichnet wird, zulässig, sobald der Verfasser die Verständigung erhalten hat, daß seine Arbeit von der Akademie angenommen wurde. Von solchen ungekürzten oder gekürzten Veröffentlichungen an anderer Stelle hat der Verfasser ein Belegexemplar der mathematisch-naturwissenschaftlichen Klasse der Akademie einzusenden.

Für die Veröffentlichung einer von der Klasse angenommenen Abhandlung an anderer Stelle gelten jedoch folgende Einschränkungen:

1. Arbeiten, die in die Monatshefte für Chemie aufgenommen werden, dürfen in anderen chemischen Zeitschriften deutscher Sprache nicht (auch nicht auszugsweise) veröffentlicht werden;

2. Arbeiten, welche von der Akademie subventioniert wurden, dürfen nur mit Erlaubnis der Klasse anderweitig veröffentlicht werden;

3. Abhandlungen, für welche von der Akademie ein Honorar bezahlt wird, dürfen in anderen Zeitschriften nur in wesentlich veränderter und gekürzter Form veröffentlicht werden, außer wenn die mathematisch-naturwissenschaftliche Klasse zum unveränderten Abdruck ihre Einwilligung gibt.

Akademie der Wissenschaften in Wien
Mathematisch-naturwissenschaftliche Klasse

# Sitzungsberichte

## Abteilung I

Mineralogie, Krystallographie, Botanik, Physiologie der Pflanzen, Zoologie, Paläontologie, Geologie, Physische Geographie und Reisen

### 129. Band. 7. und 8. Heft

(Mit 2 Tafeln)

Wien, 1920
Österreichische Staatsdruckerei

In Kommission bei Alfred Hölder
Universitätsbuchhändler
Buchhändler der Akademie der Wissenschaften

# Inhalt

Die Sitzungsberichte der mathem.-naturw. Klasse erscheinen vom Jahre 1888 (Band XCVII) an in folgenden **vier** gesonderten **Abteilungen,** welche auch einzeln bezogen werden können:

Abteilung I. Enthält die Abhandlungen aus dem Gebiete der Mineralogie, Krystallographie, Botanik, Physiologie der Pflanzen, Zoologie, Paläontologie, Geologie, Physischen Geographie und Reisen.

Abteilung II a. Die Abhandlungen aus dem Gebiete der Mathematik, Astronomie, Physik, Meteorologie und Mechanik.

Abteilung II b. Die Abhandlungen aus dem Gebiete der Chemie.

Abteilung III. Die Abhandlungen aus dem Gebiete der Anatomie und Physiologie des Menschen und der Tiere sowie aus jenem der theoretischen Medizin.

Von jenen in den Sitzungsberichten enthaltenen Abhandlungen, zu deren Titel im Inhaltsverzeichnisse ein Preis beigesetzt ist, kommen Separatabdrücke in den Buchhandel und können durch die akademische Buchhandlung Alfred Hölder, Universitätsbuchhändler (Wien, I., Rotenturmstraße 25), zu dem angegebenen Preise bezogen werden.

Die dem Gebiete der Chemie und verwandter Teile anderer Wissenschaften angehörigen Abhandlungen werden auch in besonderen Heften unter dem Titel: »Monatshefte für Chemie und verwandte Teile anderer Wissenschaften« herausgegeben. Der Pränumerationspreis für einen Jahrgang dieser Monatshefte beträgt 16 K.

Der akademische Anzeiger, welcher nur Originalauszüge oder, wo diese fehlen, die Titel der vorgelegten Abhandlungen enthält, wird wie bisher acht Tage nach jeder Sitzung ausgegeben. Der Preis des Jahrganges ist 6 K.

Die mathematisch-naturwissenschaftliche **Klasse** hat in ihrer Sitzung vom 11. März 1915 folgendes beschlossen:

**Bestimmungen, betreffend die Veröffentlichung der in die Schriften der mathematisch - naturwissenschaftlichen Klasse der Akademie aufzunehmenden Abhandlungen an anderer Stelle (Auszug aus der Geschäfts- ordnung nebst Zusatzbestimmungen).**

**§ 43.** Bereits an anderen Orten veröffentlichte Beobachtungen und Untersuchungen können in die Druckschriften der Akademie nicht aufgenommen werden.

Zusatz. Vorträge in wissenschaftlichen Versammlungen werden nicht als Vorveröffentlichungen angesehen, wenn darüber nur kurze Inhaltsangaben gedruckt werden, welche zwar die Ergebnisse der Untersuchung mitteilen, aber entweder kein Belegmaterial oder anderes Belegmaterial als jenes enthalten, welches in der der Akademie vorgelegten Abhandlung enthalten ist. Unter den gleichen Voraussetzungen gelten auch vorläufige Mitteilungen in anderen Zeitschriften nicht als Vorveröffentlichungen. Die Verfasser haben bei Einreichung einer Abhandlung von etwaigen derartigen Vorveröffentlichungen Mitteilung zu machen und sie beizulegen, falls sie bereits im Besitz von Sonderabdrücken oder Bürstenabzügen sind.

**§ 51.** Abhandlungen, für welche der Verfasser kein Honorar beansprucht, bleiben, auch wenn sie in die periodischen Druckschriften der Akademie aufgenommen sind, sein Eigentum und können von demselben auch anderwärts veröffentlicht werden.

Zusatz. Mit Rücksicht auf die Bestimmung des § 43 ist die Einreichung einer von der mathematisch-naturwissenschaftlichen Klasse für ihre periodischen Veröffentlichungen angenommenen Arbeit bei anderen Zeitschriften erst dann zulässig, wenn der Verfasser die Sonderabdrücke seiner Arbeit von der Akademie erhalten hat.

Anzeigernotizen sollen erst nach dem Erscheinen im Anzeiger bei anderen Zeitschriften eingereicht werden.

Bei der Veröffentlichung an anderer Stelle ist dann anzugeben, daß die Abhandlung aus den Schriften der Akademie stammt.

Die Einreichung einer Abhandlung bei einer anderen Zeitschrift, welche denselben Inhalt in wesentlich geänderter und gekürzter Form mitteilt, ist unter der Bedingung, daß der Inhalt im Anzeiger der Akademie mitgeteilt wurde und daß die Abhandlung als »Auszug aus einer der Akademie der Wissenschaften in Wien vorgelegten Abhandlung« bezeichnet wird, zulässig, sobald der Verfasser die Verständigung erhalten hat, daß seine Arbeit von der Akademie angenommen wurde. Von solchen ungekürzten oder gekürzten Veröffentlichungen an anderer Stelle hat der Verfasser ein Belegexemplar der mathematisch-naturwissenschaftlichen Klasse der Akademie einzusenden.

Für die Veröffentlichung einer von der Klasse angenommenen Abbandlung an anderer Stelle gelten jedoch folgende Einschränkungen:

1. Arbeiten, die in die Monatshefte für Chemie aufgenommen werden, dürfen in anderen chemischen Zeitschriften deutscher Sprache nicht (auch nicht auszugsweise) veröffentlicht werden;

2. Arbeiten, welche von der Akademie subventioniert wurden, dürfen nur mit Erlaubnis der Klasse anderweitig veröffentlicht werden;

3. Abhandlungen, für welche von der Akademie ein Honorar bezahlt wird, dürfen in anderen Zeitschriften nur in wesentlich veränderter und gekürzter Form veröffentlicht werden, außer wenn die mathematisch-naturwissenschaftliche Klasse zum unveränderten Abdruck ihre Einwilligung gibt.

Akademie der Wissenschaften in Wien
Mathematisch-naturwissenschaftliche Klasse

# Sitzungsberichte

## Abteilung I

Mineralogie, Krystallographie, Botanik, Physiologie der Pflanzen,
Zoologie, Paläontologie, Geologie, Physische Geographie und
Reisen

### 129. Band. 9. Heft

(Mit 20 Textfiguren)

Wien, 1920
Österreichische Staatsdruckerei

In Kommission bei Alfred Hölder
Universitätsbuchhändler
Buchhändler der Akademie der Wissenschaften

# Inhalt

Die Sitzungsberichte der mathem.-naturw. Klasse erscheinen vom Jahre 1888 (Band XCVII) an in folgenden vier gesonderten Abteilungen, welche auch einzeln bezogen werden können:

Abteilung I. Enthält die Abhandlungen aus dem Gebiete der Mineralogie, Krystallographie, Botanik, Physiologie der Pflanzen, Zoologie, Paläontologie, Geologie, Physischen Geographie und Reisen.

Abteilung II a. Die Abhandlungen aus dem Gebiete der Mathematik, Astronomie, Physik, Meteorologie und Mechanik.

Abteilung II b. Die Abhandlungen aus dem Gebiete der Chemie.

Abteilung III. Die Abhandlungen aus dem Gebiete der Anatomie und Physiologie des Menschen und der Tiere sowie aus jenem der theoretischen Medizin.

Von jenen in den Sitzungsberichten enthaltenen Abhandlungen, zu deren Titel im Inhaltsverzeichnisse ein Preis beigesetzt ist, kommen Separatabdrücke in den Buchhandel und können durch die akademische Buchhandlung Alfred Hölder, Universitätsbuchhändler (Wien, I., Rotenturmstraße 25), zu dem angegebenen Preise bezogen werden.

Die dem Gebiete der Chemie und verwandter Teile anderer Wissenschaften angehörigen Abhandlungen werden auch in besonderen Heften unter dem Titel: »Monatshefte für Chemie und verwandte Teile anderer Wissenschaften« herausgegeben. Der Pränumerationspreis für einen Jahrgang dieser Monatshefte beträgt 16 K.

Der akademische Anzeiger, welcher nur Originalauszüge oder, wo diese fehlen, die Titel der vorgelegten Abhandlungen enthält, wird wie bisher acht Tage nach jeder Sitzung ausgegeben. Der Preis des Jahrganges ist 6 K.

Die **mathematisch-naturwissenschaftliche Klasse** hat in ihrer Sitzung vom 11. März 1915 folgendes beschlossen:

**Bestimmungen, betreffend die Veröffentlichung der in die Schriften der mathematisch - naturwissenschaftlichen Klasse der Akademie aufzunehmenden Abhandlungen an anderer Stelle (Auszug aus der Geschäftsordnung nebst Zusatzbestimmungen).**

**§ 43.** Bereits an anderen Orten veröffentlichte Beobachtungen und Untersuchungen können in die Druckschriften der Akademie nicht aufgenommen werden.

Z u s a t z. Vorträge in wissenschaftlichen Versammlungen werden nicht als Vorveröffentlichungen angesehen, wenn darüber nur kurze Inhaltsangaben gedruckt werden, welche zwar die Ergebnisse der Untersuchung mitteilen, aber entweder kein Belegmaterial oder anderes Belegmaterial als jenes enthalten, welches in der der Akademie vorgelegten Abhandlung enthalten ist. Unter den gleichen Voraussetzungen gelten auch vorläufige Mitteilungen in anderen Zeitschriften nicht als Vorveröffentlichungen. Die Verfasser haben bei Einreichung einer Abhandlung von etwaigen derartigen Vorveröffentlichungen Mitteilung zu machen und sie beizulegen, falls sie bereits im Besitz von Sonderabdrücken oder Bürstenabzügen sind.

**§ 51.** Abhandlungen, für welche der Verfasser kein Honorar beansprucht, bleiben, auch wenn sie in die periodischen Druckschriften der Akademie aufgenommen sind, sein Eigentum und können von demselben auch anderwärts veröffentlicht werden.

Z u s a t z. Mit Rücksicht auf die Bestimmung des § 43 ist die Einreichung einer von der mathematisch-naturwissenschaftlichen Klasse für ihre periodischen Veröffentlichungen angenommenen Arbeit bei anderen Zeitschriften erst dann zulässig, wenn der Verfasser die Sonderabdrücke seiner Arbeit von der Akademie erhalten hat.

Anzeigernotizen sollen erst nach dem Erscheinen im Anzeiger bei anderen Zeitschriften eingereicht werden.

Bei der Veröffentlichung an anderer Stelle ist dann anzugeben, daß die Abhandlung aus den Schriften der Akademie stammt.

Die Einreichung einer Abhandlung bei einer anderen Zeitschrift, welche denselben Inhalt in wesentlich g e ä n d e r t e r und g e k ü r z t e r Form mitteilt, ist unter der Bedingung, daß der Inhalt im Anzeiger der Akademie mitgeteilt wurde und daß die Abhandlung als ›Auszug aus einer der Akademie der Wissenschaften in Wien vorgelegten Abhandlung‹ bezeichnet wird, zulässig, sobald der Verfasser die Verständigung erhalten hat, daß seine Arbeit von der Akademie angenommen wurde. Von solchen ungekürzten oder gekürzten Veröffentlichungen an anderer Stelle hat der Verfasser ein Belegexemplar der mathematisch-naturwissenschaftlichen Klasse der Akademie einzusenden.

Für die Veröffentlichung einer von der Klasse angenommenen Abhandlung an anderer Stelle gelten jedoch folgende E i n s c h r ä n k u n g e n :

1. Arbeiten, die in die Monatshefte für Chemie aufgenommen werden, dürfen in anderen chemischen Zeitschriften deutscher Sprache nicht (auch nicht auszugsweise) veröffentlicht werden;

2. Arbeiten, welche von der Akademie subventioniert wurden, dürfen nur mit Erlaubnis der Klasse anderweitig veröffentlicht werden;

3. Abhandlungen, für welche von der Akademie ein Honorar bezahlt wird, dürfen in anderen Zeitschriften nur in wesentlich veränderter und gekürzter Form veröffentlicht werden, außer wenn die mathematisch-naturwissenschaftliche Klasse zum unveränderten Abdruck ihre Einwilligung gibt.

Akademie der Wissenschaften in Wien
Mathematisch-naturwissenschaftliche Klasse

# Sitzungsberichte

## Abteilung I

Mineralogie, Krystallographie, Botanik, Physiologie der Pflanzen, Zoologie, Paläontologie, Geologie, Physische Geographie und Reisen

### 129. Band. 10. Heft

(Mit 5 Tafeln und 6 Textfiguren)

Wien, 1920

Österreichische Staatsdruckerei

In Kommission bei Alfred Hölder
Universitätsbuchhändler
Buchhändler der Akademie der Wissenschaften

# Inhalt

des 10. Heftes des 129° Bandes, Abteilung I der Sitzungsberichte der mathematisch-naturwissenschaftlichen Klasse:

Die Sitzungsberichte der mathem.-naturw. Klasse erscheinen vom Jahre 1888 (Band XCVII) an in folgenden vier gesonderten Abteilungen, welche auch einzeln bezogen werden können:

Abteilung I. Enthält die Abhandlungen aus dem Gebiete der Mineralogie, Krystallographie, Botanik, Physiologie der Pflanzen, Zoologie, Paläontologie, Geologie, Physischen Geographie und Reisen.

Abteilung II a. Die Abhandlungen aus dem Gebiete der Mathematik, Astronomie, Physik, Meteorologie und Mechanik.

Abteilung II b. Die Abhandlungen aus dem Gebiete der ·Chemie.·

Abteilung III. Die Abhandlungen aus dem Gebiete der Anatomie und Physiologie des Menschen und der Tiere sowie aus jenem der theoretischen Medizin.

· Von jenen in den Sitzungsberichten enthaltenen Abhandlungen, zu deren Titel im Inhaltsverzeichnisse ein Preis beigesetzt ist, kommen Separatabdrücke in den Buchhandel und können durch die akademische Buchhandlung Alfred Hölder, Universitätsbuchhändler (Wien, I., Rotenturmstraße 25), zu dem angegebenen Preise bezogen werden.

Die dem Gebiete der Chemie und verwandter Teile anderer Wissenschaften angehörigen Abhandlungen werden auch in besonderen Heften unter dem Titel: »Monatshefte für Chemie und verwandte Teile anderer Wissenschaften« herausgegeben. Der Pränumerationspreis für einen Jahrgang dieser Monatshefte beträgt 16 K.

Der akademische Anzeiger, welcher nur Originalauszüge oder, wo diese fehlen, die Titel der vorgelegten Abhandlungen enthält, wird wie bisher acht Tage nach jeder Sitzung ausgegeben. Der Preis des Jahrganges ist 6 K.

Die mathematisch-naturwissenschaftliche Klasse hat in ihrer Sitzung vom 11. März 1915 folgendes beschlossen:

Bestimmungen, betreffend die Veröffentlichung der in die Schriften der mathematisch - naturwissenschaftlichen Klasse der Akademie aufzunehmenden Abhandlungen an anderer Stelle (Auszug aus der Geschäftsordnung nebst Zusatzbestimmungen).

§ 43. Bereits an anderen Orten veröffentlichte Beobachtungen und Untersuchungen können in die Druckschriften der Akademie nicht aufgenommen werden.

Zusatz. Vorträge in wissenschaftlichen Versammlungen werden nicht als Vorveröffentlichungen angesehen, wenn darüber nur kurze Inhaltsangaben gedruckt werden, welche zwar die Resultate der Untersuchung mitteilen, ... s Belegmaterial als jenes ent-... n ... der Akademie vorgelegten Abhandlung enthalten ist. ... auch vorläufige Mitteilungen in anderen Zeitschriften nicht als Vorveröffentlichungen. Die Verfasser haben bei Einreichung einer Abhandlung von etwaigen derartigen Vorveröffentlichungen Mitteilung zu machen und sie beizulegen, falls sie bereits im Besitz von Sonderabdrücken oder Bürstenabzügen sind. .

§ 51. Abhandlungen, für welche der Verfasser kein Honorar beansprucht, bleiben, auch wenn sie in die periodischen Druckschriften der Akademie aufgenommen sind, sein Eigentum und können von demselben auch anderwärts veröffentlicht werden.

Zusatz. Mit Rücksicht auf die Bestimmung des § 43 ist die Einreichung einer von der mathematisch-naturwissenschaftlichen Klasse für ihre periodischen Veröffentlichungen angenommenen Arbeit bei anderen Zeitschriften erst dann zulässig, wenn der Verfasser die Sonderabdrücke seiner Arbeit von der Akademie erhalten hat.

Anzeigernotizen sollen erst nach dem Erscheinen im Anzeiger bei anderen Zeitschriften eingereicht werden.

Bei der Veröffentlichung an anderer Stelle ist dann anzugeben, daß die Abhandlung aus den Schriften der Akademie stammt.

Die Einreichung einer Abhandlung bei einer anderen Zeitschrift, welche denselben Inhalt in wesentlich geänderter und gekürzter Form mitteilt, ist unter der Bedingung, daß der Inhalt im Anzeiger der Akademie mitgeteilt wurde und daß die Abhandlung als »Auszug aus einer der Akademie der Wissenschaften in Wien vorgelegten Abhandlung« bezeichnet wird, zulässig, sobald der Verfasser die Verständigung erhalten hat, daß seine Arbeit von der Akademie angenommen wurde. Von solchen ungekürzten oder gekürzten Veröffentlichungen an anderer Stelle hat der Verfasser ein Belegexemplar der mathematisch-naturwissenschaftlichen Klasse der Akademie einzusenden.

Für die Veröffentlichung einer von der Klasse angenommenen Abhandlung an anderer Stelle gelten jedoch folgende Einschränkungen:

1. Arbeiten, die in die Monatshefte für Chemie aufgenommen werden, dürfen in anderen chemischen Zeitschriften deutscher Sprache nicht (auch nicht auszugsweise) veröffentlicht werden;

2. Arbeiten, welche von der Akademie subventioniert wurden, dürfen nur mit Erlaubnis der Klasse anderweitig veröffentlicht werden;

3. Abhandlungen, für welche von der Akademie ein Honorar bezahlt wird, dürfen in anderen Zeitschriften nur in wesentlich veränderter und gekürzter Form veröffentlicht werden, außer wenn die mathematisch-naturwissenschaftliche Klasse zum unveränderten Abdruck ihre Einwilligung gibt.

Lightning Source UK Ltd.
Milton Keynes UK
UKHW020339280219
338009UK00006B/482/P